건설계측 분석실무

우종태·이래철 공저

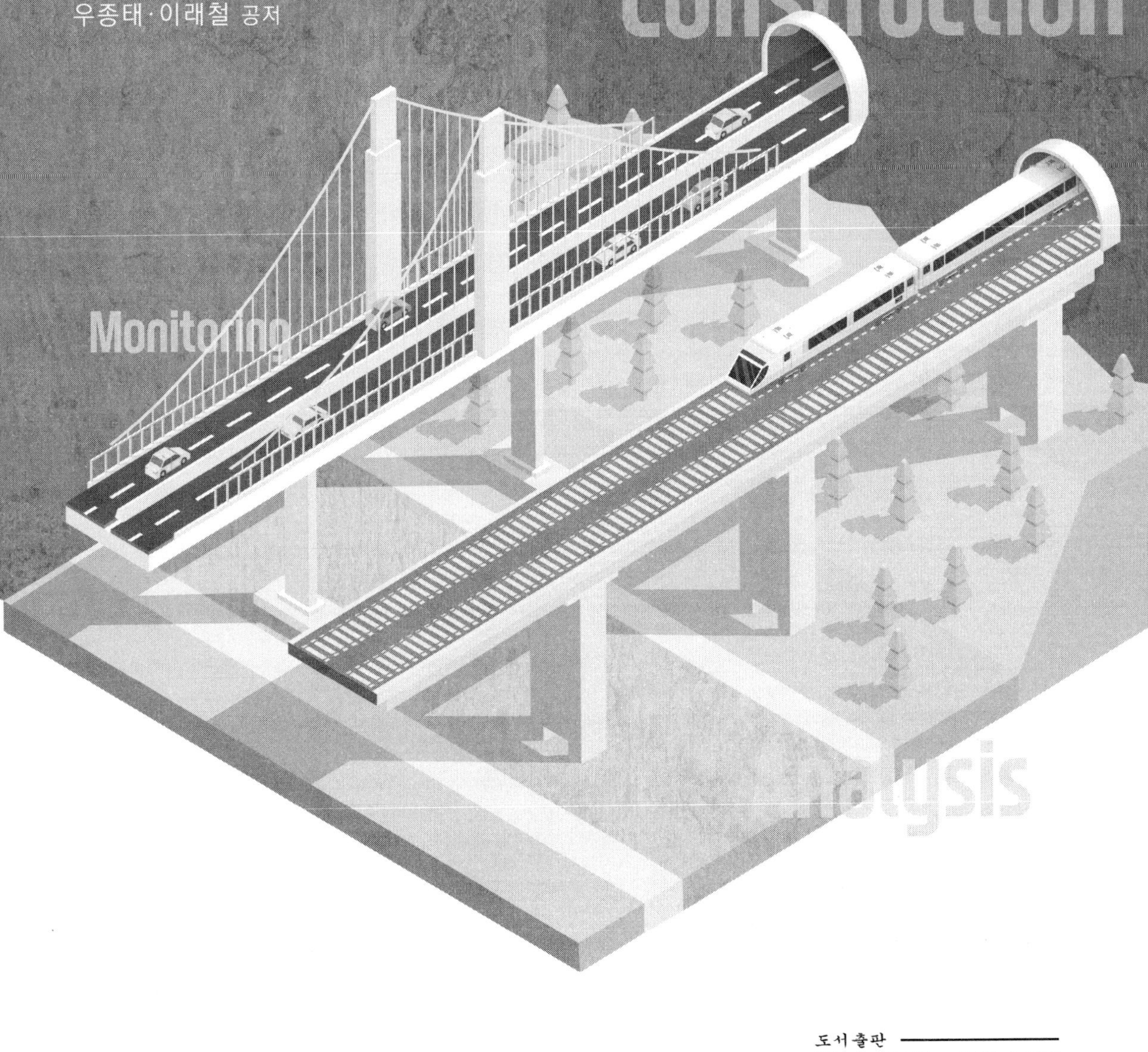

도서출판
구미서관

PREFACE

머리말

국가의 사회기반시설(SOC, Social Overhead Capital) 확충에 따라 교량, 터널, 다목적댐, 항만 및 해안시설물, 하천제방, 도시철도 및 지하철, 고속철도 및 일반철도, 공항시설물, 대형 폐기물 매립장 등 국가 주요 기반 시설물이 많이 건설된 반면 공사 및 유지관리 시 이에 대한 체계적이고 과학적인 안전관리 및 유지관리 시스템은 아직도 미비한 실정이다.

건설분야의 계측은 크게 공사계측과 유지관리계측으로 구분되며, 공사계측은 주로 설계의 불확정성 요소 등을 보완하고 설계의 타당성을 규명하므로 시공의 안전성과 경제성을 제공하는 반면, 유지관리계측은 이미 완공된 시설물에 대하여 공용 중에 지속적으로 시설물의 안전성 확인과 최적의 유지관리가 되도록 객관적이고 연속적인 자료를 제공하여 효율적이고 경제적인 건설시설물 유지관리에 기여하는데 목적이 있다.

최근의 정보통신기술(ICT, Information & Communication Technology) 및 사물인터넷(IoT, Internet of Things)과 인공지능(AI, Artificial Intelligence)기술의 급격한 발달로 건설계측기술은 빠르게 발전하고 있으나, 계측결과에 대한 건설 및 지반공학적인 분석기법 및 분석실무에 대한 연구는 상당히 부족한 실정이다.

이 책은 저자가 1989년부터 2022년까지 33년간 서울특별시 지하철건설본부와 경복대학교에 근무하면서 서울 지하철 3호선에서 9호선, 경부고속철도, 호남고속철도, 부산지하철, 대전지하철 등의 건설 공사계측 및 유지관리계측 분석 논문과 각종 학회지 및 언론 매체에 발표한 건설계측의 현황 및 문제점 분석과 분야별 전문가의 계측분석 내용을 실무적으로 편집한 책으로 대학교 토목 및 건축공학분야와 자원공학분야를 공부하는 학생이나, 건설계측 분석이 필요한 건설계측업체 초급/중급/고급/특급기술자와 건설설계업체 초급/중급/고급/특급기술자, 건설시공업체 및 건설사업관리업체 초급/중급/고급/특급기술자들이 건설계측 분석에 대하여 기본 및 응용적으로 알아두어야 할 내용을 표와 그림 및 사진을 통해 알기 쉽게 설명하였다.

이 책의 주요내용은 제1장 건설계측 현황 및 문제점 분석실무, 제2장 지상 구조물계측 분석실무, 제3장 지하 구조물계측 분석실무, 제4장 수리 및 항만 구조물계측 분석실무 등의 내용으로 구성되어 있다.

이 책을 집필하는데 많은 도움을 주신 서울시 도시기반시설본부 철도국(구 서울시 지하철건설본부) 관계자 여러분과 사단법인 한국건설계측협회 남순성 회장을 비롯한 회원사 여러분께 감사드리며, 본 책자에 인용한 많은 사진과 그림, 논문이나 참고문헌 등의 저자 분들께 일일이 양해를 구하지 못한 부분이 있다면 깊은 양해를 구하는 바이다.

본 책자는 저자들의 실무경험과 이론을 토대로 나름대로 내용을 알기 쉽게 표현하려고 노력하였으나, 국내외적으로 계측기술의 빠른 발전과 함께 광범위한 부분을 다루다보니 부족한 부분이 있을 것으로 판단되며, 부족한 부분은 기회가 되는대로 수정 보완하여 건설기술자들이 원하는 좋은 서적이 되도록 노력할 것을 약속드리며, 본 서적을 출판함에 있어 아낌없는 성원을 해주신 구미서관 대표님과 편집부 직원 여러분의 노고에 감사드린다.

2023년 1월

저 자 경복대학교 우종태 교수
에스큐엔지니어링(주) 이래철 대표

CONTENTS
목 차

CHAPTER 3 지하 구조물계측 분석실무

CHAPTER 4 수리 및 항만 구조물계측 분석실무

CHAPTER 1

건설계측 현황 및 문제점 분석실무

CHAPTER 1

1.1 건설계측 및 계측업의 현황분석과 발전방안

본 논문은 "건설계측 및 계측업의 현황분석과 발전방안 연구"(우종태, 대한토목학회 논문집, 제30권 2D호, 2010.3.30, pp163~169)를 재편집하여 기술한 내용이다.

건설 계측 및 계측업의 현황 분석과 발전 방안 연구

A Study of The Present State Analysis and Development Plans About Construction Monitoring and Monitoring Industry

Abstract

Construction monitoring and monitoring industry have been rapidly developed with advance of IT industry and telecommunication. However institutional, legal supports that need to settle the construction monitoring are practically inadequate. So development plans that are reflected enquête results about the present state of construction monitoring are considered. A way that consider establishment Korea construction monitoring association and society, deal with relevant law appointing monitoring industry, consider enactment and revision of construction monitoring design standard and specifications, appoint practical construction monitoring educational institution, appoint an efficiency test specialty institution of monitoring equipment, consider the term of guarantee of monitoring equipment consider enactment and revision of estimating cost of construction measurement, consider ratio of monitoring equipment loss for developing construction monitoring and monitoring industry are proposed.

주요어(Key words)

the present state of construction monitoring and monitoring industry, development plans of construction monitoring and monitoring industry.

요약

건설 계측 및 계측업은 IT산업 및 정보통신기술의 급격한 발달과 함께 빠르게 발전하였다. 그러나 건설 계측이 제대로 정착하기 위한 제도적 및 법적 뒷받침은 현실적으로 아주 미비한 실정이다. 따라서 건설계측분야의 현황에 대한 설문조사 결과를 반영하여 발전 방안을 검토하였다. 건설 계측 및 계측업이 발전하기 위한 방안으로 한국건설계측협회 및 학회 설립 검토, 건설계측업 지정을 위한 관련법 검토, 건설계측품셈 제·개정 검토, 건설계측관련 설계기준 및 시방기준 제·개정 검토, 건설계측 전문인력 실무교육기관 지정 검토, 계측기기의 성능검사전문기관 지정 검토, 계측기기의 하자담보책임기간 검토, 계측기기의 손망실 비율 반영 검토 등의 발전 방안을 제안하였다.

주요어 건설 계측 및 계측업의 현황, 건설계측 및 계측업의 발전 방안.

1. 서 론

최근 들어 사회기반시설 확충에 따라 교량, 터널, 다목적댐, 광역상수도, 하천제방, 절토사면, 지하철, 공항시설물, 대형건축물 등 국가 주요 기반시설물의 시공중 안전대책과 시설물 유지관리에 따른 건설계측의 적용이 일반화되고 있고, 상용화되어 가고 있는 추세에 있다.

건설분야에서의 계측은 시공중의 공사계측과 시설물 공용중의 유지관리계측으로 구분되며, 공사계측의 목적은 주로 설계의 불확정성 요소 등을 보완하고 설계의 타당성을 규명함으로써 시공의 안전성과 경제성을 제공하는 반면, 유지관리계측의 목적은 이미 완공된 구조물에 대하여 공용 중에 지속적으로 시설물의 안전성 확인과 최적의 유지관리가 되도록 객관적이고 연속적인 자료를 제공하여 효율적이고 경제적인 구조물 유지관리에 기여하는 것이다.

건설계측 기술은 IT산업 및 정보통신기술의 급격한 발달과 함께 빠르게 발전하였으나, 건설계측 및 계측업이 제대로 정착하기 위한 제도적 및 법적 뒷받침은 상당히 미비하여 이에 대해 건설계측의 현황 분석, 건설계측업의 현황 분석, 건설계측분야의 설문조사 결과 제시 및 각 현황을 반영하여 건설 계측 및 계측업의 발전 방안을 제시하고자 한다.

2. 건설 계측 및 계측업의 현황 분석

2.1 건설계측의 현황

1) 계측기술 및 기기적 측면

계측기기 분야의 기술은 매우 학제적이고 복합적이라 미개척분야가 많은 새로운 지식 집약적 첨단기술이며, 현대의 모든 산업 및 연구 분야에 사용되는 핵심기반기술이나, 표 1과 같이 국내의 계측기기분야 산업기술수준은 기술선진국의 약 70%수준에 있는 실정이다.

표 1 계측기기분야 산업기술수준

주요국	산업기술수준
대한민국	70.3
미국	94.6
일본	86.4
유럽	85.4

출처 : 건설교통부, 건설교통기술평가원, 2007

소분류별 계측기기분야 산업기술 수준 분석결과 표 2와 같이 대부분 미국의 기술수준이 상대적으로 높게 조사되었으며, 우리나라는 기술선진국의 약 68~77% 수준에 있는 실정이다.

표 2 소분류별 계측기기분야 수준분석 결과

구분	대한민국	미국	일본	유럽	중국
계측센서 및 부품	67.9	94.2	92.3	93.3	53.5
광계측기기	75.8	99.2	88.0	84.4	60.6
안전감시진단 계측제어기	76.8	97.2	91.4	90.3	65.0
전자계측기(일반)	73.7	96.6	88.0	84.2	60.6
전자계측기(통신)	73.1	99.4	87.3	83.9	61.4

출처 : 건설교통부, 건설교통기술평가원, 2007

국내 건설현장에서 우수한 계측기를 선정하기 위해서는 계측기의 현장적용성, 정확성, 정밀도, 내구년한 등을 종합적으로 고려해야 하며, 특히 매립식 계측기기인 경우는 반영구적인 내구년한이 필요하므로 유사 현장조건에 기 적용한 실적이 있는 계측기종을 선정하는 것이 바람직하며, 계측기기의 성능은 현재 국내에서도 여러 계측 전문업체에서 다양한 계측기종을 생산하여 현장에 적용하고 있으나, 국내 계측기기의 조립과정이나 생산 기반시설 등을 종합해볼 때 계측기 생산업체별로 기술수준의 차이가 커서 계측기기의 신뢰도에 문제가 있는 것이 현실이다.

이에 비해 건설계측기술이 발달된 국외의 기술선진국의 경우는 계측업체별로 전 세계 현장을 대상으로 다양한 건설현장에서 각종 시험 및 검교정과정을 거쳐 대량생산하므로 인해 계측기기의 신뢰도가 높으며, 내구성이 검증된 다양한 종류의 계측기기가 생산되고 현장에 적용되고 있으나, 국산 계측기에 비해 가격이 고가이고, 고장 등의 문제가 발생될 경우에는 신속한 대응이 어려워 공사 중 및 시설물 유지관리 시 계측시기를 상실하는 등의 문제점이 발생되고 있다.

2) 경제 및 산업적 측면

국내 센서시장의 비약적인 성장에도 불구하고, 국내 생산실적은 상당히 저조하여 표 3과 같이 1999년 1,305억원, 2001년 1,896억원, 2003년 1,387억원정도로 집계되고 있어 국내시장의 약 60~70%정도를 수입에 의존하고 있는 것으로 나타났다. 국내 센서시장 규모는 1999년 3,635억원, 2001년 4,330억원, 2003년 5,425억원 정도로 집계되고 있다.

표 3 센서 수급 현황 (단위 : 억원)

구분	1999	2000	2001	2002	2003
생 산	1,305.46	1,554.50	1,896.39	2,355.68	1,387.72
수 입	1,941.53	2,221.39	1,872.70	1,917.62	3,364.65
합 계	3,635.30	4,220.17	4,330.90	4,752.70	5,425.30
수 출	298.23	371.16	279.15	296.11	518.00

출처 : 건설교통부, 건설교통기술평가원, 2007

2.2 건설계측업의 현황

1) 건설계측업의 특성

계측업은 특성상 토목, 건축, 환경기술 뿐만 아니라 정밀센서와 전자, 광학, 통신, 컴퓨터, 전기, 정밀기계 등 하드웨어 및 소프트웨어기술의 복합 기술이 소요되는 관계로 여러 분야에서 서로 자기들의 업역이라 주장하고 있다. 그러나 계측은 도구이며 그 결과를 올바르게 사용하기 위해서는 최종 사용 부문에서의 필요성에 의거 규정되어야 할 것이다. 즉, 건설 공사계측시 안전관리를 위해서는 계측업은 토목분야 기술자가 주도를 하되 관련기술자가 보조하며, 결과의 효율적이고 적절한 활용을 위해서는 사용기관에서 그 목적에 맞게 규정을 마련하여야 할 것이다.

2) 건설계측업의 영역

건설계측과 관련 있는 안전관리, 품질관리 업무는 업무 범위가 비교적 분명하여 안전진단업과 품질관리업으로 규정되었으나, 계측관리는 업무의 특성상 안전진단, 품질관리 외에 시공 중의 공사관리 및 완공 후의 유지관리까지 연계되어 계측업으로서 별도 규정하기에는 안전진단전문업체, 품질관리전문업체, 감리업체 등 많은 이해당사자가 자신의 업역이라고 주장하고 있는 실정이다. 또한, 건설분야 계측업의 경우 계측이라는 수단을 통하여 흙막이, 주변건물, 교량, 터널, 사면, 댐, 등 관련 기술의 설계·시공 전문기술자의 분석이 있어야 비로소 그 의미가 있게 된다. 여기서 가장 기초가 되는 사항으로서 계측결과 데이터가 정확한 값이 나와야 그것을 가지고 분석한 결론 및 대안이 올바르게 나올 것이므로 계측센서, 장비, 통신, 데이터처리, 분석, 제어, 시스템 유지관리 등에 이르기까지 여러 전문기술이 요구되어 건설 외에도 기계, 전자, 광학, 전기, 통신, 컴퓨터, 계측제어 분야가 총 망라되어 서로 자기영역이라 주장하는 업역이므로 쉽게 규정하기도 어려운 상황이다.

이렇게 건설계측업이 규정되지 않다보니 기술자가 아닌 오퍼상들에 의해 외산계측기기 판매를 중심으로 계측업체가 성장하였고 진입장벽이 없어 수많은 계측업체들의 난립으로 고도의 전문지식이 필요한 계측관리가 최소한의 기술수준도 지켜지지 않은 상태로 형식적인 계측이 되고 있는 현상도 배제할 수 없다. 다만, 몇몇 대기업을 중심으로 자체 필요성과 품질 및 안전관리를 위하여 토목 및 계측기술력이 검증된 업체만 협력업체로 지정하여 관리되고 있으나, 기타 건설업체들은 계측업체 선정 시 기술력보다는 최저가격을 우선하여 선정함으로써 계측결과에 대한 신뢰성 확보가 어려운 실정이다.

3) 건설계측업의 등록

관련법에 의한 건설계측업의 지정은 건설공사의 시공관리, 안전관리, 품질관리, 유지관리에서 반드시 필요한 분야이므로 관계법규를 제·개정하여 일정수준의 기술인원, 자본금, 사무실, 계측장비를 갖춘 업체가 계측 전문업으로 등록하여 영업활동을 할 수 있도록 하는 법제화가 필요하다. 그리고 계측관리의 공정성과 공신력 확보 및 기술력의 증진을 도모하고자 계측업에 종사하는 전문 기술인력과 계측기기 성능검사 대행자로 등록한 기관 및 단체에서 성능검사 업무에 종사하는 기술인의 경우에는 교육·훈련 과정을 이수받는 방안이 검토되어야 한다.

다양하고 정밀한 계측기의 개발과 자동화 계측시스템 분야의 업역 확장으로 인하여 계측업은 단지 토목분야에만 국한된 것이 아니라 계측제어, 전기, 기계, 전자분야 등과도 연관성을 가지고 있으므로 다양한 분야에서의 전문화 교육이 필요하다.

현재의 건설계측분야는 건설기술관리법, 건설산업기본법, 시설물의 안전관리에 관한 특별법, 엔지니어링기술진흥법 등 관련 법규에 계측전문업의 설립요건이나 자격기준이 없어 누구나 회사를 설립하여 영업활동을 할 수 있다. 그러므로 무분별한 영세업체 난립으로 저가의 하도급이 성행하고 이로 인한 불량계측기 설치 및 계측 무자격자에 의한 계측관리로 형식적인 계측이 우려되고 있다.

4) 계측기술자의 기술력

계측업무는 특수한 전문분야로 계측 대상구조물에 대한 설계, 시공뿐만 아니라 계측 센서, 장비 및 전자, 정보처리, 통신에 대한 전반적인 이해나 경험 없이는 계측기기의 설치, 관리, 데이터 처리, 분석 및 평가, 사후관리 등을 할 수 없기 때문에 계측업체의 시스템과 계측기술자의 전문성이 매우 중요하다.

예를 들면 토공사와 관련된 계측인 경우 원청회사인 시공사의 실행공사비를 낮추기 위해 토공사에 계측공종을 포함하여 일괄 하도급으로 발주되어 계측공종의 재하도가 빈번하게 이루어지고 있는 실정이다. 이런 상황이 지속되어 기술력 있는 계측회사는 계측기술 및 분석기술의 연구개발은 커녕 회사의 유지도 힘든 상황으로 점차 계측업을 포기하는 한편, 저임금 및 타분야에서 대우 받지 못하는 경력 등의 사유로 우수 계측기술자들은 전업을 하고, 신규 직원 또한 구하기가 매우 어려운 실정이다.

5) 건설현장에서 계측업체의 선정

최근 몇몇 현장에서 엔지니어링활동주체신고(토질 및 기초, 구조, 지질) 필 업체에 한 해서 입찰에 참여시키고 있으나, 이 또한 아직 미진한 점이 많고, 상근 기술사를 보유하고 있지 않은 업체가 많아 계측데이터의 분석력이 떨어지거나, 주기적인 현장방문이 이루어지지 않음으로써 사전에 문제를 최소화 할 수 있는 대처능력이 부족한 실정이다. 또한 영세 계측업체 난립으로 저가수주로 인한 불량계측기 설치 및 비전문가의 계측수행 등으로 계측데이터의 오류, 분석력 저하의 문제가 발생하고 있어 발주자로부터 계측자체에 대한 신뢰가 떨어지는 일이 빈번하게 발생되고 있다.

현재의 계측업체 선정은 시공자인 건설회사가 본사 기준이나 현장 자체 평가기준으로 선정하고 있으나 주로 입찰금액이 가장 낮은 계측업체가 선정되는 경우가 많다. 이로 인해 계측업체와 시공사간에는 종속관계가 형성되어 실질적인 계측업무보다는 형식적인 계측관리가 되고 있는 실정이다.

2.3 건설 계측 및 계측업의 설문조사 결과

본 연구내용은 급경사지 계측관리의 제도화 및 계측관리방안에 대한 연구(유동호 등, 2007)내용을 일부 인용한 것으로 조사항목은 건설계측관련 등록업체의 세부 사업종목 현황, 계측업의 등록 대상자 및 자격조건으로 필요한 사항, 계측업의 공종별 등록제도의 필요성, 계측장비 초기 인수시 검정실시 여부, 계측장비에 대한 검정 주기, 계측장비에 대한 검정 수행기관, 계측기기 검·교정 대행기관 등에 대한 설문조사 결과는 다음과 같다.

1) 건설계측관련 등록업체의 세부 사업종목 현황(중복표시 가능)

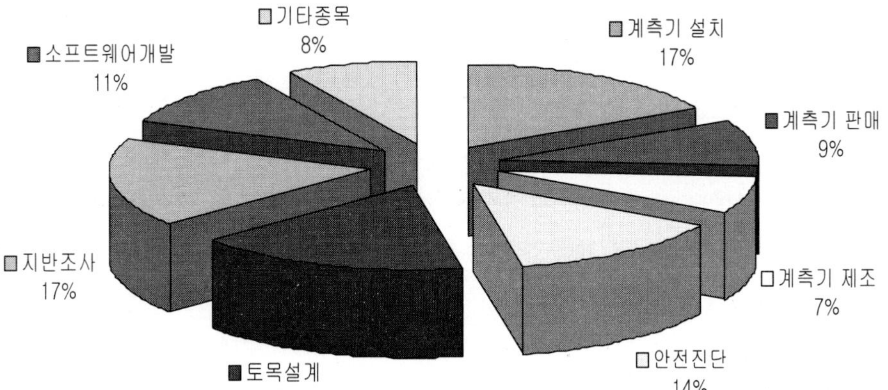

※ 기타종목 : 유지관리, 연구개발기술용역, 토목감리, 도시계획, 환경, 철도, 상하수도, 재하시험, 지반탐사 등

그림 1 건설계측관련 등록업체의 세부 사업종목 현황

건설계측관련 등록업체의 세부 사업종목 현황을 보면 계측기설치, 지반조사, 토목설계가 각각 17%를 차지하고, 안전진단 14%, 소프트웨어 개발 11%, 계측기 판매 9%, 계측기제조 7%의 순서를 보이고 있다.

2) 건설계측업의 등록 대상자 및 자격조건으로 필요한 사항

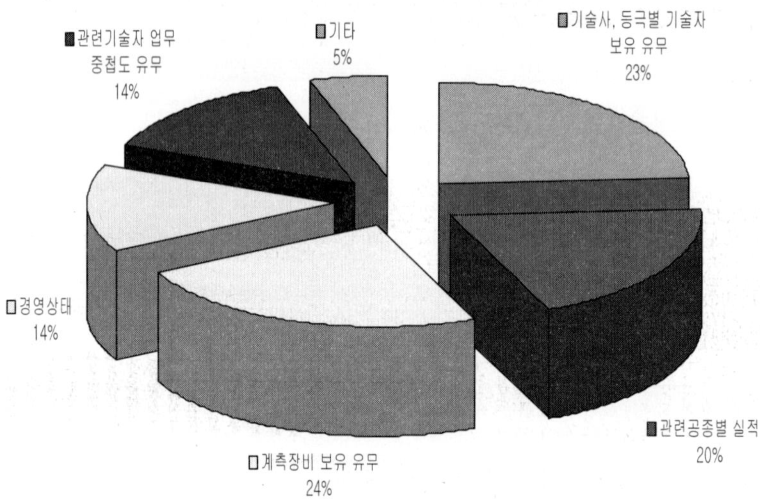

※ 기타 : 기계, 전기, 전자 등 전공자에게도 토목기술자와 동등한 자격 필요, 기술자 연수 및 보수 교육증, 서류상과 실제 대표자 동일여부 등

그림 2 건설계측업의 등록 대상자 및 자격조건으로 필요한 사항

건설계측업의 등록 대상자 및 자격조건으로 필요한 사항을 분석해 보면, 계측장비의 보유가 24%, 기술인력(기술사와 등급별 기술자 보유)확보가 23%, 계측관련 공종별 실적이 20% 순으로 나타나 측량업 및 안전진단전문기관 등록의 경우 허가제(자본금, 기술인력, 장비 등에 대한 규정)로써 계측업의 등록규정보다 좀 더 현실적인 자격요건을 명시하고 있으며, 별도 진단장비[건설교통부령, 시설물의 안전관리에 관한 특별법 시행규칙], 측량업[측량법, 대통령령 제18476호 일부개정 2004. 07. 20]이 정하는 진단, 측량 측정장비에 대한 조건을 충족시켜야만 하는 내용과 유사한 것으로 나타났다.

3) 건설계측업의 공종별 등록제도의 필요성

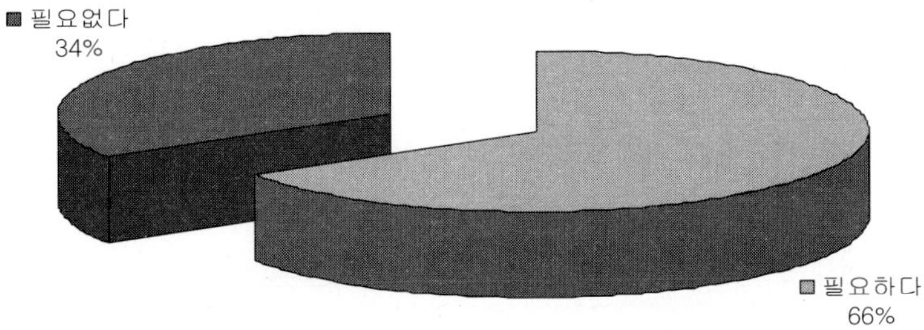

(예 : 연약지반, 터널, 사면, 교량, 댐, 건축물 등)

그림 3 건설계측업의 공종별 등록제도의 필요성

건설계측업의 공종별 등록제도의 필요성은 66%가 필요한 것으로 응답하여 안전진단전문기관 등록시 공종별로 등록하도록 하는 제도와 같은 의견이 많았다.

4) 건설계측장비 초기 인수시 검정실시 여부

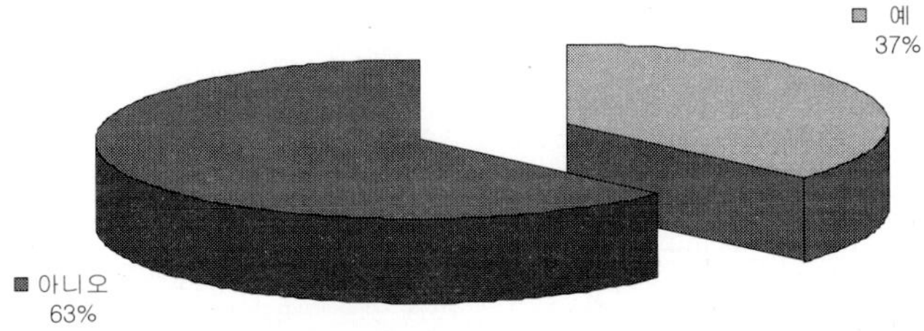

그림 4 건설계측장비 초기 인수시 검정실시 여부

계측장비 초기 인수시 검정(Calibration) 실시여부에 대해서는 37%만 검정을 실시하고 63%는 검정을 실시하지 않는 것으로 조사되었다.

계측기기는 정확한 측정을 위해 사용 전에 검정을 받고 사용 중에는 기계오차에 대하여 주기적인 교정이 필수적이나, 대부분의 국내 계측기기는 계량 및 측정에 관한 법률 시행규칙 (검정의 생략 등) 내용 중 새로이 개발된 계량기로서 그에 대한 검정 설비가 구비되어 있지 않은 계량기이거나, 검정에 특수한 설비를 필요로 하는 계량기에 해당되어 검교정 대상도 아니며, 국가표준 및 검인증 기준이 없어 국가공인기관에서의 검교정이 어려운 실정이며, 이로 인해 계측업체에서 자체적인 기준에 의해 검교정을 실시하고 있으나 설문조사 내용과 같이 63%는 검정을 실시하지 않는 것으로 조사되어 이에 대한 개선책이 필요한 것으로 판단된다.

5) 건설계측장비에 대한 검정 주기

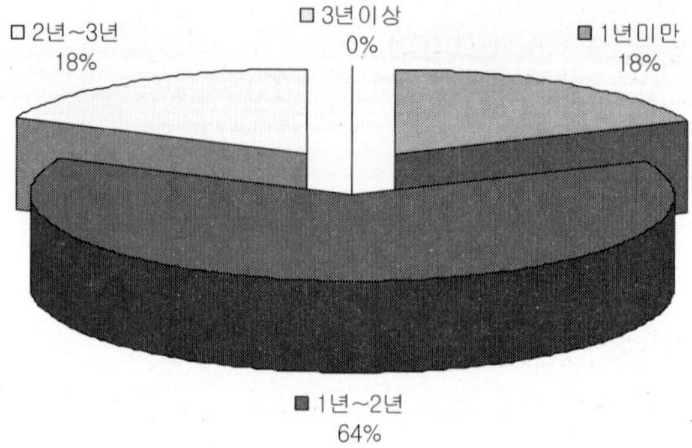

그림 5 건설계측 장비에 대한 검정 주기

건설계측장비에 대한 검정 주기에 대해서는 1년 미만이 18%, 1년에서 2년이 64%, 2년에서 3년이 18%로 조사되었다.

6) 건설계측장비에 대한 검정 수행기관

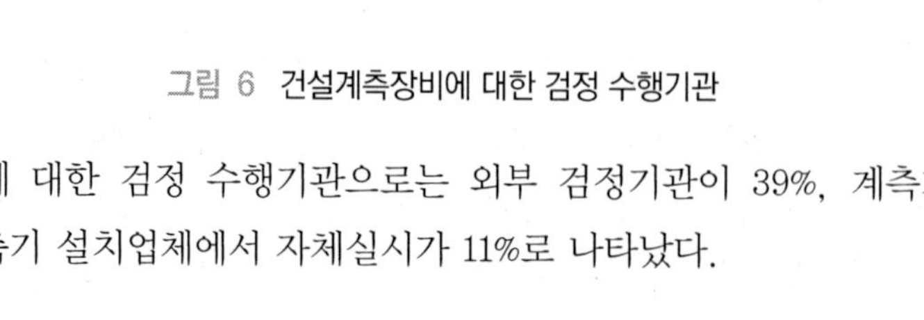

그림 6 건설계측장비에 대한 검정 수행기관

건설계측장비에 대한 검정 수행기관으로는 외부 검정기관이 39%, 계측기 제조사29%, 기타 21%, 계측기 설치업체에서 자체실시가 11%로 나타났다.

7) 건설계측기기 검 · 교정 대행기관

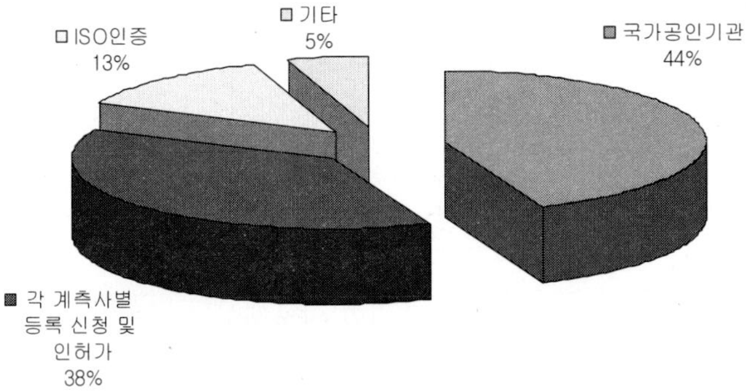

그림 7. 건설계측기기 검 · 교정 대행기관

건설계측기기 검 · 교정 대행기관으로는 국가공인기관이 44%, 계측사별 등록신청 및 인허가 38%, ISO인증 13%로 나타났다.

3. 건설 계측 및 계측업의 발전 방안

건설 계측 및 계측업의 발선 방안 검토에서는 건설계측협회 및 학회 설립 검토, 건설계측업 지정을 위한 관련법 검토, 건설계측품셈 제 · 개정 검토, 건설계측관련 설계기준 및 시방기준 제 · 개정 검토, 건설계측 전문인력 실무교육기관 지정 검토, 계측기기의 성능검사전문기관 검토, 계측기기의 하자담보책임기간 검토, 계측기기의 손망실 비율 반영 검토 등을 수행하였으며, 각 항목별 발전 방안은 다음과 같다.

3.1 가칭 한국건설계측협회 및 학회 설립 검토

가칭 한국건설계측협회 및 학회의 설립 검토(우종태, 2009)에서 협회는 어떤 목적을 위하여 회원들이 협력하여 설립하고 유지하는 단체를 말하며, 협회의 설립은 "민법 제32조(비영리법인의 설립과 허가) 학술, 종교, 자선, 기예, 사교 기타 영리 아닌 사업을 목적으로 하는 사단 또는 재단은 주무관청의 허가를 얻어 이를 법인으로 할 수 있다."에 근거를 두고 있다.

보통 협회의 구분은 등록을 하지 않은 비등록 협회와 정식으로 인가 및 등록을 해서 대외적으로 공신력을 갖고 활동하는 등록 협회로 구분되고, 가칭 사단법인 한국건설계측협회는 민법 제32조의 근거에 따른 등록 협회로 설립되어야 하며, 국토해양부에 등록할 경우 국토해양부 비영리법인 설립 및 감독에 관한 규칙에 따라 설립허가를 받아야 한다.

학회는 학술활동이 주된 영역으로 한국연구재단에 학회 회칙이나 정관을 보내면 가입이 승인되고, 등재학술지는 학술지 평가를 거쳐 선정되며, 신청년도를 제외한 1년에 1회 이상 최근 3년간 발간실적이 있는 학술지가 대상이 된다.

3.2 건설계측업 지정을 위한 관련법 검토

건설계측업 지정(우종태, 2006)을 위한 관련법 검토에서는 건설기술관리법, 건설산업기본법, 시설물의 안전관리에 관한 특별법, 엔지니어링기술진흥법등을 대상으로 검토하였다.

계측업무는 특수한 전문분야로 계측에 대한 전반적인 이해나 경험 없이는 계측기기의 설치, 관리, 데이터 처리, 개략분석 및 평가, 사후관리 등을 할 수 없기 때문에 계측기술자의 경험이 매우 중요하다. 따라서 관계법규를 제・개정하여 일정수준의 기술인원, 자본금, 사무실, 계측장비를 갖춘 업체가 건설계측전문업 또는 건설계측감리전문업으로 등록하여 영업활동을 할 수 있도록 하는 법제화가 필요하며, 구체적인 법제화 방안으로는 건설기술관리법의 품질검사 전문기관의 지정 등에 계측관리전문업을 포함시키는 방안, 건설산업기본법의 전문건설업종에 건설계측전문업을 포함시키는 방안, 시설물의 안전관리에 관한 특별법의 확보장비와 인원을 보완하여 계측관리전문업을 포함시키는 방안, 엔지니어링기술진흥법의 건설부분에 계측관리전문업을 포함시키는 방안 등이 있으나, 엔지니어링기술진흥법에서 엔지니어링활동이라 함은 과학기술의 지식을 응용하여 사업 및 시설물에 관한 연구·기획·타당성조사·설계·분석·구매·조달·시험·감리·시운전·평가·자문·지도 기타 대통령령이 정하는 활동과 그 활동에 대한 사업관리를 규정한 것으로 건설계측관리의 업무범위에 가장 밀접한 것으로 판단되어 엔지니어링기술진흥법의 건설부분에 계측관리전문업을 포함시키는 것이 가장 합리적인 방안으로 판단된다.

3.3 건설계측품셈 제・개정 검토

건설계측품셈 제・개정 검토(우종태 등, 2001)에서는 표준품셈, 실적공사비제도를 대상으로 검토하였으며, 건설 계측관련 품셈은 한국엔지니어링진흥협회에서 1985년5월7일 제정 공시된 표준품셈 제4호 토질 및 기초조사 표준품셈 중 제5장에 계측관리를 삽입하여 1996년2월15일 최종 승인되었으며, 계측설계 및 정산시 발주처에서는 한국엔지니어링진흥협회에서 승인한 토질 및 기초 조사 표준품셈 제5장에 의거하여 계측기기 종류별 측정 및 정리비, 분석비가 측정 및 분석빈도에 따라 산정이 되고 있으나, 계측기기의 종류 및 방식이 각 계측전문업체마다 상이하여 현장 조건에 따라 적용이 어렵고, 원도급자와 하도급업체간에 분쟁의 소지가 많아 직접 적용하기에는 문제가 많은 것이 현실이다. 또한, 계측전문업체의 견적을 받아 계측관리비를 산정하여 설계에 반영하는 경우에도 계측관리비가 계측전문업체별로 큰 차이를 보이고 있다.

이러한 사항을 개선하기 위한 대안으로 계측비는 물가정보 및 기존의 품셈 등에 따라 설계와 정산을 하고 계측관리비는 엔지니어링사업 노임단가 기준 중 건설부분을 적용하는 것이 합리적인 방안으로 판단되며, 건설계측 표준시방서와 함께 건설계측 표준품셈의 연구와 제정을 통해 계측관리비 표준화 및 제도화가 필요하다.

3.4 건설계측관련 설계기준 및 시방기준 제 · 개정 검토

건설계측관련 설계기준 및 시방기준 제·개정 검토(한국구조물진단유지관리공학회 등, 2007)에서는 건설공사의 각종기준, 건설공사기준 및 관리주체 현황, 건설공사기준 정비 현황, 건설계측 표준시방서(안)등을 검토하였다. 2007년 3월부터 2007년 10월까지 한국구조물진단유지관리공학회에서 건설계측 표준시방서(안) 작성 학술연구용역을 수행하여 자체자문위원 검토 및 수정을 거쳐 한국구조물진단유지관리공학회에서 2008년 2월 국토해양부에 건설계측 표준시방서 제정을 요청한 바 있고, 2009년 2월까지 국토해양부에서 관련기관의 의견을 수렴완료 하였으나, 현재는 저탄소 녹색성장 위주의 설계기준 및 시방기준 제·개정 우선순위에 밀려 국토해양부 중앙건설기술심의위원회에 상정이 보류되어 있는 실정이나, 향후 건설공사 및 유지관리 계측표준시방서가 제정되면, 이를 바탕으로 한 건설계측 설계기준 및 건설계측 편람 등의 작성이 필요하다.

3.5 건설계측 전문인력 실무교육기관 지정 검토

건설계측 전문인력 실무교육기관 지정 검토(우종태, 2009)에서는 국토해양부의 건설기술자 교육훈련제도에 관한 규정에서 건설기술자의 최초교육 및 승급교육은 건설기술관리법 시행령 제7조 제1항 내지 제5항에 건설기술자로서 최초로 시행령 제7조 제1항 각호 어느 하나에 해당된 날부터 3년 이내에 기본교육 및 전문교육을 받아야 한다고 명시되어 있으며, 대상자는 주택건설사업 또는 대지조성사업, 건설업, 품질검사전문기관, 건축사사무소, 건설관련 기술사사무소, 건설관련 엔지니어링활동주체, 측량업 등에 종사하는 건설기술자이며, 일정한 자격·경력요건이 충족되어 현재의 기술등급보다 높은 기술등급을 받고자 하는 경우 전문교육을 이수하도록 규정되어 있다.

소방방재청에서 제정한 급경사지 재해예방에 관한 법률(일부개정 2008.3.21 법률 제8976호: 시행일 2008.7.28)에서 계측전문인력의 사전 실무교육규정은 다음과 같다.

제30조 (계측전문인력의 사전 실무교육) ① 상시계측관리의 공정성과 공신력의 확보 및 기술력의 증진을 위하여 다음 각 호에 해당하는 자는 행정안전부령으로 정하는 바에 따라 소방방재청장이 실시하는 실무교육훈련과정을 사전에 이수하여야 한다. (개정 2008.2.29)

1. 제22조제1항에 따라 계측업에 종사하는 전문기술자
2. 제27조제1항에 따라 성능검사대행업무에 종사하는 전문기술자

현재까지 계측전문인력 공식 교육기관은 없으며, 급경사지 재해예방에 관한 법률 제정으로 2007년 7월 발족된 사단법인 사면재해경감 협회에서는 소방방재청으로부터 계측전문인력의 사전 실무교육기관으로 지정받기 위한 실무 준비를 하는 것으로 파악되었다.

가칭 한국건설계측협회가 설립되면 우선적으로 부설 교육기관을 만들어 소방방재청으로부터 방재관련 전문기관 또는 단체로 지정받아 실무교육을 대행하는 방안이 합리적인 것으로 판단된다.

3.6 계측기기의 성능검사전문기관 검토

계측기기의 성능검사전문기관 검토(우종태, 2009)에서는 소방방재청의 급경사지 재해예방에 관한 법률(일부개정 2008.3.21 법률제8976호: 시행일 2008.7.28)에 계측기기의 성능검사를 의무적으로 하도록 아래와 같이 규정하고 있다.

제26조 (계측기기의 성능검사) ① 계측업자가 상시계측관리를 함에 있어서는 소방방재청장이 실시하는 성능검사(이하 "성능검사"라 한다)에 합격한 계측기기를 사용하여야 한다.

② 성능검사의 대상 · 기준 및 절차 등에 관하여 필요한 사항은 행정안전부령으로 정한다. (개정 2008.2.29)

③ 소방방재청장은 제2항에 따른 성능검사 결과가 적합한 경우에는 행정안전부령으로 정하는 바에 따라 검사필증을 교부하여야 한다. (개정 2008.2.29)

④ 소방방재청장은 제27조에 따라 등록을 한 자(이하 “성능검사대행자”라 한다)로 하여금 성능검사를 대행하게 할 수 있다. 이 경우 성능검사대행자는 제2항

에 따른 성능검사 결과가 적합한 경우에는 행정안전부령으로 정하는 바에 따라 검사필증을 교부하여야 한다.

계측기기의 성능검사전문기관 검토에서는 계측기기의 검정과 교정을 위해 건설공사 품질검사전문기관에서 계측기기에 대한 검교정을 시행하는 방안, 가칭 사단법인 한국건설계측협회에서 한국인정기구(KOLAS)에 교정 및 검사기관으로 공인을 받아 협회 회원사의 계측기기에 대한 검교정을 시행하는 방안, 소방방재청의 급경사지 재해예방에 관한 법률 시행령에 따른 성능검사 대행자 자격을 인정받는 방안, 대학내에 설립되어 있는 건설계측검교정센터와 협력체를 구성하는 방안 등을 다양하게 비교 검토하여 결정하는 것이 국내 계측기기 기술수준 증대와 건설계측업체의 경제성 향상에 도움이 될 것으로 판단된다.

3.7 계측기기의 하자담보책임기간 검토

계측기기의 하자담보책임기간 검토(우종태 등, 2008) 에서는 계측기기의 하자담보책임기간, 건설공사의 하자담보책임기간 등을 검토하였다.

2009년 개정된 터널표준시방서(국토해양부 등, 2009) 개정시 준공후 계측시스템의 하자담보책임기간(하자보수기간)은 공동주택관리령(대통령령 제18044호 제16조 사업주체의 하자보수 별표7) 국내공동주택의 전자장치들의 하자보수기간 2년 이후에도 정상적으로 작동할 수 있도록 터널 관리주체가 계측시스템을 유지 보수하도록 검토되고 있으며, 계측업체 선정시 장기적인 무상하자 보증기간을 제시하는 업체에 가산점을 추가하여 책임시공 및 보증을 유도하는 방안이 많이 채택되고 있으며, 서울특별시 도시기반시설본부에서는 현재 국내에서 적용되고 있는 계측시스템의 무상하자보증기간을 최종설치 준공일로부터 최소 3년 이상을 적용하고 있다.

3.8 계측기기의 손망실 비율 반영 검토

계측기기의 손망실 비율 검토에서는 국내 공사계측시, 국외 공사계측시, 국내 유지관리 계측시, 국외 유지관리 계측시 손망실 비율 등을 검토하였다.(우종태, 2009; Colin S Harris 등, 1996; John Dunniclif, 1993)

검토결과 국내 공사계측시 총 손망실 비율은 6.8%, 유지관리계측시 총 손망실 비율은 25.4%로 평균 총 손망실 비율은 8.6%로 나타났다. 국외 계측기 총 손망실 비율은 일본의 현장기술자를 위한 흙과 기초시리즈의 계측기와 계측시스템을 참고하여 산출한 결과 공사종류별 손망실 비율은 쉴드 9.8%, 댐 7.4 %, 기타 6.5%, 매립 5.6%, 굴착 4.2%, 성토 4.1%, 교량 및 기초 3.2%, 터널 2.3%로 나타났다. 계측기별 손망실 비율은 토압 및 수압계 9.2%, 기타 7.4%, 온도계 4.6%, 응력 축력 및 층별 침하계 3%, 변위 변형률 및 위치 경사계 1.8%로 나타났으며, 전체 평균 손망실 비율은 3.6%로 나타났다. 유로터널의 유지관리 계측시 손망실 비율은 14.3%로 다소 크게 나타났다.

국내 및 국외의 계측기 손망실 비율에 대한 자료가 많지 않은 상태에서 정확한 손망실 비율을 정하기는 어려운 실정으로 보다 많은 자료를 수집하여 결정하는 것이 타당하나, 잠정적으로 공사계측에서의 손망실 비율은 7%, 유지관리계측에서의 손망실 비율은 25%를 적용하는 것을 추천한다.

4. 결 론

건설 계측 및 계측업은 IT산업 및 정보통신기술의 급격한 발달과 함께 빠르게 발전하였으나, 건설계측 및 계측업이 제대로 정착하기 위한 제도적 및 법적 뒷받침은 상당히 미비하여 이에 대해 건설계측의 현황 분석, 건설계측업의 현황 분석, 건설계측분야의 설문조사 결과제시 및 각 현황 분석을 토대로 건설 계측 및 계측업의 발전 방안을 제시하였으며, 주요 검토내용은 다음과 같다.

1) 건설계측의 현황 분석에서는 계측기술 및 기기적 측면, 경제 및 산업적 측면을 분석하였다.
2) 건설계측업의 현황 분석에서는 건설계측업의 특성, 건설계측업의 영역, 건설계측업의 등록, 계측기술자의 기술력, 건설현장에서 계측업체의 선정에 관하여 상세하게 분석하였다.
3) 건설계측분야의 설문조사 결과에서는 건설계측관련 등록업체의 세부 사업종목 현황, 계측업의 등록 대상자 및 자격조건으로 필요한 사항, 계측업의 공종별 등록제도의 필요성, 계측장비 초기 인수시 검정실시 여부, 계측장비에 대한 검정 주기, 계측장비에 대한 검정 수행기관, 계측기기 검・교정 대행기관 등에 대한 설문결과 내용을 제시하였다.
4) 건설 계측 및 계측업의 발전 방안 검토에서는 건설계측협회 및 학회 설립 검토, 건설계측업 지정을 위한 관련법 검토, 건설계측품셈 제・개정 검토, 건설계측관련 설

계기준 및 시방기준 제·개정 검토, 건설계측 전문인력 실무교육기관 지정 검토, 계측기기의 성능검사전문기관 검토, 계측기기의 하자담보책임기간 검토, 계측기기의 손망실 비율 반영에 대하여 검토가 수행되었다.

이러한 문제들을 점진적으로 해결하기 위해 2008년 초에 10개사의 계측전문업체와 학계가 참여한 한국건설계측협의회를 결성하였고 2009년 6월에 26개사의 계측전문업체 중심으로 한국건설계측업협회 발기인대회를 개최하여 산학연 공동으로 노력 중에 있으나, 많은 어려움이 있는 것이 현실이므로 건설관련 정부기관 및 건설업계의 지속적인 관심과 협조가 필요한 시점이다.

참고문헌

1. 건설교통부, 한국건설교통기술평가원(2007) 국가주요기반 시설물 안전관리 네트워크 시범구축 및 운영 관리방안 연구기획보고서.
2. 건설교통부(2007) 2007년도 업무계획, 건설계측 기술의 육성 관리에 관한 법률(가칭).
3. 국토해양부, 한국구조물진단유지관리공학회(2008) 건설공사 및 유지관리 계측시방서(안) 의견조회.
4. 국토해양부, 한국터널공학회(2009) 터널표준시방서.
5. 우종태, 이 송(2001) 지하철 터널에서 유지관리계측의 문제점 분석 및 개선방안, 한국구조물진단학회 논문집, Vol.5. No.4, pp.161~167.
6. 우종태(2006) 터널계측의 이론과 실무, 구미서관.
7. 우종태 등(2006) 지하구조물 안전계측의 이론과 실무, 한국구조물진단유지관리공학회, 구미서관.
8. 우종태, 이래철(2008) 건설계측공학, 구미서관.
9. 우종태, 이강일(2008) 이공계 학생의 실무능력 향상을 위한 건설계측의 이론과 실무 신규 교과목 교재 개발, 한국학술진흥재단 2008년도 대학교육과정개발연구지원 연구계획서.
10. 우종태(2009) 국내 건설계측(업)의 현황과 지속가능 발전을 위한 제언, 대한토목학회지 토목, pp.119~123.
11. 유동호 등(2007) 급경사지 계측관리의 제도화 및 계측관리방안에 대한 연구, 2007봄학술발표 논문집, 한국지반공학회.
12. 지식경제부(2009) 엔지니어링기술진흥법, 시행령,시행규칙.
13. 한국구조물진단유지관리공학회, 우종태 등(2007) 건설 공사및 시설물 유지관리 계측시방 기준 연구개발계획서, 한국시설안전공단.
14. 행정안전부(2008) 급경사지 재해예방에 관한 법률, 시행령(안), 시행규칙(안).
15. Colin S Harris, Malcolm B. Har(1996) Engineering Geology of the Channel Tunnel, pp.277~294.
16. John Dunniclif(1993) Geotechnical Instrumentation for Monitoring Field Performance, pp.39~40
17. Symposia on Field Measurements in Geomechanics(2001) Geotechnical Instrumentation for Field Measurements, University of Florida Continuing Education.

CHAPTER 1

1.2 국내 건설계측(업)의 현황과 지속가능 발전을 위한 제언

본 기술기사는 "국내 건설계측(업)의 현황과 지속가능 발전을 위한 제언"(우종태, 신한기, 김영배, 대한토목학회 기술기사, 2009.01.30, pp119~123)을 재편집하여 기술한 내용이다.

1. 들어가기

최근 들어 사회기반시설 확충에 따라 교량, 터널, 다목적댐, 광역상수도, 하천제방, 절토사면, 지하철, 공항시설물, 대형건축물 등 국가 주요 기반시설물의 시공중 안전대책과 시설물 유지관리에 따른 건설계측의 적용이 일반화되고 있고, 상용화되어 가고 있는 추세에 있다.

건설분야에서의 계측은 시공중의 공사계측과 시설물 공용중의 유지관리계측으로 구분되며, 공사계측의 목적은 주로 설계의 불확정성 요소 등을 보완하고 설계의 타당성을 규명함으로써 시공의 안전성과 경제성을 제공하는 반면, 유지관리계측의 목적은 이미 완공된 구조물에 대하여 공용 중에 지속적으로 시설물의 안전성 확인과 최적의 유지관리가 되도록 객관적이고 연속적인 자료를 제공하여 효율적이고 경제적인 구조물 유지관리에 기여하는 것이다.

건설계측 기술은 IT산업 및 정보통신기술의 급격한 발달과 함께 빠르게 발전하였으나, 건설계측(업)이 제대로 정착하기 위한 제도적 및 법적 뒷받침은 상당히 미비하여 이에 대한 국내 건설계측(업)의 현황을 점검해보고, 건설계측(업)이 지속적으로 발전하기 위한 제언을 하고자 한다.

2. 건설계측(업)의 현황

2.1 국내 계측산업의 현황

1) 계측기술 및 기기적 측면

계측기기 분야의 기술은 매우 학제적이고 복합적이라 미개척분야가 많은 새로운 지식 집약적 첨단기술이며, 현대의 모든 산업 및 연구 분야에 사용되는 핵심기반기술이나, 표 1과 같이 국내의 계측기기분야 산업기술수준은 기술선진국의 약 70%수준에 있는 실정이다.

표 1 계측기기분야 산업기술수준 (한국산업기술평가원, 2006)

주요국	산업기술수준	기술격차 추세
대한민국	70.3	-
미국	94.6	기술격차 확대
일본	86.4	
유럽	85.4	

소분류별 계측기기분야 산업기술 수준 분석결과 표 2와 같이 대부분 미국의 기술수준이 상대적으로 높게 조사되었으며, 우리나라는 기술선진국의 약 68~77% 수준에 있는 실정이다.

표 2 소분류별 계측기기분야 수준분석 결과 (한국산업기술평가원, 2006)

구분	대한민국	미국	일본	유럽	중국
계측센서 및 부품	67.9	94.2 (▲)	92.3(▲)	93.3(▲)	53.5(▲)
광계측기기	75.8	99.2(•)	88(•)	84.4(•)	60.6(•)
안전감시진단계측제어기	76.8	97.2(▲)	91.4(▲)	90.3(•)	65(•)
전자계측기(일반)	73.7	96.6(▲)	88(▲)	84.2(▲)	60.6(•)
전자계측기(통신)	73.1	99.4(•)	87.3(•)	83.9(•)	61.4(•)

* 괄호 : 산업기술격차 추세 (기술격차 유지 (•), 확대 (▲), 축소▼)

정보통신 분야의 최고 산업기술 보유국은 표 3과 같이 97.6점의 미국이며, 우리나라의 산업기술 수준은 세계 약5위이고, 최고 산업기술 보유국을 100점으로 하였을 때 80점이며, 최고 산업기술 보유국과 기술격차는 3.7년으로 평가되었다.

표 3 정보통신분야 산업기술수준 조사 분석 (한국산업기술평가원, 2006)

구분	대한민국	미국	일본	유럽	중국
시스템 응용 H/W	81.5	95.5	89.3	84.5	60.6
시스템 H/W	75.5	97.8	87.4	83.1	59.4
시스템 H/W	79.9	98.6	84.6	88.1	65.7
응용 S/W	79.1	97.7	86.2	85.3	63
정보기술 S/W	78.1	98.7	83.8	82.5	61.8
통신기기	83.7	97.3	88.1	86.9	68.5
통신부품	81.7	96.8	90.1	87.2	64.6

국내 건설현장에서 우수한 계측기를 선정하기 위해서는 계측기의 현장적용성, 정확성, 정밀도, 내구년한 등을 종합적으로 고려해야 하며, 특히 매립식 계측기기인 경우는 반영구적인 내구년한이 필요하므로 유사 현장조건에 기 적용한 실적이 있는 계측기종을 선정하는 것이 바람직하며, 계측기기의 성능은 현재 국내에서도 여러 계측 전문업체에서 다양한 계측기종을 생산하여 현장에 적용하고 있으나, 국내 계측기기의 조립과정이나 생산기반시설 등을 종합해볼 때 계측기 생산업체별로 기술수준의 차이가 커서 계측기기의 신뢰도에 문제가 있는 것이 현실이다.

이에 비해 건설계측기술이 발달된 국외의 기술선진국의 경우는 계측업체별로 전 세계 현장을 대상으로 다양한 건설현장에서 각종 시험 및 검교정과정을 거쳐 대량생산하므로 인해 계측기기의 신뢰도가 높으며, 내구성이 검증된 다양한 종류의 계측기기가 생산 및 현장에 적용되고 있으나, 국산 계측기에 비해 가격이 고가이고, 고장 및 문제 발생시에는 신속한 대응이 어려워 공사중 및 시설물 유지관리시 계측시기를 상실하는 등의 문제점이 있는 것이 현실이다.

2) 경제 및 산업적 측면

국내 센서시장의 비약적인 성장에도 불구하고, 국내 생산실적은 상당히 저조하여 표 4와 같이 1999년 1,305억원, 2001년 1,896억원, 2003년 1,387억원 정도로 집계되고 있어 국내시장의 약 60~70%정도를 수입에 의존하고 있는 것으로 나타났다. 국내 센서시장 규모는 1999년 3,635억원, 2001년 4,330억원, 2003년 5,425억원 정도로 집계되고 있다.

표 4. 센서 수급 현황 (단위: 억원) (센서연구조합, 2005)

구분	1999	2000	2001	2002	2003
생 산	1,305.46	1,554.50	1,896.39	2,355.68	1,387.72
수 입	1,941.53	2,221.39	1,872.70	1,917.62	3,364.65
합 계	3,635.30	4,220.17	4,330.90	4,752.70	5,425.30
수 출	298.23	371.16	279.15	296.11	518.00

2.2 건설계측업의 현황

건설계측의 시장규모는 년간 약4,000억원 이상의 규모이며, 건설계측관련 업체수도 약 2,272개로 상당한 규모를 차지하고 있으나, 과학적이고 합리적인 건설계측 체계 구축을 위해 공종별 계측 시방기준 및 시설물 유지관리의 계측기준은 거의 없는 실정이며, 건설계측기술의 육성 및 관리에 관한 법률 규정도 없고, 건설 전문업체 분류에도 건설계측분야는 포함되어 있지 않아 계측업체의 저가 하도급으로 인해 저급의 기술자가 투입되어 건설계측 기술력이 계속 퇴보하고 있어 건설계측 기술력 향상을 위한 규정마련과 제도개선이 시급한 실정이다.

또한, 수많은 건설계측업체의 난립으로 과도한 경쟁, 무분별한 저가투찰로 계측기술 수준의 저하가 우려되고 있고, 계측 분석비용을 계측비에 반영해 주지 않아 해당분야 전문가에 의한 합리적인 계측분석이 곤란하고, 계측기기의 손망실에 대해 계측기기 설치업체와 타 공종 업체간에 의견이 상충되는 경우까지 발생되고 있다.

참고로 1999년 10월 00교통공단 발주공사인 0지하철 0호선 000공구 시설공사에 대한 건설교통부의 감사결과 설계예산서상에 계측(관측)업무는 품질관리업무와 동일한 업무로서 비용이 중복하여 계상되었다고 지적하여 관측비(직접공사비) 및 이에 대한 간접공사비 상당의 공사대금을 지급해 주지 않아 시공사인 00건설이 공사계약 일반조건 제51조인분쟁의 해결 규정에 따라 중재법에 의한 중재기관인 사단법인 대한상사중재원에 2002년 4월 중재판정 결과 "계측관측비는 직접노무비로 보아야 하고, 간접노무비로 볼 수 없는 것이며, 직접노무비와 간접노무비로 중복된 것이 아니라고 인정 된다"라는 중재판정이 있었으나, 일부 발주처에서는 아직까지도 계측관리 및 분석비를 설계에 반영하지 않고 있는 실정이다.

건설계측업은 특수한 전문분야로 계측 대상구조물에 대한 설계, 시공뿐만 아니라 계측센서, 장비 및 전자, 정보처리, 통신에 대한 전반적인 이해나 경험 없이는 계측기기의 설치, 관리, 데이터 처리, 분석 및 평가, 사후관리 등을 할 수 없기 때문에 계측업체의 시스템과 계측기술자의 전문성이 매우 중요하다.

최근 몇몇 현장에서 엔지니어링활동 주체신고(토질및기초, 구조, 지질및지반)를 필 한 업체에 한 해서 입찰에 참여시키고 있으나, 이 또한 아직 미진한 점이 많고, 상근 기술사를 보유하고 있지 않은 업체가 많아 계측데이터의 분석력이 떨어지거나, 주기적인 현장 방문이 이루어지지 않음으로써 사전에 문제를 최소화 할 수 있는 대처능력이 부족한 실정이다. 또한 영세 계측업체 난립으로 저가수주로 인한 불량계측기 설치 및 비전문가의 계측수행 등으로 계측데이터의 오류, 분석력 저하의 문제가 발생하고 있어 발주자로부터 계측자체에 대한 신뢰가 떨어지는 일이 빈번하게 발생되고 있다.

현재의 계측업체 선정은 시공자가 본사 기준이나 현장 자체 평가기준으로 선정하고 있으나 주로 입찰금액이 가장 낮은 계측업체가 선정되는 경우가 많다. 이로 인해 계측업체와 시공사간에는 종속관계가 형성되어 실질적인 계측업무보다는 형식적인 계측관리가 되고 있는 실정이다.

3. 건설계측(업)의 지속가능 발전을 위한 제언

3.1 관련법에 건설계측업 지정

소방방재청에서 제정한 급경사지 재해예방에 관한 법률(법률제8976호, 시행일 2008. 7. 28) 제22조 (계측업의 등록)에 의하면 "급경사지에 대한 상시계측관리를 업으로 하고자 하는 자는 대통령령으로 정하는 기술능력 및 시설 등의 등록기준을 갖추어 행정안전부령으로 정하는 바에 따라 특별시장 · 광역시 장 · 도지사 또는 특별자치도지사에게 등록하여야 한다"라고 되어 있으나 이 규정은 오직 급경사지에 대한 계측업을 규정한 것이다.

따라서 건설관련 전분야에 대한 계측업에 대해 관계법규를 제 · 개정하여 일정수준의 기술인원, 자본금, 사무실, 계측장비를 갖춘 업체가 건설계측전문업 또는 건설계측감리전문업으로 등록하여 영업활동을 할 수 있도록 하는 법제화가 필요하며, 구체적인 법제화 방안으로는 건설기술관리법의 품질검사 전문기관의 지정 등에 계측관리전문업을 포함시키는 방안, 건설산업기본법의 전문건설업종에 건설계측전문업을 포함시키는 방안, 시설물의 안전관리에 관한 특별법의 확보장비와 인력을 보완하여 계측관리전문업을 포함시키는 방안, 엔지니어링기술진흥법의 건설부분에 계측관리전문업을 포함시키는 방안 등이 검토될 수 있으나, 엔지니어링기술진흥법에서 엔지니어링활동이라 함은 과학기술의 지식을 응용하여 사업 및 시설물에 관한 연구·기획·타당성조사·설계·분석·구매·조달·시험·감리·시운전·평가·자문·지도 기타 대통령령이 정하는 활동과 그 활동에 대한 사업관리를 규정한 것으로 건설계측관리의 업무범위에 가장 밀접한 것으로 판단되어 엔지니어링기술진흥법의 건설부분에 계측관리전문업을 포함시키는 것이 가장 합리적인 방안으로 판단된다.

3.2 건설계측관련 설계기준 및 시방기준 제 · 개정 검토

건설계측이 체계적으로 발전하기 위해서는 건설계측관련 설계기준 및 시방기준 제 · 개정이 필요하며, 2007년 10월에 한국구조물진단유지관리공학회(회장 안영기)에서 건설계측 표준시방서(안) 작성 학술연구용역(연구책임자: 이송교수, 우종태교수)을 수행하여 자체자문위원 검토 및 수정을 거쳐 학회에서 2008년 2월 국토해양부에 건설공사 및 유지관리 계측표준시방서 제정을 요청한 바 있고, 2008년 9월 국토해양부에서 관련기관의 의견을 수렴 중으로 금년 말 이전에 건설공사 및 유지관리 계측표준시방서가 제정되면, 이를 바탕으로 한 건설계측 설계기준 및 건설계측 편람 등의 제정이 필요하다.

3.3 건설계측품셈 제 · 개정 검토

건설계측관련 품셈은 한국엔지니어링진흥협회에서 1985년 제정 공시된 표준품셈 제4호 토질 및 기초조사 표준품셈 중 제5장에 계측관리를 삽입하여 1996년 최종 승인되었으며, 계측설계 및 정산시 발주처에서는 한국엔지니어링진흥협회에서 승인한 토질 및 기초 조사 표준품셈 제5장에 의거하여 계측기기 종류별 측정 및 정리비, 분석비가 측정 및 분석 빈도에 따라 산정이 되고 있으나, 계측기기의 종류 및 방식이 각 계측전문업체마다 상이하여 현장 조건에 따라 적용이 어렵고, 원도급자와 하도급업체 간에 분쟁의 소지가 많아 직접 적용하기에는 문제가 많은 것이 현실이다. 또한, 계측전문업체의 견적을 받아 계측관리비를 산정하여 설계에 반영하는 경우에도 계측관리비가 계측전문업체별로 큰 차이를 보이고 있다.

이러한 사항을 개선하기 위한 대안으로 계측비는 물가정보 등에 따라 설계와 정산을 하고 계측관리비는 엔지니어링사업 노임단가 기준 중 건설부분 및 기타부분을 적용하는 것이 합리적인 방안으로 판단되며, 건설계측 표준시방서와 함께 건설계측 표준품셈의 연구와 제정을 통해 계측관리비 표준화 및 제도화가 시급한 실정이다.

3.4 계측기기의 성능검사전문기관 지정

건설공사에 사용되는 대부분의 계측기기는 계량 및 측정에 관한 법령에 규제가 되지 않아 검교정 대상이 아니며, 국가 표준 및 검인증 기준이 없어 국가 공인기관에서 검교정이 불가능 하므로 생산업체나 계측업체에서 자체 마련한 검사 기준 및 교정 절차에 따라 검교정이 수행되므로 대외적인 신뢰도가 낮은 것이 현실이며, 이에 대한 법적개정 등이 필요하다.

건설계측기기의 성능향상을 위해 성능검사전문기관으로는 가칭 사단법인 한국건설계측협(학)회를 만들어 여기서 한국인정기구(KOLAS)에 교정 및 검사기관으로 공인을 받아 협회 회원사의 계측기기에 대한 검교정을 시행하는 방안과 소방방재청의 급경사지 재해예방에 관한 법률 시행령에 따른 성능검사 대행자 자격을 인정받는 방안, 그리고 관계 대학의 건설계측검교정센터와 협력체를 구성하는 방안 등이 검토될 수 있다.

3.5 계측기기의 손망실률 설계 반영

국내 · 외 적으로 계측기 손망실률에 대한 정확한 통계가 적은 상태에서 정확한 손망실률을 정하기는 어려운 실정으로 보다 많은 자료를 수집하여 결정하여야 하나, 연구결과 잠정적으로 공사중계측에서의 손망실률은 10%, 유지관리계측에서의 손망실률은 20%를 적용하여 계측완료후 실정산하는 방안이 타당할 것으로 판단된다.

4. 맺음말

건설계측 기술은 IT산업 및 정보통신기술의 급격한 발달과 함께 빠르게 발전하였으나, 건설계측(업)이 제대로 정착하기 위한 제도적 및 법적 뒷받침은 아주 미비한 실정에 있다.

건설계측 시장규모가 년간 약4,000억원 이상의 규모이며, 건설계측관련 업체수도 약 2,272개로 상당한 규모를 차지하고 있으나, 과학적이고 합리적인 건설계측 체계 구축을 위해 공종별 계측 시방기준 및 시설물 유지관리의 계측기준은 거의 없는 실정이며, 건설계측기술의 육성 및 관리에 관한 법률 규정도 없고, 건설 전문업체 분류에도 건설계측분야는 포함되어 있지 않아 계측업체의 저가 하도급으로 인해 저급의 기술자가 투입되어 건설계측 기술력이 계속 퇴보하고 있어 건설계측 기술력 향상을 위한 규정마련과 제도개선이 시급한 실정이다.

이러한 문제를 해결하여 국내 건설계측(업)의 지속가능 발전을 위한 제언사항으로 관련법에 건설계측업 지정, 건설계측관련 설계기준 및 시방기준 제 · 개정, 건설계측품셈 제 · 개정, 계측기기의 성능검사전문기관 지정, 계측기기의 손망실률 설계 반영 등을 제언하였다.

이러한 문제들을 점진적으로 해결하기 위해 10여개의 계측전문업체가 2008년초에 한국건설계측협의회(회장 신한기)를 결성하여 활동중에 있으나, 많은 어려움이 있는 것이 현실이므로 건설관련 기관 및 업계의 지속적인 관심과 협조를 당부드리며, 건설계측업계에 종사하는 분들도 건설계측(업)이 지속가능발전이 가능한 분야로 거듭나기 위한 노력이 더욱 필요한 시점이다.

참고문헌

1. 건설교통부, 한국건설교통기술평가원, "국가주요 기반시설물 안전관리 네트워크 시범구축 및 운영관리방안 연구기획보고서", 2007.04
2. 건설교통부, "2007년도 업무계획·건설계측기술의 육성 및 관리에 관한 법률(가칭)", 2007.01
3. 국토해양부, 한국구조물진단유지관리공학회, "건설공사 및 유지관리 계측시방서(안) 의견조회", 2008.08
4. 김정호, "건설엔지니어링 업계의 현황과 지속가능 발전을 위한 제언", 대한토목학회 토목 제56권 제1호, 2008.01
5. 우종태, "터널계측의 이론과 실무", 구미서관, 2006.07
6. 우종태외, "지하구조물 안전계측의 이론과 실무", 한국구조물진단유지관리공학회, 구미서관, 2006.11
7. 우종태, 이래철, "건설계측공학", 구미서관, 2008.09
8. 우종태, 이강일, "이공계 학생의 실무능력 향상을 위한 건설계측의 이론과 실무 신규 교과목 교재 개발", 한국학술진흥재단 2008년도 대학교육과정개발연구지원 연구계획서, 2008.09
9. 우종태, 이 송, "지하철 터널에서 유지관리계측의 문제점 분석 및 개선방안", 한국구조물진단학회논문집, Vol.5. No.4, 2001.10, pp.161~167.
10. 지식경제부, "엔지니어링기술진흥법, 시행령, 시행규칙", 2008.06
11. 행정안전부, "급경사지 재해예방에 관한 법률, 시행령(안), 시행규칙(안)", 2008.06
12. 한국구조물진단유지관리공학회, 우종태외, "건설계측 표준시방서(초안)작성 학술연구용역보고서", 2007.08
13. 한국구조물진단유지관리공학회, 우종태외, "건설 공사중 및 시설물 유지관리 계측시방기준 연구개발계획서", 한국시설안전공단, 2007.07
14. Colin S Harris, Malcolm B. Hart, "Engineering Geology of the Channel Tunnel", 1996, pp.277~294.
15. John dunnicliff, "Geotechnical Instrumentation for Monitoring Field Performance", 1993, pp.39~40
16. Symposia on Field Measurements in Geomechanics, "Geotechnical Instrumentation for Field Measurements", University of Florida Continuing Education, 2001

CHAPTER 1

1.3 건설계측의 현황 및 문제점 분석을 위한 설문조사 분석

본 논문은 "급경사지 계측관리의 제도화 및 계측관리방안에 대한 연구", (유동호, 양태선, 남순성, 박덕근, 한국지반공학회 2007봄학술발표논문집, 2007.03, p1167~1175)를 재편집하여 기술한 내용이다.

1. 급경사지 계측관리의 제도화 및 계측관리방안에 대한 연구

본 연구내용은 급경사지 계측관리의 제도화 및 계측관리방안에 대한 연구로 건설계측업을 수행하고 있는 약30개 회사에 대하여 다음과 같이 설문조사를 실시하였으며, 조사항목은 건설계측관련 등록업체의 세부 사업종목 현황, 2001년에서 2005년까지 최근 5년동안 계측관련 매출 실적현황, 계측업의 등록 대상자 및 자격조건으로 필요한 사항, 계측업의 공종별 등록제도의 필요성, 계측장비 초기 인수시 검정실시 여부, 계측장비에 대한 지속적인 검정 필요성, 계측장비에 대한 검정 주기, 계측장비에 대한 검정 시기, 계측장비에 대한 검정 수행기관, 계측기기 검·교정 대행기관, 계측센서별 검정서 발행 여부 등에 대한 설문조사를 포함하였다.

1) 건설계측관련 등록업체의 세부 사업종목 현황(중복표시 가능)

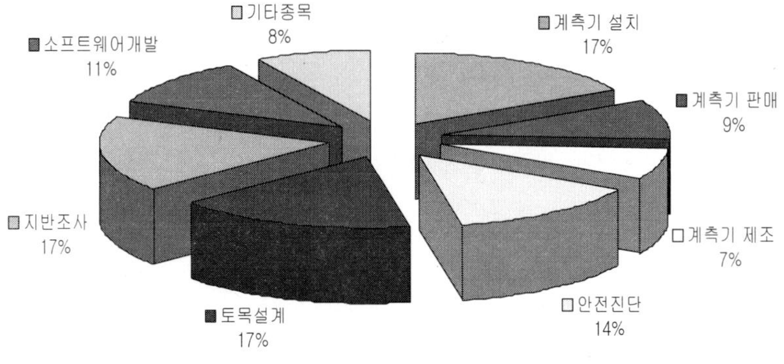

※ 기타종목 : 유지관리, 연구개발기술용역, 토목감리, 도시계획, 환경, 철도, 상하수도, 재하시험, 지반탐사 등

그림 2.2 건설계측관련 등록업체의 세부 사업종목 현황

건설계측관련 등록업체의 세부 사업종목 현황을 보면 계측기설치, 지반조사, 토목설계가 각각 17%를 차지하고, 안전진단 14%, 소프트웨어 개발 11%, 계측기 판매 9%, 계측기 제조 7%의 순서를 보이고 있다.

2) 건설계측관련 매출 실적 (2001년 ~ 2005년)

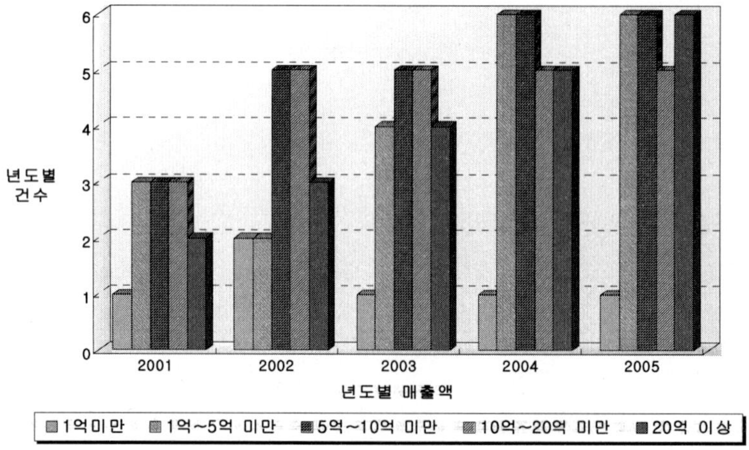

그림 2.3 최근5 동안 건설계측관련 매출실적

설문에 응한 30개 건설계측업체의 최근5년 동안 계측관련 매출실적을 보면 2001년에 비해 해가 갈수록 매출실적과 매출건수가 증가되고 있는 것으로 조사되었다.

3) 건설계측업의 등록 대상자 및 자격조건으로 필요한 사항

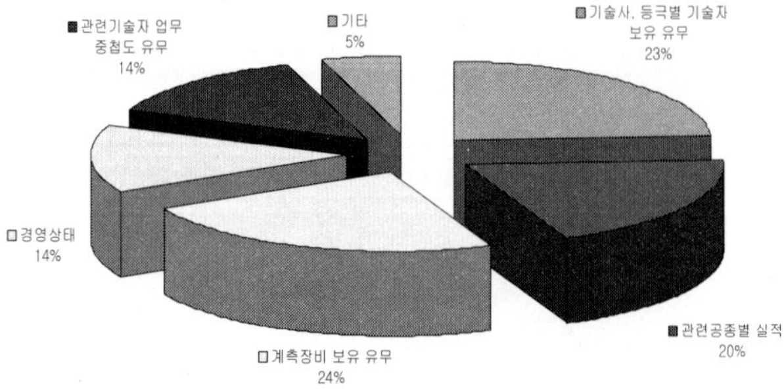

※ 기타 : 기계, 전기, 전자 등 전공자에게도 토목기술자와 동등한 자격요망, 기술자 연수/보수 교육증, 서류상과 실제 대표자 동일여부 등

그림 2.4 건설계측업의 등록 대상자 및 자격조건으로 필요한 사항

건설계측업의 등록 대상자 및 자격조건으로 필요한 사항을 분석해 보면, 계측장비의 보유가 24%, 기술인력(기술사와 등급별 기술자 보유)확보가 23%, 계측관련 공종별 실적이 20% 순으로 나타나 측량업 및 안전진단전문기관 등록의 경우 허가제(자본금, 기술인력, 장비 등에 대한 규정)로써 계측업의 등록규정보다 좀 더 현실적인 자격요건을 명시하고 있으며, 별도 진단장비[건설교통부령, 시설물의 안전관리에 관한 특별법 시행규칙], 측량업[측량법, 대통령령 제18476호 일부개정 2004. 07. 20.]이 정하는 진단, 측량 측정 장비에 대한 조건을 충족시켜야만 하는 내용과 유사한 것으로 나타났다.

4) 건설계측업의 공종별 등록제도의 필요성

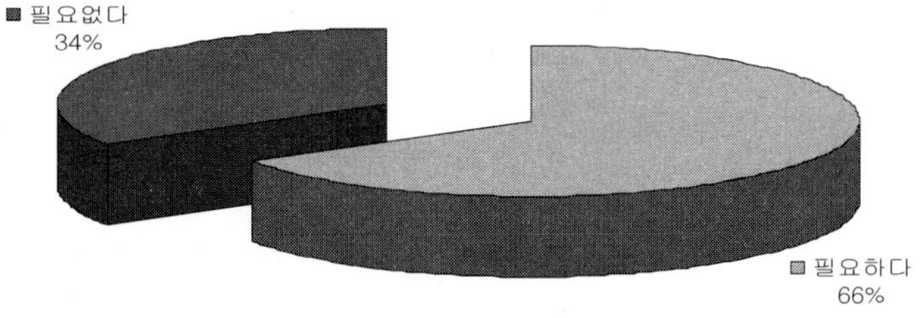

(예 : 연약지반, 터널, 사면, 교량, 댐, 건축물 등)

그림 2.5 건설계측업의 공종별 등록제도의 필요성

건설계측업의 공종별 등록제도의 필요성은 66%가 필요한 것으로 응답하여 안전진단전문기관 등록시 공종별로 등록하도록 하는 제도와 같은 의견이 많았다.

5) 건설계측장비 초기 인수시 검정실시 여부

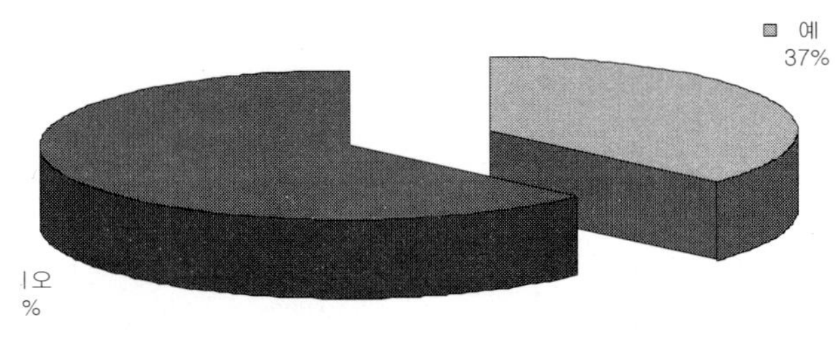

그림 2.6 건설계측장비 초기 인수시 검정실시 여부

계측장비 초기 인수시 검정(Calibration) 실시여부에 대해서는 37%만 검정을 실시하고 63%는 검정을 실시하지 않는 것으로 조사되었다.

계측기기는 정확한 측정을 위해 사용 전에 검정을 받고 사용 중에는 기계오차에 대하여 주기적인 교정이 필수적이나, 대부분의 국내 계측기기는 계량 및 측정에 관한 법률 시행규칙 (검정의 생략 등) 내용 중 새로이 개발된 계량기로서 그에 대한 검정 설비가 구비되어 있지 않은 계량기이거나, 검정에 특수한 설비를 필요로 하는 계량기에 해당되어 검교정 대상도 아니며, 국가표준 및 검인증 기준이 없어 국가공인기관에서의 검교정이 어려운 실정이며, 이로 인해 계측업체에서 자체적인 기준에 의해 검교정을 실시하고 있으나 설문조사 내용과 같이 63%는 검정을 실시하지 않는 것으로 조사되어 이에 대한 개선책이 필요한 것으로 판단된다.

6) 건설계측장비에 대한 지속적인 검정 필요성

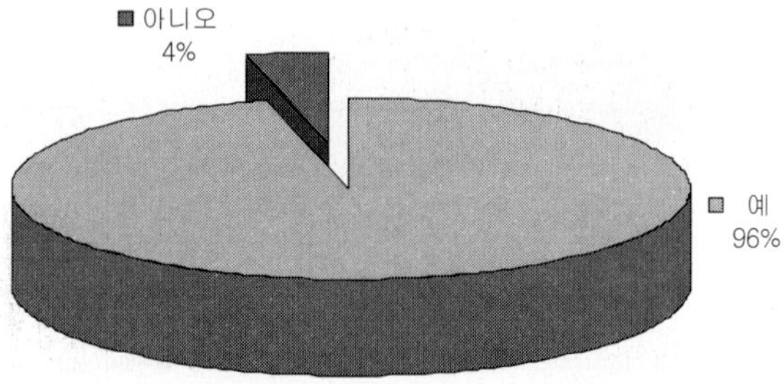

그림 2.7 건설계측장비에 대한 지속적인 검정 필요성

건설계측장비에 대한 지속적인 검정(Calibration) 필요성에 대해서는 96%가 지속적인 검정을 하여야 한다고 응답하였다.

7) 건설계측장비에 대한 검정 주기

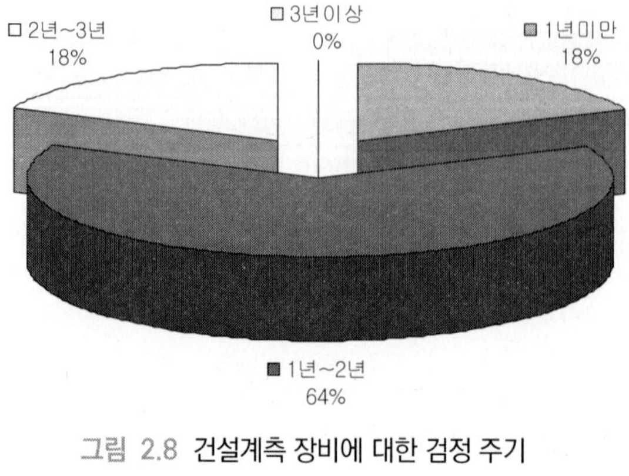

그림 2.8 건설계측 장비에 대한 검정 주기

건설계측장비에 대한 검정 주기에 대해서는 1년 미만이 18%, 1년에서 2년이 64%, 2년에서 3년이 18%로 응답하였다.

8) 건설계측장비에 대한 검정 시기

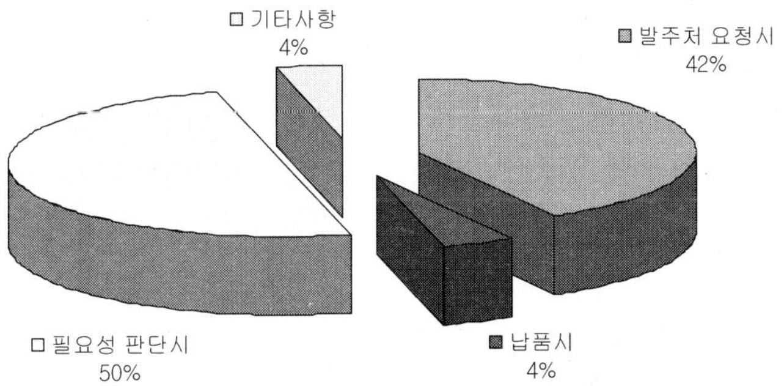

그림 2.9 건설계측장비에 대한 검정 시기

건설계측장비에 대한 검정 시기에 대해서는 필요하다고 판단되는 시기에 실시한다가 50%, 발주청 요청시 실시한다가 42%로 계측업체의 주관적인 판단에 의해 수행되거나 발주처의 요청에 의해 실시하고 있는 것으로 나타났다.

9) 건설계측장비에 대한 검정 수행기관

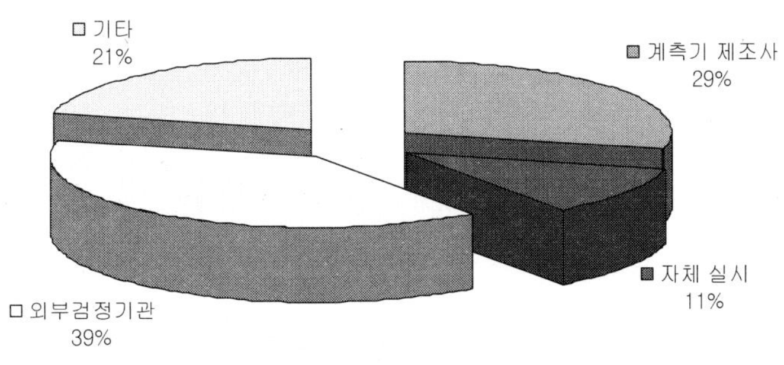

그림 2.10 건설계측장비에 대한 검정 수행기관

건설계측장비에 대한 검정 수행기관으로는 외부검정기관이 39%, 계측기제조사29%, 계측기설치업체에서 자체실시가 11%로 나타났다.

대부분 계측기기는 계량 및 측정에 관한 법률 시행규칙에 따라 검교정 대상이 아니며, 국가 표준 및 검인증 기준이 없어 계측업체 자체 검교정으로 대체되고 있어 계측기기의 공신력 확보를 위해서는 국산 계측기기인 경우 공업진흥청에서 검교정 항목과 시험방법을 제정하고, 전국에 등록되어 있는 교정검사기관의 계측기기 검교정 설비를 확충하여 검교정하는 방안과 계측 전문업체로 구성되는 가칭 건설계측협회를 설립하여 주기적인 검교정이 되도록 하는 방안이 있으며, 외산 계측기기인 경우 자국 또는 국제적으로 인증 받은 기관의 검정 증명서를 계측기기 납품시 제출 받는 방법 또는 검교정 방법에 의해 국내 공인기관에 의뢰하는 방법 등을 검토해 볼 수가 있다.

10) 건설계측기기 검 · 교정 대행기관

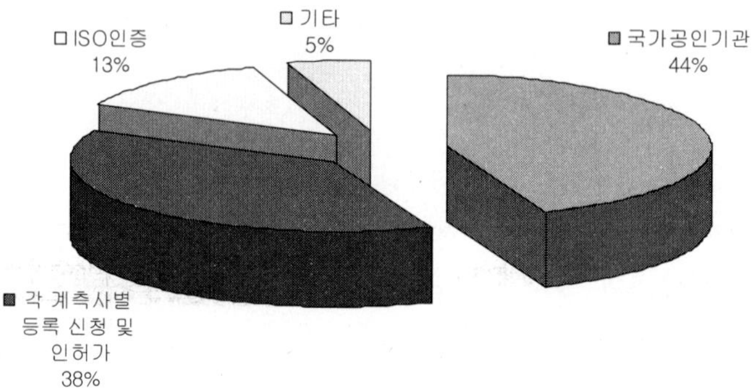

그림 2.11 건설계측기기 검 · 교정 대행기관

건설계측기기 검·교정 대행기관으로는 국가공인기관이 44%, 계측사별 등록신청 및 인허가 38%, ISO인중 13%로 나타났다.

11) 건설계측 센서별 검정서 발행 여부

건설계측 센서별 검정서 발행이 높은 순서로는 하중계, 간극수압계, 지중경사계, 구조물 경사계, 변형률계 순이며, 지하수위계는 검정서 발행이 낮은 것으로 조사되었다.

12) 계측장비 관리방법 제시

성능검사 대행업에 관해서는 계측관리의 기본 조건과 관계되는 것으로 어떤 방법에 의해서든 성능이 검증된 계측기기를 사용하여야만 원하는 데이터를 얻을 수 있다. 이는 시장에서 사용하는 저울이 정확해야 하는데 그 저울을 검·교정해 주는 기관이 있어야 하는 이유와 같다.

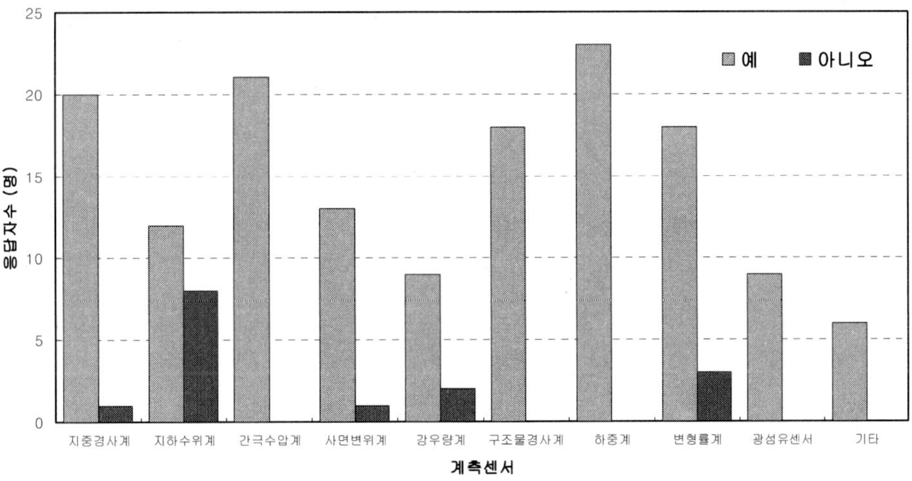

그림 2.12 건설계측 센서별 검정서 발행 여부

즉, 건설계측기기 역시 다른 분야의 측정기기와 마찬가지로 주기적인 검・교정이 반드시 필요하다. 계측기기는 일반 저울보다 더 정확하고 기기의 종류도 다양하여 이를 정확하고, 용이하게 관리하기 위해서는 확실한 규정이 정해져야 하는데 생산자나 사용자가 기기의 생산 및 취급을 ISO 규정에 맞게 관리하는 방법도 있을 수 있고, 별도의 성능검사 기관에서 주기적으로 검・교정을 받는 방법도 있다.

현재 일부기관에서 제한된 계측기기만을 검정해 주고 있으며, 대부분 계측생산업체에서 인증서를 발급하거나 검・교정서를 작성해주는 실정이다. 외산의 경우 주로 생산업체에서 검・교정을 하는데 이는 그 업체들이 ISO 인증업체로서 관리가 되기 때문이다.

참고문헌

1. “급경사지 계측관리의 제도화 및 계측관리방안에 대한 연구”, (유동호, 양태선, 남순성, 박덕근), 한국지반공학회 2007봄학술발표논문집, 2007.03, p1167~1175)

2. 건설계측의 현황 및 문제점 분석을 위한 설문조사 연구

본 논문은 "건설계측업의 등록 및 자격요건 현황 비교연구"(우종태, 이우진, 한국재난정보학회 2019정기학술대회 및 특별세미나 논문집, 2019.9.27, p143-144) 와 "건설계측센서의 검정과 교정 현황 비교연구 (Part-Ⅰ, Part-Ⅱ)"(우종태, 구형준, 한국재난정보학회 2019정기학술대회 및 특별세미나 논문집, 2019.9.27, p147-150)를 재편집하여 기술한 내용이다.

건설계측의 현황 및 문제점 분석을 위한 설문조사 연구내용은 2008년 8월 한국건설계측협의회에서 실시한 건설계측(업)의 현황 및 문제점 분석과 지속가능 발전을 위한 대안 검토 연구보고서(연구책임자 우종태 교수)작성을 위해 한국지반공학회 봄 학술발표회 논문집의 급경사지 계측관리의 제도화 및 계측관리방안에 대한 연구(유동호 외, 한국지반공학회 2007 봄학술발표논문집)를 인용한 것으로 건설계측업을 수행하고 있는 24개 건설계측 전문회사에 대하여 2007년과 2019년에 다음과 같이 설문조사를 실시하였으며, 조사항목은 건설계측관련 등록업체의 세부 사업종목 현황, 최근 5년 동안 계측관련 매출 실적현황, 계측업의 등록 대상자 및 자격조건으로 필요한 사항, 계측업의 공종별 등록제도의 필요성, 계측장비 초기 인수시 검정실시 여부, 계측장비에 대한 지속적인 검정 필요성, 계측장비에 대한 검정 주기, 계측장비에 대한 검정 시기, 계측장비에 대한 검정 수행기관, 계측기기 검・교정 대행기관, 계측 센서별 검정서 발행이 높은 순서와 비율, 건설계측 장비의 적정한 내구년한, 재직 중인 회사의 상시근로자수 등에 대한 설문조사를 포함하였다.

1) 건설계측관련 등록업체의 세부 사업종목 현황(중복표시 가능)

(단위 : %)

사업종목	2007년 설문조사	2019년 설문조사	증 감 (%)
계	100.0	100.0	0.0
계측기 설치 및 용역	17.0	43.5	증 26.5
계측기 제조 및 판매	16.0	10.9	감 5.1
소프트웨어 개발	11.0	15.2	증 4.2
지반조사	17.0	10.9	감 6.1
안전진단	14.0	6.5	감 7.5
토목설계	17.0	13.0	감 4.0
기타종목	8	0.0	감 8.0

건설계측관련 등록업체의 세부 사업종목 현황은 2007년에 비해 2019년의 증가사항은 계측기 설치 및 용역이 26.5% 크게 증가되어 월등하게 43.5%의 비율을 보여 건설계측 전문업체로 등록업체의 구성이 변경된 것을 알 수 있으며, 소프트웨어 개발도 계측시스템의 자동화 추세에 따라 증가한 것으로 판단된다. 반면에 지반조사, 안전진단, 토목설계 등은 감소를 나타냈는데 이는 분야별 전문업체로 사업종목을 전환한 것으로 판단된다.

2019년 건설계측관련 등록업체의 세부 사업종목 현황의 높은 순서는 계측기 설치 및 용역 43.5%, 소프트웨어 개발 15.2%, 토목설계 13%, 계측기 제조 및 판매와 지반조사 10.9%, 안전진단 6.5%의 순서를 보이고 있다.

2) 건설계측관련 매출 실적

(단위 : 개사)

회사수(개)	2007년 설문조사	2019년 설문조사	증감 (개사)
계	24	24	0
5억 미만	7	2	감 5
5억~10억	6	4	감 2
10억~20억	5	5	0
20억~30억	3	6	증 3
30억~50억	2	4	증 2
50억 이상	1	3	증 2

설문에 응한 24개 건설계측업체의 최근 5년 동안 계측관련 매출실적을 보면 2007년에 비해 2019년이 20억에서 50억 이상의 업체가 증가하여 교량, 터널, 다목적댐 및 용수댐, 광역상수도, 하천제방, 절토사면, 지하철, 공항시설물, 대형건축물 등 국가 주요 기반시설물에 공사계측 및 유지관리계측 시스템의 도입과 적용이 증가되어 매출 실적이 증가한 것을 볼 수 있으며, 5억 미만에서 10억까지는 크게 감소한 것으로 나타났다.

3) 건설계측업의 등록 대상 및 자격요건으로 필요한 사항

(단위 : %)

자격요건	2007년 설문조사	2019년 설문조사	증감 (%)
계	100.0	100.0	0.0
계측장비 보유	24.0	5.0	감 19.0
기술인력 확보	37.0	80.0	증 43.0
계측 공종별 실적	20.0	10.0	감 10.0
경영상태	14.0	5.0	감 9.0
기타	5.0	0.0	감 5.0

건설계측업의 등록 대상 및 자격조건으로 필요한 사항은 2007년에 비해 2019년 증가사항으로 계측 기술인력 확보가 43% 크게 증가되어 월등하게 80%의 비율을 보여 기술인력 확보를 바탕으로 한 계측기술이 건설계측업의 등록 대상 및 자격조건으로 중요한 사항인 것으로 나타났다. 2019년 건설계측업의 등록 대상 및 자격조건으로 필요한 사항의 높은 순서는 기술인력 확보 80%, 계측 공종별 실적 10%, 계측장비 보유 및 경영상태 5%의 순서를 보이고 있다.

4) 건설계측업의 공종별 등록제도의 필요성

(단위 : %)

구분	2007년 설문조사	2019년 설문조사	증감 (%)
계	100.0	100.0	0.0
필요 있다	66.0	75.0	증 9.0
필요 없다	34.0	25.0	감 9.0

건설계측업의 공종별 등록제도의 필요성은 2007년에 비해 2019년이 필요 있다가 9% 증가하여 75%의 비율을 보여 건설계측업의 공종별(교량, 터널, 흙막이가시설, 급경사지, 연약지반 및 매립, 댐 및 하천과 제방, 해안 및 해양, 건축물, 특수구조물 등) 등록제도가 지속적으로 필요한 것으로 나타났다. 현재의 법률인 급경사지 재해예방에 관한 법률(2008.3.21. 법률 제8976호, 시행일 2008.7.28., 소방방재청)은 급경사지만을 대상으로 하고 있으며, 건설계측은 현재까지도 법적 규정이 전무한 상태로 건설계측에 대한 법제화가 시급한 실정이다.

5) 건설계측 장비 초기 인수 시 검정실시 여부

(단위 : %)

구분	2007년 설문조사	2019년 설문조사	증감 (%)
계	100.0	100.0	0.0
실시	37.0	85.0	증 48.0
미실시	63.0	15.0	감 48.0

건설계측 장비 초기 인수 시 검정실시 여부는 2007년에 비해 2019년이 실시가 48% 크게 증가하여 월등하게 85%의 비율을 보여 대다수의 계측업체에서 건설계측 장비 초기 인수 시 검정을 실시하는 것으로 나타났으며, 15%는 초기 인수 시 검정을 실시하지 않고 있는데 그 이유는 주택이나 건축공사 등 민간에서 발주되는 건설현장은 건설계측에 대한 이해도가 낮고 형식적인 계측관리 등의 문제로 계측관리 수준이 국가 및 지방자치단체나 공사 및 공단 등의 공공기관에 비해 상대적으로 낮은 것이 원인인 것으로 판단된다.

6) 건설계측 장비에 대한 지속적인 검정의 필요성

(단위 : %)

구분	2007년 설문조사	2019년 설문조사	증감 (%)
계	100.0	100.0	0.0
예	96.0	100.0	증 4.0
아니요	4.0	0.0	감 4.0

건설계측 장비에 대한 지속적인 검정의 필요성 여부는 2007년에 비해 2019년이 4% 증가하여 100%의 비율을 보여 모든 계측업체에서 건설계측 장비에 대한 지속적인 검정의 필요성을 느끼고 있는 것으로 나타났다.

7) 건설계측 장비에 대한 검정주기

(단위 : %)

검정주기	2007년 설문조사	2019년 설문조사	증감 (%)
계	100.0	100.0	0.0
1년 미만	18.0	5.0	감 13.0
1년~2년	64.0	85.0	증 21.0
2년~3년	18.0	10.0	감 8.0
3년 이상	0.0	0.0	0.0

건설계측 장비에 대한 검정주기는 2007년에 비해 2019년의 증가사항으로 1년에서 2년이 21%증가하여 월등하게 85%의 비율을 보여 제일 높은 검정주기를 보였다. 2019년 건설계측 장비에 대한 검정주기가 높은 순서는 1년에서 2년이 85%, 2년에서 3년이 10%, 1년 미만이 5%로 나타났다.

8) 건설계측 장비에 대한 검정시기

(단위 : %)

검정시기	2007년 설문조사	2019년 설문조사	증감 (%)
계	100.0	100.0	0.0
납품 시	4.0	65.0	증 61.0
발주처 요청 시	42.0	5.0	감 37.0
필요성 판단 시	50.0	30.0	감 20.0
기타	4.0	0.0	감 4.0

건설계측 장비에 대한 검정시기는 2007년에 비해 2019년의 증가사항으로 납품 시 61% 크게 증가되어 월등하게 65%의 비율을 보여 납품 시에 검정을 실시하는 것으로 나타났다. 2019년 건설계측 장비에 대한 검정시기가 높은 순서는 납품 시 65%, 필요성 판단 시 30%, 발주처 요청 시 5%의 순서를 보이고 있다.

9) 건설계측 장비에 대한 검정 수행기관

(단위 : %)

검정 수행기관	2007년 설문조사	2019년 설문조사	증감 (%)
계	100.0	100.0	0.0
계측기 제조사	29.0	30.0	증 1.0
자체 실시	11.0	0.0	감 11.0
외부 검교정 기관	39.0	70.0	증 31.0
기타	21.0	0.0	감 21.0

건설계측 장비에 대한 검정 수행기관은 2007년에 비해 2019년의 증가사항으로 외부 검교정 기관이 31% 크게 증가되어 월등하게 70%의 비율을 보여 검정 수행기관은 외부 검교정 기관에서 많이 실시하는 것으로 나타났다. 2019년 건설계측 장비에 대한 검정 수행기관으로 높은 순서는 외부 검교정 기관 65%, 계측기 제조사 30%의 순서를 보이고 있다.

10) 건설계측 기기 검 · 교정 대행기관

(단위 : %)

검 · 교정 대행기관	2007년 설문조사	2019년 설문조사	증감 (%)
계	100.0	100.0	0.0
국가공인기관	44.0	60.0	증 16.0
계측사별 등록신청 및 인허가	38.0	30.0	감 8.0
ISO 인증	13.0	10.0	감 3.0
기타	5.0	0.0	감 5.0

건설계측 기기 대한 검·교정 대행기관은 2007년에 비해 2019년의 증가사항으로 국가공인기관이 16% 증가되어 월등하게 60%의 비율을 보여 검·교정 대행기관은 국가공인기관에서 많이 실시하는 것으로 나타났다. 2019년 건설계측 기기 검·교정 대행기관으로 높은 순서는 국가공인기관 60%, 계측사별 등록신청 및 인허가 30%, ISO인증 10%의 순서를 보이고 있다.

11) 건설계측 센서별 검정서 발행이 높은 순서와 비율

(단위 : %)

발행 비율	2007년 설문조사	2019년 설문조사	증감 (%)
계	-	-	-
하중계	1 (100.0)	1 (80.0)	(감 20.0)
간극수압계	2 (91.0)	4 (20.0)	(감 71.0)
지중경사계	3 (87.0)	1 (80.0)	(감 7.0)
구조물경사계	4 (74.0)	2 (40.0)	(감 34.0)
변형률계	4 (74.0)	4 (20.0)	(감 54.0)
지하수위계	6 (52.0)	3 (35.0)	(감 17.0)

건설계측 센서별 검정서 발행이 높은 순서와 비율은 2019년에 하중계와 지중경사계가 80%비율로 높은 것으로 조사되었고, 간극수압계와 변형률계가 20% 비율로 낮은 것으로 조사되었다.

12) 건설계측 장비의 적정한 내구연한

(단위 : %)

내구연한	2007년 설문조사	2019년 설문조사	증감 (%)
계	100.0	100.0	0.0
1년 미만	35.0	0.0	감 35.0
1년~3년	35.0	30.0	감 5.0
3년~5년	20.0	40.0	증 20.0
5년~7년	10.0	30.0	증 20.0

건설계측 장비의 적정한 내구연한은 2007년에 비해 2019년의 증가사항으로 3년에서 5년이 20%증가하여 40%의 비율을 보여 제일 높은 내구연한을 보였으며, 최장 내구연한은 5년에서 7년이 30%로 나타났다.

건설계측 장비의 내구연한에 대한 최근 연구인 "지하구조물 계측센서의 내구연한 기준에 대한 규정 분석 연구(우종태, 한국터널지하공간학회 논문집 2018.1.31, pp73-81)"의 결과는 다음과 같다.

본 논문은 지하구조물 계측센서의 내구연한 기준에 대한 규정 분석 연구로 국내 건설공사 발주기관의 건설 계측센서에 대한 내구연한 기준을 조사 분석하고, 법인세 시행규칙에서 건축물 등의 기준 내용연수 및 조달청의 건설계측 및 건설기계 관련 내용연수 기준을 분석한 연구결과는 다음과 같다.

(1) 발주기관별 건설 계측센서의 내구연한 기준을 분석한 결과 계측센서를 포함한 계측시스템의 내구연한은 최소 3년 이상으로 하며, 이 기간을 최종 설치 준공일로부터 가산하면 장기 계속공사인 경우 차수별 공사 준공기간이 약 2~4년이 소요되므로 최종 내구연한은 5~7년 정도 일 것으로 판단된다.

(2) 건설 구조물의 하자담보책임기간 기준을 분석한 결과 건설 계측센서 설치 및 관리비가 대부분 토목공사비 내역에 포함되어 있고, 변형률계 등의 일부 계측센서가 철근콘크리트 구조물 내에 매립되어 설치된다고 하여 계약상 목적 구조물과 동일하게 하자담보책임기간을 10년으로 규정하는 것은 불합리하므로 계측센서의 내구연한에 대한 합리적인 연구와 적용이 필요한 것으로 판단된다.

(3) 법인세 시행규칙에서 건축물 등의 기준 내용연수 및 내용연수 범위에서 계측기기에 해당 되는 공구 및 기구의 기준 내용연수는 5년이며, 최소 4년에서 최대 6년으로 규정되어 있다.

(4) 조달청의 건설계측 및 건설기계 관련 내용연수 기준은 구조물에 설치되기 전 물품 자체의 구매에 따른 내용연수를 규정한 것으로 건설 계측센서인 경사계와 레벨센서 및 트랜스미터는 8년, 가속도계와 3차원측정기는 9년, 스트레인게이지와 로드셀은 10년이나, 건설공사 시 원 지반 및 콘크리트 구조물 내에 설치되는 계측센서는 지하수 영향 및 다짐 등 여러 가지 불리한 요인으로 물품 자체의 내용연수보다는 상당히 단축될 것으로 판단된다.

(5) 따라서, 지하구조물 계측센서의 적정 내구연한 기준은 5년에서 8년이 합리적인 것으로 판단되며, 추후 국내외 지하구조물에 적용된 각종 계측센서의 신뢰성 비교를 통한 실제적인 내구연한 분석과 유지관리계측 센서의 경과연수에 대한 손망실율 등을 종합 검토한 분석적 연구가 필요할 것으로 판단된다.

13) 재직 중인 회사의 상시근로자 수

(단위 : %)

상시근로자 수	2007년 설문조사	2019년 설문조사	증감 (%)
계	100.0	100.0	0.0
10명 미만	10.0	10.0	0.0
10명~30명	20.0	25.0	증 5.0
30명~50명	40.0	30.0	감 10.0
50명 이상	30.0	35.0	증 5.0

재직 중인 회사의 상시근로자 수는 2007년에 비해 2019년의 증가사항으로 10명에서 30명이 5% 증가한 25%, 50명 이상이 5% 증가한 35%를 보였다.

참고문헌

1. 우종태, 김인재(2018), 건설 계측센서의 성능검사 현황 연구, 한국재난정보학회 2018정기학술대회 및 특별세미나 논문집, 2018.11.16, p197-198.
2. 우종태(2019), 건설 계측센서의 내구연한 저하원인 및 개선방안 연구, 한국재난정보학회 논문집, Vol.15, No.1, 2019.3.31., pp28-38.
3. 우종태, 이우진(2019), 건설계측업의 등록 및 자격요건 현황 비교연구, 한국재난정보학회 2019정기학술대회 및 특별세미나 논문집, 2019.9.27., p143-144.
4. 우종태, 구형준(2019), 건설계측센서의 검정과 교정 현황 비교연구 (Part-Ⅰ), 한국재난정보학회 2019정기학술대회 및 특별세미나 논문집, 2019.9.27., p147-148.
5. 우종태, 구형준(2019), 건설계측센서의 검정과 교정 현황 비교연구 (Part-Ⅱ), 한국재난정보학회 2019정기학술대회 및 특별세미나 논문집, 2019.9.27., p149-150.

CHAPTER 1

1.4 안전한 건설현장을 위한 계측관리 활성화 방안

본 내용은 "건설사고 안전예방, 과학적 수단은 계측관리뿐"(우종태, 국토일보, 2020.1.28., 계측전문가 특별인터뷰, 김준현 기자)을 재편집하여 기술한 내용이다.

"건설사고 안전예방, 과학적 수단은 계측관리뿐"
=업계, 파이 키워야 학생들도 자부심 갖고 지원한다

"건설계측은 시공의 안전성을 확인하는 최첨단 과학적 수단으로, 이를 통해 국민의 생명보호 및 공사안전 확보에 크게 기여할 수 있다."

2020년 1월 건설계측 기술시방서를 발간한 경복대학교 건설환경공학과 우종태 교수는 최근 SQ엔지니어링 드론이야기 카페서 가진 인터뷰를 통해 이같이 일성했다.

우 교수는 서울특별시 지하철건설본부에서 12년간 일하며 계측관리 총괄업무 등을 수행했고, 이후 무대를 경복대학교 건설환경공학과로 옮겨 건설계측 관련 저서를 10권이나 저술하는 등 후학 양성에 힘쓰는 인물이다.

그에게 건설계측 활성화를 위해 무엇을 해야 하는지 묻자 "우선 건설계측이 법제화가 돼야 공인된 대가를 산정 할 수 있고, 각종 시방서를 제정할 수 있다"며 "이런 과정이 진행돼야 저가 하도급에서 벗어날 수 있고, 주기적 보수교육도 시행할 수 있다"고 말했다.

정부의 건설계측 중요성 인식은 어떠한가 묻자 그는 "2018년 9월 서울 상도유치원 붕괴위험사고를 계기로 법 제도화 마련 회의가 진행됐고, 그 자리에서 건설기술진흥법 시행령 제 44조 건설기술용역업에 '건설정보측정'을 추가하는 방향으로 논의가 시도된 바 있다"고 했다.

안전이 중시되는 사회인만큼 법 제정 가능성을 충분히 엿본 셈이다. 그러나 당시 참여했던 국토부 담당관들이 다른 곳으로 전근을 가서 일회성으로 끝나게 됐다.

왜 건설계측에 관심을 갖기 힘든 걸까? 그는 "1%의 시장이기 때문"이라고 강조했다. 싱가포르의 경우 건설계측 관련 설계도서만 3~40장일 정도로 계측을 중요시 여기는데 한국은 아직까지 그만큼의 투자가치를 느끼지 못한다는 분석이다.

관심을 돌릴 방법은 없는지 묻자 그가 내세운 해법은 '스마트 건설계측 시스템'이다. 이는 계측관리의 완전 자동화 및 공사현장 계측항목별 계측관리 실태를 실시간으로 확인할 수 있는 계측분석결과 공유시스템이다. 우 교수는 "실시간으로 계측상황을 공유함과 동시에 공사장 주변 주민들의 불안감까지 해소할 수 있고, 유사시 주민경보가 가능하다"고 설명했다. 특히 1% 건설계측 시장을 3~5%까지 파이를 끌어올릴 수 있어 크게 주목되고 있다.

스마트 건설계측 시스템 시장이 확대될 수 있느냐는 질문에 우 교수는 "쉽지 않다"고 답했다. 계측업무는 대부분 정보통신기술(ICT)이나 사물인터넷(IoT)이 기반이기에 건설업체만으론 전문성을 갖기 어렵고, 투자를 하고 싶어도 업체들이 워낙 영세해 현상 유지조차 힘들다는 것이다.

그는 "서울시가 2019년 8월부터 계측용역비 5,000만원 이상 발주에 한해 직접 발주한 것은 고무적이지만, 지속적 국가 R&D없이는 스마트 건설계측 시스템을 확대하기는 어려울 것"이라고 지적했다.

건설계측 법 제도화 필요성이 여기서 드러난다. 그가 2008년에 연구책임자로 작성한 건설공사 및 유지관리 계측표준시방서(안)이 관련법이 없다는 이유로 국토교통부 중앙건설기술심의위원회에서 최종 통과가 보류된 것도 법 제도화만 된다면 가능하다는 판단이다.

법 하나를 만들기 위해 수많은 인력과 비용, 또 시간이 소모되기에 건설계측 제도화는 사실상 먼 이야기일 수도 있다. 법제화가 가능할지 묻자 우 교수는 직접 법 제정에 참여한 '급경사지 재해예방에 관한 법률(급경사지법)'을 언급했다.

그는 "소방방재청(現 행정안전부)에서 크게 환영 받은 법이다. 이를 통해 특수법인 한국급경사지안전협회가 만들어졌고, 신기술 평가나 기술교육도 순조롭게 이뤄졌다"며 "이 법을 참조해 건설계측법을 제도화하면 물리적 비용이 크게 줄어들 수 있다"고 힘주어 말했다.

현재 건설계측은 학생들 사이에서도 비주류에 속한다. 교육체계가 잡혀있지 않아 실전 투입에도 애를 먹고 이직률도 높은 업종이다. 학생들이 관심을 가지려면 어떻게 해야 할까?

우종태 교수는 "정부가 건설재해를 낮추기 위해 많은 노력을 하고 있지만, 인명 사고는 하도급 말단에서 자주 일어난다"며 "그렇기에 과학적으로 사전에 안전을 확인할 수 있는 것이 건설계측 수단임을 정부가 알아주길 바란다"고 말했다.

또 "4차산업혁명 시대에 걸맞은 스마트 건설계측 시스템을 구현해, 궁극적으로는 건설업 재해를 낮추고 국민으로부터 신뢰를 받을 수 있는 사업으로 활성화돼야 공부하고 있는 학생들도 희망을 가지고 종사할 수 있을 것"이라고 덧붙였다.

이에 "건설계측 발전을 위해 정부, 발주자, 건설업, 계측업체, 학계 모두가 다양한 목소리를 낼 수 있도록 최선의 안을 만들어야 한다"고 강조했다.

참고문헌

1. "건설사고 안전예방, 과학적 수단은 계측관리뿐"(우종태) (국토일보, 2020.1.28., 계측전문가 특별인터뷰, 김준현 기자)

CHAPTER 1

1.5 건설계측의 발전방안

본 기술기사는 저자가 2010년3월 대한토목학회논문집의 "건설계측 및 계측업의 현황분석과 발전방안 연구"에 게재 하였던 내용 중에 10년이 지난 지금까지도 공식적인 토론이나 제도화가 되지 않은 사항에 대해 기술한 내용이다.

건설분야에서의 계측은 시공 중의 공사계측과 시설물 공용중의 유지관리계측으로 구분되며, 공사계측의 목적은 주로 설계의 불확정성 요소 등을 보완하고 설계의 타당성을 규명함으로써 시공의 안전성과 경제성을 제공하는 반면, 유지관리계측의 목적은 이미 완공된 구조물에 대하여 공용 중에 지속적으로 시설물의 안전성 확인과 최적의 유지관리가 되도록 객관적이고 연속적인 자료를 제공하여 효율적 이고 경제적인 구조물 유지관리에 기여하는 것이다.

최근의 정보통신기술(ICT, Information & Communication Technology) 및 사물인터넷(IoT, Internet of Things)과 인공지능(AI, Artificial Intelligence)기술의 급격한 발달로 건설계측 기술은 빠르게 발전하였으나, 건설계측에 대한 법적 뒷받침 및 설계기준과 시방기준은 상당히 미비하여 이에 대한 해결방안을 제시하고자 한다.

1) 사단법인 한국건설계측협회의 실질적인 위상제고 필요

(사)한국건설계측협회는 2018년7월 국토교통부의 사단법인 설립허가와 2018년8월 사단법인 설립등기를 거쳐 설립되었으며, 현재 등록 회원사는 약 20개사로 지금까지의 활동내용은 건설기술교육원에 계측전문교육을 위탁하여 2018.11부터 2019.11까지 5회에 걸쳐 계측전문교육을 실시하였고, 국토교통부에 계측관리 법 제도화를 위해 건설계측산업육성방안을 함께 추진하고 있으나, 어려움이 많은 것이 현실이다.

소방방재청에서 2007년3월"급경사지 재해예방에 관한 법률"을 제정하고 민간에서 협회를 설립하여 운영한 결과 실적이 미미하여 행정안전부에서는 2020년 초'급경사지 재해예방에 관한 법률'개정을 통해 특수법인 한국급경사지안전협회 설립의 근거를 마련했으며, 2020년6월 특수법인 한국급경사지안전협회 설립총회를 개최하여 실질적인 협회로서의 위상을 강화한바 있어 사단법인 한국건설계측협회도 이와 같은 실질적인 위상제고가 필요하다.

2) 건설계측업의 법제화 추진

건설계측업 지정을 위한 관련법 검토(우종태, 한국건설계측협의회, 건설계측(업)의 현황 및 문제점 분석과 지속가능 발전을 위한 대한 검토 연구", 2008.8, pp62-86)에서는 건설기술관리법, 건설산업기본법, 시설물의 안전관리에 관한 특별법, 엔지니어링기술진흥법등을 대상으로 상세히 검토한 바가 있다.

(사)한국건설계측협회에서는 2019년 상반기부터 건설계측산업의 법제화를 위해 관련법인 건설산업기본법의 건설공사관련(종합/토목/건축/전문), 건설기술진흥법의 설계용역 등/건설사업관리[감리]/품질검사, 시설물의 안전 및 유지관리에 관한 특별법의 안전진단 전문기관, 엔지니어링진흥법의 엔지니어링 용역, 지하안전 관리에 관한 특별법의 지하안전 영향평가 전문기관 등을 검토한 결과 건설기술진흥법 시행령 제44조 건설기술용역업의 분류 ① 종합 ② 설계, 사업관리 가. 일반 나. 설계 등 용역(설계 등 용역일반, 측량 및 수로조사) 다. 건설사업관리 ③ 품질검사 가. 일반 나. 토목 다. 건축 라. 특수에 다음과 같은 내용을 추가하는 것이 합리적인 방안인 것으로 검토되었다.

④ 건설정보측정(건설계측) -추가

가. 일반 나. 터널/사면 다. 연약지반/항만/댐 라. 교량/구조물

위와 같이 건설계측업의 법제화 추진은 관·산·학이 참여하여 충분한 토론과 심도 있는 검토가 필요한 사항이다.

3) 건설계측 표준시방서 제정

건설계측 표준시방서는 2006년부터 2007년까지 한국구조물진단학회 시방서위원회(위원장 이송교수, 우종태교수)에서"건설계측 표준시방서 초안 작성 학술연구"결과물을 바탕으로 2008년 2월 건설교통부에 "건설공사 및 유지관리 계측표준시방서(안)"제정을 요청하여 1년간 중앙건설기술심의위원회 심의를 거쳤으나, 최종단계에서 건설계측에 대한 법적규정이 없고 정부의 규제 완화 정책에 따라 건설교통부에서 제정이 보류되어 현재까지 공인된 건설계측 표준시방서는 없는 실정이며, 2008년 2월 건설교통부 중앙건설기술심의위원회 상정된 "건설공사 및 유지관리 계측표준시방서(안)"이 무단으로 인터넷에 유포되고 있는 실정이다.

2008년 7월 소방방재청의"급경사지 재해예방에 관한 법률"이 시행되어 급경사지 계측에 대한 관심이 높아지면서 2016년 6월"급경사지 계측표준시방서 및 해설서"가 국민안전처 지침으로 시행되면서 활성화 되고 있다.

따라서 국가건설기준센터의 구조물 종류별로 각각 구성된 계측기준은 있으나, 2008년 중앙건설기술심의위원회에서 보류된 건설계측 표준시방서 제정에 대한 연구가 필요하다.

4) 건설계측 품셈 관련

건설계측 대가에 대해 공식적인 품셈으로는 한국엔지니어링협회에서 2004년 발간한 지반조사 표준품셈에 있는 일부내용이며, 계측업무는 특성상 현장 안전 및 품질과 직결되는 감독적 기능이 있으므로 시공과는 분리되어 하나의 용역으로 발주가 되어야하며, 순공사비에 포함될 경우 계측업무비에 많은 비중을 차지하는 측정비가 삭제되므로 저가 하도급으로 인한 부실화 가능성이 높은 실정이다(국도건설공사설계실무요령에서 측정금액은 간접노무비에 포함된 것으로 간주하여 별도 계상하지 않는 것으로 함).

최근에는 다수의 공기업 및 지방자치단체에서 점차적으로 실비정액가산방식을 적용하여 공사와 별도 용역으로 발주하고 있는 추세에 있으며, 서울특별시에서는 상도유치원 흙막이 붕괴사고이후 2019년 8월 초부터 계측용역비 5,000만원 이상인 사업은 서울시가 직접 발주하여 실질적인 계측관리가 되도록 노력하고 있다.

한국엔지니어링협회 품셈관리센터에서는 산업통상자원부의 지원으로 2020년 6월부터 4차 산업혁명시대에 필요한 "IoT 기반 실시간 계측관리 표준품셈" 제정 연구를 진행 중으로 국토교통부 및 건설계측 전문업체와 충분한 토론과 검토가 필요하다.

참고문헌

1. 우종태, "건설계측의 발전방안", 한국지하안전협회 지하안전 창간호, 기술마당, 2020. 9.20., pp74~75)

CHAPTER 2

지상 구조물계측 분석실무

CHAPTER 1

2.1

교량계측 분석실무

2.1.1 성수대교 강 트러스교 공사계측 분석

본 분석사례는 강 트러스교 확장공사 시 공사계측 연구(이창수, 장정환, 이장석, 김남홍, 2005, 한국구조물 진단학회논문집)를 수정 및 재편집하여 기술한 내용이다.

1. 서 론

빠른 사회적, 문화적 발전과 생활수준의 향상은 급속한 교통량의 증가를 수반하였다. 이에 따라 도로에 있어서 새로운 교량의 건설이 증가하고 질적인 면에서도 많은 발전을 하고 있으며, 기존의 사용 중인 교량들도 통행량의 증가에 따라 중요성이 점차 증대되고 있다.

그러나, 시공 중이던 팔당대교와 행주대교의 붕괴, 공용 중이던 창선교와 성수대교의 붕괴 등 잇따른 교량들의 붕괴사고로 인하여 시공 중인 교량은 물론 이미 완공되어 사용되고 있는 교량들에 대한 새로운 안정성 확보대책이 절실히 필요하게 되었다.

시공중인 교량의 경우는 시공단계별 계측을 통하여 실제 교량의 거동자료를 획득하고 구조계산 결과와 상호 비교·분석하여 정밀한 시공관리를 하여야 하며, 공용중인 교량의 경우는 유지관리계측을 통하여 시공 후 차량하중과 예기치 않은 사고 또는 환경조건에 의하여 유발될 수 있는 비정상적인 거동을 찾아내어 사전에 대책을 수립하여야 할 것이다.

본 연구에서는 과거 붕괴사고로 인해 큰 사회적 이슈가 되었고 현재 확장공사가 진행중인 성수대교를 대상 구조물로 하여 시공중 계측을 통한 각 시공단계별 안정성을 확인하였다. 성수대교 트러스 구간 확장공사는 일반 차량들이 상시로 통행하는 상태에서 기존 본선 교량 부재의 일부를 제거하여 확장부 부재를 평형 캔틸레버 방법에 의해 순차 연결하는 방식으로 시공된다. 확장부와 기존부는 구조적으로 서로 다른 거동을 하여야 하며, 확장부 시공으로 인한 부담이 기존부에 전달되어서는 안된다. 따라서, 전체 구조계의 거동을 파악하여 확장부의 시공으로 인한 기존 본선 교량에 미치는 영향과 시공 가능여부 및 확장부 트러스의 시공정밀도를 확인하였다. 또한, 대형교량 확장공사시 국내 최초로 선하중 재하공법을 적용함으로써 이에 따르는 교량의 구조적 거동을 고찰하고자 한다.

본 연구의 대상구조물인 성수대교를 상용프로그램인 SAP-2000을 이용하여 그림 1과 같이 모델링 하였다. 최초 앵커블록의 시공부터 서스펜디드 트러스의 시공, 강상판 시공, 선하중 재하까지 모든 시공단계들을 차례로 고려하여 순차적으로 모델링을 실시하였으며, 구조해석을 통하여 각 시공단계별 해석값을 산출하였다.

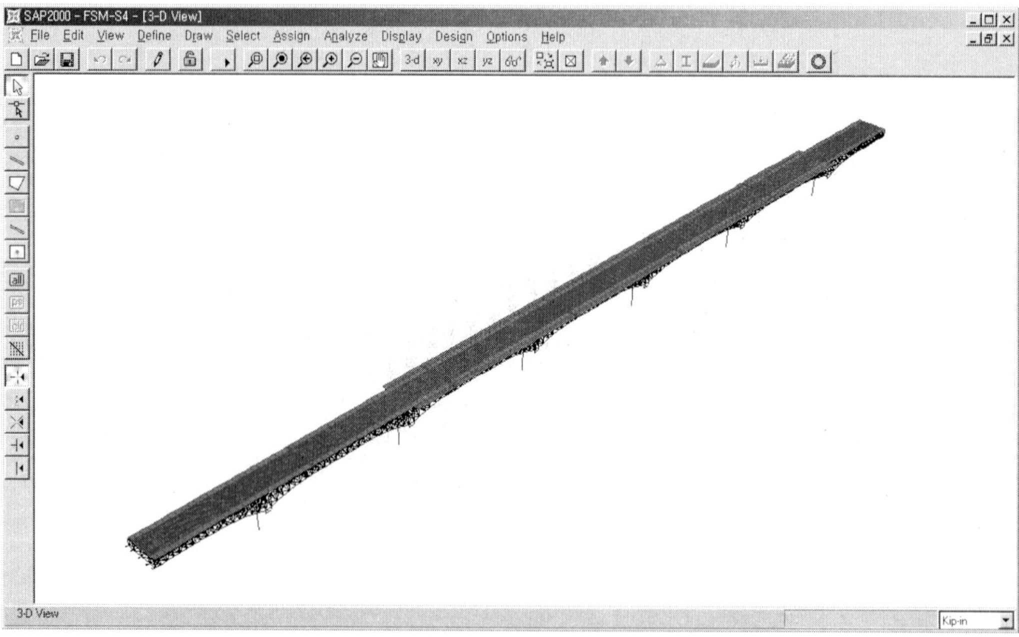

그림 1 성수대교 모델링

2. 교량 확장방법 및 교량계측시스템

2.1 선하중 재하공법

확장트러스와 기존트러스를 일체구조로 연결하기 위해서는 확장트러스 역시 기존트러스의 연결 구조를 따라야 하며, 확장부 앵커리지 트러스와 행거의 위치 또한 기존 본선 교량과 동일선상에 위치하여야 한다.

차량통행 중 확장부 트러스 간의 현장용접은 확장부와 기존부가 구조적으로 서로 다른 거동을 하고 있는 상태이기 때문에 기존부의 차량진동에 의한 영향이 확장부에 전달되지 않으므로 가능하다. 그리고 최종단계로 기존 강상판과 확장 강상판을 용접연결 시킬 때는 스트롱백(Strong backs)을 사용하여 상호 연결부위간에 상대 이동량이 없도록 고정한 상태에서 1차용접을 시행한 다음 최종용접을 실시하여 결함이 없는 용접수행이 되도록 한다.

그림 2는 선하중의 기존트러스와 확장트러스간의 하중분배 조절기능을 나타낸 개념도이다.

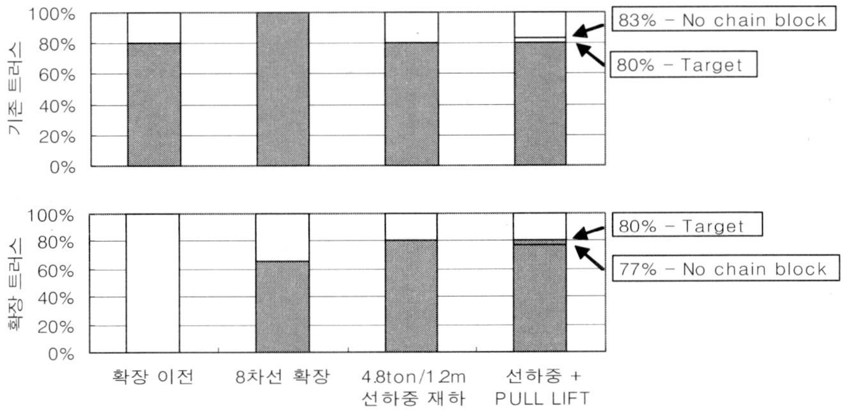

그림 2 선하중 재하에 따른 하중분배 개념도

성수대교 트러스 확장에서 중요한 점은 확장트러스가 기존트러스에 구조적으로 일체로 되기 전에 확장트러스에 충분한 하중이 가해져야 한다는 것이다. 만약, 선하중이 재하 되지 않는다면 기존트러스는 추가 재하 되는 활하중뿐만 아니라 확장트러스의 사하중도 일부 부담하게 된다. 따라서 의도한대로 하중분담을 시키기 위해서는 기존 부재에 확장부 트러스를 연결하기 전에 충분한 선하중이 재하 되어야 한다. 그리고 지간의 중앙부에서는 선하중에 의해 확장트러스가 최종 가설위치까지 하강하게 하고, 최종적인 미세조정은 체인블럭(Chain block)에 의해 시행한다.

2) 교량계측시스템

성수대교 공사계측과 유지관리계측의 기본방향 및 계측시스템은 그림 3과 같다.

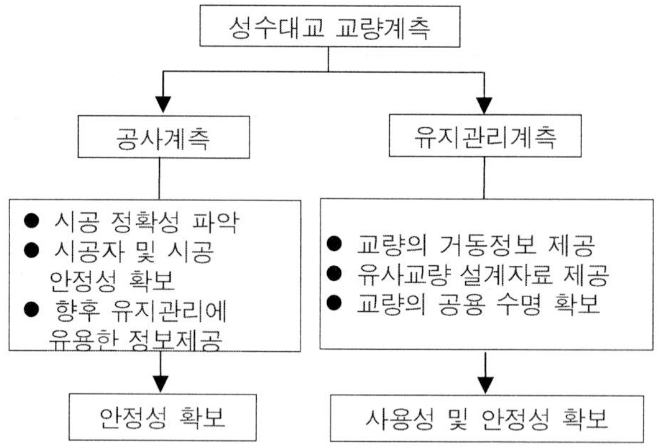

그림 3 교량계측 흐름도

1) 공사계측

시공중 확장부에 대해서는 교각부 앵커부재와 지점부 및 중앙부 트러스의 응력을 수시로 확인할 수 있는 계측시스템을 구축하였다.

기존 본선 교량은 시공 중에도 교통통제가 되지 않아 일반차량들이 수시로 통과함으로 인해 통과차량과 확장구간 시공에 따른 영향을 직접적으로 받게 된다. 따라서 차량하중과 확장부 시공에 의해 기존부에 미치는 영향을 파악하기 위하여 주요 부재에 경사계와 변형률계, 변위계를 설치하고, 확장공사 중 편심하중으로 인해 발생되는 교각의 경사 변화나 기울기 현상을 알아보기 위하여 교각에도 경사계를 설치하였다. 이를 통하여 시공 단계별로 기존 교량에 미치는 영향을 수시로 확인할 수 있는 시스템을 구축하였다.

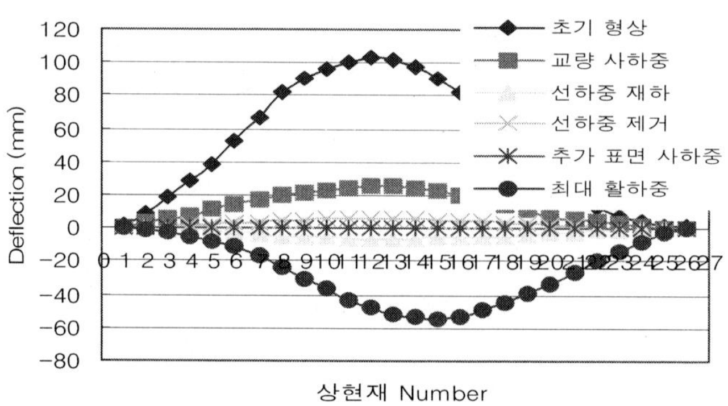

그림 4 확장부 트러스의 종방향 캠버형상

이상과 같이 구축된 계측시스템으로부터 얻어지는 결과들은 구조해석을 통해 얻어진 값들과 비교하여 크게 벗어나는 경우 즉시 공사를 중단하고 대책을 수립한 다음 후속공사를 실시하게 된다.

2) 유지관리계측

성수대교 트러스 구간의 기존 본선 상부구조는 행거에 의해 앵커리지 트러스와 서스펜디드 트러스를 연결하는 강상판 게르버형 트러스로 구성되어 있으며, 확장공사는 평형 캔틸레버 방법에 의해 교각을 중심으로 양측을 순차 연결하는 방법으로 실시된다. 그런데 이러한 특수교량의 실제거동에 대해서는 시방기준이 다소 미비하여 설계시 여러가지 가정을 설정하게 되고 이로 인해 유지관리 시에는 실제 거동이 설계시 예측한 거동과 달라 예상치 못한 손상이 발생할 수 있으므로 유지관리 계측에 있어서도 시간경과에 따른 구조물 거동의 변화 상태를 파악할 수 있는 장기 자동계측시스템을 구축하여 과학적인 방법에 의해 관리하여야 할 것이다.

3) 계측항목

시공중 계측목적을 달성하기 위하여, 확장부와 기존 본선 교량부에 계측시스템을 구축하였으며, 세부적인 계측항목은 다음과 같다.

(가) 응력 계측

① 교량 트러스 구간 확장 시공시 큰 응력을 받을 것으로 예상되는 교각부 앵커부재에 8개의 진동현식 변형률계를 설치하여 시공단계별 응력의 변화를 계측한다.

② 그림 5와 같이 교량 확장 시공시 기존 교량부에 미치는 영향을 파악하기 위하여 구조해석 결과 응력이 크게 발생하거나 중요도가 높은 지점부 트러스와 중앙부 트러스의 수직재 상·하단과 강상판 리브에 총 10개의 진동현식 변형률계를 부착하여 응력의 변화를 계측한다.

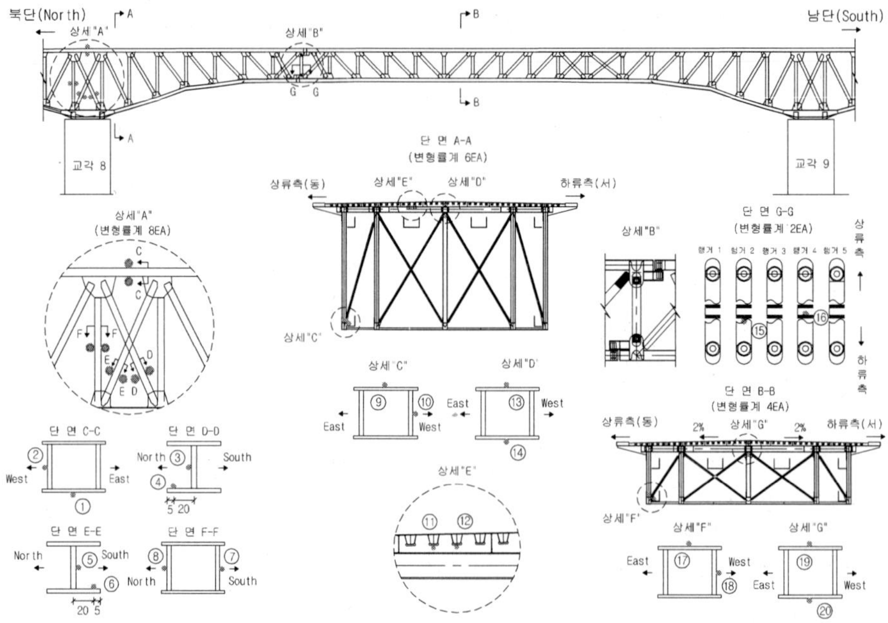

그림 5 성수대교 변형률계 계측기 배치도

③ 행거부에 발생하는 응력을 계측하기 위하여 2개의 진동현식 변형률계와 6개의 전기저항식 변형률계를 설치하여 교량 확장 시공시 기존 교량에 미치는 영향을 파악한다.

(나) 경사도 계측

① 교각 8의 상단에 경사계를 설치하여 교량 확장 시공 중 편심하중에 의한 교각의 기움 현상 발생여부를 계측한다.

② 행거부에 3개의 경사계를 설치하여 교량 확장 시공시 행거의 정상 작동 여부를 확인한다.

(다) 트러스 연결부 변위 계측

앵커리지 트러스와 서스펜디드 트러스를 연결하는 행거부 상·하단에 총 6개의 선형변위차계를 설치하여 시공단계 변화와 온도 변화에 의한 연결부의 변위를 계측한다.

(라) 온도 계측

계측값과 온도와의 상관성을 파악하기 위하여 지점부와 중앙부 트러스에 총 16개의 부착식 온도계를 설치하여 온도의 변화를 계측한다.

(마) 진동변위 계측

기존부와 확장부의 일체화 여부를 파악하여 용접 가능여부를 파악한다.

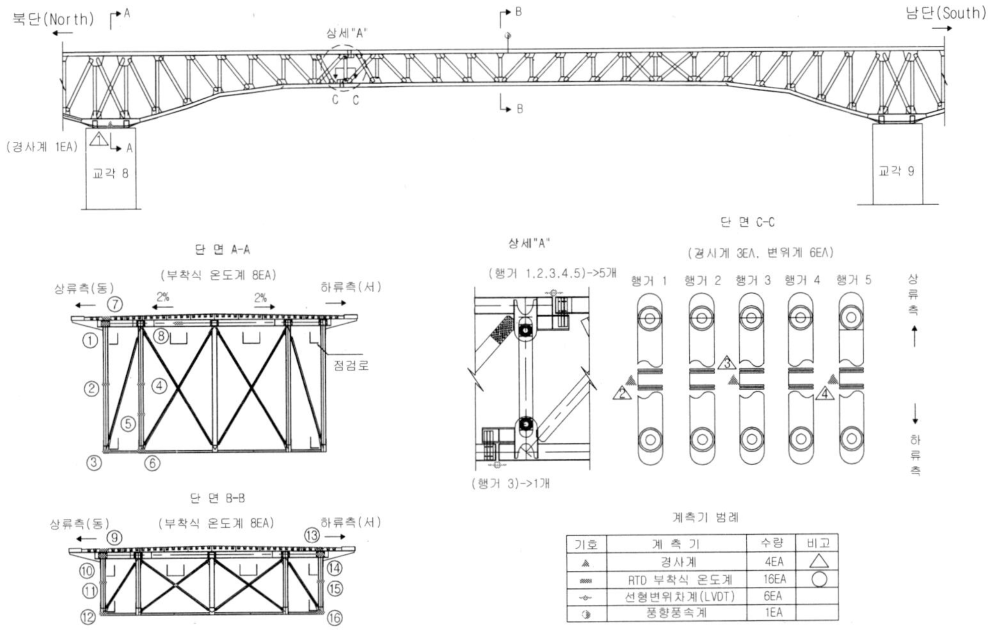

그림 6 성수대교 기타 계측기 배치도

4) 계측기 설치 위치

계측 항목에 해당하는 계측기를 그림 5 및 그림 6과 같이 설치하였다.

3. 트러스 가설단계별 계측

3.1 앵커리지 트러스 가설단계

확장 공사시 변형률계로부터 얻어지는 결과들은 구조해석을 통해 얻어진 해석값들과 비교하여 시공 상태의 적정성 및 안정성을 판단하였다. 성수대교 트러스 구간 확장공사에서 시공 중 측정되는 계측값은 온도와 작업 환경에 영향을 많이 받기 때문에 온도 및 작업환경에 거의 영향을 받지 않을 것으로 예상되는 새벽 시간대의 계측값을 평균하여 이용하였다.

1) 가설단계별 해석 모델

앵커블록의 부블록들을 그림으로 나타내면 그림 7과 같다. 시공시에는 남과 북 양쪽 방향으로 블록1에서 블록 9까지 순차적으로 가설하며, 사하중 산정에 쓰이는 강재의 단위 중량은 7.85(tonf/㎥)이다.

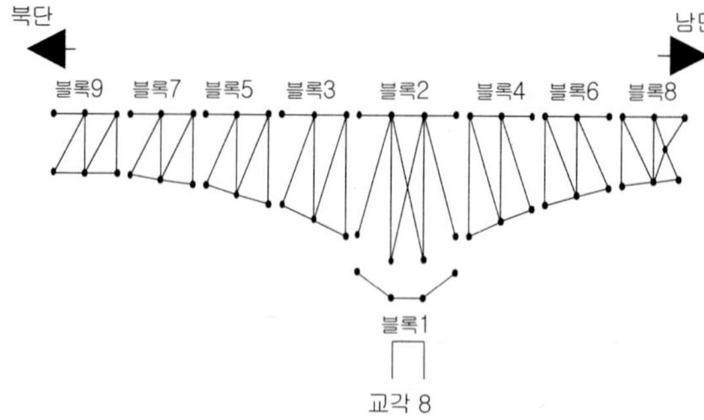

그림 7 앵커블록 가설단계

2) 가설단계별 응력계측 결과 분석

앵커블록 가설시 계측시스템의 변형률계를 통하여 계측값을 획득하였으며, 교각부의 상현재와 사재에 설치되어 있는 변형률계 2, 4의 계측값은 그림 8 및 그림 9와 같다. 변형률계로부터 획득된 계측값의 가설단계별 응력차를 그림 10에 나타내었고, 그림 11에는 해석값에 대한 계측값의 비율을 나타내었다.

앵커블록 가설단계별 부재에 발생하는 계측값을 구조해석에 의한 해석값과 비교한 결과, 상현재의 시공 단계별 해석값과 계측값은 전체적으로 패턴과 크기가 비슷하게 나타났다. 또한, 계측값이 해석값에 비해 약 80%~110% 정도의 값을 나타내고 있으므로, 실제 시공이 설계보다 강성이 더 크게 되었음을 알 수 있다. 그리고 사재와 수직재는 가설단계마다 인장과 압축이 교차하여 나타났다. 이는 확장부 블록이 평형캔틸레버 방법에 의해 순차 연결하는 방식으로 시공되기 때문이며, 사재와 수직재 역시 가설단계별 계측값이 해석값의 약 60~110%의 값을 나타내고 있으므로 충분한 강성을 확보하고 있는 것으로 판단된다.

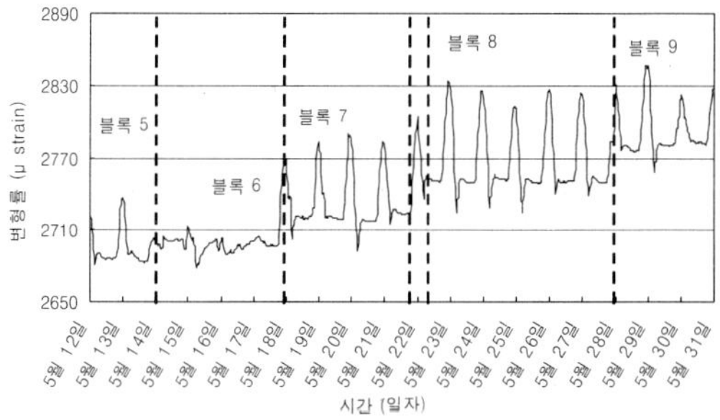

그림 8 변형률계 2의 계측값

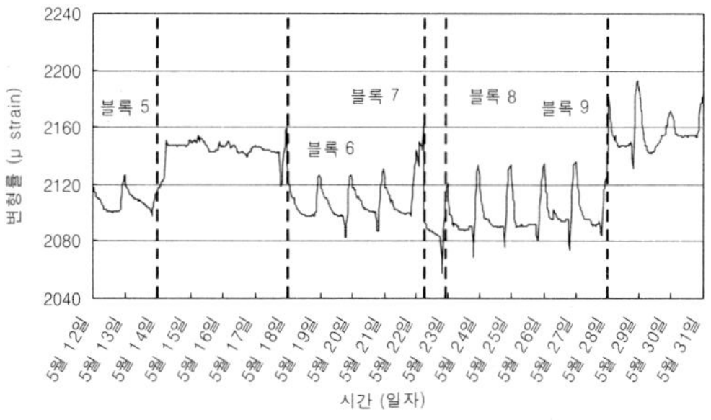

그림 9 변형률계 4의 계측값

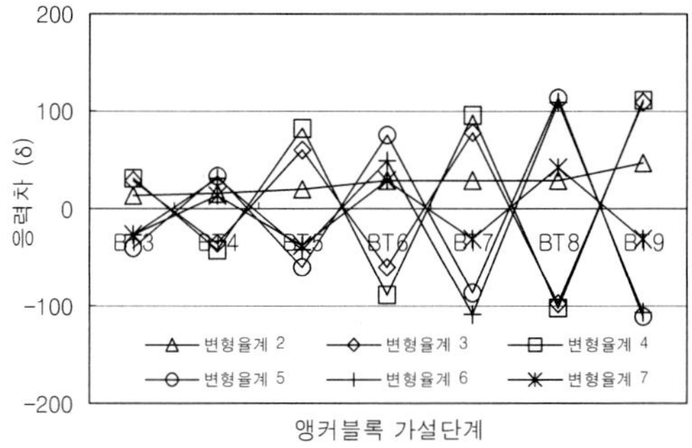

그림 10 가설단계별 계측 응력차(kgf/cm²)

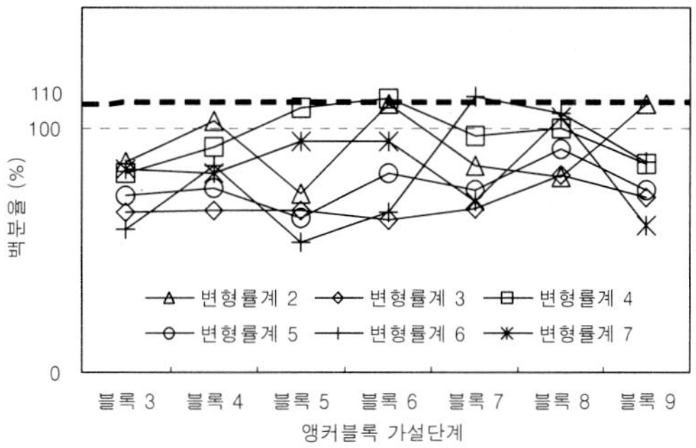

그림 11 계측값과 해석값의 비교(계측값/해석값)

3.2 서스펜디드 트러스 가설단계

1) 가설단계 모델

교각 7과 교각 8 양쪽의 앵커리지 트러스를 순차적으로 가설하여 시공한 후, 교각 7과 교각 8사이의 서스펜디드 트러스를 가설하며, 가설되는 서스펜디드 트러스는 그림 12와 같다.

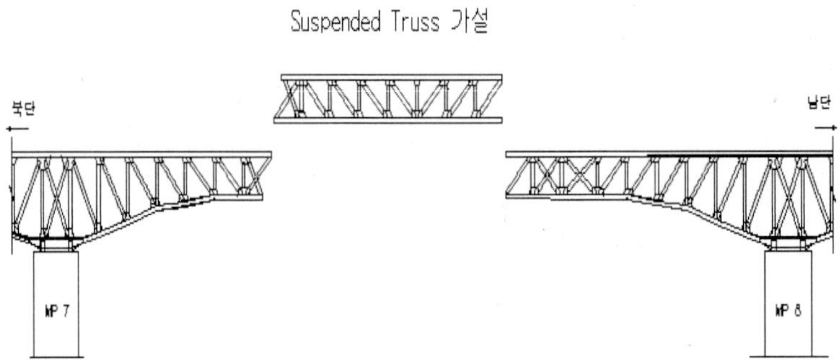

그림 12 서스펜디드 트러스 가설단계 모델

2) 계측 데이터 분석 및 결과

(1) 응력 계측

확장부 부재에 설치된 변형률계에 기록된 계측값과 구조 해석값을 비교한 결과를 그림 13에 나타내었다.

그림 13에 보이는 변형률계들은 모두 확장부에 설치된 계측기들이다. 이러한 계측기들이 설치된 부재에 발생하는 응력이 해석값과 유사하게 나타나고 있으므로 각각의 부재는 충분한 강성을 가지고 있고, 시공 상태도 양호한 것으로 판단된다.

실제 확장부의 교각부 사재와 수직재에 설치되어 있는 변형률계 3과 변형률계 8을 택하여 다음의 그림 14와 그림 15에 나타내었다. 그림에서 보이는 것과 같이 계측값은 2002년 11월 1일 서스펜디드 트러스가 가설된 시기에 급격한 변형률 변화를 보였으며 이는 구조 해석값과 거의 일치하는 결과를 보였다.

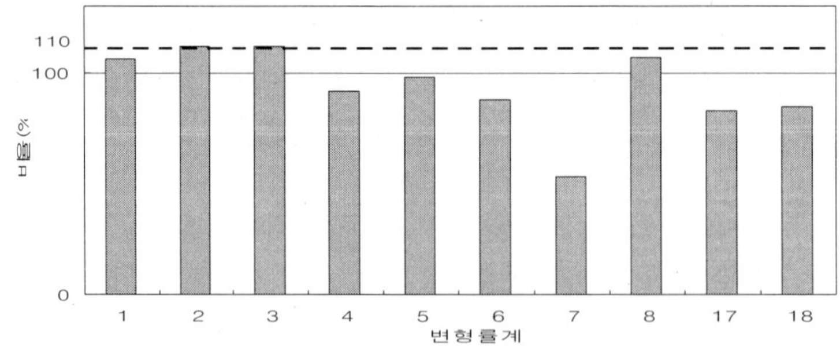

그림 13 계측값과 해석값의 비교(계측값/해석값)

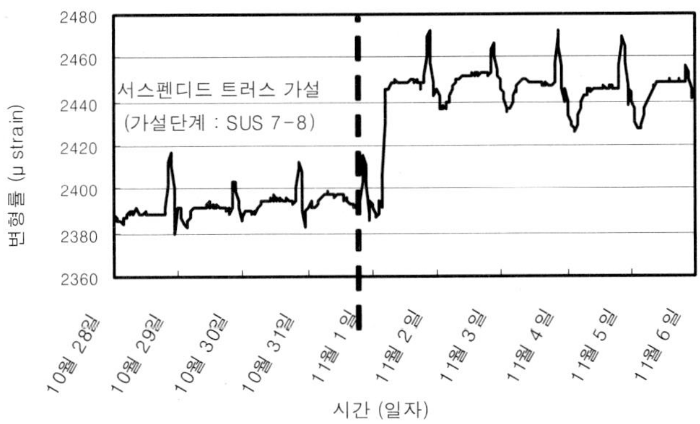

그림 14 변형률계 3의 계측값

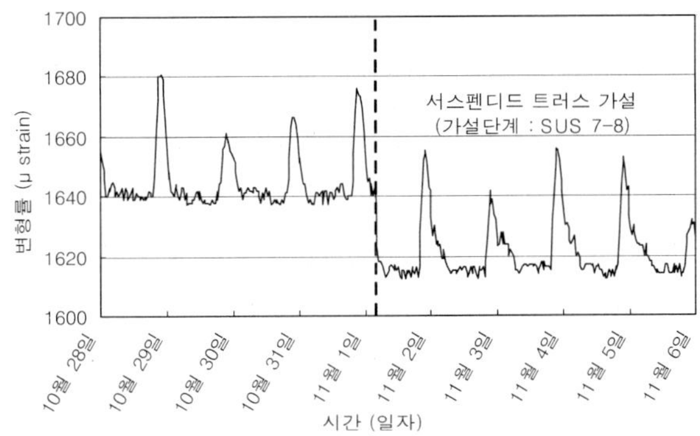

그림 15 변형률계 8의 계측값

(2) 경사도 계측

교각의 경사 변화나 기울기 현상을 알아보기 위하여 설치한 그림 16 경사계 1에 의해 측정된 계측값을 보면, 교각 8은 교축 방향(X)으로 약간의 경사 변화를 보이고 있지만 교축 직각방향(Y)으로는 거의 변화하지 않는다는 것을 알 수 있다. 이는 교축 직각방향의 큰 강성에서 기인한 것으로 판단된다.

기존부에서 앵커리지 트러스와 서스펜디드 트러스를 연결해주는 행거의 교축 방향과 교축 직각방향의 경사 변화를 측정하기 위하여 설치한 기존부의 경사계 1에 의한 계측값은 시공단계에 의한 급격한 변화가 아니었다. 이는 2002년 11월 1일 교각 7과 교각 8사이의 서스펜디드 트러스 가설이 행거부의 경사 변화에 거의 영향을 미치지 못하는 것을 의미한다.

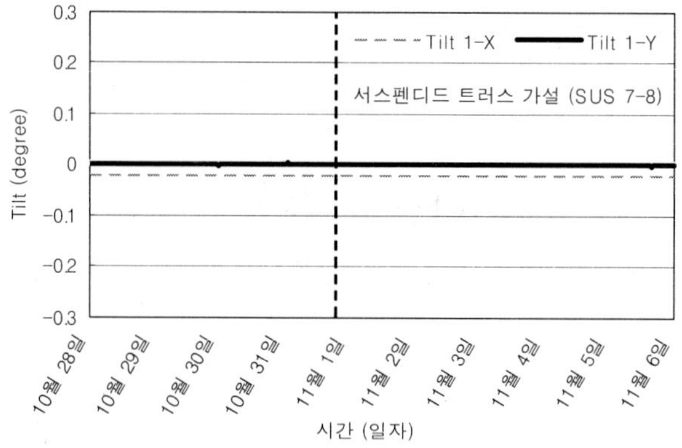

그림 16 경사계 1에 의한 계측값

(3) 행거부 변위 계측

교통하중 및 외부환경 변화에 의한 트러스 연결부(행거부)의 변위를 측정하기 위하여 앵커리지 트러스와 서스펜디드 트러스를 연결하는 기존부 행거 하단에 선형변위차계를 설치하여 측정된 계측값을 그림 17에 온도값과 같이 나타내었다. 그림 18의 추세선을 이용하여 산출해 낸 상관계수 값이 0.968이므로 행거부 변위값과 온도값과의 상관성이 매우 높음을 알 수 있다. 이는 계측기가 설치된 후 2002년 11월 1일 서스펜디드 트러스를 가설하는 시공단계가 있었으나, 확장부의 시공이 현재 차량이 통행하고 있는 기존부 교량에 큰 영향을 미치지 않았고 행거부의 변위는 단지 온도에 의해서만 변화하였다.

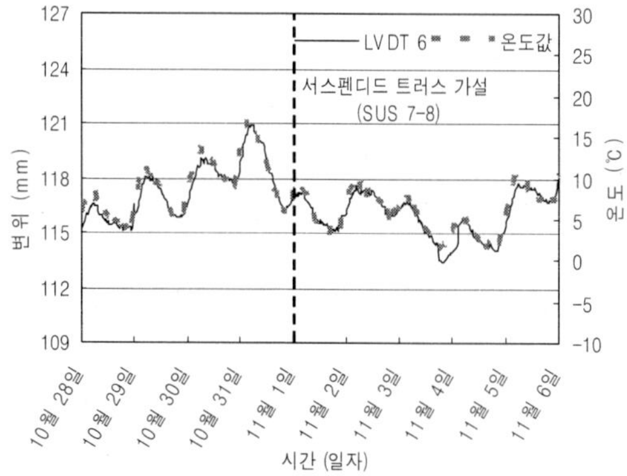

그림 17 LVDT 6의 계측값

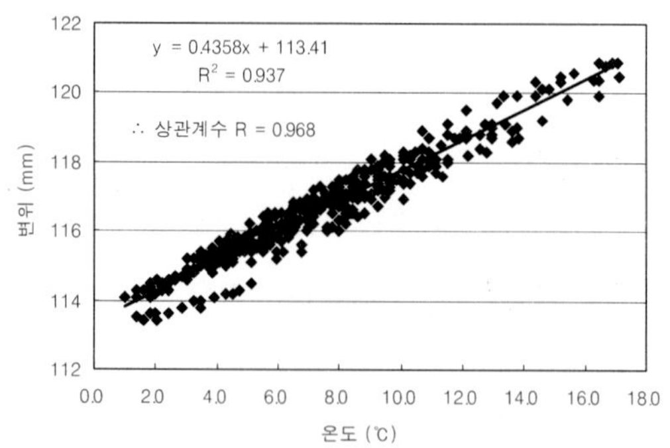

그림 18 온도값과 LVDT 6의 상관성 분석

4. 선하중 재하단계

4.1 선하중 재하단계별 해석 모델

교각 8~9사이와 교각 7~8사이, 교각 6~7사이의 선하중 재하가 각각 2003년 6월 5일, 6월 12일, 6월 20일에 실시되었으며, 선하중 재하에 따른 시공순서는 다음과 같다.

먼저, 8차선 구간이며, 120m의 지간장을 갖는 교각 8~9사이에 2.4tonf/1.2m의 콘크리트 블록을 재하한 후, 스웨이 브레이싱 및 횡방향 부재를 연결한다. 교각 8~9사이의 연결이 완료된 후, 콘크리트 블록을 순차적으로 각각 교각 7~8사이와 교각 6~7사이로 옮겨, 같은 방법으로 선하중 재하 및 연결을 실시하였다. 여기서, 교각 6~7사이는 6차선 구간이므로 설계서에 따라 1.8m 당 2.4tonf의 콘크리트 블록을 재하 하였다. 이러한 시공상황에 기초하여 선하중 재하시와 재하후 기존 교량과의 일체화에 따른 거동을 고려한 구조해석을 수행하였으며, 해석된 응력값과 계측값과의 비교·분석을 통해 계측 결과를 평가하였다.

선하중 재하단계에 따른 해석모델을 도시화시키면 그림 19와 같고, 그림 20에는 교각 7~8사이에 선하중을 재하 하였을 때의 처짐 형상을 나타내었다.

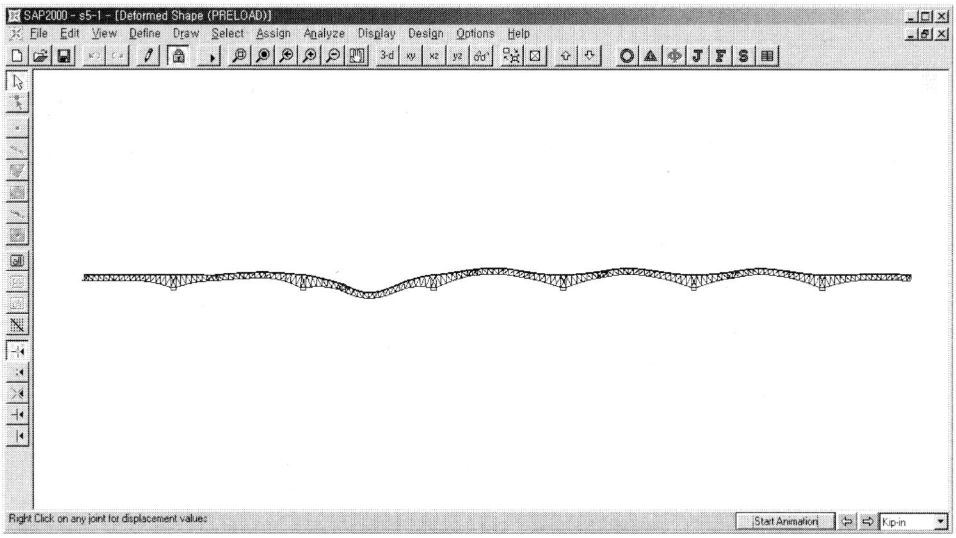

그림 19 선하중 재하시 처짐 형상

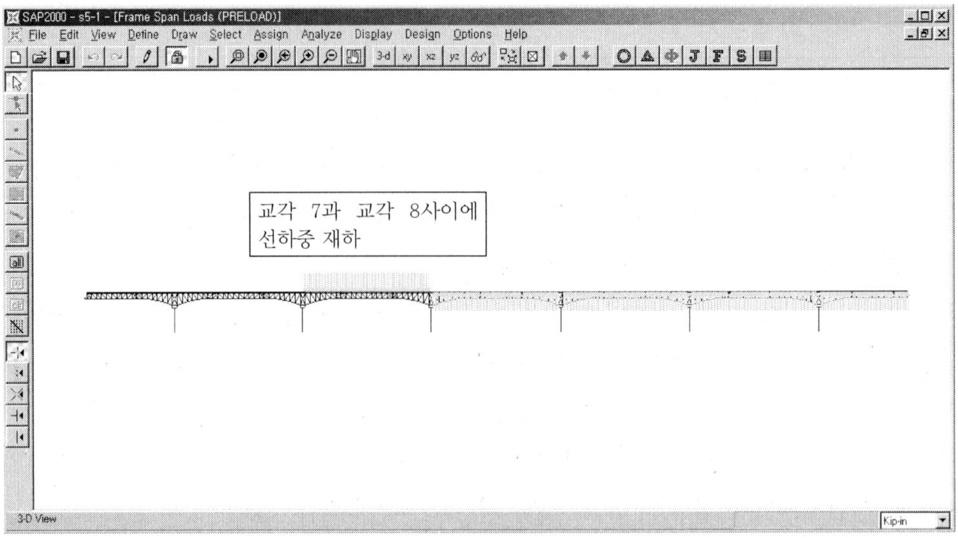

그림 20 선하중 재하단계 구조 모델링

4.2 계측 데이터 분석 및 결과

확장 시공시 큰 응력을 받을 것으로 예상되는 부재에 설치된 진동현식 변형률계의 시공단계별 해석 응력값과 계측 응력값의 차이를 비교하였고, 이를 표 1에 나타내었다.

표 1은 교각 7~8사이에 선하중 재하시 변화값을 표로 정리한 것이며, 교각 7~8사이의 선하중 재하에 따라 부재에 발생하는 응력은 설계기준치라고 할 수 있는 해석값의 110% 범주 이내에 있는 것으로 나타났으며, 이는 교각 6~7사이에 선하중을 재하 하였을 때도 마찬가지였다.

따라서 선하중 재하에 따른 시공상태는 양호하고, 각각의 부재도 충분한 강성을 확보하고 있는 것으로 판단되었다. 상한선을 110%까지 둔 이유는 실제 구조물에 작용하는 부재의 고정하중 외에도 시공 상황에 따르는 다양한 환경들을 구조해석 프로그램으로 100% 모사할 수 없기 때문에 안정성 판단에 있어 10%의 상한 할증을 준 것이다.

표 1 해석값과 계측값의 비교

구 분	해석 응력값의 차(kgf/cm²)	해석 응력값의 차(kgf/cm²)	(계측/해석)*100 (%)
변형률계 3	400.81	245.70	61.30
변형률계 4	467.41	407.53	87.19
변형률계 5	−395.70	−318.68	80.53
변형률계 6	−329.10	−356.34	108.28
변형률계 7	−153.12	−105.70	69.03
변형률계 8	−182.52	−195.30	107.00

그림 21과 그림 22에는 선하중 재하단계 8-9, 7-8, 6-7별로 측정된 교각부의 사재와 수직재에 설치된 변형률계 5와 변형률계 8의 계측값을 나타내었다.

변형률계의 계측값은 교각 8~9사이에 선하중이 재하된 2003년 6월 5일, 교각 7~8사이에 선하중이 재하된 6월 12일과 교각 6~7사이에 선하중이 재하된 6월 20일에 급격한 변형률 변화를 보였으며, 시공단계가 없는 기간에는 온도값과 매우 유사한 패턴을 나타내었다.

선하중 재하단계에 의해 부재에 발생되는 계측 응력값의 차는 후크의 법칙에서 응력과 변형률의 관계를 이용하여 산출하며, 실제 측정된 계측값은 구조해석을 통하여 산출해 낸 해석값과 일치하는 결과를 보였다.

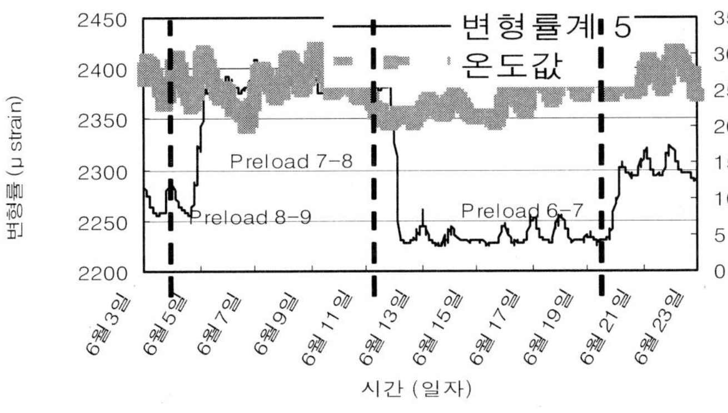

그림 21 변형률계 5의 계측값

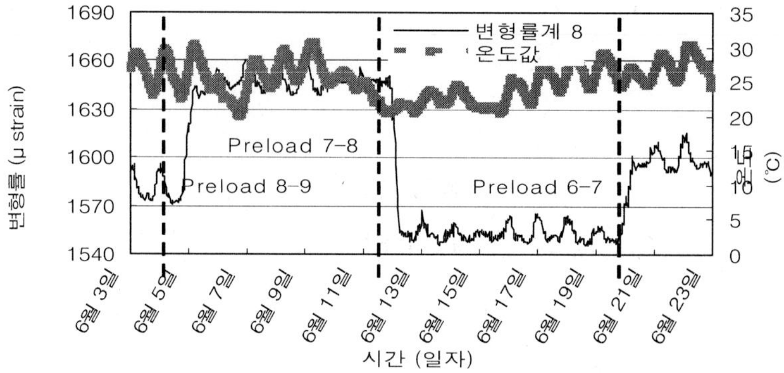

그림 22 변형률계 8의 계측값

4.3 기존부와 확장부의 일체화 여부 파악

1) 진동변위 측정

기존부와 확장부 사이의 강상판 최종 용접은 기존부와 확장부가 서로 일체화 되었을 때 실시되어야 하며, 일체화는 선하중 재하 후 횡방향 부재 및 스웨이 브레이싱의 완전 볼팅을 통하여 이루어진다. 용접작업시 중요한 요소가 되는 기존부와 확장부의 일체화 여부를 알아보기 위하여 다음과 같이 진동변위 측정을 실시하였다.

① 선정구간

진동변위 측정 선정구간은 중차량 통행에 따른 진동의 영향을 많이 받는 교각 6~7 사이의 행거부로 하였으며, 교각 6 위에 트랜스미터를 놓고 행거부에 리시버를 설치하여 측정을 실시하였다.

② 측정시기 및 측정횟수

측정시기는 하류측 2차선에 레미콘 차량이 통행하는 시점으로 하였으며, 측정은 기존부, 확장부, 기존·확장부 사이 용접부 각각의 측정 포인트별로 2회 실시하였다.

③ 측정방법

교각 6 위에 트랜스미터를 놓고 교각 6~7사이의 행거부에 리시버를 설치하여 진동변위를 측정하였으며, 측정 포인트는 다음의 3개 포인트로 설정하였다.

ⓐ 기존부　　　　ⓑ 확장부　　　　ⓒ 기존·확장부 사이 용접부

2) 측정 데이터 분석 및 결과

① 측정포인트

중차량 통행시 기존부(ⓐ)와 확장부(ⓑ)에서 측정한 데이터를 다음의 그림 23에 나타내었고, 그림 24에는 중차량 통행 장면을 보여준다.

그림 24에 보인 것과 같이, 중차량 통행시 교축연직방향으로 최대 3~3.5mm의 변위가 발생하였으며 기존부와 확장부의 진동변위 측정값은 매우 유사한 패턴을 나타내고 있다. 이를 통하여 중차량 통행시 기존부와 확장부의 거동이 거의 비슷함을 알 수 있다.

그림 23 중차량 통행 장면

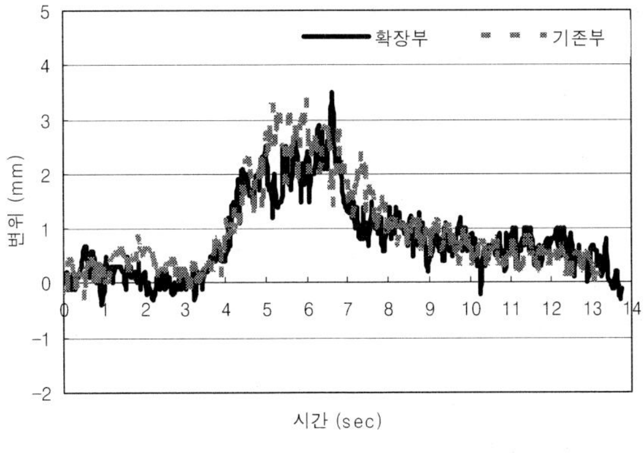

그림 24 기존부와 확장부의 진동변위비교

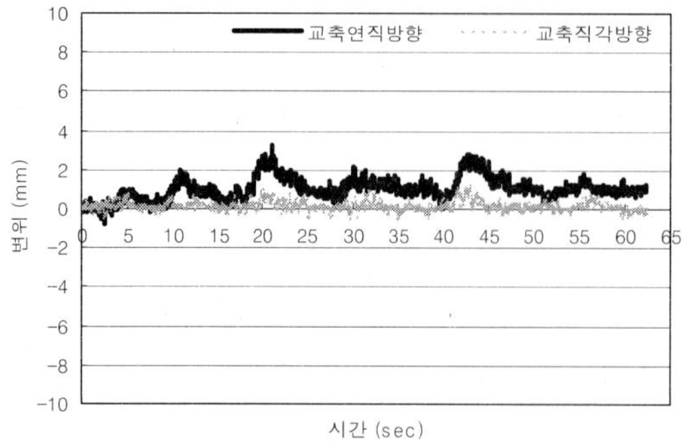

그림 25 기존 · 확장부사이 용접부의진동변위

그림 26 기존 · 확장부사이 용접부 측정위치

② 측정포인트

기존부와 확장부 사이의 용접부(ⓒ)에 리시버를 놓고 측정한 데이터를 다음의 그림 25에 나타내었으며, 측정위치는 그림 26에 나타내었다.

그림 25에 보인 것과 같이, 중차량 통행시 교축연직방향으로는 측정포인트 ⓐ(기존부) ⓑ(확장부)에서와 같이 3mm가량의 변위가 발생하였으나 교축직각방향으로는 거의 변위가 발생하지 않았다. 만약, 기존부와 확장부가 일체화되지 않았다면 서로의 비일체 거동으로 인해 교축직각방향의 변위도 발생하였을 것이다. 그러나 교축직각방향으로는 변위가 거의 발생하지 않았으므로 기존부와 확장부가 일체로 거동한다는 것을 알 수 있다.

5. 결 론

본 연구에서는 성수대교 확장공사시 시공중 계측시스템을 도입함으로써 확장구간의 시공정밀도를 확인하고, 시공시 기존 본선교량에 미치는 영향을 파악하였으며, 계측시스템을 통하여 획득된 계측값과 구조해석을 통하여 산출한 해석값과의 비교·분석을 통하여 각 시공단계별 안정성을 확인하였다. 본 논문에서 얻어진 결론은 다음과 같다.

(1) 앵커리지 트러스 가설단계별로 측정된 응력 계측값은 구조 해석값의 60~110%의 값을 나타내어 각각의 부재는 충분한 강성을 가지고 있으며 시공 상태도 양호한 것으로 판단된다. 교각부 사재와 수직재의 계측값은 가설단계마다 인장과 압축이 교차하여 나타나는데 이것은 확장부 블록이 평형캔틸레버 방법에 의해 순차 연결하는 방식으로 시공

되었기 때문이며 이는 구조 해석값과도 일치하는 결과이다.

(2) 서스펜디드 트러스 시공에 있어서, 교각의 경사변화는 거의 생기지 않았으며 이로 인한 교각부의 변위도 거의 발생하지 않았다. 기존부의 행거에 설치된 경사계에 의하면 행거는 교축 직각방향의 경사 변화를 거의 보이고 있지 않으며, 교축방향으로만 경사 변화가 발생하였고 이는 시공에 의한 급격한 변화가 아니었다. 이를 통하여 확장부의 시공으로 인한 영향이 기존부의 행거에 큰 무리를 주지 않으며, 행거는 정상적으로 작동하고 있다고 판단된다.

(3) 서스펜디드 트러스 시공에 있어서, 신축이음 장치가 설치되어 있는 트러스 연결부의 변위는 온도와 거의 같은 패턴으로 변하였다. 이는 서스펜디드 트러스의 가설이 연결부의 신축량에 거의 영향을 주지 않으며, 신축량은 온도에 의한 변화였다.

(4) 선하중 재하에 의해 부재에 발생하는 응력이 해석값과 유사하게 나타나고 있으므로 각각의 부재는 충분한 강성을 가지고 있으며 시공 상태도 양호한 것으로 판단된다.

(5) 기존부, 확장부, 기존・확장부 사이 용접부 이들 각각의 측정포인트에서 진동변위를 측정해 본 결과, 기존부와 확장부는 횡방향부재 및 스웨이 브레이싱의 볼트체결로 인해 일체화 된 것으로 확인되었다.

(6) 이상과 같이 교량의 주요 부위 또는 손상이 예상되는 부위에 적용된 계측시스템으로부터 얻어진 자료들은 유사 교량의 설계·시공·유지관리를 수행하는데 매우 귀중한 정보를 제공하게 될 것이며, 교량 완공 후에는 상시 교통하중, 온도하중 및 풍하중에 의한 거동 이력을 제공함으로써 교량의 사용성 및 안정성을 확보할 수 있는 정보를 제공하게 된다.

참고문헌

1. 이창수, 장정환, 이장석, 김남홍(2005), "강 트러스교 확장공사 시 공사계측 연구, 한국구조물진단학회논문집, 2005, Vol.9, No.2, pp.103～112.
2. 현대건설(2002.3), "성수대교 확장공사 계측시스템 구축 세부계측수행계획서", pp.31~45.
3. Soon-Bok Lee(1996), "Fatigue Failure of Welded Vertical Members of Steel Truss Bridge", Engineering Failure Analysis, Vol .3, No. 2, pp.103~108.
4. Jeong-Hwan Jang et al.(2002) Experimental Investigation of System-Identification-Based Damage Assessment on Structures, Journal of Structural Engineering, Vol. 128, No. 5.
5. A. Azizinamini(2002), "Full scale testing of old steel truss bridge", Journal of constructional steel research, 58.

2.1.2 고속철도교 유지관리계측 분석

본 분석사례는 철도교 상시계측시스템의 교정 및 교정상수 설정에 관한 연구 (박준오, 이준석, 최일윤, 민경주, 한국철도학회논문집, 2002.09, Vol. 5, No. 3, pp77~86.)를 수정 및 재편집하여 기술한 내용이다.

1. 서 론

일정한 궤도를 따라 주행하는 대용량 운송수단인 철도의 경우, 구조물의 안전성 확보는 매우 중요한 과제이며 특히 경부고속철도와 같이 300km/hr의 속도로 고속 주행하는 구조물의 설계·시공 및 유지관리는 보다 엄격하게 수행되어야 한다. 현재 경부고속철도 노반구조물은 일반 철도구조물에 비하여 보다 엄격한 시방기준과 품질관리가 적용되고 있으며, 고속철도 노반구조물의 유지관리를 위한 여러 조치들이 강구되고 있다. 이 중, 열차의 고속주행에 의해 구조물에 미치는 장기적 거동에 대한 자료확보와 설계검증은 고속철도 구조물의 안정성 검증 및 유지관리에 있어 매우 중요하며, 현재 구조물의 장기거동 특성을 파악하기 위하여 경부고속철도 시험선 구간 내 대표적인 노반구조물에 대하여 계측센서를 설치·부착한 후 계측된 데이터를 중앙계측실로 실시간 전송하는 상시자동계측 시스템을 운영 중에 있다.

상시계측시스템의 계측데이터에 대한 정확성을 확보하기 위해서는 주기적인 교정을 필요로 하며, 본 연구에서는 고속철도 노반구조물 상시계측용 계측센서에 대한 교정 과정 및 결과를 분석하고 교정계수 산정방안에 대하여 고찰하였다. 이를 위하여 관련 교정장비를 제작하였고, 이 장비를 이용하여 현실적으로 접근이 가능한 센서들에 대하여 교정 작업을 수행하였다. 따라서, 고속철도용 교량의 교정장비에 대한 작동원리 및 교정을 통해 획득된 보정계수값 산정을 중심으로 기술하였다. 본 연구를 위해 제작한 교정기는 20℃에서 0.001mm오차를 갖는 마이크로미터를 채택하였으며 일부 교정기는 그 특성상 0.01mm의 마이크로미터를 사용하였다.

2. 상시계측시스템

2.1 시험대상 교량 및 상시계측 항목

교정을 위한 대상교량의 개략적인 현황은 표 1과 같다.

표 1 대상교량 현황

구분	내용	
교량명	철도교 1	철도교 2
구조형식	PSC Box	2련 PSC Box
연장	1,915m	1,332.7m
가설공법	MSS, FSM	동바리, FSM
계측구간	P11 ~ P13(2@40m)	P4 ~ P6(3@25m)

대상구조물의 상시계측 항목은 표 2와 같으며, 계측항목 중 영구처짐, 순간처짐, 가속도 및 종변위에 대한 교정 실험을 실시하였다.

표 2 철도교량의 상시계측 항목

계측항목	계측목적
변형	주요부재의 응력 및 중립축 위치 파악
처짐	영구처짐 및 순간처짐 측정
진동	최대진동가속도 및 고유진동수 파악
경사	주형의 꺽임각 측정
종변위	받침 가동여부 파악
온도	교체 온도 측정
지진	지진의 규모 및 지속시간 파악
풍향풍속	풍향 및 풍속 측정

2.2 계측항목별 관리기준(안)

계측데이터를 이용한 교량의 성능평가를 위하여 대표구조물별 구조해석 결과, 설계도, 각종 관련시방서 및 설계기준 (고속전철사업기획단, 1991), SYSTRA자료(SOFRERAIL,

1994; SYSTRA, 1997) 등을 검토한 결과로부터 대표구조물의 계측항목별 관리기준[1]이 설정되어 있다. 이러한 관리기준은 계측시스템에 의한 대표구조물의 성능평가에 이용되고 그 결과에 따라 열차운행통제시스템에도 적용되어 열차의 운행안정성을 확보하는데 이용될 수 있다.

또한, 실제 계측데이터를 바탕으로 관리기준을 지속적으로 수정·보완하게 된다.

2.3 계측 센서 위치

교량에 대한 계측센서의 위치는 그림 1과 같이 철도교 1과 2에 각각 설치되어 있으며, 각 계측자료는 열차 운행시 트리거링(Triggering) 조건에 의해 현장계측실로부터 중앙계측실로 자동전송되는 시스템으로 구성되어 있다.

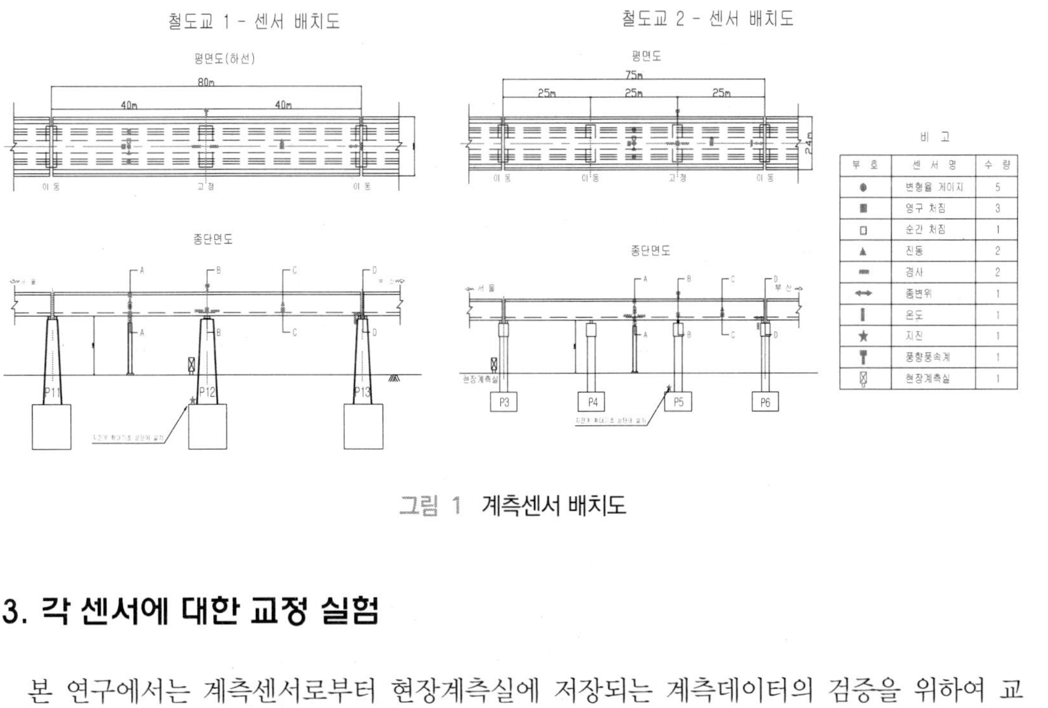

그림 1 계측센서 배치도

3. 각 센서에 대한 교정 실험

본 연구에서는 계측센서로부터 현장계측실에 저장되는 계측데이터의 검증을 위하여 교정실험을 실시하였다. 실험방법은 교량 내·외부에 부착된 각종 센서들을 분리한 후 그림 2와 같이 자체 제작된 교정기(Calibrator)에 연결하여 교정기에서 변위나 가속도 등의 실제 거동치를 일정하게 가한다. 이후 현장계측실에서 데이터를 수동으로 기록하거나 가속도계, 순간처짐계와 같이 계측센서로 부터 저장된 데이터파일을 획득하는 방식으로 수행하였다.

교정기의 계측정밀도는 각 교정기에 부착되어 있는 마이크로미터의 정밀도와 관련 있으며 1눈금당 10㎛, 마이크로미터기의 LED를 이용하면 1㎛까지의 정밀계측을 수행할 수 있는 제품을 선택하였다.

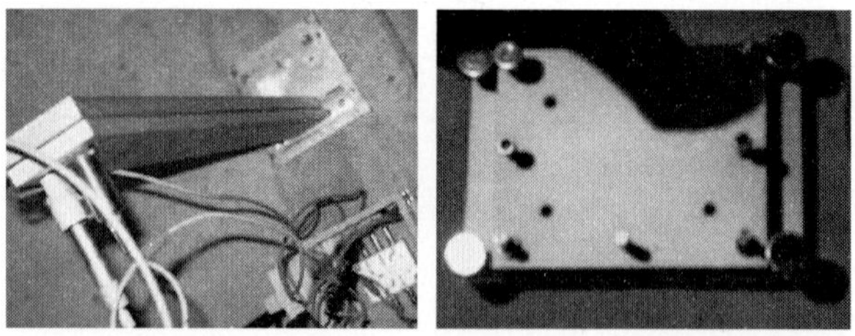

(a) 교량경사 측정장치 (b) 교량 영구처짐 측정장치

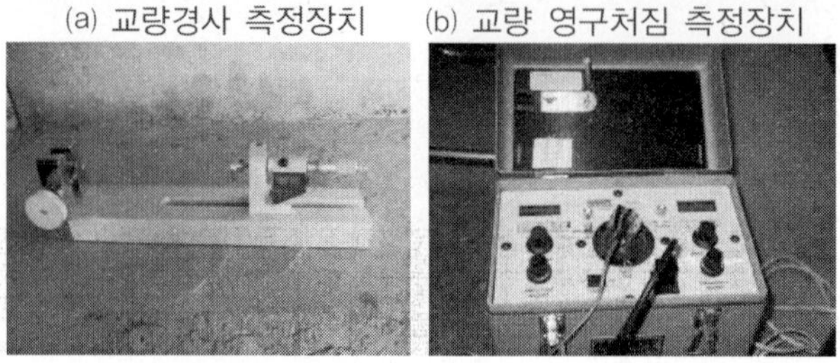

(c) LVDT 측정장치 (d) 가진장치(Shaker)

그림 2 교정기

그림 3은 계측대상구간의 전경 및 현장계측실 내부 모습이며, 이곳에서 트리거링 조건에 의해 계측데이터를 저장하는 동시에 중앙계측실로 자동 전송한다.

트리거링 조건은 고속열차의 운행에 의해 가속도계의 진폭이 일정수준 이상이거나 지진이 감지되는 때로 하였으며 열차진행 전 6초 및 진행중 10초 등 총 16초간의 데이터를 저장하도록 설정하였다.

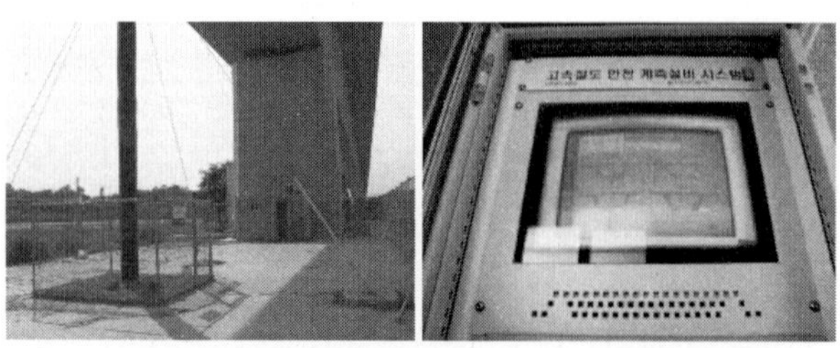

(a) 계측대상구간 (b) 현장계측실 내부

그림 3 계측대상교량 및 현장계측실

3.1 영구처짐계

영구처짐계는 교각과 좌우측 경간의 중앙부에 각 1개씩 모두 3개가 설치되어 있으며, 교각에 설치된 영구처짐계 2를 기준으로 하여 영구처짐계 1 또는 3과의 수두차를 계측하는 원리로써, 그림 4(a)와 같이 영구처짐계를 Box내 하부 슬래브에서 분리한 후 그림 4(b)와 같이 교정기에 영구처짐계를 고정하고 교정기에 있는 마이크로미터를 일정 ㎛만큼 회전시킨다. 이때, 영구처짐계가 교정기로부터 들어 올려지게 되므로 들림량에 따라 수두차가 발생하게 된다. 즉, 들림량이 교정값이 되며, 계측센서로 부터의 계측값을 획득하는 방법으로 측정을 실시하였다. 한편, 영구처짐계 자체의 정밀도를 고려하여 교정용 마이크로미터는 0.01mm까지 읽을 수 있는 제품을 선택하였다.

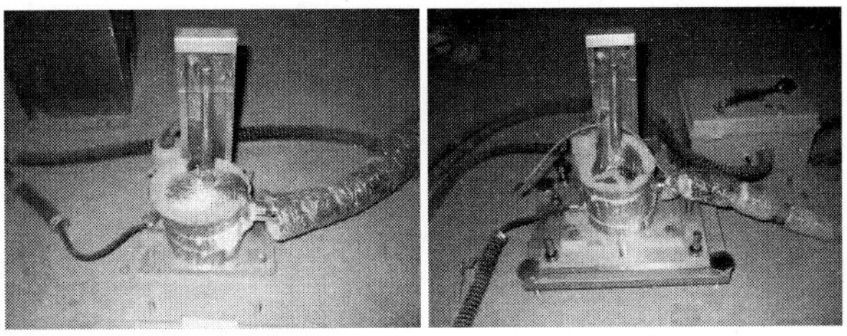

(a) 영구처짐계 (b) 교정

그림 4 영구처짐계 및 교정

3.2 종변위계

그림 5(a)와 같이 종변위계는 LVDT를 이용하여 거더의 종방향변위를 측정하는 형식으로 교각하부에 받침이 고정되어 있고 교량과는 LVDT로 연결되어 있으며, 종변위계 인근에는 현장에서 직접 확인할 수 있는 인치단위의 디지털 인디케이터가 설치되어 있다. 교정은 종변위계를 분리하여 교정기와 연결하고 앞서의 영구처짐계와 같이 최소단위 1㎛인 마이크로미터기를 일정량 회전시킴으로써 가해진 변위량(교정값)과 종변위계 센서로부터의 계측값을 기록하는 방식으로 그림 5(b)와 같이 교정을 실시하였다.

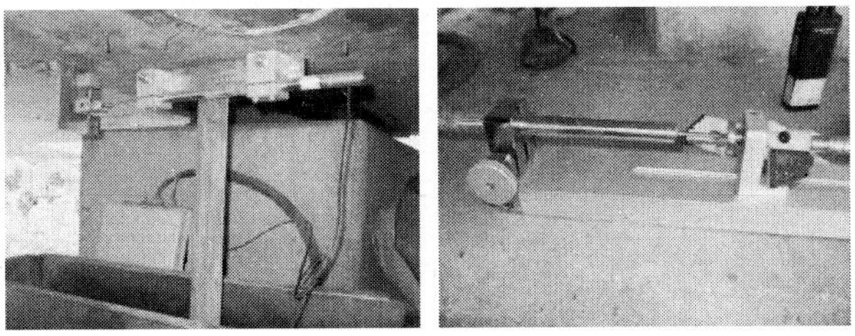

(a) 종변위계 (b) 교정

그림 5 종변위계 및 교정

3.3 가속도계

가속도계는 그림 6과 같이 교량내부의 경간중앙하부 슬래브에 설치되어 있으며, 그림 6(a)와 같은 가속도계를 주파수와 진폭을 조절할 수 있는 장비인 가진기를 이용하여 그림 6(b)와 같이 제작한 지그를 이용하여 가속도계를 가진기(Shaker)에 연결한 후 교정을 실시하였다.

한편 교정은 현장전원을 이용하여 서보형 가속도계를 가진기에 고정한 후 일정 진폭과 주파수를 갖는 진동을 가하고 현장계측실의 데이터파일을 획득하여 분석하는 방법을 취하였다.

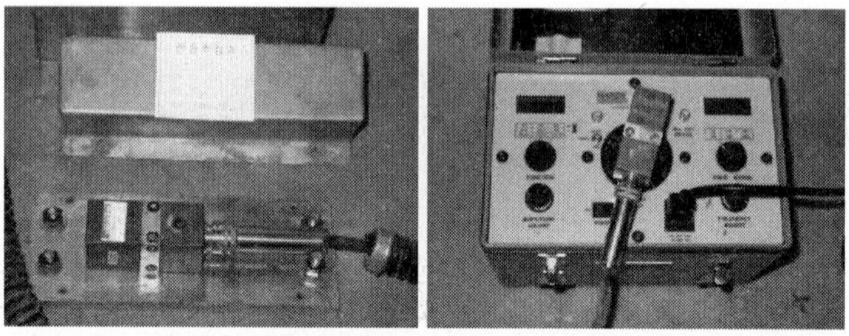

(a) 가속도계 (b) 교정

그림 6 가속도계 및 교정

3.4 순간처짐계

순간처짐계는 그림 7(a)와 같이 경간중앙 하부에 위치하며 원형 보호판 내부에 LVDT를 수직으로 설치하였다. LVDT를 고정시키기 위하여 노반으로부터 온도차폐시설이 보완된 H-beam을 설치하여 순간처짐계의 받침부를 연결하여 고정하였으며, 교량내부에는 종변위계와 마찬가지로 디지털 인디케이터가 설치되어 있다. 교정 과정은 종변위계와 동일한 교정기를 이용하여 실시하였다.

(a) 순간처짐계 (b) 교정

그림 7 순간처짐계 및 교정

4. 계측기 교정 및 분석

교정을 실시한 자료로부터 회귀분석을 수행하였으며, 식 (1)과 같은 형식의 1차원 방정식을 획득하였다. 이 식으로부터 a의 역수를 계측센서가 가지고 있는 식(2)의 b와 곱하고, c와 같이 절편값이 있을 경우 이를 d와 가감하여 최종적으로 식(3)과 같은 값을 센서의 계수로 재입력 한다면 보다 정밀한 계측자료를 확보할 수 있게 된다.

$$Y = aX + c \quad \text{(식 1)}$$

$$Y = bX + d \quad \text{(식 2)}$$

$$Y = (b/a)X + c + d \quad \text{(식 3)}$$

4.1 영구처짐계

철도교 1의 영구처짐계에 대한 검정결과를 그림 8과 같이 도시하였다. 그림에서 범례의 교정값은 교정기에서 실제로 가한 값을 나타내며 계측값은 교량내부에 설치된 영구처짐계의 계측센서로부터 현장계측실에서 수집된 값으로써 교정값과 일치하여야 하지만 실험회수에 따라 약간 상이한 형태를 보이고 있다. 또한 계측값의 회귀분석 결과는 점선으로 도시하였으며 이때의 방정식을 도출하였으며, 표 3에 결과를 정리하였다.

표 3 영구처짐계 계측결과

교량	계측센서	실험 회수	분석값 (y=ax+c)	비고
철도교 1	영구처짐계 1	2	0.8969x	0.9546x
	영구처짐계 3	1	1.0350x+0.1663	
철도교 2	영구처짐계 1	1	1.1771x	
		2	1.1288x	
	영구처짐계 3	1	1.1269x	
		2	1.1256x	

주) 비고의 값은 5㎜ 이내의 회귀분석 결과임.

그림8(a)에 따르면 소규모 처짐영역에서는 계측시스템에 의한 결과가 비교적 일관성 있는 형태를 보이나 5㎜가 넘는 영역에 대하여는 다소의 오차를 나타내고 있다. 이는 계측기기의 오차라기보다 교정자의 인위적 계측오차인 것으로 판단되며, 5㎜이상의 계측

값을 무시한다면 표 3의 비고와 같은 보정값을 취할 수 있다. 그러나 당분간 5㎜를 넘는 과도한 영구변형은 없을 것으로 판단되며, 보정기기 자체의 미세 오차를 감안하면 장기적인 추이를 관찰하는 방안을 추천할 수 있다.

철도교 1의 영구처짐계 3에 대한 분석결과는 그림 8(b)와 같이 일정량의 처짐이 일관적인 형태로 더 발생하나 회귀분석 결과 직선식에 대한 상관계수는 매우 양호하게 나타났다. 따라서 표 3 및 식 (3)과 같은 형태의 보정계수를 적용할 수 있다.

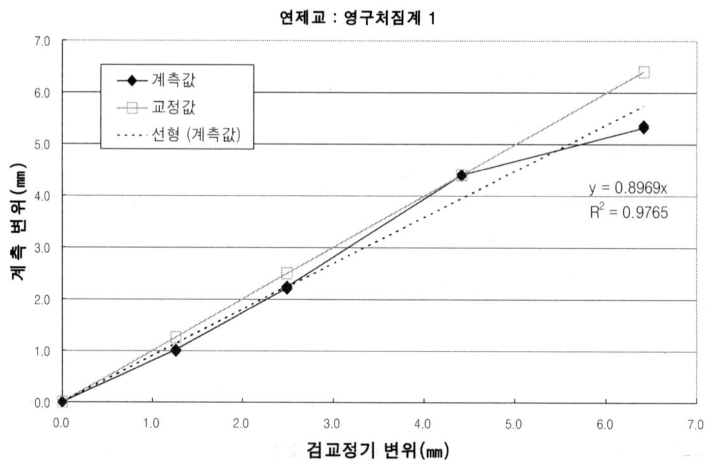

(a) 영구처짐계 1

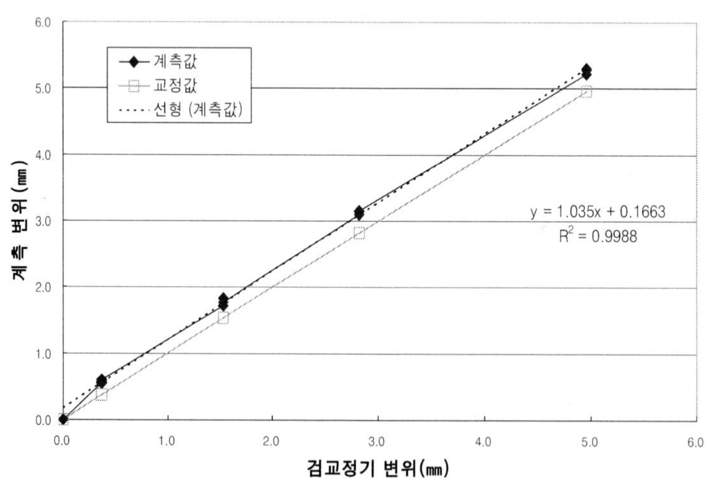

(b) 영구처짐계 3

그림 8 철도교 1의 영구처짐계 분석결과

철도교 2의 영구처짐계 1에 대한 검증결과는 그림 9.(a)에 나타내었다. 그림에서 알 수 있는 바와 같이 계측시스템에 의한 계측값은 교정값에 비해 다소 크게 나타났으나 일관적인 양상을 보이고 있다. 또한 회귀분석도 직선식과 매우 흡사한 결과를 보이고 있으므로 두 개의 회귀분석식을 이용하여 평균 보정값을 취한다. 그러나 영구처짐 값이 미소한 경우에는 교정값과 계측값간의 차이가 현저하지 않으므로 교정기기의 오차범위를 감안할 때 당분간 추이를 분석하는 방안도 대안이 될 수 있다.

철도교 2의 영구처짐계 3에 대한 분석결과는 그림 9(b)에 나타내었다. 그림에서 알 수 있는 바와 같이 같은 교량 영구처짐계 1에 비해 훨씬 더 일관적인 결과를 보여주고 있으며 회귀분석 결과도 만족스러운 양상을 보인다.

따라서 표 3과 같이 두 번에 걸친 교정결과를 평균하여 보정값을 취하는 방안을 제안하며, 온도변화에 따른 장기적인 계측값의 추이를 파악하기 위하여 추후 교정기간에 이르기까지 현 상태를 유지하는 방안도 추천할 수 있다.

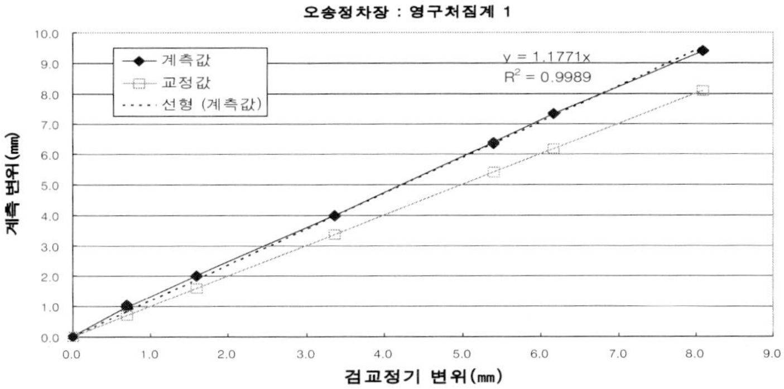

(a) 영구처짐계 1

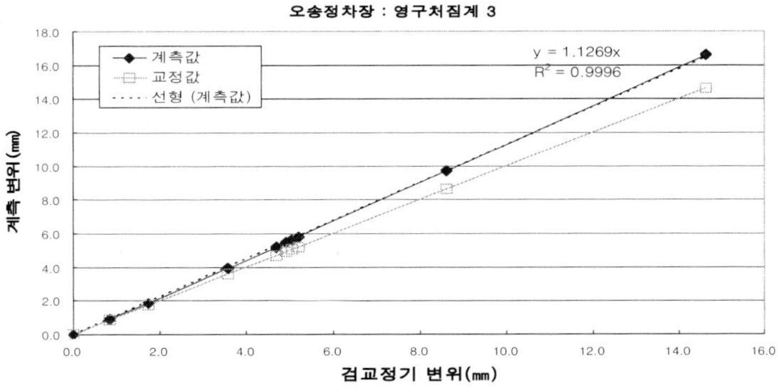

(b) 영구처짐계 3

그림 9 철도교 2의 영구처짐계 분석결과

4.2 종변위계

종변위계에 대한 검정결과 두 교량 모두 거의 유사한 값을 나타내고 있으며, 이에 대한 결과를 그림 10 및 표 4로 정리하였다.

철도교 1에 대한 종변위계의 검정결과 표 4와 그림 10(a)에서 볼 수 있듯이 수차례의 실험에서 일관된 차이를 보이고 있다. 따라서 회귀분석값의 평균값을 보정값으로 취할 수 있으며, 앞서의 경우와 마찬가지로 추후 교정기간까지 현 상태를 유지하는 방안도 검토될 수 있다.

그림 10(b)는 철도교 2의 종변위계에 대한 분석결과를 나타낸다. 그림에서 알 수 있는 바와 같이 교정값 및 계측값 사이에는 소규모 shifting 현상이 발생하였으며 계측값이 커질수록 이 현상을 줄어듦을 알 수 있다. 이와 같은 결과로부터 표 4의 교정값을 재입력하는 작업이 필요할 것으로 판단된다.

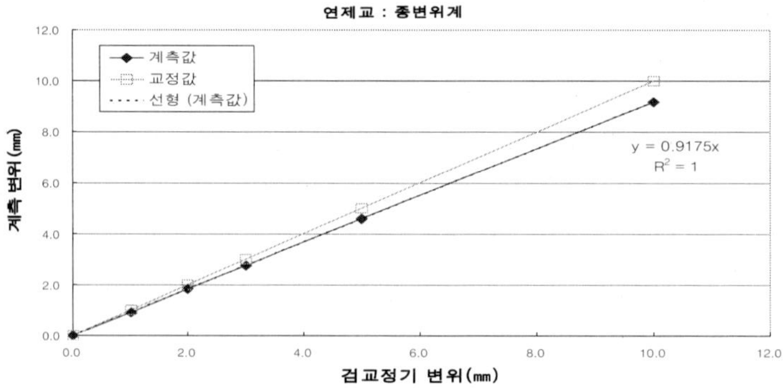

(a) 철도교 1 – 종변위계

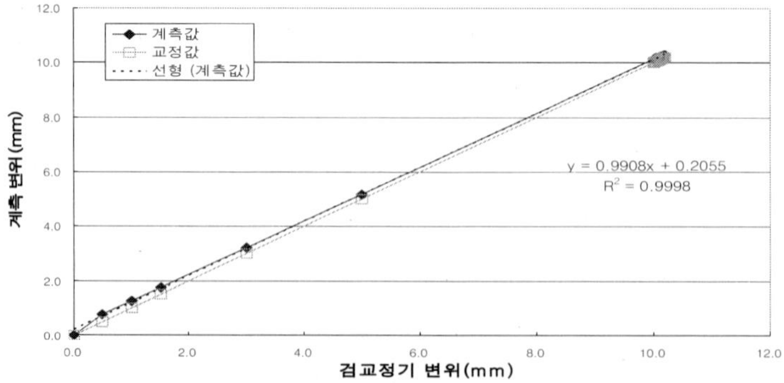

(b) 철도교 2 – 종변위계

그림 10 철도교 1 및 철도교 2 종변위계 분석결과

표 4 종변위계 계측결과

교량	실험회수	분석값(y=ax+c)	비고
철도교 1	3	0.9102x	
철도교 1	4	0.9277x	
철도교 1	5	0.9175x	
철도교 1	6	0.8532x	
철도교 2	1	0.9908x+0.2055	

4.3 가속도계

가속도계는 교량위로 열차주행시 데이터를 획득할 목적으로 설치되어 있으며, 센서로 부터 초당 100Hz로 계측되고 하나의 파일에는 16초의 데이터 즉, 1600개의 계측값이 저장된다. 실험을 통한 계측데이터를 FFT분석한 결과를 그림 11~12, 표 5로 정리하였다. 전체적으로 각각의 교량에 대해서 가진주파수에 따른 응답주파수는 거의 비슷한 경향을 보이고 있으나 표 5 및 표 6에서와 같이 가진진폭에 비해서 응답진폭이 약간 작게 측정되는 현상이 나타났다. 이는 본 실험의 교정에 사용한 상용 Shaker의 용량이 비교적 소형이고 가속도계 계측센서가 중량물(서보형)인 점을 감안하면 이에 따른 편차가 발생할 가능성을 무시할 수 없을 것으로 판단된다.

그림 11에는 철도교 1의 가속도계에 대한 검증결과를 도시하였다. 그림 11 및 표 5에서 알 수 있는 바와 같이 전반적으로 가진주파수와 응답주파수 간에는 상관관계를 형성하고 있으나 일부 실험의 경우에는 비직선성을 나타내기도 한다. 이 현상은 앞서 언급한 바와 같이 본 실험에 사용된 가진기의 성능과도 관계가 있을 것으로 판단되며 Low pass filter를 재조정하는 방안도 고려할 필요가 있다.

표 5 철도교 1 가속도계 - FFT 분석결과

센서명	실험 회수	Shaker (가진계)		응답주파수 (Hz)	비고
		가진진폭(g)	가진주파수(Hz)		
가속도계 1	1	0.05	11	11.52344	
	2	0.10	12	11.57227	
	3	0.10	15	15.18555	
	4	0.15	10	10.64453	
	5	0.20	10	10.64453	
	6	0.25	10	10.59570	
	7	0.25	15	13.76953	
	8	0.05	12	14.89258	
가속도계 2	1	0.04	11	11.37695	
	2	0.01	11	11.32813	
	3	0.10	11	11.37695	
	4	0.15	11	11.37695	
	5	0.02	12	11.32813	
	6	0.05	11	11.37695	
	7	0.30	15	14.84375	
	8	0.05	12	11.42578	

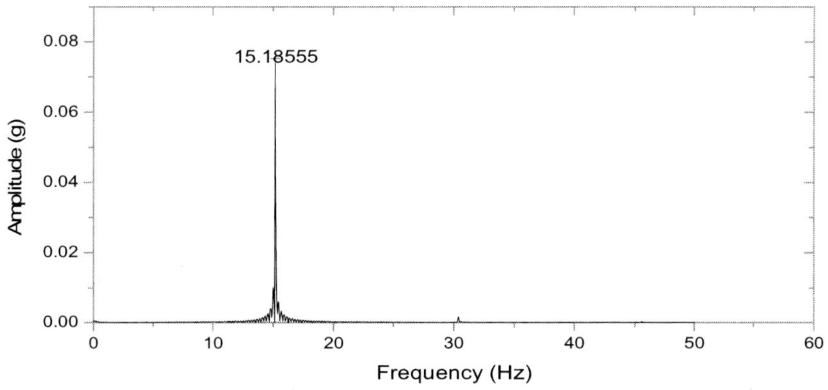

(a) 가속도계 1 - 가진값(0.10g, 15㎐)

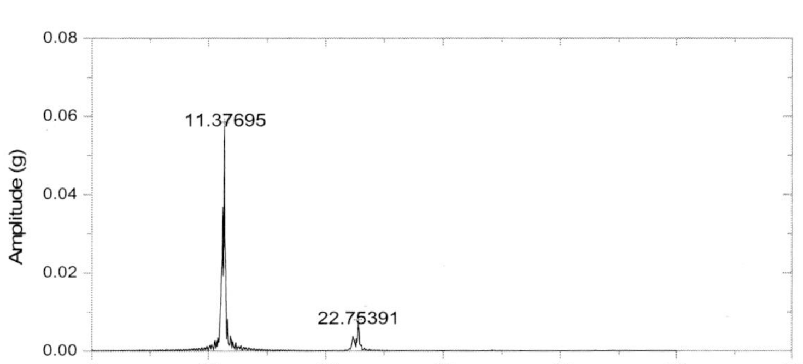

(b) 가속도계 2 - 가진값(0.10g, 11㎐)

그림 11 철도교 1 가속도계 FFT 분석결과

철도교 2의 가속도계 1 및 2에 대한 교정결과는 그림 12에 나타내었다. 동일한 가진기를 사용한 그림 12 및 표 5로부터 가진주파수에 대한 응답주파수는 철도교 1에 비해 훨씬 양호한 결과를 보여주며 철도교 1 및 2의 교정자가 다른 점을 감안할 때 교정자의 개인적인 기기작동 능력이나 가진기의 성능도 무시할 수 없음을 알 수 있다.

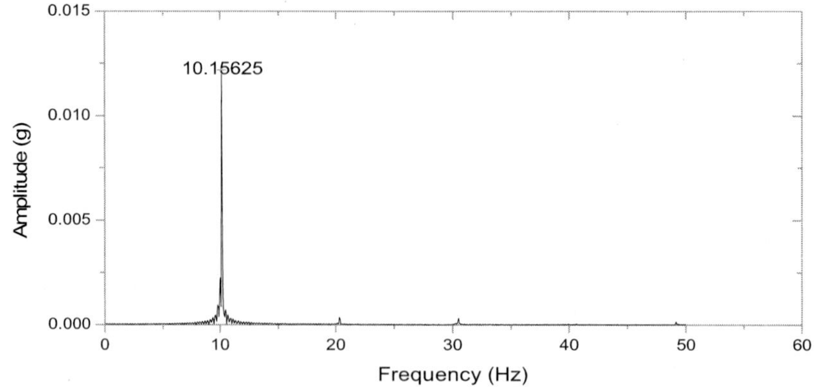

(a) 가속도계 1- 가진값(0.02g, 10Hz)

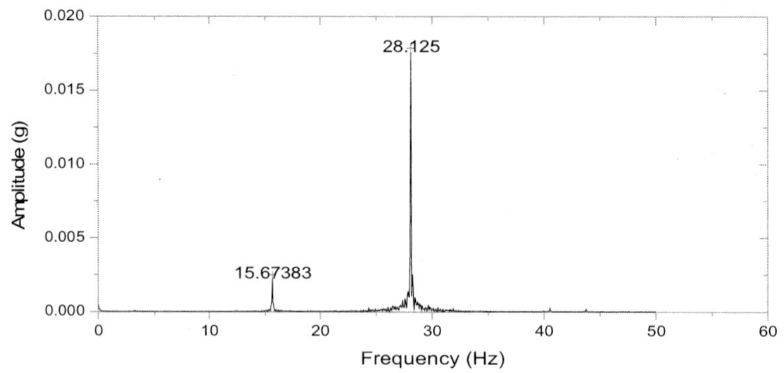

(b) 가속도계 2 - 가진값(0.07g, 28Hz)

그림 12 철도교 2 가속도계 FFT 분석결과

4.4 순간처짐계

순간처짐계는 100Hz로 현장계측실에서 데이터를 획득되며 각 교량마다 2회의 Calibration을 실시하였다. 실험결과는 그림 13에 도시하였으며 대부분의 계측값은 교정값과 일치함을 알 수 있고, 이에 대한 분석값을 표 6으로 정리하였다.

이상의 결과로부터 순간처짐계에 대한 교정값을 평균하여 적용할 수 있으나 앞서 다른 계측기기와 마찬가지로 계절별 온도의 영향을 고려하는 방안이 바람직하며 따라서 추후 교정 기간의 결과와 비교한 후 교정을 실시하는 방안을 제안한다.

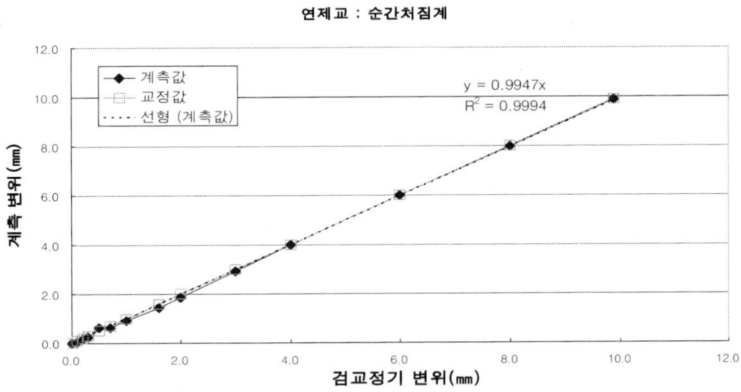

(a) 철도교 1 순간처짐계

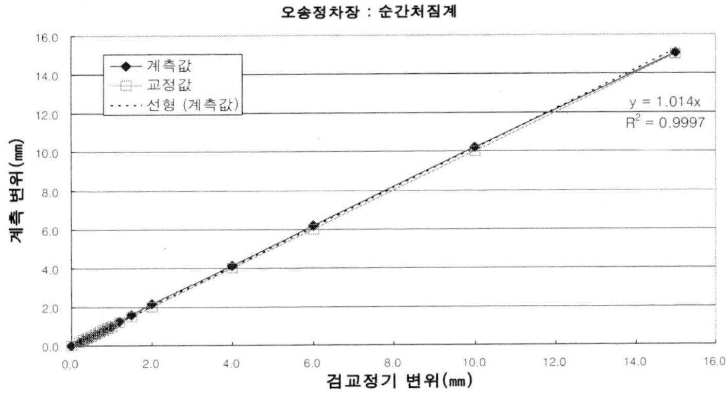

(b) 철도교 2 – 순간처짐계

그림 13 철도교 1 및 철도교 2 순간처짐계 분석결과

표 6 철도교 2 가속도계 - FFT 분석결과

센서명	실험 회수	Shaker (가진계)		응답주파수 (Hz)	비고
		가진진폭(g)	가진주파수(Hz)		
가속도계 1	1	0.02	10	10.15625	
	2	0.05	10	10.15625	
	3	0.08	10	10.15625	
	4	0.10	10	10.15625	
	5	0.15	10	10.15625	
	6	0.15	20	19.67773	
	7	0.07	30	29.24805	
	8	0.06	13	13.33008	
	9	0.14	34	34.03320	
	10	0.06	16	16.06445	
가속도계 2	1	0.09	10	10.54688	
	2	0.10	10	10.59570	
	3	0.08	10	10.15625	
	4	0.13	15	14.45313	
	5	0.15	20	19.09180	
	6	0.07	28	28.12500	
	7	0.18	10	10.15625	
	8	0.09	17	21.14258	
	9	0.10	23	22.80273	
	10	0.09	29	28.66211	

표 7 순간처짐계 계측결과

교량	실험회수	분석값(y=ax)	비고
철도교 1	1	0.9947x	
	2	1.0217x	
철도교 2	1	1.0140x	
	2	0.9261x	

5. 결 론

본 연구에서는 고속철도교용 상시계측시스템의 계측센서 및 송수신모듈에 대한 교정 및 센서보정값 재설정 방안에 대하여 고찰하였다. 이를 위하여 매설형 센서 및 접근이 불가능한 개소를 제외한 나머지 센서에 대하여 교정용 calibrator를 제작하였으며 이를 이용하여 교정값 및 계측값을 비교·검토함으로써 센서 자체의 교정뿐만 아니라 계측시스템 전체의 안정화를 도모하였으며, 본 연구를 통하여 획득한 결론은 다음과 같다.

1) 교량용 영구처짐계

(1) 철도교 1

영구처짐계 1의 경우, 소규모 처짐영역에서는 계측시스템에 의한 결과가 비교적 일관성 있는 형태를 보이나 약 5㎜가 넘는 영역에 대하여는 회귀분석 결과의 신뢰도가 낮아진다. 그러나 현 단계에서 영구처짐이 5mm 이상 발생할 가능성이 희박하므로 5mm 이하 영역에 대한 회귀분석 결과를 적용하는 방안이 강구될 수 있다. 특히 영구처짐계 3의 경우는 일정량의 처짐이 일관적인 형태로 더 발생하나 회귀분석 결과 직선식에 대한 상관계수값은 매우 양호하게 나타났다.

따라서 각 회귀분석 결과를 입력하는 방안을 추천하며 보정기기 자체의 미세 오차를 감안하면 현 상태를 유지하고 장기적인 추세분석을 통하여 보정 여부를 판단하는 방안도 대안이 될 수 있다.

(2) 철도교 2

영구처짐계 1의 경우, 계측시스템에 의한 계측값은 교정값에 비해 다소 크게 나타났으나 일관적인 양상을 보이고 있다. 또한 회귀분석 결과도 직선식과 매우 흡사하므로 두 개의 회귀분석식을 이용하여 평균 보정값을 취할 수 있다. 그러나 영구처짐 값이 미소한 경우에는 교정값과 계측값간의 차이가 현저하지 않으므로 교정기기의 오차범위를 감안할 때 장기적인 추이를 분석하는 방안도 고려할 수 있다.

2) 교량용 종변위계

두 교량 모두 교정기를 통한 교정값과 계측값의 상관계수는 1에 가까우며 직선적인 형태를 유지하고 있다. 따라서 회귀분석 결과를 평균하여 직접 적용하는 방안이 바람직하며 철도교 2에 대하여는 최초 shifting 부분에 대한 교정을 실시하여야 한다. 그러나 실제 오차범위가 미세한 점을 감안하면 일정기간 추이를 분석한 후 계절별 온도변화 이후의 교정값과 비교하는 방안도 고려할 수 있다.

3) 교량용 가속도계

(1) 철도교 1

전반적으로 가진주파수와 응답주파수간에는 상관관계를 형성하고 있으나 일부 실험의 경우에는 비직선성을 나타내기도 한다. 한편 가진 진폭에 비해 응답진폭은 작은 값을 보여주고 있으며 이는 본 실험에 사용된 가진기의 성능과도 일부 관계가 있을 것으로 판단되며 계측시스템내에 설치된 Low pass filter를 재조정하는 방안을 고려할 수 있다.

(2) 철도교 2

철도교 2의 가속도계 1 및 2에 대한 검정결과, 가진주파수에 대한 응답주파수는 철도교 1에 비해 훨씬 양호한 결과를 보여줌을 알 수 있으나 시간-진폭 도표에 따른 응답진폭 분석결과는 필터링에 의해 좀 더 개선될 여지가 있을 것으로 판단된다. 이를 근거로, 고유진동수의 변화를 이용한 구조물의 손상유무를 파악하기 위하여는 현재 설치된 계측시스템보다 정밀한 H/W가 필요할 것으로 예측된다.

4) 교량용 순간처짐계

철도교 1 및 철도교 2 모두 계측값은 교정값과 거의 일치함을 볼 수 있으며, 순간처짐계에 대한 교정값은 회귀분석값을 평균하여 적용할 수 있다. 그러나 앞서 다른 계측기기와 마찬가지로 계절별 온도의 영향을 고려하는 방안을 검토할 수 있으며 따라서 일정기간의 결과를 분석한 후 교정을 실시하는 방안을 제안하였다.

본 연구를 위하여 제작한 각종 교정기의 검정은 따로 실시하지 않았으나 교정기에 사용된 마이크로미터는 제작사의 검정결과를 적용하였으며 향후 각 교정기의 검정방안이 함께 고려되어야 할 것으로 판단된다. 또한 향후 주기적인 교정을 통하여 온도 및 기간경과에 따른 센서 및 계측시스템 자체의 신뢰성을 향상시키는 방안이 모색되어야 할 것이다.

참고문헌

1. 이준석 외, "고속철도 선로구축물 성능확보를 위한 구조물 계측 및 평가시스템 개발(III)", 한국철도기술연구원, 2000
2. 이준석, "고속철도 선로구축물 성능확보를 위한 구조물 계측 및 평가시스템 개발(II)", 한국철도기술연구원, 1999
3. 이준석 외, "수동계측, 계측센서 및 설비점검 보고서", 한국철도기술연구원, 2002
4. "경부고속철도 시험선 구간외 선로구축물 자동화 계측방안에 관한 연구 보고서", 한국철도기술연구원, 1998
5. "교량유지관리 시스템의 개발 및 운용(I), 한국도로공사, 1997
6. "선로건설기준 및 건설규칙(안), 한국고속철도건설공단, 1998
7. "경부고속철도 제5-1공구 노반신설 및 기타공사 최종설계도면", 한국고속철도건설공단, 1998
8. "교량관리체계개선, 교량유지관리지침(안)", 건설교통부, 1995
9. "Detail of P.C Box Bridge Design Including Shop Drawings Longitudinal Flexure Analysis - N0. 44c Synthesis", SYSTRA, 1997
10. Thompson, P.D., "PONTIS : The Maturing of Bridge Management Systems in the USA", Bridge Management 2, Thomas Telford, 1993
11. Yokoyama 외, "Development of a Bridge Management System in Japan", Bridge Management 3, E & F SPON, 1996

CHAPTER 1

2.2 도로 및 공항 포장계측 분석실무

2.2.1 인천국제공항 활주로 공사계측 분석

본 분석사례는 인천국제공항 포장시험시공(최준성, 건설계측개론, 구미서관, 2005, pp363~379)을 재편집하여 기술한 내용이다.

1. 서 론

인천국제공항은 영종도와 용유도 지역 연약지반상의 준설 매립지반이기 때문에 향후 대형 항공기의 취항을 감안하면 활주로 포장설계 결과에 불확실성이 잠재되어 있으므로 활주로 포장시험시공 및 비행기하중모사 트럭의 시험주행을 통해 활주로 포장체의 거동을 분석 검토함으로써 최적 단면 선정 및 계측결과를 본 포장공사에 반영하는데 그 목적이 있다.

2. 인천국제공항 포장시험시공 계측 분석

2.1 인천국제공항 포장시험시공의 접근방법과 분석방법

인천국제공항 포장시험시공의 접근방법과 분석방법은 다음과 같다.

1) 접근방법

(1) 포장설계의 검증(단면, 재료)

(2) 시공성 확인 및 품질체계 확립

① 다짐공법 및 장비

② 포장공법 및 장비

③ 품질관리체계

(3) 포장체의 거동확인

① 탄성거동 : 탄성변형, 피로응력

② 소성거동 : 침하, 소성변형 등

(4) 포장체의 공용성(Performance) 확인

① 구조적 공용성 확인(Structural performance criteria)

② 기능적 공용성 확인(Functional performance criteria)

(5) 포장세부사항의 관측 및 계측

① 배수시설

② 시공이음

③ 다우웰바, 기타

2) 분석방법

(1) 파괴시험(Failure tests)

① 계측결과 분석에 의한 공용성 평가

② 축소단면(Under design)

- 포장단면 축소 조정
- 재료강도의 저하 조정
- 지지력의 저하 조정
- 단면조정 고려 후 공용성 평가

(2) 비파괴시험(Non-failure tests)

① 제한된 시험후 이론적 접근에 의한 공용성 평가

② 거동해석(탄·소성) 모델에 의한 해석 및 검증

③ 파괴예측식에 의한 해석 및 검증

2.2 인천국제공항 포장시험시공의 계측기 설치 및 운영

1) 계측계획 및 계측기 선정

인천국제공항 포장시험시공 계측계획은 표 1, 계측기 선정은 표 2, 계측기의 세부사양은 표 3과 같이 결정하였다.

표 1 인천국제공항 포장시험시공 계측계획

계측기명	측정빈도	측정횟수(모델명, 제작사)
MDD (Multi Depth Deflectometer)	시험 주행회수 2,000~3,000회당 1회 계측	20회 (LVDT , 연세대)
변형률계	시험 주행회수 1,000~2,000회당 1회 계측	30회 (KM-120-20-H2-11-WIM3, Soltec / PAST IIAC , Dynatest)
수직·수평변위계 (Joint gauge)	시험 주행회수 1,000~2,000회당 1회 계측	30회 (LUDT-AC/AC , Sensotec Inc)
온도계	매시간 1회 계측(자동)	24회/1일 (TYPET.28AWG , Specialty Wire co)
함수량(습도)계 (Moisture Meter and Cell)	매주 1회 계측	17회 (MC-305B , Soil-Gest Inc)
하중계 (Load cell)	필요시	3회
Profilemeter	시험 주행회수 6,000회당 1회 계측	6회

표 2 인천국제공항 포장시험시공 계측기종 선정이유

계측기명	계측목적	결과이용
MDD (Multi Depth Deflectometer)	주행하중에 의한 포장 각 단면 처짐량 측정	다층 탄성해석으로 층별 탄성계수파악 포장체의 지지특성 분석
변형률계	포장층내에 발생하는 응력 변화 측정	반복하중, 응력과 변형관계 분석 포장수명 예측
수직·수평변위계 (Joint gauge)	강성포장체의 처짐량 측정	지반반력 계수 보완 포장체의 지지특성 분석
온도계 및 함수량계	포장체의 온도, 습도 측정	기온, 포장온도 관계, 시간 및 함수비 관계 탄성계수 보정
Profilemeter	포장체의 층별 처짐량 측정	층별 처짐량에 대한 공용성 평가
하 중 계	주행장비 하중 계측	탄성계수 보정 및 유효하중 계측

표 3 인천국제공항 포장시험시공 계측기종 선정

(a) 구간별 설치 계측기

구분	계측기	수량	개수	비고
연성구간 (10개 단면)	MDD 변형율계 온 도 계 습 도 계 Profilemeter	6 개소 5개 단면 10개 단면 6개 단면 10개 단면	6 102 124 18 32	
강성구간 (6개 단면)	MDD 변형율계 수직, 수평변위계 온 도 계 습 도 계 Profilemeter	4 개소 6개 단면 5개 단면 6개 단면 5개 단면 5개 단면	4 186 5 28 10 10	
전이구간	하 중 계		2	

(b) 계측기 형식

사양 및 규격	사양 및 규격
1. Handy Digital Strainmeter Model TC-31K - No. of Channel : 1 ch	5. Thermocouple "T" Type - 100m/roll
2. Displacement Transducer Model CDP-50 - Range : 50mm	6. Load Cell Model KC-50B - Range : 50 ton
3. Embedment strain gauge (아스팔트용) Model KM-100HAS with 5m Cable - Gauge length : 100mm	* Accessories : KCF-11-50 Exclusive Flange
4. Embedment Strain gauge (콘크리트용) Model KM-100B with 2m Cable - Gauge length : 100m	7. Soil Pressure Transducer Model KD-5C - Range : 0.5MPa

2) 계측기 사양결정을 위한 조사 분석

(1) 변형률계(AC, PCC)

① 용량 : ±5,000 x 10-6 스트레인

② 정격출력 : ±2.5mV/V

③ 비직선성 : 1%F.S.

④ 온도측정가능

⑤ 허용 온도범위 : -20 ~ +80℃

(2) 온도계

① 측정범위 : -250 ~ +400℃

(3) 하중계

① 용량 : 50tf

② 정격출력 : 1mV/V

③ 비직선성 : 1%F.S.

④ 허용 과부하 : 150%

(4) 수직·수평변위계

① 용량 : 50mm

② 정격출력 : 5mV/V

③ 비직선성 : 0.1%F.S.

(5) 깊이별 처짐측정계

① MDD(Multi Depth Deflectometer) : 49set

② 보링장비 : 삼각대외 13종

③ 신호조정기(Signal conditional box) : 증폭기 및 데이터 처리 시스템 내장

④ 지시계(Readout unit) : 전원공급, 거동확인

⑤ 증폭기 : 지시계에서 나온 원신호를 증폭하여 A/D 변환기(Converter)로 전송

⑥ A/D 변환기 : 아날로그 신호를 디지털 신호로 변환, 전송

⑦ Labview : 노트북에 장착된 계측 소프트웨어(Software)

(6) 습도계

① Trase System (24 Hour Battery Pack)

② Wintrase 소프트웨어 패키지

③ 표준매설케이블

3) 계측기 설치방법

(1) 변형률계(Strain gauge)

① 강성 포장구간

a. 린콘크리트 시공후 → 굴착 → 센서의 언더설치를 위한 되메우기

b. 센서 설치시 길이 및 수평을 맞추어 정위치 매설

c. 콘크리트 슬래브에 센서를 매설시에는 Φ 10mm 철근을 격자형으로 짜서 고정

② 연성 포장구간

a. 시멘트 안정처리층에서의 센서 설치는 린콘크리트 기층에서와 같은 방법으로 시공

b. 아스콘 포장의 센서 매설은 탠덤으로 다짐 후 아스콘을 굴착해서 센서 매설

c. 고운 아스콘 재료로 센서를 정위치 시킨 후 되메우기

d. 마지막으로 센서의 손상을 방지하기 위해 인력으로 다짐

(2) 하중계(Load cell)

주행장비 운행전 및 운행중에 필요시마다 주행장비의 축하중을 측정하기 위하여 강성구간의 끝점, 북측곡선부 시작하는 부분에 하중계를 설치하였다.

(3) 수직, 수평변위계(Joint gauge)

거푸집 안에 지그(Jig)를 삽입한 상태에서 콘크리트를 타설한 후 양생과정이 지난 후 지그(Jig)를 빼낸 다음, 수평·수직방향으로 센서를 설치한다.

(4) MDD(Multi-Depth-Deflectometer)

a. MDD 시험공 수직보정
b. 계측측정위치에 따라 포장체 각 층에 MDD 모듈 설치
c. 각각의 MDD모듈의 케이블 연결

(5) 함수량(습도)계(Moisture gauge)

a. 노상층은 매설하기에 어려움이 없으므로 일반시공 방법대로 토양층을 매설한다.
b. 포장층은 혼합골재층 및 콘크리트 혼합재가 타설된 층이므로 상당히 매설하기가 어려움이 있기 때문에 혼합골재층이 형성되었을 때 매설을 해야 하지만 실제로 매설할 수 없음으로 30cm 층일 경우 15cm 이상 혼합골재층을 파서 하부 5cm 이상 모래층을 만들고 습도센서를 매설하고 윗부분 또한 모래로 덮어 상부에서 행해지는 덤프트럭의 운행이나 로라등 기타 장비의 하중을 견딜 수 있게 매설한다.
c. 케이블이 예리한 자갈에 손상되는 것을 방지하기 위해 보호 주름관을 이용한다. 또한 표면밖으로 나온 케이블 연결부에는 방수가 가능한 커버가 있어야 하고 우천시 침수되거나 청결한 상태 유지를 위해 멀티박스를 설치한다.

(6) 프로파일미터(Profilemeter)

a. 포장체하부의 프로파일미터(Subsurface profilemeter) 시공중 유압호스를 설계된 위치에 정위치하여 매설한다.
b. 포장시공이 완료된 후 프로필러미터 호스단말부의 조정 및 초기 설치시 수평유지를 위해 활주로 트랙 외측에 프로필러미터 계측구를 설치한다.

4) 계측방법 및 계측내용

(1) MDD 계측방법

각 단면마다 4~6개의 MDD 모듈을 층의 경계면에 설치하여 각 지점에서의 상대처짐을 계측하고, 앵커처짐을 측정하여 절대처짐을 산정한다. MDD 모듈에서 나오는 아날로그 신호는 지시계를 거쳐 A/D 변환기에서 디지털 데이터로 전환되어 컴퓨터에 저장된다. 2~3명이 한 조가 되어 측정프로그램 Labview가 내장되어 있는 노트북 컴퓨터, 지시계

및 전원장치 등을 이용하여 주행하중에 대한 MDD의 처짐값을 측정한다. MDD계측시에 각 사이트마다 LVDT 고유의 스팬과 영점 값을 지시계에 세팅한 뒤에 계측 기록지에 데이터를 기록한다.
MDD 계측을 10개 단면종류별로 12회 계측이 실시되었다.

(2) 프로파일미터 계측방법
포장체하부 프로파일미터 측정은 시공 시 정위치에 매설한 호스에 R.D.P 탐침을 관통시키는 것으로, 포장면 양끝단에 설치한 포스트에 철선을 만들고, 이 철신과 R.D.P 탐침을 끈으로 연결하여 탐침이 이동하게끔 한다. R.D.P 탐침은 각 지점에서의 고도값을 측정하고, R.D.P 소프트웨어를 이용하여 측정치를 텍스트파일로 만든다. 형성된 텍스트파일은 엑셀 프로그램에서 디지털 값을 그래프화 한다. 프로파일미터 계측은 5,000회 운행마다 6회 계측이 실시되었다.

(3) 온도계 계측방법
온도계는 포장내부 및 콘크리트 양생시의 수화열 측정에 사용되고, 계측은 정적 시스템을 이용하여 장기적으로 실시한다. 각 포장층별로 매립된 온도계를 일정비율로 분산된 확장용 스캐너까지 케이블을 연결한다. 연장되어 스위칭박스에 연결된 온도계는 디지털 입/출력 케이블에 의해 계측실까지 연결된다. 이 방법은 케이블 길이에 따른 선저항 보정과 함께 안정된 데이터를 얻을 수 있다.
온도측정은 계측 통제실의 정적 시스템을 이용하여 일정한 시간간격 조건으로 계측을 실시, 진행하며 그 결과는 프린터, 플로피 디스크 드라이브를 통해 자동저장, 출력되고 그 데이터는 온라인으로 감시된다.

(4) 변형률계
변형률계는 응력 및 변형률 측정에 사용되며, 계측은 동적 시스템을 이용하여 주행시험 계측을 수동 측정하는 것으로 이 방법은 일정주기로 실시되기 때문에 별도의 계측 통제실에서 운용, 통제되지 않고 센서 매립구간으로부터 약 30미터 가량의 케이블을 확보하여 방수효과를 얻을 수 있는 튜브 등을 사용해 보호하고 각 구간별로 별도 보관 운용된다. 측정시에는 증폭기와 더불어 저장용 레코더, 파형 분석형 분석기 등을 통해 주행차량의 하중에 따른 응력 변화를 측정한다.
각 포장형식별로 32회에 걸쳐 연성포장 84개, 강성포장 204개에 대해 계측이 실시되었다.

(5) 하중계

비행기하중 모사트럭의 축하중 측정에 사용되며 설계 항공기 B747-400S를 기준으로 견인식 트레일러의 축중무게를 측정하였다.

(6) 수직·수평변위계(Joint gauge)

조인트 게이지는 강성구간의 줄눈부 처짐량을 측정하기 위하여 34회에 걸쳐 계측되었다.

(7) 함수량(습도)계

습도계는 토양속으로 전자기파를 발사한 다음 반사되는 파의 도착시간과 거리를 측정하며 측정지점까지의 거리를 알 수 있으며 이를 응용하여 현재 강성포장구간과 연성포장구간의 수분량을 측정하는 것으로 28개소에 설치되어 18회에 걸쳐 계측되었다.

3. 인천국제공항 활주로 포장형식에 따른 계측기 설치 및 측정

인천국제공항 각 활주로 포장형식에 따른 설치계측기는 표 4 및 표 5, 설치된 계측기들의 측정과 기타 필요한 계측구성요소 내용은 표 6과 같다. 이러한 설치 계측기들은 동적 측정시스템과 정적 측정시스템으로 구분하여 비행기하중에 대한 각 단면에서의 거동이 계측되었다.

표 4 강성포장의 계측기

계측기	계측내용	계측기 선정 사유
콘크리트 포장 변형 게이지 (PCC Strain gauge)	응력-변형측정 ⇒ 탄성계수	주행횟수에 따라 강성포장내에 발생하는 응력-변형을 측정하여 반복하중하에서의 응력과 변형관계 분석
수직 줄눈 게이지 (Vertical joint gauge)	줄눈의 인접 슬래브간 수직 변위량 측정	강성포장 줄눈에 균열에 의한 인접 슬리브간의 변이된 단차 측정 줄눈부 균열 발생시기별 수직 변위량 다우웰바에 의한 인접 슬래브 응력전달 상태 파악
수평 줄눈 게이지 (Horizontal joint gauge)	줄눈부의 인접 슬래브간 수평 변위량 측정	강성포장의 수평균열 크기변화 측정 줄눈 간격의 적정성 검토 온도변화에 따른 수평균열 변화 분석
온도계 (Temperature sensor)	포장체의 온도측정	포장층 및 깊이별 온도변화 기온-포장층별 온도관계 분석 줄눈 절단시기 결정 균열 발생시 추적조사 탄성계수 보정
함수량계 (Moisture sensor)	포장체의 함수량 측정	포장체의 함수량에 따른 지지력 변화분석 함수량-온도변화 분석
MDD (Multi Depte Deflectometer)	포장층별 연직 처짐량	포장층별 허용수직응력 설정 탄성계수 추정 포장체 층별 처짐량 측정
Subsurface profilemeter	노상층 처짐	노상층 소성변형량 측정

표 5 연성포장의 계측기

계 측 기	계측내용	계측기 선정 사유
AC 변형게이지 (AC Strain gauge)	표층 및 기층의 응력-변형측정	주행횟수에 따라 연성포장체에 발생하는 응력-변형측정하여 반복하중에 따른 응력-변형특성 분석
콘크리트 변형게이지 (PCC Strain gauge)	시멘트안정처리기층의 응력-변형측정	연성포장 하부에 위치한 시멘트 안정처리기층내에 발생하는 응력-변형을 측정하여 안정처리 기층에 작용하는 변형특성 분석
온도계 (Temperature sensor)	포장체의 층별 온도변화 측정	포장층별, 깊이별 온도변화 온도-소성변형(Rutting) 발생 분석
힘수량계 (Moisture sensor)	포장체의 함수량 측정	노상 및 입상재료층의 함수량 따른 지지력 변화 특성분석
MDD (Multi Depth Deflectometer)	포장층별 연직 처짐량	포장층별 허용수직응력 설정 탄성계수 산정후 거동분석
Subsurface profilemeter	노상층 처짐	노상층 소성변형량 측정

표 6 전체 계측시스템 구성요소 예

번호	품 명	번호	품 명
	장비임차 및 손료		
1	Model SDA-830A Dynamic amp	4	Model TDS-302 데이터 Logger(온도측정)
2	Model RD-145T Tape recorder	5	Model SSW-50C Switching box
3	Model CF-350Z FFT analyzer	6	Model CDP-50 Displacement transducer
	소 계		
	소모자재비		
1	계측용 Calble (4-Core Shield, 0.5mm2)	3	기타 소모품(저장용 Tape, 디스켓 etc.)
2	센서 접속용 커넥터		
	소 계		
	계측기		
1	AC Strain gauge	4	수직, 수평변위계(지그 포함)
2	PCC Strain gauge	5	토압계
3	온도 센서	6	하중계
	기타경비		
1	현장 측정비	2	데이터 처리비 (Data sheet 및 Graph 약 9,000배)
	제공과잡비		
	합 계		

1) 동적 측정 시스템의 구성 예

(1) 동적 증폭기(다이나믹 앰프)

① 모델 : SDA-830A

② 사양

가. 측정 채널 : 8 ch

나. 측정 속도 : 10 KHz

다. 특징 : 디지털 모니터 및 브릿지 박스 내장

③ 용도 : 각 센서에 전류를 인가하여 변형률계에 의한 저항변화를 감지한 후 증폭하여 출력

(2) 동적증폭기 (소프트웨어 포함)

① 모델 : DRA-101A

② 사양

가. 측정 채널 : 10 ch

나. 측정 속도 : 25 KHz

다. 특징 : 소프트웨어와 함께 컨트롤

③ 용도

가. 미세한 전압 신호의 증폭

나. 입력된 아날로그 파형 (직류전압)을 디지털 파형으로 전환

다. 실파형 모니터링 및 분석 (X-Y, Y-T, Bar Graph, Data 편집)

라. FFT 분석 , 결과치 기록 및 자동 편집기능

마. 출력된 데이터 시간별로 프린터 및 저장

(3) 테이프 레코더

① 모델 : RD-145T

② 사양 : 측정 채널 : 16 ch

③ 용도

가. 출력된 직류전압 자기 테이프에 저장

나. 저장된 직류전압 데이터 재생하여 출력

(4) FFT 분석기(아날라이저)

① 모델 : CF-350Z

② 사양

가. 측정 채널 : 2 ch

나. 특징 : 측정되는 데이터 실파형 모니터링

동적 파형 디스켓에 저장 및 플로터 출력

③ 용도: 동적 계측시 측정되는 데이터 실파형을 모니터하여 센서 이상 유무 등 파악 (시간측에 대한 파형 모니터링)

2) 온도측정 시스템

(1) 데이터로거

① 모델 : TDS-601A

② 사양

가. 최대측정 채널 : 본체 10 ch

나. 측정 속도 : 0.02초/ch

다. 측정 항목 : 스트레인, 온도, 직류전압, 전기저항식 모든 센서

라. 특징

- 프린터, 플로피 디스크 드라이브 (2개) 내장
- 무인측정 가능
  - 용도 : 본 현장에서는 온도 측정에 사용되며 각 포장 구간의 전 온도 센서를 스캐너박스를 통해 매 시간 간격으로 무인 측정하며 프린터 출력과 플로피 디스크에 저장

(2) 스캐너 박스

① 모델 : SSW-50C

② 사양

가. 측정 채널 : 50 ch

나. 특징 : 전기저항식 모든 센서 연결가능

③ 용도 : 본체로 연결되며 채널 확장용으로 사용

3) 정적 측정시스템 : 단채널 스트레인 측정기

① 모델 : TC-31K

② 사양 : 휴대용 스트레인 측정기

③ 용도 : 휴대용이며 스트레인 게이지, 온도, 로드셀, 죠인트 게이지등 전기저항식 센서를 측정

4) 데이터 처리 장비 및 흐름도

인천신공항 시험포장에서 사용되었던 계측데이터 처리를 위한 기본장비와 측정흐름도는 아래와 같다.

(1) 동적 측정 데이터 처리 개요

인천신공항 시험포장도로의 동적 측정 데이터 처리 절차는 그림 1과 같다.

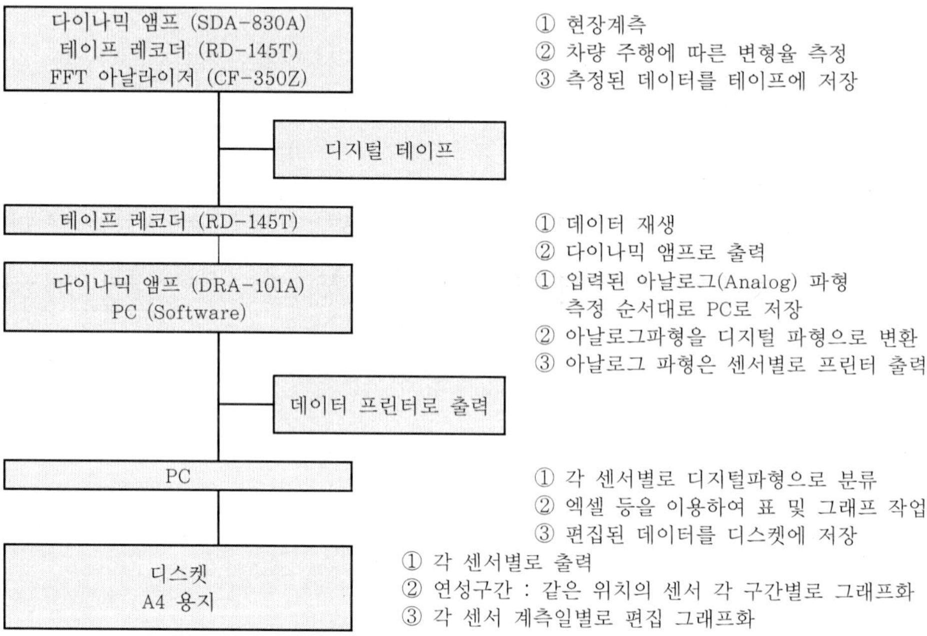

그림 1 인천신공항 시험포장도로의 동적 측정 데이터 처리 절차

참고문헌

1. 최준성, “건설계측개론”, 구미서관, 2005, pp363~379.
2. 신공항건설공단, 대본엔지니어링, "인천국제공항 포장시험시공용역 종합보고서", 1998.

2.2.2 한국도로공사 시험도로 유지관리계측 분석

본 분석사례는 한국도로공사 시험도로 정기계측(권순민, 이재훈, 배성호, 도로교통협회지 도로교통 기술기사, 2005.12, pp76~91)을 재편집하여 기술한 내용이다.

1. 서론

한국도로공사 시험도로는 건설교통부 국책과제인 한국형 포장설계법 개발과 포장성능 개선방안 연구의 진행과 발맞추어 2002년 12월에 중부내륙고속도로 구간에 완공되어 전체 시스템 및 계측기에 대한 초기계측을 완료하고 2004년 3월에 정식개통을 실시하였다. 그 후 8월에 첫 정기계측을 실시하였고, 11월에 두 번째 정기계측을 완료하였다.

실제 차량하중에 따른 포장의 거동상태를 파악하고, 계절과 환경에 따른 거동특성을 분석하기 위한 정기계측은 궁극적으로 포장설계법 개발에 관련된 구조해석 데이터와 각종 물성데이터 제공을 목적으로 수행되었으며, 첫 정기계측은 약간의 시행착오를 겪으며 약 한달 반 정도 소요되었으며, 두 번째 정기계측은 4주정도 소요되었다.

본 연구에서는 시험도로의 정기계측에 대한 전반적인 사항을 기술하고, 포장의 거동 특성 파악을 위한 각종 시험들을 상세히 소개하여 도로계측 기술발전에 기여 하고자 한다.

2. 시험도로 구간 및 단면구성

시험도로에는 25개 단면에 2,830m 연장의 콘크리트 포장과 33개 단면에 2,710m 연장의 아스팔트 포장으로 이루어져 있다. 콘크리트 포장구간과 아스팔트 포장구간 모두 기본적인 계측항목들은 같지만 포장의 형식과 계측기의 위치에 따라 계측방법은 조금씩 차이가 있다. 특히 콘크리트 포장의 경우는 줄눈이 삽입되어 있으므로 이에 따른 계측방법이 아스팔트 포장과 다소 차이가 있다. 그림 3.4는 시험도로전체의 구간을 나타내었으며, 그림 1과 그림 2는 콘크리트와 아스팔트포장 구간의 단면 구성도를 나타낸 것이다.

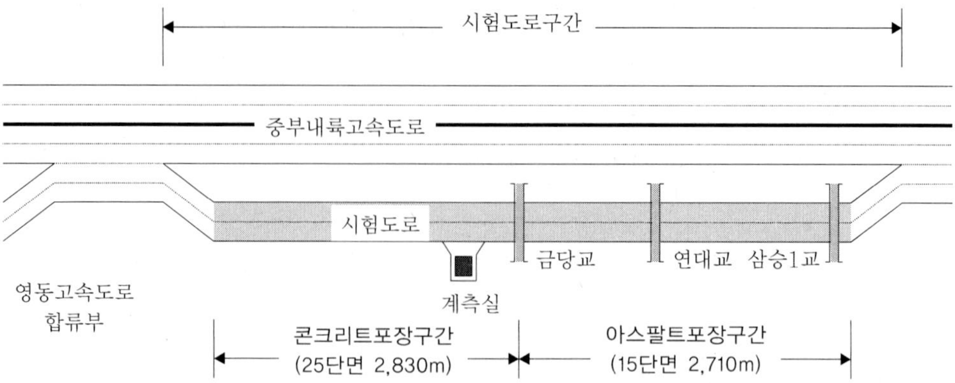

그림 1 시험도로 구간

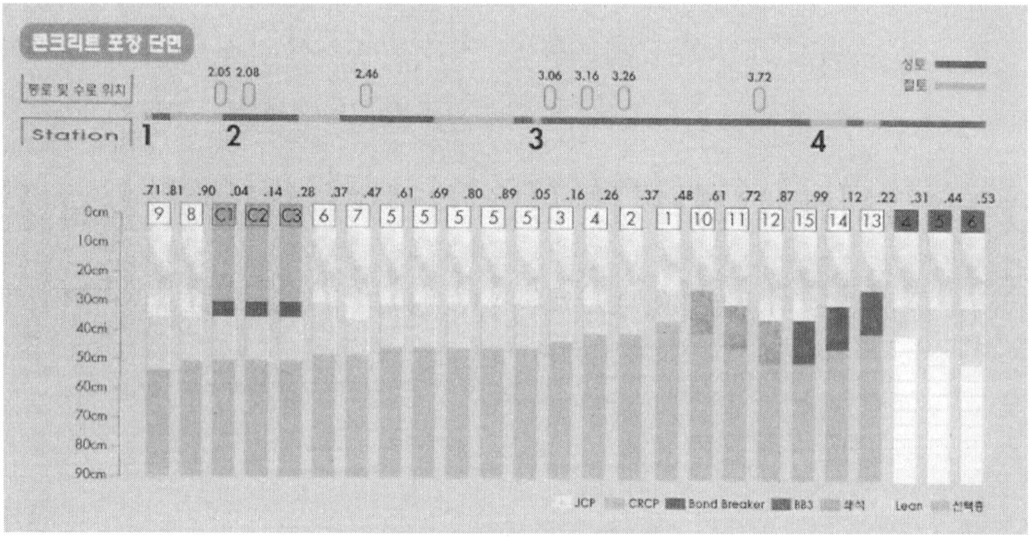

그림 2 콘크리트포장 단면 구성도

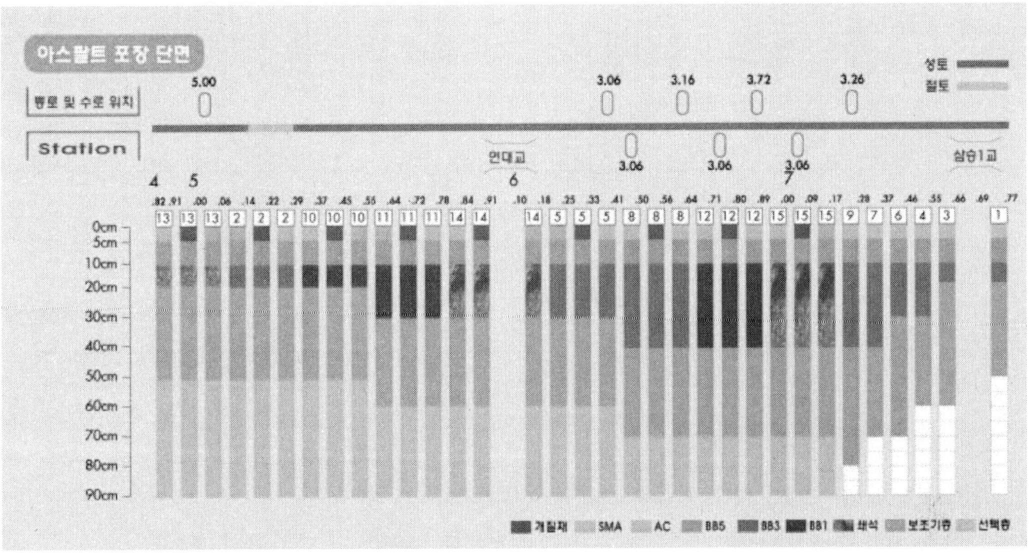

그림 3 아스팔트포장 단면 구성도

3. 콘크리트 포장 정기계측

3.1 정적하중재하시험

콘크리트 슬래브에 덤프트럭 차량하중을 서서히 진입시켜 계측기 위에 정지한 후 얼마간의 시간동안 머문 후 하중을 제거하는 방법으로 포장체의 거동을 분석하였다.

3.1.1. 계측항목

1) 포장체 온도
2) 슬래브 및 보조기층 변형률
3) 보조기층 및 선택층의 수직압(토압계)

3.1.2 시험단면 및 하중

시험단면의 선정은 표 1과 같이 콘크리트 포장 주요 단면 5개소를 선정하여 그 구간에서만 시험을 실시하였으며, 주요 단면의 선정 조건은 슬래브 두께 및 보조기층 종류에 따라 결정하였다. 또한 하중의 크기는 적재물이 없는 공차 덤프트럭과 하중재하판을 적재한 고중량 덤프트럭 각각 1대씩을 이용하여 하중에 대한 영향도 고려하였다.

표 1 콘크리트포장 정적하중 재하시험 단면

시험단면	각 층의 두께		보조기층재료	비고
	슬래브(㎝)	보조기층(㎝)		
J2	25	15	Lean	-
J5	30	15	Lean	-
J8	35	15	Lean	-
J11	30	15	AGG	-
J14	30	15	BB3	-

3.1.3 시험 방법

정적하중 재하시험의 시험방법은 다음과 같다.

1) 차량하중에 대한 기본데이터 확인 : 차량축하중, 접지압, 접지면적 측정
2) 데이터획득시스템 및 하중재하차량의 시험단면으로 이동.
   - 대기온도, 시험대상 단면 포장체 표면온도 측정
3) 시스템과 함체 연결 및 계측기 이상유무 확인, 시스템 안정화 실시(510분)
4) 하중재하지점 차량유도표시 설치.
5) 하중재하트럭 진입 : 시속 5㎞/h 내외
6) 기준하중의 중심점이 계측기 중심에 오도록 위치시킨 후, 정차하여 10초 이상 데이터 수집.
7) 하중재하트럭을 서서히 진행시켜 하중제거.
8) 계측파일을 컴퓨터에 저장하고 현장함체와의 연결을 해제.

수동함체와 데이터 획득시스템 연결은 그림 4, 측정위치로 차량진입은 그림 5, 콘크리트 포장 슬래브 변형률계 매설위치는 그림 6과 같다.

그림 4 수동함체와 데이터 획득시스템 연결

그림 5 측정위치로 차량진입

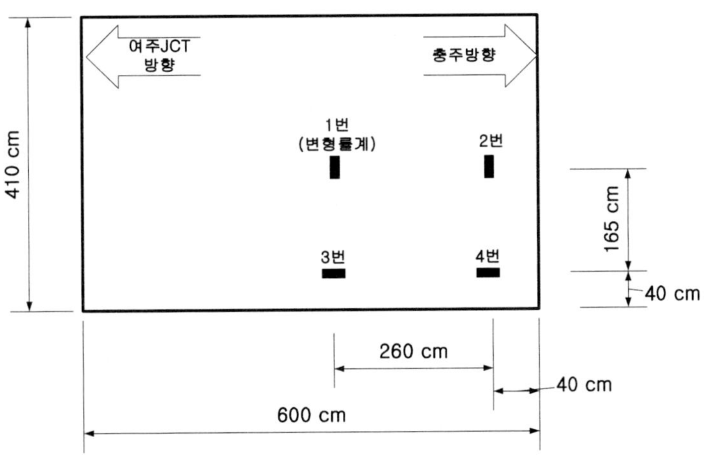

그림 6 콘크리트포장 슬래브 변형률계 매설위치

3.2 동적하중 재하시험

동적하중 재하시험은 덤프트럭을 이용하여 포장체에 매설되어 있는 계측기 위를 일정한 속도로 통과시켜서 그때 발생하는 포장체의 거동을 분석하는 방법이다. 덤프트럭은 하중을 적재한 고중량 덤프와 저중량(공차) 덤프를 이용하여 시험을 실시하였다.

3.2.1 계측항목

1) 포장체 온도
2) 슬래브 및 보조기층 변형률
3) 보조기층 및 선택층의 수직압(토압계)
4) 철근변형률(연속철근콘크리트구간 시험시)
5) 차량 속도 및 원더링

3.2.2 시험단면 및 시험조건

동적하중 재하시험 단면은 표 2와 같이 표 3의 정적하중 재하시험과 마찬가지로 선정된 주요 단면 5개소를 우선적으로 실시하였으며, 추가적으로 연속 철근콘크리트 구간도 포함하였다.

표 2 콘크리트포장 동적하중 재하시험 단면

시험단면	각 층의 두께		보조기층재료	비고
	슬래브(㎝)	보조기층(㎝)		
J2	25	15	Lean	주요단면
J5	30	15	Lean	주요단면
J8	35	15	Lean	주요단면
J11	30	15	AGG	주요단면
J14	30	15	BB3	주요단면
C1	30	20	B.B층(5) + Lean(15)	추가단면
C2	30	20	B.B층(5) + Lean(15)	추가단면
C3	30	20	B.B층(5) + Lean(15)	추가단면

시험조건으로는 정적하중 재하시험과는 다르게 차량의 속도와 주행 위치가 포함되므로 표 3과 같이 이를 고려하여 결정하였다.

표 3 콘크리트포장 동적하중 재하시험 시험조건

조건	항목	비고
속도	저속(50㎞), 고속(80㎞)	2가지
주행위치	슬래브 중앙(1,2번 계측기), 슬래브 휠패스(3,4번 계측기)	-
하중크기	공차, 고중량	-

3.2.3 시험방법

1) 차량하중에 대한 기본데이터 확인 : 차량축하중, 접지압, 접지면적 측정
2) 데이터획득시스템 및 하중재하차량의 시험단면으로 이동.
   - 대기온도, 시험대상 단면 포장체 표면온도 측정
3) 시스템과 함체 연결 및 계측기 이상유무확인, 시스템 안정화 실시(510분).
4) 그림 7과 같이 노면에 영구 표식된 위치에 차량 윈더링 측정용 피에조 센서 및 검증용 고무판 설치.

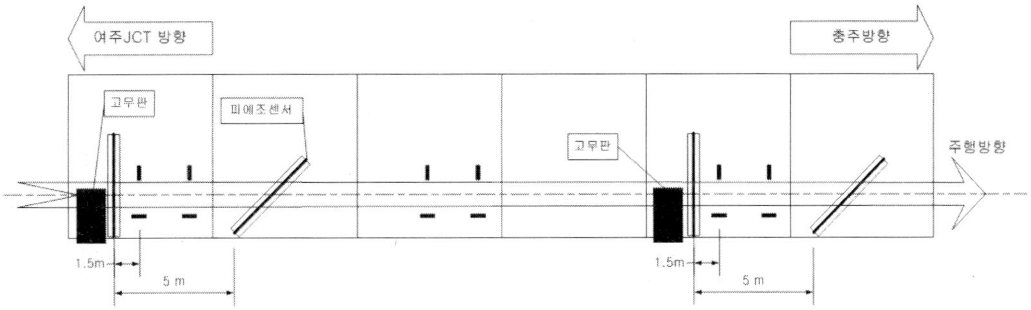

그림 7 콘크리트구간 피에조센서 설치

5) 계측기 위치를 중심으로 그림 8과 같이 차량유도띠 설치.

그림 8 유도띠를 따라 차량 통과

6) 센터 주행 및 휠패스 주행에 대한 예비주행테스트를 12회 수행하여 계측데이터의 정상작동 여부 및 원더링 측정 상태 확인.

7) 2대의 하중재하트럭을 시험변수 4가지(속도 및 하중재하 위치)에 따라 각각의 경우에 대하여 5회씩 반복하여 수행 : 하중재하 위치는 그림 9 및 그림 10 참고

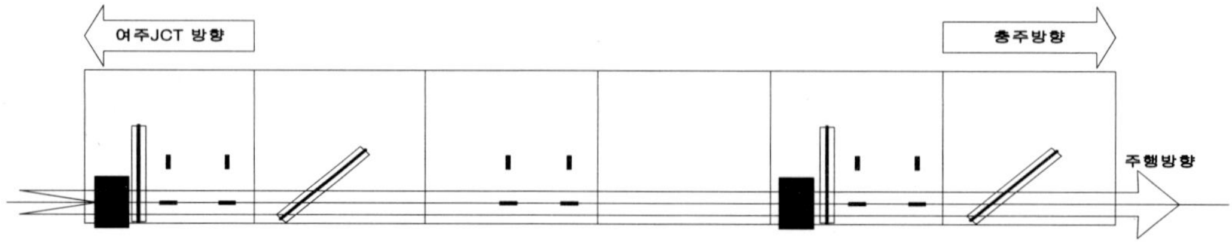

그림 9 휠패스(3, 4번 계측기) 통과위치

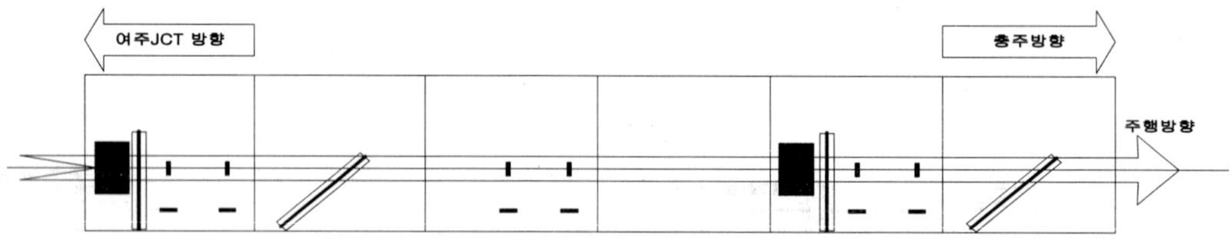

그림 10 슬래브중앙(1, 2번 계측기) 통과위치

8) 차량이 계측기 위치를 진행하기 전에 데이터수집을 시작하고, 계측기를 통과한 후 데이터 수집을 종료(원더링 시스템을 이용한 트리거 기능 자동 설정).

9) 각각의 주행시험에 대하여 고무판을 이용한 원더링 측정 데이터는 수동으로 획득.

10) 계측시스템과 현장함체와의 연결을 해제.

3.3 충격하중 재하시험

충격하중 재하시험은 일정한 무게를 가진 추를 자유낙하 시켜서 하중이 일시적으로 가해질 때 포장체의 거동을 분석하는 시험을 말한다. 현장에서는 충격하중 재하시험은 FWD(Falling Weight Deflectometer)라고 하는 충격하중을 재하할 수 있는 장비를 이용하여 시험을 실시하였다. FWD는 일정량의 무게를 가지는 추를 자유낙하 시켜 하중이 가해질 때 그때의 처짐값을 측정하여 역산을 통해 탄성계수를 추정하는 포장체 구조안전 진단장비로 그림 10과 같고, FWD 하중레벨은 자유낙하 시키는 하중의 크기에 따라 표 4와 같이 구분된다.

그림 11 Falling Weight Deflectometer

표 4 FWD 하중 단계

하중단계	하중크기
1단계	9000lb (4.05ton)
2단계	12000lb (5.4ton)
3단계	18000lb (8.1ton)
4단계	25000lb (11.25ton)

3.3.1 계측항목

1) 포장체 온도
2) 슬래브 및 보조기층 변형률
3) 보조기층 및 선택층의 수직압(토압계)
4) FWD 충격하중 크기 및 슬래브 표층 처짐량
5) 슬래브 하중전달율

3.3.2 시험단면 및 변수

콘크리트포장 시험단면은 표 5와 같이 시험을 실시하였고, 충격하중크기는 콘크리트 슬래브를 감안하여 3단계와 4단계를 설정하여 시험을 실시하였으며, 슬래브의 하중전달율 시험과 병행하여 줄눈 위치에서도 하중 타격을 실시하였다. FWD 충격하중 재하시험 위치도는 그림 12., FWD 충격하중 재하시험 전경은 그림 13.과 같다.

표 5. 콘크리트포장 충격하중 재하시험 단면

시험단면	각 층의 두께		보조기층재료	비고
	슬래브(㎝)	보조기층(㎝)		
J2	25	15	Lean	-
J5	30	15	Lean	-
J8	35	15	Lean	-
J11	30	15	AGG	-
J14	30	15	BB3	-

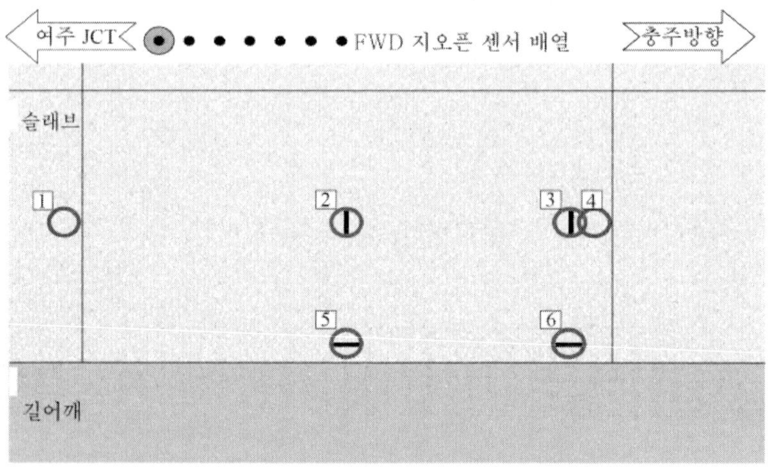

그림 12 FWD 충격하중 재하시험 위치도

그림 13 FWD 충격하중 재하시험 전경

3.4 콘크리트 포장 환경하중 및 교통하중재하시험

콘크리트 포장의 환경하중 및 교통하중 재하 시험은 3가지 시험의 조합으로 이루어진다. 첫 번째는 정적하중재하시험이며, 두 번째는 FWD 하중재하시험, 세 번째는 줄눈거동측정시험이다. 이러한 세 가지 시험의 조합을 시간대별로 측정하여 환경하중과 교통하중에 따른 콘크리트 포장 슬래브의 거동을 분석하였다.

3.4.1 계측항목

세 가지 시험이 조합되므로 많은 양의 데이터들을 동시에 계측하게 되며, 이를 토대로 각각의 데이터들이 포장의 거동특성에 어떻게 영향을 미치는지 살펴볼 수 있고, 계측항목으로는 다음과 같다.

1) 포장체 온도
2) 슬래브 및 보조기층 변형률
3) 보조기층 및 선택층의 수직압(토압계)
4) 슬래브 줄눈 거동량
5) FWD 충격하중 크기 및 슬래브 표층 처짐량
6) 슬래브 하중전달율

3.4.2 시험단면 및 시험변수

시험단면은 기본적인 콘크리트 포장 주요 단면 3개소를 선정하였으며, 각 단면당 포함되어 있는 많은 슬래브들 중에서 1개 슬래브 선정하여 시험을 실시하였다. 슬래브 선정에 있어서는 기존에 해왔던 시험 데이터들을 토대로 하여 선정하였다.

표 6 콘크리트포장 환경하중 및 교통하중 재하시험 단면

시험단면	각 층의 두께		보조기층재료	비고
	슬래브(㎝)	보조기층(㎝)		
J2	25	15	Lean	
J5	30	15	Lean	
J8	35	15	Lean	

시험변수로는 정적하중재하의 경우에는 고중량 한가지를 선택하여 시험하였으며, 충격하중재하시험의 경우는 하중변수를 2개(3단계, 4단계)를 선정하였다.

3.5 콘크리트포장 하중영향반경 측정시험

시험도로 J5-2 단면에는 몰드변형률계가 슬래브당 44개씩 총 142개가 '土'자 모양으로 배치되어 매설되어있다. 본 시험은 환경하중의 영향을 고려한 하중영향반경 측정을 위한 것으로 조밀한 간격으로 몰드변형률계가 매설되어 있는 단면에서 하중의 재하에 따른 슬래브의 영향반경측정을 위해 수행되었으며, 계측항목은 다음과 같다.

1) 포장체 온도
2) 슬래브 변형률(정적, 동적계측)
4) 슬래브 컬링 거동 변형량
5) FWD 충격하중 크기 및 슬래브 표층 처짐량
6) 슬래브 하중전달율

시험단면은 표 7과 같이 몰드변형률계가 매설되어 있는 단면에서만 시험이 수행되었으며, 충격하중은 3단계와 4단계의 2가지 하중을 적용하였고, 콘크리트 하중영향반경 시험 하중재하위치는 그림 14와 같다.

표 7 콘크리트포장 하중영향반경 시험 단면

시험단면	각 층의 두께		보조기층재료	비고
	슬래브(㎝)	보조기층(㎝)		
J5-2	30	15	Lean	

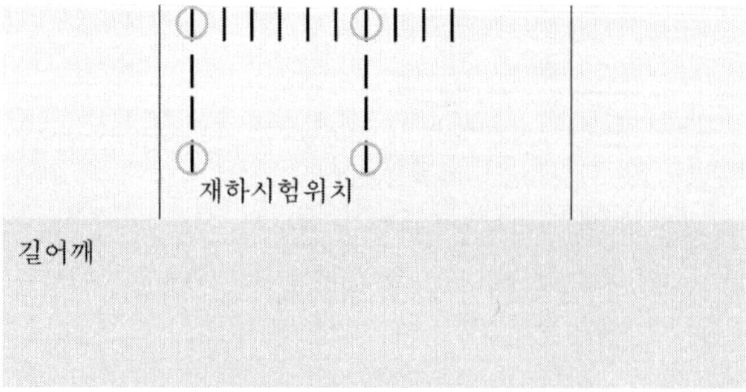

그림 14 콘크리트포장 하중영향반경 시험 하중재하위치

3.6 컬링 및 줄눈거동 데이터 획득시험

환경하중에 의한 콘크리트 포장 슬래브의 종횡방향 거동을 측정하기 위한 균열변위계가 3단면에 설치되어 있다. 휴대용 정적데이터로거를 이용해 일정 시간간격으로 줄눈변위를 측정하였다. 계측항목으로는 포장체 온도와 슬래브 줄눈폭 변형량 및 컬링 거동량을 측정하였으며, 시험단면으로는 표 8과 같이 줄눈과 컬링 변위계가 설치되어 있는 3단면씩 6개 단면을 시험하였다.

표 8 컬링 및 줄눈거동 시험단면

줄눈 거동 측정	J9-J8, J5-1, J2-J1
컬링 거동 측정	J8, J5-2, J2

4. 아스팔트 포장 정기계측

4.1 동적하중재하시험

콘크리트포장 구간과 마찬가지로 하중을 적재한 덤프트럭과 적재하지 않은 덤프트럭 2대를 일정한 속도로 계측기 위로 주행시키고 그때 발생하는 포장체의 거동 분석하였다.

4.1.1 계측항목

기본적인 항목은 콘크리트 동적하중재하시험과 동일하며, 계측항목은 다음과 같다.

1) 포장체 온도
2) 아스팔트층 변형률
3) 보조기층의 수직압(토압계)
4) 차량 속도 및 원더링

4.1.2 시험단면 및 시험조건

아스팔트포장 구간도 콘크리트포장과 마찬가지로 보조기층의 두께와 재료에 따라 표 9와 같이 선택한 주요 단면 개소 6개소에 대해 집중적인 시험을 실시하였으며, 4개 단면에 대한 추가 시험을 실시하였다. 시험조건은 표 10과 같이 콘크리트와 같은 조건으로 실시하였다.

표 9 아스팔트포장 동적하중 재하시험 단면

시험단면	각 층의 두께			보조기층재료	비고
	표층(㎝)	중간층(㎝)	보조기층(㎝)		
A2	5	7	8	BB3	동상방지층 있음
A5	5	7	18	BB3	
A8	5	7	28	BB3	
A13	5	7	8	Aggregate	
A14	5	7	18	Aggregate	
A15	5	7	28	Aggregate	
A10	5	7	8	BB1	
A11	5	7	18	BB1	
A12	5	7	28	BB1	
A7	5	7	28	BB3	동상방지층 없음

표 10 아스팔트포장 동적하중 재하시험 시험조건

조건	항목	비고
속도	저속(50㎞/hr), 고속(80㎞/hr)	2가지
주행위치	포장체 중앙 휠패스	-
하중크기	공차, 고중량	-

4.1.3 시험방법

1) 차량하중에 대한 기본데이터 확인 : 차량축하중, 접지압, 접지면적 측정
2) 데이터획득시스템 및 하중재하차량의 시험단면으로 이동.
   - 대기온도, 시험대상 단면 포장체 표면온도 측정
3) 시스템과 함체 연결 및 계측기 이상유무 확인, 시스템 안정화 실시(510분).
4) 그림 15와 같이 노면에 영구 표식된 위치에 차량 원더링 측정용 피에조센서 및 검증용 고무판 설치.
5) 계측기 위치를 중심으로 차량 유도띠 설치.
6) 센터주행 및 휠패스 주행에 대한 예비주행테스트를 12회 수행하여 계측데이터의 정상 작동 여부 및 원더링 측정 상태 확인.
7) 2대의 하중재하트럭을 시험변수 4가지(속도 및 하중재하 위치)에 따라 각각의 경우에 대하여 5회씩 반복하여 수행하고, 하중재하 위치는 그림 16참조

8) 각각의 주행시험에 대하여 고무판을 이용한 원더링 측정 데이터는 수동으로 획득.

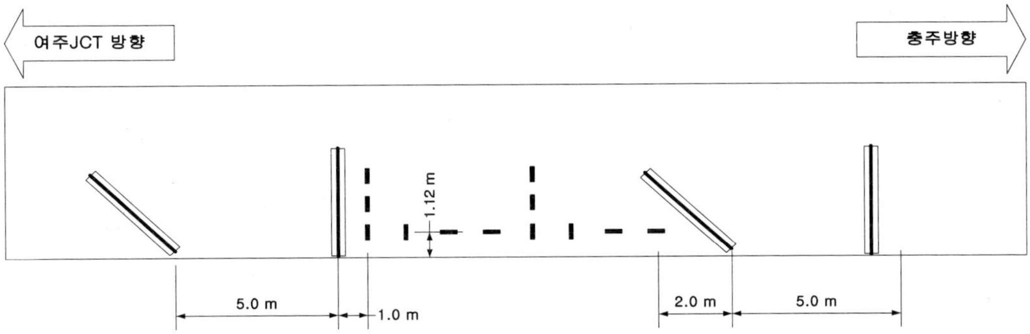

그림 15 아스팔트포장 피에조센서 설치위치

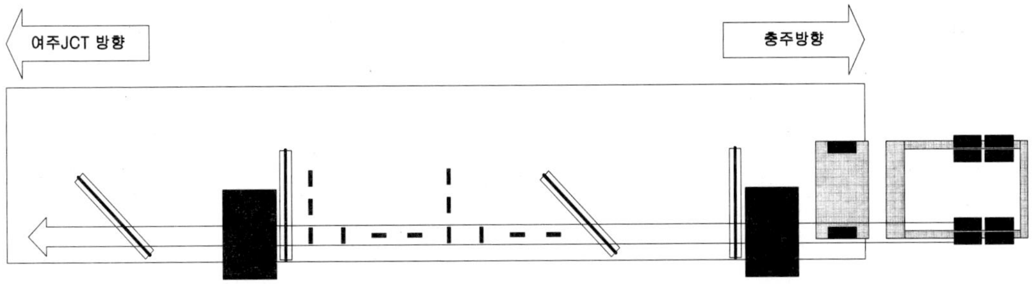

그림 16 아스팔트포장 동적하중재하시험 주행위치(휠패스)

4.2 FWD를 이용한 아스팔트 물성변화 추정시험

시험도로 아스팔트포장의 주요 단면에 대하여 24시간 FWD 충격하중 재하시험을 수행하여 온도변화에 따른 아스팔트 포장의 물성 변화 데이터를 수집하였다.

4.2.1 계측항목 및 시험단면

시험에서 계측되는 항목으로는 포장체 온도와 FWD의 충격하중의 크기, 그리고 슬래브 표층의 처짐량이다. 시험단면은 표 11과 같이 하부층 재료와 두께에 따라 4개 단면으로 선정하였다.

표 11 아스팔트포장 물성변화 추정시험 단면

시험단면	각 층의 두께			보조기층재료	비고
	표층(㎝)	중간층(㎝)	보조기층(㎝)		
A8	5	7	28	BB3	동상방지층 있음
A14	5	7	18	Aggregate	
A11	5	7	18	BB1	
A7	5	7	28	BB3	동상방지층 없음

4.2.2 시험조건

아스팔트 포장의 경우는 연성포장이므로 충격하중 단계를 콘크리트와는 조금 다르게 2단계와 3단계로 설정하여 시험을 실시하였으며, 충격하중 재하시험 위치도는 그림 17과 같다.

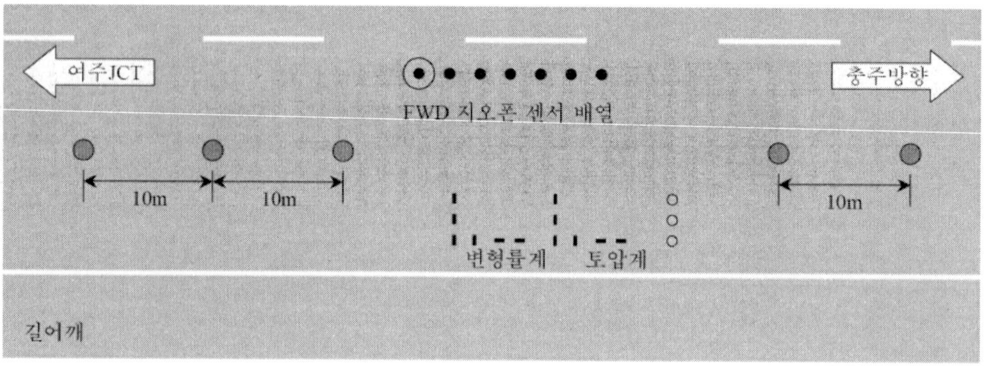

그림 17 FWD 충격하중 재하시험 위치도

4.3 FWD를 이용한 아스팔트포장 장기공용성 데이터 수집

FWD 장비의 처짐데이터를 이용하여 시험도로 아스팔트포장 전단면에 대한 장기 공용성 데이터를 측정하였다. 처짐데이터를 역산하여 각 층별 탄성계수를 구할 수 있다. 계측항목은 아스팔트 물성변화 추정시험과 동일하며, 단면은 아스팔트 구간 전 단면에 걸쳐서 수행되었고, 각 단면당 5개소씩 선정하여 시험이 진행되었으며, 향후 동일한 위치에서 장기 공용성을 평가할 계획이다. 시험조건은 하중단계을 물성변화 추정시험과는 달리 1, 2단계를 이용하였다.

5. 기타시험

5.1 콘크리트 슬래브 코어링

콘크리트 포장 구간의 주요단면 7개와 스케일링 발생 구간에 대하여 슬래브층의 코어를 채취하여 각종 물성시험자료로 활용하였다.

5.1.1 시험목적 및 단면

코어링 시험의 주요 목적은 다음과 같다.

1) 각 단면별 콘크리트 슬래브 및 린 슬래브 두께 실측
2) 콘크리트 슬래브 및 린콘크리트층의 물성 시험
3) 시험도로 코어시료의 보관
4) 스케일링 구간의 상태 조사

콘크리트포장 슬래브 코어링 시험단면은 표 12와 같이 콘크리트포장 주요단면 7개소를 대상으로 실시하였다.

표 12 콘크리트포장 슬래브 코어링 시험단면

시험단면	각 층의 두께		보조기층재료	비고
	슬래브(㎝)	보조기층(㎝)		
J2	25	15	Lean	
J5	30	15	Lean	
J8	35	15	Lean	
J11	30	15	AGG	
J14	30	15	BB3	
J4	30	10	Lean	
J6	30	20	Lean	

5.1.2 코어채취 개수 및 위치

콘크리트포장 슬래브 코어링 위치는 그림 18과 같다

1) 주요단면 7개소 - J8, J5, J2, J4, J6, J11, J14: 단면당 계측기 매설지점 주위 슬래브 4개 에서 2개씩 총 56개의 코어채취
2) 스케일링 발생구간 - C1, J5-2, 통로박스 위: 3구간으로 분류하여 각 구간에서 3개씩 총 9개의 코어채취

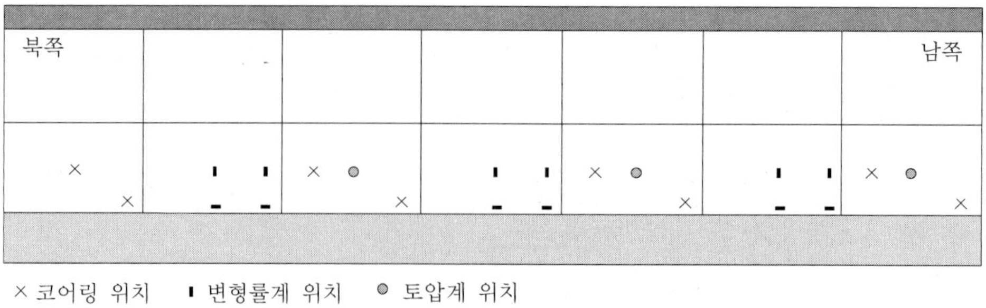

그림 18 콘크리트포장 슬래브 코어링 위치

5.2 현장육안조사

장비가 아닌 인력을 통한 시험도로 전구간의 포장 표면에 대한 육안관찰 및 특이사항을 야장에 기입하고 사진촬영을 실시하였다. 포장체 파손에 대한 형태와 크기 및 특이사항을 기술하였고, 콘크리트 구간과 아스팔트 구간 전 단면을 대상으로 조사하였다.

5.3 다웰바 위치 확인

시험도로 주요구간 및 다웰바 자동삽입구간 일부에 대하여 슬래브에 다웰바의 정상 위치 삽입에 대한 검증작업을 수행하였다. 콘크리트포장 슬래브 다웰바 위치 확인단면은 표 13과 같으며, 다웰바 위치 검증 예는 그림 19와 같다. 시험도로 다웰바 자동삽입구간의 다웰바 삽입 상태 확인 및 정기계측 수행 주요구간에 대한 다웰바 삽입 상태를 확인하였으며, 시험단면은 콘크리트 주요 단면 7개소와 다웰바 자동삽입구간이다.

표 13 콘크리트포장 슬래브 다웰바 위치 확인단면

시험단면	각 층의 두께		보조기층재료	비고
	슬래브(㎝)	보조기층(㎝)		
J2	25	15	Lean	주요단면
J5	30	15	Lean	
J8	35	15	Lean	
J11	30	15	AGG	
J14	30	15	BB3	
J4	30	10	Lean	
J6	30	20	Lean	
STA. 4+220 4+344				다웰바 자동삽입구간

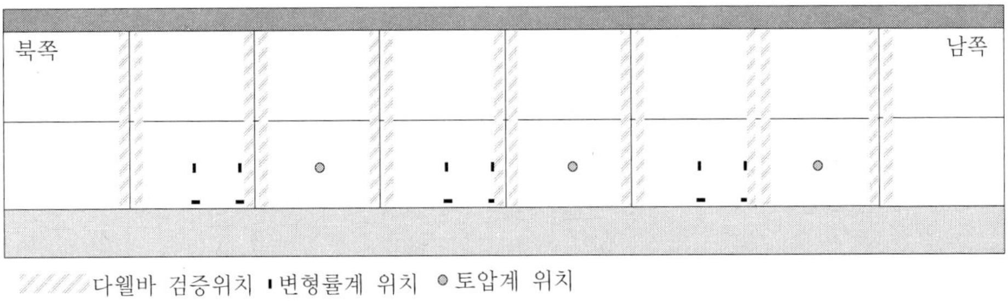

그림 19 다웰바 위치 검증 예 (주요단면의 경우)

6. 결론

한국도로공사 도로교통기술원 시험도로운영센터에서는 시험도로에서 발생하는 각종 계측 데이터들에 대하여 건설교통부 국책과제 한국형 포장설계법 개발과 포장 성능 개선방안 연구와 연계하여 데이터획득 방법 및 데이터형식의 적절성 등에 대한 검증을 마무리하였으며, 정기계측 시행이후 발생되는 데이터들은 한국형 포장 설계법 개발에 필요한 각종 모형 검증은 물론 다양한 도로포장 연구분야에 사용될 수 있도록 체계적인 데이터베이스 구축에 만전을 기하고 있다. 향후 시험도로의 축척된 데이터를 토대로 많은 포장분야의 연구가 수행될 것으로 기대하며, 한국도로공사의 시험도로가 포장이외에도 지반, 구조, 교통 등 다양한 도로분야에서 연구의 중심지로 자리매김하기를 기대한다.

참고문헌

1. 권순민, 이재훈, 배성호 “시험도로 정기계측”, 도로교통협회지 도로교통 기술기사, 2005 겨울, pp.76~91.
2. 이광호, 권순민, 정진훈, .이재훈, “시험도로에 대한 초기계측”, 대한토목학회지 토목 기술기사, 2004.2, pp.50~57.

CHAPTER 1

2.3 사면계측 분석실무

2.3.1 보령댐 좌안사면 안전 확인계측 분석

본 연구사례는 보령댐 좌안사면 안정대책 수립 및 구조지질학적 고찰(박철숙, 이근호, 한국지반공학회 사면안정학술발표논문집, 1998, pp161~182)을 수정 및 재편집하여 기술한 내용이다.

1. 서 론

본 연구는 보령댐 좌안사면 안정대책의 일환으로 영구적인 사면의 거동여부를 확인하고자 매설계기를 설치, 계측한 결과를 분석한 것으로 매설계기의 설치위치 및 수량은 사면안정 대책수립시 잠재적 거동 가능성이 높은 4개 영역으로 구분하여 계측의 목적을 설정하고, 지하수위계, 간극수압계, 경사계, 변형률계, 신축계, 구조물 기울기계를 설치하였다. 계측기기의 설치 후부터 1998년도까지의 계측결과를 댐 수위 및 강우량의 변화, 계측기기 주변의 공사에 의한 영향 등 다각도로 분석하였다.

분석결과 안정대책 시행 후 사면의 거동이 인지되는 요소가 인지되지 않았으며, 현재 사면은 안정을 이루고 있는 것으로 판단된다.

2. 계측기기 설치

1) 계측 영역 설정

보령댐 좌안사면은 균열이 인지되는 상류측 EL.154m 상부뿐만 아니라 사면 전체의 안정성을 검토하고자 4개의 영역으로 구분하여 적절한 매설계기를 설치하였다.

(1) 상류사면 기존의 Convex 부위 - 여수로 구조물을 연결하는 부분

- 현 사면에서 균열의 발생은 기존의 1: 1.2로 굴착한 사면과 새롭게 굴착한 1: 1.4 사면이 접하여 형성된 Convex 부위에서 응력이완이 심하게 나타났으며, 비록 추

가 굴착에 의한 사면의 형상이 직선으로 변한다고 해도 Convex 부위는 기존의 이완된 영역이며, 동시에 새로운 굴착에 의해서 상류 측에 분포하는 전석층 상류의 자연사면을 추가 절취함으로써 그 부분은 응력 불균형이 초래될 가능성이 있으므로 사면의 층리 방향을 고려하면 상류측 자연사면에서의 불균형에 의한 영향이 감지될 것이다. 그리고 사면안정대책 검토시 대표단면으로 설정하여 하부 암반의 분포상태를 파악하고 있는 점과 EL.169m 소단에서 인지된 약 30cm 층후의 안산암질 암맥은 과거 1: 1.2 사면에서 단층면으로 인지된 거동 가능성이 존재하는 연약대인 점을 고려할 때 사면의 거동유무를 파악할 필요성이 있다. EL.154m 하부의 1: 1.2 사면은 현재까지 균열이 발견되거나 거동의 징후가 보이지 않고 있지만 향후 사면의 준공 후 여수로 구조물에 미치는 영향을 검토하고 또한 상부의 상태가 하부로 전이되는지의 검토를 위해서 매설계기를 설치할 필요성이 있다.

(2) 하류측 사면

- 본댐 좌안 사면의 3부분 중 가장 하류측의 사면은 현재까지 균열이 발견되지 않고 비교적 안정한 상태를 이루고 있으나 중앙 사면 상단부에서 하류사면을 횡단하면서 분포하는 2~3m 층후의 안산암질 암맥은 암성을 거의 유지하지 못한 풍화도를 가진 상태로 계측의 필요성이 있다.

(3) 여수로 구조물 부위

- 사면의 거동이 진행된다면 EL.154m 하부에도 징후가 보일 것이나 가장 중요한 여수로 구조물은 암반에 비하여 취약하므로 쉽게 거동의 영향이 나타날 것이다. 구조물자체가 사면의 거동시에는 수문의 조작이 어렵게 되고 전도될 가능성이 있으므로 구조물 자체가 받고 있는 응력이므로 고 간지할 수 있는 매설계기를 설치해야 한다.

(4) 굴착사면 배후의 원지반

- 보령댐 좌안사면이 위치하는 충남 보령시 주산면 일원은 과거 복잡한 구조운동을 받은 지역으로 현재 사면의 거동이 국부적인 현상인지 아니면 광역적인 지구조 운동에 의한 거동인지의 여부를 살펴보기 위해서 기 계획된 상부계획 굴착사면 배후원 지반의 시공 중 사면거동을 파악하기 위한 계측시스템이 필요하다.

2) 계측기기 선정

계측기기는 아래와 같은 조건에 의거 선정하였다.

(1) 우선 계측조건을 사면활동에 의한 지중 및 수평거동 발생을 감지하고 이러한 거동이 영향을 주게 될 여수로 구조물의 응력 상태를 파악하는데 적합한 계기를 선별 조건으로 하였다.

(2) 시공시 발생하는 사면의 응력 변화에 의한 사면 거동을 파악하기 위해서는 시공중에도 계측 데이터를 수집하여 분석자료로 사용하여야 하나 시공 중에는 자동화 시스템 구축이 불가능한 상태이므로 일시적으로 수동계측을 실시, 시공시 안정성 여부를 확인하고 시공완료 후 본 공사의 주목적인 자동계측을 수행할 수 있도록 계측기는 수동, 자동 병용이 가능한 계기가 바람직 할 것이다.
상기와 같은 계측조건을 고려하여 표 1과 같이 계측항목과 그에 따른 계측기를 선정하였다.

3) 계측기기 설치계획

위 1)의 계측 영역 설정에서 4영역으로 구분하여 각 지역별 계측목적을 설명한 것에 기초하여 그림 1~3과 같이 우선 설치 매설계기와 영구 설치 매설계기로 분류하여 설치하였다.

표 1 계측항목 및 계측기기 선정

계측항목	적용 계측기	비고
사면 활동에 의한 지중수평 변위	지중수평변위계	수동, 자동 가능
사면 내부의 간극수압 측정	간극수압계	수동, 자동 가능
사면 내부 지하수 거동 파악	지하수위계	수동, 자동 가능
사면 활동면 위치 및 변위량 측정 (지표면)	신축계 측량표주	수동, 자동 가능
여수로 구조물에 작용하는 응력상태 파악	매설형Strain Gage	수동, 자동 가능
여수로 구조물의 전도여부 파악	구조물기울기측정기	수동, 자동 가능

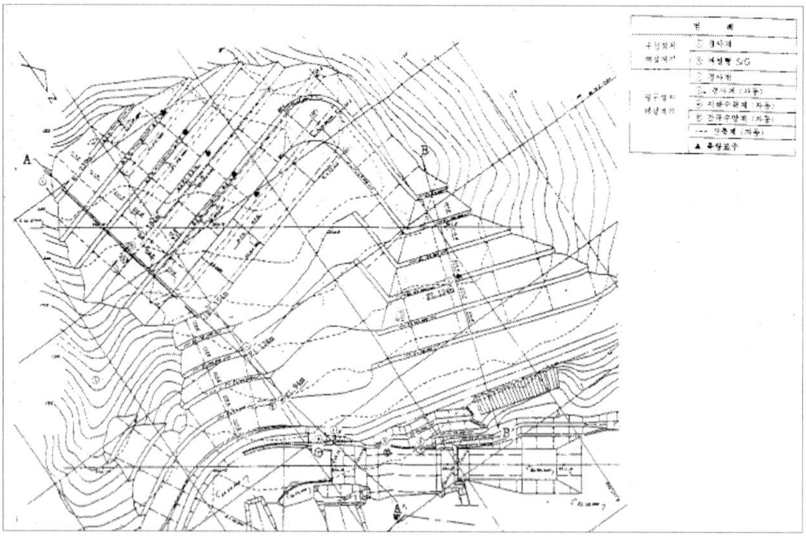

그림 1 보령댐 좌안사면 계측기기 배치 평면도

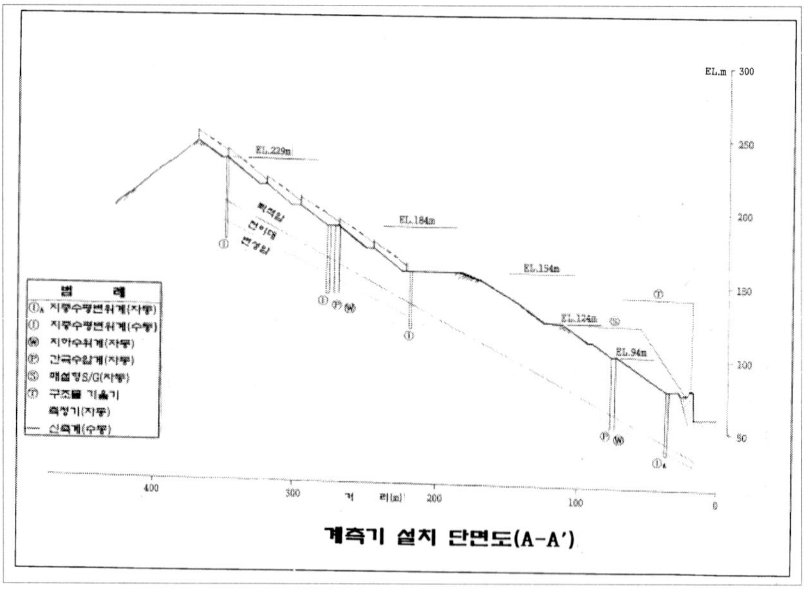

그림 2 좌안사면 계측기기 설치 단면도(그림 4.21의 A-A' 단면.)

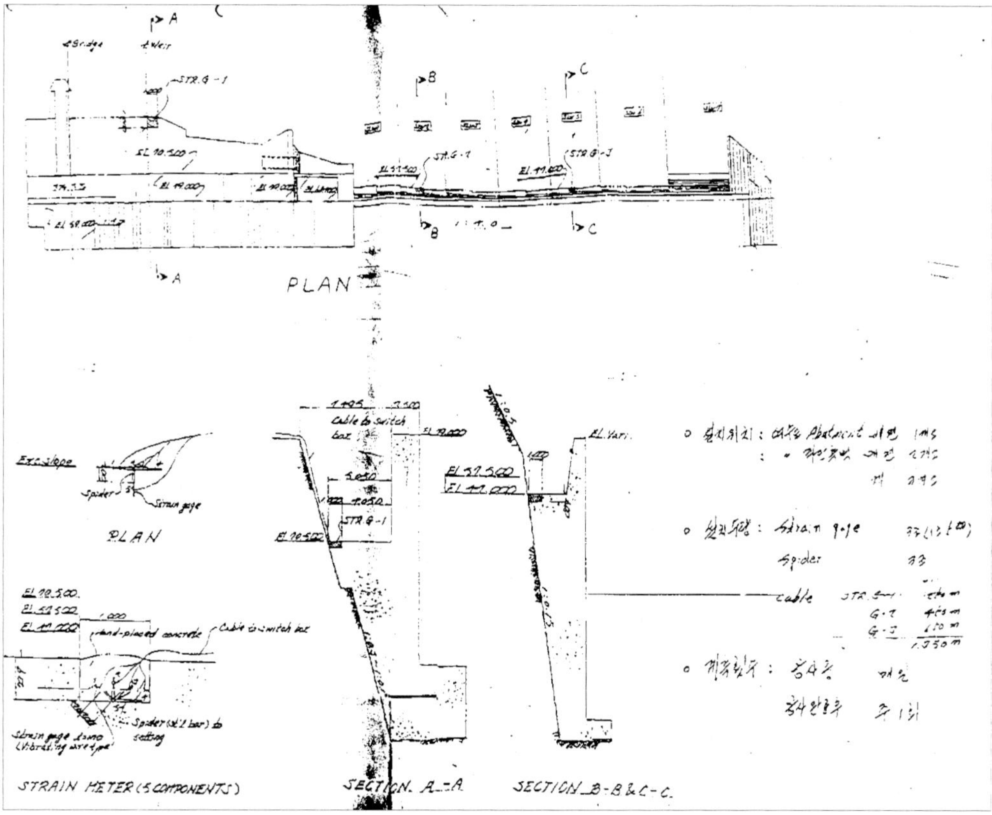

그림 3 변형률계 설치 상세도

(1) 우선설치 매설계기

굴착사면 상부로부터의 추가굴착을 시작하기 전에 굴착으로 인한 상재하중의 감소는 Uplift force가 발생하여 사면내부의 응력변화를 야기하므로 매설계기를 설치하여 시공중의 사면거동을 관찰해야 한다

(2) 상류 사면 기존의 Convex 부위

여수로 구조물과 연결된 기존 Convex 부위중 E.L.154m 상부는 굴착이 시행되나, 154m 하부는 현사면을 유지하므로 E.L.154m 상부는 굴착이 진행됨에 따라서 영구 매설계기를 설치해야 한다. 현재의 굴착사면이 유지되는 E.L.124m 지점에 경사계를 설치하여 상부의 굴착진행에 따른 사면의 거동이 진행된다면 하부에도 영향을 미치게 되므로 시공중의 사면관리를 위해서 우선적으로 설치해서 계측, 분석이 시행되어야 한다.

(3) 하류측 사면

하류사면은 현재까지 균열이 발견되지 않으며 비교적 안정된 상태를 이루고 있다. 그러나 중앙사면 상단부에서 하류사면을 횡단하는 폭 2~3m 의 안산암질 암맥은 거의 암성을 유지하지 못한 풍화토 상태이므로 지표수의 침투, 지하수의 유동에 의한 사면의 거동여부를 확인할 필요성이 있다. 사면의 거동여부 확인을 위해서 EL.124m 지점 소단 중앙부에 경사계를 설치하되 지질조사를 바탕으로 분석할 경우 하부 전이대 내지는 변성암이 분포하는 심도는 130m 이상이 될 것으로 추정되어 경사계의 정착심도가 장심도가 되어 실질적인 천공 및 확공이 불가능 하므로 시공중의 사면거동을 확인하기 위해서는 먼저 천공을 실시해서 회수된 Core의 상태를 관찰하여 비교적 절리의 발달이 양호한 괴상의 사암 부위를 선정하여 확공 및 경사계를 설치함이 타당할 것이다. 경사계 설치심도 하부에서 사면의 거동이 발생할 경우 경사계를 측정하여 감지할 수 없으므로 경사계 설치지점 인근의 암반에 측량점을 선정하여 병행 계측한다면 보다 정확한 사면거동 여부를 파악할 수 있다고 판단되며, 여수로 사면에서의 시추성과를 고려할 때 경사계 설치심도는 50m 전, 후가 될 것으로 판단된다.

(4) 여수로 구조물 부위

사면안정 대책 수립시 여수로 구조물 하부(EL.59.0m)는 층리면이 연속되어 있으며 댐제체의 자중에 의한 저항력이 작용하여 거동 가능성이 없는 것으로 가정, 시추조사로 회수된 Core에서 E.L. 59.0m 부근의 암질상태를 관찰하여 추정예상 활동선을 결정하였다. 상부 굴착이 실시되더라도 추정 예상 활동선을 따라서 사면의 거동가능성은 잠재되어 있고 사면의 거동시 사면에 인접한 여수로 구조물로 응력이 전달되게 된다. 이러한 구조물 내부의 응력변화을 측정하기위해 기 타설된 여수로 구조물 내부 3개소에 매설형 변형률계를 설치하여 계측을 실시해야하며, 측정된 데이터는 기존에 설치되어 측정중인 경사계와 비교, 검토하여 사면의 거동여부 및 이로 인한 구조물에서의 영향을 관찰해야한다.

(5) 굴착사면 배후의 원지반

사면안정을 위한 추가 굴착공사가 시행되는 충남 보령시 주산면 일원은 지체구조상 충남분지에 해당되어 과거 복잡한 구조운동을 받은 곳으로 지괴가 불안정할 가능성이 있다. 추가굴착에 따른 공사의 시행 중에도 사면거동 가능성이 잠재하여 있는 것으로 추정되지만, 이러한 거동이 광역 지구조운동에 기인하는지 여부의 파악 및 굴착으로 인한 굴착사면 배후의 거동여부를 계측, 관찰할 필요성이 있어, 우선설치 매설계기 계획으로 대안에

1개소의 경사계를 설치하여 광역 지구조운동에 의한 영향을 검토하고 E.L.244, 167m의 자연 사면에 경사계를 설치하여 시공에 따른 원지반의 안정성을 검토해야한다.

(6) 영구 설치 매설계기

본댐 좌안사면은 영구, 장대사면이며 하부에 댐의 조작 및 운영에 중요한 역할을 하는 수문이 존재하므로 공사 준공 후에도 사면의 거동여부를 관찰해서 이상 징후가 감지될 경우 사전에 대책을 강구해야하며 사면의 거동은 표면이 아닌 내부에서 진행되므로 이의 감지를 위한 영구설치 매설계기 계획을 수립해야한다. 영구 설치 매설계기 계획에는 사면의 굴착이 진행됨에 따라서 노출되는 최종 굴착사면에도 적절한 매설계기를 설치하여 시공중의 변화를 측정, 분석하는 계기도 포함되어야 한다. 영구 설치 매설계기는 사면내부 활동면을 통한 거동을 관찰할 수 있는 지중 수평변위 경사계, 사면표면의 균열발생을 감지할 수 있는 신축계 및 측량표주, 사면내부 지하수의 변화를 측정할 수 있는 간극수압계와 지하수위계, 그리고 여수로 구조물의 전도여부를 파악할 수 있는 구조물기울기계를 우선 매설계기와 동일하게 4개 영역으로 구분하여 다음과 같이 설치함이 타당하다.

(7) 상류 사면 기존의 Convex 부위

① 여수로 구조물과 연결된 Convex부는 추가굴착전 사면에서 EL.154m 상부로의 균열이 발달된 부위로 비록 추가굴착에 의해 사면의 선형이 직선으로 되어 Convex 부분이 없어진다고 하더라도 이미 상당한 이완이 진행되었으며 상부의 추가절취에 의한 Uplift force가 작용되어 표면에서의 새로운 균열 발생이 예상된다. 표면에서 균열이 발생할 경우 균열의 진행속도, 방향을 측정하기 위해서 EL.229~154m 구간의 사면 및 소단에 6개소의 신축계를 설치함이 적절하다. 또한, EL.154m 하부는 굴착이 종료된 후에도 현 사면을 유지한 구로 표면 정리를 시행하게 된다. 이 경우 과거 1: 1.2의 사면이 상당부분 잔존하게 되어 사면의 경사가 급하게 되므로 신축계 설치를 위한 보호관 지지말뚝의 설치가 용이하지 않을 것으로 판단되고 균열이 발생한 96년 10월 이후부터 EL.154m 상부에서 균열이 진행됨에도 불구하고 하부는 육안 관찰상 균열이 인지되지 않은 점을 고려할 때 1: 1.2 사면자체가 함이 암괴의 거동에 대해서 상당한 열 발으로 예상고 있는 것으로 판단되어 신축계의 설치는 의미가 없으며, 우선 매설계기로 설치된 EL.124m 지점의 경사계 측정으로 하부 암괴 자면에서거동 가능성은 인지될 것이다. 굴착사면에서 하류측 부분은 중앙사면과 하류측 사면에 의해서 구속력을 가지고 있다고 추정되므로 표면균열이 상류측에 비하여 미약할 것으로

판단되므로 신축계보다는 E.L.214~154m 구간의 각 소단별로 측량표주를 설치하여 광파측량을 통한 표면거동을 살펴봄이 적절하다.

② EL.124m에 우선매설계기로 설치된 경사계가 있으나, 이는 EL.124m 하부에서의 거동을 계측하기 위함으로 EL.124m 상부의 거동여부를 계측할 필요성이 있다. 그러므로 EL.154m 상부부분의 굴착 및 하부의 Ground nailing 시공이 진행되는 동안에 발생할 수 있는 사면내부의 거동을 파악하기 위해서 EL.184m, 154m 소단상에 경사계를 설치해야한다. 사면의 안정성에 가장 심각한 영향을 미치는 지표수의 유입 및 부존 지하수로 인해 하절기 집중호우시 사면내부 지하수위 상승에 기인한 하중증가로 발생되는 사면거동 가능성과 향후 댐의 담수후 사면내의 지하수위가 상승하게 되고, 급격한 수위강하로 형성되는 간극수압이 사면에서 양압력으로 작용하여 암반 자체의 저항력을 약화시켜 사면의 안정성이 떨어질 가능성이 있으므로 사면내부 물의 흐름과 영향을 파악하고자 EL.184 지점에 지하수위계 및 간극수압계를 설치해야한다. 지하수위계와 간극수압계를 동일 지점에 설치함은 지하수위의 변화에 따른 간극수압의 상관관계를 파악하여 지하수위 강하에 따른 잔류 간극수압이 사면에 미치는 영향을 파악하고자 함이다.

③ EL.94m 지점에 지하수위계와 간극수압계를 설치하는 목적은 사면안정 대책의 일환으로 시공되는 Ground nailing 및 좌안을 통한 누수방지를 위한 Curtain grouting이 시행되는 점을 고려해서 향후 저수지 만수위인 75.5m에 근접하는 담수시 사면내부의 지하수위는 상승하게 되므로 지하수 상승의 범위를 측정해야 하고 수위 급강하시 발생되는 간극수압을 측정하기 위함이다.

④ 지하수위계와 간극수압계의 경우 본댐 좌안 사면에서는 대기압의 보정에 따른 수두차의 변화를 고려해야 하는 전기식센서가 설치되었다.

⑤ 사면에서의 수두차는 사면의 안정성에 심각한 영향을 미치는 양압력에 직접적인 영향을 주기 때문에 사면내에서는 별도의 대기압 보정을 위한 기압계의 설치가 필요 없는 전류식(Current type)의 계기를 설치하여 강우 및 담수, 저수지 수위하강에 따른 지하수위와 간극수압의 변화를 자동계측 되도록 하였다.

(8) 하류측 사면

- 하류측 사면은 우선 설치 매설계기로 경사계가 설치되어 있으나, 경사계 정착심도에 분포하는 암석이 퇴적암으로 정착심도 하부에서 암반이 거동 할 가능성도 존재한다. 이 경우 경사계는 측정이 불가능하므로, 경사계가 설치된 EL.124m 소단부근 견고한

암반에 도 하부에서 암반이 거동 할 가시행하면도 존의 변위여부를 계측할 수 있으므로 경사계 측정치와 비교하여 사면거동 여부를 판단할 수 있게 될 것이다.

(9) 여수로 구조물 부위

사면의 거동으로 인한 여수로 구조물 부위의 영향을 파악하고자 우선 설치 매설계기로 구조물 내부에 매설형 변형률계가 3개소에 설치되나, 매설형 변형률계는 사면의 거동으로 인해서 구조물이 응력을 받게 되는 경우 발생하는 콘크리트 내부의 미세한 응력변화를 측정하는 것으로 측정범위가 거동에 비하여 미소한 정밀 계측기기 이므로 사면의 거동으로 인한 구조물의 전도가 진행되는 경우에는 이의 측정이 용이하지 않기 때문에 변형률계 인근에 구조물 기울기계를 설치하여 구조물 자체의 경사각 변화를 계측하면 구조물의 전도 진행 여부를 파악할 수 있다. 여수로 구조물 부위에서 변형이 발생한다면 수문의 조작이 어렵게 되고 궁극적으로 댐제체 전체의 안정성에 심각한 영향을 미치므로 변형률계와 구조물 기울기계 그리고 구조물 인근에 기존에 설치된 경사계의 측정 결과를 종합적으로 비교, 분석하는 작업이 요구된다.

(10) 굴착계획사면 배후의 원지반

굴착사면 배후 원지반에 대한 영구계측기기는 필요 없으나, 우선매설계기로 설치된 EL.244, 167m 지점의 경사계 계측을 시공 중은 물론 시공완료 후에도 주기적으로 계측하여 영구적인 관리가 되도록 해야 한다.

4) 계측기 설치 수량 및 위치

보령댐 좌안사면에 설치한 계측기기의 위치 및 수량은 표 2와 같다.

표 2 보령댐 좌안사면 설치 계측기기의 위치 및 수량

계측기 종류	단위	수량	설치 위치	비고
지중수평변위계 (Inclinometer)	개소	4(수동)	- 설치 평면도 참조	
		1(자동)	-설치 평면도 참조	
지하수위계 (Water level meter)	개소	2 (자동)	- A-A' EL 184m, EL 94m	
간극수압계 (Pizometer)	개소	2(자동)	- A-A' EL 184m, EL 94m	1개소에 3개센서
매설형 변형률계(Strain gage)	개소	3개소(15)	- 여수로 좌단 콘크리트에 설치	1개소에 5개센서
		1(무응력)		
구조물 기울기 측정기 (Tiltermeter)	개소	3(자동)	- 매설형S/G 주변 콘크리트 상부면 또는 벽에 설치	2축센서
신축계	개소	6(반자동)	- A-A'축에 대하여 EL.154m상부 지점 각 소단 사이에 1Set 설치	

3. 계측결과 분석

3.1 경사계(Inclinometer) 분석

1) 설치현황

보령댐 좌안사면의 공사중 및 향후 유지관리를 위해 시공되었던 경사계의 설치현황은 표 3과 같다.

표 3 좌안사면에 설치된 경사계의 현황

공번 \ 내용	설치 위치 (m)	천공 심도 (m)	확공 심도 (m)	경사계 설치 심도	초기값 측정 일자	설치단면편차 (mm)		비고	측정 방법
						A방향 사면-댐	B 방향 상-하류		
B-1	79	46.5	46.5	44.5	97.1.22	1050.38	-471.27		자동계측
B-2	169	56.5	56.5	56.5	97.1.22	12343.11	-1730.50	97.2.27 2m에서 측정불능	×
B-3	169	52.0	52.0	52.0	97.1.22	9951.30	-1065.63	97.5.31 시험발파로 측정불능	×
B-4	100	53.3	53.5	53.5	97.1.22	13052.55	-3047.41	97.6.5 Dyke 작업으로 측정불능	×
B-7	124	52.0	52.0	50.0	97.7.18	-317.15	213.16	97.11.14 Dyke 작업으로 측정불능	×
B-10	249	50.0	50.0	50.0	97.7.18	-339.87	411.7		수동계측
B-11	167	40.0	40.0	40.0	97.7.18	-925.8	-1149.59		수동계측
B-12	124	45.0	45.0	45.0	97.7.18	485.2	1254.35	6.5, 8.5m 이상발견	수동계측
B-13	79	50.0	50.0	48.0	97.7.21	1048.53	-3003.69		수동계측
B-14	184	36.5	36.0	36.0	97.11.29	78.96	-1,00.78	97.6.16 이상발견	×
B-15	154	35.5	35.0	35.0	98.2.28	705.72	-232.8	97.6.16 이상발견	×
B-16	154	35.5	35.5	35.5	98.9.5	27.54	490.8		수동계측

2) 분석결과

(1) 설치 단면분석

- 측정된 계측치에는 경사계 설치단면의 공곡도에 기인하는 계측오차가 포함되어 있

기 때문에 정확한 분석을 위해서는 설치단면의 공곡도를 분석해야 한다. 분석방법은 경사계 설치후 초기값 측정시 Raw data을 이용하여 설치단면을 파악하였다. 설치된 경사계의 설치단면 편차는 표 3에 나타냈다.

(2) 본댐 좌안사면에서의 경사계 이상발생

- EL.184m 및 154m 에 설치된 B-14, 15번 경사계 계측 실시중 1998년 6월 16일에 계측치에서 이상이 발견되어 이상 발생원인을 규명하고자 1998년 7월 2일 Borehole camera 촬영을 실시하였다.
- 이상발생 내용
  (가) B-14 경사계
    ① 측정시 Indicator가 삽입된 후 Guider가 경사계 홈을 이탈
    ② 이탈위치를 파악하고자 심도별로 삽입 및 회수를 반복한 결과 15~20m에서 이상이 있음을 확인
    ③ 공내카메라 촬영결과 GL-49.5, 8.00, 17.15, 23.25m 지점에서 경사계 파이프가 변형되어 있음을 확인
  (나) B-15 경사계
    ① 측정시 Indicator가 삽입된 후 Guider가 경사계 유도홈을 이탈
    ② B0~B180방향(상-하류 방향)으로 삽입하여 측정을 시도하였으나 동일하게 Guide가 경사계 유도 홈을 이탈(3-4회 시도)
    ③ 공내카메라 촬영결과 GL-9.73, 21.93, 24.98, 28.03m 지점에서 경사계 파이프가 변형되어 있음을 확인
- 이상발생 원인분석 및 추정부위 (표 4 참조)
  (가) B-14 경사계
    - 경사계 Indicator를 삽입, 회수하는 것을 각 심도별로 반복 시행한 결과 15~20m 구간에서 이상이 발견됨을 확인한 후 공내카메라 촬영으로 4개소의 이상발생 부위를 확인하였으나 경사계 파이프의 연결부위가 상대적으로 응력에 대하여 취약하기 때문에 변형이 형성된 것으로 판단된다.
  (나) B-15 경사계
    - '98.6.11에 측정된 계측기록상에서 A.B방향 모두 일정심도에서 이상이 감지되었다. 이상대의 심도를 확인하고자 B-14 번 경사계와 동일한 방법을 실시하였지만 정확한 심도의 확인은 불가능하였다. 또한 측정을 위하여 반

복적으로 경사계 Indicator를 삽입하였지만 경사계 홈을 이탈하여 측정자체가 불가능한 상태여서 공내 카메라로 촬영한 결과 4개소의 이상부위를 발견하였다.

표 4 변형에 의한 경사계의 이상발생 심도

위치	이상발생심도 (GL – m)	분포암석	절리발달상태	비고
B-14 (EL.184m)	4.95	역 암	F-3	
	8.00	사 암	F-4	
	17.15	역질사암	F-2	
	23.25	역 암	F-4	
B-15 (EL.154m)	9.73	역 암	F-2	
	21.93	역 암	F-2	
	24.98	셰일,사암	F-1	
	28.03	전이대	F-1	

3) 이상발생 원인추정

상재하중제거로 인해 국부적인 응력해방 현상이 발생하였으며, 층리면을 통한 Slip으로 인해 경사계 연결부위가 어긋난 것으로 판단된다.

4) 대책수립

본댐 좌안사면의 거동 수문조작 및 댐 제체의 안정성에 미치는 영향이 매우 크기 때문에 EL 54m 지점에 B-16의 경사계를 설치하였다.

5) B-16번 경사계 계측결과

B-16번 경사계 설치 후 설치단면을 분석한 결과 A방향 27.54mm, B방향 490.8mm의 편차로 매우 양호한 수직도를 유지하고 있음을 확인하였으며, 경사계 설치 후 1998년 9월 5일 초기값을 측정한 이후 지속적인 계측을 수행하였으나, 사면의 거동 징후는 인지되지 않는다.

3.2 간극수압계(Piezometer) 및 지하수위계(Water level meter)분석

1) 분석방법

사면의 안정성에 가장 심각한 영향을 미치는 강우에 의한 지표수의 사면내부 유입으로 인해 하절기 집중호우시 사면내부 지하수위 상승에 기인한 하중증가로 발생되는 사면거동 가능성과 담수 후 상승된 지하수위가 급강하시 발생되는 간극수압이 사면에 양압력으로 작용하여 암반자체의 저항력을 약화시켜 사면의 안정성이 떨어질 가능성이 존재하므로 간극수압계와 지하수위계를 설치하여 계측을 실시하였다.

분석은 강우 및 댐 담수위의 변화에 따른 지하수위의 변동, 지하수위의 변동과 연계된 심도별 간극수압변화를 살펴보았다.

2) 수위 및 강우량

1998년도 보령댐 지역의 강우량 및 수위변화는 그림 4와 같다

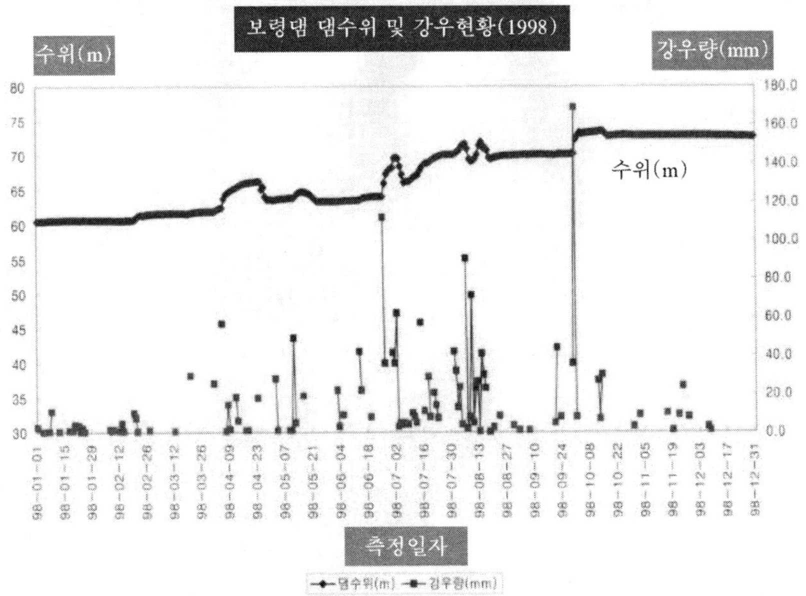

그림 4 보령댐 저수위 및 강우량 그래프

3) 설치현황

본댐 좌안사면에 설치된 간극수압계 및 지하수위계는 표 5와 같다.

표 5 좌안사면에 설치된 지하수위계 및 간극수압계의 설치심도

계측기명		설치 위치			비고
		지반고	설치 심도		
			(GL–m)	(EL–m)	
간극수압계	P–1	184.00	30.00	154.00	
	P–2		13.00	171.00	
	P–3		7.00	177.00	
	P–4	94.00	37.00	57.00	
	P–5		25.90	68.10	
	P–6		14.70	79.30	
지하수위계	W–1	184.00	35.50	148.50	
	W–2	94.00	37.00	56.00	

4) 분석 결과

지하수위는 GL–m로 표시하였으며, 간극수압계는 mH2O로 나타내고, 지하수위와 간극수압에 미치는 강우량 및 댐수위 변화 역시 함께 도시하였다.

– EL 184m에 설치된 간극수압계 및 지하수위계

EL184m에 설치된 지하수위계(W–1)는 강우의 영향을 받고 있으며 간극수압계(P–1, P–2, P–3)에서 측정된 간극수압은 인접한 지하수위계에서 측정된 수위변화와 유사한 변화를 보여준다. 지하수위 및 간극수압의 변화는 표 6과 같다.

표 6 184m에 설치된 지하수위와 간극수압의 계측값

계측기명		수압 분포		비고
		최소~최대 (mH_2O)	수두범위 (mH_2O)	
간극수압계	P–1	0.316~5.528(mH_2O)	5.212	G.L –30.0m
	P–2	–0.985~9.635(mH_2O)	10.62	G.L –13.0m
	P–3	–0.453~5.831(mH_2O)	6.284	G.L –7.0m
지하수위계	W–1	–4.561~–29.621(mH_2O)	25.06	

지하수위의 상승과 하강이 강우량에 따라 심한 변화를 나타내며 지하수위 분포범위가 25.06m의 넓은 범위를 보여주며, 사면 하부를 구성하는 암반은 절리의 발달이 우세하나

부분적으로 협재된 단층점토, 탄질셰일로 인하여 국부적인 불투수층을 형성하였으므로 강우직후 지하수위는 급격하게 상승하나 강우종료후 수위하강이 이루어짐을 알 수 있다.

지하수위 인근에 설치된 간극수압계의 변화 폭이 5.122~10.62(mH2O)로 지하수위의 변화폭보다 작은 이유는 지질조건이 절리가 발달된 암반이며 간극수압계 설치심도를 지질조사시 회수된 시추주상도를 작성하여 균열이나 절리가 많이 발달한 곳에 설치하였으나 암반자체의 투수성이 낮아서 간극수압계 상부에 이론적으로 작용하는 수압만큼 충분히 전달되지 않을 뿐만 아니라 지하수위 변동에 따른 간극수압의 변화가 즉시 나타나지 않고 2, 3일 후에 반응(Time lag)하는 것에 기인하는 것으로 판단된다. 184m에 설치된 지하수위와 간극수압의 계측값 그래프는 그림 4.24와 같다.

가) P-1

가장 깊은 심도에 설치된 P-1(GL-30m, EL 154m)은 0.316~5.528(mH2O)의 간극수압 분포 범위를 보여주며, 강우시 지하수위가 상승함에 따라 간극수압 역시 상승하나 지하수위의 변화폭에 비하여 미약하다. 이는 간극수압계가 설치된 상부의 절리면을 통해서 지하수가 사면하부로 이동하여 실제 수두만큼의 수압이 작용하지 않음을 의미한다.₩

나) P-2

P-2번 간극수압계는 EL171m(GL-13.0m)에 설치되었다. 지하수위와 간극수압의 상관관계를 도시한 결과 지하수위의 변화에 따라 민감하게 변하며 간극수압의 분포범위 역시 -0.985~9.635(mH2O)로 넓게 나타났다. 강우에 의해 지하수위가 급격하게 상승하여 간극수압계 설치 위치보다 상부를 형성할 경우에는 간극수압이 높게 측정되나 간극수압계 설치심도 이하로 지하수위가 하강할 경우에는 간극수압이 급격하게 감소한다. 지하수위가 지속적으로 하강한 동절기는 간극수압의 변화가 거의 없는 안정된 상태를 보여준다.

사면안정성에 영향을 미치는 간극수압의 발생은 강우 후 지하수위가 상승할 때이므로 하절기 집중호우시 P-2번의 간극수압 변화를 주의 깊게 관찰해야할 것으로 판단된다.

다) P-3

최상부에 위치하는 P-3(GL-7.0m, EL 177m)번 간극수압계는 전체적으로 간극수압의 변화가 없었으나 강우 빈도가 많고 강우량이 많은 시기에 지하수위가 간극수압계 설치위치 상부를 형성 할 경우에만 간극수압이 형성되는 반면에 지하수위가 간극수압계 설치심도 이하로 하강할 시는 간극수압이 측정되지 않는 정상적인 양상을 보여준다.

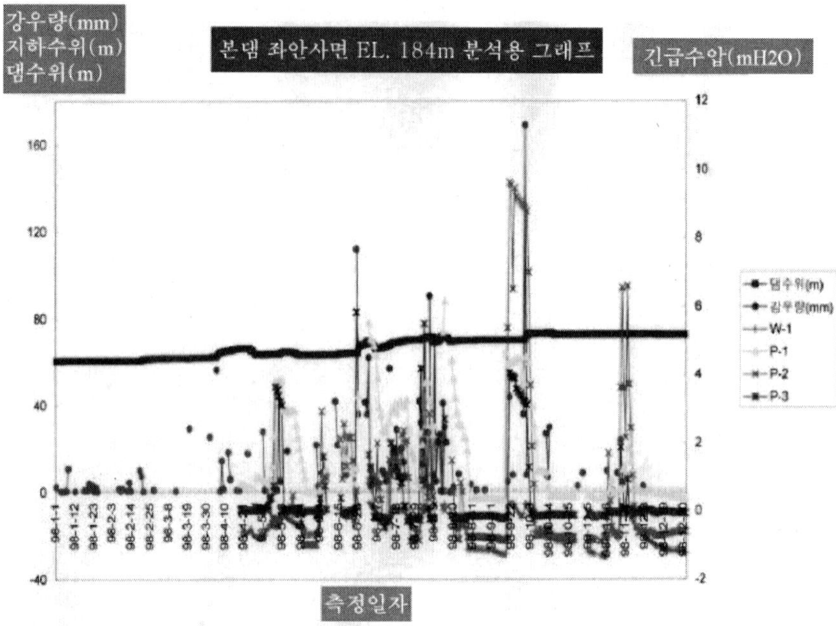

그림 5 184m에 설치된 지하수위와 간극수압의 계측값 그래프

EL 94m에 설치된 간극수압계 및 지하수위계(그림 6)

- EL 94m에 설치된 지하수위계(W-2)의 지하수위는 강우의 영향보다는 댐 저수위의 상승 및 하강 영향을 받는 것으로 판단되며 간극수압의 수압변화 역시 댐 저수위의 영향을 받고 있다.
- EL 94m에 설치된 지하수위계 및 간극수압계(P-4, P-5, P-6)에서 측정된 간극수압 및 지하수위 변화는 표 7과 같다.

표 7 94m에 설치된 지하수위와 간극수압의 계측값

계측기명		수압 분포		비고
		최소~최대 (mH_2O)	수두범위 (mH_2O)	
간극수압계	P-4	5.102~15.016(mH_2O)	9.914	G.L -37.0m
	P-5	-0.459~5.039(mH_2O)	5.498	G.L -25.9m
	P-6	-0.034~0.264(mH_2O)	0.298	G.L -14.7m
지하수위계	W-1	-37.282~-36.243(mH_2O)	1.04	

지하수위의 변화가 1.04m에 불과한 반면에 P-4번 간극수압의 수두범위가 9.914mH2O로 상대적으로 큰 차이가 나는 이유는 지하수위계가 설치된 지점이 간극수압계가 설치된 지점보다 상류측에 위치하며 지반의 투수성이 높기 때문으로 판단된다.

간극수압계 설치지점 인근은 사면 안정대책공사의 시행으로 수행된 차수 Grouting의 효과로 지하수위계 설치지점보다 상대적으로 투수성이 떨어진 것으로 판단된다.

그림 5는 94m에 설치된 지하수위와 간극수압의 계측값 그래프이다.

가) P-4

간극수압계 설치지점 최하부에 매설된 P-4(GL-37.0m, EL57.0m)는 지하수위 변동의 영향을 받기보다는 댐 저수위의 변화에 따라 간극수압이 변화함을 알 수 있다.

이론적으로는 EL 57.0m 상부 댐 저수위 높이만큼이 수두가 되지만 댐수위가 급상승할 시에는 이론적인 수두보다 작은 간극수압이 측정되었고 댐 수위 하강시에 간극수압이 수위저하보다 빠른 하강을 보여준다. 또한 수위의 변화가 미약하여 거의 일정한 수위를 유지하는 동절기에는 간극수압이 서서히 하강하는 경향을 보인다. 댐 저수위 상승에 의한 모세관 현상으로 인한 사면쪽으로의 수위 상승이 발생하지 않으며 수위 급강하시 간극수압이 작용하지 않음을 의미하는 것으로 이는 사면을 구성하는 암반내에 절리의 발달이 우세함에 기인하는 것으로 판단된다.

나) P-5

P-5(GL-25.9m, EL68.1m)에서 측정된 간극수압은 -0.459~5.039(mH2O)의 분포범위를 보여준다.

P-4번에 비하여 수두 분포범위가 좁은 것은 P-5번의 설치심도가 상부에 위치하여 댐 저수위가 EL 68.1m 하부에 위치할 경우 간극수압이 거의 발생하지 않기 때문이다.

다) P-6

최상부에 위치하는 P-6(GL-14.7m, EL79.3m)은 지하수위나 댐 수위의 변화에 거의 영향을 받지 않는다.

수두변화가 -0.1034 ~ 0.264(mH2O)로 간극수압이 발생하지 않는다고 보아도 무방하다.

미세한 변화는 강우에 의한 영향으로 판단되나 하절기 집중호우시에도 지하수위의 변화가 없음을 볼 때 간극수압계가 설치된 지점 하류측으로 시행된 차수 그라우팅에 의해 사면 내부의 지하수가 댐 하류측으로 유도 배수되고 있음을 의미한다.

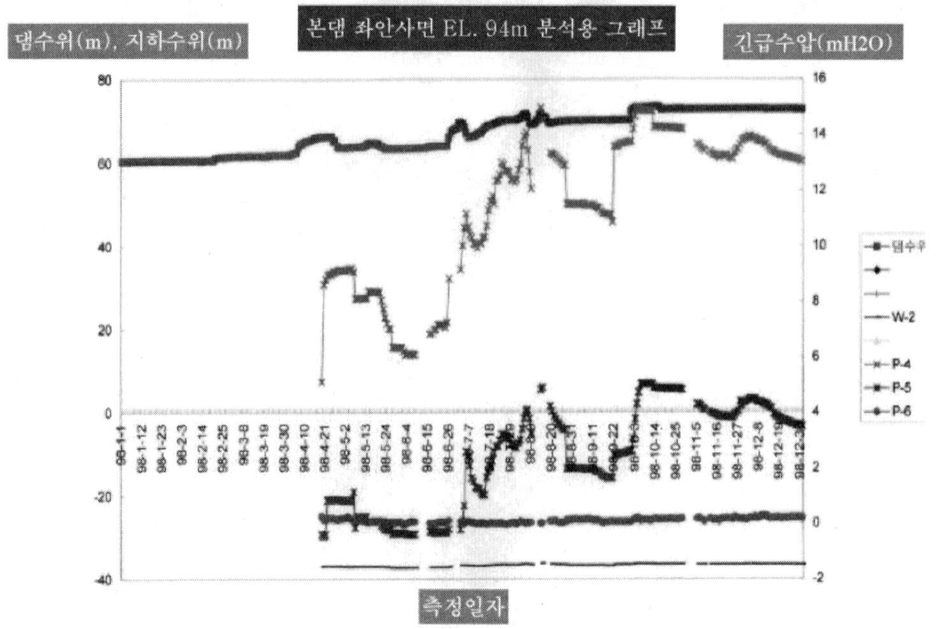

그림 6 94m에 설치된 지하수위와 간극수압의 계측값 그래프

3.3 매설형 변형률계 (Vibrating wire type strain gauge)분석

1) 설치현황 및 설치형태

본댐 좌안사면의 거동이 진행될 경우에 여수로 구조물 부위에서 변형이 발생할 것으로 예상되므로 사면거동 여부를 관찰하기 위해서 여수로 구조물 및 방수로 측벽의 기 타설된 콘크리트을 굴착하고 EM-5 type의 매설형 변형률계를 매설 하였다.

B-1번 경사계가 설치된 인근 구조물에 S/G -1번 , 방수로 측벽에 S/G -2번, 3번을 매설하고 각 변형률계에는 5개의 센서를 설치하였다.

사면에 발달한 퇴적암의 층리면 방향인 250°주향방향을 정면에서 바라볼 때 좌측에서 우측으로 5, 4, 1번 센서을 30°의 사이각을 가지면서 평면상에 설치 하였는데 4번 센서가 층리면 주향방향과 직교를 이루고 있고, 2, 3번 센서는 층리면 주향방향과 직교하는 4번 센서와 상향 30, 15°의 방향으로 설치하였다.

2) 계측기기 측정원리

(1) EM-5 vibrating wire 매설형 변형률계 원리

IRAD gage EM-5 V.W.매설형 게이지의 작동원리는 콘크리트에 매설된 센서의 양쪽 플

랜지에 고정되어 있는 인장현의 자연 주파수(또는 진폭의 주기) 측정을 기본으로 하여 콘크리트 구조물의 변형을 측정한다. 기본적으로 게이지 현의 진동의 주기는 현의 장력, 길이, 그리고 질량이 연관되어 다음 식으로 표현된다.

$$f = \frac{1}{2Lw}\sqrt{\frac{F}{m}} \quad [cycle/\text{sec}] \tag{1}$$

f : 진동 주파수, Lw : 현의 길이(inch), F : 현의 장력(lb)

m : 현의 단위 길이당 질량(lb)

$$m = \frac{W}{Lw\ g}\ , \quad W = \rho a^2 Lw, \quad F = \epsilon w\ Ea^2 \tag{2}$$

a2 : 현의 단면적(in2), W : 현의 단위 길이당 무게(lb),

εw : 현의 변형(in/in)

현의 장력은 변형으로 표현될 수 있다. 즉,

$$f = \frac{1}{2Lw}\sqrt{\frac{\epsilon w\ E\ g}{\rho}} \quad [cycle/\text{sec}] \tag{3}$$

E : 현의 영율(Young's module), 30 × 106 psi.,

ρ : 현의 밀도(0.283 lb/in^3).

g : 중력 가속도, 386 in./sec^2

(3)식에 E, g, 그리고 ρ 를 대입하여 정리하면

$$f = \frac{101142}{Lw}\sqrt{\epsilon_w} \quad [cycle/\text{sec}] \tag{4}$$

여기서 주파수 측정기 MB-6T 의 측정 표시값, 진동주기 “N”의 단위는 µsec 이므로,

$$N = \frac{10^6}{f} \quad [\text{sec}] \tag{5}$$

(5)식을 (4)식에 대입하면,

$$\epsilon_w = \frac{97.75\ Lw^2}{N^2} \qquad [in/in] \tag{6}$$

(6)식의 결과는 콘크리트의 변형은 양쪽 플랜지에 고정된 현의 변형과 동일하다.

즉, εw x Lw = ε x Lg (7)

ε : 변형체의 변형[inches/inch], Lg : 변형체(EM-5)의 유효 길이 [inch]

(7)식을 (6)식에 대입하면,

$$\epsilon = \frac{97.75}{T^2}\frac{Lw^2}{Lg} \qquad [in/in] \tag{8}$$

Lw : EM-5 게이지의 길이 [6.508 inch], Lg : 변형체의 유효 길이 [6.634 inch]
따라서 콘크리트의 변형은 다음과 같이 계산된다.

$$\epsilon_1 - \epsilon_0 = 4.0626 \times 10^3 [\frac{1}{N_1^2} - \frac{1}{N_0^2}] \quad strain\ units \tag{9}$$

$$\epsilon_1 - \epsilon_0 = 4.0626 \times 10^9 [\frac{1}{N_1^2} - \frac{1}{N_0^2}] \quad microstrain \tag{10}$$

N0 : ε0 상태에서의 초기 측정값(EM-5의 진동의 주기)
N1 : ε1 상태에서의 변위 측정값(")
부호 규약 : + 는 인장 변화, - 는 압축 변화

(2) 무응력 게이지(No-stress gage)
무응력 게이지는 본체 콘크리트와 응력적으로 단절시키고 온도, 습도, 재령 및 재질 등을 같은 조건하에서 타설하여 콘크리트의 자기성장(自己成長)에 따른 변형과 온도변화에 의한 변형 등을 측정하여 변형률계의 계측부분중 순수하게 외력에 의한 변형율의 량을 판단하기 위한 것으로 매설형 스트레인 게이지 부근에 매설한다.

3) 콘크리트 매설형 게이지 해석방법

콘크리트의 거동은 수많은 요인에 따라 달라지기 때문에 콘크리트속에 매립시킨 변형률계의 읽음값(측정치)을 이용하여 콘크리트의 거동을 완벽하게 해석하는 것은 매우 어렵다. 그러나 다음의 2가지 해석법이 경험을 바탕으로 제안되었고, 콘크리트 전문가들로부터 용인된 방법이다.

(1) 무재하 상태에서의 변형측정기 측정값을 이용한 직접 보정법
(Method 1-direct correction from no-stress gage)

(가) 총 변형(Total strain : εt)

총 변형(Total strain) εt는 매설형 게이지의 자연 주파수를 측정하여 직접 계산한 근사값이다.(이 값은 보정 과정을 거쳐야 참값을 얻음)

$$\varepsilon_t = \varepsilon_1 - \varepsilon_0$$

εt: 총 변형 (μstrain), ε1 : 현재 측정 변형 (μstrain)
ε0 : 초기 측정 변형 (μstrain)

(나) 유효변형(Effective strain : εe)

양생이 완료된 콘크리트속에 매설한 EM-5 게이지와 동일한 조건하에서 No-stress gage를 사용할 경우 EM-5 게이지에 의한 총변형에서 무응력 게이지에 의한 변형을 빼면 유효 변형 산출이 가능하다.

$$\varepsilon e = \varepsilon t - \varepsilon nsg$$

εnsg : 무응력 게이지에 의한 변형 (μstrain)

상기식은 EM-5와 무응력게이지를 동일 콘크리트속에 동시에 동일조건하에서 매설하여 측정하였을 때 적절한 식이다.

(2) 측정값을 이론적으로 보정하는 방법
(Method 2-interpreting the readings with theoretical corrections)

이 두번째 방법에서 무응력게이지를 유용하게 사용할 수도 있지만 콘크리트의 거동요인을 모두 알 수 있을 때는 필요 없다.

가. 실변형(Real strain : εr) 계산

실변형 εr은 EM-5 변형률계내에 들어있는 철선의 열팽창량을 총변형량에 더한 값이다. 즉,

$$\epsilon_r = \epsilon_t + \alpha_c \times (T_1 - T_0) \quad \text{εr : 실변형 (μ strain)}$$

αc : EM-5 Gage 철선의 열팽창 계수 = 11.5μ m/m/℃

T1 : 현재 온도 측정 (℃), T0 : 초기 온도 측정 (℃)

나. 항온상태(Constant temperature)에서의 초변형 : ϵ_{t0}

항온 상태에서의 총 변형은 다음 식으로 구할 수 있다.

$$\epsilon_{t0} = \epsilon_r - \eta\beta \times (T_1 - T_0) = \epsilon_t + (\alpha_c - \eta\beta)(T_1 - T_0)$$

ϵ_{t0} : 항온 상태에서의 총 변형, ηβ: 콘크리트의 열팽창 계수 (μ m/m/℃)

η : 콘크리트 구조물의 구속정도(0 ≤η≤1)

αc값과 비슷하며 7 ＜ηβ ＜20 μ m/m/℃.

ηβ값은 실험을 통해서 구할 수도 있고, EM-5 측정값을 이용하여 변형(ε)과 온도(t)에 대한 선형회귀를 통해 구할 수도 있다. 선형회귀 그래프의 경사도가 ηβ 값이 된다.

매설형 게이지의 경우 콘크리트속에 매립되어 있어 하중에 의한 변형을 제외하고는 이동이 전혀 없는 완전구속 상태이므로 η=1이 된다.

다. 건조수축 변형(Hydric strain : εh)

건조수축 변형 εh는 콘크리트 양생중 구조체 내부의 불균일 팽창, 수분흡수, 화학반응에 의해 발생하는 변형이다. 유효응력에 의한 변형(εe)을 적정하게 산출하려면 ϵ_{t0} 값에서 εh값을 제해야 한다. 이것은 무응력게이지의 경우,

$$\epsilon_{t0} = \epsilon_h \quad (\because \epsilon_e = \epsilon_c = 0)$$

동시에 동일한 조건하에서 동일한 콘크리트속에 측정기를 매설시킬 경우 모든 EM-5 게이지에서 εh값은 동일하게 된다.

라. 콘크리트속 온도보정

콘크리트 구조물의 거동파악은 수많은 요인 때문에 명쾌하게 결론을 내릴 수 없으나 온도변화에 따른 보정을 실시하여 이론적인 참값에 근접하도록 한다. 따라서 실변형(εγ)은

항온상태에서의 해석법을 적용하며 다음과 같다.

$$\varepsilon\gamma = \varepsilon t + (\alpha c - \eta\beta) \times (T1 - T0)$$

εγ : 실변형 (μstrain), αc : EM-5 gauge 철선의 열팽창 계수(11.5 μ m/m/℃)

ηβ : 콘크리트의 열팽창 계수(7~20μ m/m/℃), T1 : 현재 온도 측정 (℃)

T0 : 초기 온도 측정 (℃)

4) 계측결과

여수로 구조물 인접 부위에 매설형 변형률계의 계측결과는 표 8과 같다.

표 8 좌안사면에 설치된 변형률계의 계측값

계기 번호	Sensor Number	온도		Stress(kgf/㎠)		Strain(μ Strain)		비고
		최소~최대	변화폭	최소~최대	변화폭	최소~최대	변화폭	
SG-1	SG-01	12.9~25.1	12.2	-2.38~13.72	15.1	-11.89~68.20	80.09	
	SG-02	10.6~25.3	14.7	-20.94~1.36	22.3	-104.72~6.80	111.52	
	SG-03	10.7~25.3	14.6	-11.62~2.93	14.55	-58.08~14.67	72.75	
	SG-04	10.6~25.2	14.6	-10.24~7.07	13.17	-51.19~35.33	86.51	
	SG-05	10.7~25.3	14.6	-8.27~2.75	11.02	-41.37~13.74	55.11	
SG-2	SG-06	5.7~25.1	19.4	-13.98~2.42	16.4	-69.90~12.10	82.00	
	SG-07	5.5~25.3	19.8	-21.15~1.81	22.96	-105.73~9.04	114.77	
	SG-08	5.6~25.3	19.7	-50.73~97.32	148.05	-253.63~486.59	740.22	
	SG-09	5.6~25.3	19.7	-26.22~0.0	26.22	-131.12~0.0	131.22	
	SG-10	5.5~25.4	19.9	-30.20~0.0	30.20	-151.02~0.0	151.02	
SG-3	SG-11	8.9~26.1	17.2	-20.01~0.0	20.01	-100.07~0.0	100.07	
	SG-12	8.6~26.5	17.9	-16.89~0.0	16.89	-84.46~0.0	84.46	
	SG-13	8.6~26.3	17.7	-31.17~0.0	31.17	-155.83~0.0	155.83	
	SG-14	9.6~27.9	18.3	-29.72~0.0	29.72	-148.61~0.0	148.61	
	SG-15	8.4~26.2	17.8	-30.05~0.0	30.05	-150.25~0.0	150.25	
무응력 게이지		10.6~21.1	10.5	0.0~22.87	22.87	0.0~114.36	114.35	SG-1와 함께매설

5) 분석결과

그림 7 좌안사면에 설치된 변형률계의 계측값 그래프이다.

여수로 구조물 인접부위 3개소에 매설된 변형률계는 각 위치별 설치조건이 상이하고 각 개소당 5개소의 센서가 측정방향으로 설치되어 있으므로 사면의 거동으로 인한 구조물 부위의 영향을 알아보기 위해서는 각 위치별, 센서 설치방향별로 분석을 시행하여야 한다.

EL 79m에 기 설치된 경사계 인근 구조물 부위에 매설한 S/G-1번은 매설시 콘크리트 자체의 수축이 계측에 미치는 영향을 고려하고자 무응력 게이지를 설치하였다.

무응력 게이지가 설치된 S/G-1번 지역은 콘크리트 타설후 상부 9m 구간에 대하여 잔자갈 뒤채움이 시행되었다. 반면에 S/G-2, 3번은 무응력게이지가 설치되지 않았으며 콘크리트 타설 후 잔자갈 뒷채움이 시행되지 않은 자연상태로 장기간 노출된 상태로 있다가 1998년 11월에 부분적인 잔자갈 뒷채움이 시행되었다.

이러한 변형률계 설치 환경의 차이로 인해 S/G-1번은 온도변화가 S/G-2, 3번에 비하여 약한 습윤수축을 받았으므로 무응력 게이지의 측정값만을 보정하였고 자연상태로 노출된 S/G-2, 3번은 건조수축을 일으켜 무응력 게이지의 측정값을 콘크리트 자체 수축의 값으로 보정할 수 없게 되었다.

따라서 S/G - 2, 3번은 온도변화에 따른 보정만을 시행하여 계측을 수행하였다.

1) 각 위치별 분석 결과

가. S/G -1번

여수로 구조물에 매설된 S/G-1번은 전술한 바와 같이 상부 9m 구간의 잔자갈 뒷채움이 시행되었기에 이로 인한 하중증가로 유발되는 콘크리트의 최대가능 변위량을 계산할 필요가 있다.

콘크리트의 탄성계수

$$E = W^{1.5} \times 4270\sqrt{\sigma_{CK}} \fallingdotseq 199827 kgf/cm^2$$

이며

$$W = 2.3 ton/m^3,\ \sigma_{CK} = 180 kgf/cm^2$$

뒷채움에 의해 발생한 외부응력 $\sigma_V = \gamma_t \cdot Z = 1.575\,\text{kgf/cm}^2$

γ_t : $1.75 ton/m^3$(잔자갈의 습윤밀도), Z : $9m$ (뒷채움 심도)

상부하중에 의한 변형율

$$\therefore \epsilon = \sigma_V / E = 1.575/199827 = 7.88 \times 10^{-6} = 7.88 \ \mu Strain$$

위와 같이 뒷채움 하중증가에 의한 수직방향의 최대가능 변형률은 약 $7.88\mu Strain$이 되며, 수평방향의 최대가능 변형률은 정지토압계수를 0.5로 보았을 때 약 $3.94\mu Strain$이 된다.

$$Strain = GF \times 10^9 \times \{[1/(1/L1 \times 106)2] - [1/(1/L0 \times 106)2]\} + (Em - EC)(T1 - T0)$$

여기서 GF : Gage Factor, L1 : 측정값 (Hz), L0 : 초기측정값 (Hz)

Em : 콘크리트의 온도에 따른 열팽창 계수($12.1\mu - Strain/$℃)

EC : Gage의 온도에 따른 열팽창 계수($11.5\mu - Strain/$℃)

T1 : 측정온도값 (℃), T0 : 초기측정온도값(℃)

$$Stress = strain \times E_p \times 10^{-6} = 0.2 \times Strain$$

E_P : 콘크리트의 탄성계수 ($\fallingdotseq 200{,}000 kgf/cm^2$)가 된다.

전술한 잔자갈 채움의 효과에 의한 Stress 변화량을 계산하면

Stress변화량 = 0.2 ×3.94 = 0.788kgf/㎠ (1)

온도변화에 의한 Strain 변화량을 계산하면

$$strain = (Em - EC)(T1 - T0) = (12.1 - 11.5)(14.7) = 8.82\mu - strain$$ 이므로

이를 $Stress$로 변환하면

$Stress$ 변화량 $= 0.2 \times 8.82 = 1.764 kgf/cm^2$ (2)

무응력게이지에 의해 측정된 콘크리트 자체수축은

$Stress$ 변화량 $= 22.87 kgf/cm^2$ (3)

이상과 같은 식 (1)(2)(3)의 합계인 $25.422 kgf/cm^2$의 변화량은 사면의 거동과 무관하게 측정될 수 있는 응력 변화 값이다.

S/G-1번의 각 센서별 측정결과를 살펴보면 자동계측이 시작된 초기에는 인장변형(+)을 보이다가 6월 초순에 2번 센서가 압축변형(-)으로 전이되고 있다. 이는 변형률계가 매설된 상부에 초소동 건축공사가 시작되어 새로운 하중의 증가가 발생한 것에 기인한 것으로 판단된다.

S/G-1번에 설치된 5개의 세서가 모두 하절기에는 압축변형이 증가하다가 9월 하순을

기점으로 감소하는데 이것은 기온의 변화를 반영하는 것으로 생각된다. 2번 센서가 다른 센서에 비하여 압축변형이 큰 이유는 설치된 방향이 상향 30° 방향을 이루고 있기 때문에 수직응력이 수평방향에서 받은 응력보다 크기 때문이다.

S/G-1번 1~5번 센서에서 계측된 Stress의 변화폭이 11.02~22.3kgf/㎠으로 전술한 사면 거동과 무관하게 측정될 수 있는 응력변화의 최대량 25.422kgf/㎠ 이하를 보여주고 있으므로 현재 사면은 안정된 상태로 여수로 구조물에 미치는 영향은 전혀 없는 것으로 판단된다.

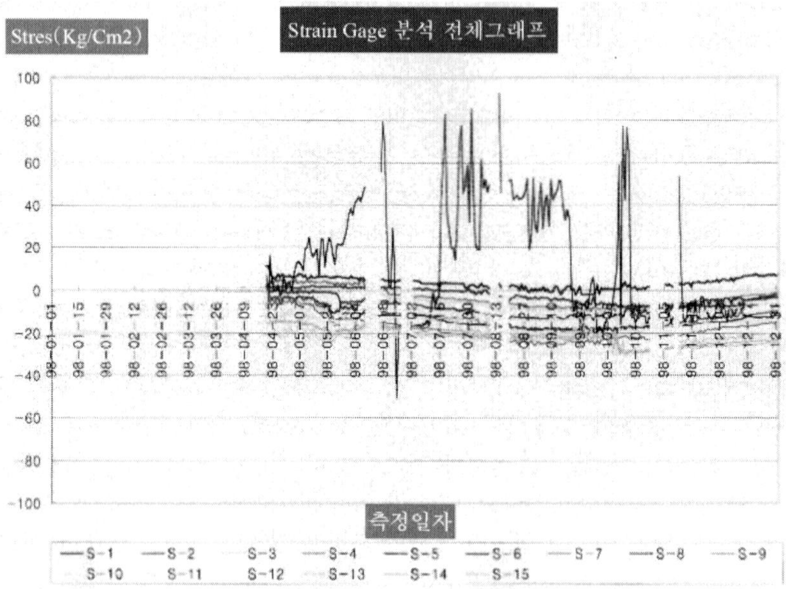

그림 7 좌안사면에 설치된 변형률계의 계측값 그래프

나. SG-2번

여수로 구조물 방수로 EL57.5m 바닥에 설치된 S/G-2번 변형률계는 전체적으로 압축변형(-)을 보인다. 8번 센서는 측정치의 변화가 심한 것으로 보아서 이상계측이 되고 있는 것으로 판단된다. 측정온도의 변화에 의한 Strain 량을 계산하면

$$Strain = (Em - Ec)(T1-T0) = (12.1 - 11.5)(19.8) = 11.88\mu strain$$

이를 Stress로 환산하면 Stress = 0.2 × strain = 0.2 × 11.88 = 2.376kgf/㎠가 된다.

무응력게이지에 의해 기록된 콘크리트 자체수축 Stress = 22.87kgf/㎠ 이므로 S/G-2

번 변형률계에서 사면의 거동과 무관한 응력변화값은 25.236kgf/㎠으로 계산된다.

그러나 무응력 게이지는 S/G-1번 지역에 매설된 것이며, S/G-1번은 콘크리트 타설 후 습윤수축이 발생하였기에 S/G-2번 지역에서의 콘크리트 자체 수축량보다 적은 변형이 측정되었을 것이다. 그러므로 S/G-2번 지역에서의 콘크리트 자체 수축량은 무응력게이지에 의해 측정된 22.87kgf/㎠의 응력변화보다 클 것으로 추정된다. S/G-2번 변형률계의 이상 계측으로 인지되는 8번 센서를 제외한 기타 센서의 Stress 변화폭이 16.4~30.20kgf/㎠ 로 사면거동과 무관한 응력 변화값 이내 또는 약간 상회하는 것이다. 응력변화폭이 온도 및 콘크리트 수축에 의한 가능 변화량인 25.36kgf/㎠을 초과하는 9, 10번 센서의 응력값이 동절기로 접어들면서 감소하는 경향을 보이는 점 역시 실제 사면의 거동으로 인한 구조물의 변형이 진행되고 있다고 보기 어렵다.

결론적으로 S/G-2번 변형률계는 정상적인 양상으로 판단된다.

S/G-3번 여수로 구조물 방수로 E.L.47.0m 바닥에 설치된 S/G-3번 변형률계는 자동계측 초기부터 5개 센서 모두 압축 변형을 나타냈다. 앞서 계산한 방식과 동일하게 온도의 변화에 기인한 Strain 량을 계산하면

$$\text{Strain} = (\text{Em} - \text{Ec})(\text{T1}-\text{T0}) = (12.1 - 11.5)(19.3) = 10.98\mu\text{strain}$$ 이므로

이를 Stress로 환산하면 Stress = 0.2 × strain = 2.196kgf/㎠이 된다.

무응력게이지에 의해 계측된 콘크리트 자체 수축에 의한 변형량은 22.87kgf/㎠이며 사면거동과 무관한 가능 응력변화값은 25.066kgf/㎠이 된다.

S/G-3번 변형률계에서 무응력 게이지 측정값을 분석에 적용하고자 하면 S/G-2번과 동일한 조건이므로 콘크리트 수축에 의한 변형량이 무응력 게이지 측정값보다 높은 것으로 봄이 타당하다.

S/G-3번에서 측정된 응력변화의 폭이 16.89~31.77kgf/㎠로 사면거동과 무관한 가능 응력변화값 25.066kgf/㎠을 상회하나 S/G-3번이 설치된 직상부로 1998년 10월 초순부터 Chuteway 상부사면 안정대책의 일환으로 시행된 콘크리트 구조물로 인해 수직응력이 증가한 점을 고려할 때 사면의 거동을 의미한다고 보기는 어렵다. 콘크리트 구조물의 영향을 받았음을 계측치가 콘크리트 구조물 공사가 시작된 1998년 10월 초순 급격한 압축 변형 증가를 나타내고 있으며 특히 층리면의 주향방향(250°방향)과 하류측으로 30°의 각도를 가지면서 수평으로 설치된 11번 센서의 압축변형 증가에 비하여 상대적으로 큰점 또한 이를 반영하는 것이다.

콘크리트 구조물에 의한 압축변형이 급격히 증가하다가 안정된 영역을 보인 후 1998년 11월 중순이후 압축변형이 감소하는 원인은 다음으로 추정된다. 첫번째 콘크리트 구조물이 상부로 타설되어 가면서 무게 중심점이 S/G-3번 변형률계가 매설된 직상부로부터 이격됨에 따라 초기에 직상부에서 작동하는 응력변화가 유지되는 것으로 판단된다.

둘째로 1998년 11월 중순이후 압축변형의 감소는 콘크리트 구조물 타설 완료 후 사면의 안정성을 증대시키고자 시행한 길이 12m, 7공의 PC앵카 (영구지압형 앵카)로 인하여 콘크리트 구조물이 중력방향으로 작용하는 응력을 암반과 일체화시킴으로 암반에 대한 저항력이 증가되어 궁극적으로 S/G-3번 변형률계에 미치는 응력을 감소시킨 것으로 판단된다.

이상의 결과를 볼 때 사면의 직접적인 거동으로 인한 구조물 부위의 변형은 없는 것으로 판단된다.

2) 센서 설치 방향별 분석결과

3개소에 설치된 매설형 변형률계에 대해 위치별 분석결과 사면의 거동으로 인한 구조물의 응력변화는 없는 것으로 판단되었다. 그러나 센서가 특정방향으로 설치되어 있으므로 사면의 거동이 특정방향으로 진행되는지의 여부를 살펴보기 위해서는 각 방향별 응력 변화를 분석할 필요가 있다.

가. 수평, 하류측 30° 방향

지층의 주향방향(250°방향)에서 하류측으로 30°방향을 이루는 수평방향으로 1,6,11번 센서가 동일 패턴을 보이다가 S/G-3번 지역의 11번 센서만 1998년 10월 초순에 압축변형량이 증가한다.

1번 센서는 인장변형을 보이고 있으나, 6, 11번 센서는 압축변형을 보여준다. S/G-1번에서 S/G-3번으로 갈수록 상부하중이 증가하는(EL 79m 하부 사면고가 증가하는) 것에 비례하여 압축변형이 증가하는 정상적인 계측양상을 보이나 하류측으로 갈수록 사면이 Cutting 되어 있어 압축변형이 다소 증가하는 것으로 볼 수도 있다.

나. 상향 30°, 주향과 직교하는 방향

지층의 주향방향(250°방향)과 직교하면서 상향 30° 방향으로는 2, 7, 12번 센서가 설치되어 있다.

S/G-1번 지역의 2번 센서는 초기에 미미한 압축변형을 보이다가 초소동 건축을 위한 기초공사가 시작된 1998년 6월 초순 급격한 압축변형 증가를 보이면서 하절기는 변형량

이 증가하나 동절기로 접어들면서 감소하는 경향을 보인다.

S/G-2번 지역의 7번 센서는 외부기온의 변화에 따라 압축변형량이 증가, 감소하는 일반적 경향을 보인다.

S/G-3번 지역의 12번 센서는 압축변형이 하절기에도 일정하게 유지되는데 이는 상부 일부구간에 대한 잔자갈 뒷채움의 영향으로 외부기온 변화에 민감한 변화양상이 다소 감소한 것에 기인한 것이다. 그러나 상부 콘크리트 구조물공사 시작 시점인 1998년 10월 초순에는 압축변형량이 급격하게 증가하나 구조물 공사 완료 후 PC anchor가 설치된 다음 압축변형량이 감소하는 정상적 응력변화를 나타낸다.

다. 상향 15°, 주향과 직교하는 방향

지층의 주향방향(250°방향)과 직교하면서 상향 15°방향으로는 3, 8, 13번 센서가 설치되어 있다.

S/G-1번 지역의 3번 센서는 초기에 거의 변형이 없었으나 이 지역의 다른 센서와 마찬가지로 초소동 건축공사로 인해 약간의 압축변형을 보인다. 상향 30°방향의 2번 센서에 비해 증가되는 압축 변형량이 적은 것은 상부 수직 응력방향과 이루는 각도가 수평에 가깝기 때문이다.

S/G-2번 지역의 8번 센서는 계측값의 변화폭이 심한 이상계측을 보이고 있어 분석의 대상에서 제외하였다. S/G-3번 지역의 13번 센서는 12번 센서와 비슷한 응력변화 양상을 보이나 S/G-1 번 지역의 3번 센서에 비하여 압축변형 증가폭이 감소하는 것과 동일하게 12번 센서의 압축변형 증가량 역시 감소한다.

라. 수평, 주향과 직교하는 방향

지층의 주향방향(250°방향)과 직교하면서 수평인 방향으로는 4, 9, 14번 센서가 설치되어 있다.

S/G-1번 지역의 4번 센서는 초기에 인장응력을 보이다가 이 지역의 다른 센서와 마찬가지로 초소동 건축공사로 인해 약간의 압축변형으로 전이되며 외부기온의 변화에 따라 압축변형이 비례하여 변하는 정상적인 계측양상을 보인다.

S/G-2번 지역의 9번 센서는 이 지역의 다른 센서와 동일한 응력 변화양상을 보이며 정상으로 판단된다.

S/G-3번 지역의 14번 센서는 9번 센서에 비해 응력변화가 비교적 고르게 분포하다가 상부 콘크리트 구조물 공사시작을 기점으로 하여 압축변형량이 증가한다. 그러나 12, 13

번 센서에 비해 PC anchor 설치시점인 1998년 11월 중순 이후 압축변형감소량이 적은 이유는 수직응력 방향과 직각을 이루고 있어서 응력변화에 미치는 영향이 적기 때문으로 판단된다.

마. 수평, 상류측 30°방향

지층의 주향방향(250°방향)에서 상류측으로 30°을 이루는 수평방향에는 5, 10, 15번 센서가 설치되어 있다.

S/G-1번 지역의 5번 센서는 초기에 인장변형을 보이다가 압축변형으로 전이되나 이 지역의 다른 센서와는 달리 동절기에 접어들었음에도 불구하고 압축변형의 감소가 나타나지 않는다. 짧은 기간의 계측성과만으로는 정확한 원인 분석이 어렵지만 압축변형 변화폭이 11.02kgf/㎠로 가장 작은 점을 고려할 때 안정성에 영향을 미치는 것으로 판단되지 않는다.

S/G-2번 지역의 10번 센서는 일상적인 응력변화 양상을 보이나 응력변화폭이 30.20 kgf/㎠로 큰 범위를 보이는 점은 매설된 상부 절취사면에서 센서별로 설치된 방향과 거의 수직을 이루는 단층면의 국부적인 영향으로 판단되지만 사면의 거동을 의미하는 것은 아니다.

S/G-3번 지역의 15번 센서는 이 지역의 다른 센서와 동일한 응력변화 양상을 보인다. 그러나 지층의 주향방향과 상, 하류를 30°방향을 이루는 11, 15번 센서에서 상부 콘크리트 구조물 공사시작 시점인 1998년 10월 초순 압축 변형량의 급격한 증가량이 12, 13, 14번 센서에 비해 다소 크게 나타나고 PC anchor 설치시점인 1998년 11월 중순이후 압축변형량의 감소도 역시 크게 나타남이 특징적이다. 이는 직상부인 Chuteway 상부사면에서 불안정 요인으로 인지된 2방향의 불연속면의 교차에 의한 쐐기 파괴 잠재요소를 반영한 것으로 사면의 불안정성을 야기시키는 2방향 불연속면의 주향과 11, 15번 센서가 설치된 방향이 거의 직각을 이루어 다른 센서에 비해 다소 압축변형량이 급격하게 증가하고 동시에 PC anchor에 의해 이들 불연속면에 대한 억지력이 작용하여 압축변형량이 크게 감소하는 것으로 판단된다.

3.4 구조물 기울기계

1) 설치형태

사면의 거동으로 인하여 여수로 구조물의 변형여부를 파악하고자 여수로 구조물 및 방수로 측벽에 설치된 매설형 변형률계 위치와 동일한 지점 옹벽 측벽에 구조물 기울기계를 설치하였다.

A방향은 발전소 방향, B방향은 사면방향, C방향은 상류방향, D방향은 하류방향을 설정되었으며 변위량 값이 "+" 를 나타내면 A 또는 C방향으로의 움직임을 의미하고 "-" 값은 B 또는 D방향으로의 움직임을 의미한다.

2) 측정결과

분석을 위해서 계측에 의해 계산된 변위량의 추이를 활용하였으며 계측결과는 표 9와 같다.

표 9 본댐 좌안사면에 설치된 구조물 기울기계 측정결과

계측기 번호	측정 방향	변위량(mm)		비고
		최소 ~최대	변화폭	
T-1	AB	-3.139~0.246	3.385	
	CD	-1.351~2.437	3.788	
T-2	AB	-8.797~0.081	8.878	
	CD	-3.644~1.006	3.650	
T-3	AB	-0.500~2.486	2.986	98.10.12까지
	CD	-1.701~-0.259	1.442	98.10.12까지

3) 분석결과

구조물 기울기계는 고정된 구조물에 설치하여 외부의 응력에 의해 구조물의 기울기가 변화하는 유무를 관찰하는 계측기기로

$$\text{Angle} = (L1-L0)(1/GF)$$

여기서 L1 : 측정, L0 : 초기측정, GF : 상수(Gage factor)이며

$$\text{변위} = Hi \times \text{Sin}(D1 - D0) \times 10^{-3}$$

Hi : 구조물 기울기계의 높이 (0.33m),

D1 : 측정 경사각,

D0 : 초기 측정 경사각

기울기 = Hi / 변위로 계산된다.

(1) T-1번

본댐 좌안 진입로와 본댐 정상부를 연결시키는 공도교 옆 E.L.79.0m 여수로 구조물 측벽에 T-1번 구조물 기울기계를 그림 4.27과 같이 설치하였다.

AB방향은 변위폭이 3.385mm을 보이나 초기에는 변화를 보이지 않다가 1998년 9월 중순경 초소동 공사가 완료된 후 잔자갈 뒷채움이 시행되어 다소 변위가 증가되는 경향을 나타내며, CD방향 역시 AB 방향과 비슷한 양상을 보인다.

(2) T-2번

여수로 구조물 방수로 E.L.57.5m 바닥 측벽에는 T-2번 구조물 기울기계를 그림 9와 같이 설치하였다.

AB 방향은 변위량 변화 폭이 8.878mm로 가장 크게 나타난다. 초기에는 변위량 폭이 미세하나 1998년 9월 중순이후 변위량이 증가하는데 이는 방수로 측벽부에 대한 잔자갈 뒷채움이 시행된 결과로 판단되며 시간의 경과에 따른 변위량의 증가가 크게 나타나나 1998년 11월 중순이후 변위량이 안정을 찾아가는 점으로 보아서 변위량 증가의 요인이 Chuteway 상부사면 안정대책의 일환으로 시행된 콘크리트 구조물 공사시 사람의 통행에 따른 영향을 부분적으로 받은 것으로 판단된다.

CD방향은 3.650mm의 변위를 나타내며 AB방향과 동일한 변위량 변화 양상을 나타낸다.

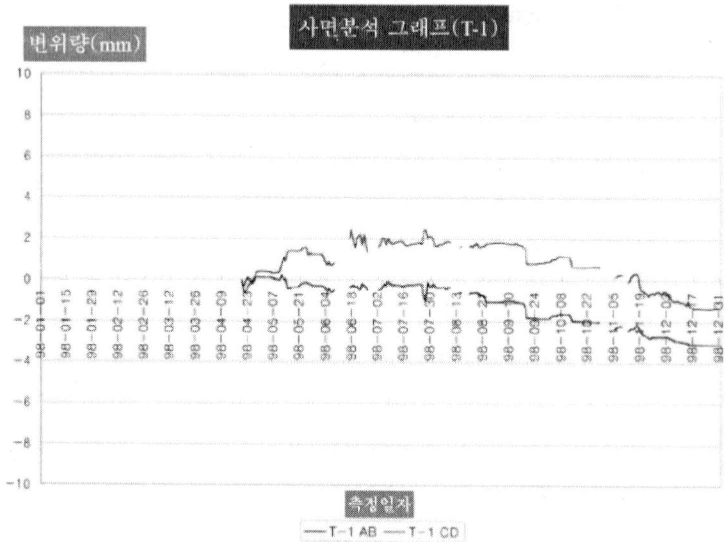

그림 8 좌안사면에 설치된 구조물 기울기계(1번)의 계측값 그래프

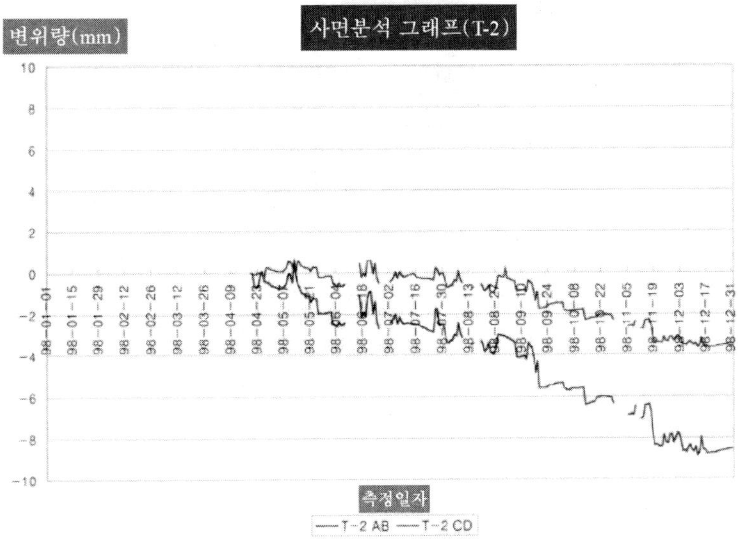

그림 9 좌안사면에 설치된 구조물 기울기계(2번)의 계측값 그래프

(3) T-3번

여수로 구조물 방수로 EL47.0m 바닥 측벽에는 T-3번 구조물 기울기계가 그림 10과 같이 설치되어 있다. 측정된 결과를 보면 1998년 10월 12일까지는 AB방향은 2.986mm, CD방향은 1.442mm로 거의 변화가 없는 안정된 상태로 보이나, Chuteway 상부사면 안정대책의 시행을 위한 콘크리트 구조물 공사를 시행하는 1998년 10월 12일 ~11월 11일까지는 계측이 수행되지 않았다. 이는 공사로 인해 계측기기가 파손될 우려가 있어 계측기기를 제거한 후 공사가 완료된 후 재설치 하였다.

구조물 기울기계의 1998년 11월 12일 이후의 계측값은 표 10과 같으며, AB방향의 변위량 변화폭이 7.429mm로 재설치 이전의 2.986mm에 비하여 증가되었으나 이는 잔자갈 뒷채움시 영향을 받은 것으로 판단되며 CD방향은 감소한다. 이는 초기값과 큰 차이를 보이고 있으므로 향후 계측 수행 및 분석을 위해서는 1998년 11월 12일에 측정된 값을 초기값으로 재설치하여야만 정확한 분석이 가능하다.

표 10 구조물 기울기계의 1998년 11월 12일 이후의 계측값

계측기 번호	측정 방향	변위량(mm)		비고
		최소 ~ 최대	변화폭	
T-3	AB	14.933~151.362	7.429	-
	CD	-50.054~-49.512	0.542	-

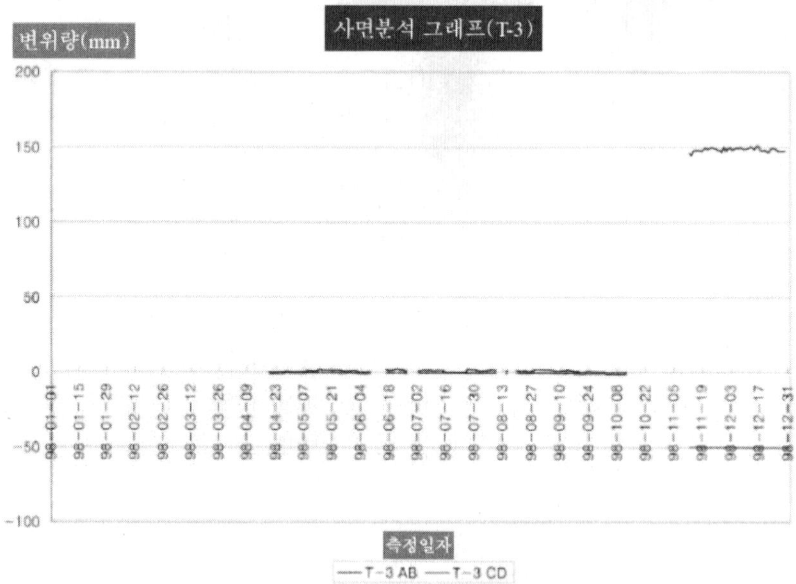

그림 10 좌안사면에 설치된 구조물 기울기계(3번)의 계측값 그래프

4. 결 론

보령댐 좌안사면에 설치된 매설계기의 계측값을 분석한 결과 다음과 같은 결론을 얻었다.

(1) 좌안사면에서의 지하수위와 강우의 상관관계를 살펴본 결과 강우시 지하수위는 급격하게 상승하나, 강우 종료후 지하수위는 Time delay을 보여준다.

(2) 좌안사면 EL184m에서는 간극수압의 변화폭이 지하수위 변화폭에 비하여 크게 나타났다. 이는 절리가 발달된 암반이며 간극수압계 설치시 시추주상도를 작성하여 균열이 발달한 곳을 선정하여 설치하였으나 암반 자체의 투수성이 낮아서 상부에 작용하는 이론적 수압만큼 작용하지 않았다.

(3) 좌안사면 EL94m에 설치된 지하수위는 강우의 영향보다는 댐 수위의 상승과 하강에 영향을 받고 있다.

(4) 여수로 구조물 측벽 및 방수로 측벽에 설치된 매설형 변형율의 계측결과 S/G-1은 설치후 잔자갈 등으로 상부가 피복되어 습윤수축이 진행된 반면에, S/G-2,3번은 노출되어 건조수축이 진행되었다. 분석시 수축의 환경차를 고려하여 수행한 결과 변형량이 구조물의 안정성에 심각한 영향을 미치지 않는 범위이내임을 확인하였다.

(5) 보령댐 좌안사면은 안정대책 시행후 사면의 거동이 인지될 요소가 없으며, 사면은 안정을 이루고 있는 것으로 판단된다.

참고문헌

1. 박철숙, "보령댐 일원의 지질 및 지질구조", 구조·에너지 지질학 분과위 제14차 심포지움 및 학술답사, 대한지질학회, 1998, pp.23-pp.245
2. 박철숙, "보령댐 좌안사면 안정대책 수립 및 구조지질학적 고찰", 한국지반공학회 사면안정학술발표논문집, 1998, pp.161-pp.182
3. 박철숙, "보령댐 건설과 관련된 지질공학적 고찰 및 적용", 부산대학교 석사학위논문, 1999, pp.232-pp.300
4. 한국수자원공사, "매설계기과정", 1997, pp.369-pp.370
5. J. Dunnicliff, Gordon E. Green, "Geotechnical instrumentation for monitoring field performance", John Wiley & Sons, 1993, pp.577-pp.570

CHAPTER 2

2.4 건축물계측 분석실무

2.4.1 지진가속도계측기를 활용한 건축물 긴급 안전성 평가

지진가속도계측기를 활용한 건축물 긴급 안전성 평가는 국립재난안전연구원(박병철 연구관, 성지영 · 임기환 · 박기종 연구원)에서 한국구조물진단유지관리공학회 학회지(2013년 12월호)에 특집기사로 발표한 자료를 재편집하여 기술한 내용이다.

1. 머리말

최근 국내지진 발생횟수 증가 및 서해안 연속지진 발생 등으로 우리나라도 지진에 대해 안전지대가 아니라는 인식이 증가하고 있다. 지진은 발생 전에는 위치, 규모, 발생시간 등을 예측할 수 없기 때문에 대응이 매우 어려운 재난중의 하나이다. 큰 규모의 지진이 빈발하는 미국, 일본 등과 같은 나라에서는 지진으로 인한 건축물의 손상원인을 규명하고 건축물의 거동을 관찰하기 위해서 가속도 계측을 실시하고 있다.

미국지질조사국(USGS, U.S. Geological Survey)과 일본의 방재과학기술연구소(NIED, National research Institute for Earth science and Disaster prevention) 및 건축연구소(BRI, Building Research Institute) 등 전문기관에서는 자유장 뿐만 아니라 건축물의 진동을 계측하고 있으며, 계측자료를 외부에 제공하고 있다.

우리나라는 소방방재청에서 지진재해대책법에 의거 “지진가속도계측기 설치 및 운영기준('10.9.7. 제정)”을 마련하여 전국 약 690여개 주요 공공시설물에 지진가속도계측기 설치를 의무화하고 있으며, 설치 및 운영기준을 제시하였다. 주요 공공시설물에 설치된 지진가속도계측기를 통해 국내 지반 및 시설물 특성을 반영한 내진설계기준을 마련할 수 있으며, 시설물의 내진성능과 내진보강 성능 등을 정량적으로 평가할 수 있을 것으로 기대된다. 일반적으로 지진에 대한 건축물의 안전성 평가시에는 실제 지반에서 계측된 지진파형을 입력하중으로 사용하고 건축물은 수치모델을 이용하지만, 비구조재의 영향 등으로 수치모델과 실제 건축물의 거동 간에는 차이가 발생하게 되어 결과적으로 안전성 평가에 오차가 발생하게 된다. 따라서, 대상 건축물에서 계측한 가속도응답을 직접 사용한다면 보다 정확한 안전성평가가 가능할 것으로 판단된다.

2. 건축물 긴급 안전성 평가 체계

2.1 건축물 안전성 평가

지진가속도계측기 설치대상은 공공시설물로서 청사 및 국립대학교 건축물, 공항시설, 댐 및 저수지, 교량, 가스시설, 고속철도, 원자력 이용시설, 변전소, 발전용 수력설비 및 화력설비이다. 건축물을 제외한 다른 시설물의 경우, 시설물 관리주체에서 안전관리기준을 마련하는 등 전문적으로 관리가 되고 있다. 그러나 중앙행정기관 및 지자체 청사와 국립대학교의 경우에는 전문성이 부족한 시설물 관리자가 관리하는 경우가 대부분으로 일관된 안전성평가 체계를 제공할 필요가 있다. 따라서 설치 대상 공공건축물의 안전성평가를 현장에서 자동으로 수행하여 건축물 관리자의 의사결정을 지원하고, 전국 단위의 통합분석 및 정보 가공을 위한 지진가속도계측자료 통합 분석시스템이 필요하다.

〈지진가속도계측센서〉 〈지진가속도기록계〉 〈계측데이터 처리시스템〉

그림 1 지진가속도계측기 구성

지진가속도계측기는 그림 1과 같이 지진가속도계측센서, 지진가속도기록계, 계측데이터 처리시스템, 통신기기 및 부대설비로 구성된다. 실시간으로 매초 단위의 최대, 최소, 평균(MMA, Maximum, Minimum, Average; 이하 "MMA자료") 가속도자료가 소방방재청 전용 시스템으로 전송되며, 지진 및 이상진동이 발생한 경우에는 진동 발생 전 30초와 진동기간 60초를 포함하여 총 90초 동안에 계측된 자료가 저장되고, 이를 이용하여 긴급 안전성 평가를 수행하고, 계측데이터는 소방방재청 시스템에서 수집할 수 있도록 구성되어 있다. 기상청에서는 지진의 발생상황을 신속하게 관측하여 통보하는 것이 주업무로서 지반운동만을 관측하나, 소방방재청에서 운영하는 지진가속도계측기는 지표면 및 시설물의 응답을 모두 계측한다는 것이 다르다. 계측된 데이터는 건축물의 안전성평가에 직접 이용되어 건축물 관리자의 지진재해대응 의사결정을 지원하는 등 현장에서의 활용도가 매우 높을 것으로 기대된다.

2.2 지진가속도계측센서 설치위치

일반적인 직사각형 건축물의 경우 그림 2와 같이 최하층에 3축센서(장축, 단축, 연직방향 계측) 1개, 최상층에 2축센서 1개와 1축센서 1개를 각각 설치하게 된다. 동적특성 연구 등을 위한 많은 정보를 얻기 위해서는 지진가속도계측센서를 각 층마다 설치하기도 하고, 한 층에 2개 이상을 설치하기도 하지만 우리나라의 지진발생 특성과 설치 및 유지에 드는 비용 등을 고려하여 고시에서는 설치를 최소화하여 제시하고 있다.

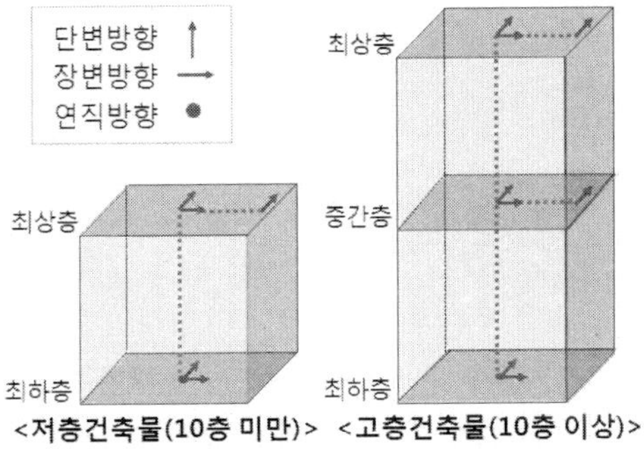

그림 2 건축물 지진가속도계측센서 설치위치

최하층 3축센서와 최상층 2축센서는 수직축이 일치하도록 설치하며, 건축물 장변 및 단변방향의 고유주기와 최대층간변위비 산정 등에 활용될 수 있도록 최대한 건축물의 도심(일반적인 경우 평면상의 중심)에 가깝게 설치한다. 또한 최상층 1축센서는 최상층 2축센서와 수평축이 일치하는 위치에 설치하여 건축물의 비틀림 거동을 분석할 수 있게 한다. 다만, 건축물의 정확한 거동 파악을 위해 모드분석이 필요한 경우(10층 이상이거나, 1차 진동모드의 주기가 1.0초 이상인 경우 또는 강성 및 중량이 급격하게 변하는 건축물)는 중간층에도 최상층과 같이 지진가속도계측센서를 추가로 설치하는 것을 권고하고 있다.

2.3 안전성 평가지표 및 안전관리기준(안)

지진발생시 계측된 가속도응답을 분석하여 안전성을 평가하기 위한 평가지표를 도출하는 과정은 그림 3과 같다.

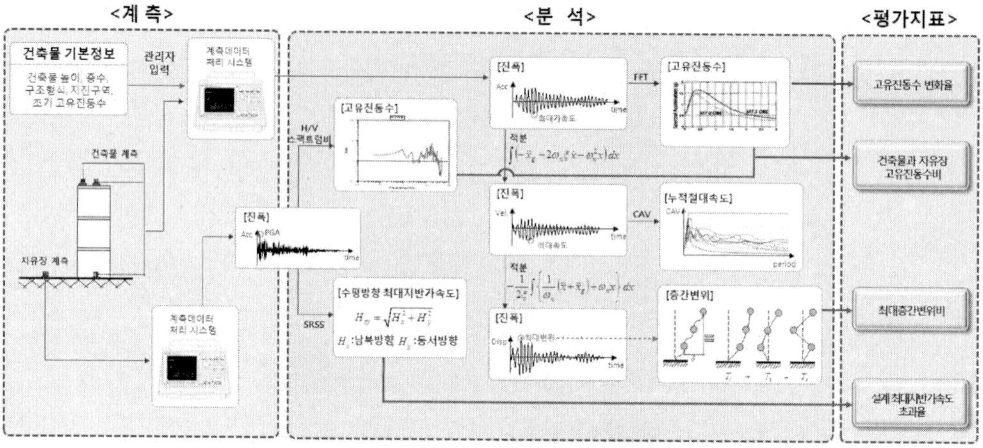

그림 3 지진가속도 계측·분석 및 평가 체계

다양한 분석결과 중에서 건축물의 안전성을 신속하게 평가하기 위한 지표로 1) 최대층간변위비, 2) 고유진동수 변화율, 3) 건축물과 자유장 고유진동수비, 4) 설계지반가속도 초과율을 고려하였다. 이중에서도 특히 최대층간변위비와 고유진동수 변화율은 긴급 안전성평가의 주요지표로 선정하여 두 지표중 하나라도 관리기준을 초과하는 경우에는 긴급점검을 수행할 것을 권고하였다. 건축물과 자유장의 고유진동수비와 설계지반가속도 초과율은 긴급 안전성평가의 보조지표로 고려하였다. 또한 모든 평가지표는 전국의 안전성 평가결과를 비교·분석 할 수 있도록 각 건축물에서 계측된 절대값이 아닌 무차원화한 값으로 나타내었다.

일반적으로 지진발생시 건축물의 안전성 평가를 위해서 가장 널리 활용되는 방법은 고유진동수 변화율 및 최대층간변위비를 파악하는 것이다. 고유진동수의 경우 건축물의 손상 없이 온·습도 등의 영향을 받는 것으로 알려져 있으며, 정확한 층간변위비를 도출하기 위해서는 건축물의 모드 분석 및 각 층의 응답 등이 필요하지만 현재 지진가속도계측기의 설치 개소수로는 정확한 값을 도출하기가 어려운 실정이다. 따라서 기존의 관련 연구사례 등을 토대로 고유진동수의 변화율은 20% 이하로 제안하였으며, 층간변위비는 보정계수를 적용하여 실제 모드형상을 반영하고자 하였다. 건축 구조형식에 따라 건축물의 허용층간변위비가 달라지므로 지진재해대응시스템에 적용되고 있는 국내 건축물 지진취약도함수(소방방재청, 2009)의 층간변위비를 사용하여 안전관리기준을 표 1과 같이 제안하였다. 제안한 안전관리기준은 관련연구 결과 및 지진가속도 계측자료 누적 및 분석에 따라 변동될 수 있을 것이다.

표 1 안전성 평가지표별 분석절차 및 안전관리기준(안)

평가지표		분석절차	안전관리기준(안)
주요 지표	최대층간변위비	$\frac{\text{최대상대변위}}{\text{건축물의 높이}} \times 100(\%)$	철골 모멘트 골조: 0.44% 이하 철골 편심 가새 골조: 0.31% 이하 철근 콘크리트 골조: 0.5% 이하 철근 콘크리트 전단벽: 0.25% 이하
	고유진동수 변화율	$\frac{\text{지진전후 고유진동수}}{\text{상시 고유진동수}} \times 100(\%)$	20% 이하
보조 지표	건축물과 자유장 고유진동수비	$\frac{\text{건축물 고유진동수}}{\text{자유장 고유진동수}} \times 100(\%)$	100±10% 이외
	설계지반가속도 초과율	$\frac{\text{계측}PGA - \text{설계}PGA}{\text{설계}PGA} \times 100(\%)$	0% 이하

3. 건축물 긴급 안전성 평가

3.1 긴급 안전성 평가 프로그램

국립재난안전연구원에서는 긴급 안전성평가 지표 및 안전관리기준을 토대로 지진발생시 건축물 관리자가 안전성을 평가할 수 있는 프로그램과 전문가가 지진가속도 계측자료를 상세히 분석할 수 있는 프로그램을 각각 개발하여 배포하였다.

건축물 관리자용 프로그램(그림 4(a))은 건축물의 구조형식, 높이 등의 정보를 사전에 입력해 놓고, 계측된 지진가속도자료를 이용하여 『안전』 및 『점검필요』의 두 결과만을 도출하도록 하였으며, 이 결과를 이용하여 건축물 관리자가 신속한 의사결정을 수행 할 수 있도록 구성하였다. 건축물 정보는 프로그램 실행 초기에 한번만 설정하면 동일 건축물에 대한 이후 분석 수행시에는 재입력하지 않아도 된다. 계측자료 분석 후 해당 건축물의 안전성평가 결과는 그림 5와 같은 형태의 간단한 보고서로 산출되며, 파일로 저장 및 출력할 수 있다. 또한, 건축물의 분석결과를 지속적으로 누적 관리하는 기능을 부여하여 고유진동수의 변화를 검토할 수 있도록 하였다. 이러한 기능을 통해 개별 건축물에서 축적한 고유진동수의 변화양상을 분석하여 대상 건축물의 안전관리기준을 재설정할 수 있다.

전문분석용 프로그램(그림 4(b))은 노이즈 제거를 위한 필터 적용 진동수 범위 및 지진 취약도함수 등을 전문가가 변경하여 설정할 수 있도록 하였다. 또한 계측자료별 변위, 속도, 가속도 등의 응답스펙트럼을 도출하는 기능을 갖고 있어 전문적인 분석이 가능하다.

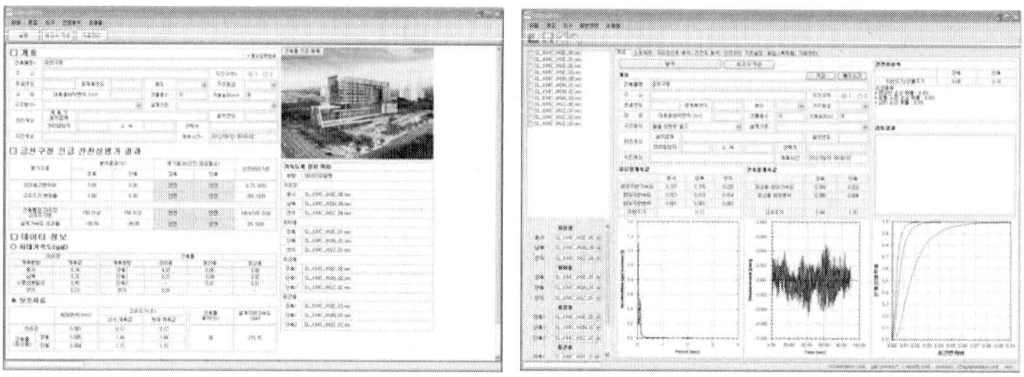

(a) 일반관리자용 (b) 전문분석용

그림 4 건축물 긴급 안전성평가 프로그램

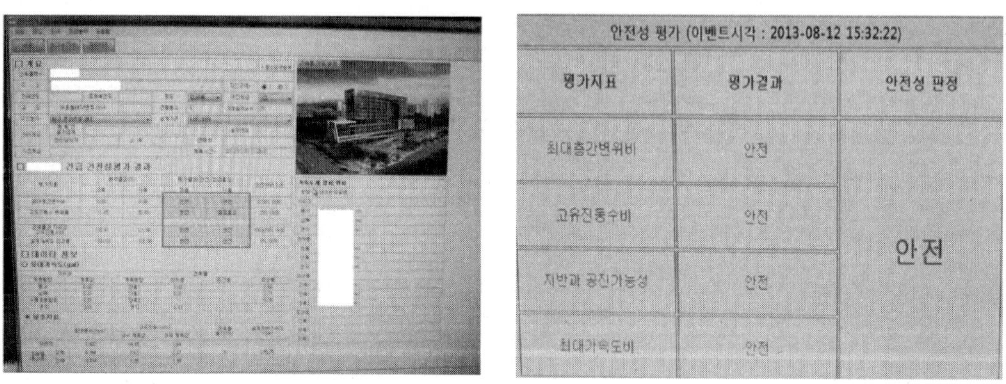

(a) 분석실행 결과 화면 (b) 평가지표별 안전성평가 결과

그림 5 건축물 긴급 안전성평가 프로그램 실제 활용사례

3.2 활용 사례

현재 소방방재청 고시에 따라 지진가속도계측기를 설치·운영하고 있는 지자체 및 국립대학교의 건축물을 대상으로 긴급 안전성 평가프로그램을 시범 적용하여 운영하고 있다.

개정(2013년 5월 3일)된 고시에서는 반드시 지진가속도 계측자료 분석 시스템을 구축하도록 명시하였으며, 현재 시범 적용중인 프로그램에 대한 적용성 등을 검토하여 보완하고 있다.

건축물의 긴급 안전성 평가를 위해서는 지자체 청사 및 국립대학교 건축물 관리자가 건축물의 기본정보를 입력하고 [실행]단추를 누르면 자동으로 분석이 수행되며 결과가 그림 5와 같이 나타난다. 여기서 그림 5는 실제로 지진가속도계측기가 설치된 지자체 청사의 긴급 안전성평가 결과를 보여주며, 분석프로그램의 정상 작동여부를 검토하기 위해서 지진으로 인한 건축물의 응답이 아닌 상시 진동에 대한 건축물의 응답을 임의로 저장하여 분석에 사용하였다. 분석이 끝나면 화면에 바로 결과가 도출되며, 그림 6과 같은 결과보고 파일이 생성된다. 설치 초기에 분석결과가 『점검필요』로 나타나는 건축물은 이를 통해 지진가속도계측기의 정상 설치 여부 등을 점검할 수 있으며, 관리자가 손쉽게 조작할 수 있다. 지진가속도 계측자료를 이용한 개별 건축물에 대한 긴급 안전성평가 프로그램은 건축물의 동특성 분석 및 안전성평가에 활용되고 있다.

'YY.MM.DD.(월)	00000팀 홍길동

○○○○ 긴급 안전성평가 결과 보고

□ ○○○○ 긴급 안전성평가 결과

평가지표	분석결과※(%)		평가결과(안전/점검필요)		안전 관리기준
	장축	단축	장축	단축	
최대층간변위비[1)]	00.00	00.00			0.5% 이하
고유진동수 변화율[2)]	00.00	00.00			20% 이하
※보조자료					
건축물과 자유장 고유진동수비[3)]	00.00	00.00			100%±10 이외
설계지반가속도 초과율[4)]	00.00	00.00			0% 이하

∴평가결과는 【안전】 또는 【점검필요】로 표현되며 '건축물과 자유장 고유주기비'와 '설계가속도 초과율'은 참고자료로써 활용

※건물마다 다른 변동수준을 관리하기 위해서 분석결과는 무차원화하여 비율로 나타냄(단위 없음)

주[1)] 최대층간변위비 = α*(최상층-최하층 최대상대변위/건물높이)*100 ※α:모드보정계수
[2)] 고유진동수 변화율 = [(지진발생후 고유진동수-상시고유진동수)/상시고유진동수]*100
[3)] 건축물/자유장 고유진동수비 = (건축물 고유진동수/자유장 고유진동수)*100
[4)] 설계지반가속도 초과율 = [(자유장 최대가속도-설계지반가속도)/설계지반가속도]*100

□ 데이터 정보

○ 최대가속도(gal)

자유장	
계측방향	계측값
동서	00.00
남북	00.00
수평성분합성	00.00
연직	00.00

건축물			
계측방향	최하층	중간층	최상층
장축1	00.00	00.00	00.00
단축1	00.00	00.00	00.00
단축2	-	00.00	00.00
연직	00.00	-	-

※ 보조자료

		최대변위(mm)	고유진동수(Hz)	
			상시	지진 후
자유장				
건축물 (최상층)	장축			
	단축			

건축물 높이(m)	설계지반가속도 (gal)

□ 검토결과

그림 6 건축물 긴급 안전성평가 결과보고 양식

3.3 전국단위 종합분석 시스템 구축

전국적인 지진가속도 계측자료는 소방방재청의 지진가속도 계측자료 통합관리시스템에서 관리하고 있으며, 국립재난안전관리연구원에서는 그림 7에 나타낸 바와 같이 지진가속도 계측자료를 활용한 시설물의 상세한 안전성 분석 및 시설물 종류별, 지역별 피해상황을 시각화하는 전문분석용 지진가속도 응답신호 종합분석시스템(가칭)을 2013년 말까지 구축중이다.

구축중인 시스템은 지진발생시 계측된 이벤트자료뿐만 아니라 실시간 MMA자료로 전국의 계측자료를 모니터링 하는 기능을 지닌다. 이를 활용하여 이상 진동발생 지역을 관리할 수 있을 것으로 기대된다. 또한 지진가속도 계측자료를 분석한 지진파형 및 응답스펙트럼을 지역별로 나타낼 수 있는 자료를 그림8(a)에 나타난 양식으로 저장 및 출력될 수 있도록 하였다. 그리고 시설물의 안전성 평가를 위해 시설물의 일반 정보 및 지진가속도계측센서의 설치위치를 나타낸 그림 8(b)와 같은 자료를 관리・제공하는 기능을 시스템에 구현할 예정이다.

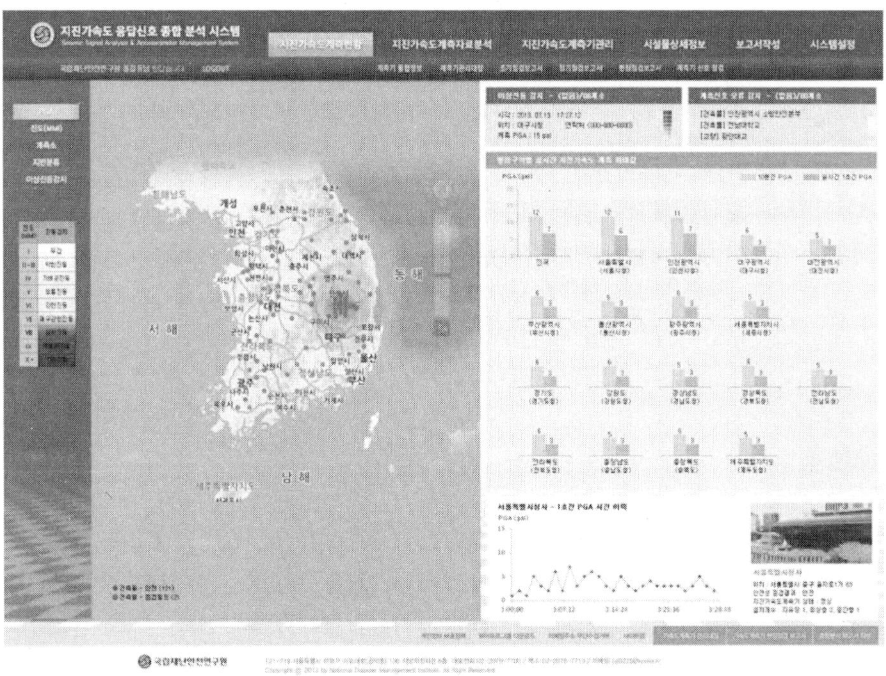

그림 7 지진가속도 응답신호 종합분석시스템 초기화면(안)

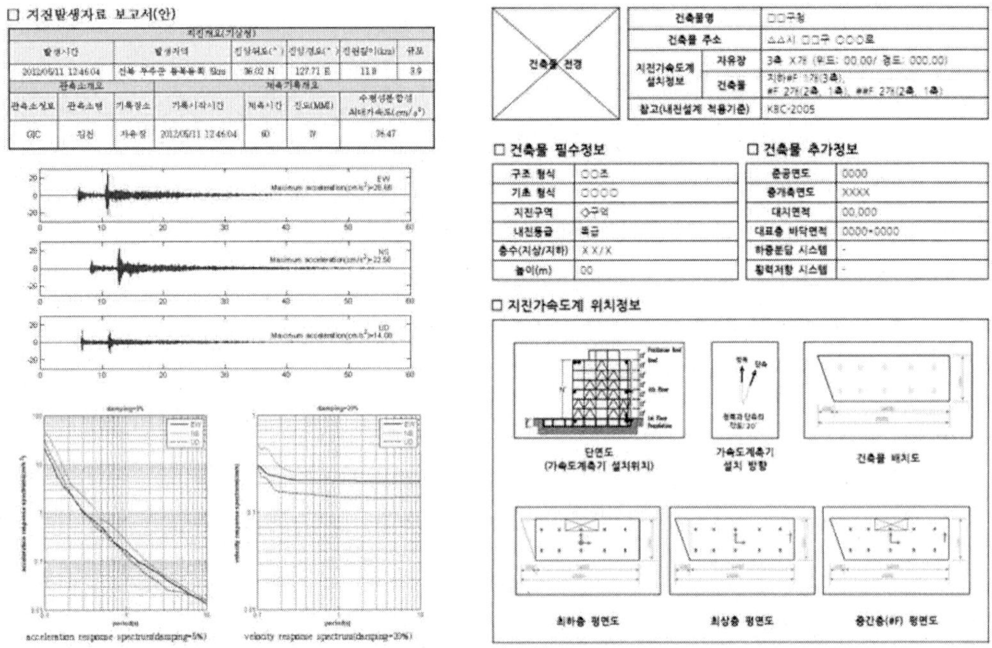

(a) 지진발생자료 보고양식 (b) 건축물 기본정보 제공양식

그림 8 지진가속도 응답신호 종합분석시스템 보고서(안)

마지막으로 신뢰도 높은 계측데이터 취득을 위해 각 시설물별 지진가속도계측기의 설치 및 운영현장을 점검한 보고서 등을 관리할 수 있는 기능을 갖도록 하였다. 지진가속도 응답신호 종합분석시스템을 통해 지진가속도계측기가 설치된 공공시설물 및 소방방재청과 국립재난안전연구원에서 계측자료 및 분석자료를 공유하고 관리함으로써 국내 지반조건 및 시설물 동특성을 반영한 내진설계기준 재·개정에 크게 기여할 수 있을 것으로 기대한다.

4. 맺음말

소방방재청 고시에 의거하여 설치되는 지진가속도계측기는 지표면과 시설물에 설치되며, 지진발생시 실제 지반과 시설물의 거동을 계측함으로써 안전성 평가 및 지진재난관리업무에 활용된다.

현재 배포·운영중인 건축물 긴급 안전성평가 프로그램의 안전관리기준은 개별 건축물의 특성을 완전히 반영하기 보다는 다소 일반적인 범위로 설정되어 있는 한계는 있으나, 지진발생 즉시 신속하게 건축물의 안전성을 평가할 수 있다는 장점이 있다. 국내에서 지진에 대한 건축물의 응답을 실제로 계측한 사례가 거의 전무한 실정이며, 현재는 지진가속도계측기가 설치되고 있는 초기 단계로서 문헌 및 수치자료에 기반한 안전관리 기준을 제안하였으나, 향후 누적데이터 분석을 통해 개별 건축물에 적합한 안전관리기준을 재설정할 수 있을 것으로 기대한다. 또한 계측된 자료는 지반공학 및 시설물 내진공학 연구의 활성화에 크게 기여할 수 있을 것이다.

소방방재청의 업무용 지진가속도계측자료 통합관리시스템(소방방재청)과 전문분석용 지진가속도 응답신호 종합분석시스템(국립재난안전연구원)을 통해 우리나라 내진분야의 발전을 도모하고 지진재난관리 컨트롤 타워로써의 의사결정 지원에 중요한 기능을 할 수 있을 것으로 기대된다.

참고문헌

1. 국립방재연구원, “지진가속도계측기를 활용한 공공건축물 긴급 건전성평가 기술 개발”, 2012.
2. 소방방재청, “국내 건축물의 지진취약도함수 개발”, 2009.
3. “지진가속도계측기 설치 및 운영기준”, 소방방재청고시 제2013-12호, 2013.5.3. 일부개정.

2.4.2 건축물 지진가속도계측기 설치 시 유의사항

건축구조물의 지진가속도계측기 설치 시 유의사항은 국립재난안전연구원(박병철 연구관, 장성희 · 김경민 · 진영지 연구원)에서 한국구조물진단유지관리공학회 학회지(2013년 12월호)에 특집기사로 발표한 자료를 재편집하여 기술한 내용이다.

1. 머리말

최근 국외는 물론 국내에서도 지진 발생빈도가 높아지고 있으며 지진발생은 예측이 어렵기 때문에 과학적이고 정확한 지진피해 예측, 모니터링 등을 통하여 지진피해를 최소화하기 위한 노력이 필요하다. 이에 정부에서는 「지진재해대책법 제6조(주요 시설물의 지진가속도 계측 등) 및 제7조(지진가속도계측과 관리)」를 통하여 주요 시설물의 지진가속도 계측을 법제화하고, 이를 위하여 소방방재청에서 「지진가속도계측기 설치 및 운영기준」을 고시하고 약 690여개의 공공시설물에 지진가속도계측기 설치를 의무화하고 있다.

한편, 지진가속도계측기 설치대상 시설물의 약 절반 정도를 차지하는 정부청사와 국립대학교 건축물은 건축물 관리자의 전문성 부족과 초기단계로서 설치업체의 경험부족 등으로 지진가속도계측기 설치와 운영에 일부 미비점이 발생하였다. 이에 지진가속도계측기의 올바른 설치 및 운영을 위하여 소방방재청과 국립재난안전연구원에서는 지진가속도계측기 현장점검을 실시하여 기술지원을 실시하고 있다.

본고에서는 현장점검 결과를 바탕으로 지진가속도계측기의 설치 및 운영에 있어서의 유의사항 및 발전방안에 대해 기술하고자 한다.

2. 지진가속도계측기 현장점검 개요

「지진재해대책법 제6조(주요 시설물의 지진가속도계측 등)」에 따라 지진가속도계측기의 올바른 설치 및 효율적인 운영을 위하여 「지진가속도계측기 설치 및 운영 기준」에 관한 고시(소방방재청)가 2010년에 제정되어 지진가속도계측기가 설치 · 운영되고 있다. 지진가속도계측기는 지진 등으로 인한 시설물 및 그 주변 자유장의 가속도를 계측하여 기록, 저장, 처리 등을 하기 위한 지진가속도계측센서, 지진가속도기록계, 계측데이터 처리시스템, 통신기기 및 부재설비의 일체 장비를 의미한다.

하지만 사업 시행초기 단계에 따른 지진가속도계측기 설치와 운영에 대한 지식 및 경험 부족으로 지진가속도계측센서가 부적절한 위치에 설치되는 등 문제점이 발생되었다.

이에 지진가속도계측기의 올바른 설치 및 운영을 위하여 「지진가속도계측기 설치 및 운영 기준」고시 개정(2013.5.3.)에 따라 소방방재청과 안전행정부 국립재난안전연구원을 중심으로 그림 1과 같은 절차에 따라 공공건축물을 중심으로 전국 지진가속도계측기 설치 개소에 대한 현장점검을 실시하고 있다.

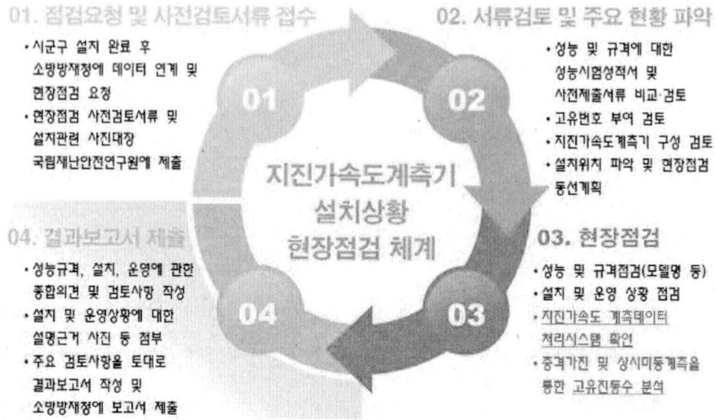

그림 1 지진가속도계측기 현장점검 실시 체계

3. 지진가속도계측기 설치 시 유의사항

3.1 자유장

3.1.1 설치 위치

자유장에 설치하는 지진가속도계측센서는 지표면의 움직임을 파악하기 위한 것으로 공공건축물이 위치한 부지 내 지반운동을 대표할 수 있는 곳에 설치하도록 하고 있다. 또한, 자유장 지진가속도계측센서는 시설물과 상호작용 등에 의한 영향을 받지 않도록 그림 2와 같이 단차가 있는 곳, 국부적인 진동이 큰 곳, 하부에 지하탱크・지하매설관이 있거나 빈 공간이 있는 곳, 인근 시설물 외벽으로부터 해당 시설물 높이의 1/10 이내의 위치 등은 피하여 설치하도록 하고 있다.

그림 2 단차가 있는 곳에 설치된 자유장 지진가속도계측기

그림 3 자유장 지진가속도계측기 받침대 매설깊이

그림 4 균열이 발생한 자유장 지진가속도계측기 받침대

3.1.2 받침대

자유장 지진가속도계측센서는 일반적으로 받침대 위에 설치하게 되며, 받침대는 지표면의 움직임을 계측할 수 있도록 본래의 지반에 견고하게 매설하여야 한다. 이에 고시에는 받침대 높이의 2/3 이상을 지중에 매설하도록 하고 있으나(그림 3 참조) 이보다 얕게 받침대를 매설하는 경우도 있으며 이 경우 지표면의 움직임을 제대로 계측하지 못 할 수 있으므로 설치 시 주의가 필요하다.

또한, 받침대 구조물에 균열 등의 손상이 있는 경우에는 가속도계측 자료에 손상에 의한 영향이 나타날 수 있으므로 받침대 구조물은 강한 지진에도 균열 등의 손상을 입지 않도록 견고하게 만들어야 한다. 하지만 시공편의 등으로 콘크리트가 아닌 모르타르를 사용하거나 철근을 적게 혹은 전혀 배근하지 않거나 와이어매쉬를 배근하는 경우가 있다. 이와 같은 경우, 받침대 구조물에 균열이 발생, 진전되기 쉬우며, 실제로 그림 4와 같이 시공 후 일년이 경과하지 않았음에도 받침대 옆면에 균열이 발생한 사례도 조사되었다.

3.1.3 보호함체

지진가속도계측센서를 외부환경으로부터 보호하기 위하여 보호함체를 설치하지만, 자연배기 혹은 인공배기 장치를 설치하지 않아 일교차가 크거나 다습한 경우 그림 5와 같이 보호함체 내부에 물방울이 맺히는 경우가 발생하였다. 함체 내부에 생성된 물방울에 의해 지진가속도계측센서가 고장이 발생할 수 있으므로 이를 예방하기 위해 보호함체는 환기가 잘 되는 구조로 제작되어야 한다. 또한, 보호함체 내부의 온·습도가 가속도계측센서의 허용 온·습도 범위를 초과하지 않도록 사전에 충분한 검토가 필요하다.

그림 5 지진가속도계측기 보호함체 내부 결로 발생

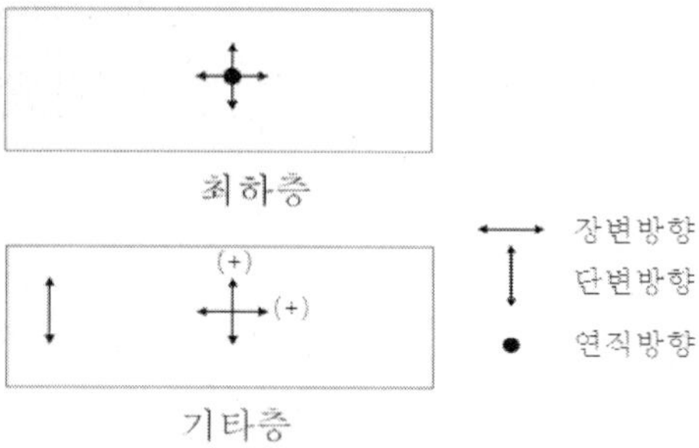

그림 6 건축물의 지진가속도계측센서 설치 위치 예시

3.2 건축물

3.2.1 설치 위치

지진발생시 건축물 변형을 측정하고 이를 바탕으로 건축물의 손상정도에 따른 긴급점검 필요 등 안전성을 신속하게 평가하기 위하여 지진가속도계측센서를 설치하고 있다. 그림 6은 10층 미만의 일반적인 직사각형 평면 건축물의 지진가속도계측센서 설치 위치 예로서, 지진에 의한 건축물의 층간변형을 계측하기 위하여 최하층(지상1층 또는 지하 1층 바닥)과 최상층(옥탑층 제외)의 평면 중심위치에 수직축을 일치시켜 3축센서와 2축센서를 설치하도록 하고 있으며, 지진에 의한 건축물의 비틀림을 계측하기 위하여 건축물 최상층 단부에 2축센서와 축을 일치시켜 1축센서를 설치하도록 하고 있다. 한편 건축물의 평면 및 단면 형상, 현재 사용 현황 등에 따라 고시상에서 요구하는 위치에 지진가속도계측센서를 설치하기 어려운 경우에는 관련 전문가의 자문 등을 통하여 지진가속도계측센서의 설치 목적에 적합한 위치를 선정하여 지진가속도계측센서를 설치하도록 하고 있다.

3.2.2 바닥과의 일체화

지진가속도계측센서는 지진시 건축물 바닥의 움직임을 계측하기 위하여 견고하게 타설된 바닥에 설치하는 것을 원칙으로 하고 있다. 한편, 받침대 상부에 지진가속도계측센서를 설치하는 경우 지진시 바닥의 움직임을 계측하기 위해서는 받침대를 시설물 바닥과 일체화시켜야 한다. 그러나 옥상에 설치하는 경우에 옥상방수를 고려하여 방수층 등 바닥 마감재를 제거하지 않고 설치하는 경우가 있었으며, 이 경우 받침대가 들떠 건축물의 거동을 제대로 계측할 수 없게 된다. 따라서 그림 7과 같이 받침대 설치 전에 바닥 마감

그림 7 시설물 지진가속도계측기 받침 설치 전경

그림 8 수평이 맞지 않는 지진가속도계측센서

재를 제거하고 설치하는 것이 바람직하다.

3.2.3 주변 잡음

일반적으로 건축물 최상층인 옥상층에는 냉각탑, 실외기 등이 설치되어 있으며, 지진가속도계측센서를 이와 같은 냉각탑이나 실외기 등에 인접하여 설치하는 경우, 냉각탑, 실외기 등의 진동에 의한 영향을 받을 수 있으므로, 이를 피해 설치하거나 불가피한 경우 필터링 등 지진이 아닌 진동에 의한 영향을 고려할 수 있는 방안을 마련할 필요가 있다.

3.3 기타 유의사항

지진가속도계측센서와 받침대의 부착면이 평활하지 않거나 그림 8과 같이 지진가속도계측센서의 수평이 맞지 않게 설치되지 않도록 주의하여 하며, 그림 9와 같이 케이블의 단락 등의 원인으로 자유장과 건축물의 실제 거동과는 다른 이상데이터가 계측되는지도 주의하여 그 원인을 제거하여야 한다.

4. 지진가속도계측기 설치 및 운영 발전방안

보다 안정적인 지진가속도계측기 설치 및 운영과 정확한 계측데이터를 확보하기 위해 지진가속도계측기를 운영하는 시설물 관리자와 지진가속도계측기 설치업체를 대상으로 한 주기적인 교육을 통하여 지진가속도계측사업의 이해도를 높이고 올바른 설치방법 안내 및 설치·운영상 개선사항 도출 등이 필요할 것으로 판단된다.

한편, 지진가속도계측기 운영을 통하여 확보한 장기 계측데이터는 건축물별 고유 동적 특성을 반영한 관리기준 마련에 활용되어 보다 신속하고 과학적인 의사결정지원이 가능하게 되는는 등 지진재난관리에 크게 기여할 것으로 기대된다. 또한, 관련 계측자료 가공 및 정보 공유를 통하여 관련 분야 연구 및 기술개발에 활용될 수 있을 것이다.

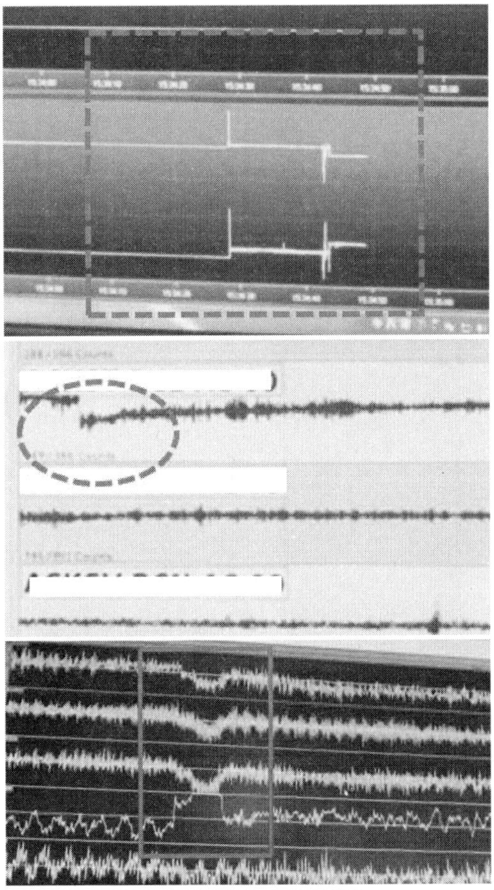

그림 9 이상 계측데이터

5. 맺음말

예측이 어려운 지진발생에 대하여 과학적인 지진피해 예측, 모니터링을 통한 과학적인 지진재난관리를 위하여 690여개 주요 공공시설물에 대한 지진가속도 계측 사업이 시작되었다. 정확한 평가와 분석을 통한 올바른 의사결정을 위해서는 그 근본이 되는 원시 계측자료의 신뢰성이 담보되어야 한다. 지진가속도계측기의 올바른 설치 및 운영을 위하여 국립재난안전연구원에서는 지진가속도계측기 설치 위치 등에 대한 사전 서면자문 및 현장점검을 실시하는 등의 기술지원을 하고 있다. 그 결과, 지진가속도계측기의 설치 위치 및 방법 등 하드웨어적인 측면에서는 많은 개선이 이루어졌다. 향후에는 계측되는 데이터의 신뢰성에 대한 전문적인 분석 등 소프트웨어적인 측면에서의 검토도 실시할 계획을 갖고 있으며, 이를 통해 지진가속도계측 사업이 우리나라 지진재난관리 뿐만 아니라 모니터링 등 관련 연구분야에 기여할 수 있도록 노력할 계획이다.

참고문헌

1. 국립방재연구원, "지진가속도계측기를 활용한 공공건축물 긴급 건전성평가 기술 개발", 2012.
2. "지진가속도계측기 설치 및 운영기준", 소방방재청고시 제2013-12호, 2013.5.3. 일부개정

CHAPTER 3

지하 구조물계측 분석실무

CHAPTER 3

3.1 터널계측 분석실무

3.1.1 터널 공사계측 분석실무

3.1.1.1. 서울지하철5호선 한강하저터널 공사계측 분석

본 논문은 "한강하저터널 단층파쇄대 구간에 대한 시공 및 운영 중 계측결과의 종합분석" (이성기, 우종태, 대한토목학회 터널시공기술향상 대토론회 논문집, 2002. 8, pp123~141)을 재편집하여 기술한 내용이다.

서울지하철5호선 한강하저터널 단층파쇄대 구간 공사계측 결과 종합분석

Synthetic analysis of monitoring results during construction and operation of the subway tunnel in a wide fault zone under the Han-Rive

In this study, it synthetically analyzed to not only the detail reinforcement method and the ground investigation results, but also the monitoring results during construction and operation with regard to the fault zone of the Han River riverbed tunnel. Reinforcement of this zone in which composited with the SM(Silty Sand) Layer was applied to the L.W Pre-grouting Method and the Mini Pipe Roof Method. It excavated to the Ring-Cut by hand picker or small equipments to minimize the opened face. The monitoring result during construction had been manage systematically and rapidly. It analyzed in detail the Time-inclination Graph to inquire into the each rockmass properties. And then, the safety of this zone can be confirmed by the analysis of the maintenance monitoring which probe the long-term safety of the completed structure.

1. 서 론

하천에서의 터널공사는 터널 상부에 무한 양의 하천수가 있어 굴착 중 다량의 하천수를 동반한 붕괴사고를 일으키면 공사완공은 거의 불가능하며, 대형 사고의 참사로 이어질 우려가 있어 계획, 설계, 시공 각 단계별로 세밀한 지반조사와 그에 따른 보강공법 선정 및 정밀시공이 무엇보다 중요하다. 본 연구 대상구간은 지하철 5호선 중 여의도와 마포를 한강 밑으로 통과하는 하저터널의 단층파쇄대 구간으로 총 연장 1,288m 중 단선터널 85m 구간이다.

지질 상태는 실트를 포함한 모래(SM)층으로 막장 자립시간이 극히 불량하기 때문에 하저터널의 안정성 확보를 위하여 수평선진보링에 의한 지반의 상태와 용수 현황조사를 실시하였다. 그리고 지하수 유입차단 및 막장면 보강, 터널 천정부 낙반방지, 굴착 시 터널 주변 진동 최소화, 체계적이고 신속한 계측 및 분석으로 정밀한 시공관리가 요구되었다.

2. 한강하저터널 설계 및 시공

2.1 공사현황 및 지반조건

1) 한강하저터널 현황

- 위　　치 : 서울 영등포구 여의도동(한강둔치) ~ 마포구 도화동(마포대교 북측 I.C.)
- 공사기간 : 92. 10. 10 ~ 96. 02. 28(40개월)
- 공 사 비 : 총 91,921백만원

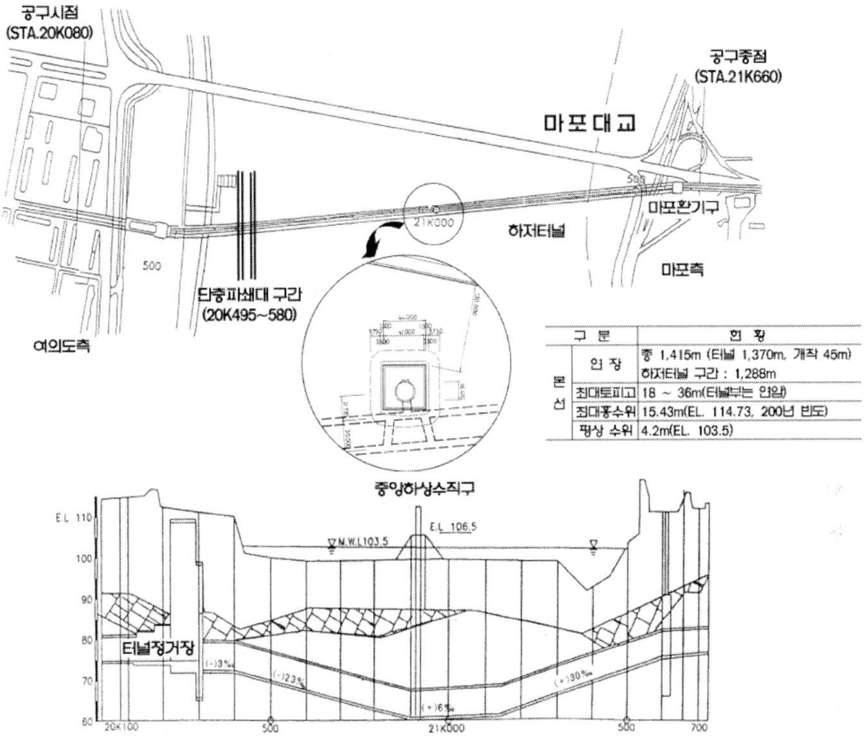

그림 1 한강하저터널 종평면도

2) 지질조사 및 결과

한강 하저터널 구간의 지질은 선캠브리아기의 편마암류와 이를 부정합으로 덮고 있는 제4기의 충적층으로 구성되어 있다. 주로 호상흑운모 편마암으로 되어 있는 편마암류는 여러 차례에 걸친 변성작용으로 심하게 교란되어 있으며, 특히 암반의 불안정 요소로 존재하는 흑연층(graphite)이 엽리면과 평행하게 층상구조를 보이는 경우와 단층면, 파쇄대, 절리면 등 불연속면을 따라 불규칙하게 2차적으로 충전된 얇은 띠상의 흑연이 불규칙하게 분포한다. 본 하저터널 구간에서의 단층을 포함한 불연속면들의 평사 투영에 의한 주 분포 영역은 다음과 같다.

① 단층의 경우 N25W/50NE(N15W ~ N50W 영역)의 방향성을 보인다.
② 강한 절리 또는 소규모 단층의 경우 N12E/57SE(NS ~ N20E 영역)의 방향성을 보인다.
③ 절리의 경우 N5W/53NE 및 N78E/60NW의 2개의 방향성이 거의 직교하면서 복합절리로 대부분 나타난다.

④ 엽리의 경우 NS/50E(N5W ~ N10E 영역)의 방향성으로 소규모 단층 혹은 절리계와 평행한 상태를 보이는 것이 특징이다.

각 불연속면들의 분포 빈도수는 절리가 49% 정도이고, 단층 및 sheared plane이 약 40%, 이외에 엽리 및 기타 면구조들이 11% 정도로 구성되어 있다. (그림 2 참조)

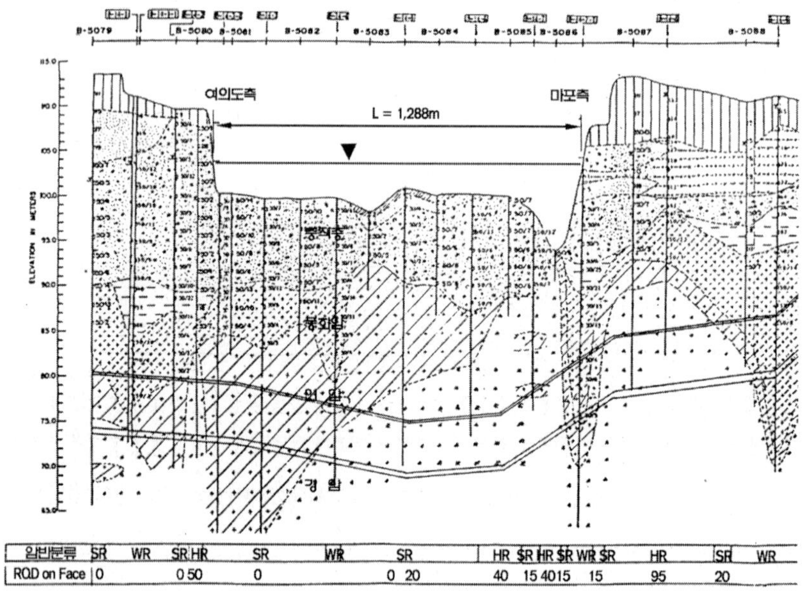

그림 2 한강하저터널 지질 단면도

2.2 터널구간 설계 및 시공

1) 터널 굴착단면 및 지보재

시공 중 갑작스런 지질변화에 적절하게 대응하기 위하여 Drill & Blast방식인 NATM으로 굴착하였고, 굴착단면 형태는 원형에 가까운 마제형으로 시공하였다. 터널구간의 직경은 7.5m의 단선 병렬터널과 연락갱으로 구성되어 있으며, 지반조건이 열악한 구간에서는 로드헤더 및 인력굴착 등을 적용하였고, 표준단면 및 지보패턴도는 그림 3과 같다.

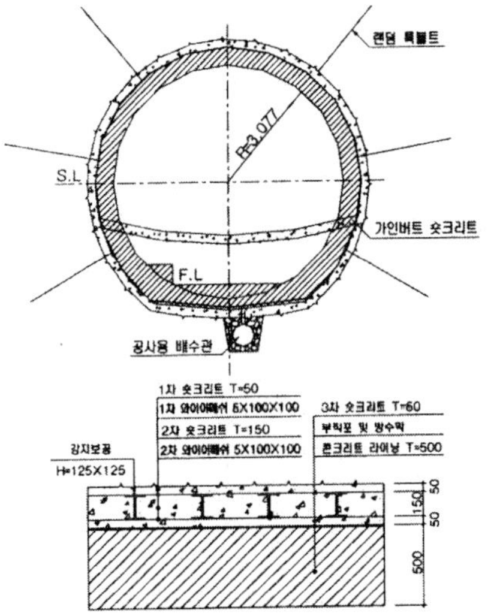

숏크리트	Ave. 200mm(150~250mm), (단, 막장부 50mm)
Wire-Mesh	Φ5×100×100
록 볼 트	길이 3.0m
강지보공	H-125×125(H-100×100)
콘크리트 라이닝	500mm

그림 3 한강하저터널 구간 표준단면 및 지보패턴도

2) 종단면도

터널 시점측 막장을 굴착한 결과 시추조사 내용보다 암반이 심하게 풍화되었고, 당초 계획된 종단구배 계획 상태에서는 강바닥의 충적층(alluvium)과 터널 상단부 사이의 여유고 부족이 예상되었다. 따라서, 터널의 안정성 확보와 지반보강공사 물량의 축소에 따른 공기 단축, 공사비 절감 등을 위하여 전동차 운행에 지장이 없는 범위내에서 그림 4와 같이 최대한 종단구배를 하향 조정하였다. 종단구배의 조정 결과 터널의 풍화대 피복이 8.5~9.5m에서 13.5~19.5m로 증가되었고, 풍화대 통과구간은 당초 340m에서 140m로 감소하였다.

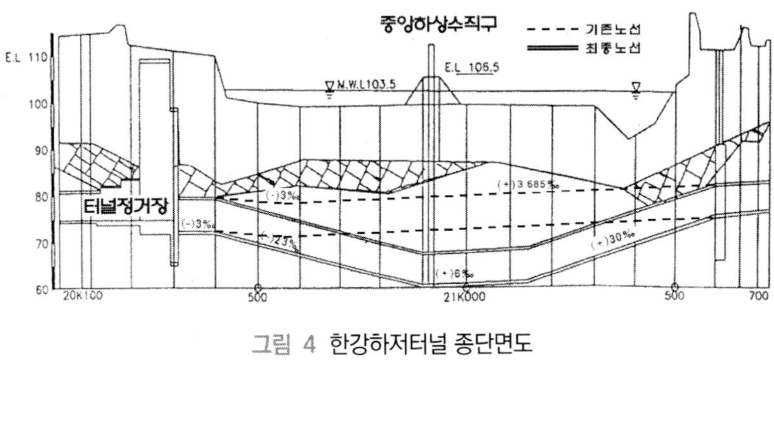

그림 4 한강하저터널 종단면도

3) 콘크리트 라이닝 설계 및 시공

한강하저터널 구간의 콘크리트 라이닝 설계개념은 1차 지보재 지보능력 저하에 따른 2차 지보 효과, 배수기능 저하에 따른 계획 홍수위의 수압작용(H=37m) 등을 고려하여 적용하였다. 한강하저터널 구간의 콘크리트 라이닝 설계를 위한 하중조합은 표 1과 같다.

표 1 한강하저터널 콘크리트 라이닝 검토 현황

<table>
<tr><th>검토단계</th><th>콘크리트강도</th><th>두께</th><th>하중 조합</th><th>보강 현황</th><th>비고</th></tr>
<tr><td>당초설계</td><td rowspan="3">210 (kg/cm²)</td><td rowspan="3">50cm</td><td>자중+수압</td><td>복철근 콘크리트구조
(D19mm 간격 20cm)</td><td rowspan="3">전주방수(비배수방식)
최대홍수위 : EL.114.73
(200년빈도)
평수위 : EL. 103.50</td></tr>
<tr><td>시공단계
검토결과</td><td>자중+수압</td><td>복철근 콘크리트구조
(D19mm 간격 20cm)</td></tr>
<tr><td>외국감리
추천방법</td><td>자중+수압
+
토압하중</td><td>복철근 콘크리트구조
(D19mm 간격 20cm)</td></tr>
</table>

콘크리트 라이닝의 시공을 위하여 스틸폼(10m/span)을 7조 투입하였고, 1 span 당 작업시간은 표 2와 같이 총 39시간이 소요되었다.

표 2 콘크리트 라이닝 1 span 타설 소요시간

콘크리트 타설	스틸폼 이동	양생	S.F 설치	탈형	기타	합계
10시간	1시간	20시간	3시간	3시간	2시간	39시간

2.3 단층파쇄대 구간의 시공 및 계측

1) 지반조사 결과

본 단층파쇄대 구간의 지질조사는 3중 코어바렐을 사용하여 수평선진시추조사를 실시하였고, 그림 5에 나타낸 바와 같이 하행선(A)갱은 실트를 포함하는 모래층으로서 지반의 지지력이 작아 막장 자립시간이 극히 불량한 단층파쇄대 구간으로 확인되었다.

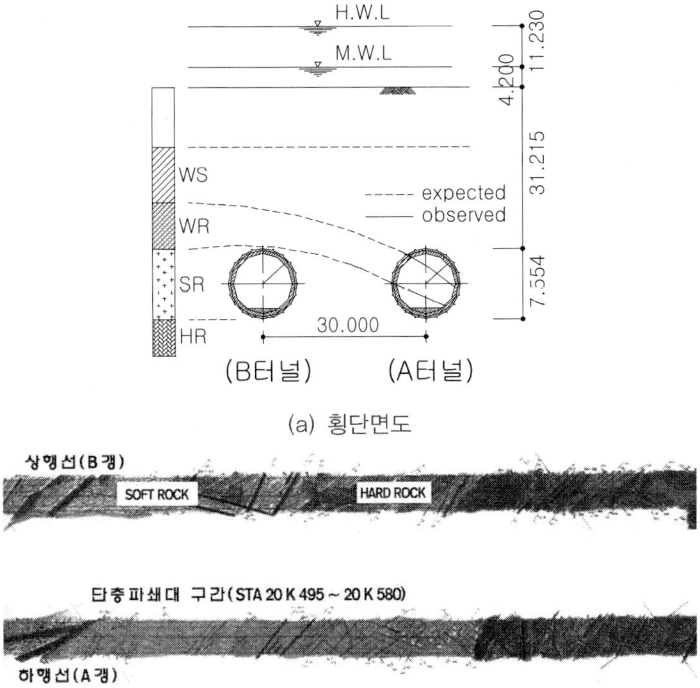

(a) 횡단면도

(b) 평면지질도

그림 5 단층파쇄대 구간의 터널 단면도

표 3과 표 4에는 시추조사 및 실내시험결과를 나타내었고, 지하수 유입 용출수 조사결과는 그림 6에 나타낸 바와 같이 터널 상부에 무한 급수원의 영향을 받아 막장으로부터 다량의 지하수가 용출(최대 1,200 L/분/공)되었으며, 일반적인 구간에서의 용출수(100 ~ 200 L/분/공)에 비하여 약 6 ~ 10배정도 많은 양이 용출되었다.

표 3 수평선진시추조사 결과

위 치	천공장	천공각	조사결과	용수량 (l/min)	비고
A갱	70m	5°	00.0 ~ 30.0m 시료채취불가 30.0 ~ 42.0m 슬라임 확인 42.0 ~ 55.5m 시료채취 55.5 ~ 70.0m 슬라임 확인	- - 300 400	
B갱	21.2m	0°	3중관 코어베럴로 시료채취		실내토질시험

표 4 단층파쇄대 구간의 지반강도 특성

단위중량(ton/m³)	변형계수(kg/cm²)	C (kg/cm²)	ψ(°)	qu (kg/cm²)
1.984 ~ 2.309	458 ~ 488	0.19 ~ 0.35	29 ~ 35	0.71 ~ 0.38

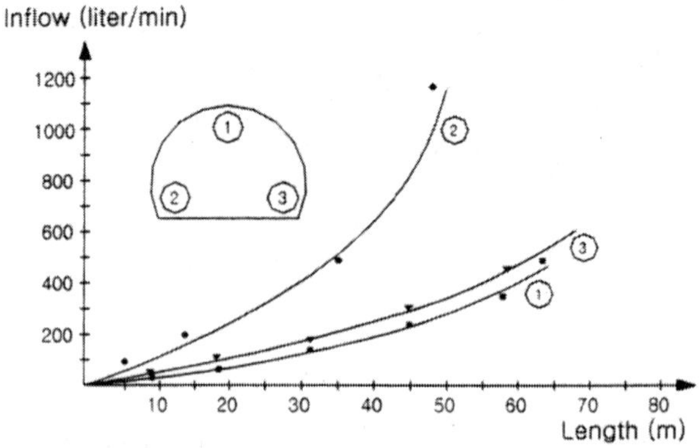

그림 6 용수량 현황도

2) 차수 그라우팅

단층파쇄대 구간에서 용출수가 증가함에 따라 표 5와 그림 7과 같이 LW주입을 패턴에 따라 주입하였고, 총 111공을 주입하여 매 공당 15.38m3/공의 약액을 주입하였다. 주입시간은 각 공당 평균 308분이 소요되었고, 주입후 용수량은 주입공당 평균 55L/분으로 저감되었다.

표 5 단층파쇄대 구간 주입 표준패턴

주입공수	적용암질	주입공간 거리	주입범위	주입결과/주입률(%)	비고
111 공	연약점토	1.8m	7.95m	21	상,하부 주입

3) 지반보강 공법

단층파쇄대 구간에서는 그림 8과 같이 숏크리트 두께 25cm 및 80cm간격으로 강지보공을 설치하였고, 인버트 부분의 안정성을 확보하기 위하여 두께 20cm의 가인버트를 설치하여 터널을 폐합하였으며, 보조공법으로 훠폴링 및 강관보강형 다단그라우팅 등을 적용하였다.

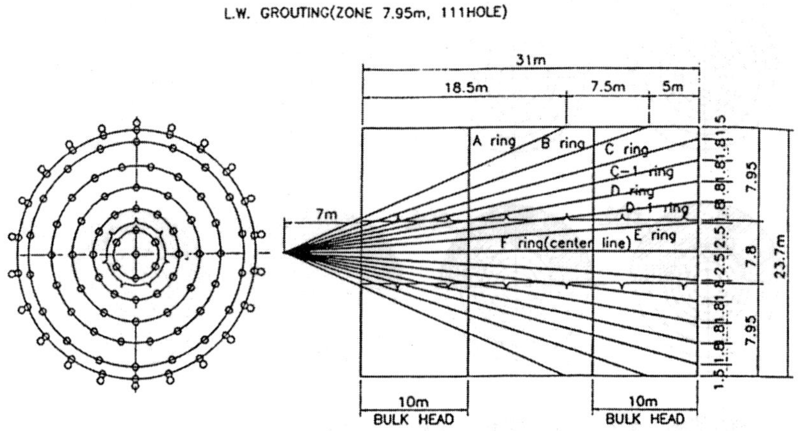

그림 7 파쇄대 구간에서의 주입 표준패턴

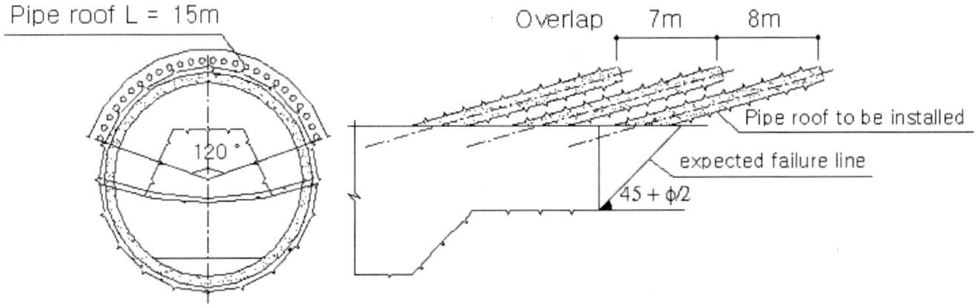

그림 8 강관보강 및 굴착패턴도

가. 훠폴링 : L= 3m, 매 막장당 13 ~ 20개

나. 강관보강형 다단그라우팅 : L=15m(6m+6m+3m), C.T.C. 0.3m ~ 0.5m, 26개, Ø=50mm, t=4mm

다. 강관보강형 다단그라우팅 주입압 : 10 kg/cm^2(정수압의 3~4배)

4) 파쇄대 통과구간 공정

단층 파쇄대 구간에서의 굴착방법은 백호우 및 인력으로 링컷굴착공법을 적용하였고, 1회 굴진장은 0.8m(1일 평균 굴진장 : 0.33m/day)로 연장 85m(20k495~20k580)에 대한 공사기간은 약 6개월 소요되었다.

5) 계측 계획

단층 파쇄대 구간에서의 공사 중 계측 현황은 표 6과 같으며, 일상관리인 A계측은 A갱에서 7개소, B갱에서 3개소를 실시하였고, 내공변위 상,하반 및 천단침하를 측정하였다.

표 6 단층파쇄대 구간 시공중 일상계측 및 대표단면계측기 설치 현황

구 분	A갱		B갱	
	STA.	계측기	STA	계측기
① A계측	20K 505	내공변위(상반)2 내공변위(하반)2 천단침하1	20K 502	내공변위(상반)2 내공변위(하반)2 천단침하1
	20K 507			
	20K 515			
	20K 520			
	20K 527		20K 527	
	20K 534		20K 547	
	20K 551			
	20K 569		20K 580	
② B계측	20K 507	지중변위1 록볼트축력1 숏크리트응력1		

대표단면 계측인 B계측은 A갱 1개소에서 지중변위, 숏크리트 응력, 록볼트 축력을 측정하였으며, 그림 9에는 계측기 설치단면을 나타내었다. 본 구간에 대한 장기 재령에 따른 터널의 안정성을 분석하기 위하여 표 7과 같이 유지관리 계측기를 설치하였고, 1995년 3월부터 현재까지 장기계측을 수행하고 있다.

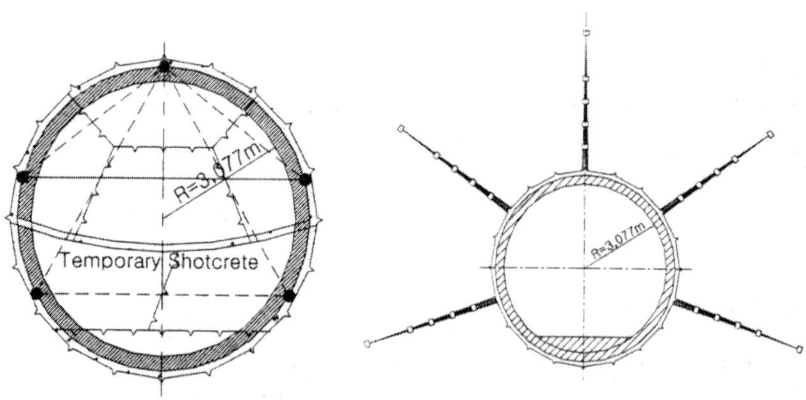

(a) 일상관리계측 단면도 (b) 대표단면계측 단면도

그림 9 단층파쇄대 구간의 시공 중 계측기 설치 단면도

표 7 단층 파쇄대 구간 유지관리 계측기 설치 현황

구분	하행선 (A갱)	토압계	간극수압계	변형율계	
				콘크리트	철근
① 대표단면 계측기	20K550	5	5	12	12
② 일상관리 계측기 (광섬유 센서)	20K550	터널 단면 내		인버트 위	
		1개소, L=13m (4m+5m+4m)		1개소, L=4m	
③ 전기저항식 변위 센서	20K550	1단면, 3개소			

3. 한강하저터널 공사중 계측 결과분석

3.1 전구간 공사중 계측결과 분석

1) A갱 구간별 계측결과

한강하저터널 구간 중 지반조건이 크게 변화되는 구간을 대표적인 암종으로 분류하여 표 8에 나타내었고, 전체 8개 구간에 대하여 A갱의 A계측결과를 분석하였으며, 종합적으로 그림 10에 나타내었다. 그림에서 보는 바와 같이 20K505~20K582 구간과 21K403~21K536 의 풍화암, 풍화토 구간에서 내공변위 및 천단침하량이 증가하는 경향을 보이고 있다. 이러한 원인은 단층파쇄대 및 풍화암 구간이 한강 중심부근 보다는 시종점에 가까운 양 강변에 주로 분포하는 지질구조적 특성에 기인하는 것으로 판단된다. 또한 종단구배에서 볼 수 있듯이 한강 중심부근의 토피고가 가장 크며, 시종점 부근으로 이동할수록 토피고가 작아짐으로 인해 표토층과 근접하기 때문으로 판단된다.

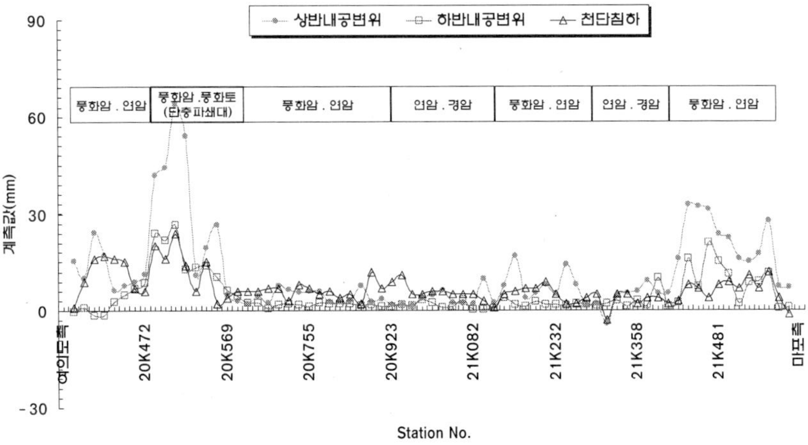

그림 10. 한강하저터널 A갱의 구간별 A계측 결과

2) 경암구간의 내공변위 및 천단침하

경암구간의 대표적 경시변화 그래프는 그림 11과 같으며, 내공변위 측정시 굴착초기의 변위증가 속도는 0.2~0.4mm/day로 타시기에 비해 크게 나타나고 있고, 초기 변위값의 최대치는 2~6mm를 나타내며 굴착 후 약 5~20일간 발생되었다. 그리고 변화경향은 초기 최대변위 발생 후 점차적으로 안정, 수렴화되는 양상을 보여주고 있다. 천단침하 측정시 굴착 초기변위 증가속도는 0.2~0.4mm/day로 타시기에 비해 크게 나타나고 있으며, 초기 변위 최대값은 3~6mm로 이는 굴착 후 약 9~16일간 발생된 것이다. 천단침하 측정의 전체적인 변화 경향은 초기 최대 변위발생 후부터 수렴형태를 나타내고 있는 것으로 판단되나, 수렴과정을 고찰해보면 초기 최대변위 발생 후 오히려 침하량이 줄어들면서 점이적으로 안정, 수렴화되는 것으로 나타나고 있다. 이는 주변지반 등의 자기회복(self healing) 효과에 기인하여 과대변형에 따른 변형저감 효과를 수반한 것으로 추정된다.

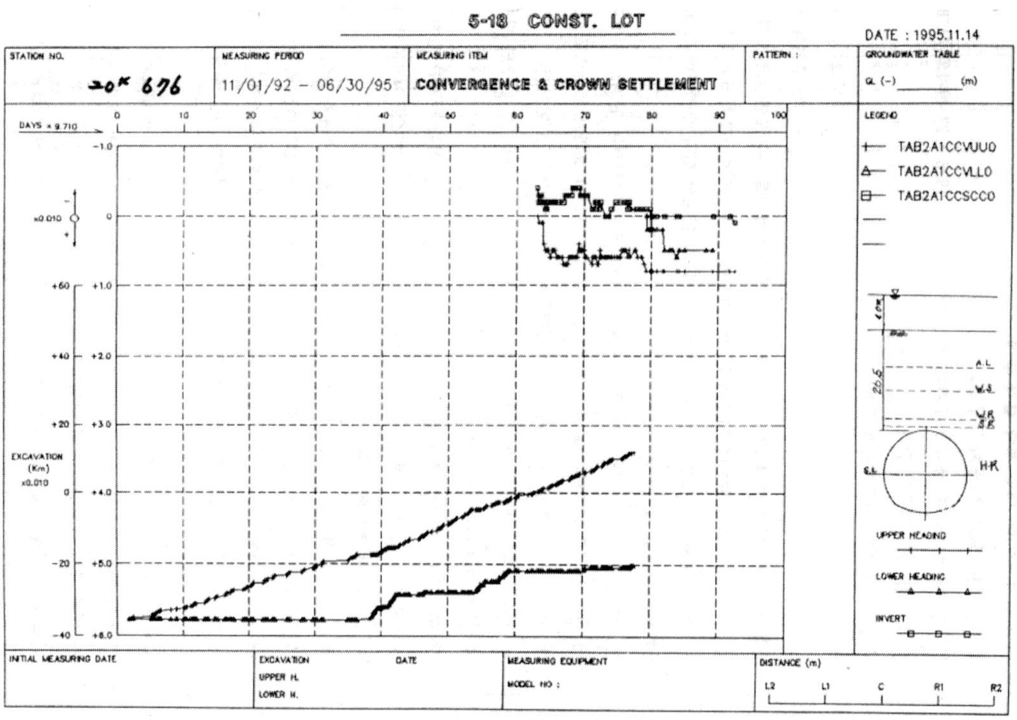

그림 11 경암구간의 대표적 경시변화 그래프

3) 연암구간의 내공변위 및 천단침하

연암구간의 대표적 경시변화 그래프는 그림 12와 같으며, 내공변위 측정시 굴착초기의 변위증가 속도는 0.2~0.6mm/day로 타시기에 비해 크게 나타났고, 초기 변위값의 최대치는 6~10mm로 굴착 후 약 13~41일간 발생되었다. 천단침하 측정시 굴착 초기변위 증가속도는 0.14~0.45mm/day로 굴착 중 및 후반에 크게 일어나고 있으며, 초기 변위값은 6~8mm로 나타났다. 이는 굴착 후 약 17~40일간 발생된 것으로 천단침하 측정의 전체적인 변화 경향은 초기 최대 변위발생 후부터 수렴형태를 나타내고 있는 것으로 판단된다. 그러나 수렴과정을 고찰해보면 초기 최대변위 발생 후 오히려 침하량이 줄어들면서 점이적으로 안정, 수렴화 되는 것으로 나타나고 있는데, 이는 전술한 경암의 경우와 같이 자기회복(self healing) 효과에 기인하여 과대변형에 따른 변형저감 효과를 수반한 것으로 추정된다.

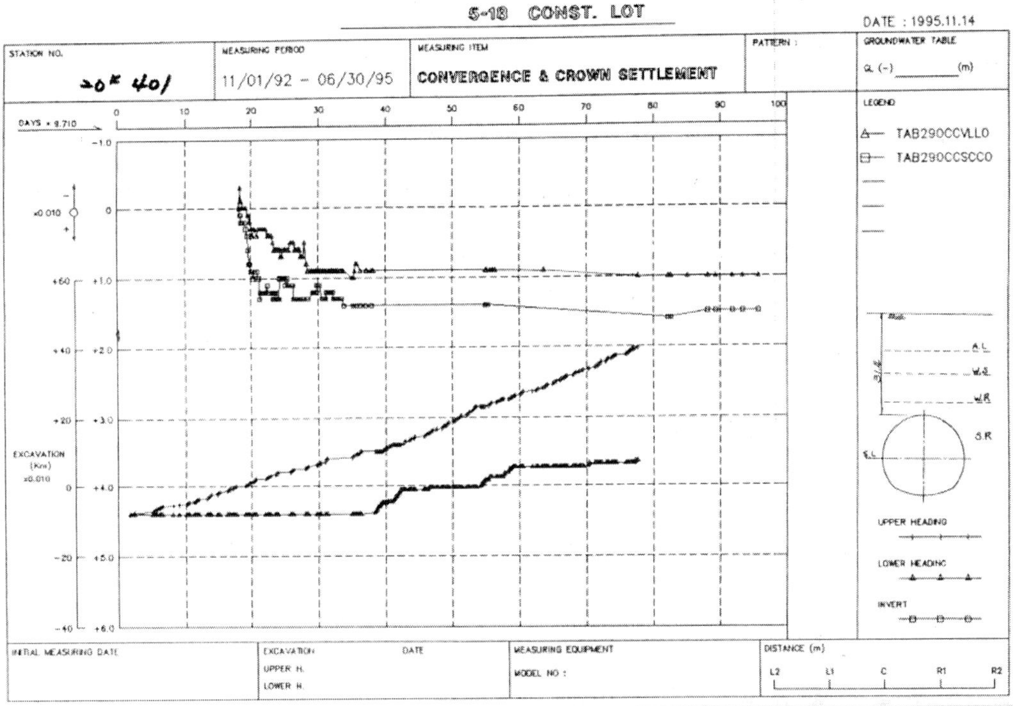

그림 12 연암지역의 대표적 경시변화 그래프

4) 경암 및 연암구간에서의 계측결과 종합분석

대상지반이 경암일 경우와 연암일 경우가 초기 변위 증가속도는 거의 유사하나 초기 변위값의 최대치는 경암일 경우가 상대적으로 작게 나타났으며, 또한 굴착 후 수렴시기도 빠른 것으로 판단된다. 이는 여러 요인들에서 그 원인을 찾아볼 수 있겠으나 주변 대상지반의 자립성(standing time)과 관련이 있는 것으로 판단된다.

연, 경암 각각의 암층별 계측자료에서 볼 때, 경암에 비해 연암에서 변위량이 상대적으로 크게 나타나며, 같은 암종에서도 수렴되기까지의 기간, 변위속도, 변위량 등이 각기 다른 양상을 보이는 것은 기반암의 신선도, 불연속면 파쇄대의 존재 및 발달여부, 용수량, 시공상태 등에 기안한 것으로 판단된다. 또한 천단침하와 내공변위는 모두 압축형태로 작용하며, 내공변위량과 천단침하량의 비는 구간별로 다소 차이는 있으나, 상부 내공측선을 기준으로 하였을 때 대상 암이 연암이 주종일 경우에는 약 0.77~1.75이며, 경암이 주종일 경우에는 약 0.8~2.0인 것으로 파악되었다.

3.2 단층파쇄대 구간의 공사중 계측결과 분석

1) 일상관리 계측결과

단층파쇄대 구간(20K505)에 설치된 일상계측은 내공변위 상,하 2개 측선과 천단변위 1개 측선을 실시하였고, 초기치 측정 이후 2차 라이닝 콘크리트 구조물 시공에 따른 계측종료 시까지 변위량을 분석하여 그 결과를 표 8에 나타내었다.

표 8 단층파쇄대 구간의 내공변위 및 천단침하 계측 결과

구분	상반내공변위(mm)	하반내공변위(mm)	천단침하(mm)	비고
범 위	19.7 ~ 64.0	12.8 ~ 26.0	14.0 ~ 24.0	
평 균	44.8	19.9	17.8	

그림 13은 단층파쇄대 구간에서의 내공변위 및 천단침하의 경시변화를 나타내고 있으며, 변위량은 굴착 초기인 약 40일간 39mm가 발생되어 총변위량 41.8mm의 약 93%에 해당하는 변위량이 발생한 것으로 나타났다.

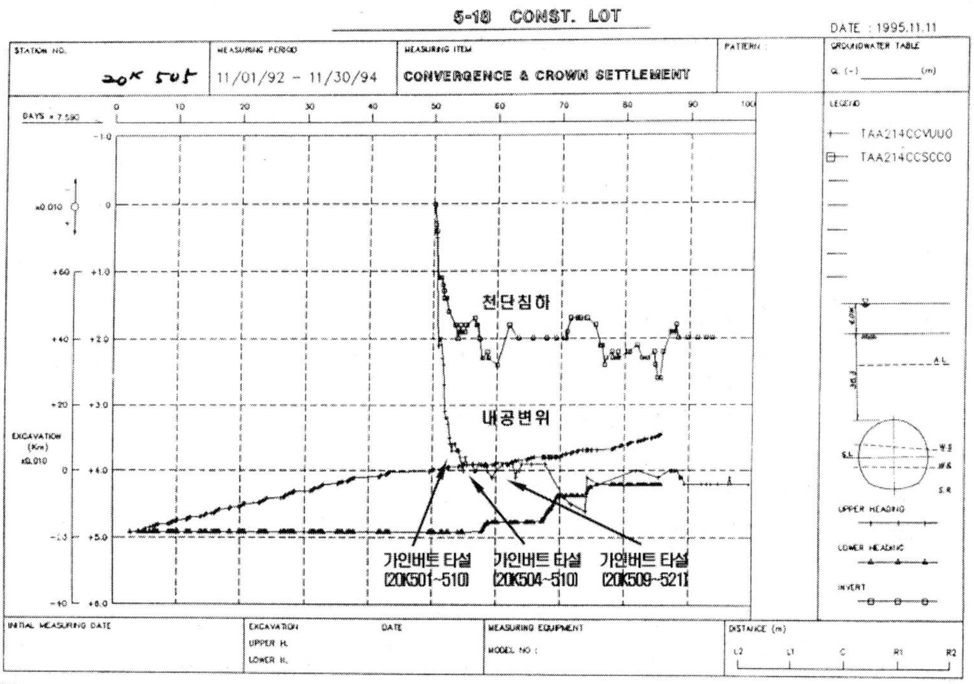

그림 13 단층파쇄대 구간(20K505)의 천단침하 및 내공변위 경시변화 그래프

이 결과는 실트를 포함한 모래층(SM)에서의 변형거동 및 아래의 시공상 원인 등에 기인하는 것으로 사료된다.

① 하저터널의 굴착 작업 시 종단구배가 막장측으로 형성되는 관계로 용수가 집중되어 주변지반의 연약화(softening) 효과가 클 것으로 추정된다.
② A갱과 B갱 측의 주변지반이 상대적으로 크게 상이함에 따른 편토압 발생 및 하중전이효과로 연약층인 A갱 주변지반의 이완범위 증대 등에 기인한 것으로 추정된다.
③ 연악토 층에서 임시 터널형성을 위해 설치한 강지보공이 하부 토층의 침하 등으로 고정상태가 미비한 사례와 가인버트 타설을 매 막장 실시하지 못한 것 등으로 추정된다.

위 사항들이 상호 복합적으로 작용하여 변위 증대효과를 가져온 것으로 예상되며, 시간의 경과에 따라 변위증가 속도가 서서히 수렴되는 양상을 보여주고 있다. 따라서 터널 굴착 작업시 용수의 처리, 가인버트 조속 타설, 보다 정밀 시공 등이 이루어 졌었다면 수렴시기와 그 크기가 감소되었을 것으로 예상된다.

2) 대표단면 계측결과

단층파쇄대 구간(20K505)에 설치된 대표단면 계측은 록볼트 축력계, 숏크리트 응력계, 지중변위계를 설치하였고, 초기치 측정 이후 300일 까지의 계측결과를 표 9a, b와 그림 14에 나타내었다. 대표단면계측의 접선방향 숏크리트 응력의 평균치는 약 7.9~15.9kg/cm²이 발생되었고, 록볼트 축력의 평균치는 약 1.3~4.3tonf가 발생되어 허용기준치 12tonf 이내에서 발생하고 있다. 그리고 지중변위의 평균치는 약 0.6~2.4mm가 발생되었는데, 이상의 결과들은 단층파쇄대 구간을 L.W와 강관다단 보강형그라우팅의 보강 및 굴착공법, 지보패턴 변경 등으로 인하여 한강하저터널의 연암구간 내 거동과 유사한 결과를 보이고 있다.

표 9a 숏크리트 응력(kg/cm²) 측정 결과

경과일 수	10일	20일	30일	40일	50일	300일 이후
법선방향	5.1~9.5	5.0~12.8	5.0~12.8	5.0~13.6	5.1~13.9	6.2~17.0
접선방향	7.4~9.5	8.2~17.0	5.06~17	5.06~17	10~16.5	12.5~21.8

표 9b 록볼트 축력 및 지중 변위량 측정 결과

위치	1.0m	2.0m	3.0m	4.0m
록볼트 축력(tonf)	3.4~5.4	3.0~4.1	2.2~2.4	1.3~1.4
지중 변위량(mm)	2.3~2.5	1.4~2.0	0.9~1.2	0.5~0.7

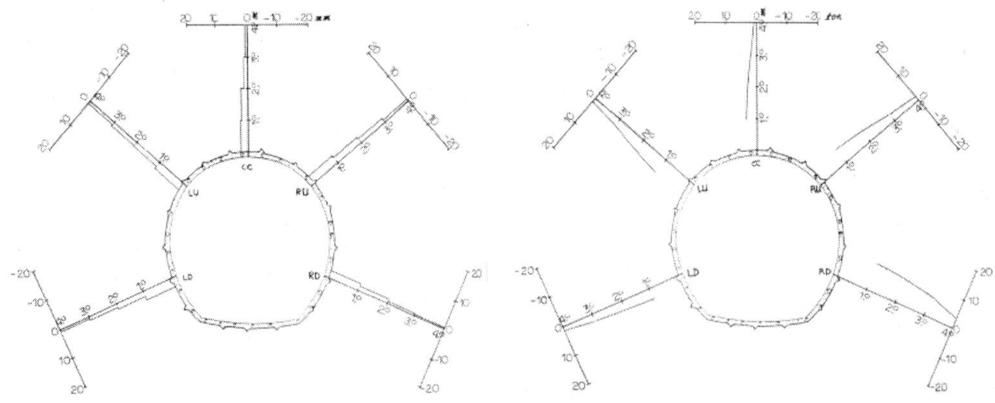

(a) 지중변위　　(b) 록볼트 축력

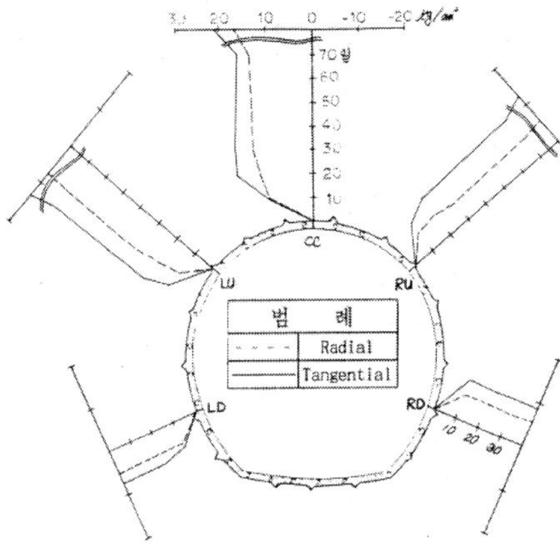

(c) 숏크리트 응력

그림 14 단층파쇄대 구간(20K505) A갱의 B계측 측정 결과

가. 지중변위와 록볼트 축력과의 관계

본 구간의 계측시행 결과로 볼 때 지중변위와 록볼트 축력 발생은 터널단면에서 가장 가까운 0.0 ~ 0.1m 영역에서 최대변위를 나타내고, 계측기기의 끝부분인 4.0m 영역으로 갈수록 변위 발생량이 극소화되고 있다. 계측단면과 막장과의 이격거리와의 상호 관련성을 분석할 때 막장진행에 따라 굴착초기(약 15일)에 총변화량(지중변위 : 3mm, 록볼트 축력 : 5.43ton)의 80%에 해당하는 급격한 변위의 증가를 보이다가 막장과 약 10m정도 이격되면서 수렴양상을 보여준다

지중변위와 록볼트 축력 측정값들을 상호 비교해 보면, 전반적으로 두 측정항목 공히 터널단면 가까운 지점에서 최대변위 및 축력이 발생하고 터널단면에서 멀어질수록 그 값들이 감소하는 것은 본 지점의 주변지반이 특이한 거동 없이 일반적인 변위를 보이다가 지보재의 효과 발현 등으로 주변지반의 안정에 의해 수렴되는 것으로 판단된다.

나. 숏크리트 응력과 록볼트 축력과의 관계

본 지점의 계측결과로 볼 때 표 9와 그림 14에 나타난 바와 같이 숏크리트 접선방향과 반경방향의 응력발생 양상은 5개소 모두 FEM 해석 시 예상 최대치인 84kg/cm²에 비해 작은 값으로 막장 진행에 따라 굴착초기 약 20일간 총변위량의 약 70~80%에 해당하는 급격한 응력증가를 보이다가 막장과 약 10~15m 정도 이격되면서 수렴양상을 보여준다. 숏크리트 응력 및 록볼트 축력 값들을 상호·비교하면, 두 계측항목 공히 주변지반의 특이한 거동이나 이상응력의 발생 없이 일반적인 변화형태를 보이다가 주변지반의 안정에 의해 수렴되는 것으로 판단되며, 굴착벽면의 이완이 상대적으로 큼을 각 측정값에서부터 판단할 수 있다.

5. 결 론

본 연구에서는 국내 최초로 시공된 한강하저터널의 공사 중 계측결과를 암종별로 분석하였고, 단층파쇄대 구간에 대한 상세 시공방법과 지반조사의 정밀분석 및 공사중 계측과 유지관리 계측 결과를 종합적으로 분석하였다.

① 일상관리 계측결과 중 경암 및 연암의 경우, 천단침하 및 내공변위는 대부분 약 12mm(압축방향)이내의 범위로서 내공변위량이 상대적으로 크게 나타났다. 굴착초기 내공변위 증가속도는 경암에서 0.2~0.4mm/day(5~20일간), 연암에서 0.2~0.6mm/day(13~41일간)로서 연암구간에서 큰 경향을 보이고 있다.

② 단층파쇄대 구간의 내공변위량 및 천단침하량은 각각 44.8mm(평균), 17.8(mm)로서 경암 및 연암에 비해 매우 큰 경향을 나타내었다. 내공변위 증가속도는 20K505의 경우에 굴착초기인 약 40일간 39mm가 발생되어 총 변위량(41.8mm)의 약 93%에 해당하는 변위량이 발생되었다. 그리고 대표단면 계측의 결과는 일상관리 계측결과와 마찬가지로 숏크리트응력, 록볼트 축력 및 지중응력 모두 막장 진행에 따라 굴착 초기인 약 15~20일간에 총 변화량의 약 70~80%가 발생된 것으로 나타났다. 이와 같이 단층파쇄대 구간에서는 내공변위 및 천단침하량이 막장면 굴착진행에 따라 지속적으로 증가되었기 때문에 일상계측 경시변화를 토대로 록볼트 및 숏크리트 타설, 가인버트 타설, 보강영역확대 및 굴착보조공법 적용 등을 통하여 변위증가를 억제할 수 있었다.

끝으로 한강하저터널 건설 및 유지관리를 위해 애쓰신 국내외 건설기술자 여러분께 감사드리며, 향후 하저 및 해저터널 건설의 계획, 설계, 시공, 유지관리 시 한강하저터널의 각종 시공기록과 연구자료들이 유용하게 활용되기를 바란다.

참고문헌

1. 大貫富夫, 先山友康, 鎌田拓司, 及 川浩, "青函トンエルの保守·維持管理(最終回)", トンエルと地下, 1994, pp.71-79
2. 서강천, 우종태, "한강하저터널 지반분석 및 보강공법", 서울특별시지하철건설본부, 1995
3. 서울특별시 지하철건설본부 외, "서울지하철 5호선 영등포·여의도·마포구간 계측자료정리 및 분석 종합보고서", 1996, pp.465-583
4. Curtis, D. J., Spaul, J. A., "Monitoring of the UK tunnel lining", Engineering Geology of The Channel Tunnel, 1996, pp.277-286
5. Moore, D. R., A. Crease, "Tunnel Instrumentation", Engineering Geology of The Channel Tunnel, 1996, pp.287-294
6. 우종태, "한강하저터널 구조물 설계 및 시공(I,II)", 서울특별시지하철건설본부, 1996-1997
7. 우종태, "하저터널의 보강 및 시공방법 개선에 관한 연구", 대한토목학회논문집, Vol.18, No.III-5, 1998, pp.669-677
8. 서강천, "한강하저터널의 설계와 시공", 한국터널공학회지, Vol.1, No.2, 1999, pp.103-124
9. 이성기, 김재원, 서강천, "한강하저터널", 한국터널공학회지, Vol.2, No.3, 2000, pp.40-47
10. Song. Lee, Jong-Tae Woo, "Ground reinforce for tunnel in weathered soil beneath a Han riverbed in Korea", Modern Tunnelling Science and Technology, IS-Kyoto 2001, 2001, pp.493-496
11. 우종태, 이송, "유지관리 계측에 의한 지하철 터널의 역학적 특성", 대한토목학회논문집, Vol.22, No.1-C, 2002, pp.89-97

3.1.1.2 서울지하철5호선 한강하저터널 공사계측 및 수치해석 비교연구

본 논문은 "한강하저터널의 계측 및 수치해석에 관한 비교연구"(우종태, 양태선)(경복대학교 경복논총, 제2집, 1998. 9, pp127~143)를 재편집하여 기술한 내용이다.

한강하저터널의 계측 및 수치해석에 관한 비교연구

A Case Study on the Monitoring and Numerical Analysis of Tunnel Cross-over the Han River

On this study, it is tried to perform a comparative analyses of field monitoring and numerical values in the geologically soft layer of tunnel cross-over the Han river.

On the basis of soil investigation, reanalysis is done and feed back analysis is taken after comparing its results with field measured values. So, the excavation settlement is confirmed.

The summaries of this study are as follows ;

1. A remarkable difference of settlements in the crown and convergence between field and reanalysis numerical values results from the geological conditions which is consisted of rock and silty sand, respectively, in the Upper line and Lower line.

2. In the results of feed back analysis, the excavation method by ring cut deserves reducing geological disturbance and getting the approximate results to field values which convergence settlement is 2.3~2.7 times the crown one.

1. 서 론

1.1 연구 목적

국내 최초로 시공된 한강 하저터널은 한강바닥에서 약 16~30m의 얕은 깊이에 건설되었으며, 한강 밑의 지질은 커다란 단층구조와 다수의 단층들이 터널을 관통하는 깊은 풍화대와 흑연층이 협재된 미끄러운면의 발달 등 지질 구조적으로 매우 복잡하고 불규칙한 지반 조건이다.1) 이러한 복잡한 지질 구조적 특성을 지닌 지반에서 터널구조물의 안정성을 확보하기 위해서는 지반상태의 정확한 조사와 이를 토대한 적절한 지반 보강공법

적용, 수치해석 및 현장 계측시행, 역해석치와 현장계측치의 비교분석, 시공단계별 품질 확인으로 완벽한 구조물의 시공 및 체계적인 구조물 유지관리가 필요하다.2)

따라서, 본 연구에서는 한강 하저터널의 현장 계측자료의 분석결과와 유한요소 해석을 통한 재해석 및 역해석 결과로 부터 지반거동을 정량적으로 해석하여 향후 이와 유사한 터널의 설계 및 시공에 효과적으로 활용하는데 그 목적이 있다.

1.2 연구 범위

본 연구에서는 전술된 연구 목적을 효율적으로 수행하기 위하여 서울 지하철5호선 한강 하저터널(여의도~마포) 구간중 연약대 구간의 일상관리 계측치를 중심으로 수치해석을 재해석과 역해석으로 나누어 비교 분석하며, 터널 형상이 지반변위의 크기에 미치는 영향과 지반의 유효 응력변화에 의한 압밀 침하는 무시하고, 지반변위의 주요 원인으로 알려진 지반손실에 대한 영향만을 고려하며, 지반구조체는 평면 변형 상태이고, 해석 대상을 탄소성 이론에 의하여 해석한다.3)

1.3 연구 방법

한강 하저터널 연약대 구간(연장85m)의 일상관리 계측 항목중 내공변위 및 천단침하 계측자료와 탄소성 유한요소 해석을 통한 터널변위 결과로 부터 한강 하저터널의 계측치와 수치해석치를 비교하여 연구한다.

2. 한강 하저터널 공사 현황

2.1 공사 개요

한강 하저터널은 여의도 한강둔치에서 마포대교 북단에 이르는 총 연장 1,288m로 원형성 마제형 단선 병렬터널(굴착직경 7.7 m, 터널중심간 이격거리 30m)이며, 한강바닥에서 약16~30m 깊이에 위치하고, 굴착기간은 약 31개월이 소요되었으며, 굴착공법은 NATM(New Austrian Tunnelling Method)이다. 일반적인 공사 순서로는 선진 수평 지반조사(Core 및 Slime 분석, Face mapping), 차수 및 지반보강 그라우팅(L.W, 강관다단), 상·하부 반단면 및 인버트 굴착(기계굴착 및 발파), 터널 지보공 설치, 방수작업, 콘크리트 라이닝 시공 등의 순서로 시행되었다.

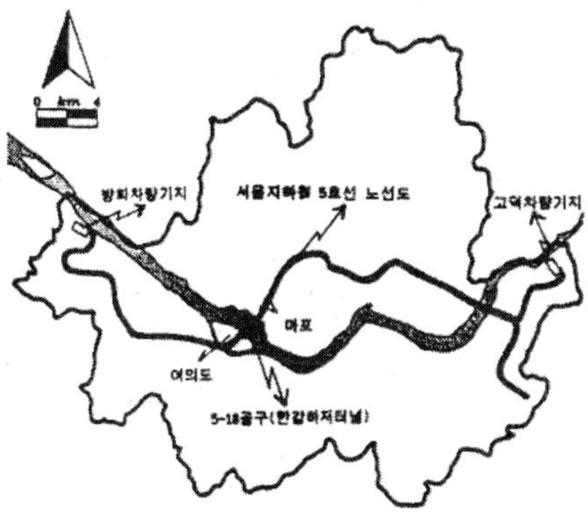

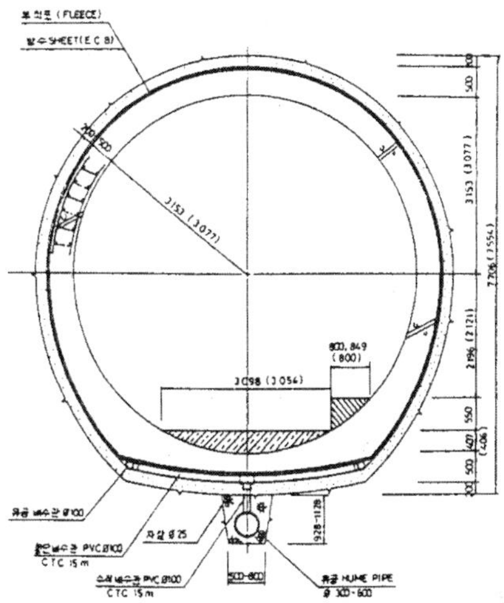

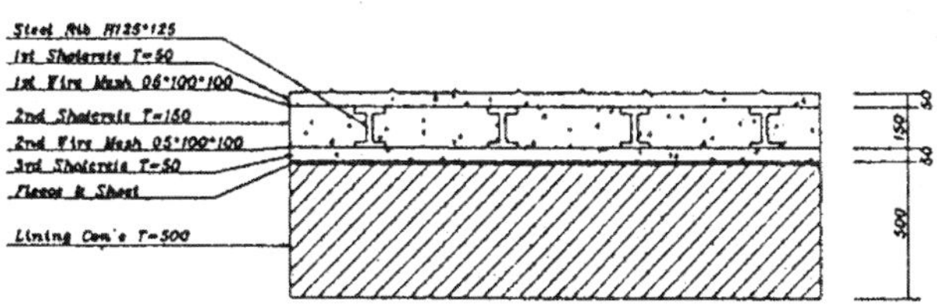

그림 1 한강 하저터널 위치도 그림 　　그림 2 한강 하저터널 구조물 단면도

터널 표준단면은 강지보재 규격이 100×100㎜, 숏크리트 두께 150~250㎜, 콘크리트 라이닝은 두께 500㎜ 복철근 구조로 시공되었으며, 하저터널 위치도는 그림 1, 구조물 단면도는 그림 2와 같다.

한강 하저터널 기본설계시 유로터널(Euro tunnel)을 참고하였는데 유로터널의 개요를 살펴보면, 영국의 Folkestone과 프랑스의 Frethun을 연결하는 총연장 49.2㎞, (해저 터널부 37.5㎞, 육지 통과부 11.7㎞)로 해면에서 약 100m, 바다 바닥에서 약 40m 밑에 위치하며, 1987년 공사 착공되어 1993년에 완공 되었다. 터널의 선형 결정에는 지질조사 결과가 크게 고려되었으며, 터널 굴착에 가장 이상적인 지질이라고 널리 알려져 있는 청색 쵸크(Chalk marl)를 지나도록 설계되었다.

그리고, 주터널(Main tunnel)은 단선 병렬터널(원형단면, 직경 7.3m, 터널 중심간 이격거리 30m)이고, 주터널 사이에 보조터널(Service tunnel : 직경 4.5m)은 작업통로, 환기 및 유지보수의 목적으로 설치하였으며, 유로터널의 현황도는 그림 3과 같다.

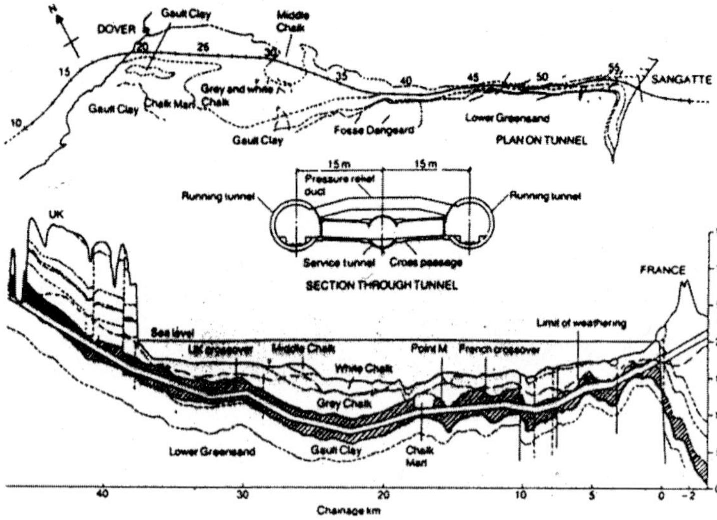

그림 3 유로 터널 현황도

한강 하저터널 공사 시행중의 지반보강 공법등 관련기술은 일본의 세이칸(靑函)터널을 참조하였다. 그 개요를 살펴보면, 일본 본섬과 북해도를 연결하는 총연장 53.8㎞ (해저터널부 23.3㎞, 육지 통과부 30.5㎞)로 해면에서 약 240m, 바다바닥에서 약100m 밑에 위치하며 1946년에 시추조사 착수하여 1988년에 완공되었다.4) 터널 단면은 주터널(Main tunnel)이 복선터널(마제형 단면, 직경 11m)이며, 주터널과 30m이격하여 보조터널(Service tunnel : 마제형 단면, 직경 4~5m)이 설치되었고, 선진도갱(先進導坑: 마제형 단면, 직경 3~5m) 터널은 주터널 보다 낮은 위치에 계획하였으며, 세이칸 터널의 단면도는 그림 4와 같다.

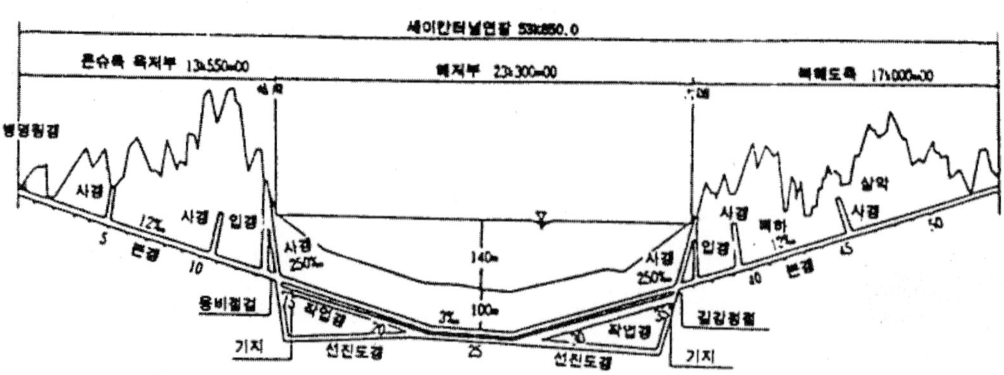

그림 4 세이칸 터널 현황도

2.2 일반적인 보강 및 시공 순서

한강 하저터널 공사시 일반적인 터널보강 및 시공 순서는 그림 5와 같이 계획하였다.5)6)7)

첫째, 굴착전방의 지질상황과 용수량을 정확히 파악하기 위한 수평 선진 시추조사를 시행하여 적절한 굴착공법 및 보강범위를 결정하고, 둘째, 지수를 위한 주입공사는 L.W 주입공법으로 전방 25m 구간을 주입하고, 20m를 굴착하는 방법을 채택하며, 셋째, 불연속면들의 교차에 의한 막장 암반 쐐기파괴 및 연약화된 암반의 전단파괴를 방지하기 위해 터널 천정부에 길이 15m의 강관을 보강하여 10m씩 굴착하는 작업을 반복하고, 넷째, 위와 같은 보강공사가 마무리 되면 연약지반 및 파쇄가 심한 암반지역은 진동을 최소와 시킬 수 있는 기계굴착 (Road header, ITC)을 시행하고8), 암반지역은 상부 반단면 분할 발파작업을 시행하였다.

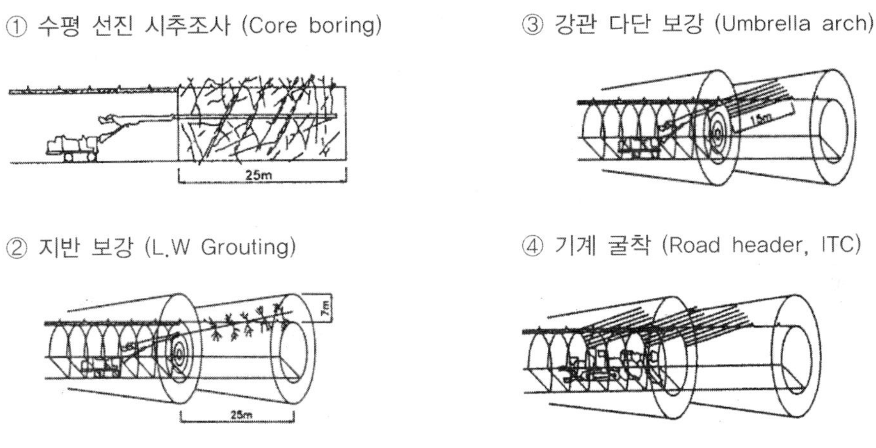

그림 5 한강 하저터널 보강 및 시공 순서도

2.3 지질 현황

하저터널 공사구간의 지질은 선캠브리아 누대의 경기 편마암 복합체에 해당되는 호상 흑운모 편마암과 이를 관입한 산성 암맥으로 구성되어 있으며, 흑연의 상태는 층상인 경우 외에 단층 파쇄대, 절리 등 불연속면을 따라 2차적으로 충진된 얇은 대상의 흑연이 매우 불규칙하게 분포하는데 흑연의 물리적 성질로 인해 불연속면의 경면화(Slickensided)를 야기시키므로 하저터널 공사구간의 암반을 불안정하게 하는 가장 큰 요인이 되었다.

암반상태는 호상 편마암의 극심한 이방성 즉, 오랜 지질시대를 통한 변성 및 변형작용을 거치면서 파쇄되어 수많은 불연속면(단층, 단층 파쇄대, 절리, 엽리 등)들을 형성하고, 이들의 영향으로 인해 본 지역에서의 암반상태는 매우 불규칙하게 교란되어 있다. 주로 불연속면을 따라 발달하는 풍화대와 단층점토 등의 강도가 비교적 낮은 지반을 포함하여 연암대와 경암대내에서도 암석자체의 강도는 강하나 절리 등을 따라 심하게 균열되어 파쇄대를 형성하는 경우가 많았다. 특히, 터널의 굴착방향이 불연속면들의 경사방향과 반대인 (Against dipping) 마포측의 경우에는 굴착시에 막장면에서의 미끄러짐 파괴 가능성이 항상 존재하였고, 터널의 굴착방향과 불연속면의 경사방향이 동일한 여의도측의 경우는 비교적 안정적이라 할 수 있으며, 하저터널 굴착시 조사된 지질조건에 따른 단층 구조도는 그림 6과 같다.[1)]

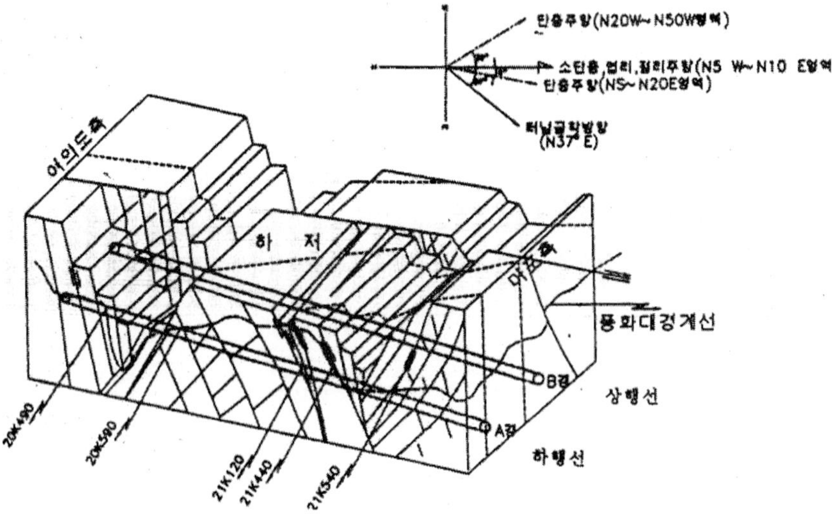

그림 6 한강 하저터널 단층 구조도

3. 터널 계측 및 수치 해석 비교

3.1 터널 계측

가. 계측의 목적

일반적으로 터널 주변 지반상태를 정확히 파악하고 굴착중 일어나는 지반의 거동을 이론적인 해석에 의해 정확히 예측하는 것은 지극히 어려운 일이다. 그 이유는 사전설계의 안정계산이 사전 지질조사에서 얻어지는 정보에 한계가 있으며, 시공시 발생되는 지보재의 응력이나 지반강도등은 시공방법 및 그 질등에 다라 크게 달라지는 경향이 강하기 때문이다.

그러나, 시공중 실측에 의해 얻어진 계측 데이타(Data)는 각종 지반 정보에 대한 영향을 복합적으로 반영하고 있으므로 이러한 데이타를 분석하여 그 결과를 시공에 역해석(Feed Back) 하면 터널의 안정성을 확보할 수 있고, 또한 현장에 최적 설계를 적용시킬 수 있어 경제성을 향상시킬 수 있다. 즉, 터널의 시공은 굴착에 의하여 발생되는 지반의 응력과 지반강도의 대·소 관련등에 관심을 두어 지반자체가 가지고 있는 강도를 적극적으로 활용하는 것이 NATM의 특성인데, 터널의 종방향으로 된 구조물이라는 특수성 때문에 사전 지질조사에서 얻어지는 정보에는 한계가 있고 또, 발생응력이나 지반의 강도는 시공의 질에 따라 변화하므로 사전에 예측하기가 매우 어렵다. 그러므로 시공시에 각종 계측을 실시하여 그 결과를 종합적으로 판단하여 설계와 시공에 반영하는 것은 공사의 안정성 및 경제성의 확보에 대단히 중요하다.2)3)9) 이러한 계측의 목적을 구체적으로 요약하면, 지반거동의 관리, 지보공 효과의 확인, 안정 상태의 확인, 근접 구조물의 안정성 확인, 장래 공사 설계의 자료 확보, 경제성 도모 등이다.

나. 계측 항목 및 방법

1) 계측의 종류

터널에 있어서 계측은 그 시행목적에 따라 시공중에 공사의 안전성 및 시공의 적합성을 확인하는 것을 목적으로 하는 일상 관리계측(A계측, 부계측, 제어계측, Convergence Measurements, Control Measurements)과 설계의 타당성을 판단하고 장래에 있어서 공사예측의 수립을 목적으로 시행하는 대표 위치에서의 계측(B계측, 주계측, Principal Measurements, Support Measurements)으로 대별하며 이를 상술하면 다음과 같다.

가) A계측(일상 계측)

터널 주위지반의 안정성 확보와 설계, 시공의 반영을 위하여 행하는 일상계측으로 측정간격은 개략적으로 10~50m 정도이며, 종류로는 갱내 관찰 조사, 내공 변위 측정, 천단침하 측정, 지표 침하 측정, 록 볼트(Rock Bolt) 인발 시험이 있다.

나) B계측(대표 위치에서의 계측)

지반, 록 볼트 및 복공의 거동과 미굴착 구간과 장래 계획 설계 및 시공을 위한 계측으로 200~500m 구간중 대표 위치에서 행하는 계측으로서 종류는 지중 침하 측정, 숏크리트

(Shotcrete) 응력 측정, 지중 변위 측정, 록 볼트 축력 측정, 지중 수평 변위 측정이 있으며 그림 7과 같이 나타낼 수 있다.10)

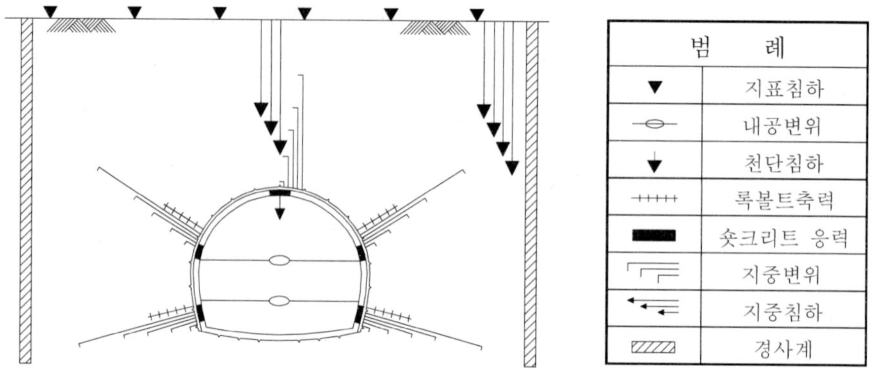

그림 7 계측의 종류 (동일 측선상에 배치)

2) 계측 항목별 분류

계측의 항목별 분류는 다음과 같다.

가) 변위측정 : 내공 변위 측정, 천단 침하 측정

나) 변위 영역 측정 : 지중 변위 측정, 록 볼트 축력 측정, 지중 및 지표 침하 측정, 갱내 탄성파 속도, 지중 수평 변위 측정

다) 지보 효과 측정 : 록 볼트 축력 측정 및 인발시험, 복공 응력 측정

3) 계측 방법

가) 갱내 관찰 조사

터널의 설계 시공에서 갱내 지질조사는 극히 중요하며, 주로 막장부근에서 행한다. 그 이유는 막장의 관찰에 의하여 적절한 지보방법이 결정되며, 또 기 시공된 구간의 지보공 관찰에 의해 보강대책 및 시공법의 검토가 이루어지기 때문이다. 지질 상태에 따라 적절한 지보방법이 결정되고 계측위치가 선정되어야 하며 또한 계측결과는 지질 관찰결과와 같이 정리해 두는 것이 필요하다.

나) 내공 변위 측정

내공 변위 측정은 터널시공의 안정성, 지보의 효과, 지보의 시공기간, 방법등을 검토하기 위한 가장 기본적인 계측이다.

① 목적 : 막장 굴착후 가능한 초기에 설치하여 최종변위량을 예측하고 안정성을 검토하여 일차 복공의 추가여부를 판단하며, 하반 굴착등에 의한 일차복공의 안정성 판단자료로 사용한다.

② 계측 기기 : 내공 변위 측정기 정밀도 0.01㎜

다) 천단 침하 측정

① 계측 목적 : 내공 변위 측정과 함께 주변지반의 확인 및 NATM의 경우 록볼트와 숏크리트의 지보효과를 파악하기 위한 계측이며, 천단 침하 측정은 특히 지형, 지질상으로 고결도가 낮은 지층이나 토피가 얇은 경우 및 단층 등의 붕괴가 일어나기 쉬운 장소에서는 중요한 계측이다.

② 계측 기기 : 레벨(Level), 천단 침하 측정점, 스타프(Staff)

③ 설치 및 측정 : 터널의 천단부근 숏크리트에 내공 변위 측정용의 천단 침하 볼트 또는 플레이트(Plate)를 설치후 스타프를 거치하고 레벨로 측정한다. 초기 측정은 가능한 빠른 시간내에 실시하여야 하며 늦어도 막장 통과후 1~2시간 정도이내에 시행한다. 측정은 수준측량으로 스타프와 레벨을 사용하여 수준점을 기준으로 절대고를 구하며, 측정 정밀도는 ±1㎜정도라야 하며, 측정기간은 변위가 수렴할 때까지 한다.

3.2 수치 해석

지반은 광물이나 고체뿐만 아니라 간극을 충진하고 있는 액체 및 기체 등 3상이 공존하는 다상적인 특성을 가지는 재료로서 구성재료의 물리화학적 특성이나 구성에 따라서 공학적 특성을 달리하기 때문에 측정 가능한 몇가지의 매개 변수로 지반의 공학적 특성을 정확히 정의하기 곤란하며, 그에 따라서 작용외력에 대한 터널과 같은 지반구조물의 거동을 수학적으로 명쾌하게 규정하기는 거의 불가능하다. 고전적인 방법으로 탄성해석법이 있으나 간단한 형상과 지반을 균질한 탄성체로 가정한 탄성해석 밖에 가능하지 않았다. 그러나, 컴퓨터의 발달과 함께 다양한 형상과 범위에 대한 공학적 차원에서의 지반재료의 거동은 많은 연구자에 의하여 정립되어 왔으며, 최근 전산기의 이용이 보편화되면서 다양한 형상과 범위에 대한 수치해석 기법의 지반공학에의 도입을 위하여 많은 지반거동 모델이 개발되어 실무에 통용되고 있는데, 우리나라의 경우, 1982년 서울 지하철 3, 4호선 도심구간 NATM 터널 설계시를 분기점으로 지반공학 특히, 터널 설계에서의 수치해석은 필수적인 과정으로 정착되었다.

일반적으로 터널 해석에 이용되고 있는 수치해석 기법은 다음과 같이 연속체 모델과 불연속체 모델로 구분할 수 있다.[11)]

- 연속체 모델 – 유한 요소법(F.E.M ; Finite Element Method)
  유한 차분법(F.D.M ; Finite Difference Method)
  경계 요소법(B.E.M ; Boundary Element Method)
- 불연속체 모델 – 분리 요소법(D.E.M ; Distinct Element Method)
- 혼합 모델 – 혼합법(Hybrid Method)

이들 중 보편적으로 사용되고 있는 기법으로는 연속체 역학 개념에 기초한 유한 요소(FEM) 해석이다. 그러나 대단면 터널이나 쌍굴 터널과 같이 터널간 거리, 다양한 굴착단계, 단면크기에 따라서는 보다 세부적이고 많은 분할 요소가 필요하게 된다.

따라서, 국내에 널리 보급된 개인용 컴퓨터(Personal Computer)를 이용하여 많은 분할 요소들을 한 행렬(Matrix)로 형성시켜 계산하는데는 많은 제한이 따른다. 그러므로 근래에는 이러한 문제점을 극복할 수 있고 토사나 암반의 비선형 재료들에 대한 구성 방정식을 손쉽게 다루고 시간단계(Time Step) 별로 모델(Model)의 파괴거동을 파악하기 위하여 Explicit 접근 방법을 사용한 유한차분(FDM) 해석기법이 널리 이용되고 있다.

그러나, 모든 수치해석 기법들은 실제 시공시 예상되는 절리상태, 파쇄대층 등 불연속면과 복잡한 지층변화에 대한 검토가 결여된 일정한 지반물성치에 의하여 평가되는 보조수단이므로 시공시 터널의 막장관찰 기록과 계측결과 자료에 의거 적절한 보강대책을 수립하고 공학적 특성들을 재검토하여야 하며, 역해석(Feed Back) 개념에 의한 수치해석을 재실시하여 지보패턴 및 굴착공법을 수정 보완하여 가장 안전하고 경제적인 시공을 행할 수 있도록 해야한다.[12)]

가. 수치 해석 기법

1) 유한 요소법(F.E.M ; Finite Element Method)

유한요소 해석법은 연속체 역학에 기초하고 있는데, 지반을 가상의 유한개의 요소로 분할하고, 각 요소는 절점(Nodal Point)으로 연결되어 있다고 가정한다.

각 요소는 그 크기가 기하학적으로 정의되고 한정되며, 응력–변형 관계는 구성법칙에 따르고, 미지수는 함축적인 접근방법(Implicit Approach)으로 풀게 된다. 각 요소의 강성 행렬을 조합하여 전체의 행렬을 만들고 이를 풀게 됨으로서 해가 얻어진다. 한 요소에서의 응력, 변형 및 변위 등은 인접 요소로 절점을 통하여 영향을 미치며, 불연속면등은 개별적으로 고려할 수도 있다. 유한 요소법의 장점으로는 아주 복잡한 지반조건이나 터널 상태를 해석할 수 있고, 구성법칙의 복잡성, 재료의 불균질성을 해석할 수 있으며, 터널 굴진영향이나 시간 의존성 등을 고려할 수 있다. 단점으로는 복잡한 문제를 해석하는 경우 많은 계산시간과 저장량이 요구되고, 이용자의 컴퓨터에 대한 상당한 지식이 필요하며, 혼합모델(Hybrid Model)이 아닌 경우, 인위적인 경계 조건을 정의하여야 하기 때문에 결과가 경계조건의 설정에 영향을 받게 된다.

국내에 도입되어 있는 유한요소 프로그램으로는 MrSoil, PLASTO, DWTAP, TAFEM, GEOKIST, SNU-VEA, TUNA, ARDINA, NATAS, MISES3 등이 있다.

2) 유한 차분법(F.D.M ; Finite Difference Method)

유한 차분법의 망(Mesh)은 기본적으로 유한 요소법과 유사하나 미지수를 푸는 방법이 Explicit Approach로 되는 점이 다르다. Explicit 방법은 뉴튼(Newton)의 운동법칙과 재료의 구성법칙으로 부터의 가속도에서 시간단계별로 속도를 구하고 그로부터 변형을 구하게 된다.

따라서, 유한요소 해석시에 필요한 행렬이 불필요하며 동적해석에 유효하다. 이러한 유한 차분법의 장점으로는 Explicit 방법이기 때문에 단계별 해석이 가능하고, 행렬을 형성할 필요가 없기 때문에 계산시간이 짧고 저장용량이 적게 요구되며, 큰 변위를 해석할 수 있으며, 동적해석에 유효하다. 단점으로는 정적인 문제의 경우 다른 기법에 비하여 많은 계산시간이 요구되며, 국내의 유한차분 프로그램은 FLAC(Fast Laglangian Analysis of Continua)이 있다.

3) 경계 요소법(B.E.M ; Boundary Element Method)

경계 요소법도 역시 연속체 개념에 기초하고 있고, 문제의 영역은 경계요소로 구속되며, 내부는 편미분 방정식으로 묘사된다. 유한 요소법이나 유한 차분법과는 달리 이러한 편미분 방적식으로 적분하므로서 문제를 풀기 때문에 일명 Integral Method 라고도 불리운다.

이 방법의 장점으로는 풀어야 될 방적식의 수가 유한 요소법에 비하여 적기 때문에 적은 계산시간이 요구되고, 입력과 출력이 용이하며, 정의된 경계가 가장 큰 관심사일 경우 경계 요소법은 아주 경제적이고 효과적이다. 반면에, 단점으로는 대개의 경계요소 프로그램은 지반을 선형거동의 재료로 고려하며, 복잡한 건설공정이나 재료의 시간의존 특성등을 쉽게 고려할 수 없다.

4) 분리 요소법(D.E.M ; Distinct Element Method)

분리 요소법은 개별요소법 또는 강체 블록법(Rigid Block Method)이라고 불리기도 하는데, 전술한 방법과는 달리 지반을 연속체로서 보지 않고 개개의 강체 블록으로 구성되어 있다고 생각한다.

즉, 터널 굴진시의 지반변위는 절리 등의 불연속면을 통해서만 발생하고 암괴는 전혀 변위되지 않는다고 생각한다.

따라서, 암괴 변위가 극히 적고 전체 변위가 절리면 변위에 지배되는 경암 터널 등의 해석에 극히 유효할 것으로 판단된다. 이 방법은 절리에 작용하는 점증력을 계산하므로서 시작되며, 각 암괴의 가속도를 적분하여 암괴의 새로운 위치 및 방위가 결정되고, 이 새로운 절리에 대하여 새로운 점증력이 계산되고 이를 반복하여 결과를 도출한다.

분리 요소법의 장점은 경암터널에서 암괴를 대상으로 할 때 유효하고, 암괴의 이동은 다른 연속체 모델에 비해 크다. 반면에 단점은 절리의 방위나 위치를 입력하여야 하는데 건설전에 이러한 정보를 얻기가 어렵고, 절리의 강도 특성을 결정하기가 곤란하다.

국내의 분리요소 프로그램은 UDEC(Universal Distinct Element Code)와 NURBM (Northwestern University Rigid Block Model) 등이 있으며, 최근에는 2차원 뿐만 아니라 3차원 문제를 해결할 수 있도록 개발되고 있다.

5) 혼합모델 (HM ; Hybrid Method)

전술한 바와 같이 각 수치해석 방법은 각기 장단점을 가지고 있기 때문에 최근에는 각 방법의 장점을 고려하여, 그림 8과 같이 혼합모델을 개발 적용하는 일이 많아 지고 있다.[9)13)]

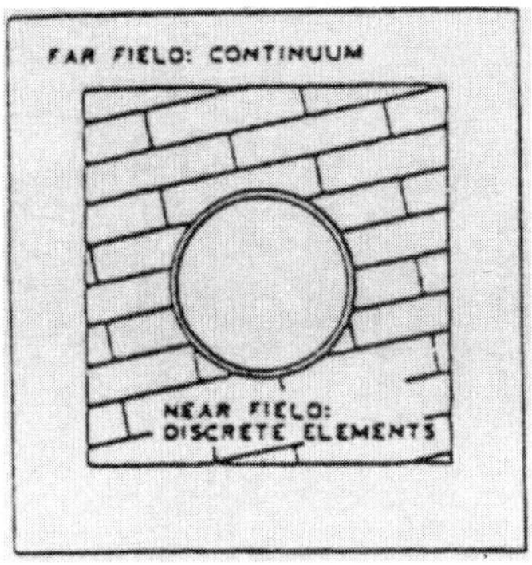

① 개별요소와 결합된 연속체 모델

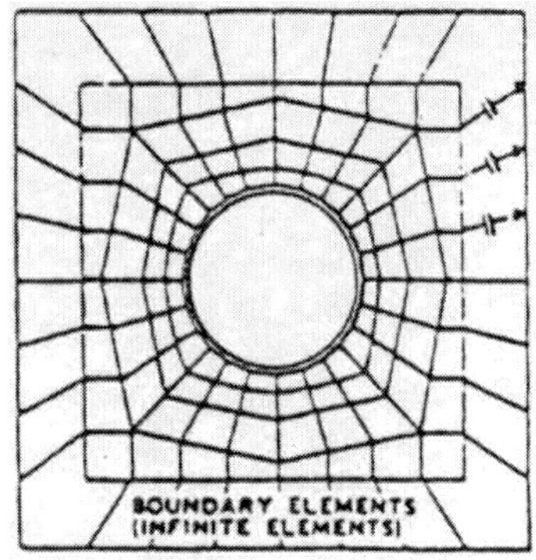

② 유한 요소법과 결합된 경계 요소법

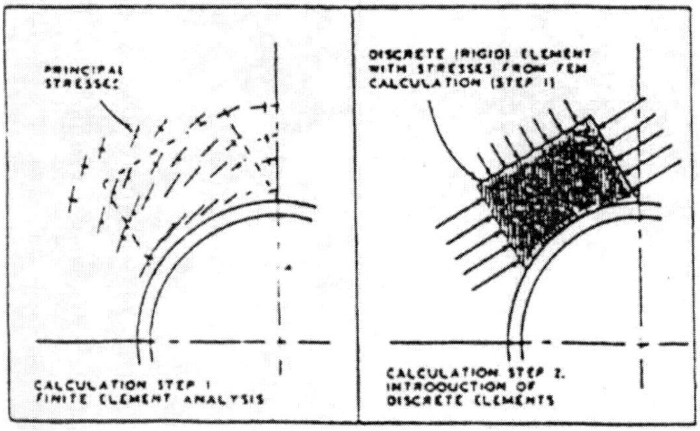

③ 개별 요소법과 결합된 유한 요소법

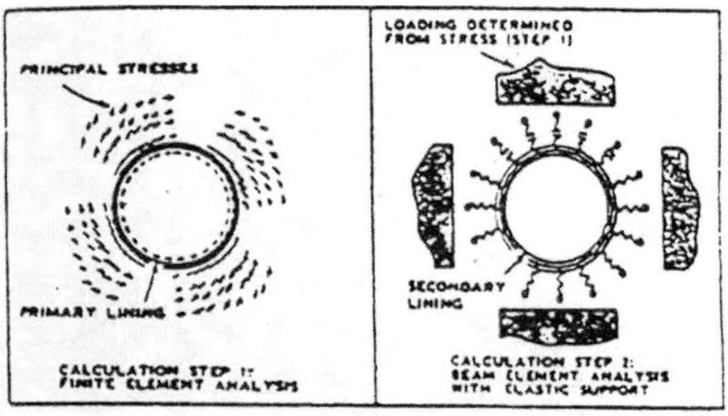

④ 탄성요소의 빔 요소법과 결합된 유한 요소법

그림 8 **혼합모델**

나. 수치해석 결과의 활용

지반구조물의 안정성 평가의 도구로서 널리 사용되고 잇는 수치해석 기법은 복잡 다양한 지반을 단순하게 모델화하여 실제의 지반거동을 근사적으로 모의시험(Simulation)할 수 있는 기법임에는 이론의 여지가 없으나, 기술자의 지반공학 및 프로그램의 기본 개념에 대한 충분한 이해가 수반되지 않는 경우 해석결과를 맹신하여 해석결과가 터널의 안전성을 보장하는 것으로 오해할 가능성이 많으므로 해석결과는 현장 안전관리의 지표로 이용하되 계측결과를 분석하여 필요한 경우 합리적이고 안정성이 전제된 경제적인 보강공법을 채택하므로서 터널의 안전성이 확보되는 것임을 알아야 한다.

터널 굴착에 따라 지반내부에는 비지지 공공이 형성되고 굴착부에는 상당량의 지지력이 감소하게 되며 굴착부 부근에는 새로운 응력장을 형성하게 된다. 터널 굴착에 따라 발생되는 지반변위는 초기단계에 탄성적 변위를 나타내다 시간이 경과됨에 따라 재하하중의 크기는 증가되고 지반 변위는 소성영역으로 확대되게 된다. 이와 같은 굴착부 주변 지반의 거동은 일차적으로 지반조건에 의하여 죄우된다 할 수 있으나 터널굴착 방법과 터널의 기하학적 형상 등에 의해서도 병행하여 이루어지고 있기 때문에 터널 지보재 설치에 따른 지반-구조물 상호작용으로 인하여 굴착 지반의 변위는 억제되게 되며 지반응력은 점차 안정된 상태로 새로운 평형상태에 도달하게 된다.

일반적으로 지반굴착으로 인한 침하원인으로는 터널굴착으로 인한 탄.소성 침하, 지하수위 저하로 인한 침하, 터널굴착시 필연적으로 생기는 여굴 및 여굴의 재충진 미흡에서 오는 침하로 구분할 수 있으나 이 원인중 어느것이 더 크다고 할 것 없이 모두가 중복된 침하의 원인이 되며, 지반굴착으로 인한 침하량은 상기 원인이 중복되며 필연적으로 단순 계산치 보다 크게 나타난다.

터널의 수치해석은 어떠한 해석 기법을 사용하여도 실제지반 물성치의 신뢰성과 해석시 적용되는 경험적인 요소가 많이 이용되므로 원지반 상태의 거동을 충분히 정확하게 파악하는 것은 상당히 어려운 일이다. 국내에서 많이 사용되는 수치해석 프로그램은 실제로 프로그램이 중요한 것이 아니라 해석과정에서의 물성치 선택과 기타 제반지반 조건 상태를 얼마만큼 수치적으로 원지반 상태로 재현 시킬 수 있는가에 달려 있다.[13)]

3.3 한강 하저터널의 계측 및 수치해석 비교 분석

하저터널 공사구간중 여의도측에 큰규모의 단층으로 인한 완전 풍화토의 연약 구간(연장 85m)이 분포하였는데 정밀 지반조사 및 실내 토질 시험결과 통일 분류법의 SM(Silty sand)으로 분류되었으며[14], 이 구간이 한강 하저터널의 가장 난공사 구간이었다.

따라서, 정밀 지반조사 결과를 토대로 하저터널 재해석을 실시하였는데, 구체적인 내용으로는 터널 지반보강에 의한 효과 범위를 강관 다단 그라우팅의 경우 터널 상반180° 범위의 1.5m구역을 풍화암 정도의 보강효과를 발휘하는 것으로 하였고, 차수 그라우팅에 의한 보강효과는 터널주변 7m 범위를 개량 풍화토로 가정하였다.[13][15]

재해석시의 입력물성치는 표 1, 해석결과는 표 2와 같은데 해석결과 예상되는 천단 침하량은 11.3~18.2㎜, 내공 변위량 -2.9~3.2㎜ 정도로 나타났으며 현장 계측치는 표 3과 같다.[13]

표 1 입력 물성치

구분		충적토	SM층	개량 풍화토	풍화암
측 압 계 수	Ko	0.50	0.43	0.50	0.43
탄성계수×10^3	t/m^2	2.00	4.7	15.0	30.0
포아슨비(v)	-	0.33	0.30	0.33	0.30
내부마찰각(ø)	DEG	25	30	35	35
점착력(C)	t/m^2	3.0	3.0	20	20
단 위 중 량	t/m^3	2.0	2.0	2.2	2.2

표 2 재해석 결과

해석단계 \ 구분	상행선 (B갱)		하행선 (A갱)		시공 순서
	내공변위(mm)	천단침하(mm)	내공변위(mm)	천단침하(mm)	
1	-0.3	11.3			B갱 상부 Ring cut
2	-1.1	15.0			B갱 상부 Shotcrete
3	-2.4	17.9			B갱 상부 Core
4	-2.7	17.7			B갱 상부 가 Invert
5	-2.8	17.6			B갱 하부 굴착
6	-2.9	17.5			B갱 하부 Shotcrete
7	0.6	18.2			A갱 상부 Ring cut
8	2.1	18.1			A갱 상부 Shotcrete
9	3.1	17.8			A갱 상부 Core
10	3.1	17.9	-0.3	11.2	A갱 상부 가 Invert
11	3.2	17.9	-0.9	14.8	A갱 하부 굴착
12	3.2	18.0	-2.2	17.5	A갱 하부 Shotcrete

표 3 현장 계측 결과

측정위치 (STA)	막장과의 거리 (m)	하행선 (A갱)		시공 순서
		내공변위(mm)	천단침하(mm)	
20k+505	2.8	45.4	24.0	Ring cut
20k+507	1.6	41.8	22.0	1st Shotcrete
20k+515	2.4	63.2	32.0	2nd Shotcrete
20k+520	2.2	54.7	14.0	Core Excavation
20k+527	2.2	10.6	10.0	1st Shotcrete
20k+534	3.4	23.5	14.0	2nd Shotcrete
20k+551	0.8	22.9	6.0	Lower Excavation
20k+569	1.4	4.4	5.0	1st Shotcrete

현장 계측치와 재해석치를 비교하면, 현장 계측치는 표 3에서와 같이 내공 변위량은 약 50~60㎜, 천단 침하량은 약 20~40㎜가 발생하였으며, 재 해석치는 표 2에서와 같이 내공변위 -2.9~3.2㎜, 천단 침하 11.3~18.2㎜와 비교할 경우 상당한 차이를 보이고 있는데, 이는 터널굴착 결과 상행선(B갱)은 암반, 하행선(A갱)은 실트를 포함한 모래층

(SM)으로 나타나 재해석시 지반조건과 많은 차이가 있기 때문인 것으로 판단되며, 변위량의 대부분은 터널 막장통과후 10~20일내에 수렴이 되어 안정을 확보한 상태에서 콘크리트 라이닝을 타설하였으며, 향후 하저터널 유지관리의 정량적인 평가자료 획득을 위해 유지관리 영구계측기를 설치하였다.[16)]

현장 계측 자료와 비교하여 역해석을 실시한 결과 해석 대상 단면의 각 지층별 입력 물성치는 표 4와 같다. 굴착으로 인한 지반교란을 최소화하기 위해 링커트(Ring cut), 코아 굴착, 하반 굴착의 9단계로 역해석을 실시하였고, 본 구간에서는 터널 하반이 풍화되어 있으므로 지보효과를 높이기 위해 상반굴착 단계에서 터널 하반에 숏크리트를 타설함으로써 가인버트 폐합을 실시하였다. 굴착 순서에 따른 하중분담율은 링커트 단계에서는 40%, 30%, 30%로 결정하였고, 코아 굴착단계에서는 30%, 30%, 40% 로 가정하였으며, 하반 굴착시에는 40%, 30%, 30%를 취하였다.[17)18)]

표 4 입력 물성치

구분		충적토	풍화토	풍화암	pipe roof	그라우팅
탄성계수×10^3	t/m^2	3	5	20	20	25
내부마찰각(∅)	DEG	30	35	35	-	
접착력(C)	t/m^2	3	12	15	-	-
투수계수(k)	cm/sec	2×10-3	1×10-3	5×10-4	-	-
단 위 중 량	t/m^3	1.9	2.0	2.2	-	-

역해석 결과는 표 5와 같으며 내공 변위량의 경우 링커트(Ring cut) 단계에서 크게 발생하여 하반굴착 직후에 약28㎜로 크게 증가함을 알 수 있다. 코아(Core) 굴착단계에서 변위량은 내공변위가 굴착직후 약간 증가하나 전체 변위량에 비해 크기가 작으며, 천단침하의 경우 변위량이 거의 발생하지 않으므로 링커트 방식으로 굴착함으로서 지반교란효과가 감소함을 알 수 있다. 천단 침하량은 링커트 단계에서 집중되는데 약13㎜의 천단침하량을 보이며, 하반굴착시에도 변위량이 다소 교란되어 나타나고 있다. 변위량의 비를 살펴보면 내공 변위량이 천단 침하량에 비해 상대적으로 2.3~2.7배 크게 발생하므로 현장 계측치와 유사함을 알 수 있다.

표 5 역해석 결과

해석단계 \ 구분	내공변위(mm)	천단침하(mm)	시공 순서
1	7	8	Ring cut
2	12	13	1st Shotcrete
3	14	16	2nd Shotcrete
4	16	15	Core Excavation
5	16	15	1st Shotcrete
6	17	15	2nd Shotcrete
7	28	17	Lower Excavation
8	30	16	1st Shotcrete
9	33	14	2nd Shotcrete

4. 결 론

본 연구는 한강 하저터널의 최대 난공사 구간인 연약대 구간(SM층)에 대해 정밀 지반조사결과을 토대로 재해석을 실시하고, 그 결과를 시공시 현장 계측치와 비교분석을 하였으며, 다시 현장 계측자료와 비교하여 역해석(Feed Back Analysis)을 실시하여 향후 이와 유사한 터널현장에 적용을 하고자 하였다. 각 장의 결과를 총괄해 본 논문의 결론은 다음과 같다.

1) 내공변위 및 천단침하 측정은 터널시공의 안정성, 지보의 효과확인, 특히 지형, 지질상으로 고결도가 낮은 지층이나 토피가 얇은 경우 및 단층 등의 붕괴가 일어나기 쉬운 장소에서 가장 중요한 계측 항목이다
2) 현장 계측치는 내공 변위량이 약 50~60㎜, 천단 침하량이 약 20~40㎜가 발생하였으며, 재해석치는 내공 변위량이 -2.9~3.2㎜, 천단 침하량이 11.3~18.2㎜로 상당한 차이를 보이고 있는데 이는 터널굴착 결과 상행선(B갱) 터널은 암반, 하행선(A갱) 터널은 실트를 포함한 모래층(SM)으로 나타나 재해석시의 지반조건과 많은 차이가 있기 때문인 것으로 판단된다.
3) 역해석 결과 링커트 방식으로 굴착함으로서 지반교란 효과가 감소함을 알 수 있으며, 내공 변위량이 천단 침하량에 비해 상대적으로 2.3~2.7배 크게 발생하므로 현장 계측치와 유사한 결과를 얻었다.

4) 수치해석 기법들은 실제 시공시 예상되는 절리상태, 파쇄대층 등 불연속면과 복잡한 지층변화에 대한 검토가 결여된 일정한 지반 물성치에 의하여 평가되므로 시공시 터널 주변의 막장관찰 기록과 계측결과 자료에 의거 공학적 특성들을 재검토하여 역해석을 실시하여 지보패턴 및 굴착공법을 수정 보완하여 가장 안전하고 경제적인 시공을 하여야 한다.
5) 지반구조물의 안정성 평가의 도구로 널리 사용되고 있는 수치해석 기법에 대해 프로그램의 기본개념에 대한 충분한 이해가 수반되지 않는 경우 해석결과를 맹신하여 해석결과가 터널의 안정성을 보장하는 것으로 오해할 가능성이 많으므로 해석결과는 현장 안전관리의 지표로 이용되어야 할 것이다.

참고문헌

1. 우종태·서강천, “한강 하저터널 지반분석 및 보강공법”, 서울특별시 지하철건설본부, 1996, pp18~26
2. 배규진, “토사터널 굴착에 따른 주변지반의 변위예측에 관한 연구”, 연세대학교 박사논문, 1989
3. 우종태, “터널굴착시 주변지반의 변위에 관한 연구”, 서울시립대학교 석사논문, 1992
4. 青函トンネル 物語編集委員會, “青函トンネル物語”, 1994, pp166~175
5. 우종태, “한강 하저터널 공사”, 도로교통협회지, 1997년 12월호, pp124~135
6. 우종태 등, “한강 하저터널 건설현황”, 서울특별시 지하철건설본부, 1997, pp18~28
7. 한국건설기술연구원, “지하 생활공간 개발요소 기술연구(지반굴착 기술분야Ⅲ)”, 1995, pp5~12
8. R. S. Sinha, “Underground Structures", 1991, pp294~297
9. 남순성, “암반특성에 따른 NAT터널의 시공중 거동에 관한 연구”, 한양대학교 박사논문, 1996
10. 이현범, “터널굴착 변형을 고려한 현장계측 관리방안”, 정보화 시공 및 터널분과 위원회 논문집, 1998, pp93~122
11. 한국지반공학회, “지반공학에서의 컴퓨터 활용”, 추계학술발표회 논문집, 1991, pp108~120
12. 이성민, “터널 안정성 해석에 있어서 무한요소 적용성 평가”, 서울대학교 박사논문, 1996
13. 우종태, “한강 하저터널 구조물설계 및 시공(Ⅰ)”, 서울특별시 지하철건설본부, 1997, pp28~37
14. M·E·Abdel Salam, "Tunnelling and Ground Conditions", 1994, pp157~164
15. Chun, B·S and Lee, Y·J, "The Ground Reinforcement Technique for Tunnel Cross over the Han River", Int. Conf. on Ground Improvement Techniques, 1997

16. 우종태, "한강 하저터널 구조물 설계 및 시공(Ⅱ)", 서울특별시 지하철건설본부, 1997, pp89~154

17. 이정상, "지질조사를 근거로한 한강 하저터널의 안정성 해석연구", 서울대학교 석사논문, 1996

18. Hong, S·W and Bae, G·J, " Ground Movement Associated with Subway Tunnelling in Korea", Proceedings of the Int. symp. on Underground Construction in soft Ground, New Delhi, 1994, pp229~240

3.1.1.3 터널의 계측결과 종합분석에 의한 지반의 거동분석

본 논문은 "터널의 계측결과 종합분석에 의한 지반의 거동 및 터널구조체의 역학적 특성 연구"(우종태)(한국구조물진단학회 논문집, Vol.7. No.3, 2003. 7, pp115~124)를 재편집하여 기술한 내용이다.

터널의 계측결과 종합분석에 의한 지반의 거동 및 터널 구조체의 역학적 특성 연구

A Study on the Mechanical Characteristics of Tunnel Structures and Ground Behavior by Synthetic Analysis Method with Tunnel Monitoring Results used

In this study, The relationships between the displacement and stress of the tunnel using various analysis methods are compared with monitoring results carried out during construction and maintenance monitoring. The behavior of tunnel were measured in the subway tunnel passing comparative soft the weathering and analyzed both security and mechanical characteristics of the tunnel lining. With the results of simplified monitoring observed in top heading and bench excavation tunnel, it is confirmed that the crown settlement is larger than the surface settlement. it is interesting to note that the crown settlement and the crown shotcrete lining stress are widely used monitoring items for the back analysis. It is analyzed that the residual water pressure applied in the drainage type tunnel is reasonable.

1. 서 론

국내에서 건설되는 대부분의 터널공사는 NATM인 New Austrian Tunnelling Method로 시공되었으며, 이 공법은 1980년대 초 서울지하철 3호선에 국내에 처음 도입되어 각종 터널공사에 적용되어 왔고, 이 공법은 터널의 안정성 해석기술, 작용 응력 및 변위 거동의 예측과 계측기술의 필요성을 부각시켰으며, 지속적인 터널공사 수행으로 인해 국내의 터널 기술수준이 향상되는 계기가 되었다.

NATM공법은 터널 지보재로 하여금 지반의 강도약화를 최대한 억제하여 지반이 가지고 있는 내하능력을 적극적으로 활용하면서 지속적인 계측관리가 바탕이 되는 공법으로 설계의 타당성을 규명함으로써 시공의 안전성과 경제성을 도모하기 위한 공사계측은 광범위하게 시행되고 있으나, 이에 대한 분석방법 등의 연구와 활용도는 미미한 실정이다.[1)2)]

또한, 터널 현장에서 계측은 필수적인 사항이나 투자되는 계측비용과 기술자들의 노력에 비해 계측결과의 현장 적용 및 활용도는 낮은 실정인데 이는 합리적인 분석기법이 정리되어 있지 않고 터널 시공관리와 계측관리가 별도로 수행되므로 인해 계측의 중요성보다는 시공관리위주의 공사관리가 주원인인 것으로 판단된다.[3)~6)]

따라서, 본 논문에서는 장기간에 걸쳐 비교적 계측이 잘 수행된 5개의 연약지반 터널인 풍화토와 풍화암을 통과하는 지하철 터널의 공사계측 결과와 완공 후 공용기간 중에 수행되고 있는 유지관리 계측 결과를 토대로 다양한 분석방법으로 터널의 변위와 응력, 한강의 수위와 간극수압 등을 분석하여 터널의 계측결과 종합분석에 의한 지반의 거동 및 터널구조체의 역학적 특성과 터널의 계측 분석 기술을 제시하고자 한다.

2. 공사계측 결과 분석

2.1 터널별 계측 결과

2.1.1 A 터널

A 터널은 지하철 5호선 ○○○교차로 횡단구간 풍화토를 통과하는 복선터널이며, 토피는 17.7m, 지하수위는 GL-10.1m, 지층 구성은 매립층이 0.0~2.8m, 충적층이 2.8~19.3m, 풍화토층이 19.3~23.6m, 풍화암층이 23.6m 이하로 되어 있다. 굴착방법은 인력과 기계굴착, 굴착공법은 연직 분할굴착인 CD공법 (Central Diaphragm Wall)으로 굴착되었다.

A터널의 공사중 계측 단면 중 대표단면인 18k012 구간의 계측 단면도는 그림 1, 계측결과 경시도는 그림 2와 같다. 계측결과와 경시도는 상부 및 하부 반단면 굴착 완료시의 계측결과를 단순화 한 것으로 지표침하와 천단침하는 거의 같은 선형의 기울기로 굴착진행에 따라 증가하는 경향을 보였다.

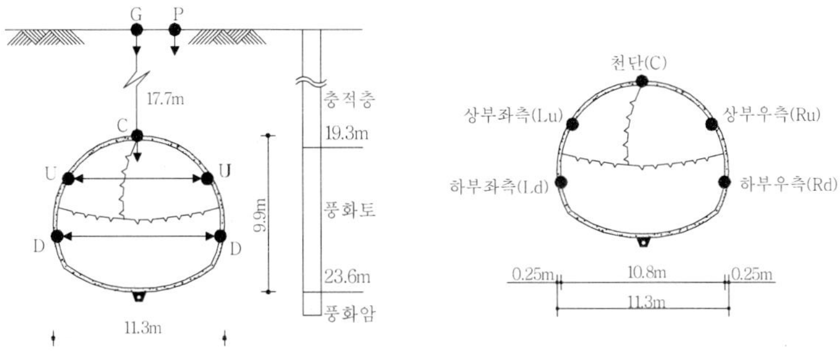

그림 1 A 터널 계측 단면도

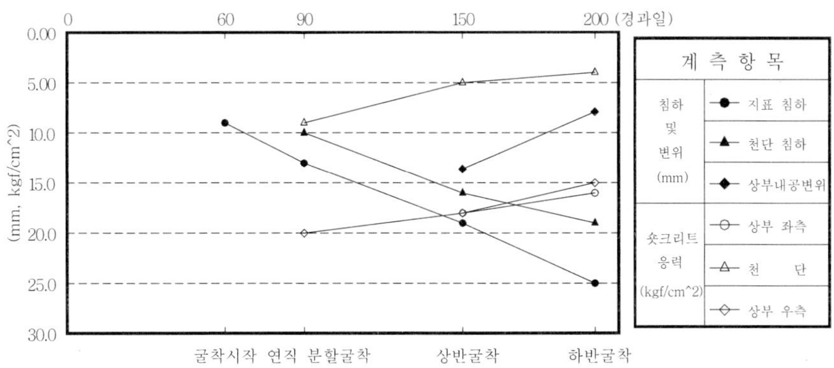

그림 2 A터널 공사 중 계측 경시도

상부 내공변위와 숏크리트응력들은 상부 반단면 굴착시 보다 하부 반단면 굴착시 오히려 계측치가 감소하는 경향을 보이는데 이는 지반보강과 다단 분할굴착에 따른 응력 재배치 효과의 영향인 것으로 판단되며, 숏크리트응력은 상부와 하부 좌우측 벽체가 거의 같은 결과인 것으로 분석되었다.

2.1.2 B 터널

B 터널은 지하철 5호선 ○○하저터널 여의도구간 풍화토를 통과하는 단선터널이며, 토피는 23.6m, 상부 한강수위는 평상시 4.3m, 최고 홍수위시 15.5m이며, 지층구성은 충적층이 0.0~9.0m, 풍화토층이 9.0~28.4m, 풍화암층이 28.4m 이하로 구성되어 있다. 굴착방법은 인력과 기계굴착, 굴착공법은 상부링컷과 가인버트로 굴착되었다. B터널의 공사중 계측 단면중 대표단면인 20k507 구간의 계측 단면도는 그림 3, 계측결과 경시도

는 그림 4와 같다.

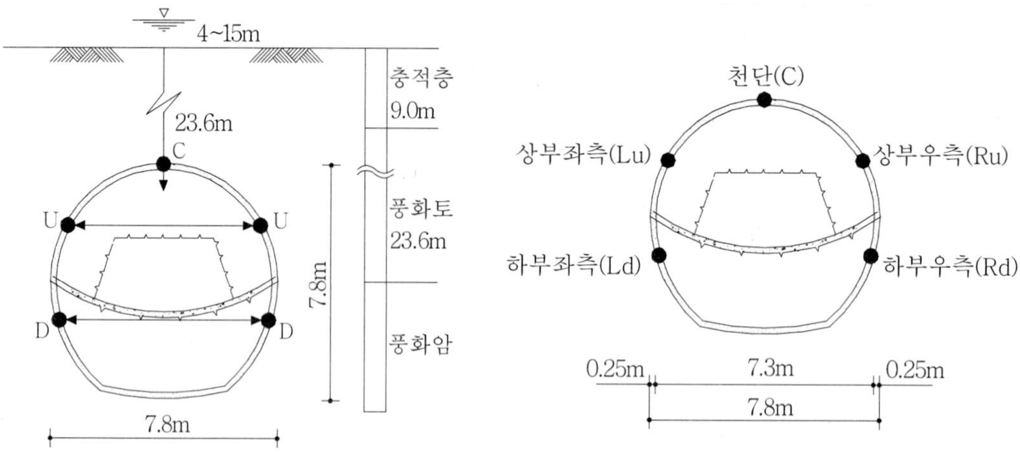

그림 3 B터널 계측 단면도

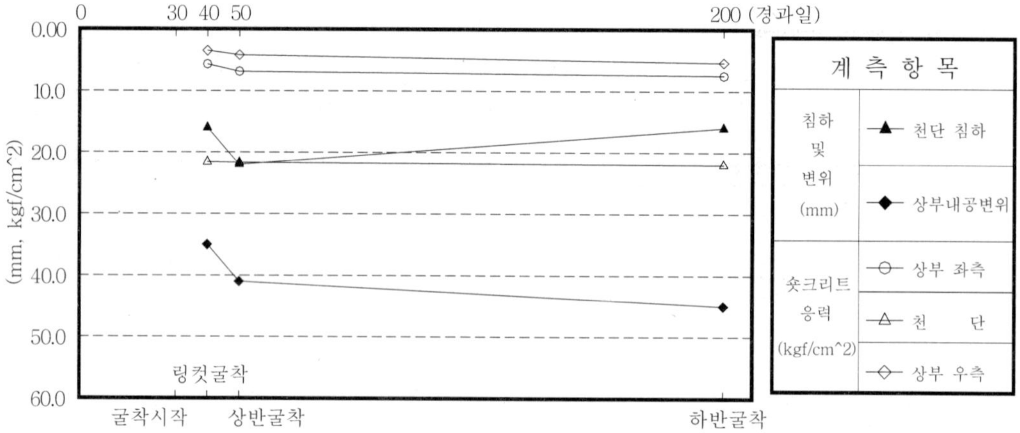

그림 4 B터널 공사중 계측 경시도

계측결과와 경시도에서 상부 내공변위와 숏크리트응력들은 굴착진행에 따라 거의 같은 선형의 기울기로 미소하게 증가하는 경향을 보이며, 숏크리트응력은 상부 좌우측 벽체가 유사한 것으로 분석되었다.

2.1.3 C 터널

C 터널은 지하철 5호선 ○○하저터널 마포구간 풍화암을 통과하는 단선터널이며, 공사개요는 터널연장이 약 60m, 토피는 21.5m, 상부 한강수위는 평상시 6.0m, 최고 홍수위

시 17.2m이며, 지층구성은 충적층이 0.0~10.6m, 풍화토층이 10.6~14.0m, 풍화암층이 14.0m 이하로 구성되어 있다. C터널 공사중 계측 단면중 대표단면인 21k470 구간의 계측 단면도는 그림 5, 계측결과 경시도는 그림 6과 같다. 계측결과와 경시도에서 천단침하와 숏크리트 응력들은 거의 같은 선형의 기울기로 굴착진행에 따라 증가하는 경향을 보이며, 숏크리트 응력은 상부와 하부 좌우측 벽체가 유사한 것으로 분석되었다.

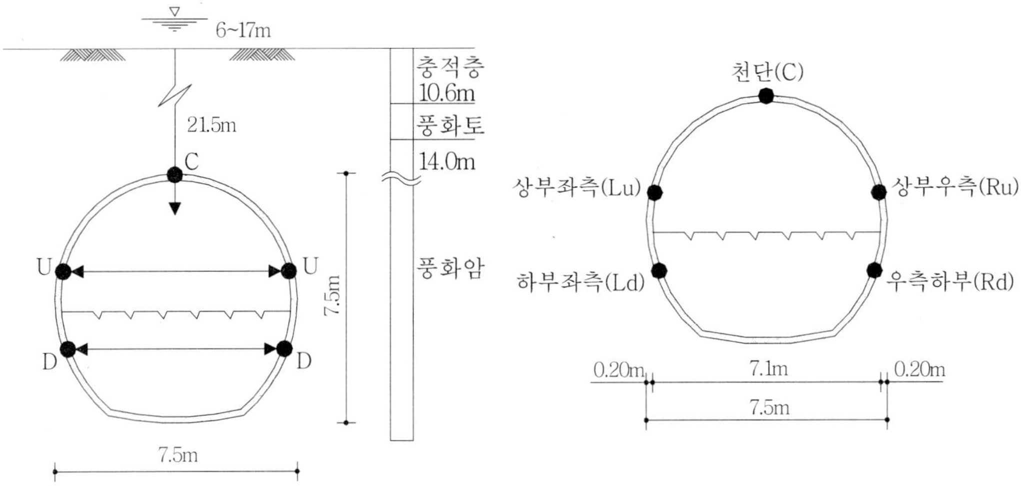

그림 5 C터널 계측 단면도

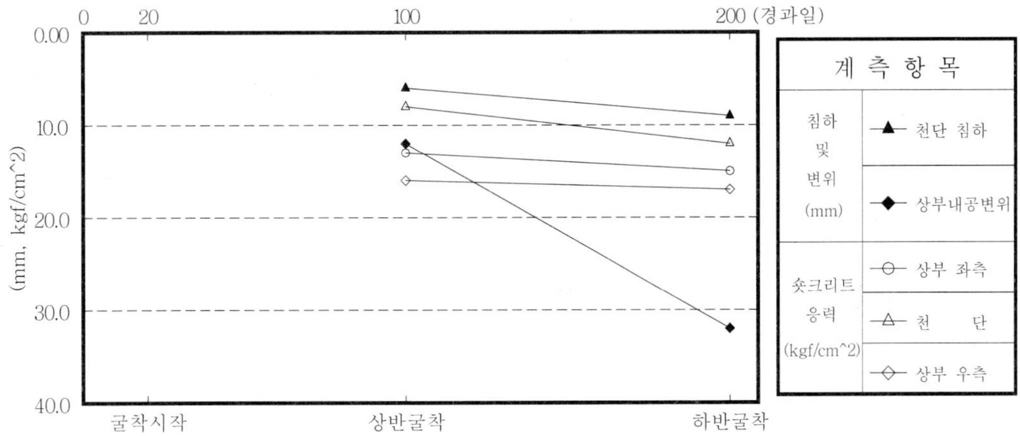

그림 6 C터널 공사중 계측 경시도

2.1.4 D 터널

D 터널은 지하철 6호선 ○○○횡단구간 풍화암을 통과하는 단선 병렬터널이며, 공사 개요는 터널연장이 약 60m, 토피는 18.9m, 지하수위는 GL–4.5m, 지층구성은 매립층이 0.0~6.7m, 충적층이 6.7~9.2m, 풍화토층이 9.2~12.0m, 풍화암층이 12.0~23.8m, 연암층이 23.8m 이하로 구성되어 있다.

D 터널의 공사중 계측 단면중 대표단면인 15k480 구간의 DA터널, 15k485 구간의 DB 터널의 계측 단면도는 그림 7, 계측결과 경시도는 그림 8과 같다.

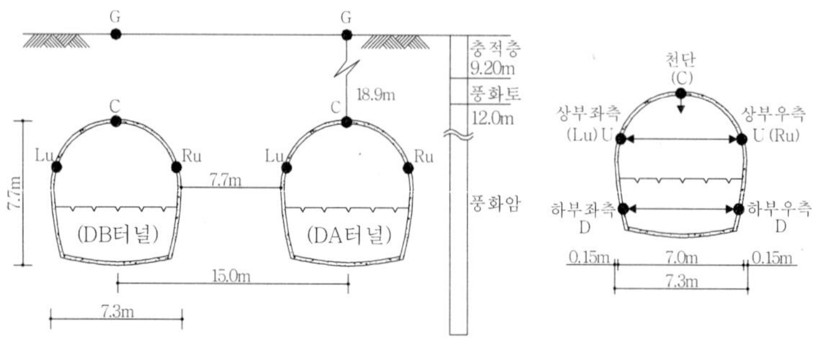

그림 7 D터널 계측 단면도

계측결과와 경시도에서 DA, DB터널의 지표침하, 천단침하, 상부 내공변위는 거의 유사한 기울기로 굴착 진행에 따라 증가하는 경향을 보였다. 천단침하는 DA터널에서 11.8~14.5mm, DB 터널에서 12.2~14.0mm로 유사한 값을 보였다. 숏크리트응력은 각 터널 외측에서 DA터널은 22.5kgf/㎠, DB터널은 20.0~22.0kgf/㎠로 거의 같은 값을 보였으며, 내측에서 DA터널은 76.2~82.5kgf/㎠, DB터널은 72.0~98.5kgf/㎠로 유사한 값으로 분석되었다. 따라서, 숏크리트응력은 단선 병렬터널 내측이 외측에 비해 3.3~4.5배 크게 발생하였는데 이는 터널 중심간 거리가 15m로 실제 터널 내면의 이격거리는 7.7m로 7.3m 터널직경의 약 1.1배 밖에 이격되지 않아 터널 근접시공에 따른 간섭의 영향인 것으로 분석되었다.

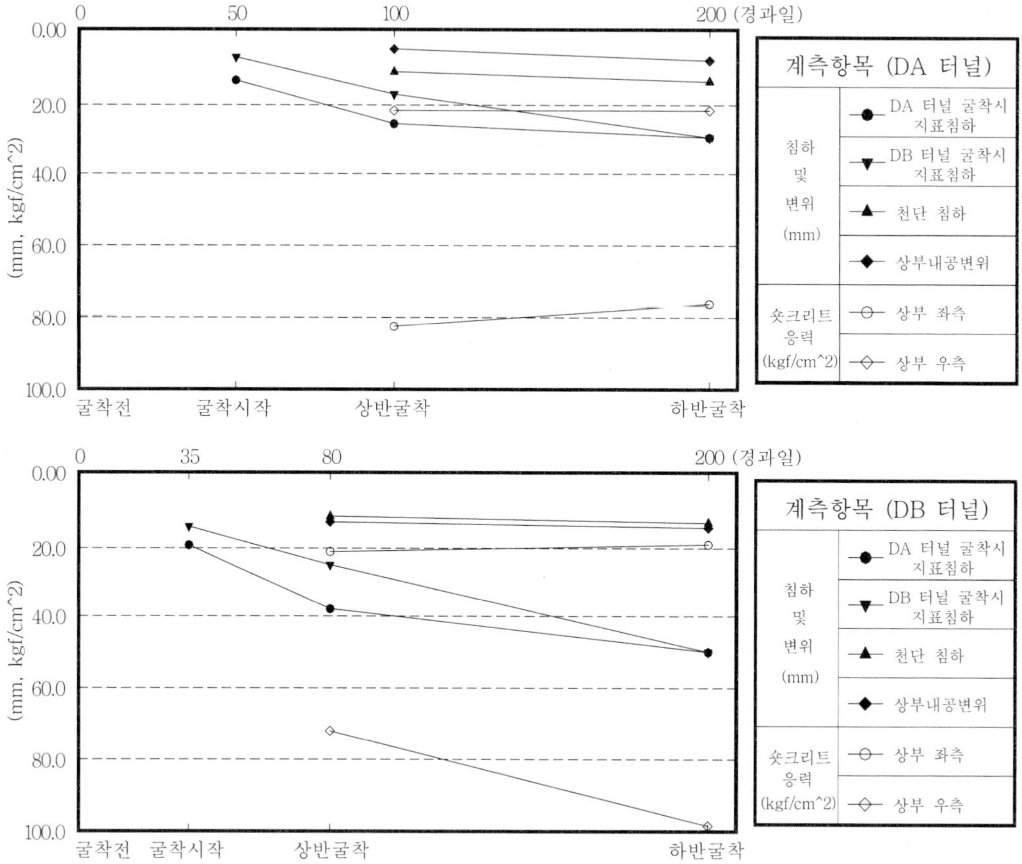

그림 8 D터널 공사중 계측 경시도

2.2 터널의 변위 및 응력 비교 분석

터널 주변지반의 거동상태를 잘 나타내 주는 계측 항목은 천단침하, 내공변위, 지중변위, 숏크리트응력 등으로 이러한 계측 항목을 위주로 터널의 침하와 변위 및 침하와 응력과의 관계를 비교 분석하였다.[7)]

2.2.1 침하와 변위 비교 분석

1) 지표침하와 천단침하

지표침하와 천단침하가 측정된 3개 터널의 경시도는 그림 9와 같다. 지표침하와 천단침하가 측정된 현장에 대해 상부 및 하부 반단면 굴착완료시의 계측결과를 단순화하여 비교 분석하였다. 대체적으로 3개 터널에서 상부 반단면 굴착 완료시 지표침하는

19.0~26.2mm로 평균 23.6mm, 천단침하는 11.8~16.0mm로 평균 13.3mm, 하부 반단면 굴착 완료시 지표침하는 25.0~50.0mm로 평균 35.0mm, 천단침하는 14.0~19.0mm로 평균 15.8mm가 나타난 것으로 분석되었다.

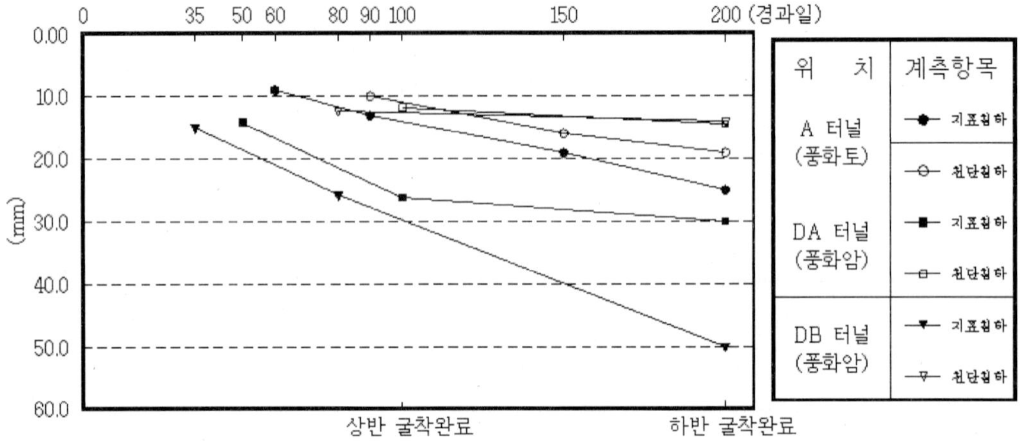

그림 9 지표침하와 천단침하 경시도

지표침하는 상부 반단면 굴착 완료시 계측된 전체 지표침하량의 67%, 천단침하는 상부 반단면 굴착 완료시 계측된 전체 지표침하량의 84%가 발생하여 천단침하가 상부 반단면 굴착 완료시 지표침하에 비해 17%정도 크게 발생한 것으로 분석되었다. 따라서, 압밀침하가 발생하지 않은 지반에서 천단침하가 지표침하에 비해 일반적으로 크다는 연구결과를 확인할 수 있었다.

2) 내공변위와 천단침하

내공변위와 천단침하가 측정된 5개 터널의 경시도는 그림 10과 같다.

내공변위와 천단침하에 대해 상부 및 하부 반단면 굴착 완료시의 계측결과를 단순화하여 비교 분석하였다. 대체적으로 5개터널에서 상부 반단면 굴착 완료시 내공변위는 5.5~41.0mm로 평균 17.2mm, 천단침하는 6.0~22.0mm로 평균 13.6mm, 하부 반단면 굴착 완료시 내공변위는 7.9~45.0mm로 평균 21.8mm, 천단침하는 9.0~19.0mm로 평균 14.5mm가 나타난 것으로 분석되었다.

내공변위는 상부 반단면 굴착 완료시 계측된 전체 내공변위량의 79%, 천단침하는 상부 반단면 굴착 완료시 계측된 전체 천단침하량의 94%가 발생하여 천단침하가 내공변위에 비해 15% 크게 발생한 것으로 분석되었다.

따라서, 지표침하와 천단침하 및 내공변위와 천단침하의 관계에서 상부 반단면 굴착 완료시 계측된 전체 변위량의 비는 천단침하가 지표침하에 비해 17%가 크게 발생하였으며, 천단침하가 내공변위에 비해 15%가 크게 발생하여 천단침하는 거의 같은 크기의 증가율인 것으로 분석되었다.

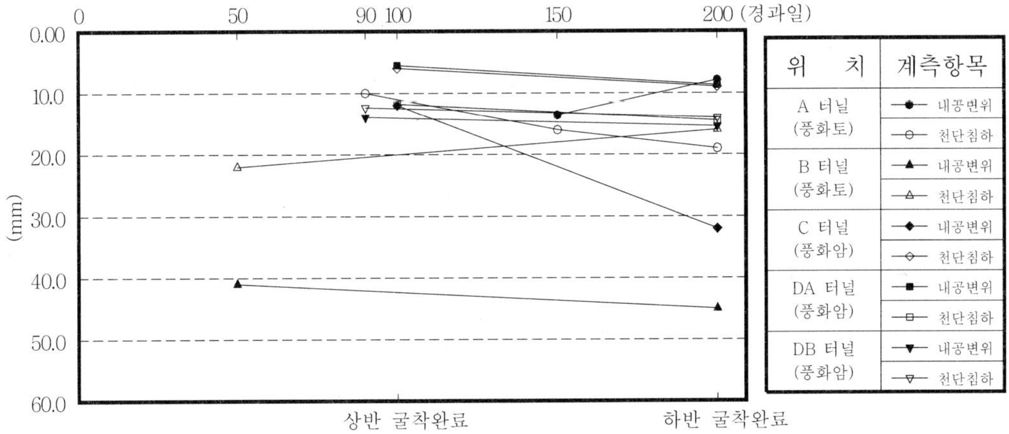

그림 10 내공변위와 천단침하 경시도

2.2.2 침하와 응력 비교 분석

1) 지표침하와 숏크리트 라이닝 응력

지표침하와 상부측벽 숏크리트 라이닝 응력이 측정된 3개 터널의 경시도는 그림 11과 같다. 지표침하와 상부측벽 숏크리트 라이닝 응력이 측정된 현장에 대해 상부 및 하부 반단면 완료시의 계측결과를 단순화하여 비교 분석하였다.

대체적으로 3개터널에서 상부 반단면 굴착 완료시 지표침하는 19.0~26.2mm로 평균 23.6mm, 상부측벽 숏크리트 라이닝 응력은 18.0~22.5kgf/㎠로 평균 20.8kgf/㎠로 나타났으며, 지표침하와 상부측벽 숏크리트 라이닝 응력의 비는 1.13으로 분석되었다. 하부 반단면 굴착 완료시 지표침하는 25.0~50.0mm로 평균 35.0mm, 상부측벽 숏크리트 라이닝 응력은 16.0~22.5kgf/㎠로 평균 19.5kgf/㎠로 나타났으며, 지표침하와 상부측벽 숏크리트 라이닝 응력의 비는 1.85로 분석되어 상부 반단면 굴착 완료시 보다 크게 나타났다. 따라서, 숏크리트의 허용응력 $f_{ca} = 0.4 \times f_{ck} = 84 kgf/cm^2$로 계측치는 허용응력의 약 25%로 숏크리트 라이닝은 안전한 것으로 평가되었다.

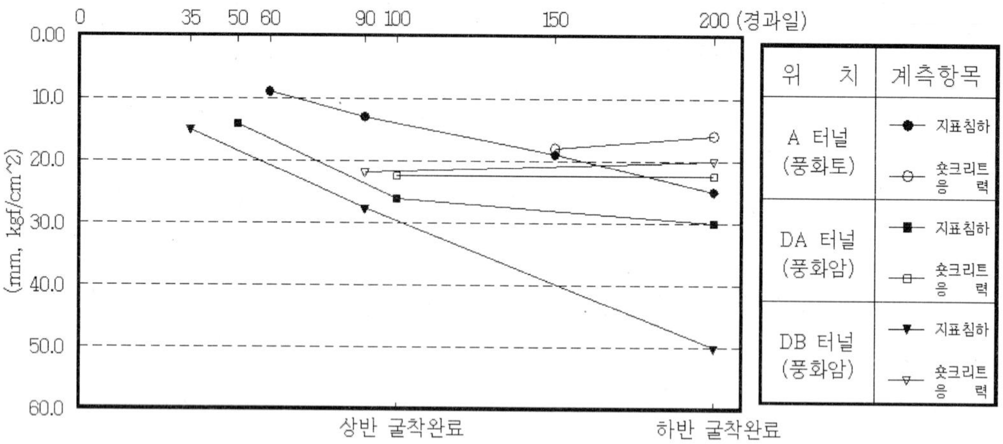

그림 11 지표침하와 상부측벽 숏크리트 라이닝 응력 경시도

2) 천단침하와 숏크리트 라이닝 응력

천단침하와 천단 숏크리트 라이닝 응력이 측정된 5개 터널의 경시도는 그림 12와 같다. 천단침하와 천단 숏크리트 라이닝 응력에 대해 상부 및 하부 반단면 굴착완료시의 계측 결과를 단순화하여 비교 분석하였다.

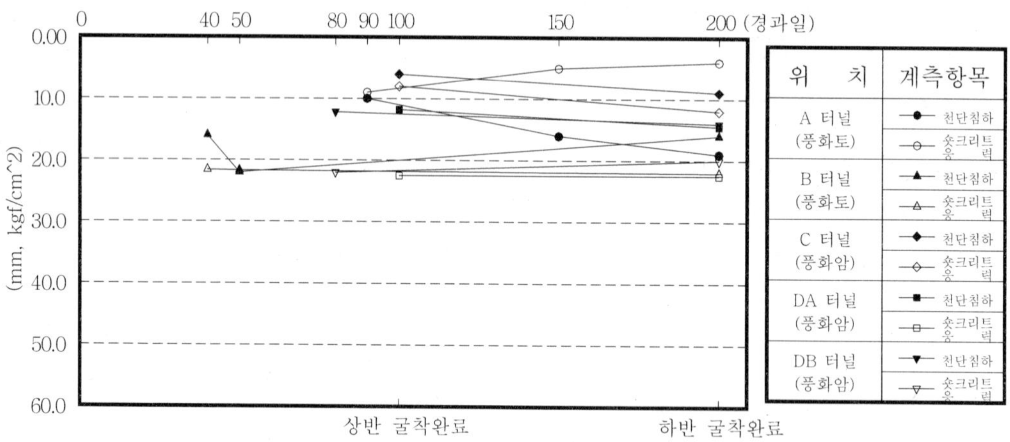

그림 12 천단침하와 천단 숏크리트 라이닝 응력 경시도

대체적으로 5개터널에서 상부 반단면 굴착 완료시 천단침하는 6.0~22.0mm로 평균 13.6mm, 천단 숏크리트 라이닝 응력은 5.0~22.5kgf/㎠로 평균 15.8kgf/㎠로 나타났으며, 천단침하와 천단 숏크리트 라이닝 응력의 비는 0.86으로 분석되었다. 하부 반단면

굴착 완료시의 천단침하는 9.0~19.0mm로 평균 14.5mm, 천단 숏크리트 라이닝 응력은 4.0~22.5kgf/㎠로 평균 16.1kgf/㎠로 나타났으며, 천단침하와 천단 숏크리트 라이닝 응력의 비는 0.90으로 분석되어 상부 반단면 굴착 완료시와 거의 같은 크기로 나타나 천단침하와 천단 숏크리트 라이닝 응력은 터널내 다른 위치의 값보다 정확한 값을 보이고 있어 터널 주변의 변위와 응력 추정을 위한 수치해석시 정확도가 가장 우수할 것으로 판단된다.

따라서, 천단침하와 천단 숏크리트 라이닝 응력은 상부 반단면 굴착 완료시와 하부 반단면 굴착 완료시 거의 같은 비율로 변화하는 것을 알 수 있었으며, 상부 반단면 굴착 완료시 천단침하는 전체 천단침하의 94%가 발생하였고, 천단 숏크리트 라이닝 응력은 98%가 발생한 것으로 분석되었다.

2.2.3 회귀분석 결과

각 계측 항목별 경시도를 로그 그래프에 표시하고 회귀분석 곡선을 구하면 그림 13~16과 같으며, 회귀분석 곡선을 종합하면 그림 17과 같다.

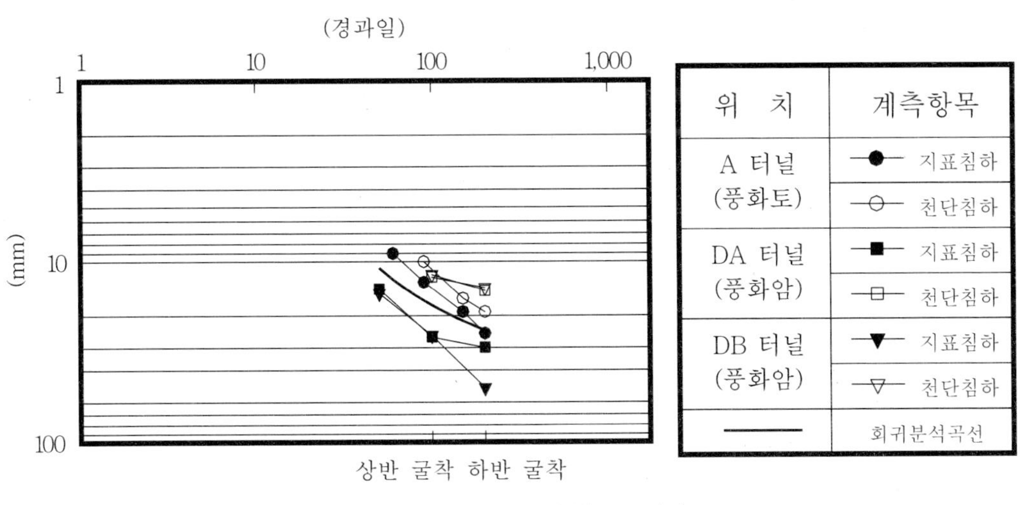

그림 13 지표침하와 천단침하 로그 경시도

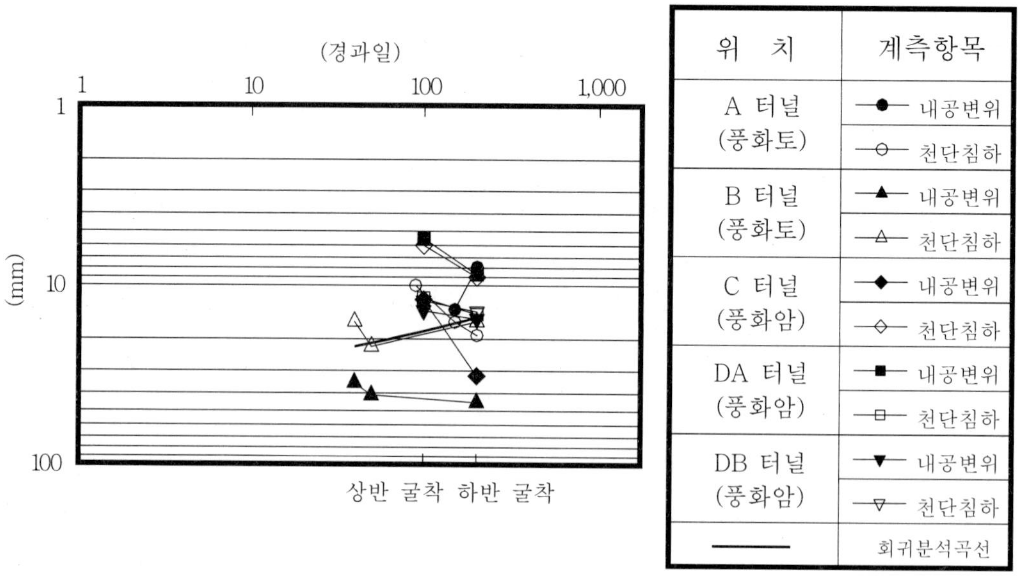

그림 14 내공변위와 천단침하 로그 경시도

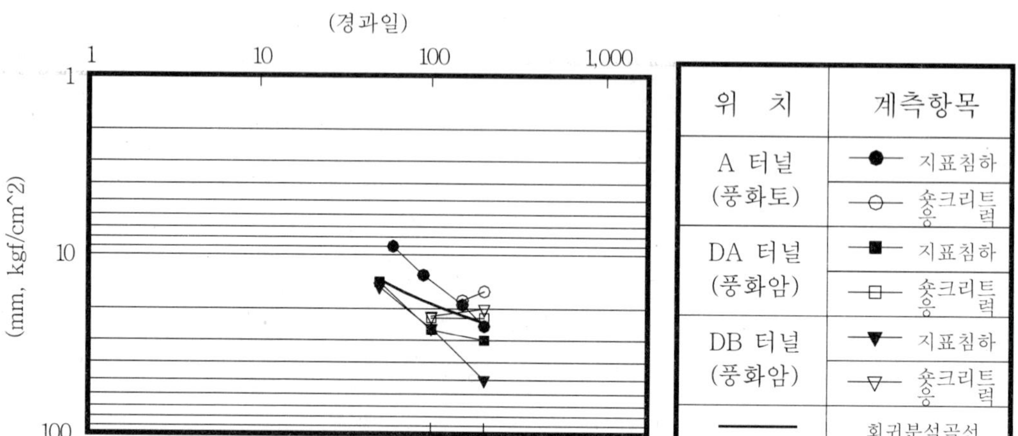

그림 16 천단침하와 천단 숏크리트 라이닝 응력 로그 경시도

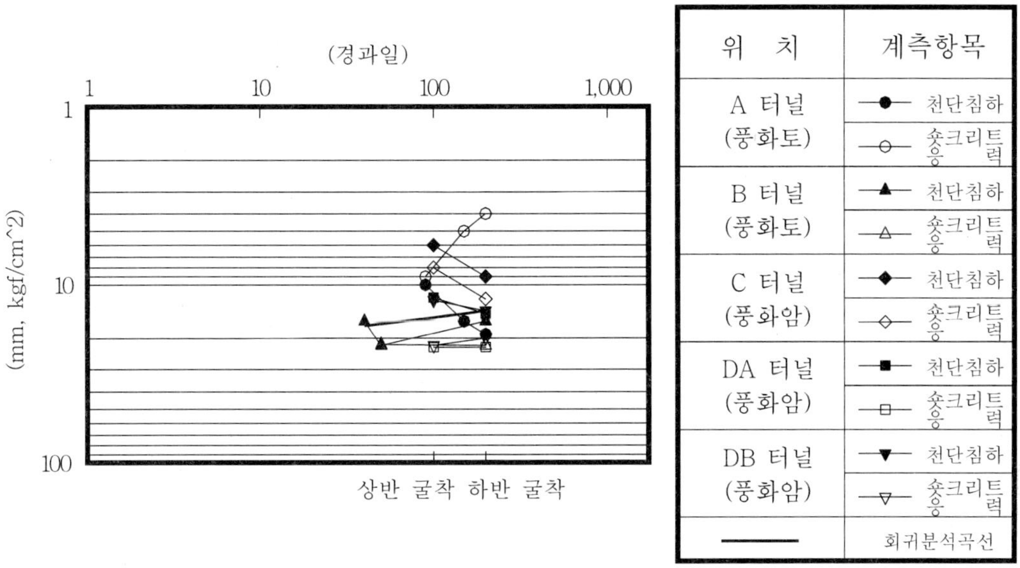

그림 15 지표침하와 상부측벽 숏크리트 라이닝 응력 로그 경시도

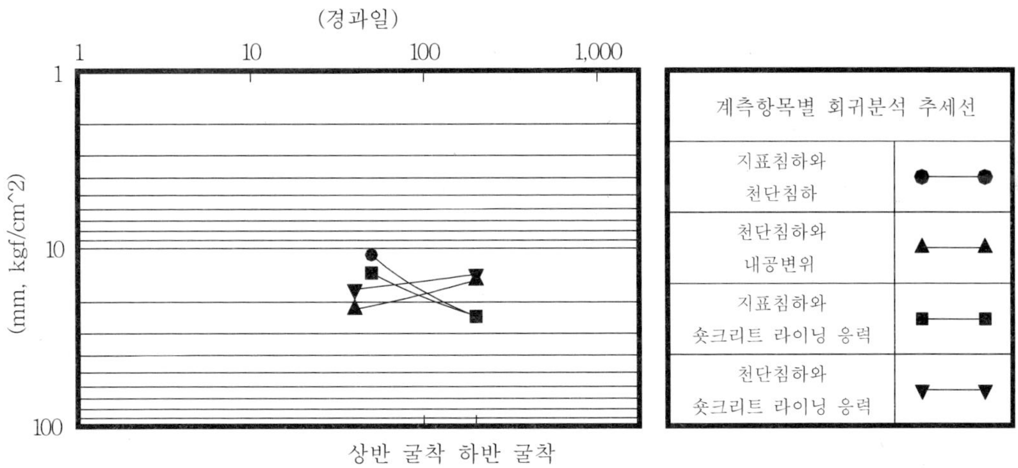

그림 17 계측 항목별 회귀분석 곡선

지표침하와 천단침하 회귀분석 곡선은 상반 굴착 완료시 12mm에서 하반굴착 완료시 26mm로 증가하는 경향을 나타냈으며, 천단침하와 내공변위 회귀분석 곡선은 상반 굴착 완료시 22mm에서 하반 굴착 완료시 17mm로 감소하는 경향을 나타냈다. 지표침하와 상부측벽 숏크리트 라이닝 응력 경시도에서 회귀분석 곡선은 상반 굴착 완료시 14kgf/㎠

(mm)에서 하반 굴착 완료시 26kgf/㎠(mm)로 증가하는 경향을 나타냈으며, 천단침하와 천단 숏크리트 라이닝 응력 경시도에서 회귀분석 곡선은 상반 굴착 완료시 18kgf/㎠(mm)에서 하반 굴착 완료시 14kgf/㎠(mm)로 감소하는 경향을 나타냈다. 계측 항목별 회귀분석 곡선에서 지표침하와 천단침하는 하반 굴착 완료시가 상반 굴착 완료시에 비해 2.17배(26/12)크며, 지표침하와 숏크리트 라이닝 응력은 하반 굴착 완료시가 상반 굴착 완료시에 비해 1.86배(26/14)큰 것으로 나타났다.

천단침하와 내공변위는 하반 굴착 완료시가 상반 굴착 완료시에 비해 0.77배(17/22)작으며, 천단침하와 천단 숏크리트 라이닝 응력은 하반 굴착완료시가 상반 굴착 완료시에 비해 0.77배(14/18)작은 것으로 나타났다. 따라서, 굴착단계에 따라 지표침하와 천단침하 및 지표침하와 상부측벽 숏크리트 라이닝 응력은 거의 같은 값으로 증가하는 경향을 보여 지표침하, 천단침하, 상부측벽 숏크리트 라이닝 응력은 서로 비례관계인 것으로 분석되었다.

또한, 천단침하와 내공변위 및 천단침하와 천단 숏크리트 라이닝 응력은 거의 유사한 값으로 감소하는 경향을 보여 내공변위, 천단침하, 천단 숏크리트 라이닝 응력은 서로 비례관계에 있는 것으로 분석되었다.

3. 유지관리계측 결과 분석

3.1 터널에 작용하는 수압 비교 분석

A터널 및 B터널의 간극수압, 한강수위, 터널 양수량과의 관계와 간극수압 회귀분석 곡선은 그림 18과 같다. 간극수압은 흙의 간극속에 존재하는 물의 압력으로 정수압 또는 과잉 간극수압을 말한다.

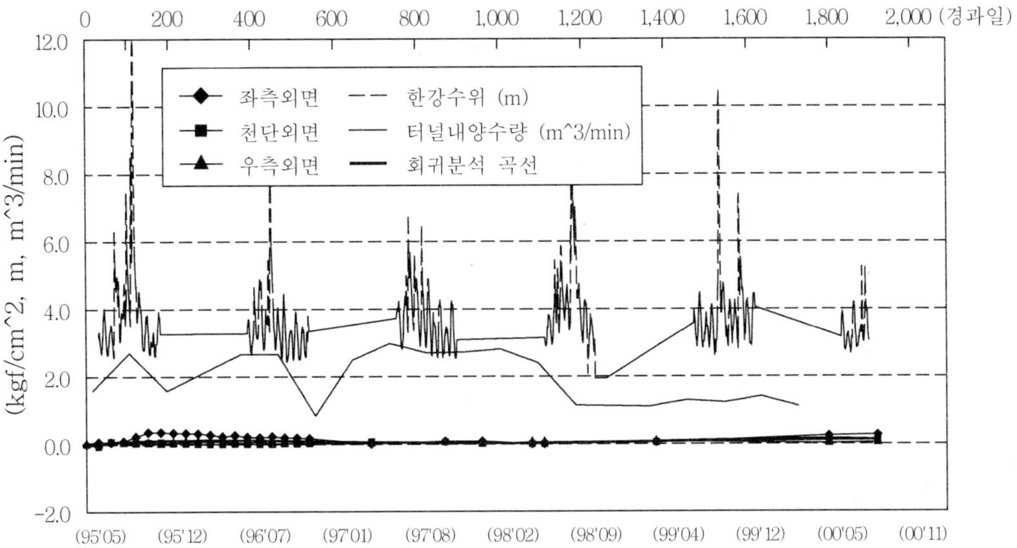

0
200
400
600
800
1,000
1,200
1,400
1,600
1,800
2,000 (경과일)
12.0
10.0
8.0
6.0
4.0
2.0
0.0
-2.0
(kgf/cm^2, m, m^3/min)
좌측외면
천단외면
우측외면
한강수위 (m)
터널내양수량 (m^3/min)
회귀분석 곡선
(95'05)
(95'12)
(96'07)
(97'01)
(97'08)
(98'02)
(98'09)
(99'04)
(99'12)
(00'05)
(00'11)

(a) A 터널

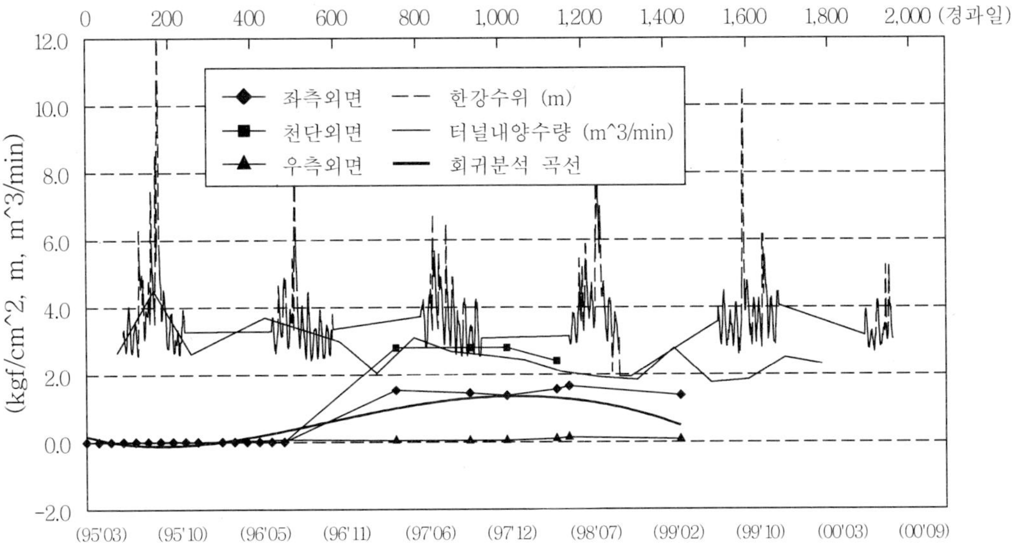

0
200
400
600
800
1,000
1,200
1,400
1,600
1,800
2,000 (경과일)
12.0
10.0
8.0
6.0
4.0
2.0
0.0
-2.0
(kgf/cm^2, m, m^3/min)
좌측외면
천단외면
우측외면
한강수위 (m)
터널내양수량 (m^3/min)
회귀분석 곡선
(95'03)
(95'10)
(96'05)
(96'11)
(97'06)
(97'12)
(98'07)
(99'02)
(99'10)
(00'03)
(00'09)

(b) B 터널

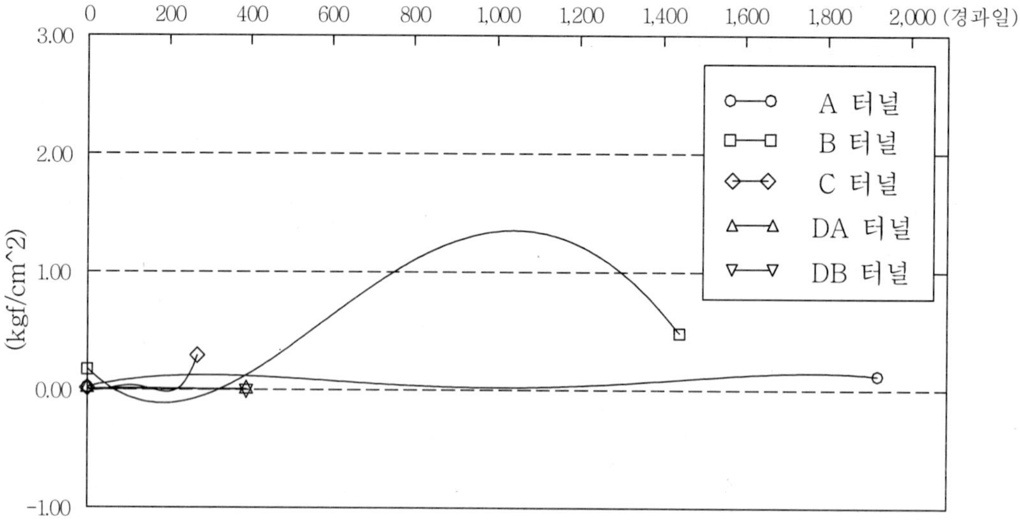

(c) 회귀분석 곡선

그림 18 간극수압, 한강수위, 터널내 양수량과의 관계도

간극수압은 흙의 간극속에 존재하는 물의 압력으로 정수압 또는 과잉 간극수압을 말한다. A터널의 간극수압은 0~0.36kgf/㎠의 범위로 계측 초기부터 최근까지 거의 일정한 값을 보여 한강수위와 직접적인 관계는 없는 것으로 판단되며, 측정 위치별 평균 간극수압의 크기는 좌측벽체 0.18kgf/㎠, 천단 0.04kgf/㎠, 우측벽체 0.04kgf/㎠의 값을 보였다.

B터널의 간극수압은 계측초기부터 약 500일 경과시까지는 거의 간극수압이 작용하지 않다가 그 이후부터 최대 2.80kgf/㎠로 증가하는 양상을 보여 시간경과에 따라 한강수위의 영향을 받는 것으로 판단되며, 측정 위치별 평균 간극수압의 크기는 좌측벽체 0.41kgf/㎠, 천단0.41kgf/㎠, 우측벽체 0.04kgf/㎠의 값을 보였다. 간극수압 회귀분석 곡선에서 한강수위의 영향권에 있는 A터널과 B터널 및 C터널의 회귀분석 곡선은 변화를 보이는 반면, 지하수위 영향이 적은 DA, DB 터널에서는 거의 변화량이 없는 것으로 나타났다.

각 터널의 평균 최대 간극수압은 A터널은 0.18kgf/㎠, B터널은 0.41kgf/㎠로 B터널의 평균 최대 간극수압이 A터널에 비해 2.3배 크게 나타났는데, 이는 A터널의 방수형식이 배수식의 부분 방수형이며, B터널은 수압조절 배수식의 전주 방수형의 차이인 것으로 판단된다.

배수형 터널에서는 이론적으로 수압이 작용하지 않지만 시간의 경과에 따른 배수층의 기능저하를 고려하여 수압하중 설정시 잔류수압을 고려하는 것이 일반적인데 잔류수압은 구조물 배후지반의 수위와 정면의 수위와의 차이에 의해 구조물에 작용하는 정수압을 말한다.

설계시 잔류수압은 터널높이H_t와 관계가 있으며, 토사구간에서는 $1/3H_t\gamma_w$, 암반구간 $1/2H_t\gamma_w$를 적용하고 있으나, 설정근거가 불명확한 실정이다. A터널은 풍화토 구간으로 부분 방수식의 배수형 터널이며, 평균 최대 간극수압은 0.18kgf/㎠로 9.9m 터널높이 잔류수압 0.99kgf/㎠의 18.2%로 약$1/5H_t\gamma_w$의 값을 보이고 있다.

B터널은 풍화토구간으로 전주 방수식의 수압조절 배수형터널이며, 평균 최대 간극수압은 0.41kgf/㎠로 7.8m 터널높이 잔류수압 0.78kgf/㎠의 52.6%로 약$1/2H_t\gamma_w$의 값을 보이고 있어 일반적인 부분 방수식 배수형 터널인 A터널보다 큰 값을 보인 이유는 당초 전주 방수식 비배수형 터널에서 유지관리시 예상되는 과다수압의 영향을 해소하기 위해 전주 방수식의 배수형 터널로 변경 시공하면서 수압조절장치를 설치하여 인위적으로 조절하므로써 수압작용으로 인해 계측결과가 크게 나타난 것으로 판단된다.

따라서, 배수형 및 수압조절 배수형 터널에서의 잔류 수압이$1/2\sim1/5H_t\gamma_w$로 측정되어 토사구간에 설계시 적용되고 있는 잔류수압$1/3H_t\gamma_w$는 타당성이 있는 것으로 판단된다.

3.2 터널에 작용하는 토압 비교 분석

A터널 및 B터널의 토압, 간극수압, 한강수위, 터널내 양수량과의 관계와 토압 회귀분석 곡선은 그림 19와 같다. A터널은 한강지류인 여의도 샛강에서 약 500m 떨어진 지점으로 한강수위 상승에 의한 직접적인 영향은 적은 위치이며, B터널은 한강 밑을 통과하는 하저터널로 한강수위 의 직접적인 영향을 받는 곳이다.

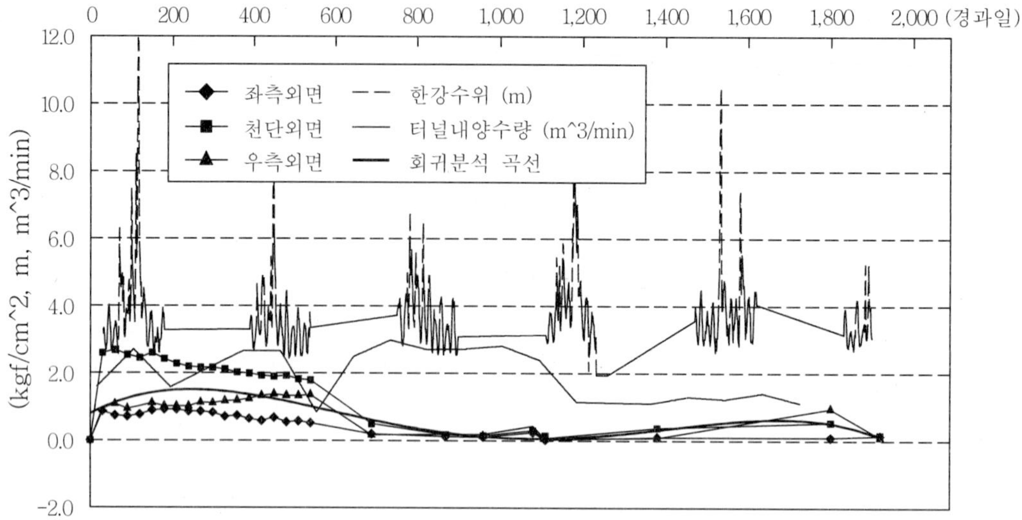

0
200
400
600
800
1,000
1,200
1,400
1,600
1,800
2,000 (경과일)
12.0
10.0
8.0
6.0
4.0
2.0
0.0
-2.0
(kgf/cm^2, m, m^3/min)
좌측외면
천단외면
우측외면
한강수위 (m)
터널내양수량 (m^3/min)
회귀분석 곡선
(95'05)
(95'12)
(96'07)
(97'01)
(97'08)
(98'02)
(98'09)
(99'04)
(99'12)
(00'05)
(00'11)

(a) A 터널

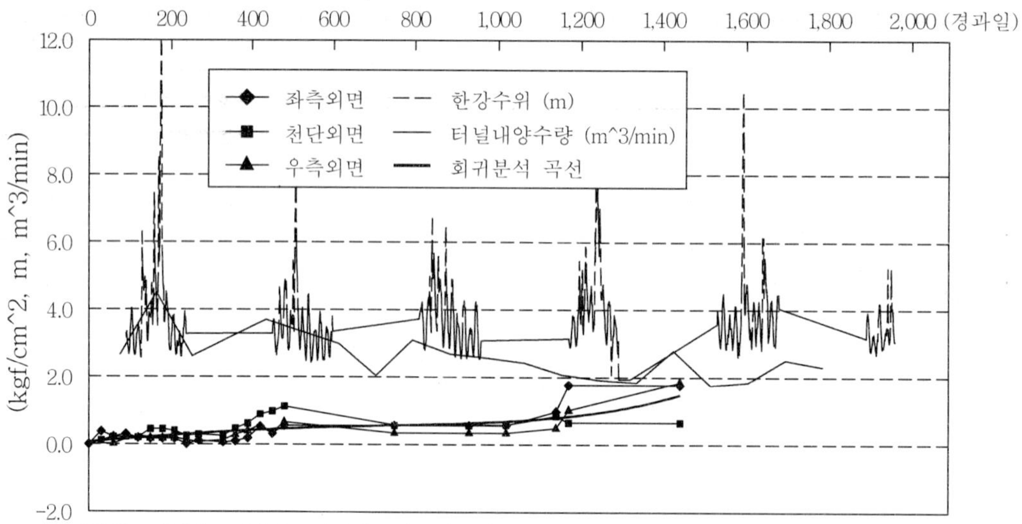

0
200
400
600
800
1,000
1,200
1,400
1,600
1,800
2,000 (경과일)
12.0
10.0
8.0
6.0
4.0
2.0
0.0
-2.0
(kgf/cm^2, m, m^3/min)
좌측외면
천단외면
우측외면
한강수위 (m)
터널내양수량 (m^3/min)
회귀분석 곡선
(95'03)
(95'10)
(96'05)
(96'11)
(97'06)
(97'12)
(98'07)
(99'02)
(99'10)
(00'03)
(00'09)

(b) B 터널

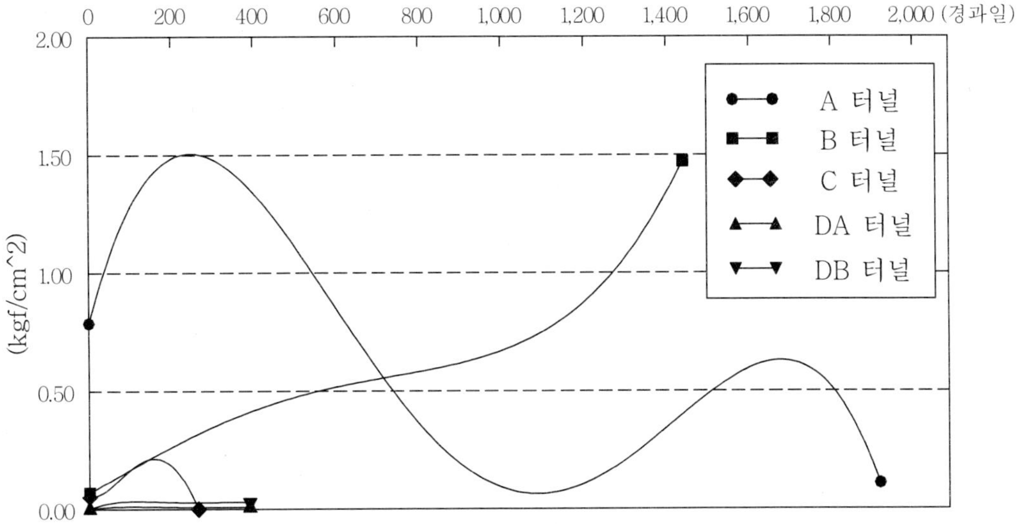

(c) 회귀분석 곡선

그림 19 토압, 한강수위, 터널내 양수량과의 관계도

A터널의 토압은 측정초기에 급격히 증가하여 0.9~2.6kgf/㎠의 크기를 보였으나, 그 이후에는 서서히 감소하여 최대 0.1~0.2kgf/㎠, 측정 위치별 평균토압의 크기는 좌측벽체 0.50kgf/㎠, 천단 1.55kgf/㎠, 우측벽체 0.85kgf/㎠를 보였는데 천단 및 우측벽체의 평균토압이 좌측벽체에 비해 큰 것은 천단부 우측 지상에 있는 고가도로 교각의 집중하중에 의한 영향인 것을 알 수 있었다.

B터널의 토압은 시간경과에 따라 서서히 증가하는 양상을 나타내며, 최근에는 0.7~1.8kgf/㎠의 범위를 보이고 있으며, 측정 위치별 평균토압의 크기는 좌측벽체 0.44kgf/㎠, 천단 0.49kgf/㎠, 우측벽체 0.36kgf/㎠를 보였는데 천단 및 좌우측 벽체가 거의 같은 값을 나타내어 균등한 토압을 받는 것으로 판단된다.

각 터널의 평균토압 범위를 보면, A터널은 0.50~1.55kgf/㎠, B터널은 0.36~0.49kgf/㎠로 A터널의 평균토압이 1.4~3.2배 크게 나타났는데 이는 A터널 천단부 우측에 있는 고가도로 교각의 집중하중의 영향으로 천단과 우측벽체의 토압이 크고, 좌측벽체의 토압이 작은 것으로 나타났으며, B터널은 한강수위 이외의 외부영향 요인이 없어 각 위치에서 거의 균등한 토압을 받고 있다. 토압 회귀분석 곡선에서 한강수위의 영향권에 있는 A터널과 B터널 및 C터널의 회귀분석 곡선은 큰 변화를 보이는 반면, 수위 영향이 적은 DA, DB 터널에서는 거의 변화량이 없는 것으로 나타났다.

4. 결 론

본 논문에서는 장기간에 걸쳐 비교적 계측이 잘 수행된 5개의 연약지반 터널 인 풍화토와 풍화암을 통과하는 지하철 터널의 공사계측 결과와 유지관리계측 결과를 토대로 다양한 분석방법으로 터널의 변위와 응력, 한강의 수위와 간극수압, 토압 등을 분석한 결과 다음과 같은 결론을 얻었다.

1) 지표침하와 천단침하의 관계에서 지표침하는 상부 반단면 굴착 완료시 계측된 전체 지표침하량의 67%, 천단침하는 84%가 발생하여 천단침하가 지표침하에 비해 17%가 크게 발생한 것으로 분석되었다. 이는 압밀침하가 발생하지 않은 지반에서 천단침하가 지표침하에 비해 일반적으로 크다는 연구결과를 확인할 수 있었다.
2) 내공변위와 천단침하의 관계에서 내공변위는 상부 반단면 굴착 완료시 계측된 전체 내공변위량의 79%, 천단침하는 94%가 발생하여 천단침하가 내공변위에 비해 15%가 크게 발생한 것으로 분석되었다.
3) 지표침하와 천단침하 및 내공변위와 천단침하의 관계에서 상부 반단면 굴착 완료시 계측된 전체 변위량의 비는 천단침하가 지표침하에 비해 17%가 크게 발생하였으며, 천단침하가 내공변위에 비해 15%가 크게 발생하여 천단침하는 거의 같은 크기의 증가율인 것을 알 수 있었다.
4) 상부 반단면 굴착 완료시 천단침하와 천단 숏크리트 라이닝 응력과의 비는 0.86, 하부 반단면 굴착 완료시 천단침하와 천단 숏크리트 라이닝 응력과의 비는 0.90으로 상부 반단면 굴착시와 유사한 값을 보여 터널주변의 변위와 응력 추정을 위한 수치해석시 천단침하 및 응력을 사용하면 정확도가 가장 우수할 것으로 판단된다.
5) 터널의 평균 최대 간극수압은 A터널이 0.18 kgf/㎠, B터널이 0.40kgf/㎠로 모두 풍화토를 통과하는 터널이며, 일반적인 부분 방수식 배수형 터널인 A터널에 비해 B터널이 큰 값을 보인 이유는 B터널은 전주 방수식의 배수형 터널로 수압 조절장치로 인해 수압이 더 작용되는 것으로 판단되었으며, A터널은 잔류수압이 $1/5H_t\gamma_w$, B터널은 $1/2H_t\gamma_w$의 값을 보이고 있어 토사 터널 설계에 적용되고 있는 $1/3H_t\gamma_w$의 잔류수압은 타당성이 있는 것으로 판단된다.
6) 터널의 평균 토압은 A터널이 0.50~1.55kgf/㎠, B터널은 0.36~0.49kgf/㎠로 A터널의 평균토압이 1.4~3.2배 크게 나타났는데 이는 A터널 천단부 우측에 있는 고가도로

교각의 집중하중 영향으로 천단과 우측벽체의 토압이 크고, 좌측벽체는 작은 것으로 나타났으며, B터널은 한강수위 이외의 외부영향 요인이 없어 각 위치에서 거의 균등한 토압을 받고 있다.

참고문헌

1. Sinha, R.S., "Underground Structures-Design and Instrumentation", Developments in Geotechnical Engineering, 59A, Elsevier, 1989, pp.33-82.
2. Hoek, E. and Brown, E.T., "Underground Excavation in Rock", 1980, pp.351-362.
3. Curtis, D. J. and Spaul, J. A., "Monitoring of the UK Tunnel Linings", Engineering Geology of The Channel Tunnel, 1996, pp.277-286.
4. Moore.D.R & A. Crease, "Tunnel Instrumentation", Engineering Geology of the Channel Tunnel, 1996, pp.287-294.
5. Feldman.A.I Buechel.G.J, "Instrumentation Program for Boston Red Line Subway Tunnel", Field Measurements in Geomechanics, 1999, pp.95-100.
6. Leger.B, Roussel.J.C, "Ten years of Geotechnical Measurements through Chamoise Tunnel Marls", 1995. pp.1309-1312.
7. 우종태, "지하철5호선 한강하저터널의 시공중 및 유지관리 계측결과 종합분석", 한국구조물진단학회 가을학술발표회 논문집, 2002. 11, pp.93-99.

3.1.1.4 서울지하철9호선 구조물하부통과 토사터널 계측분석

본 논문은 토사터널에서 구조물 하부통과 시공사례(강석기, 권형중, 김용준, 김치환, 2005년 대한 토목학회 터널시공기술향상 대토론회 논문집)를 재편집하여 기술한 내용이다.

1. 서 론

도심지 터널공사는 터널의 안정성뿐만 아니라 터널 수변의 인접 구조물의 안정성을 고려하여 시공되어야 한다. 구조물의 안정성은 지층구조, 응력 및 지하수를 포함한 다양한 지반조건과 터널 굴착시 발생하는 지반거동에 의해 영향을 받는다. 현재 터널굴착과 지보설계는 주로 특정한 조건들에 대한 경험으로부터 개발되어 있어 굴착대상 지반과 주변조건을 기존의 몇 개의 일반화된 유형으로 분류하여 적용할 경우 종종 부적절한 사례를 남기기도 한다. 따라서 공학적인 타당성에 근거한 합리적인 시공은 현장여건에 유연하게 대처할 수 있는 현장 설계변경 및 시공방법 개선에 의해 이루어져야 한다.

본 연구에서는 토피고 10m 이내의 천층터널 구간에서 시공중 측정된 계측결과를 기초로 역해석을 수행하면서 시공중인 터널 굴착 및 보강공사에 대한 안정성 확인과 터널변위 예측에 따라 보강공법을 변경하여 시공한 사례를 제시하여 향후 유사한 터널공사시 참고가 되도록 하였다.

2. 주변현황 및 지질특성

본 과업구간 중 터널은 양천길과 공항로를 연결하는 백석길 하부에 위치하고 있으며, 정거장과 연결되는 총연장 748m를 폭 12m의 복선터널로 계획되어 있다. 터널의 수직환기구는 STA. 10K+185m 지점인 대동아파트 1차와 대동아파트 2차 사이 공원부지에 위치하고 있으며, 터널통과 구간은 지층상태와 구조물 특성을 고려하여 대동아파트, 백석길, 사유지 3구간으로 구분하였다.

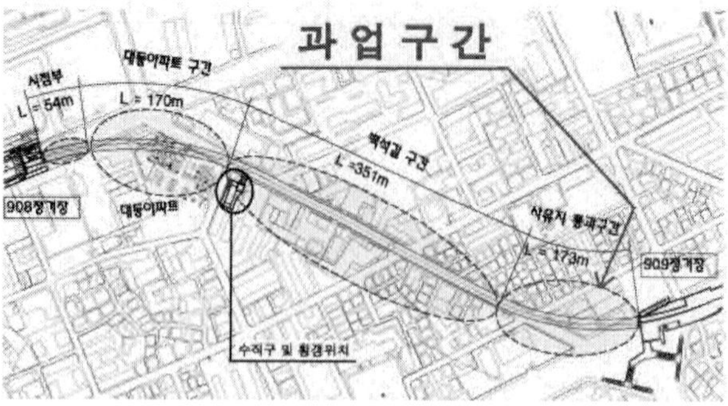

- 공사명
  : 서울시 지하철9호선 906공구 건설공사
- 공사위치
  : 서울시 강서구 등촌동 백석길
- 공사기간
  : 2002. 02. ~ 2007. 12.(71개월)
- 발주처 : 서울시 지하철건설본부
- 시공사 : 대림산업, 삼성물산
- 감리사 : (주)동명기술공단
- 설계사 : (주)한구엔지니어링

그림 1 주변현황

본 공사에서는 수직 환기구를 시공기간중 토사 반출구 및 작업용으로 임시 활용하고 있으며, 수직구에서는 횡갱을 설치하고 양방향 굴착을 시행하여 공사기간을 단축하였다. 횡갱설치 구간과 대동아파트 구간의 굴착 보강 사례는 터널공학회(2004. 9)에 소개된 바가 있다. 본 연구에서 주요 분석대상인 사유지 구간(L=173m)은 풍화토층으로 구성되어 있으며, 지상에 준공된지 20년 정도 지난 노후화된 3-4층 건물이 터널 직상부에 위치하고 있다.

본선 터널이 지나는 지역은 한강 유역 개발이전 능선 계곡부의 하천지역으로 충적층이 깊게 분포하고 있으며, 지표면은 매립층으로 구성되어 있다. 하부지반은 풍화토, 풍화암, 연암으로 구성되어 있으며, 기반암은 흑운모, 호상 편마암이다. 풍화토층은 N치가 9/30~50/11을 나타내어 느슨하거나 매우 조밀한 상태이며, 풍화암은 파쇄 및 절리가 발달되어 RQD는 0~17의 분포를 나타내고 있다. 그리고 터널구간의 지형은 북서방향에서 발달된 완만한 능선과 남에서 북으로 완경사로 발달된 능선이 서로 만나는 계곡부이며, 터널이 위치한 곳의 지하수위는 GL(-)3.3~7.3m로 충적층 구간에 분포하고 있다. 터널이 위치한 구간의 지층현황을 보면 대동아파트와 백석길 구간은 풍화토와 풍화암의 경계부로 터널 천단부는 풍화토이고 하부는 풍화암으로 형성되어 있다. 그리고 상가하부를 지나는 사유지 구간(L=173m)은 전단면이 풍화토층을 통과하여 앞구간과는 다른 지층분포를 나타내고 있다. 터널 통과구간의 지층상태를 그림 2, 표 1에 나타내었다.

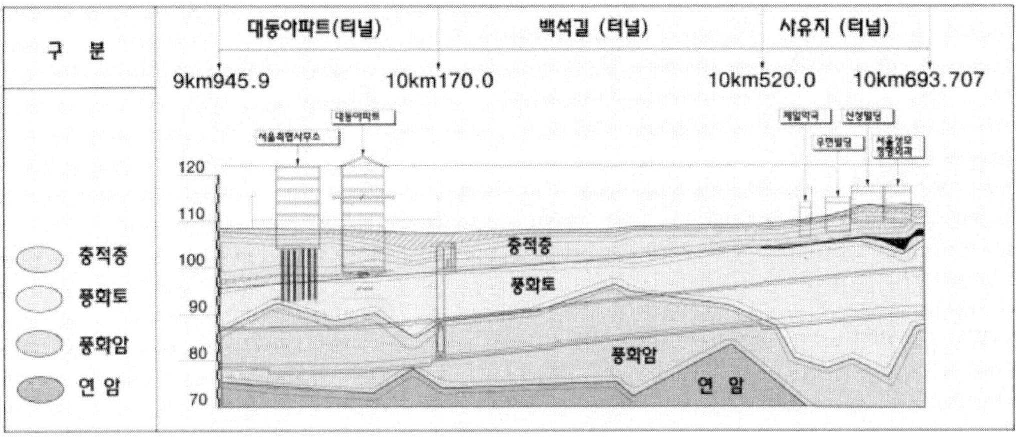

그림 2 대상구간의 지층분포

표 1 과업구간 지층특성

구간	지층 현황	조사 결과		
		구분	분포심도 (GL.-m)	N 치 (TCR/RQD)
사유지 (터 널)	• 사유지 구간 지층현황은 매립층, 충적층, 풍화대, 연암으로 구성 • 지하수위 분포현황은 GL(-)3.3~7.3m로 충적층 구간에 분포 • 옛 하천 제방구간에 근접하여 풍화대가 매우 두텁게 발달하여 있음	매립층	1.3~5.8	2/30~11/30
		충적층	4.8~10.7	4/30~25/30
		풍화토	26.0~34.5	9/30~50/11
		풍화암	28.8~34.5	50/10~50/3
		연 암	30.8~33.0	(68~78/0~17)

3. 구조물하부 통과구간 시공계획

3.1 굴착공법

터널굴착 방법은 링컷(Ring cut)굴착을 수행하여 막장 주변의 지반이완을 최소화하고 안정성을 확보하였다. 그리고 H-beam(H125mm)의 강지보재를 0.8m 간격으로 설치하고 강섬유보강 숏크리트를 1, 2차로 구분하여 두께 250mm로 타설하였다. 또한 굴착시 막장의 안정과 주변지반의 강성을 증대시키기 위하여 상반 굴착시 천단부와 측벽부에 ø114mm의 대구경 자천공 강관다단 그라우팅을 실시하고 막장부에는 GRP 그라우팅을 실시하였다. 그리고 응력해방에 따른 바닥부의 융기와 하반굴착시 예상되는 지반변위를 최소화하기 위하여 터널바닥 하부 7~8m까지 시멘트 그라우팅을 11공 시공하였다.

하반굴착시 벤치길이는 30m로 유지하였으며, 굴착후 락볼트(L=4m)를 좌우 측벽부에 각각 3공씩 설치하고 하반굴착 완료후 인버트를 설치하여 지반변위를 최소화 하였다. 사유지 구간 구조물 하부 통과구간의 터널단면은 그림 3, 단면도는 그림 4와 같다.

터널단면(PD-2C)	보강내용
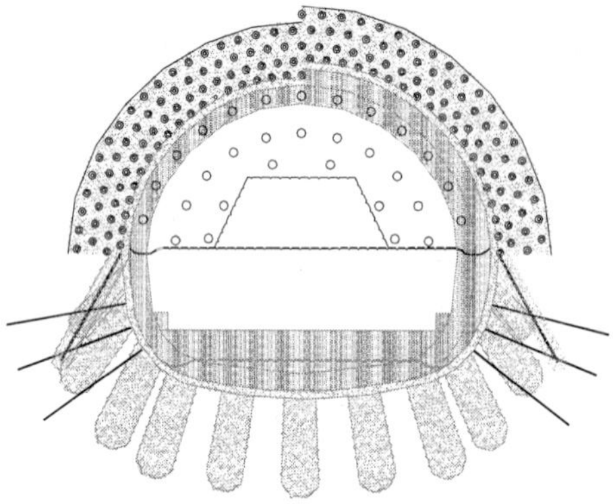	• 굴착 : Ring cut + 기계굴착 • 천단부 : 직천공 강관다단 (Φ114mm x 15m x 37공 @ 4m) • 측벽부 : 직천공 강관다단(상반) (Φ73mm x 4m x 6공 @ 0.8m) 락볼트(하반) (Φ29mmx 4m x 3공@0.8m) • 막장부 : GRP(Φ47mm x 12m x 30공@8m) • 하반부 : 시멘트 그라우팅 (L=7~8m x 11공 @ 1.6m) • 숏크리트 : 강섬유보강 숏크리트(250mm) • 강지보 : H-beam(H125mm) • 라이닝 : 철근콘크리트 600mm

그림 3 터널 보강단면

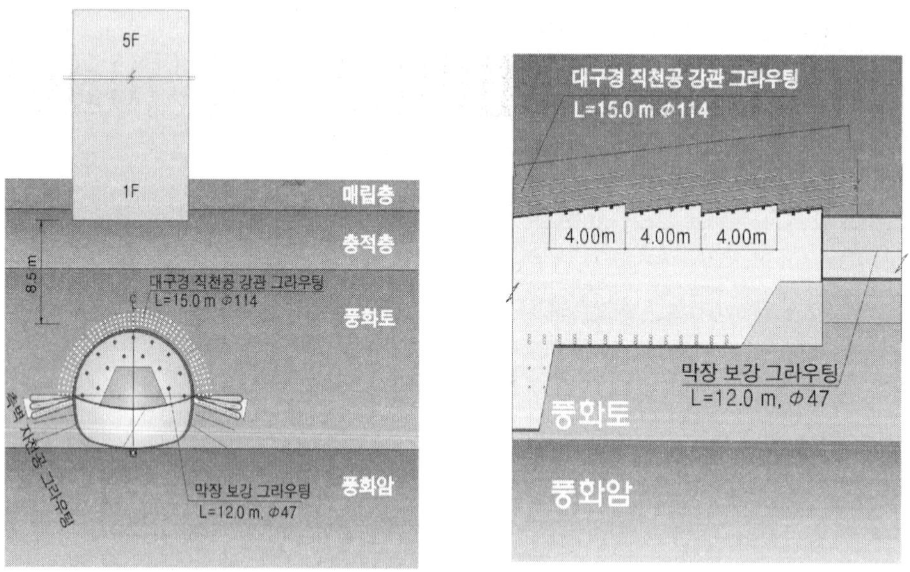

(a) 굴착단면도 (b) 종단면도

그림 4 풍화토구간 터널 종단면도

3.2 터널계측 계획

도심지 지하철공사의 터널계측은 터널뿐만 아니라 주변 구조물의 안정성을 확인할 수 있는 계측도 동시에 수반되어야 한다. 그리고 계측간격과 계측빈도를 축소하여 이상변위에 대해서 즉시 대응할 수 있는 보강대책도 사전에 수립하여야 한다. 이에 당 공사에서는 터널 천단침하 측정개소를 당초 10m 간격에서 4m 간격으로 축소하였으며, 터널 굴착에 의한 영향범위를 정밀하게 확인하기 위하여 당초 17개에서 40개로 확대하였다. 그리고 계측결과의 신뢰성은 주로 계측기 설치의 정확도가 영향을 미친다. 그러니 계측기 설치시기가 지연되거나 초기치 확보시기가 늦어지면 측정된 결과는 실제 발생한 변위나 응력값 보다 작게 되어 구조물의 안정성을 과대 평가하게 된다. 이에 당 공사에서는 굴착후 1시간 내에 계측핀을 설치하고 숏크리트 양생시간을 고려하여 5시간 이내에 초기치를 확보하여 실제 발생된 변위가 계측치와의 차이를 최소화 하고자 하였다. 당 공사의 계측현황은 표 2에 나타내었으며 건물의 안정성을 측정하기 위하여 설치한 지표침하계 설치현황을 그림 5에 나타내었다.

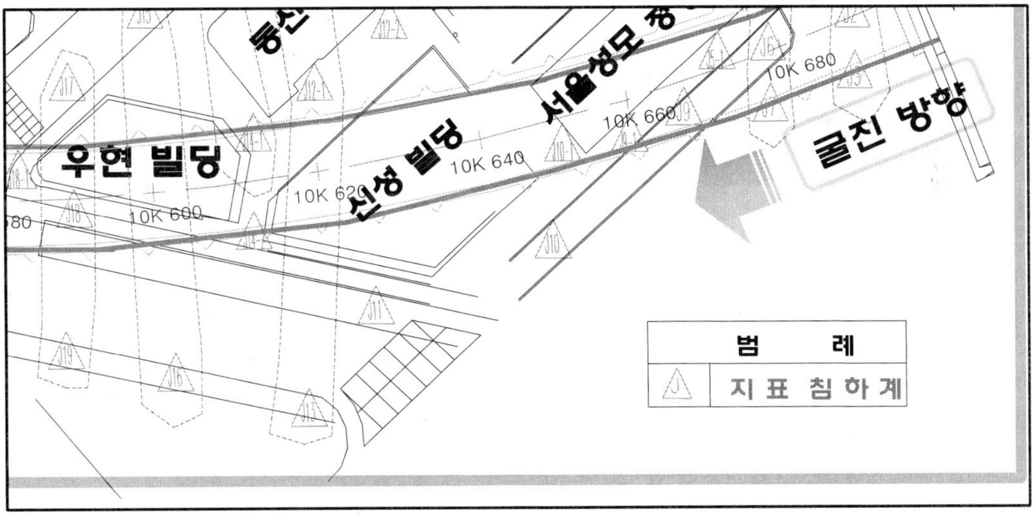

그림 5 지표침하계 설치현황

표 2 계측현황

계측 분류	계측기 종류	설계수량	설치수량	종료 시 예상수량
일상 계측	지표 침하계	17	40	40
	건물 침하계	-	12	12
	천단 침하계	16	20	31
	내공 변위계	36	52	94
대표 계측	록볼트 축력계	8	4	8
	숏크리트 응력계	20	13	20
	지중 변위계	8	4	8
	건물 경사계	7	9	9
	강지보 응력계	72	25	72
	수평 경사계	4	4	4
	지중 경사계	2	2	2
	층별 침하계	2	2	2

3.3 시공관리 계획

구조물 근접 공사시 터널공의 주요 시공관리는 계측결과를 토대로 수행된다. 이를 위해 당 현장에서는 일일계측보고 이외에도 주 1회 계측회의를 실시하고, 전문 연구자에 의해 계측결과를 이용한 역해석(Back analysis)을 통해 실시간 현장 시공관리 계획을 수립하였다. 당 현장의 시공관리 현황은 그림 6에 나타내었다. 그리고 주간계측 데이터와 수평경사계를 통한 선행변위를 계측하여 터널의 안정성과 천단침하, 내공변위의 수렴시기를 예측하고 계측치와 비교 분석한 후 터널보강 적정성 여부를 판단하였다. 그리고 추가 변위가 예상될 경우는 추가보강을 실시하고 시공방법을 수정 보완하였다.

또한 시공의 중요성을 모든 작업자가 알 수 있도록 하기 위하여 현장작업자, 기능공, 장비 운영자들에게 천공장의 여굴발생 최소화, 그라우트재의 주입속도 유지 등을 강조하였다. 그 결과 그라우트재가 설계량의 110%까지 주입되었다. 그리고 계측을 1일 1회로 수행하나, 변위 과다발생 지점에서는 2시간간격으로 측정하여 경시변화를 주의깊게 관찰하였다. 그리고 변위가 수렴한 이후에도 측정점의 빈도를 1일 1회로 계속 유지하여 현장관리에 만전을 기하고 있다.

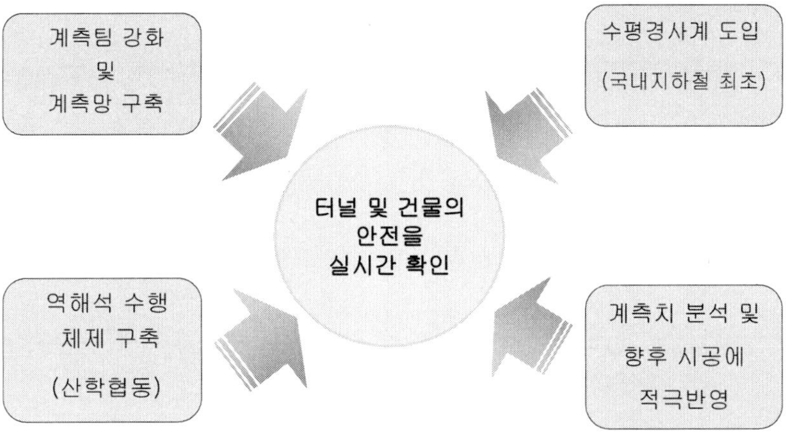

그림 6 터널공 시공관리 현황도

3.4 터널 시공현황

터널 시공은 상부 굴착 및 보강을 수행한 이후 측벽과 하반 선행보강을 실시하였다. 하반굴착은 벤치길이를 30m 유지하였다. 상하반 굴착 및 보강 순서를 각 단계별로 그림 7과 8에 나타내었다.

a) 상부굴착

b) 1차 숏크리트

c) 강지보 설치

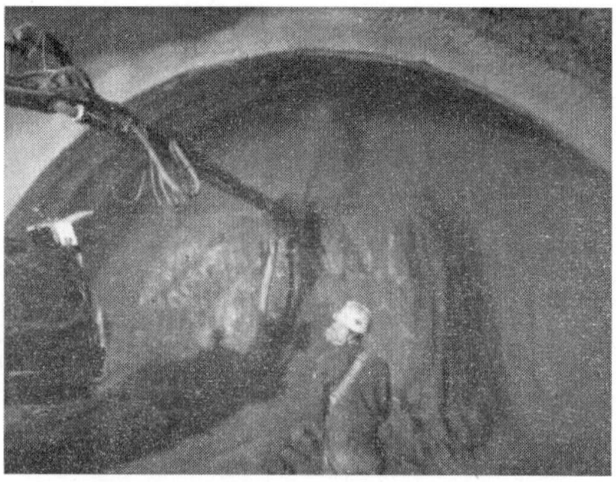

d) 2차 숏크리트

e) 자천공 강관다단 천공/주입

f) 막장면 GRP 보강

그림 7 터널 상부공 시공전경

a) 하부 기계굴착

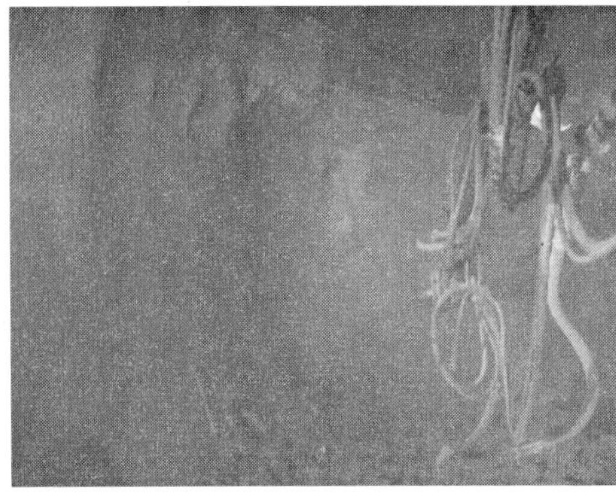

b) 1차 숏크리트

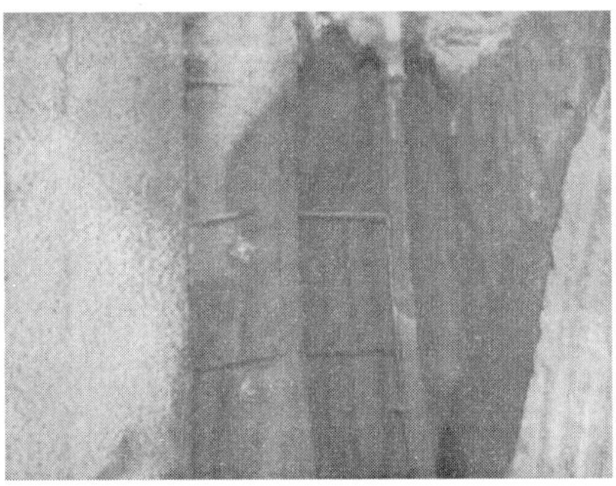

c) 강지보 설치

d) 락볼트 천공 및 주입

e) 2차 숏크리트

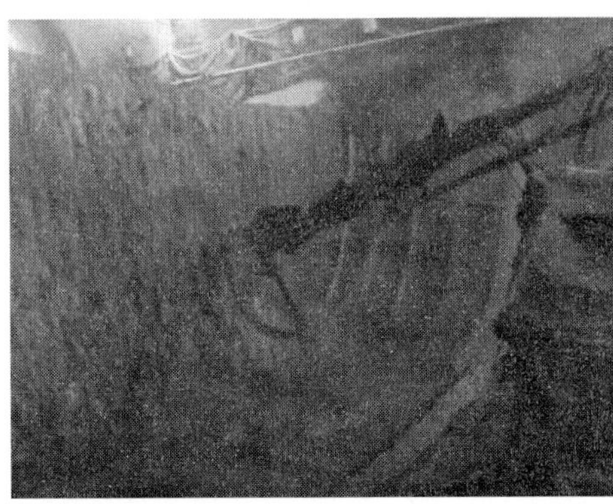

f) 인버터 숏크리트

그림 8 터널 하부공 시공전경

4. 현장계측 개선

일반적으로 계측기 설치후 측정되는 터널변위는 측정시기의 차이로 인하여 실제 발생된 변위보다 작게 측정된다. 이를 보완하기 위해 측정된 데이터의 경시변화도를 이용하여 굴착 직후의 변위를 예측하는 방법이 제안되어 있으나, 아직 실용성에 있어 그 평가가 제대로 이루어지고 있지는 않다. 이에 본 공사에서는 굴착 이전 막장 전방에서 발생하는 변위뿐만 아니라 굴착직후에 발생한 변위량을 측정할 수 있는 수평경사계를 막장전방에 설치하였다.

수평경사계의 장점은 아칭작용에 의해 굴착 이전 막장 전반부에서 발생하는 침하량과 굴착직후 발생하는 침하량을 측정할 수 있다. 수평경사계를 통해 측정된 자료는 역해석에 필요한 실제 지반변위를 제공하여 주므로 기존의 현장시공 관리수준 보다 개선된 결과를 줄 수 있다. 수평경사계 설치는 그림 9에서 보는 바와 같이 건물하부 통과 사유지 구간(L=120m)에서 터널중앙부 정점에 강관 천공 각도와 동일한 경사로 30m 천공한 후 3m 간격으로 센서를 삽입하였으며, 4개의 수평경사계를 설치하였다.

수평경사계 설치는 그림 10에서 보는 바와 같이 ø135mm의 비트로 천공한 후 PVC 케이싱 튜브를 공내에 삽입한다. 그리고 공벽과 튜브 사이 공극이 발생하지 않도록 그라우팅 호스를 통하여 시멘트 그라우트재를 주입한다. 그라우트재가 양생된 후 튜브 속에 설치된 Wire rope를 당겨서 수평경사계를 삽입한다. 수평경사계 센서에서 측정된 계측값은 자료 집적장치와 무선 전송시스템에 의해 실시간으로 현장과 자료 분석실로 전송되어지며, 역해석 결과 재 산정된 현장관리 기준치와 비교 되어졌다.

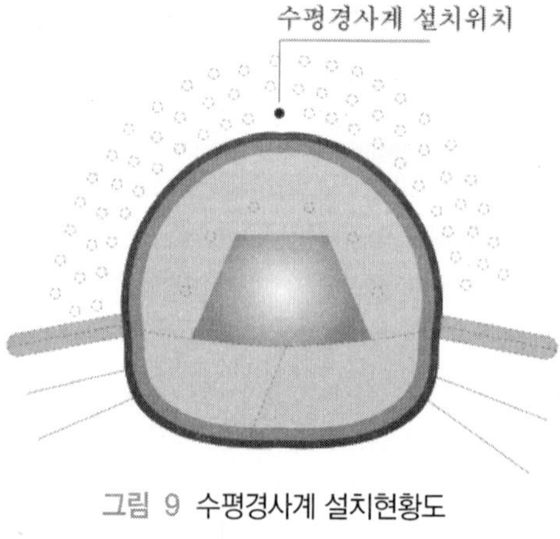

그림 9 수평경사계 설치현황도

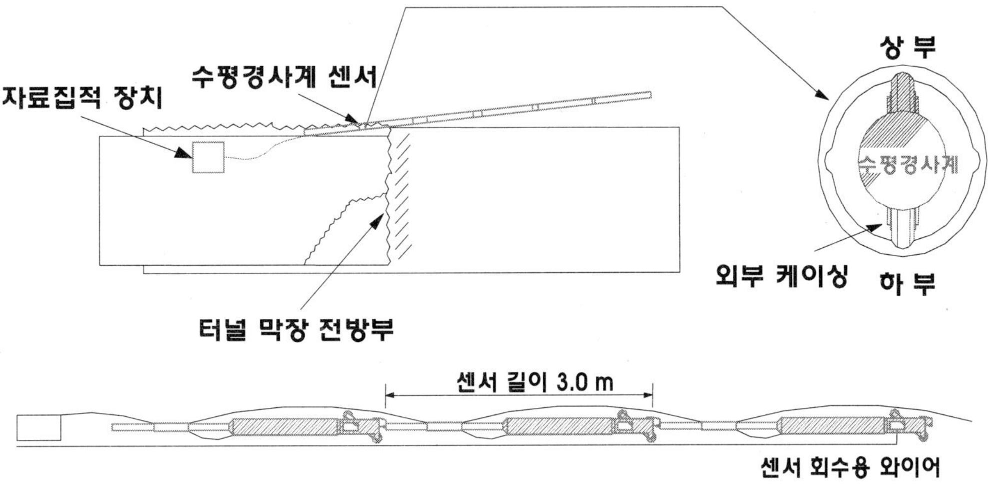

그림 10 수평경사계 설치방법

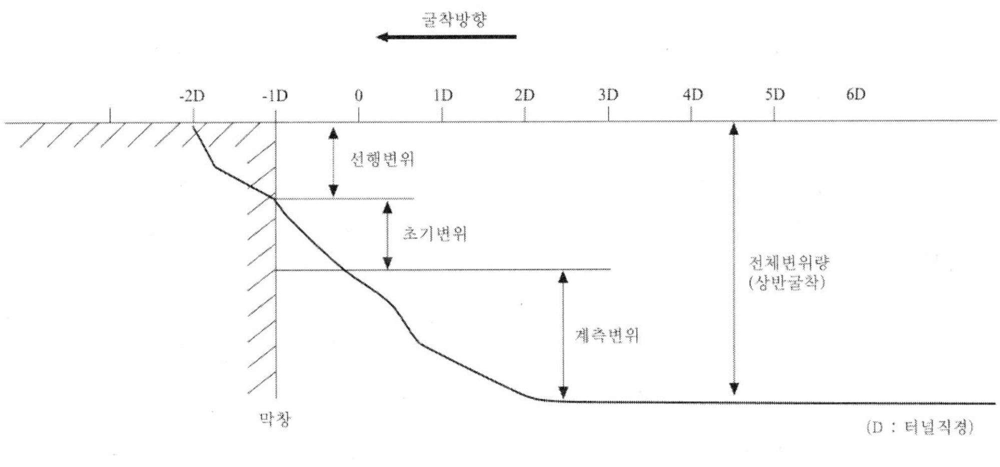

그림 11 선행변위 측정원리

수평 경사계에서 측정되는 변위는 굴착전 선행변위와 굴착직후의 초기변위 그리고 시간 경과에 따라 측정되는 변위 등이 연속적으로 측정되어지며, 이를 이용하여 막장면과 막장전방에서 발생한 선행침하량을 측정할 수 있다. 수평경사계를 이용한 변위량의 측정원리를 그림 11에 나타내었다.

STA. 10K+648에서 수평경사계를 설치하고 6월 29일부터 8월 9일까지 측정한 천단변위의 경시변화를 그림 12 및 표 3에 나타내었다. 8월 9일 STA.10K+627지점에 막장이 위치할 경우 막장면에서 발생한 선행변위량은 약 20mm로 측정되었다. 그리고 막장 전방 4m 지점(STA. 10K+623)에서의 천단침하가 약 10mm 정도 발생하였으며, 막장전방 0.8D 지점인 STA. 10K+620에서의 천단변위는 0으로 나타났다. STA. 10K+645~10K+627 구간에서 수평경사계에서 측정된 선행침하량과 전체변위량을 그림 13에 나타내었다. 수평경사계로 측정된 선행침하량과 전체침하량의 평균값은 각각 21.35mm와 40.95mm을 나타내어 선행행침하 비율은 평균 52.2%인 것으로 나타났다. 이와 같이 굴착이후 측정되는 천단변위는 실제 발생하는 변위량의 절반정도 임을 알 수 있으며, 지반조건과 보강단면이 변하면 선행침하 비율도 달라질 것으로 예상된다.

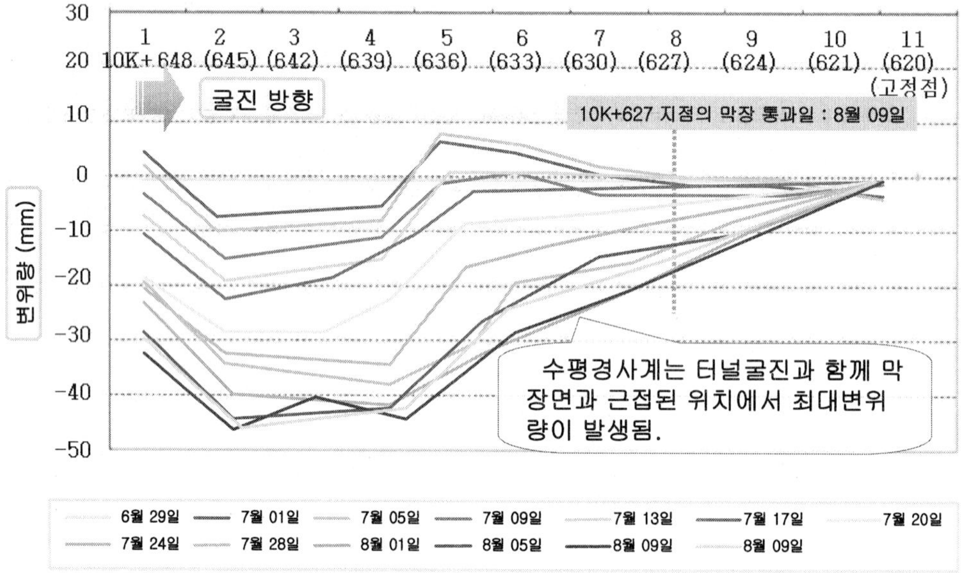

그림 12 수평경사계 측정된 천단변위의 경시변화

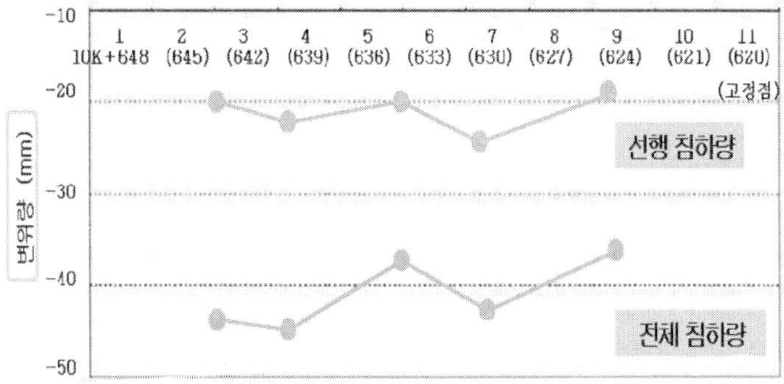

그림 13 수평경사계로 측정한 선행침하 특성

표 3 수평경사계로 측정된 침하량

설치위치	10K+645	10K+642	10K+636	10K+633	10K+627	평균
선행 침하량	(-) 20.058	(-) 22.848	(-) 20.075	(-) 25.603	(-) 18.167	(-) 21.350
전체 침하량	(-) 45.058	(-) 45.848	(-) 36.075	(-) 43.603	(-) 34.167	(-) 40.950
선행침하비율	44.52 %	49.83 %	55.63 %	58.72 %	53.17 %	52.2 %

5. 시공중 계측 및 역해석

5.1 역해석 방법

역해석(Back anlalysis) 방법은 여러 가지로 분류할 수 있으며, 그 중 수치해석적 방법을 이용한 직접법과 역순법이 주로 많이 적용되고 있다. 직접법(Direct calibration approach)은 시산적 방법을 사용하는 것으로 입력자료를 변경하며 해석을 반복하여 해석결과와 계측값의 오차가 최소화 될 때 까지 수행하는 방법으로 반복계산에 의해 최적치를 구해야하므로 시간이 많이 소요되는 단점이 있다.

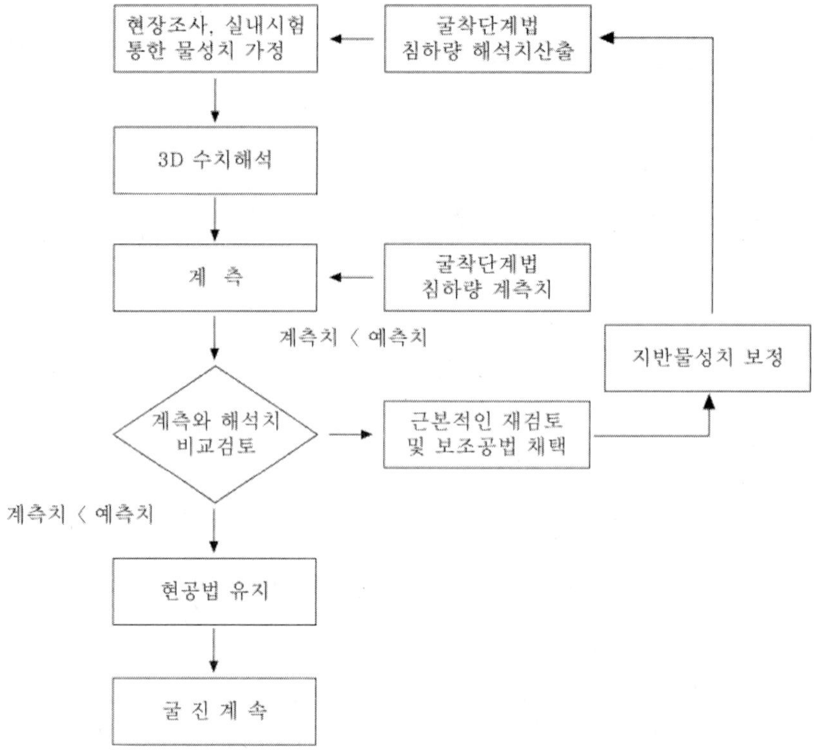

그림 14 역해석 흐름도

그러나 역순법(inverse approach)은 해석시 사용된 입력자료들이 미지수가 되고 변위 및 응력 등을 입력자료로 하는 방법이다. 따라서 구성방정식을 역으로 하여 계산 프로그램을 다시 만들어야 하므로 초기 투자비용이 많이 소요되나 프로그램이 완성되면 계산시간을 절약할 수 있다. 금번 해석에서는 이미 6개 현장에서 적용되어 소프트웨어의 정확성이 검증된 소프트웨어를 이용하여 역순법으로 역해석을 실시하였다. 그리고 역해석을 위해 사용된 계측종류는 천단침하와 내공변위로 하였다.

5.2 계측 및 역해석

당 현장의 지반특성과 같이 조밀한 실트질 풍화토의 경우 강관다단그라우팅으로 지반을 보강해도 침투 주입이 되지 않아 보강된 지반의 물성치가 설계시 반영된 물성치와 차이가 발생할 수 밖에 없었던 것으로 판단되며, 이로 인해 상부건물의 침하가 설계시 예상했던 침하보다 크게 발생하였다. 역해석 지점은 STA. 10K+667이며, 현재까지 터널 굴착현황을 그림 15에 나타내었다.

STA. 10K+667지점에서 측정된 계측결과를 그림 16에 나타내었다. 굴착후 경과일수 15일 경과한 시점까지는 내공변위가 천단변위 보다 크게 나타났다. 그러나 굴착이 계속 진행되면서 천단침하가 더 커지는 현상을 나타내었다. 이에 본 해석에서는 터널변형 특성을 고려하여 2차례에 걸쳐 역해석을 수행하였다. 상부 굴진장이 1D이하인 시점에서 측정된 변위값을 이용하여 1차 역해석을 수행한 결과 측압계수는 설계치 1.0보다 큰 1.32로 나타나고 변형계수는 설계치 20,000t/m²보다 작은 5,000t/m²으로 니다났다. 그리고 설계단면으로 시공 할 경우 측벽부에서 변위가 약 100mm 까지 발생할 수 있을 것으로 예측되었다.

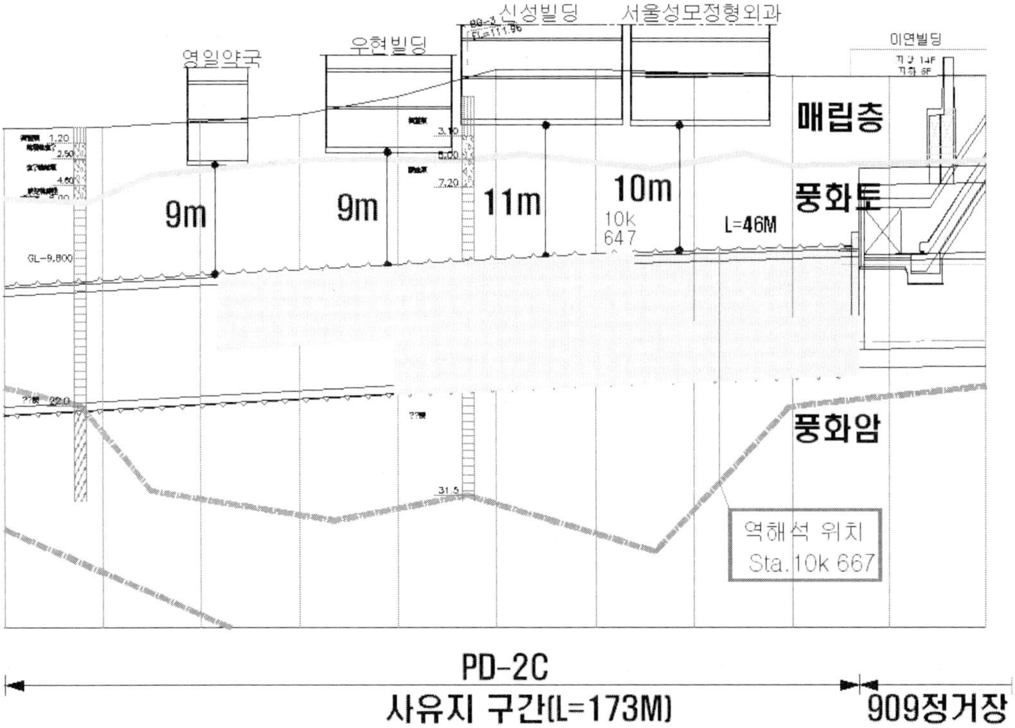

그림 15 역해석 위치 및 굴착현황

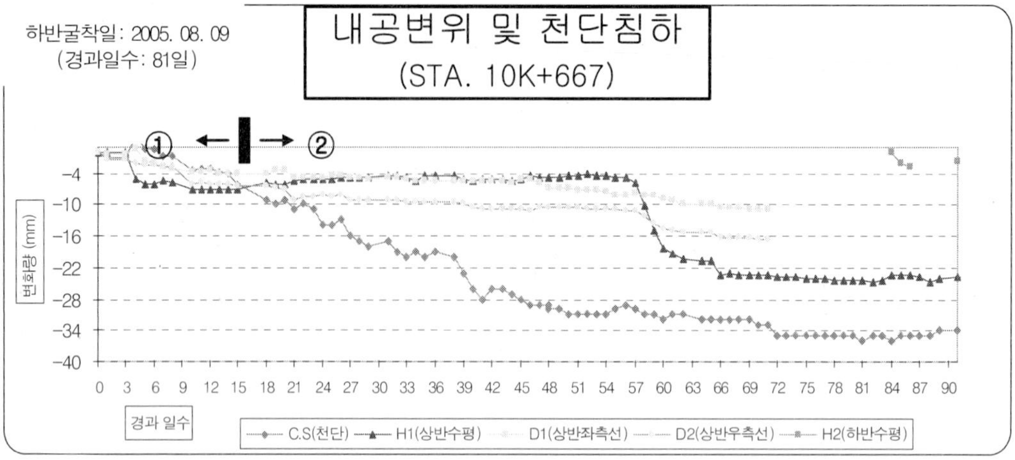

그림 16 계측결과

그러나 상부 굴진장이 1D 이상 진행한 시점부터 천단침하가 내공변위 보다 더 크게 발생되었으며, 이때 측정된 변위값을 이용하여 역해석을 실시한 결과 측압계수는 설계치와 유사한 1.08로 나타나고 변형계수는 설계치 20,000t/m^2보다 작은 3,663t/m^2으로 나타났다. 그리고 역해석 결과 재산정된 물성치를 이용하여 수치해석을 수행한 결과 측벽부 내공변위 억제 보다 천단침하를 감소시키는 시공방안이 수립되어야 할 것으로 분석되었다. 1, 2차 역해석 결과를 그림 17과 18에 나타내었다. 그리고 역해석을 수행한 결과 변화된 물성치를 표 4에 나타내었다.

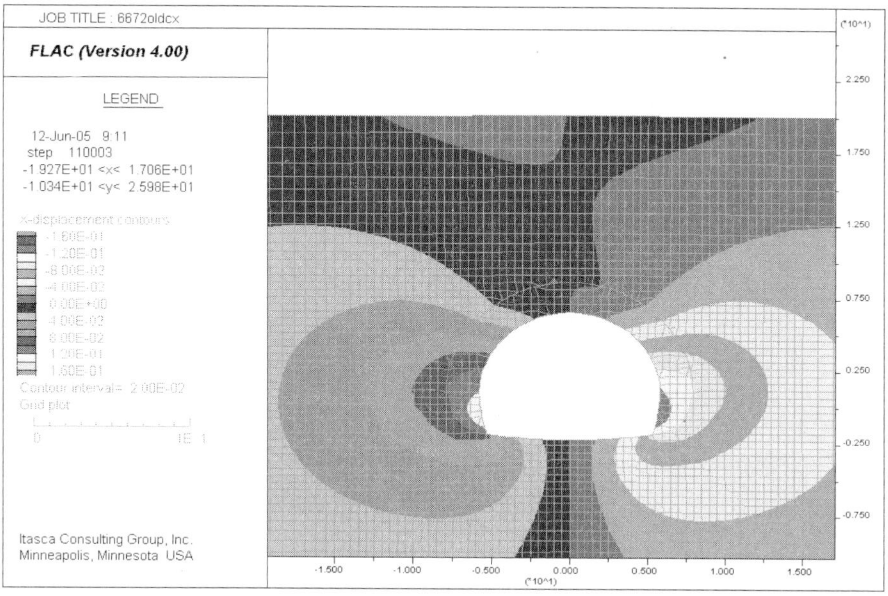

그림 17 1차 역해석결과(내공변위)

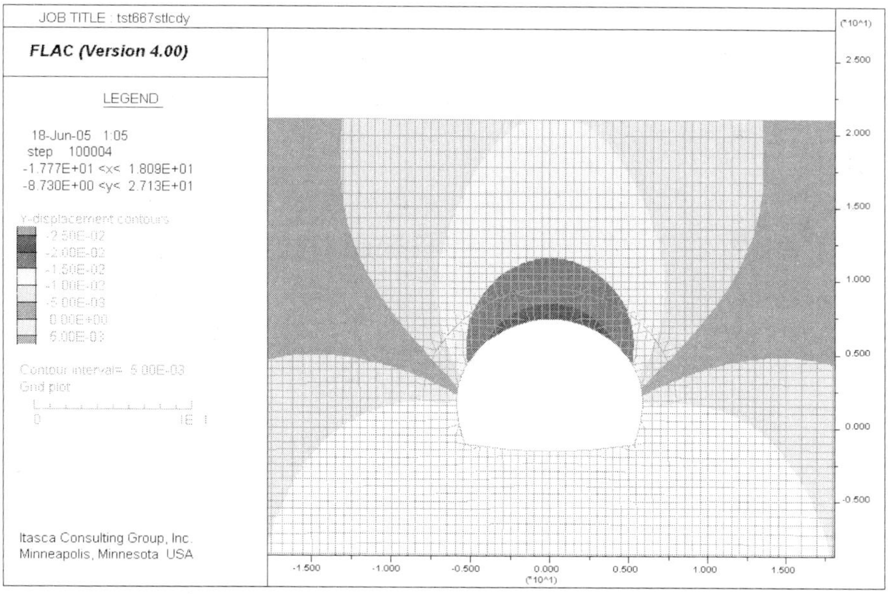

그림 18 2차 해석결과(수직변위)

표 4 역해석 결과 물성치 변화

구분		측압계수(K)	변형계수(E, t/m^2)	비고
설계시		1.00	20,000	
역해석	1차	1.32	5,000	굴착후 15일 이전
	2차	1.08	3,663	굴착후 15일 이후

5.3 역해석 결과를 반영한 시공계획 변경

역해석 결과 산정된 물성치를 이용하여 수치해석을 수행한 결과 터널 굴착시 예상되는 천단침하와 내공변위는 각각 (-)62mm와 (-)95mm로 나타났다. 이에 시공중 발생할 수 있는 천단침하를 억제하기 위하여 강관다단 시공방법을 개선하였다. 상부 굴착후 천단부 보강은 3개 zone으로 분할하고 아치부 120°구간은 격공으로 2회 나누어서 매공 천공시 즉시 주입하여 공극이 발생하지 않도록 하였다. 아치부 보강이 완료된후 상부 측벽부도 동일하게 격공 천공후 즉시 주입하였다. 그리고 강지보 하부를 인력 굴착한 후 Con'c Block을 설치하여 지지력 부족에 의한 침하를 억제하였다. 굴진속도를 1일 2막장(0.8m×2)으로 제한하였다. 그리고 천단침하를 최소화하기 위해서 터널상반 굴착시 터널 측벽하반부에 막장 전방으로 GRP 선행 그라우팅(그림 19)을 실시하여 상반부 시공후 발생되는 터널전체 침하를 감소시켰으며, 터널 상반 굴착 후 측벽 하부를 강관그라우팅(ø73mm ×4m)으로 보강하여 하반굴착시 발생되는 터널의 천단 침하를 줄였다. 그리고 하반 굴착시 벤치 길이는 30m 이내로 제한하였으며, 하반 굴착후 즉시 숏크리트를 타설하여 인버트부를 폐합하였다.

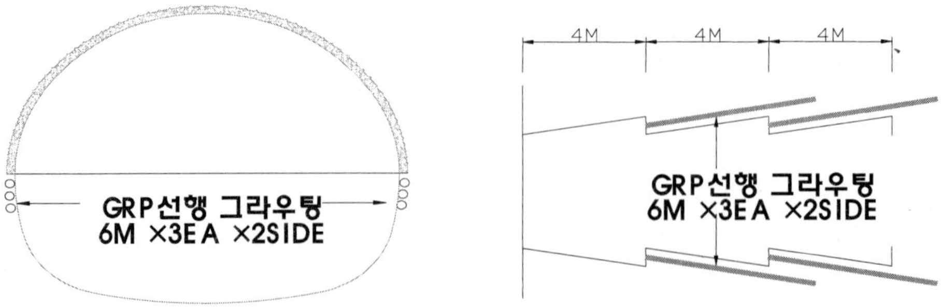

그림 19 GRP 선행그라우팅

6. 추가보강 이후 계측결과

굴착단면에 대한 추가보강 한 이후 예상되는 터널 변위량에 대해서 수치해석한 결과와 실제 굴착후 수렴시 까지 발생된 터널의 총 변위량을 표 5에 나타내었다. 측벽부 추가보강에 의해 발생된 변위량은 수치해석 결과보다 작거나 유사하게 나타났다. 그리고 내공변위가 천단변위보다 작게 발생하여 측벽부 보강에 의한 터널 주변 강성이 다소 변화된 것으로 판단된다. 보강 이후 측정된 STA 10K+628의 계측결과를 그림 20에 나타내었다. 시공중 측정된 변위는 김치환(1990)이 제시한 방법을 이용하여 예상되는 변위를 사전 예측하여 시공방법의 적정성을 판단하였다. STA 10K+628의 계측치 양상은 하반굴착 폐합후 천단침하 변화는 상반굴착시 56mm로 나타났으나 하반굴착후 역해석시 3차 관리기준치 62mm 보다 증가된 64mm까지 발생한 후 수렴되었다. 3차 관리치에 근접한 시점에 법면단부에 ø32mm 철근 보강과 숏크리트 15cm를 추가 타설하여 터널의 강성을 증가시켜 천단침하 증가를 억제하였으며, 현재 수렴 한 이후 안정된 상태를 나타내고 있다.

표 5 추가보강 이후 계측결과

측정위치 \ 변위	수치해석		계측치		비고
	천단침하	내공변위	천단침하	내공변위	
STA. 10+628	62mm	95mm	64mm	48mm	추가보강

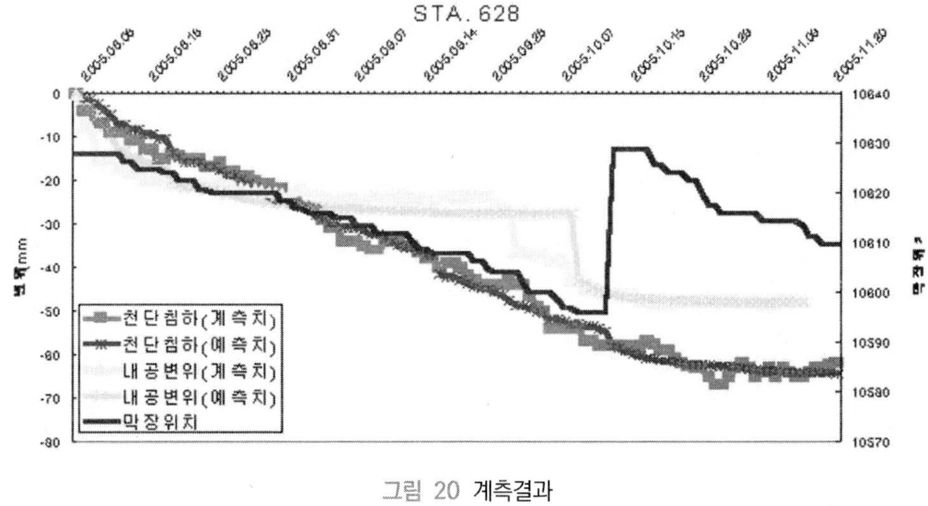

그림 20 계측결과

7. 결론

지하철 9호선 906공구 본선구간 중 토피고 10m 이내의 토사층 구간에서 대단면 복선터널을 건설하기 위하여 수행한 시공사례를 통해 계측결과 활용에 대한 중요성과 모든 작업자가 각자의 역할을 충분히 이해할 수 있도록 교육과 회의를 통한 공감대 형성의 필요성을 알 수 있었다. 당 현장의 시공사례를 통해 얻은 시사점을 아래에 나타내었으며, 향후 유사한 조건의 터널공사시 참고자료가 되었으면 한다.

1) 터널 굴착시 계측기 설치 이후 측정되는 침하량은 실제 터널에서 발생한 침하량을 간과하는 특성이 있다. 본 공사에서 적용한 수평경사계를 이용하여 아칭작용에 의해 굴착 이전 막장 전반부에서 발생하는 침하량과 굴착직후 발생하는 침하량을 측정할 수 있었으며, 계측기 설치 이전 막장면에서 발생하는 침하량은 터널 굴착시 상반에서 발생될 수 있는 전체 침하량의 52.2%로 나타났다.
2) 토피고 10m 이내의 토사터널의 경우 수평변위 보다 수직변위(천단변위)가 크게 나타남을 알 수 있으며, 상하반 벤치 굴착시 하반굴착이 완료되면 수평변위가 급격히 증가하면서 수직변위가 수렴되는 양상을 보였다.
3) 역해석 결과 하반 굴착시 예상되는 천단침하를 억제하기 위하여 측벽부에 추가보강을 실시하였으나, 보강후 계측결과 STA 10K+628 지점은 3차 관리치에 근접한 64mm까지 천단변위가 발생하였다. 이에 변단면부에 ø32mm 철근을 보강한 후 숏크리트 15cm를 추가 타설하고 터널의 강성을 증가시켜 천단침하 증가를 억제하였으며, 현재 수렴 한 이후 안정된 상태를 나타내고 있다.

참고문헌

1. 강석기, 권형중(2004), "지하철 수직구 횡갱과 본선터널 연결부 시공사례", 한국터널공학회지, Vol. 6, No. 3, 한국터널공학회, pp.39~50.
2. 강석기, 김연기, 권형중(2004), "지하철 906공구 횡갱/본선 접속부 특수보강사례", 제 4차 터널시공기술향상토론회, 대한토목학회, pp.125~148.
3. 김치환(1990), "현장계측치의 역해석에 의한 지하공동 주위 암반의 응력해석 및 변형거동에 관한 연구", 박사학위논문, 서울대학교.
4. 강석기, 권형중, 김용준, 김치환, "토사터널에서 구조물 하부통과 시공사례", 2005대한토목 학회 터널시공기술향상 대토론회 논문집, 2005, pp.103~116.

3.1.1.5 서울지하철9호선 국가철도하부 통과터널 계측분석

본 논문은 도심지 국철하부 통과구간 터널시공 사례(김성규, 김두현, 정재선, 황제돈, 이재국, 2005년 대한토목학회 터널시공기술향상 대토론회 논문집)를 재편집하여 기술한 내용이다.

1. 서 론

도심지 지하철 노선망의 확충에 의해 후속적으로 건설되는 지하철의 노선계획은 도로나 기존철도, 지하철 하부를 통과하는 것이 불가피하다고 할 수 있다. 또한 최근 지하철 건설이 증가하면서 운행중인 기존철도하부를 횡단하는 사례가 증가하는 추세이다.

본 터널구간은 여의도동과 노량진동 사이의 올림픽대로(잠실방향) 및 국철(경부선, 경인선) 하부를 관통하는 구간으로서, 특히 침하관리가 매우 엄격한 국철 하부 통과시 터널 및 철도의 안정성 확보를 위한 조치가 필요한 구간이다.

따라서, 국철하부통과에 따른 지반침하억제를 위한 보강사례, 지하수 유입을 억제하기 위한 차수공법 적용사례, 선로침하량 계측사례 및 가상시나리오에 따른 관리체계구축 등 시공중 안정성 확보 및 안전관리 대책에 대해서 소개하고자 한다.

2. 지하철9호선 910공구 개요

2.1 공사현황

지하철 9호선은 인천 신공항 및 강남 도서지역을 연결하는 도시철도망 구축을 위해 계획되었으며, 이중 지하철 910공구는 서울시 영등포구 여의도동을 시점으로 노량진동을 연결하며, 총연장은 약 2.1km이다. 구조물로는 정거장 2개소(916정거장, 917정거장)와 환기구 6개소로 되어 있으며 개착 1,623m, 터널 477m로 구성되어 있다. 터널구간은 여의도동과 노량진동 사이의 올림픽대로(잠실방향) 및 국철(경부선, 경인선) 하부를 통과하고 있어 터널굴착에 따른 지반 침하 최소화를 위한 터널 공법이 선정되어야 하며 특별히 시공과 안전에 만전을 기해야 하는 구간이다.

표 1 서울지하철 9호선 910공구 개요

<table>
<tr><td>위치</td><td colspan="5">서울 여의도 KBS별관~노량진로 사육신공원</td></tr>
<tr><td>공사
기간</td><td colspan="5">2002.03.06~2007.12.29 (69개월)</td></tr>
<tr><td>설계자</td><td>(주)에스코컨설턴트
(주)동일기술공사</td><td>감리자</td><td>(주)유신코퍼레이션</td><td>시공자</td><td>(주)동부건설, (주)삼풍건설</td></tr>
<tr><td>공사
규모</td><td colspan="5">▸ 총연장 : L=2,100m
▸ 본 선 : L=1,770m (개착 : 1,293m, 터널 : 477m, NATM)
▸ 정거장 : L=220m (여의도, 노량진 2개소)
▸ 환기구 : 6개소(급기 2개소, 배기 4개소)</td></tr>
</table>

그림 1 서울지하철 9호선 910공구 현황

2.2 주변현황

과업노선은 시점부의 한강의 지류인 여의도 샛강, 올림픽대로, 노들길, 현대자동차서비스센터 건물, 국철(경부선, 경인선), 노량진로 하부를 통과하게 되며 다양한 지장물들이 위치하고 있는 구간이다.

특히, 터널구간은 노들길 우측으로 경부선과 경인선이 각각 363대/일, 772대/일로 운행되고 있는 국철을 통과토록 계획되어 있어 침하관리가 엄격한 철도하부 통과시 터널 및 철도의 안정성 확보가 우선되어야 할 것으로 판단된다.

(a) 경부선 (b) 경인선

그림 2 국가철도 현황

2.3 지반조건

과업노선에 분포하고 있는 기반암은 선캠브리아기의 호상흑운모 편마암으로 깊은 심도에 분포하고 상부에는 풍화대, 충적층 및 매립층이 분포하고 있으며 기반암 상부의 풍화대는 두께가 구간에 따라 일부 차이가 있으나 대체로 두껍게 발달하고 있다. 터널통과구간의 지층은 대체로 풍화암이 주를 이루고 있다.

경부선 통과구간은 토피고(터널천단~지표)가 약 14.5m이며 풍화토가 터널 천단까지 위치하고 있고, 하반은 풍화암과 연암이 나타나고 있다. 경인선 통과구간은 토피고(터널천단~지표)가 약 19m이며 터널바닥부까지 풍화암이 위치하고 있는 것으로 조사되었다.

지하수위는 G.L(-)6m정도로 터널천단에서 약 6.5m 상부에 위치하고 있는 것으로 나타났다.

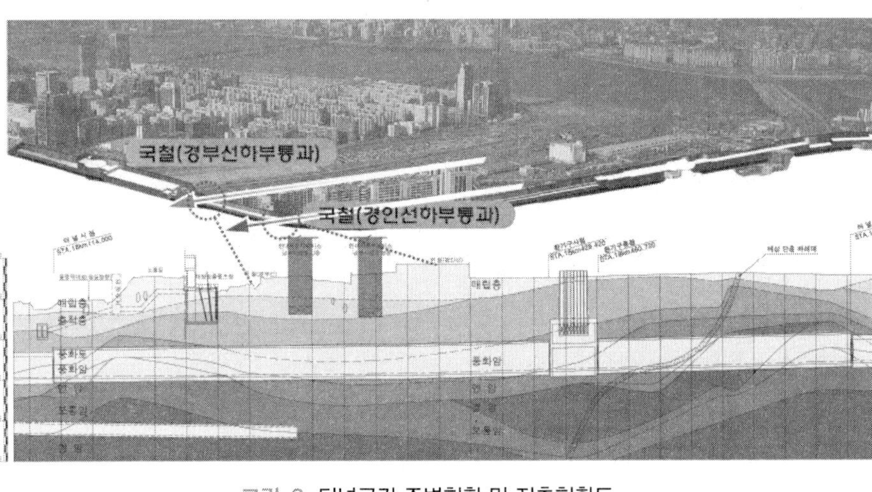

그림 3 터널구간 주변현황 및 지층현황도

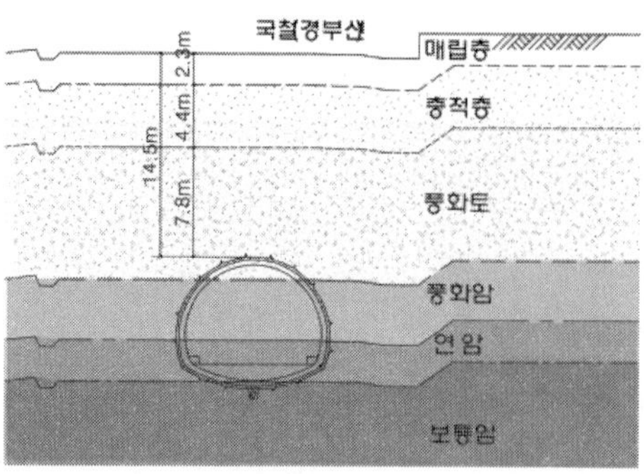

(a) 경부선

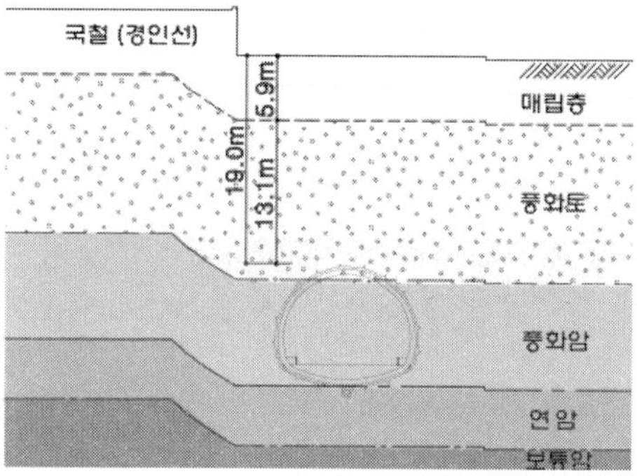

(b) 경인선

그림 4 국가철도 통과구간 현황

3. 국가철도하부 통과구간 설계현황

3.1 지보패턴

표준지보패턴은 과업구간 인접부에서 시공된 서울지하철 5호선 5-13~16공구(안양천~여의도 샛강구간)시공사례와 서울지하철 표준지보패턴을 이용하여 과업구간의 지반조건을 반영하여 선정하였다.

국철(경부선, 경인선) 통과구간의 적용지보패턴은 PD-2B로 천단보강은 대구경강관보강그라우팅, 차수 및 지반보강으로 MS그라우팅, 링컷(분할)굴착을 적용하였다.

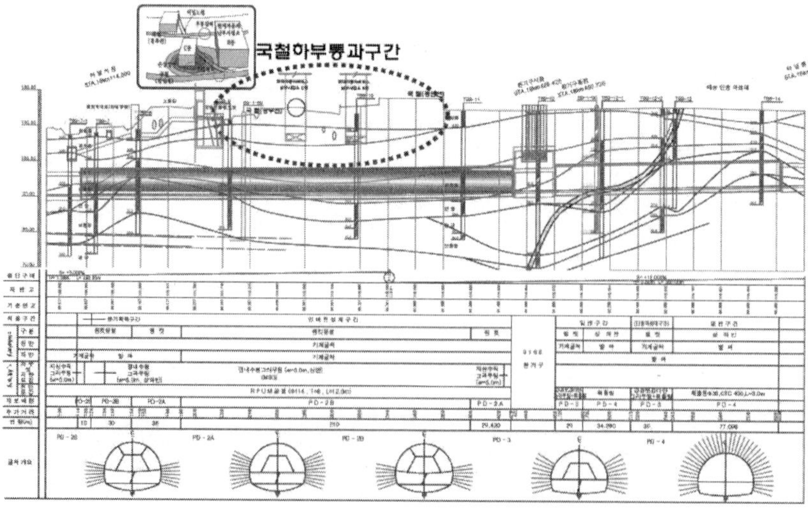

그림 5 터널구간 지반현황 및 적용 지보패턴

3.2 굴착 및 보강공법

링컷분할 굴착공법은 대구경 강관보강 그라우팅 보강시 중벽분할(CD굴착) 공법보다 안정성 및 시공성 측면에서 유리하므로, 본 국철 하부 통과 구간에 선정하였다. 또한, 터널의 안정성을 확보하기 위하여 천단보강공법으로 대구경 강관보강공법을 차수 및 지반보강효과를 얻기 위해 MS그라우팅 공법을 적용하였다.

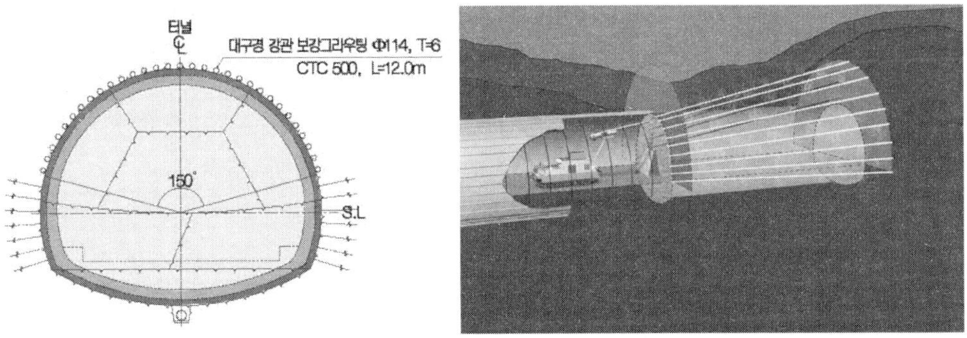

(a) 천단보강공법 (b) 차수 및 지반보강공법

그림 6 터널구간 천단보강, 차수 및 지반보강공법

MSG(Micro Silica Grouting)은 장기적인 내구성이 우수하고 입자크기(3.7~10㎛)가 작아 차수 및 지반보강 효과가 우수하므로, 본 국철하부 통과 구간에 적용하였다.

침투류 해석결과, 차수그라우팅은 차수폭 5.0m를 적용할 경우에는 터널내 유입량(1.94m^3/min/km)이 설계유입량(3.0m^3/min/km) 보다 작은 것으로 나타났다.

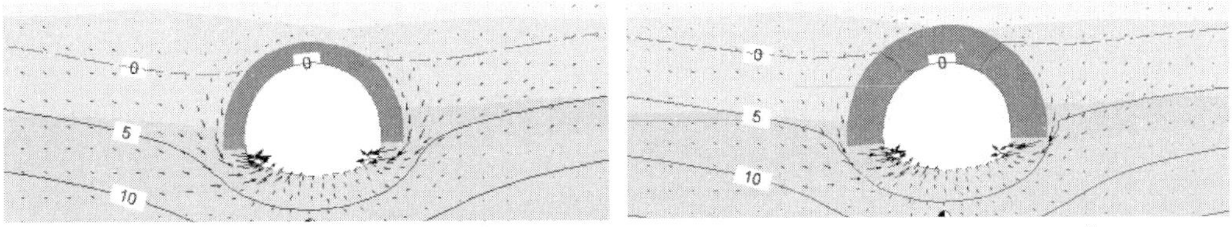

(a) 폭 3.0m 적용시 : 유입량 : 3.68m^3/min/km (b) 폭 5.0m 적용시 : 유입량 1.94m^3/min/km

그림 7 차수폭에 따른 유입량

3.3 안정성 검토

"국유철도건설규칙" 및 "선로보수기준 정비규정 8조"에 의한 허용 침하량은 수평틀림의 경우 7mm로써 터널굴착에 따른 국철의 안정성 검토 결과, 경부선(1.21mm)과 경인선(1.22mm)의 수준틀림량이 국철 허용량(7mm)보다 적으므로, 국철의 안정성에는 문제가 없을 것으로 판단된다.

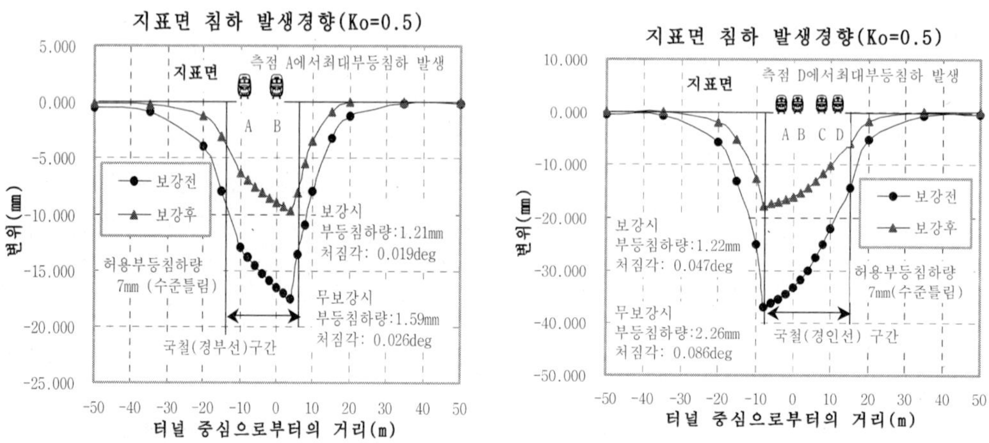

(a) 경부선 통과구간 : 수준틀림 1.21mm 발생 (b) 경인선 통과구간 : 수준틀림 1.22mm 발생

그림 8 국철구간 침하에 대한 안정성 검토결과

3.4 계측계획

전술한 국철의 허용침하량은 수평틀림량이 7mm, 종방향침하량이 7mm/10m로써 매우 엄격하게 관리하고 있어 일상계측으로 지표침하계를 국철 종방향에 대해서는 10m 간격(50m 구간)으로 횡방향은 10m 간격(30m 구간)으로 설치하였다. 또한, 정밀계측구간으로 선정하여 지중수평변위계와 록볼트 축력계를 설치하여 정밀계측구간에 대해서는 자동화 계측이 시행되도록 계획하였다.

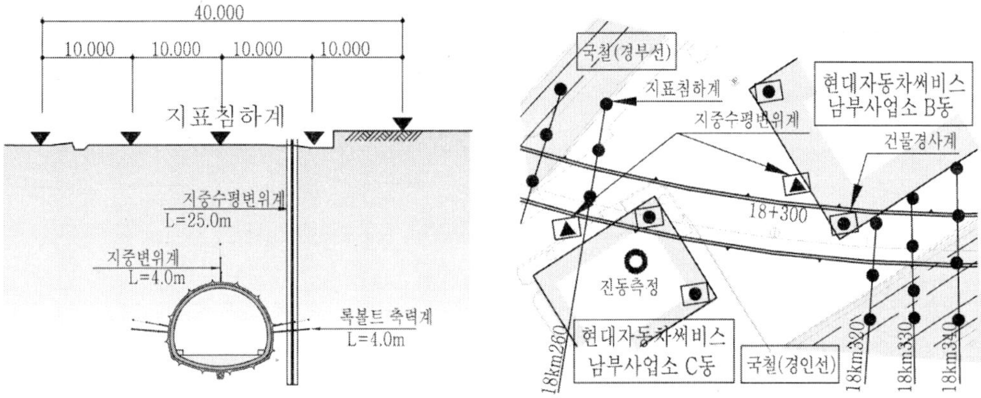

(a). 계측계획도(횡단면도)　　　　(b). 계측계획도(평면도)

그림 9 국철하부 통과구간 계측계획

4. 국철하부 통과구간 터널시공

4.1 도심지 터널공사시 주요 고려사항

도심지 터널 건설 시에는 지반조건 및 기존시설물의 부설현황에 대한 세심한 조사를 수행하여야 하며, 그 결과에 합당한 굴착방법과 지보시스템을 적용하여야 안전한 터널을 건설할 수 있게 된다.

특히 건물인접부에서는 면밀한 계측을 통해 지반거동상태와 인접 시설물의 안정성을 지속적으로 감시하며 시공에 주의를 기울여야 한다.

본 현장에서는 국철(경부선, 경인선)하부 통과시 국철 안전운행을 확보하기 위하여 보강 및 계측에 주안점을 두고 시공에 임하였다.

4.2 터널 시공현황

지하철 910공구 터널구간은 토피가 얕고 풍화대에 건설되며 지역적 특성상 올림픽대로, 국철(경부선, 경인선), 현대자동차 남부사업소, 노들길 등의 주요 지장물에 근접하여 시공되는 구간이다. 이중에서 경인선 하부 통과구간은 2005년 1월에 터널상반을 굴착하였으며 경부선은 2005년 6월에 하반굴착을 안전하게 시공하였다.

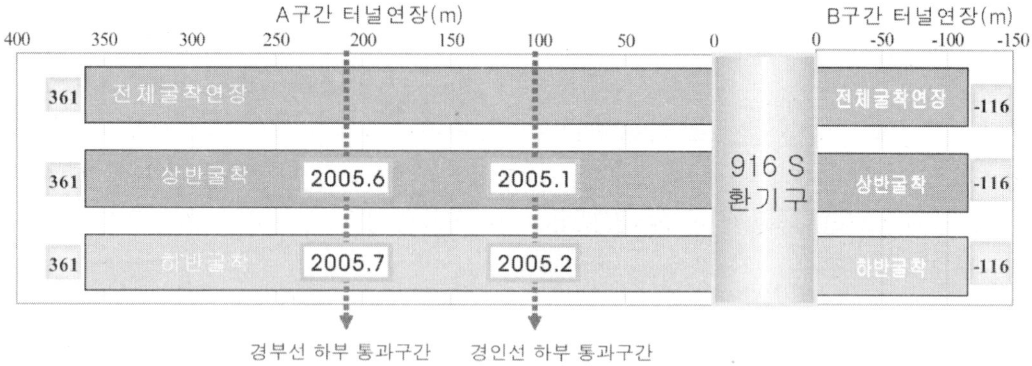

그림 10 터널 시공현황도

※ A구간 터널 국철하부 통과구간

: 경부선 STA.18K220~250, L=30m 경인선 STA.18K330~396, L=66m

4.3 보조공법 시공

침하관리가 엄격한 국철하부통과에 따라 차수 및 지반보강 등 터널천단 보강공법을 시행하였으며, 특히 샛강 인접부로써 터널내에 별도의 차수보강을 계획하였다. 또한 시공시 차수보강효과를 충분히 얻을 수 있도록 천공홀 간격 유지, 주입압 조절, 중첩장 등을 확보할 수 있도록 하였다.

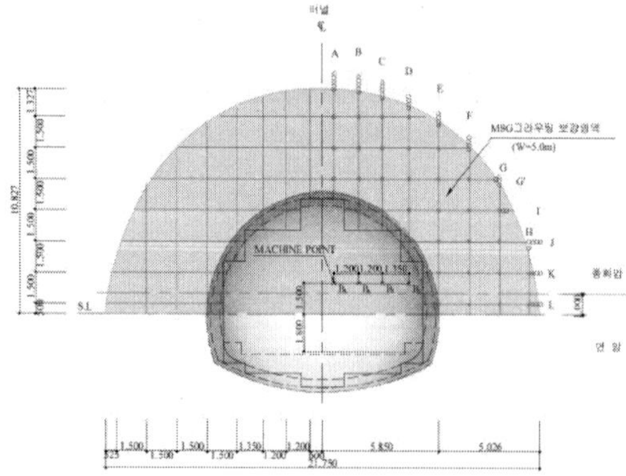

(a). 보강계획도(횡단면도)

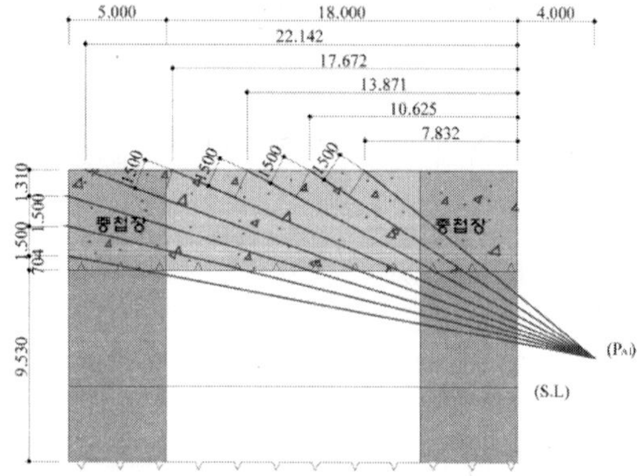

(b). 보강계획도(종단면도)

그림 11 차수 및 지반보강공법 계획

(a) 천공

(b) 주입

(c) 시공전후 지하수량 측정(v-notch 이용)

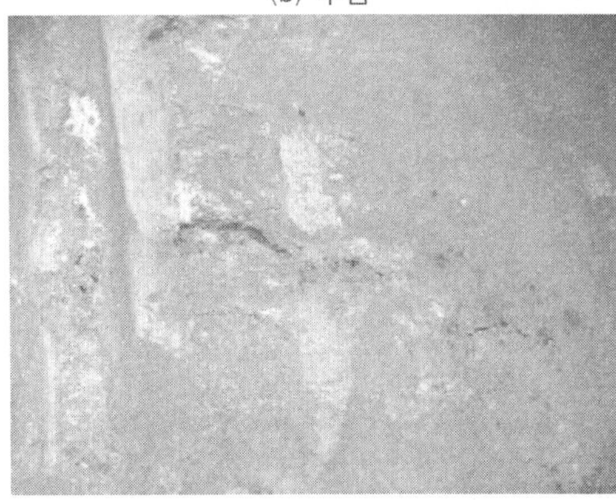

(d) 시공후 확인(약액 착색반응 확인)

그림 12 차수 및 지반보강공법 시공순서

대구경 강관보강 그라우팅은 지반이완 및 여굴방지를 위하여 터널 천단부로부터 150°반경까지 확대하여 아치형태로 보강하였다. 설치간격은 종방향으로 C.T.C 6.0m 간격으로 횡방향은 0.5m 간격, 종방향 6.4m 중첩장을 유지하였으며, 천공각도는 5°이내로 하여 가능한 터널굴착면과 가까이에 강지보와 함께 아치형성이 되도록 하였다.

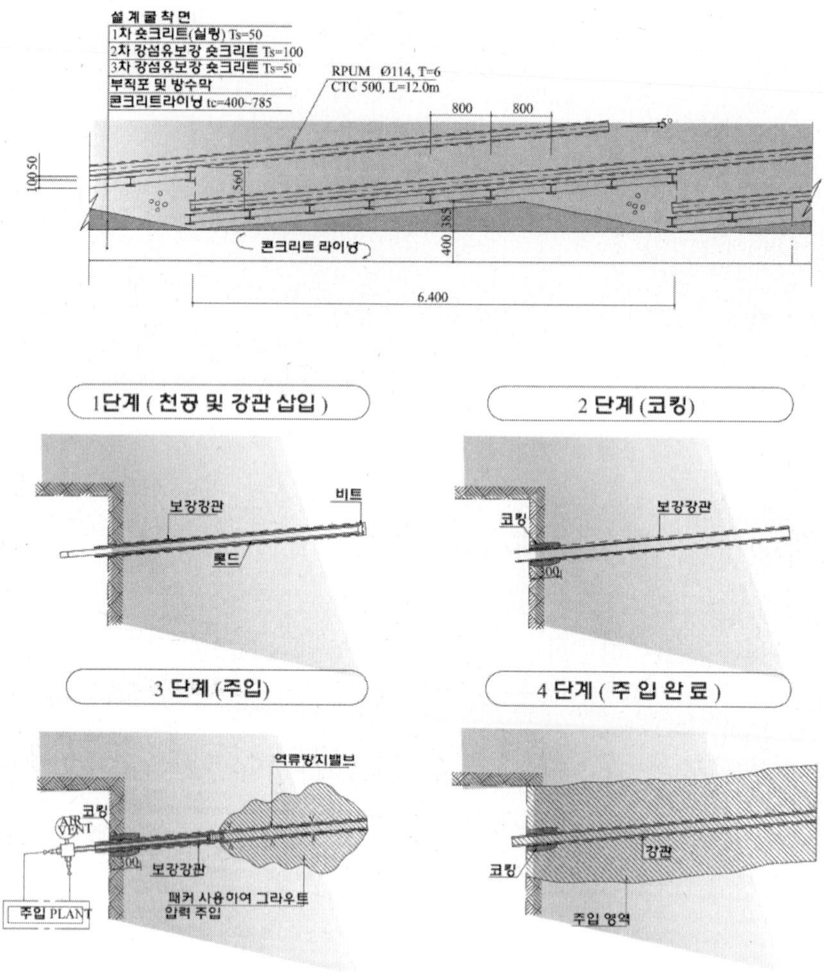

그림 13 대구경 강관보강 그라우팅공법 계획

(a) 천공을 위한 사전준비 작업

(b) 천공

(c) 주 입

(d) 주입후 굴착 및 지보재 설치

그림 14 대구경 강관보강 그라우팅공법 시공순서

대구경 강관보강 그라우팅의 정밀시공을 위하여 다음과 같은 사항에 대해 중점을 두고 품질관리를 시행하였다.

- 강관의 제작상태 점검: 강관의 길이와 두께 및 스트레나 가공상태를 점검
- 천공작업시 천공속도 및 천공시 배출되는 슬라임 상태를 분석하여 지질여건이 급변할 경우 보강 방안 강구
- 천공위치와 각도, 천공길이 점검
- 주입작업시 천공홀 입구 코킹상태, 그라우트재의 배합비, 주입압 및 주입량을 점검
- 주입중 주입공이나 막장면으로 그라우트재의 유출을 점검

5. 시공중 안정성 확보 및 안전관리 대책

5.1 자문회의 개최 및 시공반영

시공중 안정성 확보 및 안전관리 시스템 구축을 위하여 자문회의를 개최하여 그 결과를 반영하였다.

- 국철통과구간 공사시 경부선 및 경인선 열차 안전운행을 위하여 지상에서 선로관리 경험이 있는 안전요원 배치
- 천단침하 및 내공변위 측정간격을 국철통과 구간에서는 간격을 좁혀서 시행
- 자동화 지표침하계, 지하수위계, 지중침하계, 지중수평변위계 추가 설치
- 장대레일의 선로 변형시 보수작업이 불가능하지 않도록 가능한 하절기를 피하여 시공
- 가상시나리오 및 비상연락망 구축후 교육 시행후 터널공사수행 완료

5.2 시공중 막장관찰 및 계측을 통한 추가 보강

시공중 계측결과에 의해 현장조건을 파악하고 필요에 따라 보강을 시행하였다.

표 2 터널굴착에 따른 누계천단변위

측정날짜	05.04.27	4/29	5/2	5/5	5/12	5/19	5/23	5/29	9/26
누계변위(mm)	0.0	-0.75	-0.95	-1.95	-2.75	-3.55	-4.35	-5.60	-5.60

구분	측정값	기준값	비고
누계 변위	-5.6mm	-7.15mm	설계대비 78.3%

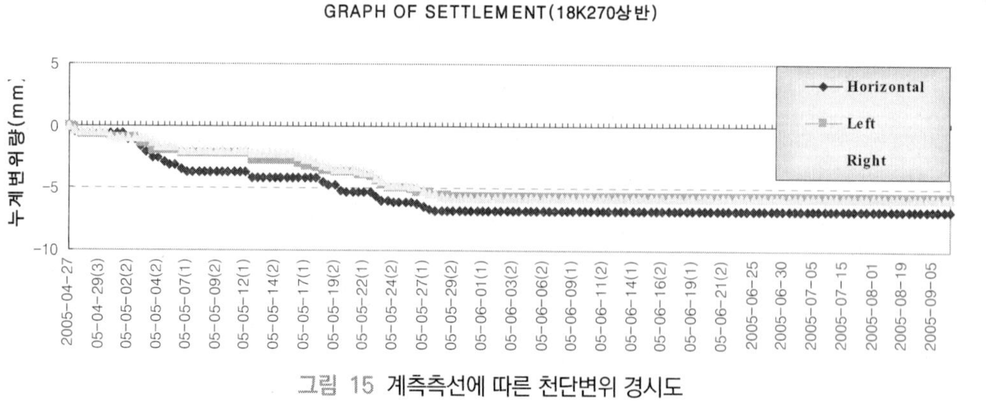

그림 15 계측측선에 따른 천단변위 경시도

링컷분할 굴착시 막장전면에 자립 정도가 취약하고 여굴량이 증가하고 있어 막장자립 증대를 위하여 막장전면에서 수평방향으로 20m 그라우팅을 선시행하여 막장면의 안정성을 확보할 수 있도록 조치하였다.

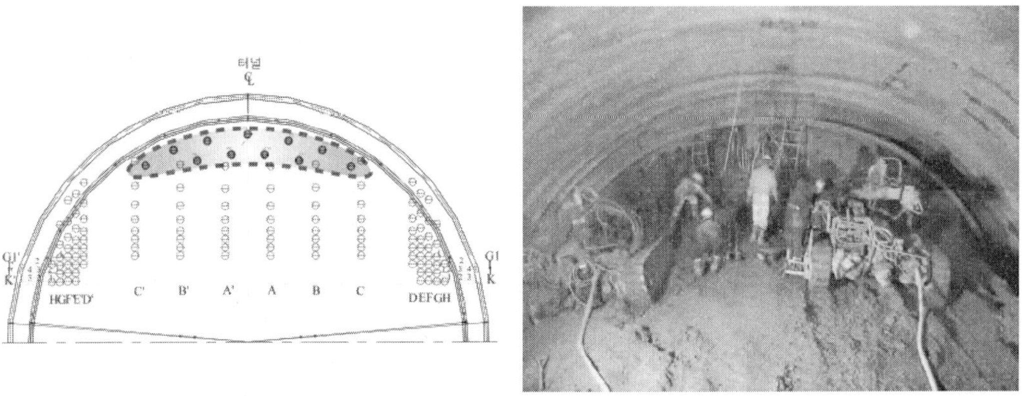

그림 16 시공중 막장관찰에 의한 막장전면 수평보강

터널 상반굴착시 취약부인 S.L부근에서 지하수 상승 및 계속되는 장비 이동으로 지반 교란 증가로 내공변위가 증가하고 있어 S.L부근으로 발생되는 지하수를 억제하고 지반 개량효과를 향상시키기 위하여 S.L부근 하방향 그라우팅과 록볼트 시행으로 안정성이 확보될 수 있도록 하였다.

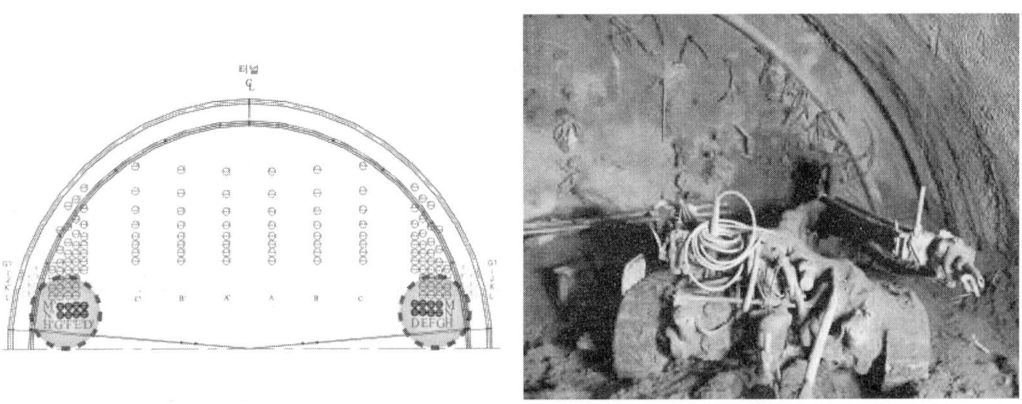

그림 17 시공중 계측 및 막장관찰에 의한 S.L하부 지점의 지반보강

막장이 당초 설계조건보다 취약하여 설계 막장코어 길이보다 2~3m 정도로 확대하여 막장의 안정성을 확보하도록 하였다.

내공변위가 초기에 미수렴되는 구간에 대해서는 추가 보강 록볼트를 시공하였다.

(a) 막장면 코아 확대 (b) 추가 보강록볼트 설치

그림 18 막장코아 확대 및 추가 보강 록볼트 설치

5.3 안전관리 계획

터널 막장 인접지점에 별도로 비상자재인 암버력과 강재(H−300×300 빔)와 일반 비상자재(철망, 록볼트,토류판, 마대, 삽, 곡괭이, 파이프)를 확보하여 비상시 조기에 보강 또는 안전대책을 확보할 수 있도록 고려하였다.

(a) 강재 (b) 버력

그림 19 안전관리 대책을 위한 비상자재 확보 및 설치

또한, 국철(경부선, 경인선)의 관리주체인 철도공단과 긴밀한 연계를 통하여 계측결과, 터널 굴진현황, 철도감시원의 선로 감시일지, 자동화계측 경시도를 일일 보고하는 체계를 갖추었다.

표 3 일일 보고 항목 및 내용

구분	보고 내용 및 목적
계측결과일일보고 (FAX)	국철구간에 매설 되어있는 계측기 측정 결과에 대한 이상 유무를 철도청 담당자에게 일일 보고 (지표침하, 천단, 내공, 트랙 모니터링, 시중경사계, 지중침하계, 지하수위계)
터널 굴진현황도 일일보고(FAX)	터널 굴진시 막장위치와 지상 철도노선 위치가 표기된 굴진 현황도를 보고함으로써 유관기관인 철도청 지상업무와 터널구간 공사 상호 원활한 업무연계를 추진
철도감시원 일일 선로 감시일지 보고(FAX)	철도감시원이 현장에 24시간 상주하면서 선로감시 내용에 대한 이상 유무를 철도청 담당자에게 일일보고 함으로써 철도운행전 이상유무 사전 감지
자동화계측 경시도 일일보고(FAX)	궤도와 궤도사이에 터널 진행 방향과 90°로 설치한 자동화 계측기로 철도운행시 실시간으로 침하 경시도를 측정하여 노반침하상태를 정밀하게 측정하고 이상 유무를 검토하여 일일보고 함으로써 철도청에서 정기적으로 노반과 궤도사이 골재포설 등 선로 보수 공사시 참고자료로써 유용함

또한, 철도청 담당자가 수시로 설계에 적용된 계측방법 외에 현장에서 직접 레일 상단을 측정하여 직접적 레일 침하를 확인하도록 하였으며 열차 궤도허용기준치 및 조건별 서행방안 협의관리를 시행하였다.

표 4 국철통과구간 노반침하량별 열차운행속도 계획

구분	노반 침하량	열차 운행속도	비고
1 단계	4 mm 이하	일반운전	국철 통과시 1, 2단계 노반침하량이 발생됨
2 단계	4~ 6.5 mm	85 km/h로 운행	
3 단계	6.5~ 9 mm	40 km/h로 감속	
4 단계	9 mm 이상	열차 방호조치	

지상 철도 운행구간에 터널공사 안내간판 및 속도서행 안내간판을 설치하여 터널 굴착시 안정성을 확보하면서 기관사가 안전한 철도운전을 위해 배려하였다.

철도관련 경력자를 철도청과 협의하여 철도경험이 풍부한 철도감시원을 국철하부통과구간 작업이 수행되는 기간동안 2인이 24시간 2교대로 철도 인접지역에서 근무토록 하여 매일 레일 이상 유무를 확인 후 철도청에 일일보고 하도록 하였다. 또한, 감리사, 시공사, 협력사의 직원이 상주 배치하여 철도 하부 통과구간뿐만 아니라 터널 관통시(2005

년 11월)까지 야간 작업시에도 직원이 현장내 별도의 사무실을 개설하여 24시간 막장관찰을 수행 하였다.

표 5 야간작업 및 근무교대시 중점사항

구분	야간작업 시	교대작업 시
중점 관리 시항	- 야간작업시 관리자상주 • 감리단, 시공사, 협력사 - 야간작업전 안전교육시행 • 야간작업시 졸음예방 • 장비에 의한 사고예방 - 작업내용 숙지 • 막장 상태에 대한 정확한 정보 • 작업 내용중 변경이 있는 부분 • 외부 지시사항이 있는 경우 • 야간 작업시 신규공정 • 초보자 관리 - 야간 작업중 야식 시간은 교대로 시행 - 현장내 비상연락망 확보 - 기타 부대시설(조명, 배수, 환기)관리자 상주	- 막장상태(토질변화, 지하수 등)정확한 정보전달 - 굴착 및 숏크리트 시공시는 막장 안정처리 후 교대 - 작업자의 업무미비사항이 있는 경우는 교대자에게 자세히 인수 - 작업과 연관된 별도에 지시사항이 있는 경우 교대자에게 인수 - 교대전 반드시 안전교육 실시 - 신규 작업내용 교육 - 작업내용중 변경이 있는 공정교육 - 비상연락망 확보 - 기타 부대시설(조명, 배수, 환기)관리자 상주

5.4 가상 시나리오 교육사례 및 비상연락망 구축

아래와 같이 가상 시나리오 교육사례 및 비상연락망을 구축하여 터널 막장 및 열차의 안전운행에 항시 대비토록 하였다.

1) 가상 시나리오 사례

① 사고개요

- 지하철 9호선 910공구에서 현대자동차서비스 남부사업소 인근 국철통과터널구간 굴착 작업중에, 2005년 ○월 ○일 16:00터널 막장 기계굴착(발파) 후, 발파석을 수직갱으로 운반 도중 터널 막장면에서 10㎥의 토사가 지하수와 함께 유출
- 당일 17:00에 선로 안전요원이 선로 육안관찰중 선로변형을 발견

② 막장 붕괴 발생(16:00)

- 긴급보고……(구두, 무선, 유선 보고)

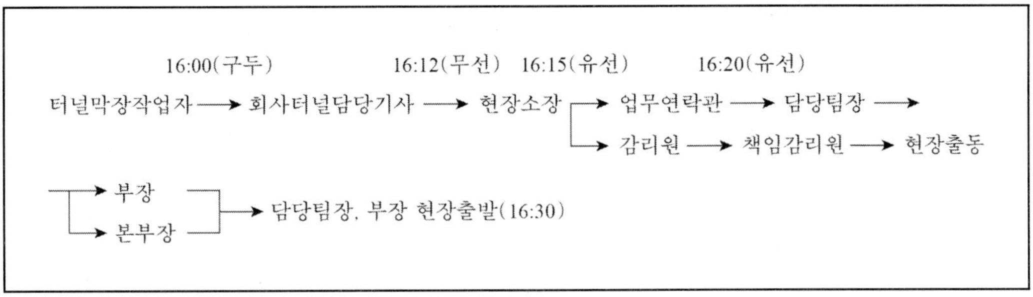

– 정식보고……(서면 fax 보고)

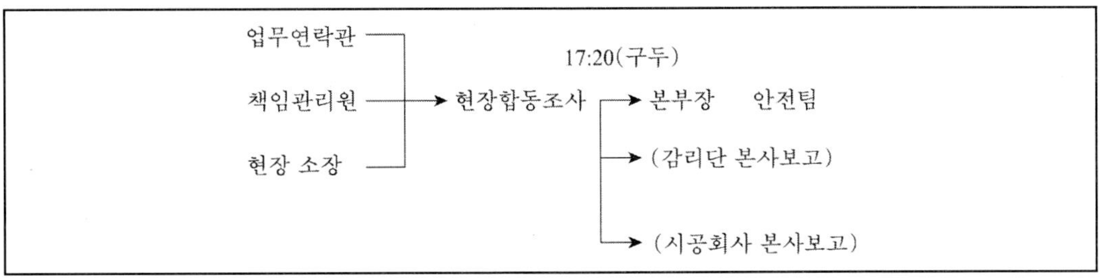

③ 현장 긴급조치사항

- 책임감리원, 현장소장은 피해발생을 최소화하도록 긴급조치 시행
  - 터널내 작업인부 지상으로 철수 및 투입인원 여부 확인(현장 공사과장)
  - 터널내 2차 붕괴방지를 위한 응급조치(가마니 쌓기, 발파석 모으기 등) 가능여부 판단(현장소장)
  - 터널내 각종장비 갱구부근 이동(현장 공사과장)
  - 터널상부 국철 통제 및 유도원 배치(현장 공무과장)
  - 현대자동차서비스 남부사업소 직원대피준비
  - 지하매설물 유관부서 출동요청: 책임감리원, 현장 공무계장, 현장 공무담당
- 현대자동차서비스 남부사업소
- 전력구 : 영서전력소 김00 (비상연락망 연계)
- 대방 빗물펌프장 : 동작구청 하수과 안00 (비상연락망 연계)
- 노들길 : 남부도로사업소 김00 (비상연락망 연계)
  - 서울시설관리공단 백00 (비상연락망 연계)
  - 열차방호 조치(철도청과 연계시행)

2) 체계적인 비상연락망 구축 (막장 및 선로 이상변위 발생시)

터널 작업자가 막장에서 이상변위 발견시 감리단, 시공사 당직자 등 비상연락망 체계에 따라 신속한 보고가 이루어지도록 비상연락망을 구축하였으며, 열차방호조치를 위하여 철도청 종합사령실에도 비상연락망체계를 수립하였다.

또한, 선로 감시원이 육안 관찰중에 이상변위 발견시에는 즉각적인 보고 및 열차 선개통, 후복구 방법을 강구하고 필요시 열차운행 제한 및 열차방호조치를 통한 상부보고를 통한 운전관계협의가 이루어지도록 하였다.

5.5 정보화 시공

최근의 정보화 시공에 있어서의 국제적인 추세는 단순한 계측에 의존하는 정보화 시공에서 탈피하여 설계-시공-위험도 관리에서의 계측 및 정보화 기술을 접목하는 광의의 정보화 시공기술의 지속적인 연구개발이 이루어지고 있다. 본 현장에서는 시공자료의 데이터베이스 구축기술을 도입하였으며, 트랙 모니터링을 이용하여 현장계측 자동화 시스템 개발기술을 적극 활용하였다. 이와 같은 계측모니터링 기법은 본 현장과 유사한 철도하부 통과구간 시공의 경우 좋은 사례가 될 것으로 판단된다.

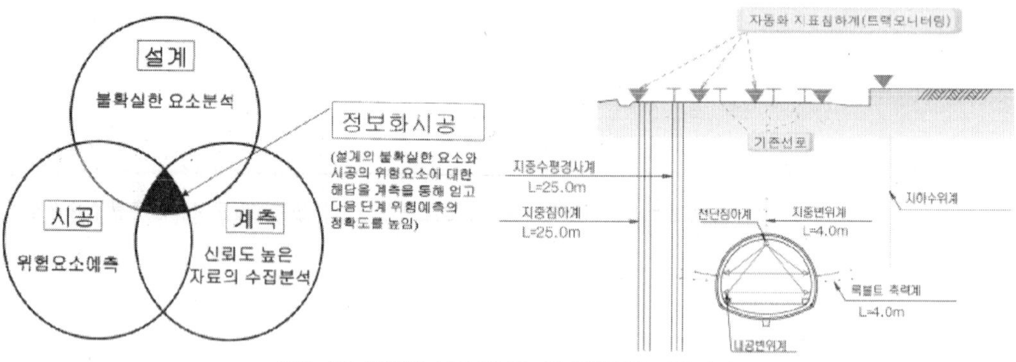

그림 20 정보화 시공 개념도 및 현장적용 계측단면

표 6 수동계측 빈도수

구분	계측 항목	빈도		
		0~15일(0~7)	15~30일(8~14)	30일~(15~)
일상 계측	내공 및 천단 변위측정	1~2회/일	2회/주	1회/1주
	지표침하계	1~2회/일	2회/주	1회/1주
정밀 계측	숏크리트 응력측정	1회/일	1회/주	1회/2주
	지중변위측정	1~2회/일	1회/2일	1회/주
	록볼트 축력 측정	1~2회/일	1회/2일	1회/주

표 7 자동화 계측항목 및 빈도수

계측 항목	1단계	2단계	3단계	4, 5단계
지중수평변위계	6회/일	4회/일	2회/일	24회/일
지하수위계	6회/일	4회/일	2회/일	24회/일
지중침하계	6회/일	4회/일	2회/일	24회/일
트랙 모니터링 시스템	6회/일	4회/일	2회/일	24회/일

표 8 지하철 910공구 현장의 계측관리기준치

계측기명	1차관리기준	2차관리기준	3차관리기준	비고
지표침하	3.8–11.12	4.8–13.9	5.97–17.37	
내공변위	2.62–4.8	3.3–5.9	4.09–7.43	
천단침하	10.56–16.0	13.2–20.0	16.5–24.95	
지중수평변위계	1/700	1/500		토류벽체의 최대수평변위(Clough, 1990) 굴토 깊이의 비(σHm/H)
지하수위계	1.0m/day			집중강우시 지하수위의 변화는 1m
지중침하계	7.82mm	9.78mm	11.73mm	
트랙 모니터링 시스템	5.6mm	7mm	8.4mm	"국유철도 건설 규칙" 및 "선로보수기준"에 의한 허용 침하량은 수평틀림의 경우 7mm

5.6 자동화 계측시스템 구성

자동 계측의 결과는 실시간으로 바로 전달되며 현장에 상주하는 계측담당자는 현장기록 일지와 계측기 관리일지 그리고 분석에 필요한 추가사항을 기입한 데이터를 자동 계측시스템 전산망을 통해 즉각 전송한다.

분석기관은 실무와 이론을 겸비한 토목전문기술자로 구성된 계측전문기관으로 실시간으로 전송되는 계측 데이터와 기타 자료 등을 면밀히 검토하여 정확한 분석을 하도록 한다.

분석된 자료는 상호 연결된 자동 계측시스템 전산망을 통해 시공사, 감리단, 감독기관 등의 필요한 곳으로 즉각 전달되어 현장에 Feed back 할 수 있도록 운영하였다.

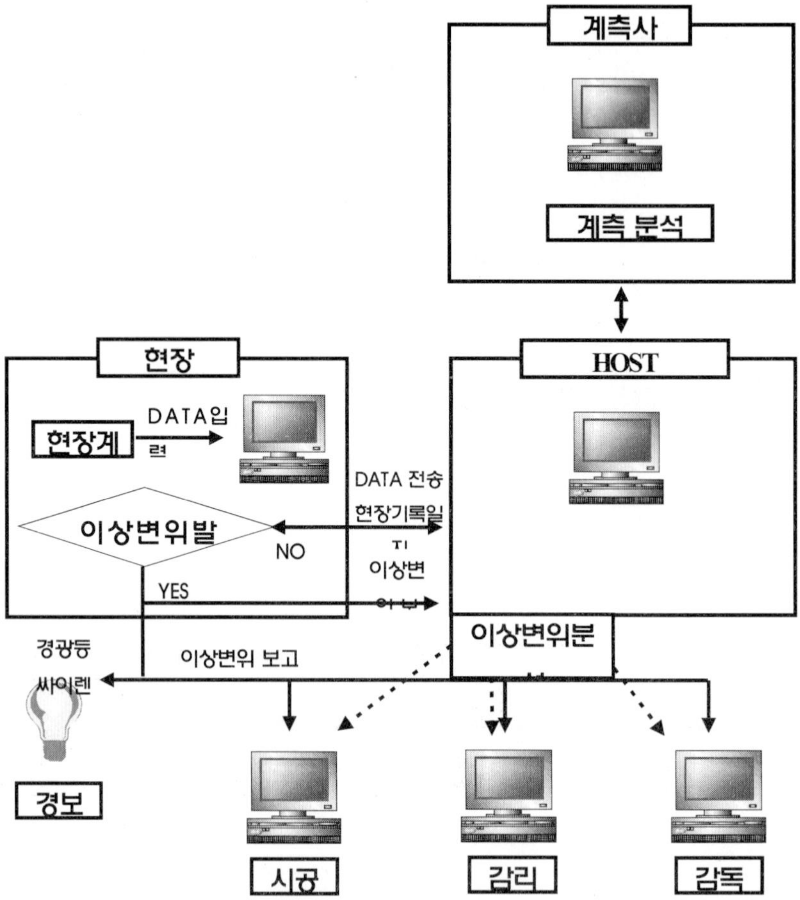

그림 21 자동화계측 구성도

(a) 국철구간 트랙 모니터링(자동화) 설치 (b) 국철구간 트랙 모니터링(자동화) 계측

그림 22 국철통과구간 자동화계측(트랙 모니터링) 설치 및 측정

트랙 모니터링 DATA

현 장 명 : 서울 지하철 910공구
위 치 : 국철통과구간
측 정 일 : 2005년 09월 30일

관리기준 : 1차=5.6mm
2차=7.0mm
3차=8.4mm

(경인선)

침 하

거리(m)	2.1	4.2	6.3	8.4	10.5	12.6	14.7	16.8	18.9	21	23.1	25.2	27.3	29.4	31.5	33.6	35.7	37.8	39.9	42	44.1	46.2	48.3	50.4	52.5
값(mm)	-1.068	-0.752	-1.513	-1.308	-0.428	-1.032	-1.212	-0.543	-0.623	-0.353	-1.375	-1.087	-1.270	-1.591	-1.310	-2.132	-2.461	-3.421	-4.871	-3.774	-3.430	-2.599	-2.558	-3.073	-2.264

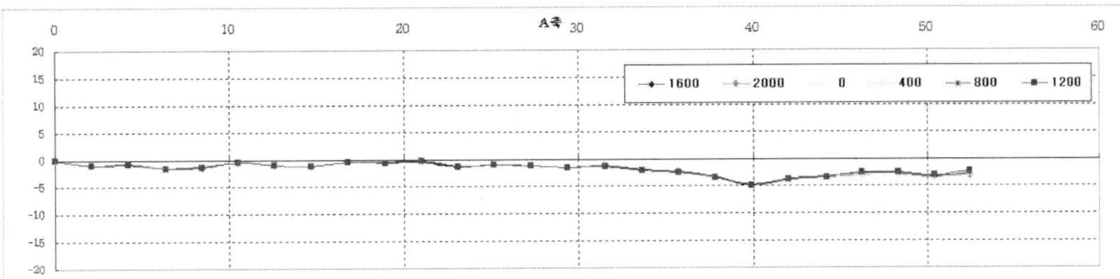

(경부선)

침 하

거리(m)	2.1	4.2	6.3	8.4	10.5	12.6	14.7	16.8	18.9	21	23.1	25.2	27.3	29.4	31.5										
값(mm)	-1.173	-2.395	-3.044	-1.011	-1.390	-3.025	-3.029	-1.982	-1.338	-2.016	-1.806	-2.144	-1.346	-1.177	-0.023										

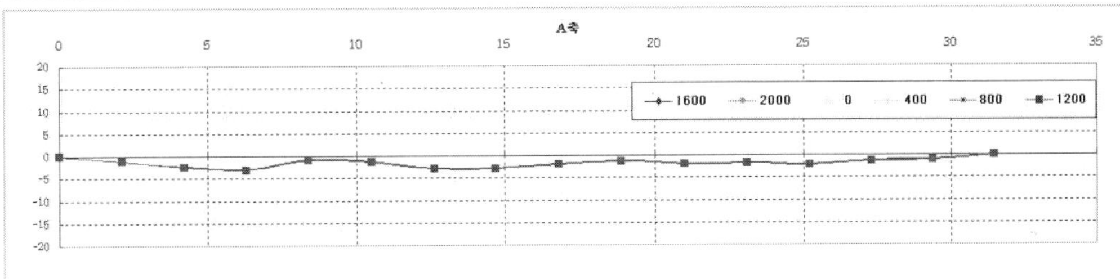

그림 23 자동화계측(트랙 모니터링) 경시도

6. 결 론

지하철 9호선 910공구 국철하부통과 구간에 대한 시공은 다음과 내용에 의해 시행되었으며 다음과 같은 결론을 얻을 수 있었다.

1) 과업구간은 터널 천단부에는 풍화토, 풍화암이 위치하고 있고 지하수의 유입이 많은 샛강 근접구간으로서 터널상부에 대형 건물과 경인선 및 경부선이 각각 772대/일, 363대/일 통과하는 구간으로 운행중 열차의 안전과 시공중 터널의 안정성 확보를 최우선적으로 고려해야 하는 구간이었다.
2) 터널의 안정성 확보를 위해 갱내에서 대구경 강관보강 그라우팅과 갱내 차수 및 지반

보강 그라우팅을 함께 실시하여 터널 굴착에 따른 침하를 최소화 하도록 하였다.

3) 시공중 안정성 확보를 위해 비상용 자재 및 인력관리 계획, 자문회의 개최 및 반영, 막장 및 록볼트 추가 보강과 함께 가상 시나리오 수립후 현장 이행 연습 및 교육 등을 실시하여 안전시공에 대한 전체적인 계획을 시행하였다.

4) 국철 하부 통과구간의 계측은 자동화계측시스템 구축과 트랙모니터링을 도입함으로써, 철도운행시 실시간으로 침하경시도를 측정하여 노반침하상태를 정밀하게 측정하고 이상 유무를 검토하여 일일보고 함으로써 터널시공에 따른 영향을 최소화하였다.

5) 선로간에 설치된 트랙모니터링은 실시간으로 계측상황을 반영하며, 노반침하량별 열차운행속도 계획수립으로 만약의 사태에 대한 대비를 철저하게 수립하였다.

6) 계측을 실시한 결과 이상변위가 발생하지 않고 수렴되어 터널은 안정한 상태를 유지하고 있는 것으로 분석되었다.

참고문헌

1. 서울특별시 지하철건설본부, "서울지하철 9호선 910공구 건설공사 기본설계 보고서", pp.288~293.
2. 서울특별시 지하철건설본부, "서울지하철 9호선 910공구 건설공사 실시설계 보고서", pp.438~484.
3. 서울특별시 지하철건설본부, "서울지하철 5호선 건설지", 상권, pp.659~1155.
4. 철도청, "철도지하횡단공사 공법선정 기준에 관한 연구", pp.397~467.
5. 서울특별시 지하철건설본부, "제2기 서울지하철 터널설계 및 시공감리 종합보고서", pp.177~223.
6. 동부건설주식회사, "서울지하철 9호선 910공구 계측관리 월간 보고서", 2005.
7. 김성규, 김두현, 정재선, 황제돈, 이재국, "도심지 국철하부 통과구간 터널시공 사례", 2005대한토목학회 터널시공기술향상 대토론회 논문집, 2005. 12, pp.131~148.

3.1.2 터널 유지관리계측 분석실무

3.1.2.1 유지관리계측에 의한 지하철 터널의 역학적 특성

본 논문은 "유지관리계측에 의한 지하철 터널의 역학적 특성"(우종태, 이 송, 대한토목학회 논문집, Vol.22. No. I -C, 2002. 1, pp89~97)을 재편집하여 기술한 내용이다.

유지관리계측에 의한 지하철 터널의 역학적 특성

Mechanical Characteristics of Subway Tunnel for Maintenance Monitoring

Maintenance monitoring's purpose is to offer the objective and continuous data in order to be lasting security affirmation and best fitted maintenance of tunnel's structure. Though recently an maintenance monitoring's examples which is applied to each species tunnel are rapidly increasing, long-term measured monitoring actual results and rationally analysis method researches are wholly lacking.

In this study, according to regression analysis of Seoul Metropolitan Government Subway Tunnel's monitoring results which were performed during long-term, caught the relationship between stress of concrete lining, i.e. last support materials of tunnel, and stress of reinforcement. Also, according to analysis of change relationship between the Han river water level and lift pumping volume in tunnel, examined the effect of the Han river water level.

1. 서 론

최근 들어 사회기반시설 확충의 필요성에 따라 제한된 지상환경을 보존하고 국토의 효율적인 활용을 위해 지하철, 도로, 국철 및 고속철도 공사 등에서 터널 건설이 급격히 증가되어 터널구조물의 설계 및 시공기술 수준은 많이 향상되고 있다. 특히 터널의 안정성 해석기술의 경우는 기존의 공사 시공실적 및 각종 정밀 수치해석기술로 인해 설계단계에서 터널 구조물에 작용하는 외력 및 역학적 거동예측을 수행함으로써 터널공사의 시공관리 및 안전관리에 많은 도움을 주고 있다.

현재 국내에서 건설되는 많은 터널공사는 NATM공법으로 시공되었으며, 이 공법은 터널지보재로 하여금 지반의 강도약화를 최대한 억제하여 지반이 가지고 있는 내하능력을 적극적으로 활용하면서 지속적인 계측관리가 바탕이 되는 공법으로 설계의 타당성을 규명함으로써 시공의 안정성과 경제성을 도모하기 위한 공사중 계측은 광범위하게 시행되고 있으나, 이에 대한 분석기법등의 연구성과 활용은 미미하며, 완공된 터널 구조물의 공용기간중 지속적인 안정성 확인과 최적의 유지관리가 되도록 객관적이고 연속적인 자료를 제공하는 유지관리 계측은 최근 들어 필요성이 부각되어 많은 터널현장에 적용하는 사례가 급속하게 증가되고 있다.

터널현장에서 계측은 필수적인 사항이나 투자되는 계측비용과 기술자들의 노력에 비해 계측결과의 활용도는 전반적으로 낮은 실정인데 이는 합리적인 분석기법 및 관리기준이 정립되어 있지 않고 터널 시공관리와 계측관리가 별도로 수행되므로 인해 계측의 중요성보다는 시공관리위주의 공사관리가 주원인인 것으로 생각된다. 특히, 터널에서의 유지관리 계측은 대표단면 위주의 계측으로 계측지점 및 계측항목이 터널길이에 비해 소수의 단면에 한정되므로 적은 단면의 계측결과로부터 터널 주변에 작용하는 토압 및 간극수압과 콘크리트 라이닝의 전반적인 응력상태를 추정하거나 계산하는 것은 어려움이 많은 실정이다.

유지관리 계측에 의한 터널 라이닝의 역학적 거동 연구는 Eisentein & Nahhas(1979, 1992)가 콘크리트 라이닝에 변형률계등 계측기를 설치하여 강지보재와 목재 보강재와 합성으로 만들어진 콘크리트 라이닝과 프리캐스트 세그먼트라이닝과 작용응력을 비교하였으며, Leger & Rous sel(1995)은 콘크리트 라이닝의 구속력과 변형에 대해 토압계와 변형률계를 설치해 경향분석을 하였고, Curtis & Spaul & Moore(1991,1996)은 콘크리트 라이닝에 설치된 변형률계와 광탄성 응력계를 주기적으로 계측하여 이론치와의 비교로 터널의 안정성을 확인하고 보수 보강시기 등의 결정에 적용하였으며, Maeda & Obata (1992,1994)는 큰 수압을 받는 해저부 장대터널의 항구적 기능 보존을 위해 콘크리트 라이닝의 변형을 주기적으로 계측하여 터널의 건전도를 파악하였으며, Feldman & Buechel(1999)은 콘크리트 라이닝에 변형률계와 균열측정계 등을 설치하여 계측기 종류별 성능을 평가하고 측정된 변위와 균열을 평가하여 터널 유지관리에 적용한 바 있다.

따라서, 본 연구에서는 장기간 계측된 서울지하철의 5개 풍화대 통과 터널의 유지관리 계측 결과를 회귀분석하여 터널의 최종 지보재인 콘크리트 라이닝의 안전성을 평가하고, 간극수압을 한강수위와 터널내 양수량과의 관계를 통해 설계시 적용하고 있는 잔류수압의 타당성을 검토하는 등의 터널 유지관리 계측 분석 기술을 제시하고자 한다.

2. 유지관리계측 현황 및 결과 분석

2.1 A터널

지하철0호선 000교차로 횡단구간의 풍화토를 통과하는 마제형 복선터널로 피복두께는 17.7m, 터널 폭은 11.3m, 높이는 9.9m이며, 철근 콘크리트 라이닝은 40cm두께로 시공되었고, 터널 지상 천단부 우측에 고가도로가 위치해 있으며, 계측위치는 그림 1, 유지관리 계측 경시도는 그림 2와 같다.

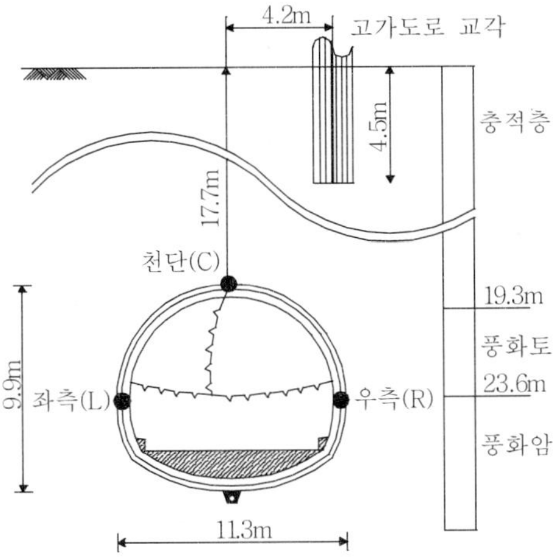

그림 1 A터널 유지관리 계측 위치

유지관리계측 측정 중에 '95 8.24 홍수시 000역 개착 정거장의 하수암거가 월류되어 지하철0호선 영등포에서 공덕동까지 약 4.5km가 침수되는 사고가 발생하여 '95.9.15까지 약 30~40m 높이의 수압작용으로 인해 일부 계측기가 망실되었다.

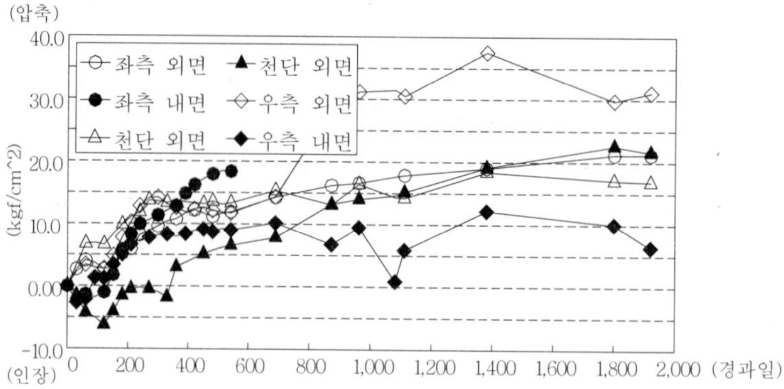

(a) 콘크리트 라이닝 응력

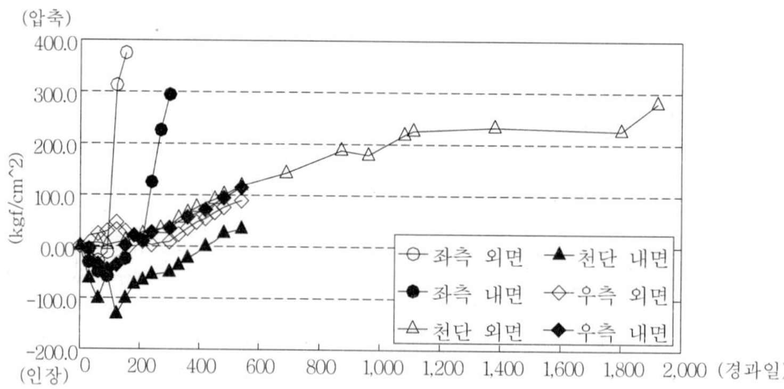

(b) 콘크리트 라이닝 철근응력

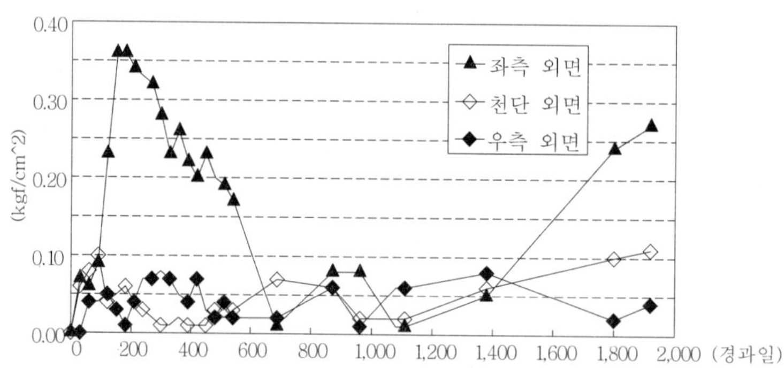

(c) 간극수압

그림 2 A터널 유지관리계측 경시도

계측 경시도에서 콘크리트 라이닝 응력은 외면에서는 압축응력, 내면에서는 초기에 인장응력을 보이다가 압축응력으로 전환되는 양상을 보였고, 압축응력의 크기는 최대 38kgf/㎠, 인장응력의 크기는 최대 6kgf/㎠를 보였다. 휨에 의한 아치단면의 콘크리트 응력분포는 일반적으로 외측단면에서는 압축응력, 내측단면에서는 인장응력이 발생되므로 허용응력 설계법으로 평가 할 경우 외측단면은 콘크리트의 허용압축응력 $f_{ca} = 0.4f_{ck} = 0.4 \times 210 = 84\,kgf/cm^2$으로 평가할 수 있으며, 내측단면은 콘크리트의 휨 인장강도인 파괴계수 $f_r = 2.0\sqrt{f_{ck}} = 28.9$ kgf/㎠로 비교 평가할 수 있다.

철근의 응력은 콘크리트 라이닝 응력과 동일하게 외면에서는 압축응력, 내면에서는 초기에 인장응력을 보이다가 압축응력으로 전환되는 양상을 보였고, 압축응력의 크기는 최대375 kgf/㎠ 의 범위이며, 인장응력의 크기는 최대 132kgf/㎠를 보였다. 초기부터 최근까지 약 60개월 계측이 실시된 천단 외면의 콘크리트 라이닝 및 철근은 압축응력이 작용하고 있으며, 최근 콘크리트 압축응력은 17.08kgf/㎠로 월평균 0.29kgf/㎠가 증가하였고, 철근의 압축응력은 226.39kgf/㎠로 월평균 3.77kgf/㎠가 증가하여 이론상의 탄성계수비 $n = E_s/E_c = 133/\sqrt{f_{ck}}$=9보다 큰 값을 나타냈다.

허용응력 설계법으로 비교할 경우 콘크리트라이닝의 허용 압축응력은 84kgf/㎠로 이 값의 20%정도가 작용되고 있으며, 철근의 허용 압축응력 $f_{sa} = 0.5f_y = 0.5 \times 3{,}000 =$ 1,500kgf/㎠으로 이 값의 15%가 작용하고 있는 것으로 나타났다.

강도 설계법으로 비교할 경우 부재응력은 설계작용하중÷단면적≤강도감소계수×설계기준강도로 표현되므로 콘크리트 라이닝 압축응력은 0.85×210=178.5kgf/㎠로 계산되어 이 값의 10 %정도가 작용되고 있으며, 철근응력은 3,000 kgf/㎠로 이 값의 8%정도가 작용되고 있는 것으로 나타났다.

간극수압은 계측초기부터 최근까지 최대 0.3kgf/㎠ 값을 보이고 있으며, 이 구간은 풍화토 터널이고 방수형식은 배수식의 부분 방수형으로 지하수가 유공관을 통해 배수가 정상적으로 이루어지고 있어 수압이 작게 작용하는 것으로 판단되며, 터널 라이닝 구조계산시 천단의 잔류수압은 이론적으로 7.6m×1tonf/㎡=0.76kgf/㎠을 적용하였으며, 최근의 간극수압은 계산상 간극수압의 약 40%정도가 작용되고 있는 것으로 나타났다.

2.2 B터널

지하철 0호선 00하저터널 여의도구간 풍화토를 통과하는 원형성 마제형 단선터널로 한강수위는 평상시 4m, 최고 홍수시 15m이며,토피는 23.6m, 터널 굴착직경은 7.8m, 철근 콘크리트 라이닝은 50cm두께로 시공되었으며, 계측위치는 그림 3, 유지관리 계측 경시도는 그림 4와 같다.

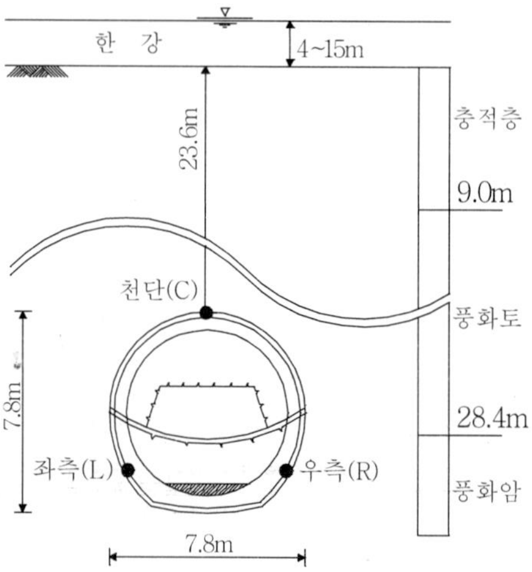

그림 3 B터널 유지관리 계측 위치

계측 경시도에서 콘크리트 라이닝은 외면에서 압축응력, 내면에서는 인장응력을 보였고, 압축응력의 크기는 최대 18kgf/㎠이며, 인장응력의 크기는 최대 6kgf/㎠를 보였다. 철근의 응력은 콘크리트 라이닝과 동일하게 외면에서는 압축응력, 내면에서는 인장응력을 보였고, 압축응력의 크기는 최대 54kgf/㎠, 인장응력의 크기는 최대 115kgf/㎠를 보였다.

최근까지 계측이 실시된 천단 내면의 콘크리트 라이닝 및 철근은 인장응력이 작용하고 있으며, 콘크리트의 인장응력은 6.3kgf/㎠이며, 철근의 인장응력은 115.8kgf/㎠로 나타났다.

간극수압은 계측초기에 0.02kgf/㎠에서 최근에는 최대 2.8kgf/㎠의 간극수압이 작용하고 있으며, 이 구간은 풍화토 터널이고, 방수형식은 전주 방수식의 외부 배수형으로 지하수가 콘크리트 라이닝 밖의 유공관을 통해 수압을 조절하는 배수장치로 배수되고 있어 수압이 크게 작용하는 것으로 판단되며, 터널 라이닝 구조계산시 천단의 잔류수압은 46.5m×1tonf/㎡=4.6kgf/㎠를 적용하였으며, 최근의 간극수압은 계산상 적용한 간극수압의 약 61%가 작용되고 있는 것으로 나타났다.

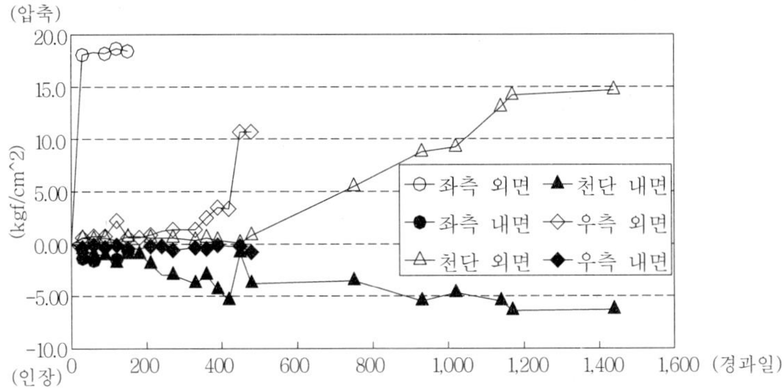

(a) 콘크리트 라이닝 응력

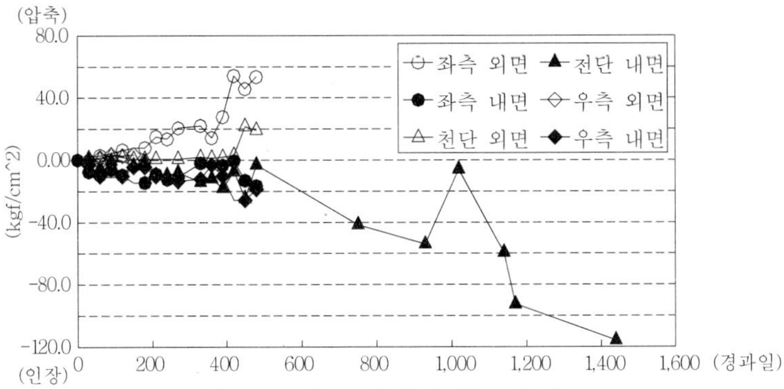

(b) 콘크리트 라이닝 철근응력

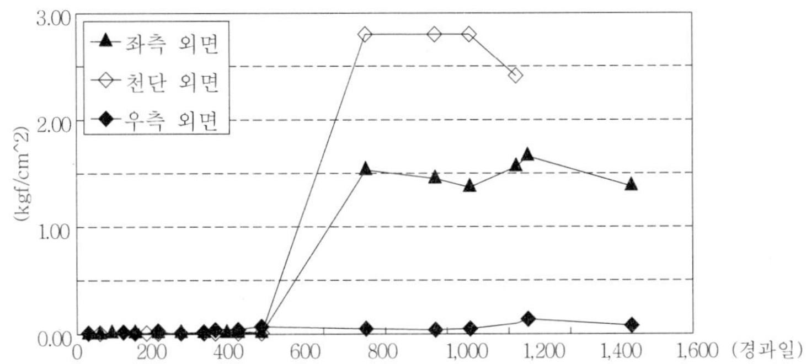

(c) 간극수압

그림 4 B터널 유지관리 계측 경시도

2.3 C터널

지하철0호선 00하저터널 마포구간 풍화암을 통과하는 원형성 마제형 단선터널로 한강수위는 평상시 6m, 최고 홍수시 17m이며, 토피는 21.5m, 터널 굴착직경은 7.5m이고, 철근 콘크리트 라이닝은 50cm두께로 시공되었으며, 계측위치는 그림 5, 유지관리 계측 경시도는 그림 6과 같다.

계측 경시도에서 콘크리트 라이닝 및 철근은 외면에서 모두 압축응력을 보였고, 콘크리트라이닝의 압축응력의 크기는 최대 27kgf/㎠, 철근의 압축응력의 크기는 최대 285kgf/㎠를 보였다. 천단외면의 최근 콘크리트 압축응력은 10.3kgf/㎠이며, 철근 압축응력은 284.3kgf/㎠로 나타났다. 간극수압은 초기부터 최근까지 거의 일정하게 약 0.02kgf/㎠의 작은 값을 보이고 있으며, 풍화암 터널로 수압은 거의 작용하지 않는 것으로 판단된다.

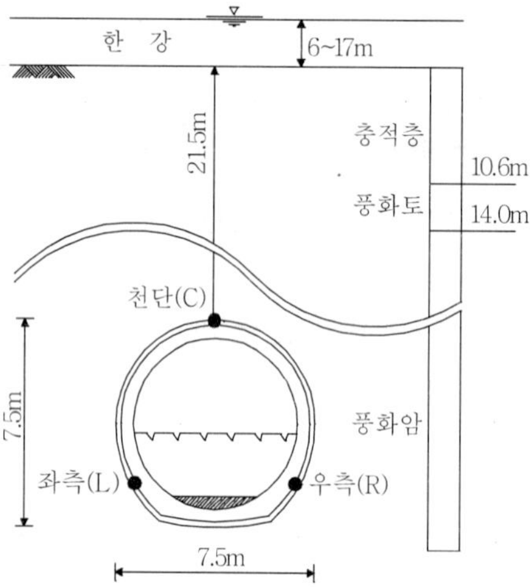

그림 5 C터널 유지관리 계측 위치

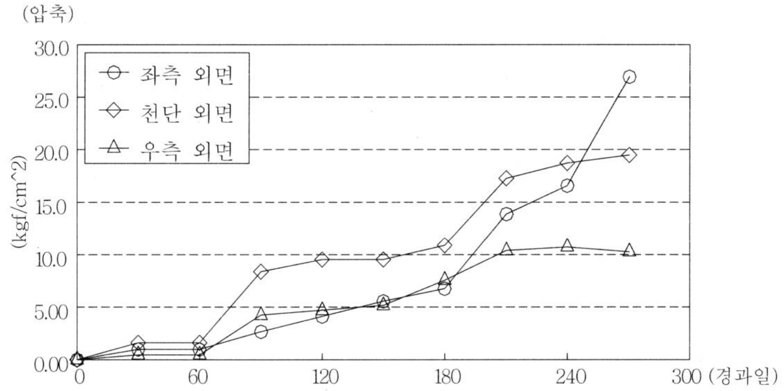

(a) 콘크리트 라이닝 응력

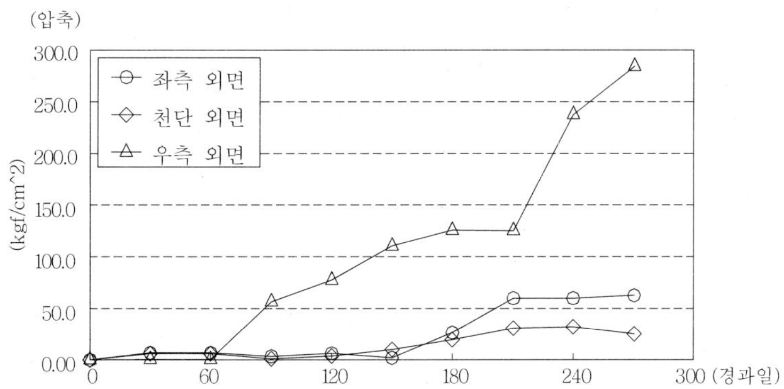

(b) 콘크리트 라이닝 철근응력

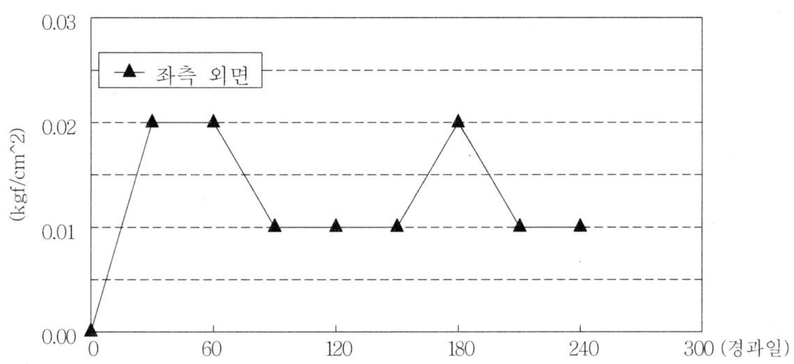

(c) 간극수압

그림 6 C터널 유지관리 계측 경시도

2.4 D터널

지하철0호선 000횡단구간 풍화암을 통과하는 마제형 단선 병렬터널로 토피는 18.9m, 굴착폭은 7.3m, 높이는 7.1m이고, 양 터널 중심간거리는 15m이나, 내면 이격거리는 7.7m이며, 철근 콘크리트 라이닝은 50cm두께로 시공되었으며, 계측위치는 그림 7, 유지관리 계측 경시도는 그림 8과 같다.

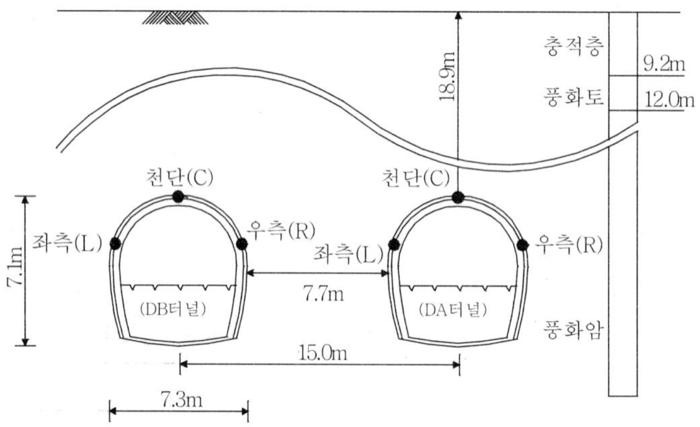

그림 7 D터널 유지관리 계측 위치

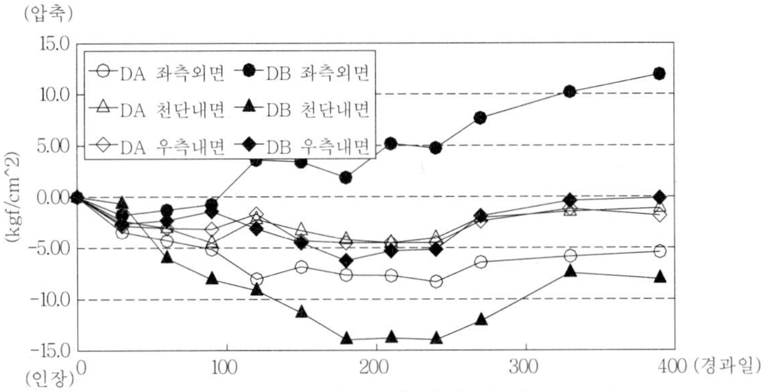

(a) 콘크리트 라이닝 응력

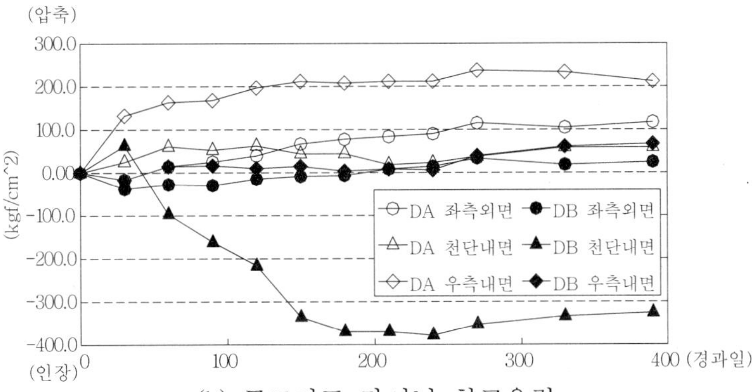

(b) 콘크리트 라이닝 철근응력

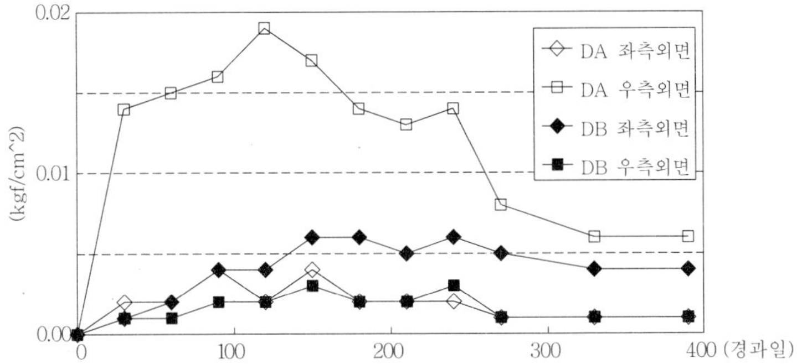

(c) 간극수압

그림 8 D터널 유지관리 계측 경시도

계측 경시도에서 콘크리트 라이닝 내면응력은 DA, DB터널에서 거의 인장응력을 보였고, 크기는 DA터널에서 최대 8kgf/㎠, DB터널에서 최대 14kgf/㎠를 보였다. 철근응력은 DA터널에서 압축응력을 보였고, 크기는 최대 237kgf/㎠이며, DB터널에서는 압축응력이 최대 67kgf/㎠이며, 인장응력이 최대 378kgf/㎠로 나타났다.

본 터널은 단선 병렬터널로 내측터널 이격거리가 터널직경의 약 1.1배로 근접시공에 따른 상호간섭의 영향을 확인하기 위해 콘크리트라이닝 응력과 철근응력을 비교해 보았다. 콘크리트 라이닝 응력은 각 터널 외측에서의 평균값이 DA터널에서 인장 2.8kgf/㎠, DB터널에서 압축 6.1kgf/㎠를 보였고, 터널 내측에서 DA터널은 인장 5.8kgf/㎠, DB터널은 인장 2.8kgf/㎠로 약간 상이한 값을 보였다. 콘크리트 라이닝 철근응력은 각 터널 외측에서의 평균값이 DA터널에서 압축 182.3kgf/㎠, DB터널에서 압축 20.2 kgf/㎠를 보였고, 터널 내측에서 DA터널은 압축 60.0kgf/㎠, DB터널은 압축 18.9kgf/㎠로 큰 차이를 보여 근접시공에 따른 상호간섭 영향은 유지관리 계측에서는 발생하지 않은 것으로 판단된다. 최근에 간극수압은 0.01kgf/㎠의 작은 값을 보이고 있으며, 이 구간은 풍화암 터널이고, 방수형식은 배수식의 부분 방수형으로 지하수가 유공관을 통해 배수가 정상적으로 이루어지고 있어 수압은 거의 작용하지 않는 것으로 판단된다.

3. 터널의 역학적 특성 분석

3.1 콘크리트 라이닝의 응력

터널 천단외면 및 내면의 터널별 콘크리트라이닝 응력과 회귀분석 곡선은 그림 9와 같다.

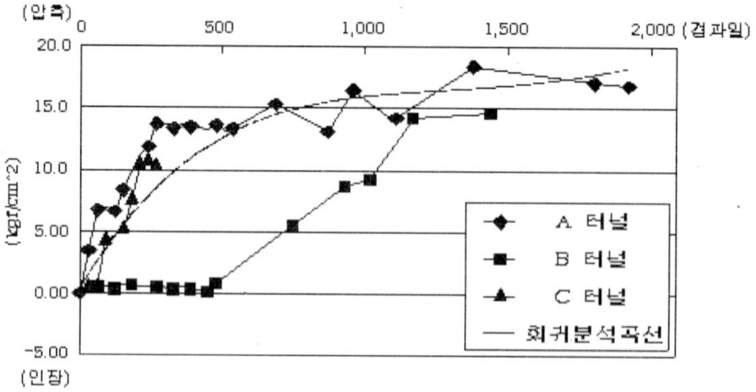

(a) 천단외면

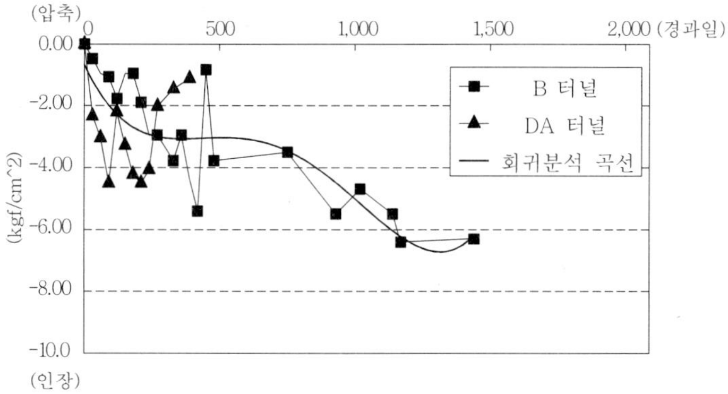

(b) 천단내면

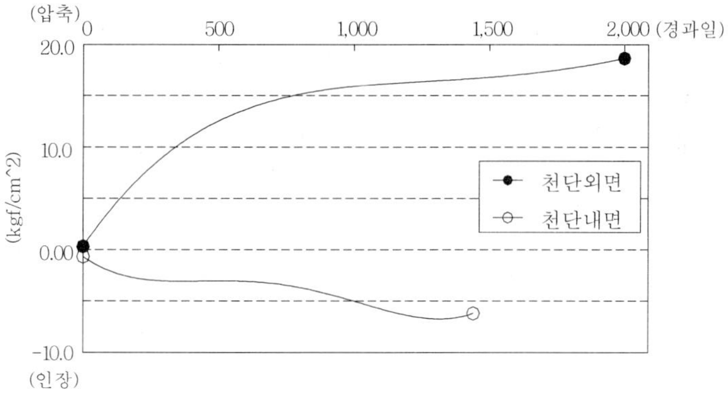

(c) 회귀분석 곡선

그림 9 천단 콘크리트 라이닝 응력도

천단 콘크리트 라이닝 응력 회귀분석 곡선에서 천단외면은 압축응력이 최대 17kgf/㎠로 수렴되는 형태의 회귀분석 곡선을 보이며, 천단내면은 인장응력이 최대 7kgf/㎠로 수렴되는 형태의 회귀분석 곡선을 보여 콘크리트의 휨 인장강도인 파괴계수 28.9kgf/㎠에 24% 정도로 콘크리트 라이닝은 안전한 것으로 평가할 수 있다.

3.2 콘크리트 라이닝의 철근응력

터널 천단외면 및 내면의 터널별 콘크리트라이닝 철근응력과 회귀분석 곡선은 그림 10과 같다.

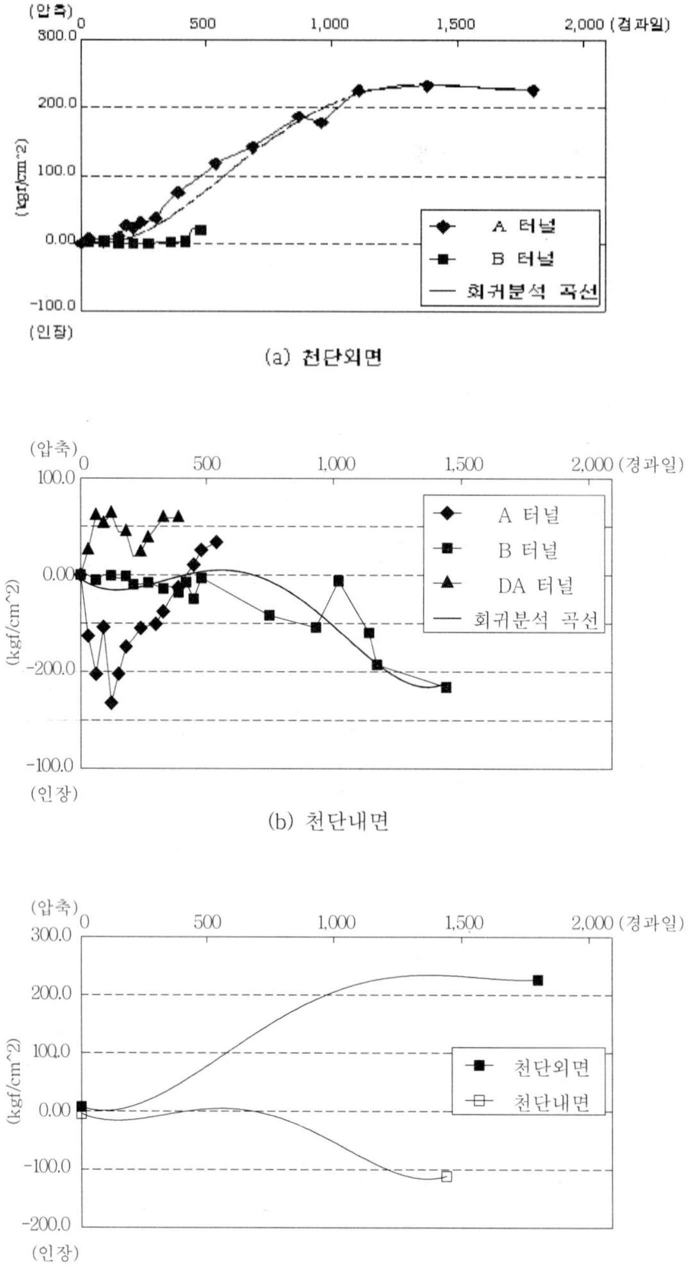

(a) 천단외면

(b) 천단내면

(c) 회귀분석 곡선

그림 10. 천단 콘크리트 라이닝 철근응력도

천단 콘크리트 라이닝 철근응력 회귀분석 곡선에서 천단외면은 압축응력이 최대 226kgf/㎠로 수렴되는 형태의 회귀분석 곡선을 보이며, 천단내면은 인장응력이 최대 115kgf/㎠로 수렴되는 형태의 회귀분석 곡선을 보여 철근의 허용응력인 1,500kgf/㎠에 최대 15%정도로 콘크리트 라이닝은 안전한 것으로 평가할 수 있다.

3.3 콘크리트라이닝 응력과 철근응력 비교

천단 콘크리트 라이닝 응력 회귀분석 곡선과 철근응력 회귀분석 곡선을 콘크리트 응력 기준값과 철근응력 기준값으로 표시하면 그림 11과 같다.

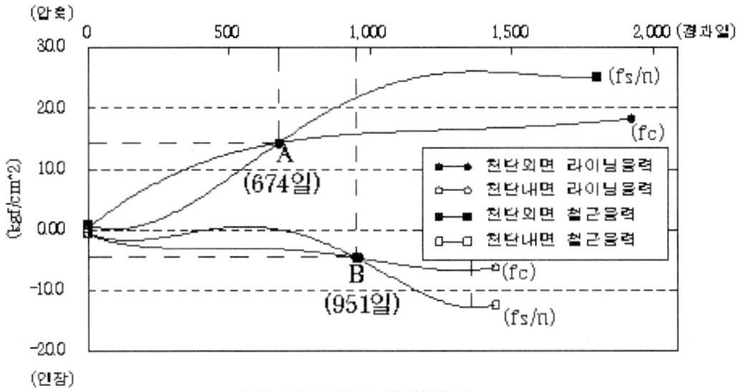

(a) 콘크리트 응력기준

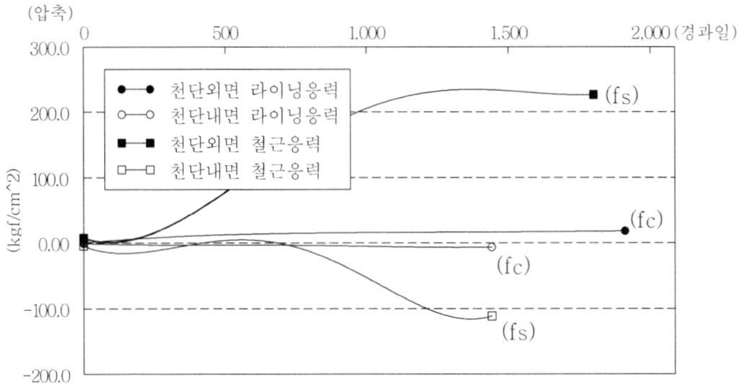

(b) 철근응력 기준

그림 11 회귀분석 곡선 조합

콘크리트응력 기준 회귀분석 곡선에서 콘크리트 라이닝 응력의 천단외면의 압축응력과 천단내면의 인장응력은 시간경과에 따라 서서히 증가하는 추세를 보이나, 콘크리트 라이닝 철근응력의 천단외면의 압축응력과 천단내면의 인장응력은 급격히 증가하는 추세를 보이고 있다.

천단외면의 압축응력은 674일 경과지점인 A점에서 철근응력과 콘크리트응력이 교차되어 14kgf/㎠의 값을 보이나, 천단내면의 인장응력은 951일 경과지점인 B점에서 철근응력과 콘크리트응력이 교차되어 4.5kgf/㎠의 값을 보여 경과시간은 약 1.4배이나, 인장응력은 압축응력에 비해 약 0.3배 인 것으로 평가되었다.

3.4 간극수압 비교

A터널 및 B터널의 간극수압, 한강수위, 터널내 양수량과의 관계와 간극수압 회귀분석 곡선은 그림 12와 같다.

간극수압은 흙의 간극속에 존재하는 물의 압력으로 정수압 또는 과잉 간극수압을 말한다.

A터널의 간극수압은 0~0.36kgf/㎠의 범위로 계측초기부터 최근까지 거의 일정한 값을 보여 한강수위와 직접적인 관계는 없는 것으로 판단되며, 측정위치별 평균 간극수압의 크기는 좌측벽체 0.18kgf/㎠, 천단 0.04kgf/㎠, 우측벽체 0.04kgf/㎠의 값을 보였다.

B터널의 간극수압은 계측초기부터 약 500일 경과시까지는 거의 간극수압이 작용하지 않다가 그 이후부터 최대 2.80kgf/㎠로 증가하는 양상을 보여 시간경과에 따라 한강수위의 영향을 받는 것으로 판단되며, 측정위치별 평균 간극수압의 크기는 좌측벽체 0.41kgf/㎠, 천단0.41kgf/㎠, 우측벽체 0.04kgf/㎠의 값을 보였다. 각 터널의 평균 최대 간극수압은 A터널은 0.18kgf/㎠, B터널은 0.41kgf/㎠로 B터널의 평균 최대 간극수압이 A터널에 비해 2.3배 크게 나타났다. 간극수압 회귀분석 곡선에서 한강수위의 영향권에 있는 A터널과 B터널 및 C터널의 회귀분석 곡선은 변화를 보이는 반면, 지하수위 영향이 적은 DA, DB 터널에서는 거의 변화량이 없는 것으로 확인되었으며, A터널과 B터널은 풍화토 터널로 C터널과 D터널의 풍화암 터널보다 간극수압이 크게 나타났다.

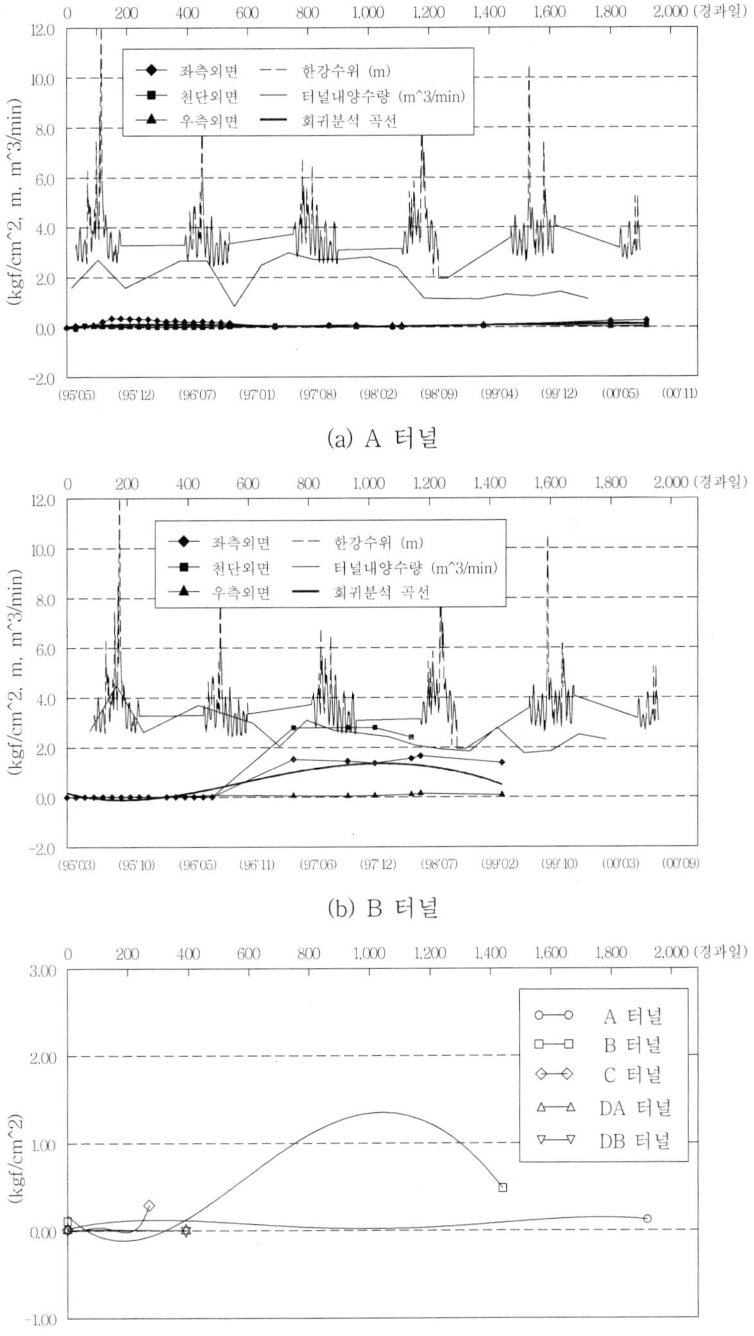

(a) A 터널

(b) B 터널

(c) 회귀분석 곡선

그림 12 간극수압, 한강수위, 터널내 양수량과의 관계도

배수형 터널에서는 이론적으로 수압이 작용하지 않지만 시간의 경과에 따른 배수층의 기능저하를 고려하여 수압하중 설정시 잔류수압을 고려하는 것이 일반적인데 잔류수압은 구조물 배후지반의 수위와 정면의 수위와의 차이에 의해 구조물에 작용하는 정수압을 말한다.

설계시 잔류수압은 터널높이 H_t와 관계가 있으며 토사구간에서는 1/3 $H_t\ \gamma_w$, 암반구간에서는 1/2 $H_t\ \gamma_w$를 적용하고 있으나, 설정근거가 불명확한 실정이다.(대한터널협회, 1999)

A터널은 풍화토 구간으로 부분 방수식의 배수형 터널이며, 평균 최대 간극수압은 0.18kgf/㎠로 9.9 m 터널높이 잔류수압 0.99kgf/㎠의 18.2%로 약 1/5 $H_t\ \gamma_w$의 값을 보이고 있다.

B터널은 풍화토 구간으로 전주 방수식의 수압조절 배수형 터널이며, 평균 최대 간극수압은 0.41kgf/㎠로 7.8m 터널높이 잔류수압 0.78kgf/㎠의 52.6%로 약 1/2 $H_t\ \gamma_w$의 값을 보이고 있어 일반적인 부분 방수식 배수형 터널인 A터널보다 큰 값을 보인 이유는 당초 전주 방수식 비배수형 터널에서 유지관리시 예상되는 과다수압의 영향을 해소하기 위해 전주 방수식의 배수형 터널로 변경 시공하면서 수압 조절장치를 설치하여 인위적으로 조절하므로서 수압작용으로 인해 계측결과가 크게 나타난 것으로 판단된다.

따라서, 배수형 터널에서 1/2~1/5 $H_t\ \gamma_w$의 잔류수압이 측정되어 토사구간에 설계시 적용되고 있는 잔류수압 1/3 $H_t\ \gamma_w$는 타당성이 있는 것으로 판단되나, 지속적인 계측결과 분석과 연구가 요구된다.

4. 결 론

본 연구에서는 장기간 계측된 5개의 풍화대를 통과 하는 지하철 터널 유지관리 계측 결과를 토대로 터널의 최종 지보재인 콘크리트 라이닝의 응력과 철근응력을 회귀분석하여 터널라이닝의 안전성을 확인하였으며, 간극수압을 한강수위와 터널내 양수량과의 변화 관계를 통해 분석을 시행한 결과 다음과 같은 결론을 얻었다.

1) 콘크리트 라이닝은 천단외면에서는 압축응력을 지속적으로 받아 최대 17kgf/㎠에서 수렴하였고, 천단내면에서는 인장응력을 지속적으로 받아 최대 7kgf/㎠에서 수렴하여 콘크리트의 휨 인장강도인 파괴계수 28.9 kgf/㎠에 24% 정도로 콘크리트 라이닝

은 안전한 것으로 판단된다.

2) 콘크리트 라이닝 철근응력은 천단외면에서는 압축응력을 지속적으로 받아 최대 226 kgf/㎠에서 수렴하였고, 천단내면에서는 인장응력을 지속적으로 받아 최대 115kgf/㎠에서 수렴하여 철근의 허용응력인 1,500 kgf/㎠에 최대 15% 정도로 콘크리트 라이닝은 안전한 것으로 판단된다.

3) 콘크리트 라이닝 응력과 철근응력 회귀분석곡선을 콘크리트응력 기준으로 환산 비교한 결과 콘크리트응력과 철근응력이 교차되는 시점은 천단외면에서는 674일 경과일에 압축응력이 14kgf/㎠, 천단내면에서는 951일 경과일에 인장응력이 4.5kgf/㎠의 값을 보여 경과일은 약 1.4배 소요되었으나, 인장응력 값은 압축응력 값의 약 0.3배인 것으로 평가되었다.

4) 터널의 평균 최대 간극수압은 A터널이 0.18 kgf/㎠, B터널이 0.40kgf/㎠로 모두 풍화토를 통과하는 터널이며, 일반적인 부분방수식 배수형 터널인 A터널에 비해 B터널이 큰 값을 보인 이유는 B터널은 전주 방수식의 배수형 터널로 수압 조절장치로 인해 수압이 더 작용되는 영향인 것으로 판단되었으며, A터널은 $1/5 H_t \gamma_w$, B터널은 $1/2 H_t \gamma_w$의 잔류수압 값을 보이고 있어 토사터널 설계에 적용되고 있는 $1/3 H_t \gamma_w$의 잔류수압은 타당성이 있는 것으로 판단되나, 이에 대한 지속적인 계측결과 분석과 연구가 필요하다.

참고문헌

1. 대한터널협회(1999) 터널설계기준, pp.43-47
2. 大貫富夫, 先山友康, 鎌田拓司, 及 川浩, "青函トンネルの保守·維持管理(最終回)", トンネルと地下, pp.71-79.
3. Curtis.D.J, Spaul.J.A(1996) Monitoring of the UK Tunnel linings, Engineering Geology of The Channel Tunnel, pp.277-286
4. Eisetein.Z, Nahhas.F.EI and Thomson.S(1979) Pressure Displacement Relations in Two system Tunnel Lining, Proceedings of 6th PanAmerican Conference on Soil Mechanics, pp.85-948.
5. Eurotunnel,Transmanche-Link(1991) Monitoring of Tunnel Linging Second Annual Report, Gage Technique Limited
6. Feldman.A.I Buechel.G.J(1999) Instrumentation Program for Boston Red Line Subway Tunnel, Field Measurements in Geomechanics, pp.95-100
7. Leger.B, Roussel.J.C(1995) Ten years of Geotechnical Measurements through Chamoise Tunnel Marls, pp.1309-1312

8. Maeda,K. & Obata,T.(1992) The Measurement of The Behavior at The Undersea Portion of The Seikan Tunnel, ネル工學研究發表會 論文 集2卷, (1992), pp.143-148.

9. Moore.D.R & A. Crease(1996) Tunnel Instrumentation, Engineering Geology of the Channel Tunnel, (1996), pp.287-294.

10. Nahhas.F.EI, Kadi.F.EI and Ahmed.A.I(1992) Interacting of Tunnel Linings and Soft Ground, Tunnelling and Underground space Technology, vol, No.1, pp.33-43

3.1.2.2 터널구조물 유지관리계측의 개선방안

본 논문은 “터널구조물 유지관리계측의 개선방안 연구” (우종태, 한국재난정보학회 논문집, Vol.16, No.1, 2020.3.31., pp10~20)을 재편집하여 기술한 내용이다.

터널구조물 유지관리계측의 개선방안 연구

A Study on the Improvement Plans of Maintenance Monitoring in Tunnel Structure

ABSTRACT

Purpose: Analyze the results of on-site inspection of the tunnel structure maintenance management monitoring and suggest improvement plans. Method: We investigate and analyze the problems of various items on maintenance monitoring of tunnel structure of 14 subway lines of Seoul subway in downtown area. Results: The maintenance monitoring items, measurement quantity and installation location are classified into open tunnel and excavation tunnel and improvement plans are suggested respectively. Various durability criteria of the measuring instruments were examined, and durability confirmation method suggested improvement measures such as approval, inspection, inspection and testing, calibration of monitoring sensors. Conclusion: Applying the improvement measures of the tunnel structure maintenance monitoring to the construction site will increase the efficiency of the maintenance monitoring and contribute to the development of construction monitoring technology.

Keywords Tunnel structure, Maintenance monitoring, Period of durability, How to check durability

요약

연구목적: 터널구조물 유지관리계측의 현장점검 결과를 분석하여 개선방안을 제시한다. 연구방법: 도심지에서 건설되고 있는 서울지하철○호선 14개 공구의 터널구조물을 대상으로 유지관리계측에 대한 다양한 항목의 문제점을 조사하고 분석을 실시하였다. 연구결과: 유지관리계측 항목과 계측수량 및 설치위치는 개착터널과 굴착터널로 구분하여 개선방안을 제시하였다. 계측기기의 내구연한은 각종 기준을 검토하였고, 내구성 확인방법은 계측센서의 승인 및 검수, 검사 및 시험, 검정 및 교정 등의 개선방안을 제시하였다. 결론: 터널구조물 유지관리계측의 개선방안을 건설현장에 적용하면 유지관리계측의 효율성이 증대되고 건설계측 기술발전에 기여할 것이다.

핵심용어 터널구조물, 유지관리계측, 내구연한, 내구성 확인방법

1. 서 론

최근 들어 사회기반시설의 확충에 따라 지하철, 도로, 일반 및 고속철도, 전력구, 통신구, 공동구 등 국내 터널구조물의 건설이 증가되고 있으며, 공사계측 및 유지관리계측을 위한 정보화 시공 및 유지관리 분야의 연구도 활발하게 진행되고 있다. 건설공사에서 계측이란 인간의 능력과 계측기기의 성능을 조합해서 공학적인 정보를 정확하게 수집하여 분석하는 행위로 이론과 기법, 통찰과 경험, 측정기술과 기기를 조합해서 공학적인 문제 해결에 필요한 정량적, 정성적인 정보를 얻는 행위이며, 계측기를 통하여 측정한 자료를 검토하여 정량적인 판단기준을 제시하며, 계측결과의 분석을 통하여 구조물의 특성과 연관성을 파악하고 구조물의 현 상태 및 발생 가능한 문제를 관측 및 예측하는 행위를 의미한다.

일반적으로 터널 건설공사에서의 계측은 공사계측과 유지관리계측으로 구분되며, 공사계측은 주로 설계의 불확정성 요소 등을 보완하고 설계의 타당성을 규명함으로써 시공의 안전성과 경제성을 제공하는 반면, 유지관리계측은 공사계측 단계에서 계측치가 어느 정도 수렴된 상태를 확인하고, 목적물인 철근 콘크리트 구조물이 시공되므로 이미 완공된 구조물에 대하여 공용 중에 지속적으로 구조물의 안전성 확인과 최적의 유지관리가 되도록 객관적이고 연속적인 공학적 판단자료를 제공하여 효율적이고 경제적인 구조물 유지관리에 기여하는 것을 목적으로 수행되고 있다.

본 논문에서는 도심지에서 건설되고 있는 서울지하철○호선 14개 공구의 터널구조물을 대상으로 유지관리계측 항목, 계측센서의 수량 및 설치위치, 계측센서의 내구연한, 계측센서의 내구성 확인방법, 유지관리계측 관리기준 수립 등에 대한 현장점검 결과를 분석하고 각 항목별 터널구조물 유지관리계측의 개선방안을 제시하여 효율적인 유지관리계측과 건설계측 기술발전에 기여하고자 한다.

2. 터널구조물 유지관리계측

2.1 터널구조물 유지관리계측의 목적

터널구조물에서 유지관리계측은 구조물 완공 후 공용기간 중에 주변지반의 변화와 영향으로 인하여 발생되는 배면 지반, 토압 및 수압의 변화와 콘크리트 구조물의 변화 양상, 환경조건 등을 측정하여 터널의 안전성을 확인하는데 있다. 또한, 예방적인 유지관리를

로 단면당 계측항목별로 계측 측점수를 결정하여야 한다(Woo, 2018).

표 1은 터널구조물 유지관리 시 수행되는 계측항목 및 계측결과로부터의 판단내용을 나타낸 것이다.

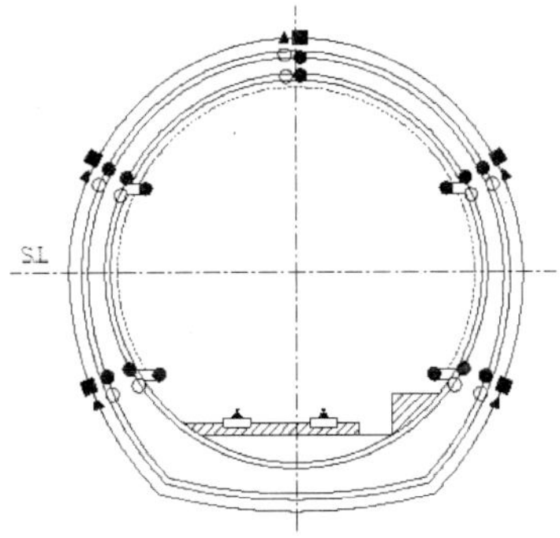

Legend	
■	Earth pressure meter
▲	Piezometer
●	Rebar stress meter
○	Concrete stress meter
●⊃	3D internal displacement meter
.....	Full section internal displacement meter

그림 2 Example of arrangement of maintenance monitoring in tunnel structure

표 1 Tunnel structure maintenance monitoring items and contents

Monitoring items	Contents
Earth pressure	· Appropriateness evaluation of tunnel lining design · Investigation of the expansion of soil relaxation area and change of ground stress
Pore water pressure	· Residual water pressure and size measurement of drainage tunnel · Non-drainage tunnel lining water pressure measurement · Confirm lining stability according to water pressure
Ground water level & water volume	· Reliability evaluation in pore water pressure measurement · Evaluation of correlation with water content in tunnel
Concrete stress	· Stress measurement of concrete lining due to external load · Measuring the internal stress in the lining when the concrete lining is designed as a structure
Reinforcing stress	· Measuring the stress in a concrete lining due to external load · Verification of reliability of concrete lining stress measurement results
Internal displacement	· Determining the safety of tunnel structures by measuring displacement of concrete lining due to external load
Crack	· Determining the safety of a tunnel by measuring the progress of cracks in concrete lining
Building slope	· Measure the slope of the ground building due to the behavior of the tunnel structure to judge safety of the building
Earthquake and vibration	· Judgment of the safety of the tunnel structure at the time of earthquake and the influence of vibration of the surrounding structure due to train operation
Temperature	· Determining the effect of temperature on concrete lining

3. 터널구조물 유지관리계측 현장점검 내용 및 개선방안

도심지에서 건설되고 있는 서울지하철○호선 14개 공구에 대한 터널구조물 유지관리계측의 현장점검 내용으로는 계측항목, 계측센서의 수량 및 설치위치, 계측센서에 대한 내구연한 검토, 계측센서에 대한 내구성 확인방법 검토, 계측 관리기준 수립 등이며, 이를 상세히 분석하여 제시한 개선방안은 다음과 같다.

3.1 터널구조물 유지관리계측 항목

터널구조물 유지관리계측 항목 점검결과 및 분석내용은 다음과 같으며, 계측항목이 공구별로 차이가 많아 터널 구조물 유지관리계측 목적에 부합되도록 계측항목의 검토가 필요하다.

1) 개착터널(Cut & Cover tunnel : 박스구조물)

개착터널은 매립식 변형률계에 의한 콘크리트응력 측정위주로 설치되어 콘크리트 응력과 철근 응력을 동시에 측정 하는 것이 바람직하며, 대부분 무응력 변형률계가 설치되지 않아 무응력 변형률계가 설치되어야 콘크리트 특성을 제외한 실 외력에 의한 응력변화를 확인할 수 있다. 콘크리트 라이닝의 응력 및 철근 응력 산출에서 변형률계로 측정되는 총변형률(ϵ_{total}) = 탄성변형률(ϵ_{e}) + Creep 변형률(ϵ_{cr}) + 건조수축(ϵ_{sh}) + 온도변화(ϵ_{t}) 로 표시되며, 외부하중에 의한 순수 변형률(ϵ_{c}) =ϵ_{total} −($\epsilon_{sh}+\epsilon_{t}$) 로 표시된다. 여기서,$\epsilon_{sh}$ 와 ϵ_{t} 는 무응력 변형률계로 측정하며, 실내실험 결과 콘크리트 양생과정인 7일 이내에서 약 1MPa의 콘크리트 응력이 발생된다.

개착터널인 박스구조물은 공사완료 후 지중에 있는 상태가 상재하중, 측압, 양압력 등의 외력의 평형으로 인하여 안정된 상태가 되므로 박스구조물의 각 부재에 철근응력 및 콘크리트응력 위주의 유지관리계측이 중요하다.

2) 굴착터널(Bored tunnel : 터널구조물)

굴착터널은 콘크리트응력과 철근응력 및 간극수압 측정위주로 설치되어 있으며, 터널은 특성상 원지반의 변위와 하중이 굴착된 터널 내부로 작용하므로 굴착단계인 공사계측에서 내공변위, 지중변위, 록볼트인발시 하중−변위 관계 등의 각종 변위와 지표, 천단, 지중침하와 지보재인 숏크리트응력 및 록볼트축력을 측정하여 굴착 중 및 완료 후 각종 계측치의 수렴여부를 확인한 후에 면정리 및 방수작업, 콘크리트 라이닝이 시공되므로 유지관리계측 단계에서는 시공 중에 원지반의 변위와 응력이 거의 수렴되었기 때문에 크게 발생되지는 않을 것으로 예상된다. 따라서 NATM의 지보 설계개념과 지반 특성곡선에 의해 유지관리계측은 원지반에서의 계측항목이 중요한 것으로 판단되며, 터널구조물에서 유지관리계측 적용 우선순위는 다음과 같다.

(1) 숏크리트에 근접된 원지반에 작용하는 토압과 간극수압 측정
(2) 콘크리트 라이닝의 철근응력과 콘크리트응력 측정
(3) 콘크리트 라이닝 표면의 부착식 내공변위 측정

3.2 터널구조물 유지관리계측 센서의 수량 및 설치위치

터널구조물 유지관리계측 센서의 수량 및 설치위치 점검결과 및 분석내용은 다음과 같으며, 계측센서의 수량 및 설치위치가 공구별로 차이가 많아 구조물의 특성과 구조적인 단면력에 부합되도록 하는 검토가 필요하다.

1) 개착터널(Cut & Cover tunnel : 박스구조물)

개착터널에서는 박스 단면크기(본선, 정거장 등)에 대한 고려 없이 계측센서를 단면 당 2개에서 8개까지 설치하였으며, 도면에 구체적인 설치 지점이 표기되지 않고 바닥슬래브 등에도 설치가 되어 있다. 바닥슬래브는 부재중에서 휨모멘트가 가장 크게 작용하나, 두께 20cm이상의 도상콘크리트가 상부에 설치되어 단면이 증대되는 효과가 있으므로 벽체나 상부슬래브를 더 우선적으로 계측이 수행되어야 할 것으로 판단된다. 또한, 박스구조물은 그림 3과 같이 구조계산상 휨모멘트가 큰 지점에 설치하는 것이 필요하며, 철근과 콘크리트에 각각 설치하되, 단면 외측철근과 내측철근에 별도 설치하여 압축응력과 인장응력을 측정하는 것이 바람직한 것으로 판단되며, 박스구조물의 크기 및 구조형식(본선, 정거장 등)에 따라 적정 설치위치를 검토할 필요가 있다.

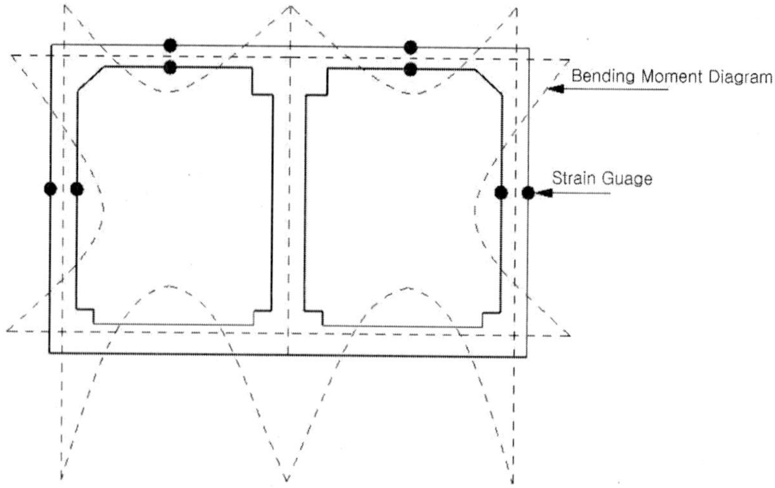

그림 3 Opening tunnel (main line box structure) monitoring location example

2) 굴착터널(Bored tunnel : 터널구조물)

굴착터널에서는 콘크리트와 철근에 매립식 변형률계와 간극수압계 위주로 유지관리계측 센서를 설치하였으며, 일부 공구에서는 콘크리트 라이닝에 표면부착식 전단면 내공변위계만 설치된 공구도 있었다. 또한, 터널크기 및 구조형식(단선, 복선, 유치선, 정거장 터널 등)에 대한 설치위치를 고려하지 않고 단면당 콘크리트용 변형률계를 2개에서 6개, 간극수압계를 1개 설치한 공구도 있으나, 관리 중요도에 따라 변형률계, 토압계, 간극수압계 등의 매립식 계측기는 필히 설치하고, 선택적으로 콘크리트 라이닝 표면에 부착식 내공변위계를 설치하는 것이 바람직 할 것으로 판단된다.

단선터널 이상의 단면인 경우 그림 2의 터널구조물 유지관리계측 센서 배치 예와 같이 계측기의 손망실 비율과 내구성 저하를 고려하여 철근 및 콘크리트의 응력을 측정하는 매립식 변형률계는 콘크리트 라이닝 외측과 내측에 단면당 5점[변형률계 총 20개: 철근용 10개=5점에 설치×2개(외측, 내측 각 1개), 콘크리트용 10개=5점에 설치×2개(외측, 내측 각 1개)]에 설치하고, 매립식인 토압계와 간극수압계는 3점인 천단부와 어깨부[토압계와 간극수압계 각 3개]에 설치 하는 것이 바람직하고, 콘크리트 라이닝 표면에 부착하는 전단면 내공변위계는 선택적으로 적용할 필요가 있다.

3.3 터널구조물 유지관리계측 센서에 대한 내구연한 검토

터널구조물 유지관리계측 센서에 대한 내구연한 점검 결과 및 분석내용은 다음과 같으며, 유지관리계측은 장기계측으로 계측센서의 내구연한 확보가 무엇보다도 중요하므로 계측센서에 대한 내구연한 검토가 필요하다(Woo, 2019).

2002년 2월 서울특별시 지하철건설본부에서 서울지하철6,7호선 유지관리 계측시스템 설치 및 분석 용역 시 유지관리 계측시스템의 무상보증기간을 최종설치 준공일로부터 최소 5년으로 적용한 예가 있고, 2002년 9월 서울지하철9호선 시공계측관리 표준시방서(안)의 변형률계 센서의 내구연한은 3년 이상, 장기계측의 경우 통상적으로 2~10년 정도는 정상적인 기능을 유지해야 하는 것으로 제시된바 있다(Seoul Metropolitan Rapid Transit Corporation, 2002).

2008년 터널표준시방서 개정 시 준공 후 계측시스템의 하자보수기간은 공동주택관리령에서 국내공동주택 전자장치들의 하자보수기간 2년 이후에도 정상적으로 작동해야 하는 것으로 제시하였다(Woo, 2017b).

2010년 건설계측 및 계측업의 현황분석과 발전방안 연구에서는 계측센서를 포함한 계측시스템의 무상하자보증 기간은 최종 설치준공일로부터 최소 3년 이상을 제시하였다(Woo, 2010).

2015년 서울특별시 도시기반시설본부에서 서울지하철 계측관리요령 개선(안)을 제정하면서 계측센서의 내구연한에 대해 최소 준공 후 3년 이상으로 계측기 자체의 하자보수기간내 망실될 경우 설치업체에서 재설치하는 하자보수기간을 제시하였으며, 하자보수 기간 및 책임범위는 다음과 같다(Seoul Metropolitan Infrastructure Headquarters, 2015).

(1) 시공 중 계측기의 하자보수기간은 설치 후 3년 이내, 유지관리 계측기의 하자보수기간은 준공 후 최소 3년 이내로 관리하도록 한다.
(2) 하자보수 기간 내에 발생하는 모든 하자에 대해서는 계측기 및 자동화 계측시스템을 구축한 업체 또는 기관에서 동일 위치에 재설치 또는 표면 노출형 계측기로 재설치하여야 한다.

2017년 건설계측의 이론과 실무의 지하 건설시설물편(Woo and Lee, 2017) 터널의 유지관리 계측 실무시방서에서 터널의 유지관리를 위한 계측기기는 최소 5년 이상의 내구성이 보장되어야 하며, 설치 및 유지관리가 용이하고 계측 목적에 맞는 계측범위와 정밀도를 가져야 하며, 기기 특성에 대한 사전 검증을 실시하여야 하는 방안을 제시하였다.

따라서 앞에서 검토된 내용을 종합하여 건설계측센서를 포함한 계측시스템의 내구연한은 다음과 같이 결정하는 것이 합리적이다.

(1) 계측시스템의 내구연한은 최소 3년 이상으로 하며, 이 기간을 최종 설치 준공일로부터 가산하면 장기 계속공사인 경우 차수별 공사 준공기간이 약 2~4년이 소요되므로 최종 내구연한은 5~7년 정도이다.
(2) 하자담보책임기간동안 필요한 예비품과 고장수리부품, 소모품, 고장수리비용은 계측시스템 설치자 부담으로 하며, 이 기간 중 수리가 불가능한 물품의 경우 유지관리기관의 승인을 얻어 동등이상의 제품으로 교체하여야 한다.
(3) 계측시스템의 보수기간 중에는 대체 장비를 사용하여 계측시스템 운영에 지장이 없도록 해야 한다.

3.4 터널구조물 유지관리계측 센서에 대한 내구성 확인방법 검토

터널구조물 유지관리계측 센서에 대한 내구성 확인방법 및 분석내용은 다음과 같으며, 유지관리계측은 장기계측으로 계측센서의 내구성 확보가 무엇보다도 중요하므로 계측센서에 대한 내구성 확인방법 검토가 필요하다.

건설공사에 사용되는 대부분의 계측기기는 계량 및 측정에 관한 법령에 규제받지 않아 의무적인 검 교정 대상이 아니며, 국가 표준 및 검인증 기준이 없어 국가 공인기관에서 검 교정이 곤란한 경우가 많으므로 생산업체나 계측업체에서 자체 마련한 검사 기준 및 교정 절차에 따라 검 교정이 수행되는 경우가 많아 대외적인 신뢰도가 낮은 실정이다. 따라서 이러한 문제점을 해결하기 위해 아래에 제시한 터널구조물 유지관리계측 센서의 승인 및 검수, 검사 및 시험, 검정 및 교정을 실시하는 것이 내구성 확인의 효과적인 방법이다.

3.5 터널구조물 유지관리계측 센서의 승인 및 검수

(1) 건설 계측시스템 설치자는 계측시스템 상세 설치 계획서와 함께 사용될 계측센서, 계측장비 및 부속자재 등이 계측의 목적에 부합되도록 다음 사항을 포함하여 제출하고 승인을 얻어야 한다.
  ① 작동 이론 : 계측기기의 목적, 계측기기의 기본 측정 원리, 기본적인 계측원리를 설명하기 위한 도해 및 도면, 시스템의 측정 범위, 설치 요령

② 설치 순서 : 계측기의 설치 순서에 대한 상세 설명 자료, 설치 시 유의 사항

③ 작동 및 측정 순서 : 측정 준비 및 측정 개시를 위한 세부적인 순서, 사용자 및 장비에 관련된 주의사항, 계측 설치 후 초기치를 얻는 방법 및 순서, 초기치 이후의 계측치를 얻는 순서, 측정치에 대한 원인 및 영향 분석에 사용될 수 있는 사항

④ 보수 및 유지관리 : 계측기기 및 시스템의 유지관리에 관한 일반 및 세부사항, 필요시 건전지 교체시기에 관한 사항, 유지관리 시 현장 점검사항, 소모품을 포함한 예비 부품의 목록, 무상보수관련 대표자의 성명, 주소, 전화번호 등, 계측기기 보정시기 및 방법

⑤ 계측시스템 운영요원에 관한 교육

⑥ 부품별 교체 시기

(2) 계측시스템 검수를 위하여 다음 사항을 서류로 제출하여야 한다.

① 제작자 증명원

② 공급자 증명원

③ 제작자의 품질증명서

④ 검 교정 성과서 (시험성적서) : 공인인증기관(예 : KOLAS 인증기관)으로부터 검 교정을 실시한 제조사의 측정 장비를 활용하여 검 교정을 실시한 성적서 (Calibration sheet)로 대체

⑤ 사용자 설명서 및 유지관리 매뉴얼

⑥ 부속품 리스트

⑦ 계측기에 대한 시험성적서는 검 교정 장비에 의한 결과를 제출하여야 하며, 필요시 계측기 표본을 추출하여 공인 인증기관(예, 한국산업기술시험원 등)에 의뢰하여 성적서 제출

3.6 터널구조물 유지관리계측 센서의 검사 및 시험

(1) 건설 계측시스템에 사용되는 계측센서, 계측장비, 부속자재 등은 계측담당 건설사업관리기술자의 검사 및 시험을 거쳐야 한다.

① 현장에서 인도 시 규격 및 성능 검사

② 현장에서 조립완성 후 시험운영 실시 및 계측시험의 정확도 입증시험

(2) 현재 계측기기에 대한 검사 및 시험은 주로 제조회사 자체 검사 및 시험으로 이루어지고 있으므로 자체 검사 시 정밀도, 정확도, 내구성을 위주로 검사 및 시험을 실시하여야 한다. 그리고 계측기기의 시험 및 검사에 대한 체크리스트 원본은 각 계측기기와 함께 제출하여야 한다.

(3) 건설 계측시스템 설치자는 계측시스템 운영 중에 수행될 정기적인 검 교정 방법, 순서 및 주기 등에 관한 사항을 제출하여야 하며, 필요시 각 계측 기기의 기종별 검 교정 시연을 실시하여야 한다. 또한 계측시스템 운영 중 유지관리 기관의 요청이 있을 때는 계측시스템 설치자는 직접 검 교정을 수행하여야 한다. 단, 검 교정에 필요한 비용은 운영주체에서 부담하여야 한다.

7) 터널구조물 유지관리계측 센서의 검정과 교정

건설 계측센서는 정확한 측정을 위해 사용 전에는 반드시 검정을 받고, 사용 중에는 기계오차에 대비하여 주기적인 교정을 받아야 한다. 계측센서에 대한 검 교정 항목은 정밀도, 정확도, 내구성 등을 위주로 시험을 실시하여야 한다.

3.7 터널구조물 유지관리계측 관리기준 수립

앞의 점검결과에서 나타난 문제점을 종합적으로 검토하여 체계적으로 적용할 수 있는 터널구조물 유지관리계측 관리기준 수립이 필요하다. 기존의 터널구조물 유지관리계측 관리기준(Seoul Metropolitan Infrastructure Headquarters, 2015)은 NATM 터널에만 한정되어 있고, 개착터널과 기계화터널(Shield, TBM 등)은 관리기준이 없는 실정이며, 계측 센서 및 계측시스템의 기술발전과 터널구조물 유지관리계측에 대한 지속적인 연구수행으로 인한 연구결과 등이 반영된 최근 기술 수준으로의 개정이 필요하다. 또한, 기수행된 지하철 유지관리계측 세부지침(Woo and Yoo, 2000)은 계측 시스템의 계획 및 설계, 설치 및 운영, 유지관리에만 국한되어 터널 유지관리계측 항목, 계측센서의 수량 및 설치위치, 계측 센서의 내구연한, 계측센서의 내구성 확인방법 등의 연구가 수행된 후에 관리기준 설정이 필요하다.

4. 결론

본 논문은 도심지에서 건설되고 있는 서울지하철○호선 14개 공구의 터널구조물을 대상으로 유지관리계측 항목, 계측센서의 수량 및 설치위치, 계측센서의 내구연한, 계측센서의 내구성 확인방법, 유지관리계측 관리기준 수립 등에 대한 현장점검 결과를 분석하고 각 항목별 터널구조물 유지관리계측의 개선방안을 제시하여 효율적인 유지관리계측이 되도록 수행한 연구결과는 다음과 같다.

첫째 터널 유지관리계측 적용 우선순위는 터널 특성상 원지반의 변위와 하중이 굴착된 터널 내부로 작용하므로 숏크리트에 근접된 원지반에 작용하는 토압과 간극수압 측정, 콘크리트 라이닝의 철근응력과 콘크리트응력 측정, 콘크리트 라이닝 표면의 부착식 내공변위 측정 순으로 설치하여야 한다.

둘째 개착터널 계측항목은 매립식 변형률계에 의한 콘크리트응력 측정위주로 설치되어 콘크리트응력과 철근응력을 동시에 측정하는 것이 필요하며, 무응력 변형률계는 거의 설치되지 않아 무응력 변형률계가 설치되어야 콘크리트 특성을 제외한 실 외력에 의한 응력변화를 확인할 수 있다.

셋째 굴착터널 계측항목은 콘크리트응력과 철근응력 및 간극수압 측정 위주로 설치되었으나, NATM의 지보 설계개념과 지반 특성곡선에 의해 터널의 특성을 고려하여 원지반에 작용하는 토압과 간극수압 측정, 콘크리트 라이닝의 철근응력과 콘크리트응력 측정이 필요하며, 콘크리트 라이닝 표면의 부착식 내공변위 측정은 매립식으로 설치가 어려운 경우에 한하여 선택적으로 설치하여야 한다.

넷째 개착터널 계측센서의 수량 및 설치위치는 박스 단면에서 바닥슬래브가 부재중에서 휨모멘트가 크게 작용하나, 도상콘크리트가 상부에 설치되어 단면이 증대되는 효과가 있으므로 벽체나 상부슬래브에 더 우선적으로 설치하여야 한다.

다섯째 굴착터널 계측센서의 수량 및 설치위치는 터널크기와 설치위치 및 손망실 비율과 내구성 저하를 고려하지 않고 설치되어 매립식 변형률계는 콘크리트 라이닝 외측과 내측에 단면당 5개[변형률계 총 20개: 철근용 10개=5점에 설치×2개(외측, 내측 각 1개), 콘크리트용 10개=5점에 설치×2개(외측, 내측 각 1개)]에 설치하고, 매립식인 토압계와 간극수압계는 3점인 천단부와 어깨부[토압계와 간극수압계 각 3개]에 설치하는 것이 효과적이다.

여섯째 계측시스템의 내구연한은 최소 3년 이상으로 하며, 이 기간을 최종 설치 준공일로부터 가산하면 장기 계속공사인 경우 차수별 공사 준공기간이 약 2~4년이 소요되므로 최종 내구연한은 5~7년 정도는 되어야 한다.

일곱째 계측센서는 국가 공인기관에서 검 교정이 곤란한 경우가 많으므로 생산업체나 계측업체에서 자체 마련한 검사 기준 및 교정 절차에 따라 검 교정이 수행되는 경우가 많아 대외적인 신뢰도가 낮은 실정이다. 따라서 이러한 문제점을 해결하기 위해 대안으로 제시한 터널구조물 유지관리계측 센서의 승인 및 검수, 검사 및 시험, 검정 및 교정을 실시하는 것이 내구성 확인의 효과적인 방법이다.

여덟째 기존의 터널구조물 유지관리계측 관리기준은 NATM 터널에만 한정되어 있고, 개착터널과 기계화터널(Shield, TBM 등)은 관리기준이 없는 실정이며, 계측센서 및 계측시스템의 기술발전과 터널구조물 유지관리계측에 대한 지속적인 연구수행으로 인한 연구결과 등이 반영된 최근 기술 수준으로의 개정이 필요하다.

참고문헌

1. Back, K. H., Oh, Y. S., Kim, Y. J., Kim, Y. G. (2002), “A study on the efficient plan of maintenance monitoring for tunnel”, Journal of Korean Tunnelling and Underground Space Association, 2002, Vol.4, No.4, pp.355-369.
2. Seoul Metropolitan Rapid Transit Corporation. (2002), Seoul subway maintenance monitoring, pp.234-236.
3. Seoul Metropolitan Infrastructure Headquarters, (2015), Improvement plan of Seoul subway monitoring management, pp.70-90.
4. Woo, J. T. (2010), “A study of the present state analysis and development plans about construction monitoring and monitoring industry”, Journal of Korean Society of Civil Engineers, Vol. 30, No. 2D, pp.163-169.
5. Woo, J. T. (2017a), “A study on behavior of the earth retaining structure by field measurement and numerical analysis”, Journal of Korea Society of Disaster Information, Vol. 13, No. 3, pp.286-295.
6. Woo, J. T. (2017b), "Theoretical study on the durability standard of construction monitoring sensors", Proceedings of the Korean Geotechnical Society Fall Conference, Vol. 2, No. 1, pp.168-169.
7. Woo, J. T. (2018), “A study on the loss and damage ratio of railroad tunnel maintenance monitoring sensor”, Journal of Korea Society of Disaster Information, Vol. 14, No. 3, pp.262-270.
8. Woo, J. T. (2019), “A Study on the Cause and Improvement Plans of Construction Monitoring Sensors Decline in Durability”, Journal of Korea Society of Disaster Information, Vol. 15, No. 1, pp.28-38.
9. Woo, J. T., Lee, R. C. (2017), Theory and practice of construction monitoring -underground construction facilities, CIR Publishing Co., pp.92-94.
10. Woo, J. T., Yhim, S. S. (2000), "Improvement of tunnel maintenance monitoring“, Proceedings of the Korean Society of Civil Engineers Conference, pp.33-36.
11. Woo, J. T., Yoo, C. S., Seoul Metropolitan Rapid Transit Corporation. (2000), Details manual of subway maintenance monitoring, pp.50-60.

3.1.2.3 터널 유지관리계측의 측정 및 분석주기 설정

본 논문은 "터널 유지관리계측의 측정 및 분석주기 설정 연구"(우종태, 한국터널지하공간학회 논문집, Vol.14 .No.2, 2012. 3. 31, pp117~129)을 재편집하여 기술한 내용이다.

터널 유지관리계측의 측정 및 분석주기 설정 연구

A study on establishment of measurement and analysis frequency of maintenance monitoring in tunnel

ABSTRACT

In this study, research was performed to establish the measurement and frequency of analysis for maintenance monitoring by investigation of tunnel maintenance monitoring system in the tunnel which was installed in the Seoul metro line 5,7and 8, using that the domestic and foreign application case, results of analyzed maintenance monitoring in the domestic tunnel and legal safety management standard of the facility. The results of the monitoring management about analysis frequency to the present are considered that the problem about measuring frequency does not occur. According to the analysis results of the maintenance monitoring which are located on the 5, 6th subway line, they are analyzed that the stress of concrete lining and reinforced bar are converged gradually after 45 months. Therefore Monitoring of measurement and analysis frequency is conduct more often within about 4 years after the measuring instrument installation. Four years later, slowing the frequency of measurement is considered reasonable.

Keywords Maintenance monitoring, monitoring measurement, analysis frequency, Channel Tunnel, Seikan Tunnel

요약

본 논문에서는 1995년 서울지하철 5,7,8호선 터널구조물에 국내 최초로 설치되어 운영 중에 있는 터널 유지관리 계측시스템에 대한 측정 및 분석주기를 국내 및 국외 적용사례와 국내 터널의 유지관리계측 분석결과 및 시설물안전관리 관계법령기준을 검토하여 향후에 적용할 터널 유지관리계측의 측정 및 분석주기를 설정하고자 연구를 수행하였다. 현재까지의 계측주기로 계측관리를 한 결과 계측주기에 따른 문제는 없는 것으로 판단되었다. 국내 지하철 5,6호선 4개 터널의 유지관리계측 분석결과 콘크리트 라이닝 응력과 철근응력이 약 45개월 경과시점에서 서서히 수렴하는 것으로 분석되어 계측기 설치 후 약 4년 까지는 계측 측정 및 분석주기를 빈번하게 하고, 4년 이후에는 빈도를 늦추는 것이 타당할 것으로 판단된다.

주요어 유지관리계측, 계측측정, 분석주기, Channel Tunnel, Seikan Tunnel

1. 서 론

최근 들어 사회기반시설 확충에 따라 지하철, 도로, 일반 및 고속철도, 전력구, 통신구, 공동구 등 터널구조물들의 건설이 급격히 증가되고 있으며, 체계적인 터널의 유지관리 및 보수보강에 대한 연구와 실무적용이 점차 확산되고 있다. 특히, 토목구조물과 관련된 사고와 안전에 관한 문제는 사회문제로 대두되어 터널구조물의 체계적이며, IT기반의 과학적인 유지관리에 대한 필요성이 더욱 부각되고 있는 실정에 있다. 터널구조물의 유지관리는 일반적으로 안전점검 및 안전진단을 통해 이루어져 왔으나, 최근 들어 안전점검 및 안전진단 이외에도 실시간 계측을 통해 구조물의 장기적인 거동을 파악하고 이를 유지관리하기 위한 자료로 사용하는 유지관리계측이 일반화되고 있으며(이대혁 등, 2000), 특히 IT산업의 급속한 발전에 따라 터널구간에서도 유지관리계측을 이용한 구조물의 관리가 중요한 부분을 차지할 것으로 전망된다.

본 논문에서는 1995년 서울지하철 5,7,8호선 터널구조물에 국내 최초로 설치되어 운영 중에 있는 터널 유지관리 계측시스템에 대한 측정 및 분석주기를 국내 및 국외 적용사례와 국내터널의 유지관리계측 분석결과 및 시설물안전관리 관계법령기준을 검토하여 향후에 적용할 터널 유지관리계측의 측정 및 분석주기를 설정하고자 연구를 수행하여 터널 유지관리계측 기술발전에 기여하고자 한다.

2. 터널 유지관리계측의 필요성 및 계측항목 선정

2.1 유지관리계측의 목적 및 필요성

터널에서의 유지관리계측은 터널구조물 완공 후 공용기간 중에 굴착면 주변지반의 변화와 영향으로 인하여 발생되는 배면지반, 토압 및 수압의 변화와 콘크리트 구조물의 변화양상, 환경조건 등을 측정하여 터널구조물의 안전성을 확인하는데 있다(우종태 등, 2002). 또한, 예방적인 유지관리를 실현하기 위한 기본전제 조건으로서 구조물의 안정성 및 건전성을 분석 평가하고 구조성능을 제어하며, 공용상태의 실 거동 분석을 통한 구조성능의 개선을 목적으로 수행하는 정기적 또는 상시적 조사행위를 의미한다.

터널구조물은 대개 환경변화가 적은 지하에 건설되어 구조적으로 타 구조물에 비해 비교적 안전한 것으로 알려져 있어 그 동안 다른 토목구조물에 비해 유지관리에 대한 인식이 부족하였다. 그러나 터널 건설구간 중 지반 취약지점, 하천 횡단지점, 기존 지하철,

도시철도, 국철 등의 터널 통과지점, 고가도로 및 교량 교각 직하부 통과지점, 도시개발 및 재개발 등으로 근접시공이 예상되는 지역 등과 같은 취약구간은 과대한 지하수위 및 외부하중의 변화, 근접굴착에 따른 배면지반의 이완 등으로 터널구조물에 변위발생과 응력 변동 등의 장기적 구조물 거동 발생 가능성이 예상되어 터널구조물에 대한 유지관리 계측의 중요성이 대두되고 있으나(우종태 등, 2003), 현재까지는 단기간의 축적기술과 내구성 등의 계측기기적인 문제 및 분석기술의 미비(백기현 등, 2002) 등으로 구조물 이상거동의 조기파악을 위해 많은 연구와 함께 실무 적용이 필요한 분야이다.

2.2 터널의 유지관리 계측항목 선정

터널 유지관리계측의 항목 선정에 있어서는 시공시의 현장여건이 매우 중요하므로 시공 중 터널의 함몰이나 붕괴가 발생한 지역, 1차 지보재의 품질관리가 불량하여 지보재의 재시공이 이루어진 구간, 과다변위 및 응력 발생으로 인해 지보재를 추가로 설치한 구간, 성토 절토 등 외력조건이 크게 변화하는 구간, 인접구조물과 근접 시공구간, 장기변형이 예측되는 지반 등에 주로 유지관리 계측기기가 설치된다.

계측항목 선정시 터널의 용도 및 크기, 방수와 배수 형식, 터널 지보재의 재료적 특성, 지질상태 및 지하수 조건(우종태, 2009), 하중재하 조건 및 응력 상태, 주변 환경 및 유지관리여건(우종태, 2005) 등을 종합적으로 고려하여 결정하고, 공사 중 계측기기를 유지관리 계측기기로 전환하여 지속적으로 장기계측이 수행되도록 하는 것이 가장 바람직하나, 장기계측에 따른 계측기기의 내구년한이 문제점으로 부각되고 있다.

3. 국내 터널 유지관리계측의 측정 및 분석주기

3.1 서울지하철 5,7,8,9호선 적용 분석주기

서울지하철 5,7,8,9호선 터널 유지관리계측 수행 중에 계측 측정 및 분석주기는 국외의 사례를 참조하여 표 1과 같이 설정하였다(서울특별시지하철건설본부, 1997 ; 한국터널공학회, 1999).

표 1 서울지하철 5,7,8,9호선 유지관리계측 측정 및 분석주기

구 분	정기계측	특별계측
설치후	– 설치 즉시 초기치 측정	– 지진, 홍수, 화재, 사고 등이 발생하거나, 터널구조물에 인접하여 공사 시행 시 별도 계측 측정 및 분석 빈도를 조정 시행
준공시	– 종합 조사	
최초1년	– 년4회 계절별	
2~3년	– 년2회	
4~5년	– 년1회	
5년째	– 종합조사	
6년경과	– 매 2년마다 1회	
10년경과	– 매 5년마다 1회	

3.2 서울지하철 5,6호선 유지관리계측 분석결과

3.2.1 유지관리계측 분석 대상 터널 현황

서울지하철 5호선 한강하저터널 여의도와 마포구간 등을 포함한 유지관리계측의 현황 및 결과 분석은 지반조건 및 터널심도가 유사한 4개의 터널인 A터널~D터널을 대상으로 선정하였으며, 터널별 현황비교는 표 2와 같고, 터널별 계측위치도는 그림 1과 같다.

지하철 터널에서 공사계측과 유지관리계측의 영역 구분은 그림 2와 같으며, 본 연구에서는 계측기기 설치 후 계측치가 수렴되는 기간까지 철근콘크리트 라이닝의 콘크리트 응력과 철근응력의 계측결과를 중점적으로 분석(우종태 등, 2002, 2003)하여 유지관리계측에 활용할 수 있는 측정 및 분석주기를 검토하였다.

표 2 터널별 현황 비교

구분	A 터널	B 터널	C 터널	D 터널
터널단면	복선터널	단선터널	단선터널	단선터널
터널형태	마제형	원형성 마제형	원형성 마제형	마제형
크기(폭×높이, m)	11.3×9.9	7.8×7.8	7.5×7.5	7.3×7.1
상부 반단면의 지반	풍화토	풍화토	풍화암	풍화암
콘크리트 라이닝 두께 (mm)	400	500	500	500
토피고 (m)	17.7	23.6	21.5	18.9
계측기간	'95.3~'02. 9	'95. 3~'02. 9	'95. 10~'96. 7	'99.7~'00. 8
위치	5호선 영등포 교차로구간	5호선 한강하저터널 여의도구간	5호선 한강하저터널 마포구간	6호선 용산선 횡단구간

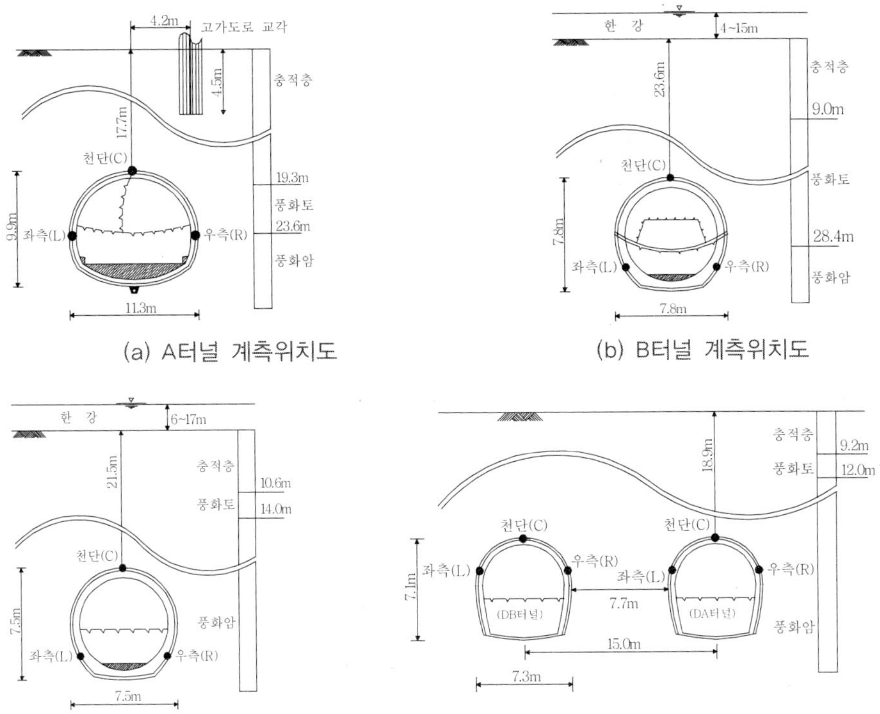

(a) A터널 계측위치도

(b) B터널 계측위치도

(c) C터널 계측위치도

(d) D터널 계측위치도

그림 1 터널별 계측위치도

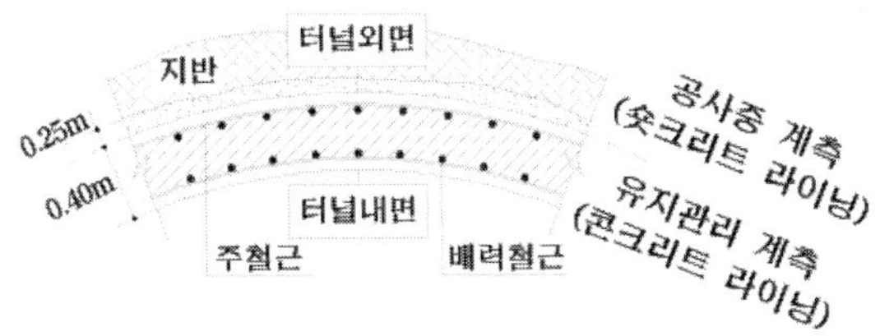

그림 2 공사계측과 유지관리계측 영역구분도(우종태, 2002, 2003)

3.2.2 콘크리트 라이닝의 응력

콘크리트 라이닝에 설치된 변형률계는 그림 3과 같이 콘크리트 라이닝의 외측철근과 내측철근에 각각 설치하여 계측을 실시하였다.

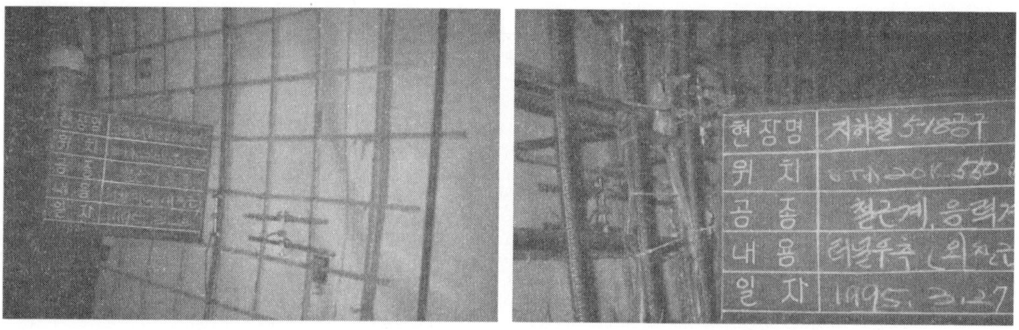

(a) 외측철근 (b) 내측철근

그림 3 변형률계 설치전경(우종태, 2002, 2003)

4개의 터널에 대한 천단외면 및 내면의 터널별 콘크리트 라이닝 응력과 회귀분석곡선은 그림 4와 같다.

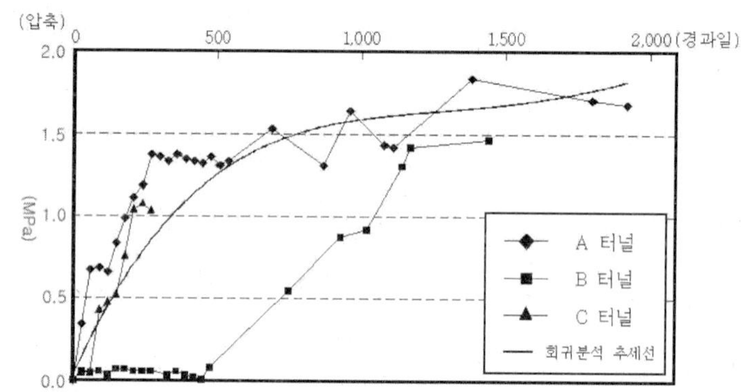

(a) 천단외면

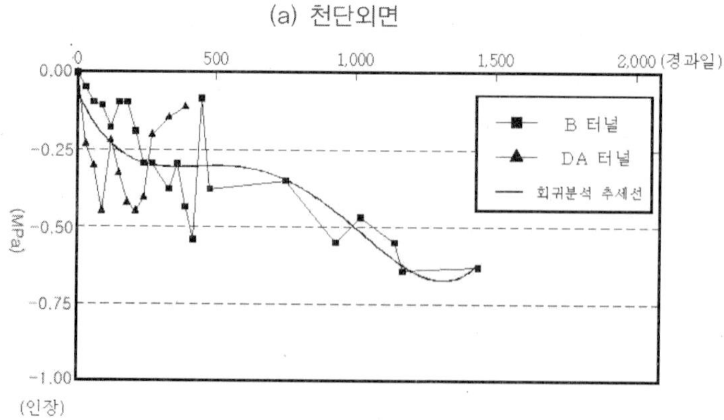

(b) 천단내면

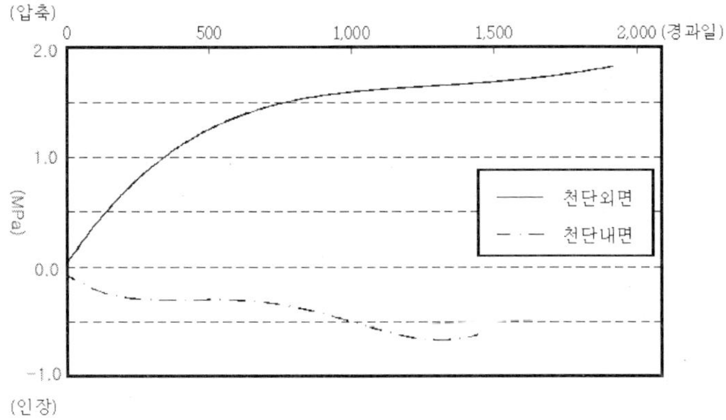

(c) 회귀분석곡선

그림 4 천단 콘크리트 라이닝 응력도

그림 4(c)의 천단 콘크리트 라이닝 응력 회귀분석곡선에서 천단외면은 압축응력이 최대 1.7MPa로 수렴되는 형태의 회귀분석곡선을 보였다. 천단내면은 인장응력이 최대 0.7MPa로 수렴되는 형태의 회귀분석곡선을 보여 콘크리트의 휨 인장강도인 파괴계수 2.9MPa에 24% 정도로 콘크리트 라이닝은 안전한 것으로 평가할 수 있다.

3.2.3 콘크리트 라이닝의 철근 응력

4개의 터널에 대한 천단외면 및 내면의 콘크리트 라이닝 철근 응력과 회귀분석곡선은 그림 5와 같다.

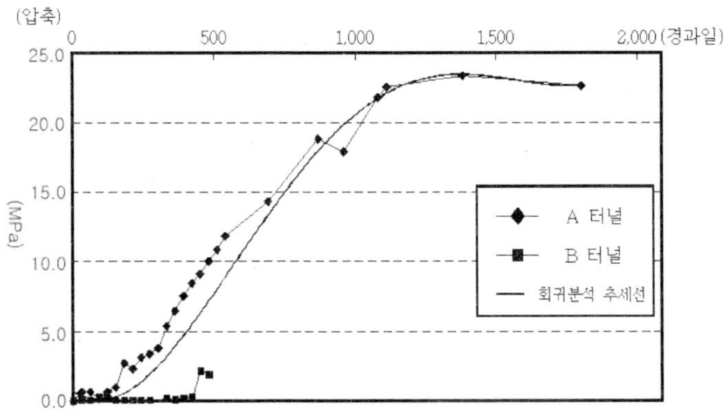

(a) 천단외면

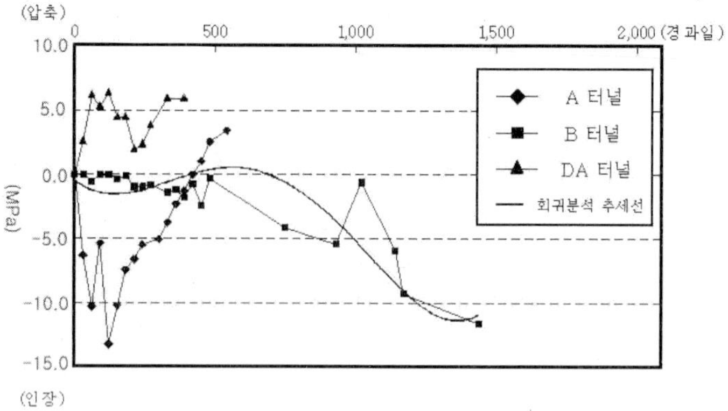

(b) 천단내면

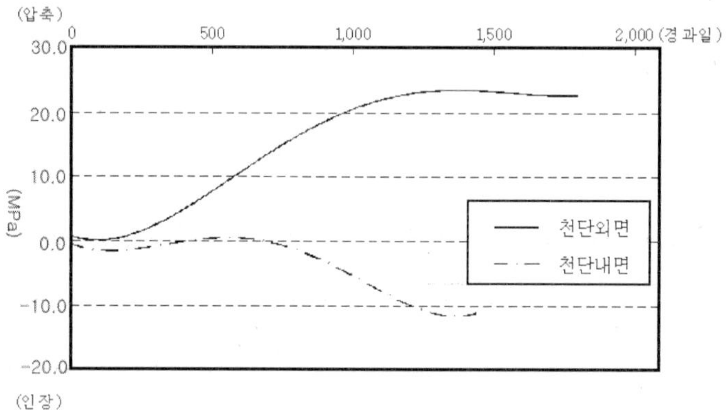

(c) 회귀분석곡선

그림 5 천단 콘크리트 라이닝 철근 응력도

그림 5(c)의 천단 콘크리트 라이닝 철근 응력 회귀분석곡선에서 천단외면은 압축응력이 최대 22.6MPa로 수렴되는 형태의 회귀분석곡선을 보였다. 천단내면은 인장응력이 최대 11.5MPa로 수렴되는 형태의 회귀분석곡선을 보여 철근의 허용응력인 150MPa에 최대 15%정도로 콘크리트 라이닝은 안전한 것으로 평가할 수 있다.

3.2.4 콘크리트 라이닝 응력과 철근 응력 비교

천단 콘크리트 라이닝 응력 회귀분석곡선인 그림 4(c)와 철근 응력 회귀분석곡선인 그림 5(c)를 콘크리트 응력 기준과 철근 응력 기준으로 표시하면 그림 6과 같다.

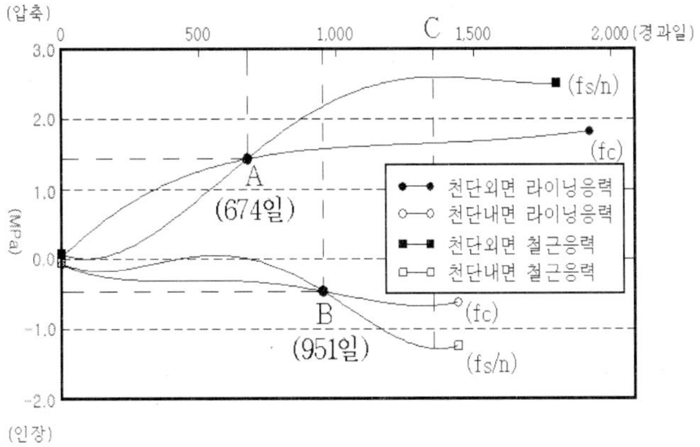

(a) 콘크리트 응력 기준

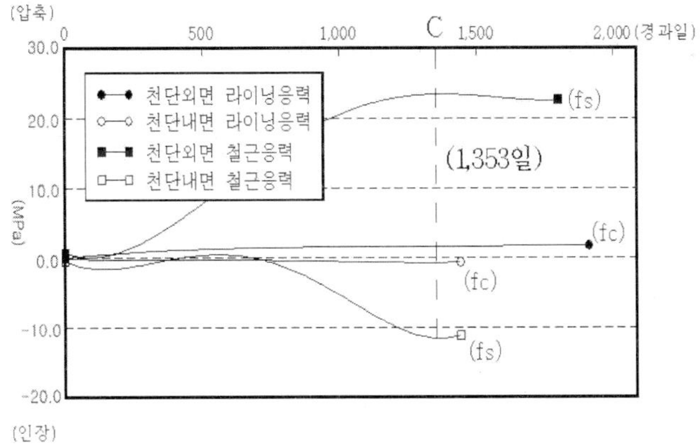

(b) 철근 응력 기준

그림 6 회귀분석곡선 조합

그림 6(a)에서 n은 철근콘크리트에서 탄성계수비(Es/Ec)이며, 콘크리트 응력 기준 회귀분석곡선에서 콘크리트 라이닝 응력의 천단외면의 압축응력과 천단내면의 인장응력은 시간경과에 따라 서서히 증가하는 추세를 보이나, 콘크리트 라이닝 철근응력의 천단외면의 압축응력과 천단내면의 인장응력은 급격히 증가하는 추세를 보이고 있다.

천단외면의 압축응력은 674일인 약 23개월 경과지점인 A점에서 철근 응력과 콘크리트 응력이 교차되어 1.4MPa의 값을 보였다.

복철근 라이닝 콘크리트 두께 400~500mm를 통과한 천단내면의 인장응력은 951일인 약 32개월 경과지점인 B점에서 철근 응력과 콘크리트 응력이 교차되어 0.4MPa의 값을 보였다.

따라서 터널 주변의 작용하중과 터널 지보재의 상호영향으로 지반과 접한 터널 콘크리트 라이닝의 외면에서 콘크리트 응력과 철근 응력이 먼저 교차되고, 9개월 후에 복철근 라이닝 콘크리트 두께 400~500mm를 통과하여 천단내면의 콘크리트 응력과 철근 응력이 교차하는 것을 알 수 있다.

그림 6(b) 철근 응력 기준 회귀분석곡선은 시간경과에 따라 증가하는 추세를 보이며, 계측경과일이 1,353일인 약 45개월 경과지점인 C점에서 콘크리트 라이닝 응력과 철근 응력이 최대인 것으로 나타나, 콘크리트 라이닝 시공 후 약 4년 동안은 응력이 증가하다가 그 이후에는 수렴하는 것으로 분석되어 이 값을 터널 유지관리계측 측정 및 분석주기 결정에 적용할 수 있을 것으로 판단하였다.

3.3. 시설물안전관리 관계법령 기준

시설물안전관리에 관한 특별법은 성수대교 및 삼풍백화점 붕괴사고 발생이후에 시설물의 안전점검과 준공후의 유지관리를 통해 재해를 예방하고 안전점검 및 유지관리에 관한 업무를 체계화하기 위하여 1995년 1월에 제정되어 시행하고 있다. 관리주체는 시설물의 기능 및 안전을 유지하기 위하여 안전점검 및 정밀안전진단 지침에 따라 소관 시설물에 대한 안전점검을 실시하여야 한다.

터널에 대하여 시행시기별로 정기안전점검은 매 반기에 1회, 정밀안전점검은 2년에 1회, 정밀안전진단은 표 3과 같이 안전등급에 따라 4~6년에 1회 이상을 의무적으로 실시하도록 규정되어 있다(국토해양부, 2010).

표 3 정밀안전진단 실시 주기

안전등급	정밀안전진단
A등급	6년에 1회 이상
B · C등급	5년에 1회 이상
D · E등급	4년에 1회 이상

또한 건설산업기본법 및 국가계약법에 의한 건설중인 터널의 준공후의 하자담보책임기간은 철근콘크리트 또는 철골구조부는 10년, 그 외 공종은 5년으로 규정되어 터널공종의 대부분은 10년의 하자담보책임기간을 갖는다(국토해양부, 2012).

4. 국외 터널 유지관리계측의 측정 및 분석주기

4.1 Channel Tunnel (Euro Tunnel)

Channel Tunnel은 총연장 50.45km, 해저깊이 평균 45m, 횡단시간 35분, 단면크기는 주 터널 직경 7.6m, 서비스 터널 직경 4.8m, 건설기간은 1987년에서 1994년까지 7년이 소요되었으며, Channel Tunnel의 유지관리계측 측정 및 분석주기(Curtis et al., Moore et al., 1996)는 표 4와 같다.

표 4 Channel Tunnel 유지관리계측 측정 및 분석주기

계측기 설치 후	측정 및 분석주기
설치 후~2주까지	일 1회
2주~1개월까지	주 2회
1개월~2개월	주 1회
2개월~6개월	1개월 1회
6개월~2년	3개월 1회
2년 이후	6개월 1회

4.2 Seikan Tunnel

Seikan Tunnel은 총연장 53.85㎞로 최심부는 해면 아래 약 240m, 해저 아래 약 100m에 위치하므로 약 2.4MPa의 큰 수압을 받는 해저부 총 연장 23.3㎞에 이르는 장대 해저터널이다. 이런 특수한 환경조건 때문에 터널구조물은 일본의 과학 기술력을 총 동원하여 토압, 수압, 지진 등에 충분히 견디도록 설계 및 시공되었다.

Seikan Tunnel의 기능을 항구적으로 보존하기 위해 터널의 지질, 시공법, 용수, 지반주입, 상태변화 등의 전 건설기록의 분석과 장기적인 주변지반의 변화, 지진 등으로 인한 라이닝 변형, 용수량, 수질 등의 변화를 충분히 점검, 계측하고 그 경향을 해석·파악하여 정확한 판단과 적절한 조치를 취할 필요가 있기 때문에 이에 대한 유지관리계측이

도입되었으며(Maeda et al., 1992), Seikan Tunnel의 유지관리계측 측정 및 분석주기(大貫富夫 et al., 1992)는 표 5와 같다.

표 5 Seikan Tunnel 유지관리계측 측정 및 분석주기

계측기 설치 후	측정 및 분석주기
설치직후~1년까지	3개월 1회
1년~2년	4개월 1회
2년 이후	6개월 1회

5. 향후에 적용할 터널 유지관리계측 측정 및 분석주기 설정

계측측정 및 분석주기는 터널의 용도, 규모, 지반조건, 자동 또는 수동 계측시스템, 시공이력, 유지관리상태, 계측결과 등을 종합적으로 고려하여 결정하여야 한다.

국내와 국외의 터널 유지관리계측 측정 및 분석주기를 비교해 보면 Channel Tunnel과 Seikan Tunnel의 계측주기는 서울지하철 5,7,8호선 적용 계측주기에 비해 계측기 설치 후 2년 미만 까지는 계측주기가 많으며, 2년에는 년2회로 같으나, 3년 이후에는 년 2회로 국내 주기보다 빈번한 계측관리가 시행되고 있다.

국내 지하철 5,6호선 4개 터널의 유지관리계측 분석결과를 보면 콘크리트 라이닝 응력과 철근응력이 초기부터 증가하여 약 45개월 경과시점에서 응력이 수렴하는 것으로 분석되었다. 따라서 계측기 설치 후 약 4년 까지는 계측 측정 및 분석주기를 빈번하게 하고, 4년 이후 부터는 계측 측정 및 분석주기를 늦추는 것이 타당할 것으로 판단된다.

국내에서 1995년에 최초 설치한 터널 유지관리 계측시스템을 현재까지의 계측주기로 계측관리를 한 결과 계측주기에 따른 문제는 없는 것으로 판단되나, 터널굴착 후 초기에 지반이 안정상태를 유지하는 기간을 고려, 국외의 기준을 참고하여 설치 초기부터 2년 이내를 상세하게 구분하여 적용하고, 계측결과 분석시는 계측항목을 종합적으로 비교하여 산·학·연 공동으로 객관적인 분석을 시행하며, 터널구조물의 하자담보책임기간인 10년에는 종합조사 및 분석을 시행하는 방안을 제안 한다.

또한, 계측기 설치 후 10년 이후의 계측측정 및 분석주기는 정밀안전점검은 2년에 1회, 정밀안전진단은 안전등급에 따라 4~6년에 1회 이상 시행하므로 유지관리주체에서 터널구조물의 상태를 판단하여 3~5년에 년 1회 실시하는 것을 추천한다.

그리고 계측측정 및 분석주기 기준은 구조물 경과년도 기준에서 계측기 설치년도 기준으로 변경하는 방안을 추천하고, 계측기기의 내구성에 문제가 없는 경우 표 6과 같이 향후에 적용할 터널 유지관리계측 측정 및 분석주기를 설정하는 것이 바람직 할 것으로 판단된다.

1) 정기계측

정기계측시 향후에 적용할 터널 유지관리계측 측정 및 분석주기는 표 6과 같다.

표 6 향후에 적용할 터널 유지관리계측 측정 및 분석주기

계측기 설치년도	측정 및 분석주기	비 고
설치직후	초기치 3회 측정	• 계측항목을 종합적으로 비교하여 분석 • 산・학・연 공동으로 객관적인 분석 시행 • 터널구조물의 하자담보책임기간인 10년에 종합 조사 및 분석시행
설치직후~1개월	주 1회	
1개월~6개월	월 1회	
6개월~1년	2월 1회	
1년~2년	3월 1회	
2년~3년	6월 1회	
3년~5년	1년 1회	
5년~10년	2년 1회	
10년 이후	2년~5년 1회	• 정밀안전점검은 2년에 1회, 정밀안전진단은 4~6년에 1회 이상 시행하므로 유지관리주체에서 터널구조물의 안전등급 상태를 판단하여 측정 및 분석주기를 결정

2) 특별계측

지진이나 홍수, 화재 혹은 사고 등의 재해가 발생한 경우나, 터널에 인접하여 타 공사가 진행될 경우 현장 여건을 감안하여 별도의 계측빈도를 조정하여 계측을 수행하여야 한다.

6. 결 론

본 논문에서는 서울지하철 5,7,8호선에 국내 최초로 설치되어 운영중에 있는 터널 유지관리 계측시스템에 대한 측정 및 분석주기를 국내 및 국외 적용사례와 국내 터널의 유지관리 계측 분석결과 및 시설물안전관리 관계법령기준을 검토하여 향후에 적용할 터널 유지관리 계측의 측정 및 분석주기를 설정하고자 연구를 수행하였으며, 연구결과는 다음과 같다.

1. 국내와 국외의 터널 유지관리계측 측정 및 분석주기를 비교해 보면 Channel Tunnel과 Seikan Tunnel의 계측주기는 서울지하철 5,7,8,9호선 적용 계측주기에 비해 계측기 설치 후 2년 미만 까지는 계측빈도가 많으며, 2년에는 년2회로 같고, 3년 이후에는 년 2회로 국내 빈도보다 빈번한 계측관리가 시행되고 있다.
2. 철근 응력 기준 회귀분석곡선은 시간경과에 따라 증가하는 추세를 보이며, 계측경과일이 약 45개월 경과지점에서 콘크리트 라이닝 응력과 철근 응력이 최대인 것으로 나타나, 콘크리트 라이닝 시공 후 약 4년 동안은 응력이 증가하다가 그 이후에는 수렴하는 것으로 분석되어 이 값을 터널 유지관리계측 측정 및 분석주기 결정에 적용하였다.
3. 국내에서 1995년에 최초 설치한 터널 유지관리 계측시스템을 현재까지의 계측주기로 계측관리를 한 결과 계측주기에 따른 문제는 없는 것으로 판단되나, 터널굴착 후 초기에 지반이 안정상태를 유지하는 기간을 고려, 국외의 기준을 참고하여 설치 초기부터 2년 이내를 상세하게 구분하여 적용하고, 계측결과 분석시는 계측항목을 종합적으로 비교하여 산・학・연 공동으로 객관적인 분석을 시행하며, 터널구조물의 하자담보책임기간인 10년에는 종합조사 및 분석을 시행하는 방안을 제안한다.
4. 계측기 설치후 10년 이후의 계측측정 및 분석주기는 정밀안전점검은 2년에 1회, 정밀안전진단은 안전등급에 따라 4~6년에 1회 이상 시행하므로 유지관리주체에서 터널구조물의 상태를 판단하여 3~5년에 년 1회 실시하는 것을 추천한다.
5. 계측측정 및 분석주기 기준은 구조물 경과년도 기준에서 계측기 설치년도 기준으로 변경하여 계측측정 및 분석주기를 설정하는 것을 추천한다.

참고문헌

1. 국토해양부(2010), 시설물의 안전점검 및 정밀안전진단지침, 국토해양부고시 제2010-1037호, pp.1-11.
2. 국토해양부(2012), 건설산업기본법시행령, 제30조 관련 별표4, 국토해양부.
3. 백기현, 오영석, 김용전, 김영근(2002), "터널 유지관리계측의 효율화 방안 연구", 대한터널협회논문집, 제4권, 제4호, pp.355-369.
4. 서울특별시지하철건설본부(1997), 지하철5호선 한강하저터널 구조물 설계 및 시공(II), 서울특별시지하철건설본부, pp.89-95.
5. 우종태, 이 송(2002), "유지관리계측에 의한 지하철 터널의 역학적 특성", 대한토목학회논문집, 제.22권. 제1호, pp.89-97.

6. 우종태(2003), “터널의 계측결과 종합분석에 의한 지반의 거동 및 터널구조체의 역학적 특성연구”, 한국구조물진단학회논문집, 제7권. 제3호, pp.115-124.

7. 우종태(2005), “도심지터널에 유입된 지하수량 및 침전물의 성분분석 연구”, 한국터널공학회 논문집, 제7권, 제3호, pp.219-226.

8. 우종태(2006), 터널계측의 이론과 실무, 구미서관, pp.390-392.

9. 우종태(2009), “서울지하철 터널내의 지하수 유입량에 대한 비교 연구”, 한국터널공학회 논문집, 제11권, 제4호, pp.353-359.

10. 이대혁, 한일영, 김기선, 전석우(2000), “터널 시공 및 유지관리 단계 내공변위 계측시스템 적용사례 연구”, 대한터널협회논문집, 제2권, 제3호, pp.59-69.

11. 한국터널공학회(1999), 터널표준시방서, 한국터널공학회, pp.136-138.

12. Curtis.D.J, Spaul.J.A(1996), Monitoring of the UK Tunnel linings, Engineering Geology of The Channel Tunnel, pp.277-286.

13. Maeda,K. & Obata,T(1992), The Measurement of The Behavior at The Undersea Portion of The Seikan Tunnel, pp.143-148.

14. Moore.D.R & A. Crease(1996), Tunnel Instrumentation, Engineering Geology of the Channel Tunnel, pp.287-294.

15. 大貫富夫, 先山友康, 鎌田拓司, 及川浩(1992), 青函トンネルの保守·維持管理 最終回, トンネルと地下, pp.71-79.

3.1.2.4. 지하구조물 계측센서의 내구연한 기준에 대한 규정 분석 연구

본 논문은 "지하구조물 계측센서의 내구연한 기준에 대한 규정 분석 연구"(우종태, 한국터널지하공간학회 논문집, Vol.20, No.1, 2018.1.31., pp73~81)를 재편집하여 기술한 내용이다.

지하구조물 계측센서의 내구연한 기준에 대한 규정 분석 연구

A study on the regulation of durability standard of underground structures monitoring sensors

Abstract

The purpose of this study is to research the regulation of durability standard of underground structures monitoring sensors. The durability criteria for construction monitoring sensors of domestic construction companies, the standard years of contents such as buildings on the income tax implementation regulations, and the standards of the Public Procurement Service for construction monitoring and construction machinery were analyzed. The durability criterion on products such as the inclination meter and the strain gauge, which are purchased from the Public Procurement Service prior to installation on the underground structure, is 8 to 10 years. It is considered that the monitoring sensor installed in the paperboard and the concrete structure at the time of construction will have considerably shortened service life rather than the useful life of the product itself due to various adverse factors such as groundwater influence and compaction.

Keywords Underground structures monitoring sensor, Period of durability, Service life, Strain gauge

초록

본 논문은 지하구조물 계측센서의 내구연한 기준에 대한 규정 분석 연구로 국내 건설공사 발주기관의 건설 계측센서에 대한 내구연한 기준을 조사 분석하고, 법인세 시행규칙에서 건축물 등의 기준 내용연수 및 조달청의 건설계측 및 건설기계 관련 내용연수 기준을 분석하였다. 지하 구조물에 설치되기 전 조달청에서 물품 자체로 구매하는 경사계와 변형률계 등의 내구연한 기준은 8년에서 10년을 제시하고 있으나, 건설공사 시 원 지반 및 콘크리트 구조물 내에 설치된 계측센서는 지하수 영향 및 다짐 등 여러 가지 불리한 요인으로 물품 자체의 내용연수보다는 상당 기간 단축될 것으로 판단된다.

주요어 지하구조물 계측센서, 내구연한, 내용연수, 변형률계

1. 서 론

일반적으로 건설공사에서의 계측은 공사계측과 유지관리계측으로 구분하고 있다.

공사계측은 주로 설계의 불확정성 요소 등을 보완하고 설계의 타당성을 규명함으로써 시공의 안전성을 확인하고 경제성을 확보할 목적으로 수행된다.

유지관리계측은 완공된 구조물에 대하여 공용 중에 지속적으로 구조물의 안전성 확인과 최적의 유지관리가 되도록 객관적이고 연속적인 공학적 판단자료를 제공하여 효율적이고 경제적인 구조물 유지관리에 기여하는 것을 목적으로 수행되고 있다(Woo and Lee, 2012).

건설계측에서 센서(Sensor) 또는 게이지(Gauge)란 대상의 상태에 관한 측정량을 신호로 변화하는 계의 최초의 요소로서 계측기기(Measurement hardware)에 포함되며, 계측기기는 재료의 감지소자에 의해 물리적 에너지를 전기 또는 빛 에너지로 변환하여 자료의 정보처리가 되도록 하는 센서 및 게이지 등을 총괄하는 용어를 말하며, 계측시스템은 계측 자료 획득시스템과 계측자료 전송시스템을 포함하여 계측에 필요한 모든 장치 및 운용시스템을 말한다(Woo and Lee, 2014).

본 연구의 계측센서는 건설 구조물에 일반적으로 사용하고 있는 응력 및 변형 역학 센서인 스트레인게이지 센서, 진동현식 센서, 광섬유 센서 등이며, 계측항목 대상 구조물은 주로 지하구조물(개착터널, 굴착터널 등)에 설치되는 토압계, 간극수압계, 콘크리트 응력계, 철근응력계, 세그먼트응력계, 광섬유 센서 등이다.

2000년도 이전까지 건설 계측센서에 대한 무상보증기간은 전기 및 전자제품의 관리규정과 같이 1년을 유효기간으로 하고 있으나, 현재는 전기전자분야의 기술수준 향상으로 무상보증기간도 장기화되는 추세이다. 이 기간 중에 발생하는 계측센서 자체의 결함사항에 대해서는 무상으로 교환 또는 보수해주는 기간을 의미하며, 계측센서의 내구연한이 1년이라는 의미는 아니다.

내구연한(耐久年限, Period of durability) 용어의 정의는 토목용어사전에는 없으나, 국어사전은 원래의 상태대로 사용할 수 있는 기간(Life cycle, Lifetime), 농촌진흥청의 농업용어사전은 건물이나 가구 따위의 쓸 수 있는 연한으로 물리적·구조적인 연한(Persisting period)을 의미하며, 한국해양학학회의 해양과학용어사전은 목재나 부재 또는 구조물을 사용할 수 있는 연한(Endurance period)으로 정의되어 있다.

내용연수(耐用年數, Period of durability, service life) 용어의 정의는 토목용어사전

은 기계나 구조물이 사용에 견디는 연수, 기계적 내용연수, 물리적 내용연수와 사회적 내용연수, 경제적 내용연수의 개념으로 나누어 고려한다. 건축용어사전은 건축물이 갖는 수명의 총칭으로 구조적 내용연수, 물리적 내용연수와 사회적 내용연수, 경제적 내용연수 등의 개념으로 나뉜다.

앞의 용어 정의에서 내구연한은 내용연수와 거의 같은 개념으로 이해되며, 토목용어사전을 중심으로 건설 계측센서의 내구연한을 정의하면 구조물에 설치된 계측센서가 본래의 기능을 유지할 수 있는 기간으로 간단히 정의할 수 있으며, 실험용으로 실내에 설치되거나, 설치되지 않고 제품으로서의 계측센서 내구연한과는 차이가 많을 것으로 판단된다.

건설 계측센서는 일반 가전제품과 달리 열악한 현장조건에 정밀 계측기기가 설치되므로 센서의 충격 및 단선 등으로 부분적인 내구성 저하 또는 일부 계기에 손망실이 발생할 수 있다. 그러므로 매립식 계측기의 경우 손망실율을 감안하여 계측분석에 문제가 없도록 충분한 수량으로 계측 계획을 수립해야 한다(Woo, 2013).

계측센서의 내구연한은 내구연한 동안의 정상 작동율인 생존율-손망실율로 표현되며, 이는 계측센서의 성능과 내구성, 설치기술자의 기술정도, 철근배근, 거푸집설치, 콘크리트타설, 거푸집 제거 등의 후속공정에 대한 철저한 관리여부, 유지관리 기술수준과 투자비에 따라 큰 차이를 보이고 있다(Nam, 2000).

본 논문은 지하구조물 계측센서의 내구연한 기준에 대한 규정 분석 연구로 국내 건설공사 발주 기관의 건설계측 센서에 대한 내구연한 기준을 조사 분석하고, 법인세 시행규칙에서 건축물 등의 기준 내용연수 및 조달청의 건설계측 및 건설기계 관련 내용연수 기준을 분석하여 합리적인 건설 계측센서의 내구연한 기준 설정으로 건설 계측기술 향상에 기여하고자 한다.

2. 건설 계측센서의 내구연한 기준 분석

2.1 특수교량 및 고속철도 구조물의 기준

건설 계측센서의 내구연한 기준은 1997년 한국도로공사에서 특수교량의 계측시스템 구축과 시공방법 개발연구에 의하면 매립식 계측기기의 경우는 반영구적으로 30년, 부착식 및 노출형 계측기기인 경우 10년, 계측시스템은 3년의 내구연한이 보증되도록 연구된 바 있으며(Korea Expressway Corporation, 1997), 1999년 한국고속철도건설공단의 경부고속철도 시험선구간 안전계측설비 구축기준에서는 계측시스템의 내구연한인 무상보증기간을 최종설치 준공일로부터 최소 3년으로 적용한 사례가 있다(Korea Train Express, 1999).

2.2 서울지하철 구조물의 기준

2002년 2월 서울특별시 지하철건설본부에서 서울지하철6,7호선 유지관리 계측시스템 설치 및 분석 용역 시 유지관리 계측시스템의 무상보증기간을 최종설치 준공일로부터 최소 5년으로 적용한 예가 있고, 2002년 9월 서울지하철 9호선 시공계측관리 표준시방서(안)의 변형률계 센서의 내구 연한은 3년 이상, 장기계측의 경우 통상적으로 2~10년 정도는 정상적인 기능을 유지해야 하는 것으로 제시된바 있다(Seoul Metropolitan Rapid Transit Corporation, 2002).

1995년 유지관리 계측기기에 대한 무상하자보증기간은 서울지하철 5호선 여의도와 마포간 한강하저터널의 경우 토목구조물에 준해 하자담보책임기간을 10년으로 적용하였으나, 유지관리 기간 중 계측기기의 손망실에 대해 계측기기 설치업체와 토목구조물 시공업체 및 유지관리계측 측정 업체 간의 의견 차이로 분쟁이 발생되었고 특히 외부충격으로 인한 손망실인 경우 책임한계가 불분명한 경우가 많이 발생되었다(Woo, 2006).

2008년 터널표준시방서 개정시 준공 후 계측시스템의 하자보수기간은 공동주택 관리령(대통령령 제18044호 제16조 사업주체의 하자보수 별표7)에서 국내공동주택 전자장치들의 하자보수 기간 2년 이후에도 정상적으로 작동할 수 있도록 터널 관리주체가 계측시스템을 유지보수 하도록 되어 있다(Woo, 2017).

2010년 건설계측 및 계측업의 현황분석과 발전방안 연구(Woo, 2010)에서는 계측센서를 포함한 계측시스템의 무상하자보증기간은 최종 설치준공일로부터 최소 3년 이상을 제시하였다.

2015년 서울특별시 도시기반시설본부에서 서울지하철 계측관리요령 개선(안)을 검토하면서 계측기기의 내구연한에 대해 최소 준공 후 3년 이상으로 계측기 자체의 하자보수기간내 망실될 경우 설치업체에서 재설치하는 하자보수기간을 제시하였으며, 하자보수기간 및 책임범위는 다음과 같다(Seoul Metropolitan Infrastructure Headquarters, 2015).

1) 시공 중 계측기의 하자보수기간은 설치 후 3년 이내, 유지관리 계측기의 하자보수기간은 준공 후 최소 3년 이내로 관리하도록 한다.

2) 하자보수 기간내에 발생하는 모든 하자에 대해서는 계측기 및 자동화 계측시스템을 구축한 업체 또는 기관에서 동일 위치에 재설치 또는 표면 노출형 계측기로 재설치 하여야 한다.

2017년 건설계측의 이론과 실무의 지하 건설시설물편(Woo and Lee, 2017) 터널의 유지관리 계측 실무시방서에서 터널의 유지관리를 위한 계측기기는 최소 5년 이상의 내구성이 보장되어야 하며, 설치 및 유지관리가 용이하고 계측목적에 맞는 계측범위와 정밀도를 가져야 하며, 기기 특성에 대한 사전 검증을 실시하여야 하는 방안을 제시하였다.

따라서 앞에서 검토된 내용을 종합하여 건설계측기기를 포함한 계측시스템의 내구연한은 다음과 같이 결정하는 것이 합리적인 것으로 판단된다.

1) 계측시스템의 내구연한은 최소 3년 이상으로 하며, 이 기간을 최종 설치 준공일로부터 가산하면 장기 계속공사인 경우 차수별 공사 준공기간이 약 2~4년이 소요되므로 최종 내구연한은 5~7년 정도로 판단된다.
2) 하자담보책임기간동안 필요한 예비품과 고장수리부품, 소모품, 고장수리비용은 계측시스템 설치자 부담으로 하며, 이 기간 중 수리가 불가능한 물품의 경우 유지관리기관의 승인을 얻어 동등이상의 제품으로 교체하여야 한다.
3) 계측시스템의 보수기간 중에는 대체 장비를 사용하여 계측시스템 운영에 지장이 없도록 해야 한다.
4) 하자담보책임기간 만료 후라도 유지관리기관의 고장 수리요청이 있을 경우 계측기기의 유지보수에 적극 협조해야 한다.

3. 건설 구조물의 하자담보책임기간과 내용연수 기준 분석

3.1 건설 구조물의 하자담보책임기간 기준 분석

일반적으로 건설공사에서 하자담보의 의의와 하자담보책임기간의 내용은 다음과 같다.

1) 의의

건설공사의 하자란 공사목적물이 설계서에 정한대로 시공되지 아니함으로써 목적물의 사용가치 또는 교환가치를 감소시키는 품질·성능상의 결함을 말한다. 수급인은 완공일로부터 일정기간내에 발생한 하자를 보수할 책임을 지며, 이 책임은 공사도급계약의 유사성에 기인한 법적책임이다.

2) 하자담보책임기간

수급인은 발주자에 대하여 도급받은 건설공사의 다음 목적물인 경우에는 완공일로부터 다음 기간의 범위내에서 공사의 종류별로 대통령령이 정하는 기간내 발생한 하자에 대하여 담보책임을 진다.(법 제28조제1항, 개정 2015.8.11)

(1) 건설공사의 목적물이 벽돌쌓기식구조, 철근콘크리트구조, 철골구조, 철골철근콘크리트구조, 그 밖에 이와 유사한 구조로 된 것인 경우 : 건설공사의 완공일과 목적물의 관리·사용을 개시한 날 중에서 먼저 도래한 날로부터 10년
(2) 제1호 이외의 구조로 된 것인 경우 : 건설공사 완공일과 목적물의 관리·사용을 개시한 날 중에서 먼저 도래한 날로부터 5년
(3) 2 이상의 공종이 복합된 공사의 하자담보책임기간은 하자책임을 구분할 수 없는 경우를 제외하고는 각각의 세부공종별 하자담보책임기간으로 한다.(영 제30조 별표 4 참조, 2016.02.11)

건설산업기본법시행령 제30조 관련 건설공사의 종류별 하자담보책임기간(개정 2016.02.11)에서 댐 구조물은 본체 및 여수로 부분은 10년, 그 외 부분은 5년이며, 터널 구조물은 터널(지하철을 포함)의 철근콘크리트 또는 철골구조부는 10년, 그 외의 공종은 5년이다.

따라서 건설 구조물의 하자담보책임기간 기준을 분석한 결과 건설 계측센서 설치 및 관리비가 대부분 토목공사비 내역에 포함되어 있고, 변형률계 등의 일부 계측센서가 철근콘크리트 구조물 내에 매립되어 설치된다고 하여 계약상 목적 구조물과 동일하게 하자담보책임기간을 10년으로 규정하는 것은 불합리하므로 계측센서의 내구연한에 대한 합리적인 연구와 적용이 필요한 것으로 판단된다.

3.2 건설 구조물 및 건설 계측센서의 내용연수 기준 분석

건설 구조물의 내구성(耐久性, Durability)은 안전한 상태에서 본래의 기능을 오래토록

발휘하는 능력을 의미하며, 이는 구조물이 설계조건하에서 시간경과에 따른 열화가 적고, 소요의 사용기간 중 요구되는 성능의 수준으로 지속시킬 수 있는 성질을 말한다(Ji and Woo, 2017).

건설 구조물의 내용연수(耐用年數, Period of durability, service life)는 토목용어사전에서 구조물이 사용에 견디는 연수로 기계적 내용연수, 물리적 내용연수와 사회적 내용연수, 경제적 내용연수의 개념으로 나누어 고려하며, 고정자산의 평가 또는 상각의 평가 시에 사용한다.

부동산용어사전에서 기능내용연수(機能耐用年數)는 건물이 기능을 유지하면서 버틸 수 있는 내구연한을 말하며, 법정내용연수(法定耐用年數)는 고정자산이 경제적으로 사용될 수 있는 연한을 법률로 정한 것을 말한다(Bang, 2011). 고정내용연수를 객관적으로 정확히 책정하여 기간손익 계산을 한다는 것은 불가능한 것이며, 2016년 개정된 법인세 시행규칙 제 15조의 건축물 등의 기준 내용연수 및 내용연수 범위는 표 1과 같다.

표 1. Standard period of durability such as building and period of durability range

Division	Standard period of durability (Min.~Max.)	Structure or asset name
1	5 Year (4~6 year)	Vehicles and ports, tool, instrument, and fixings
2	12 Year (9~15 year)	Ships and aircraft
3	20 Year (15~25 year)	Concrete and block structure, soil and wooden structure
4	40 Year (30~50 year)	Reinforced structure, steel structure

표 1에서 계측기기에 해당되는 공구 및 기구의 기준 내용연수는 5년으로 최소 4년에서 최대 6년이며, 콘크리트 구조물의 기준 내용연수는 20년, 철근콘크리트 구조물의 기준 내용연수는 40년으로 규정하고 있다.

한편, 건설기계에서 경제적 내용연수는 경제적 내용시간을 연간 표준가동시간으로 나눈 값을 말한다.

경제적 내용연수 = 경제적 내용시간/연간 표준가동시간

1) 경제적 내용시간은 잔존율이 취득가격의 10%가 되고, 경제적인 사용이 가능하다고 인정되는 운전시간을 말하며, 장비의 종류와 규격에 따라 다르지만 굴착기인 경우는 일반적으로 10,000 시간 정도이다.

2) 잔존율은 경제적인 내용시간이 끝날 때의 기계 잔존가치의 취득가격에 대한 비율을 말하며, 0.1로 한다. 잔존가치=취득가격×0.1이다.

3) 연간 표준가동시간은 기계가 연간 운전되는데 가장 표준이라고 인정되는 시간을 말하며, 장비의 종류와 규격에 따라 다르지만 굴착기인 경우는 일반적으로 2,000시간 정도이다.

4) 경제적 내용연수=경제적 내용시간/연간 표준가동시간=10,000시간/2,000시간=5년이다.

따라서 건설공사 기계경비 산출시 굴착 장비인 유압식 백호의 경우 경제적 내용연수는 5년으로 손료계수를 산정하고 있다(Woo et. al., 2012).

한편, 물품관리법 제 16조의2 규정에 의한 2016년 조달청고시 제 2016-40호의 내용연수 고시현황에서 건설계측 및 건설기계의 물품관리 내용연수 기준은 표 2와 같다.

표 2. Standard period of durability for the management of goods for construction monitoring and machinery

Standard period of durability	Goods name
4 Year	Cellphone, portable phones, tablet computers
5 Year	Monitors for railway, desktop computers
6 Year	Modem, computer server, notebook computer
7 Year	Channel converter, communication service monitor
8 Year	Inclinometer, level sensor and transmitter, seismograph, optical transceiver, excavator, dump truck, cargo truck
9 Year	Accelerometer, three-dimensional measuring machine, pressure transmitter, general passenger car, mini bus
10 Year	Strain gauge, load cell, speedometer, pressure regulator

표 2는 건설공사 구조물에 설치되기 전 물품 자체의 구매에 따른 내용연수를 규정한 것으로 건설 계측센서인 경사계와 레벨센서 및 트랜스미터는 8년, 가속도계와 3차원측정기는 9년, 스트레인게이지와 로드셀은 10년이 물품관리 내용연수의 기준이다.

따라서 건설공사 시 원 지반 및 콘크리트 구조물 내에 설치되는 계측센서는 지하수 영향 및 다짐 등 여러 가지 불리한 요인으로 물품관리 내용연수보다는 상당기간 단축될 것으로 판단된다.

또한, 표 2에서 건설기계인 굴착기의 물품관리 내용연수 기준은 8년이나, 건설기계의 경제적 내용연수 산정에서는 5년으로 물품관리 내용연수와는 3년의 차이가 있다.

따라서, 지하구조물 계측센서의 적정 내구연한 기준은 5년에서 8년이 합리적인 것으로 판단되며, 추후 국내외 지하구조물에 적용된 각종 계측센서의 신뢰성 비교를 통한 실제적인 내구연한 분석과 유지관리계측 센서의 경과연수에 대한 손망실율 등을 종합 검토한 분석적 연구가 필요할 것으로 판단된다.

4. 결 론

본 논문은 지하구조물 계측센서의 내구연한 기준에 대한 규정 분석 연구로 국내 건설공사 발주기관의 건설 계측센서에 대한 내구연한 기준을 조사 분석하고, 법인세 시행규칙에서 건축물 등의 기준 내용연수 및 조달청의 건설계측 및 건설기계 관련 내용연수 기준을 분석한 연구결과는 다음과 같다.

1) 발주기관별 건설 계측센서의 내구연한 기준을 분석한 결과 계측센서를 포함한 계측시스템의 내구연한은 최소 3년 이상으로 하며, 이 기간을 최종 설치 준공일로부터 가산하면 장기 계속공사인 경우 차수별 공사 준공기간이 약 2~4년이 소요되므로 최종 내구연한은 5~7년 정도 일 것으로 판단된다.
2) 건설 구조물의 하자담보책임기간 기준을 분석한 결과 건설 계측센서 설치 및 관리비가 대부분 토목공사비 내역에 포함되어 있고, 변형률계 등의 일부 계측센서가 철근콘크리트 구조물 내에 매립되어 설치된다고 하여 계약상 목적 구조물과 동일하게 하자담보책임기간을 10년으로 규정하는 것은 불합리하므로 계측센서의 내구연한에 대한 합리적인 연구와 적용이 필요한 것으로 판단된다.
3) 법인세 시행규칙에서 건축물 등의 기준 내용연수 및 내용연수 범위에서 계측기기에 해당되는 공구 및 기구의 기준 내용연수는 5년이며, 최소 4년에서 최대 6년으로 규정되어 있다.
4) 조달청의 건설계측 및 건설기계 관련 내용연수 기준은 구조물에 설치되기 전 물품 자체의 구매에 따른 내용연수를 규정한 것으로 건설 계측센서인 경사계와 레벨센서 및 트랜스미터는 8년, 가속도계와 3차원측정기는 9년, 스트레인게이지와 로드셀은 10년이나, 건설공사 시 원 지반 및 콘크리트 구조물 내에 설치되는 계측센서는 지하수 영

향 및 다짐 등 여러 가지 불리한 요인으로 물품 자체의 내용연수보다는 상당히 단축될 것으로 판단된다.

5) 따라서, 지하구조물 계측센서의 적정 내구연한 기준은 5년에서 8년이 합리적인 것으로 판단되며, 추후 국내외 지하구조물에 적용된 각종 계측센서의 신뢰성 비교를 통한 실제적인 내구연한 분석과 유지관리계측 센서의 경과연수에 대한 손망실율 등을 종합검토한 분석적 연구가 필요할 것으로 판단된다.

참고문헌

1. Bang, K. S., (2011), Real estate terms dictionary, Buyonsa, Seoul, pp.315-316.
2. Ji, H. S., Woo, J. T. (2017), Reinforced concrete, Yeamoonsa Publishing Co., pp.261-263.
3. Korea Expressway Corporation, (1997), Study on construction method of special bridge monitoring system, pp.55-60.
4. Korea Train Express, (1999). Criteria for establishing the safety measuring equipment for the Gyeongbu high speed rail test line, pp.30-33.
5. Nam, S. S. (2000), "Case studies on the damage ratio of monitoring sensor", Proceedings of the Korean Geotechnical Society Spring Conference at Information Technical Committee, Vol. 1, No. 1, pp.5-10.
6. Seoul Metropolitan Infrastructure Headquarters, (2015), Improvement plan of Seoul subway monitoring management, pp.70-80.
7. Seoul Metropolitan Rapid Transit Corporation. (2002), Seoul subway maintenance monitoring, pp.234-236.
8. Woo, J. T. (2006), Theory and practice of tunnel monitoring, Goomi Publishing Co., pp.480-482.
9. Woo, J. T. (2010), "A study of the present state analysis and development plans about construction monitoring and monitoring industry", Journal of Korean Society of Civil Engineers, Vol. 30, No. 2D, pp.163-169.
10. Woo, J. T. (2013), "A study on estimation of the total loss and damage ratio of maintenance monitoring sensor of subway tunnel", Journal of Korean Tunnelling and Underground Space Association, Vol. 15, No. 1, pp. 25-31.
11. Woo, J. T. (2017), "Theoretical study on the durability standard of construction monitoring sensors", Proceedings of the Korean Geotechnical Society Fall Conference, Vol. 2, No. 1, pp.168-169.
12. Woo, J. T., Lee, K. I. (2012), "A study on establishment of measurement and

analysis frequency of maintenance monitoring in tunnel", Journal of Korean Tunnelling and Underground Space Association, Vol. 14, No. 2, pp.117-129.

13. Woo, J. T., Lee, R. C. (2014), Theory and practice of construction monitoring-ground construction facilities, CIR Publishing Co., pp.34-36.
14. Woo, J. T., Lee, R. C. (2017), Theory and practice of construction monitoring-underground construction facilities, CIR Publishing Co., pp.92-94.
15. Woo, J. T., Park, J. H., Ji, H. S. (2012), The latest construction estimation, Kimoondang Publishing Co., pp.72-73.

3.1.2.5 지반구조물 계측센서의 내구연한 기준에 대한 분석적 연구

본 논문은 "지반구조물 계측센서의 내구연한 기준에 대한 분석적 연구"(우종태, 한국재난정보학회 논문집, Vol.17, No.1, 2021.3.31., pp53-59)를 재편집하여 기술한 내용이다.

지반구조물 계측센서의 내구연한 기준에 대한 분석적 연구

An Analytical Study on the Durability Standard of Ground Structures Monitoring Sensors

ABSTRACT

Purpose & Method: The purpose of this study is the theoretical study on the durability standard of ground structures monitoring sensors. A survey on the durability criteria for construction monitoring sensors of domestic construction companies and the income tax implementation regulations, the standard years of contents such as buildings and the standards of the Public Procurement Service for construction monitoring and construction machinery were analyzed. Result: The durability criterion such as the inclination meter and the strain gauge, which are purchased from the Public Procurement Service prior to installation on the ground structure, is 8 to 10 years. Conclusion: The actual durability analysis by comparing the reliability of various monitoring sensors installed in dams at home and abroad, As a result of comprehensive study on the loss and damage rate of the maintenance monitoring sensor installed in the tunnel, the proper durability period of the built-in type monitoring sensor such as domestic pore pressure meter and earth pressure meter installed in the structure or the ground is 5 to 8 years it seems reasonable.

Keywords Ground structures monitoring sensor, Period of durability, Loss and damage ratio, Tunnel maintenance monitoring, reliability analysis

요 약

연구목적 및 방법: 본 논문은 지반구조물 계측센서의 내구연한 기준에 대한 분석적 연구로 국내 건설공사 발주기관의 건설 계측센서에 대한 내구연한 기준과 조달청의 건설계측 및 건설기계 관련 내용연수 기준을 분석하였다. 연구결과: 지반구조물에 설치되기 전 조달청에서 물품 자체로 구매하는 경사계와 변형률계 등의 내구연한 기준은 8년에서 10년을 제시하고 있다. 결론: 국내외 댐에 설치된 각종 계측센서의 신뢰성 비교를 통한 실제적인 내구연한 분석과 터널에 설치된 유지관리 계측센서의 경과연수에 대한 손망실율 등을 종합 검토한 결과 구조물이나 지반에 설치된 국내 간극수압계 및 토압계 등의 매립식 계측센서의 적정 내구연한은 5년에서 8년이 합리적인 것으로 판단된다.

핵심용어 지반구조물 계측센서, 내구연한, 손망실율, 터널 유지관리계측, 신뢰성분석

1. 서 론

건설계측에서 센서(Sensor) 또는 게이지(Gauge)란 대상의 상태에 관한 측정량을 신호로 변화하는 계의 최초의 요소로서 계측기기(Measurement hardware)에 포함되며, 내구연한(耐久年限, Period of durability)은 토목용어사전에는 없으나, 국어사전에서는 원래의 상태대로 사용할 수 있는 기간(Life cycle, Lifetime)을 말한다.

내용연수(耐用年數, Period of durability, service life)는 토목용어사전에 기계나 구조물이 사용에 견디는 연수, 기계적 내용연수, 물리적 내용연수와 사회적 내용연수, 경제적 내용연수의 개념으로 나누어 고려한다고 정의 되어 있다. 따라서 내구연한은 내용연수와 거의 같은 개념으로 이해되며, 토목용어사전을 중심으로 건설 계측센서의 내구연한을 정의하면 구조물에 설치된 계측센서가 본래의 기능을 유지할 수 있는 기간으로 간단히 정의할 수 있다. 다만, 실험용으로 실내에 설치되거나, 단순히 제품자체만의 계측센서와 지반구조물에 설치된 계측 센서의 내구연한과는 많은 차이가 있을 것으로 판단된다.

본 논문은 지반구조물 계측센서의 내구연한 기준에 대한 분석적 연구로 국내 건설공사 발주 기관의 건설계측 센서에 대한 내구연한 기준과 조달청의 건설계측 및 건설기계 관련 내용연수 기준을 분석하여 합리적인 건설 계측 센서의 내구연한 기준을 설정하였으며, 국내외 댐에 설치된 각종 계측센서의 신뢰성 비교를 통한 실제적인 내구연한 분석과 터널에 설치된 유지관리계측 센서의 경과연수에 대한 손망실율로 내구연한을 추정하여 합리적인 내구연한 설정으로 건설 계측기술 향상에 기여하고자 한다.

2. 조달청 건설 계측센서의 물품관리 내용연수 기준 분석

물품관리법 제 16조의2 규정에 의한 2016년 조달청고시 제 2016-40호의 내용연수 고시 현황에서 건설계측 및 건설기계의 물품관리 내용연수 기준은 건설공사 구조물에 설치되기 전 물품 자체의 구매에 따른 내용연수를 규정한 것으로 건설계측 센서 항목별 내용연수를 보면, 내용연수 8년은 경사계, 레벨센서, 트랜스미터, 지진계, 광학 측정기 등이며, 9년은 가속도계, 3차원측정기, 압력계 등이고, 10년은 스트레인게이지, 로드셀, 속도계, 압력게이지 등으로 구분하고 있다.

그러나 건설공사 시 원 지반을 터파기하고 지하수가 흐르거나 습윤상태에서 정밀하고 환경에 예민한 계측센서를 지중에 설치하거나, 현장타설 콘크리트 구조물 내에 계측센서가 설치되면, 건설 계측센서는 지하수나 습윤상태 및 콘크리트 다짐 등 여러 가지 불리한 요인이 작용하므로 조달청에서 제시하고 있는 건설 계측센서 물품관리 내용연수 기준인 8년에서 10년 보다는 상당한 기간이 단축될 것으로 판단된다(Woo, 2018a, 2018b, 2019).

3. 건설 계측센서의 실제적인 내구연한 분석

3.1 국내 댐 계측센서의 실제적인 내구연한 분석

한국수자원공사 수자원연구소에서 2005년 실시한 간극수압계, 토압계, 경사계, 층별침하계 등의 댐 매설 계측센서 현장점검 및 평가보고서(Korea Water Resources Corporation, 2005)에 의하면 한국수자원공사가 관리 하는 댐 매설 계측센서의 가동현황에 대해 매설 계측센서를 전기적 상태 점검과 경시변화 점검, 그리고 타 계측센서와 비교 점검의 방법으로 표 1과 같이 계측센서의 신뢰성 비교기준으로 분류하였으며, 국내 댐 매립식 계측센서의 신뢰성 기초자료는 표 2와 같다

표 1의 계측센서의 신뢰성 비교기준에서 신뢰성이 높은 경우는 전기적 상태 점검, 경시변화 점검, 타 계측기기와 비교 점검에서 정상작동으로 판단되는 경우이며, 신뢰성이 낮은 경우는 신호 분석 시 이상이 있다고 판단되는 경우이며, 신뢰성이 없는 경우는 신호가 없거나, 신호의 변화가 없는 상태로 판정하였다.

표 1 Reliability comparison standard of monitoring sensor

Division	Reliability comparison standard of monitoring sensor
High reliability	If it is judged to be in normal operation
Low reliability	When it is determined that there is an abnormality in signal analysis
Non reliability	No signal or no change in signal

표 2 Reliability analysis results of landfill monitoring sensor by domestic dams

Phrase	Dam name	Installation year	Completion year	Reliability analysis criteria				Reliability results(%)
				Total	Reliable	Low	Unreliable	
1	Seomjin River Dam	1964	1965	62	4	4	54	6.5
2	Soyang River Dam	73-77	1979	258	0	0	258	0
3	Andong dam	74-75	1977	56	18	26	12	32.1
4	Daecheong Dam	79-80	1981	132	56	26	50	42.4
5	Chungju Dam	82-84	1986	107	76	4	27	71.0
6	Dalbang Dam	1989	1989	40	0	33	7	0
7	Hapcheon Dam	88-90	1989	112	81	9	22	72.3
8	Imha Dam	88-90	1993	133	122	9	2	91.7
9	Juam Main Dam	92-93	1992	85	25	0	60	29.4
10	Juam Sub Dam	96-97	1992	111	34	0	77	30.6
11	Buan Dam	96-97	1996	171	69	29	73	40.4
12	Boryeong Dam	95-96	2000	91	63	10	18	69.2
13	Hoengseung Dam	99-01	2002	103	40	7	56	38.8
14	Namgang Dam	94-98	2003	163	139	6	18	85.3
15	Miryang Dam	96-98	2003	342	328	9	5	95.9
16	Yongdam Dam	96-00	2006	251	169	56	26	67.3
Total	-	-	-	2,217 (100%)	1,224 (55.2%)	228 (10.3%)	765 (34.5%)	55.2

표 2의 국내 댐 매립식 계측센서의 신뢰성 기초자료를 분석한 결과 16개의 댐에 총 2,217개 센서중 신뢰성 있음의 비율은 1,224개로 55.2%, 신뢰성 낮음은 228개로 10.3%, 신뢰성 없음은 765개로 34.5%를 보였으며, 이를 근거로 내구연한을 검토하면 2005년 기준 설치 후 경과연이 10년 이상된 계측센서 중 충주댐, 함천댐, 임하댐을 제외 하고는 신뢰성 평가결과가 대부분 50%이하인 것을 알 수 있고, 설치년도를 기준으로 신뢰성 평가결과가 중앙값인 50%를 보이는 설치년도를 판단하면 개략적으로 1995년에서 2000년으로 2005년 기준 경과연수가 약 5~10년이 된다.

그러나 준공년도를 기준으로 본다면 신뢰성 평가결과 50%의 중앙값은 이와는 차이를 보이고 있으며, 2000년에 준공된 보령댐이 69%의 신뢰성을 보이고 있어 중앙값 50%가 위치하는 준공년도는 1997년과 2000년 사이에 있을 것으로 추정되어 2005년 기준 경과연수가 약 5~8년이 된다.

통계적으로 데이터의 개수가 늘어나면 정규분포의 모양을 보이게 될 것이고 중앙값과 평균값이 일치하게 되는 점을 감안하여 중앙값을 평균값으로 대체하고, 2005년 12월이 조사시기인 점을 감안하면 약 5~8년을 국내 댐 매립식 계측센서의 내구연한으로 보는 것이 합리적인 것으로 판단된다.

국내 16개 댐에서 계측센서의 신뢰성 있음의 비율은 55.2%이며, 신뢰성이 높은 댐은 밀양댐 95.9%, 임하댐 91.7%, 남강댐 85.3%, 합천댐 72.3%, 충주댐 71.0%, 보령댐 69.2%의 순서를 보였으며, 상대적으로 계측센서의 신뢰성이 낮은 댐은 소양강댐 및 달방댐 0.0%, 섬진강댐 6.5%, 주암댐 29.4%, 주암보조댐 30.6%, 안동댐 32.1%, 홍성댐 38.8%, 부안댐 40.4%, 대청댐 42.4%의 순서를 보였다.

국내 16개 댐에서 계측센서의 신뢰성이 차이가 나는 이유는 다양한 원인으로 분석할 수 있으나, 대표적인 원인은 계측센서의 내구연한 및 성능으로 판단된다(Woo, 2019).

3.2 국외 댐 계측센서의 실제적인 내구연한 분석

일본 건설성 토목연구소에서 조사한 보고서에 의하면 댐의 거동을 측정하기 위한 매설용 계측센서인 간극수압계와 토압계의 설치 후 경과연수에 따른 생존율을 정리하면 표 3과 같다(Kim, 2008).

표 3에서 간극수압계는 16개 댐에 당초 설치개수 420개, 준공 후 생존개수 392개로 생존율은 93%이며, 토압계는 10개 댐에 당초 설치개수 197개, 준공 후 생존개수 195개로 생존율은 99%를 나타냈다. 조사 결과와 같이 댐 내부에 계측센서 설치 후 경과연수가 길어지면 생존율은 반대로 줄어드는 경향을 보이고 있다.

건설 계측센서의 정상 작동률은 생존율-손망실율(고장율)로 표현할 수 있으며, 일본 건설성 토목연구소에서는 생존율이 50%이하로 떨어지는 시기를 중점적으로 조사하였는데, 이는 통계적으로 계측센서 내구연한이 중앙값이므로 데이터의 수가 많을 때는 평균 내구연한과 유사하다고 간주할 수 있기 때문이다.

간극수압계와 토압계를 합한 전체 설치 후 경과연수에 따른 생존율은 공사 준공 후 1년 경과 시 88.8%, 2년 84.9%, 3년 75.4%, 4년 64.0%, 5년 61.1%, 6년 61.9%, 7년 25.9%의 비율을 보였으며, 8년 68.8%를 보인 것은 설치개수가 줄어든 영향으로 생존율이 증가한 것처럼 보이고 있다.

간극수압계 설치 후 경과연수에 따른 생존율은 공사 준공 후 1년 경과 시 94%, 2년 91%, 3년 84%, 4년 70%, 5년 66%, 6년 64%, 7년 48%의 비율을 보였으며, 8년 59%를 보인 것은 설치개수가 줄어든 영향으로 생존율이 증가한 것처럼 보이고 있다.

토압계 설치 후 경과연수에 따른 생존율은 공사 준공 후 1년 경과 시 78%, 2년 73%, 3

년 58%, 4년 55%, 5년 55%의 비율을 보였으며, 6년 59%를 보인 것은 설치개수가 줄어든 영향으로 생존율이 증가한 것처럼 보이고 있다.

표 3. The survival rate of the pore pressure meter and the earth pressure meter installed in the Japanese dam

Sensor	Item	After completion	Elapsed year									
			1	2	3	4	5	6	7	8	9	10
Pore pressure meter	Survival rate (%)	93	94	91	84	70	66	64	48	59	37	0
	Survival number	392	368	291	185	96	78	76	40	33	14	0
	Installed number	420	392	320	221	138	119	119	83	56	38	12
	Elapsed year dam number	16	16	14	11	8	7	7	5	3	2	1
Earth pressure meter	Survival rate (%)	99	78	73	58	55	55	59	61	95	95	-
	Survival number	195	153	124	63	46	46	46	20	20	20	-
	Installed number	197	195	169	108	84	84	78	33	21	21	-
	Elapsed year dam number	10	10	8	7	4	4	3	2	1	1	-
Total	Survival rate (%)	95.1	88.8	84.9	75.4	64.0	61.1	61.9	25.9	68.8	57.6	0
	Survival number	587	521	415	248	142	124	122	60	53	34	0
	Installed number	617	587	489	329	222	203	197	116	77	59	12
	Elapsed year dam number	10~16	10~16	8~14	7~11	4~8	4~7	3~7	2~5	1~3	1~2	0~1

간극수압계와 토압계를 합한 전체 설치 후 경과연수에 따른 생존율에서 6년째 생존율은 61.9%이며, 7년째는 25.9%로 급격하게 떨어지는 경향을 보이고 있어 일본 건설성 토목연구소에서는 댐에 매설된 통계적인 계측기기 내구연한은 수명의 중앙값인 50%의 생존률을 보이는 경과연수는 6년으로 분석할 수 있다.

간극수압계의 경우 그 시기가 준공 후 7년이 되는 시기로 보고 있으며, 8년째에도 생존율 59%를 유지하지만 생존율 48%가 되는 7년경과를 중앙값으로 판단하는 이유는 적용되고 있는 댐의 수가 8년경과시 부터는 3개 밖에는 되지 않기 때문에 신뢰할 수 있는 대표 데이터라고 보기 어렵기 때문이다. 따라서 댐에 매설된 간극수압계의 경우 일본 건설성 토목연구소에서는 7년을 공식적인 평균생존율이라고 명기하고 있지는 않으나, 계측센서 수명의 중앙값인 생존율이 50%이하로 떨어지는 시기를 대단히 중요한 값으로 간주하고 있다.

토압계의 경우에는 4년 경과시 55%, 5년경과시 55%, 6년경과시 59%, 7년경과시 61%의 생존율을 보이는 것으로 조사되어 시간이 지나갈수록 생존율이 늘어나는 것처럼 보이지만 해당 댐의 숫자를 보면 7년경과시 2개의 댐이고, 8년경과시 1개의 댐밖에는 없어 7년 이후의 데이터는 신뢰할 수 없는 것으로 결론짓고 50%의 생존율을 보이는 경과연수를 6년으로 분석하였다.

그리고 표 3에서 토압계는 1년경과시 195개의 센서 중 153개만 생존하여 78%의 낮은 생존율을 보이는 이유는 낙뢰로 인하여 1개 댐에 매설된 토압계가 대량으로 손망실이 되었기 때문이다.

결론적으로 일본 건설성 토목연구소에서는 댐에 매설된 간극수압계와 토압계의 통계적인 계측기기 내구연한은 수명의 중앙값인 50%의 생존률을 보이는 경과연수를 간극수압계는 7년, 토압계는 6년으로 보고 있으나, 댐 구조물의 중요성과 안전확보를 감안하여 계측기기의 유효 내구연한을 5년으로 정하고 있으며, 댐이 준공된 후 5년이 경과하면 댐의 거동을 분석하기 위해서 기존 계측센서 외에 다른 측정방법을 고려할 것을 추천하고 있다.

국내 16개 댐의 계측센서와 일본 댐의 계측센서의 비교를 보면 국내 16개 댐은 계측센서의 종류에 상관없이 댐 별로 전체 센서에 대한 생존율을 검토하였고, 일본 댐은 계측센서의 종류에 따라 간극수압계는 16개 댐 과 토압계는 10개 댐의 계측센서 수량에 대한 생존율을 분석하여 결과적으로 간극수압계와 토압계에 대하여 연구를 집중하였다.

3.3 터널 유지관리 계측센서의 손망실율에 의한 내구연한 분석

서울지하철9호선1단계구간 건설공사에 대한 터널 유지관리 계측센서의 손망실율 기초자료는 표 4와 같으며, 2006년부터 유지관리 계측센서가 설치되어 2011년 8월을 기준으로 경과연수는 5~6년이다(Woo, 2013).

표 4 Loss and damage ratio of tunnel maintenance monitoring sensor of Seoul metro line no.9 on 1 stage by section (Standard for 2011. 08 : elapsed 5-6 years) (Unit: word count)

Section	Earth pressure meter			Piezometer			Concrete stress meter			Rebar stress meter			Lining stress meter			Segment stress meter			Total		
	Installation	Loss	Loss ratio (%)	Installation	Loss	Loss ratio (%))	Installation	Loss	Loss ratio (%)	Installation	Loss	Loss ratio (%))	Installation	Loss	Loss ratio (%))	Installation	Loss	Loss ratio (%))	Installation	Loss	Loss ratio (%))
901	8	1	12.5	8	1	12.5	0	0	0.0	61	4	6.6	48	0	0.0	0	0	0.0	125	6	4.8
902	0	0	0.0	2	2	100	16	6	37.5	16	0	0.0	5	1	20.0	0	0	0.0	39	9	23.1
903	10	0	0.0	4	1	25.0	0	0	0.0	10	2	20.0	20	1	5.0	0	0	0.0	44	4	9.1
904	0	0	0.0	2	0	0.0	8	2	16.7	8	2	16.7	0	0	0.0	0	0	0.0	18	4	22.2
905	0	0	0.0	0	0	0.0	10	1	10.0	5	1	20.0	0	0	0.0	0	0	0.0	15	2	13.3
906	0	0	0.0	12	2	16.7	4	0	0.0	34	5	14.7	60	7	11.7	0	0	0.0	110	14	12.7
907	0	0	0.0	0	0	0.0	4	3	75.0	4	2	50.0	0	0	0.0	0	0	0.0	8	5	62.5
908	0	0	0.0	0	0	0.0	8	3	37.5	4	0	0.0	0	0	0.0	0	0	0.0	12	3	25.0
909	0	0	0.0	0	0	0.0	0	0	0.0	0	0	0.0	0	0	0.0	73	28	38.4	73	28	38.4
910	0	0	0.0	6	2	33.3	0	0	0.0	0	0	0.0	45	1	2.2	0	0	0.0	51	3	5.9
911	0	0	0.0	4	0	0.0	6	0	0.0	6	0	0.0	20	1	5.0	0	0	0.0	36	1	2.8
912	0	0	0.0	12	2	16.7	0	0	0.0	0	0	0.0	62	7	11.3	0	0	0.0	74	9	12.2
913	0	0	0.0	14	2	14.3	0	0	0.0	0	0	0.0	24	4	16.7	0	0	0.0	38	6	15.8
914	0	0	0.0	2	1	50.0	0	0	0.0	0	0	0.0	10	2	20.0	0	0	0.0	12	3	25.0
total	18	1	5.6	66	13	19.7	56	15	26.8	148	16	10.8	294	24	8.2	73	28	38.4	655	97	14.8
Total loss and damage ratio = (loss and damage number / installation number) × 100 = (97 / 655) × 100 = 14.8%																					
Rank	6			3			2			4			5			1			-		

표 4에서 계측기기별 손망실율 기초자료를 분석한 결과 쉴드터널의 세그먼트응력계 38.4%, 박스구조물의 콘크리트응력계 26.8%, 터널의 간극 수압계 19.7%, 박스구조물의 철근응력계 10.8%, 터널의 라이닝응력계, 8.2%, 터널의 토압계 5.6%순서로 나타났다.

위에서 검토된 손망실율은 경과년수 5~6년에 대한 손망실율로 구체적인 자료가 없어 경과연수에 따른 상관관계 분석에 의한 실제 내구연한 산정은 곤란하나, 계측센서 설치 후 경과연수가 5~6년에 대한 손망실율로 내구연한은 5~6년 이상인 것으로 추정할 수 있다 (Woo & Lee, 2012, 2017).

4. 결 론

본 논문은 지반구조물 계측센서의 내구연한 기준에 대한 분석적 연구로 국내 건설공사 발주 기관의 건설계측 센서에 대한 내구연한 기준과 조달청의 건설계측 및 건설기계 관련 내용연수 기준을 분석하여 합리적인 건설 계측센서의 내구연한 기준을 설정하였으며, 국내외 댐에 설치된 각종 계측센서의 신뢰성 비교를 통한 실제적인 내구연한 분석과 터널에 설치된 유지관리계측 센서의 경과연수에 대한 손망실율로 내구연한을 추정한 연구 결과는 다음과 같다.

첫째 조달청의 건설계측 및 건설기계 관련 내용연수 기준은 구조물에 설치되기 전 물품 자체의 구매에 따른 내용연수를 규정한 것으로 건설 계측센서인 경사계와 레벨센서 및 트랜스미터는 8년, 가속도계와 3차원측정기는 9년, 스트레인게이지와 로드셀은 10년이나, 건설공사 시 원지반 및 콘크리트 구조물내에 설치된 계측센서는 지하수영향 및 다짐 등 여러 가지 불리한 요인으로 물품 자체의 내용연수보다는 상당히 단축될 것으로 보인다.

둘째 국내 댐에 설치된 간극수압계 및 토압계 등의 매립식 계측센서 신뢰성 분석결과 16개 댐에 총 2,217개 센서중 신뢰성 있음의 비율은 1,224개로 55.2%, 신뢰성 낮음은 228개로 10.3%, 신뢰성 없음은 765개로 34.5%를 보였으며, 신뢰성 분석결과 국내 댐 매립식 계측센서의 내구연한은 약 5~8년이 합리적인 것으로 판단된다.

셋째 일본 댐에 설치된 간극수압계와 토압계의 경과연수에 따른 생존율 분석결과 최대 16개 댐에 매설된 간극수압계와 토압계의 통계적인 계측기기 내구연한은 수명의 중앙값인 50%의 생존률을 보이는 경과연수는 간극 수압계는 7년, 토압계는 6년으로 보고 있으나, 댐 구조물의 중요성과 안전확보를 감안하여 공식적으로 계측기기의 내구연한을 5년으로 정하고 있으며, 댐이 준공된 후 5년이 경과하면 댐의 거동을 분석하기 위해서 기존 계측센서 외에 다른 측정방법을 고려할 것을 추천하고 있다.

넷째 서울지하철9호선1단계구간 건설공사에 대한 터널 유지관리 계측센서의 손망실율은 경과년수 5~6년에 대한 손망실율로 구체적인 자료가 없어 경과연수에 따른 상관관계 분석에 의한 실제 내구연한 산정은 곤란하나, 계측센서 설치후 경과연수가 5~6년에 대한 손망실율로 내구연한은 5~6년 이상인 것으로 추정할 수 있다.

다섯째 결론적으로 구조물이나 지반에 설치된 국내 간극수압계 및 토압계 등의 매립식 계측센서의 적정 내구연한은 5년에서 8년이 합리적인 것으로 판단되며, 추후 축적된 자료를 바탕으로 계측항목별 내구연한 설정 연구가 필요할 것으로 판단된다.

참고문헌

1. Kim, K. S.(2008). Advisory report on improvement of durability and years of use of dam instruments, Korea Water Resources Corporation, pp.9-10.
2. Korea Water Resources Corporation. (2005). On-site inspection and evaluation report of dam installation monitoring system.
3. Seoul Metropolitan Infrastructure Headquarters. (2015). Improvement plan of Seoul subway monitoring management, pp.70-80.
4. Woo, J. T. (2013)."A study on trends analysis of the loss and damage ratio of tunnel maintenance monitoring sensors ", Journal of Korean Tunnelling and Underground Space Association, Vol. 15, No. 1, pp. 25-31.
5. Woo, J. T., Lee, K. I. (2012). "A study on establishment of measurement and analysis frequency of maintenance monitoring in tunnel", Journal of Korean Tunnelling and Underground Space Association, Vol. 14, No. 2, pp.117-129.
6. Woo, J. T. (2018a). "A study on the regulation of durability standard of underground structures monitoring sensors ", Journal of Korean Tunnelling and Underground Space Association, Vol. 20 , No. 1 , pp. 73-81 .
7. Woo, J. T. (2018b). "A study on the loss and damage ratio of railroad tunnel maintenance monitoring sensor", Journal of Korea Society of Disaster Information, Vol. 14, No. 3, pp.262-270.
8. Woo, J. T. (2019). "A Study on the Cause and Improvement Plans of Construction Monitoring Sensors Decline in Durability", Journal of Korea Society of Disaster Information, Vol. 15, No. 1, pp.28-38.
9. Woo, J. T., Lee, R. C. (2017). Theory and practice of construction monitoring-underground construction facilities, CIR Publishing Co., pp.92-94(in Korean).

3.1.2.6 건설 계측센서의 내구연한 저하원인 및 개선방안 연구

본 논문은 "건설 계측센서의 내구연한 저하원인 및 개선방안 연구"(우종태, 한국재난정보학회 논문집, Vol.15, No.1, 2019.3.31., pp28-38)를 재편집하여 기술한 내용이다.

건설 계측센서의 내구연한 저하원인 및 개선방안 연구

A Study on the Cause and Improvement Plans of Construction Monitoring Sensors Decline in Durability

ABSTRACT

Purpose: The purpose of this study is to contribute to improvement of measurement management level of construction structure and technology development of monitoring sensor by presenting the detailed causes and improvement plans of construction monitoring sensor's decline in durability.

Method: The causes and improvement plans of the durability degradation of the construction monitoring sensor were divided into the construction field and the electric, electronic field. The detailed status was reviewed.

Results: In the field of construction, approval and inspection, inspection and testing, verification and calibration, and minimization of loss and damage ratio were reviewed. In the field of electric and electronics, sensor package and sealing, disconnection of stress concentration area, damage caused by lightning and corrosion were reviewed.

Conclusion: It is expected that the durability of monitoring sensors applied to the construction site will become longer than the present status based on the study that analyzed causes and improvement plans of construction monitoring sensor's decline in durability in the field of construction and electric, electronic devices.

Keywords construction monitoring sensor, period of durability, construction field, electric and electronic field, loss and damage ratio

요약

연구목적: 본 연구는 건설 계측센서의 내구연한 저하원인 및 개선방안을 상세히 제시하여 건설구조물의 계측관리 수준향상과 계측센서의 기술발전에 기여하고자 한다.

연구방법: 건설 계측센서의 내구연한 저하원인 및 개선방안에 대하여 건설분야와 전기전자분야로 구분하여 상세한 현황을 조사하고 검토를 실시하였다.

연구결과: 건설분야는 승인 및 검수, 검사 및 시험, 검정 및 교정, 손망실율 최소화 방안 등을 조사 검토하였고, 전기전자분야는 센서패키지 및 실링, 응력집중부위 단선, 낙뢰 및 부식에 의한 손상 등을 조사 검토하였다.

결론: 건설분야와 전기전자분야에서 계측센서의 내구연한 저하원인 및 개선방안을 토대로 건설현장에 적용되는 계측센서의 내구연한이 현재보다 연장될 것으로 기대된다.

주요어 건설 계측센서, 내구연한, 건설분야, 전기전자분야, 손망실율

1. 서 론

일반적으로 건설공사에서의 계측은 공사계측과 유지관리계측으로 구분하고 있다.

공사계측은 주로 설계의 불확정성 요소 등을 보완하고 설계의 타당성을 규명함으로써 시공의 안전성을 확인하고 경제성을 확보할 목적으로 수행된다(Woo, 2017). 유지관리계측은 완공된 구조물에 대하여 공용 중에 지속적으로 구조물의 안전성 확인과 최적의 유지관리가 되도록 객관적이고 연속적인 공학적 판단자료를 제공하여 효율적이고 경제적인 구조물 유지 관리에 기여하는 것을 목적으로 수행 되고 있다(Woo and Lee, 2012).

건설계측에서 센서(Sensor) 또는 게이지(Gauge)란 대상의 상태에 관한 측정량을 신호로 변화하는 계의 최초의 요소로서 계측기기에 포함되며, 계측기기(Measurement hardware)는 재료의 감지소자에 의해 물리적 에너지를 전기 또는 빛 에너지로 변환하여 자료의 정보처리가 되도록 하는 센서 및 게이지 등을 총괄하는 용어를 말하며, 계측시스템은 계측자료 획득 시스템과 계측자료 전송시스템을 포함하여 계측에 필요한 모든 장치 및 운용시스템을 말한다(Woo and Lee, 2008).

건설 계측센서는 일반 가전제품과 달리 콘크리트 구조물 내나 토사 및 암반속 등 지하수위 아래 열악한 현장조건에 정밀 계측센서가 설치되므로 센서의 충격 및 단선 등으로 부분적인 내구성 저하 또는 일부 계기에 고장이 발생할 수 있다. 그러므로 매립식 계측기의 경우 고장률을 감안하여 계측분석에 문제가 없도록 충분한 수량으로 계측 계획을 수립해야 한다(Woo, 2013).

내구연한(耐久年限, Period of durability) 용어의 정의는 토목용어사전에는 없으나, 국어사전은 원래의 상태대로 사용할 수 있는 기간(Life cycle, Lifetime), 농촌진흥청의 농업용어사전은 건물이나 가구 따위의 쓸 수 있는 연한으로 물리적·구조적인 연한(Persisting period)을 의미하며, 한국해양학학회의 해양과학용어사전은 목재나 부재 또는 구조물을 사용할 수 있는 연한(Endurance period)으로 정의되어 있다.

내용연수(耐用年數, Period of durability, service life) 용어의 정의는 토목용어사전은 기계나 구조물이 사용에 견디는 연수, 기계적 내용연수, 물리적 내용연수와 사회적 내용연수, 경제적 내용연수의 개념으로 나누어 고려한다. 건축용어사전은 건축물이 갖는 수명의 총칭으로 구조적 내용연수, 물리적 내용연수와 사회적 내용연수, 경제적 내용연수 등의 개념으로 나뉜다.

앞의 용어 정의에서 내구연한은 내용연수와 거의 같은 개념으로 이해되며, 토목용어사전을 중심으로 건설 계측센서의 내구연한을 정의하면 구조물에 설치된 계측센서가 본래의 기능을 유지할 수 있는 기간으로 간단히 정의할 수 있으며, 실험용으로 실내에 설치되거나, 설치되지 않고 제품으로서의 계측센서 내구연한과는 차이가 많을 것으로 판단된다.

건설 계측센서의 내구연한은 내구연한 동안의 정상 작동률인 생존율–고장률로 표현되며, 이는 계측센서의 성능과 내구성, 설치기술자의 기술수준 및 각종 후속공정에 대한 철저한 관리여부, 유지관리 기술수준과 투자비에 따라 큰 차이를 보이고 있다(Nam, 2000).

본 논문은 건설 계측센서의 내구연한 저하원인 및 개선방안에 관한 연구로 도심지 지하철 흙막이공사 및 터널공사와 하천 및 댐 구조물 등의 건설분야에서 계측센서의 내구연한 저하원인 및 개선방안을 검토하였으며, 건설분야 계측센서의 내구연한 저하원인에 대해 전기전자분야에서 계측센서의 단기적 및 장기적인 내구연한 저하원인 및 개선방안을 제시하여 건설구조물의 계측관리 수준향상과 계측센서의 기술발전에 기여하고자 한다.

2. 건설 계측센서의 내구연한 검토

건설 계측센서의 내구연한에 대한 규정을 제시한 기관은 서울특별시 지하철건설본부이며, 국내 모든 발주기관에서도 이 규정을 준용하고 있으나, 계측항목별 내구연한에 대한 기준은 미비한 실정이다.

2002년 2월 서울특별시 지하철건설본부에서 서울지하철6,7호선 유지관리 계측시스템 설치 및 분석 용역시 유지관리 계측시스템의 무상보증기간을 최종설치 준공일로부터 최소 5년으로 적용한 예가 있고, 2002년 9월 서울지하철9호선 시공계측 관리 표준시방서(안)의 변형율계 센서의 내구연한은 3년 이상, 장기계측의 경우 통상적으로 2~10년 정도는 정상적인 기능을 유지해야 하는 것으로 제시된바 있다(Seoul Metropolitan Rapid Transit Corporation, 2002).

2008년 터널표준시방서 개정시 준공 후 계측시스템의 하자보수기간은 공동주택 관리령(대통령령 제18044호 제16조 사업주체의 하자보수 별표7)에서 국내공동주택 전자장치들의 하자보수기간 2년 이후에도 정상적으로 작동할 수 있도록 터널 관리주체가 계측시스템을 유지보수 하도록 되어 있다(Woo, 2018a).

2010년 건설계측 및 계측업의 현황분석과 발전방안 연구에서는 계측센서를 포함한 계측시스템의 무상하자보증기간은 최종 설치준공일로부터 최소 3년 이상을 제시하였다.

2015년 서울특별시 도시기반시설본부에서 서울지하철 계측관리요령 개선(안)을 검토하면서 계측기기의 내구연한에 대해 최소 준공 후 3년 이상으로 계측기 자체의 하자보수기간 내 망실될 경우 설치업체에서 재설치하는 하자보수기간을 제시 하였으며, 하자보수기간 및 책임범위는 다음과 같다(Seoul Metropolitan Infrastructure Headquarters, 2015).

1) 시공 중 계측기의 하자보수기간은 설치 후 3년 이내, 유지관리 계측기의 하자보수기간은 준공 후 최소 3년 이내로 관리하도록 한다.
2) 하자보수기간 내에 발생하는 모든 하자에 대해서는 계측기 및 자동화 계측시스템을 구축한 업체 또는 기관에서 동일 위치에 재설치 또는 표면 노출형 계측기로 재설치하여야 한다.

2017년 건설계측의 이론과 실무의 지하 건설시설물편 터널의 유지관리계측 실무시방서에서 터널의 유지관리를 위한 계측기기는 최소 5년 이상의 내구성이 보장되어야 하며, 설치 및 유지관리가 용이하고 계측목적에 맞는 계측범위와 정밀도를 가져야 하며, 기기 특성에 대한 사전 검증을 실시하여야 하는 방안을 제시하였다.

따라서 앞에서 검토된 내용을 종합하여 건설 계측센서를 포함한 계측시스템의 내구연한은 다음과 같이 결정하는 것이 합리적인 것으로 판단된다.

1) 계측시스템의 내구연한은 최소 3년 이상으로 하며, 이 기간을 최종 설치 준공일로부터 가산하면 장기 계속공사인 경우 차수별 공사 준공기간이 약 2~4년이 소요되므로 최종 내구연한은 5~7년 정도로 되어야 할 것으로 판단된다.
2) 하자담보책임기간동안 필요한 예비품과 고장수리부품, 소모품, 고장수리비용은 계측시스템 설치자 부담으로 하며, 이 기간 중 수리가 불가능한 물품의 경우 유지관리기관의 승인을 얻어 동등이상의 제품으로 교체하여야 한다.
3) 계측시스템의 보수기간 중에는 대체 장비를 사용하여 계측시스템 운영에 지장이 없도록 해야 한다.
4) 하자담보책임기간 만료 후라도 유지관리기관의 고장 수리요청이 있을 경우 계측기기의 유지보수에 적극 협조해야 한다.

3. 건설분야에서 계측센서의 내구연한 저하원인 및 개선방안 연구

3.1 건설분야에서 계측센서의 내구연한 저하원인 검토

일반적인 건설 계측센서의 내구연한 저하원인 검토내용으로 건설 계측센서의 정상작동률은 생존율-고장률(손망실율)로 표현할 수 있으며, 이는 설치되는 계측센서의 성능과 내구성, 설치기술자의 기술수준, 흙막이 및 터널 공사의 경우 토공 굴착, 방수공사, 철근 배근, 거푸집설치, 콘크리트타설, 거푸집제거 등의 후속공사에 대한 관리수준 등에 따라 큰 차이를 보이고 있다. 건설분야에서 일반적인 계측센서의 주요 내구연한 저하원인은 계측센서의 성능불량, 설치시 오류 및 보호불량, 계측대상 구조물의 과도한 변형 및 응력발생, 작업자나 시공장비의 부주의에 의한 계측센서 및 연결 케이블의 손상, 고의적인 파손, 기술적 한계로 인한 원인 불명확 등이 있다. 건설 계측센서의 내구연한 저하 원인 중 계측기기의 성능불량, 설치시 오류 및 보호불량, 작업자나 시공장비의 부주의에 의한 계측센서 및 연결 케이블의 손상 등이 확인된 경우에는 비교적 책임소재가 명확하나, 현장관리자가 파손되는 순간을 직접 목격하지 못하였거나, 예상치 못한 과도한 변형 및 응력발생 으로 계측 불능상태가 된 경우에는 책임소재가 명확하지 않아 계측센서의 재설치 비용 부담문제로 분쟁이 발생하거나 심지어는 인위적인 계측데이터를 만드는 일이 발생할 수도 있다. 또한 건설 계측센서가 최초 설치시 정상적으로 작동 되다가 분명한 이유 없이 계측값이 이상치를 나타내거나 불안정한 경우에는 더욱 분쟁의 대상이 될 수 있다.

대부분의 건설 계측센서는 일반 가전제품과 달리 콘크리트 구조물 내나 토사 및 암반 속 등 지하수위 아래 열악한 현장조건에 정밀 계측센서가 설치되므로 조건이 양호한 실내에서와 달리 내구수명이 단축될 뿐만 아니라 기술의 한계로 인하여 현실적으로 많은 고장이 발생하고 있다(Korea Water Resources Corporation, 2006).

따라서 공사 수행기간 또는 유지 관리기간 동안 정상적인 계측관리가 가능하도록 고장률(손망실율) 또는 여유분 (Redundancy)을 산정하여 건설공사 표준품셈에서 재료에 대한 할증률 개념으로 활용이 된다면 건설계측으로 인한 이해당사자 사이의 분쟁이 상당부분 해소되고 원활한 계측관리가 수행될 수 있다(Woo, 2018b).

건설 계측 및 계측업의 현황 분석과 발전 방안 연구(Woo, 2010)에서 설문조사로 분석한 건설 계측센서 초기 인수 시 검정실시 여부, 건설 계측센서에 대한 검정 주기, 건설 계측센서에 대한 검정 수행기관, 건설 계측센서 검·교정 대행기관에 대한 분석 결과는 그림 1에서 그림 4와 같다.

건설 계측센서 초기 인수시 검정(Calibration) 실시여부는 그림 1과 같이 37%만 검정을 실시하고 63%는 검정을 실시하지 않는 것으로 조사되었다. 건설 계측센서는 정확한 측정을 위해 사용 전에 검정을 받고 사용 중에는 기계오차에 대하여 주기적인 교정이 필수적이나, 대부분의 국내 계측기기는 계량 및 측정에 관한 법률 시행규칙 (검정의 생략 등) 내용 중 새로 개발된 계량기로서 그에 대한 검정 설비가 구비되어 있지 않은 계량기이거나, 검정에 특수한 설비를 필요로 하는 계량기에 해당되어 검교정 대상도 아니며, 국가표준 및 검인증 기준이 없어 국가공인기관에서의 검교정이 어려운 실정이며, 이로 인해 계측업체에서 자체적인 기준에 의해 검교정을 실시하고 있으나 설문조사 내용과 같이 63%는 검정을 실시하지 않는 것으로 조사되어 이에 대한 개선책이 필요한 것으로 판단된다.

건설 계측센서에 대한 검정 주기는 그림 2와 같이 1년 미만이 18%, 1년에서 2년이 64%, 2년에서 3년이 18%로 조사되었다.

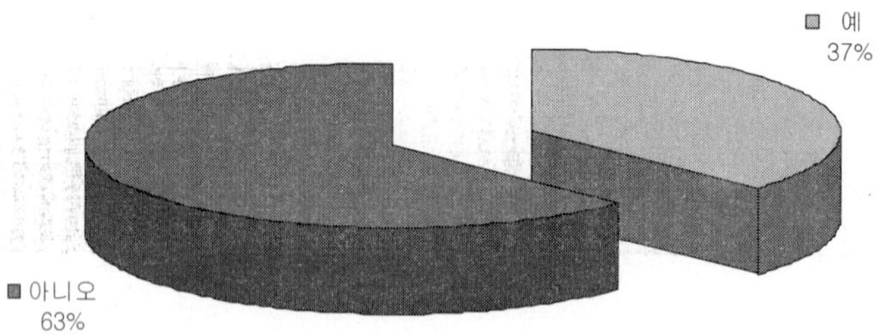

그림 1 The calibration of monitoring sensor

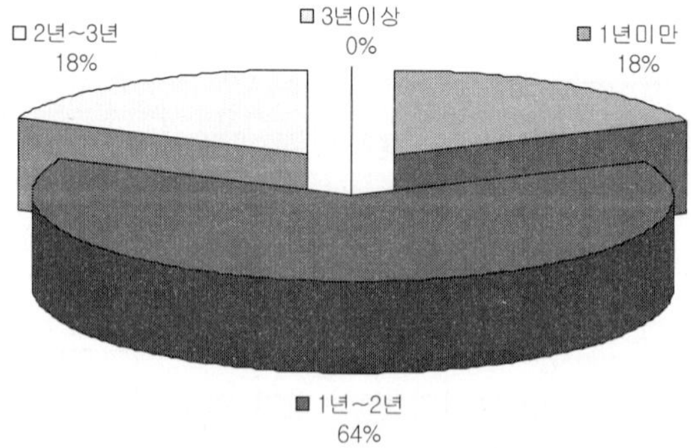

그림 2 The calibration period of monitoring sensor in the early acquisition

건설 계측센서에 대한 검정 수행기관은 그림 3과 같이 외부 검정기관이 39%, 계측기 제조사 29%, 기타 21%, 계측기 설치업체에서 자체실시가 11%로 조사되었다.

건설 계측센서 검·교정 대행기관은 그림 4와 같이 국가공인기관이 44%, 계측사별 등록신청 및 인허가 38%, ISO인증 13%로 조사되었다.

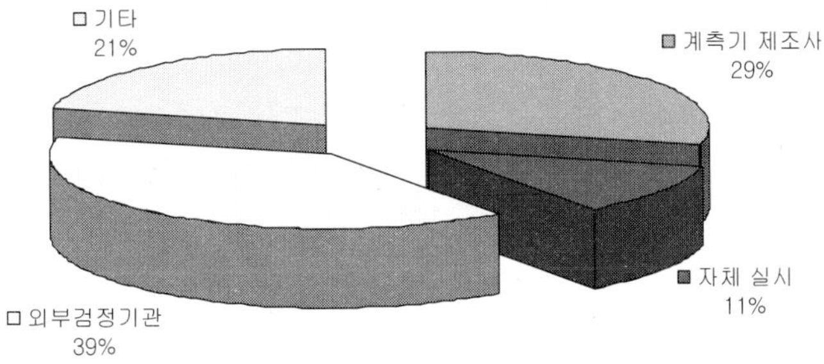

그림 3 The calibration testing institution of monitoring sensor

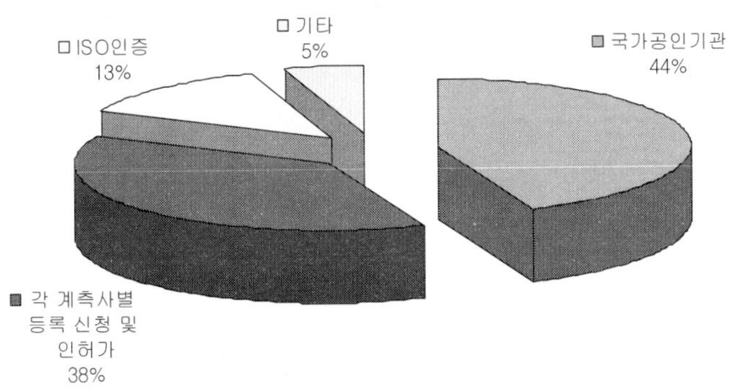

그림 4 The calibration & inspection agency of monitoring sensor

3.2 건설분야에서 계측센서의 내구연한 개선방안

1) 일반적인 건설 계측센서의 개선방안

(1) 계측기종의 선정은 계측기의 현장적용성, 정확성, 정밀도, 내구연한 등을 종합적으로 고려해야 하며, 특히 매립식 계측센서인 경우 충분한 내구연한이 보장되어야 하므로 유사 현장조건에 기 적용한 실적이 있는 계측기종을 선정하는 것이 바람직하다.

(2) 적절한 유지관리 계측을 수행하기 위해서는 장기적인 계측센서의 고장율을 고려하여 완전 방수형 진동현식 및 기계식 계측센서를 병용 설치하는 것이 바람직하며, 장기간

의 정상적인 계측센서 유지를 위하여 온도, 습도, 진동, 먼지 등에 대한 내구성을 고려한 계측센서 선정 및 유지관리가 용이한 자동화 계측시스템으로 구성되어야 한다.

(3) 현재의 터널 등 지반 계측항목은 주로 콘크리트라이닝의 변형여부 위주의 계측이므로 앞으로는 변형과 원지반의 외압변화를 동시에 측정하여 터널내부 또는 외부의 환경조건과 하중조건의 변화에 따른 응력분배의 변화와 지보기능을 검증하는 실제적 연구가 필요하다.

(4) 일반적으로 계측센서는 계측목적에 부합되는 기능과 정도를 갖는 것으로 선정하는 것이 중요하며, 계측센서는 복잡한 것보다는 간단한 것, 전기식보다는 기계식, 가동부분이 많은 것보다는 적은 것이 유리하다.

(5) 계측센서 자체에 이상이 있으면 측정과 결과분석을 아무리 잘해도 정확한 결과를 얻을 수 없으므로 기기의 보정과 유지관리가 중요하다.

(6) 계측센서 일부의 손망실로 전체 계측센서가 무용지물이 되지 않도록 기기의 이상과 고장을 항상 고려하여 중요한 위치에는 필요한 계측센서의 수량 외에 항상 여유분(Redundancy)이 설치되도록 하여야 한다.

2) 건설 계측센서 선정시 개선방안

(1) 계측센서의 정도, 계측범위 및 신뢰도가 계측목적에 부합하여야 한다.

(2) 대상 터널 길이가 긴 경우는 가능한 자동화 계측을 고려하여 계획한다.

(3) 장기계측이 가능하도록 내구성이 좋은 계측센서를 선정한다.

(4) 온도, 습도 등의 제반영향 인자에 대해 자체 보정이 되거나 보정이 간단한 장비를 선정한다.

(5) 측정치에 대한 계산과정이나 분석절차가 간단하고 중앙통제방식 적용이 가능한 시스템으로 계획한다.

(6) 측정치의 자체검증이 가능하여야 한다.

(7) 계측센서와 터미널간의 연결관 또는 케이블이 물리적 화학적 작용에 충분히 견딜 수 있어야 한다.

(8) 지상부 터미널의 기후변화나 물리적 피해에 견딜 수 있어야 한다.

3) 건설 계측센서의 승인 및 검수

(1) 건설 계측시스템 설치자는 계측시스템 상세 설치 계획서와 함께 사용될 계측센서, 계

측장비 및 부속자재 등이 계측의 목적에 부합되도록 다음 사항을 포함하여 제출하고 승인을 얻어야 한다.

① 작동 이론 : 계측기기의 목적, 계측기기의 기본 측정 원리, 기본적인 계측원리를 설명하기 위한 도해 및 도면, 시스템의 측정 범위, 설치 요령

② 설치 순서 : 계측기의 설치 순서에 대한 상세 설명 자료, 설치시 유의 사항

③ 작동 및 측정 순서 : 측정 준비 및 측정 개시를 위한 세부적인 순서, 사용자 및 장비에 관련된 주의사항, 계측 설치 후 초기치를 얻는 방법 및 순서, 초기치 이후의 계측치를 얻는 순서, 측정치에 대한 원인 및 영향 분석에 사용될 수 있는 사항

④ 보수 및 유지관리 : 계측기기 및 시스템의 유지관리에 관한 일반 및 세부사항, 필요시 건전지 교체시기에 관한 사항, 유지관리시 현장 점검사항, 소모품을 포함한 예비 부품의 목록, 무상보수관련 대표자의 성명, 주소, 전화번호 등, 계측기기 보정 시기 및 방법

⑤ 계측시스템 운영요원에 관한 교육

⑥ 부품별 교체 시기

(2) 계측시스템 검수를 위하여 다음 사항을 서류로 제출하여야 한다.

① 제작자 증명원

② 공급자 증명원

③ 제작자의 품질증명서

④ 검교정 성과서 (시험성적서) : 공인인증기관(예 : KOLAS 인증기관)으로부터 검교정을 실시한 제조사의 측정 장비를 활용하여 검교정을 실시한 성적서(Calibration sheet)로 대체

⑤ 사용자 설명서 및 유지관리 매뉴얼

⑥ 부속품 리스트

⑦ 계측기에 대한 시험성적서는 검교정 장비에 의한 결과를 제출하여야 하며, 필요시 계측기 표본을 추출하여 공인 인증기관(예, 한국산업기술시험원 등)에 의뢰하여 성적서 제출

4) 건설 계측센서의 검사 및 시험

(1) 건설 계측시스템에 사용되는 계측센서, 계측장비, 부속자재 등은 계측담당 건설사업관리기술자의 검사 및 시험을 거쳐야 한다.

① 현장에서 인도시 규격 및 성능 검사

② 현장에서 조립완성 후 시험운영 실시 및 계측시험의 정확도 입증 시험

(2) 현재 계측기기에 대한 검사 및 시험은 주로 제조회사 자체 검사 및 시험으로 이루어지고 있으므로 자체 검사시 정밀도, 정확도, 내구성을 위주로 검사 및 시험을 실시하여야 한다. 그리고 계측기기의 시험 및 검사에 대한 체크리스트 원본은 각 계측기기와 함께 제출하여야 한다.

(3) 건설 계측시스템 설치자는 계측시스템 운영 중에 수행될 정기적인 검교정 방법, 순서 및 주기 등에 관한 사항을 제출하여야 하며, 필요시 각 계측 기기의 기종별 검교정 시연을 실시하여야 한다. 또한 계측시스템 운영 중 유지관리 기관의 요청이 있을 때는 계측시스템 설치자는 직접 검교정을 수행하여야 한다. 단, 검교정에 필요한 비용은 운영주체에서 부담하여야한다.

5) 건설 계측센서의 검정과 교정

건설 계측센서는 정확한 측정을 위해 사용 전에는 반드시 검정을 받고, 사용 중에는 기계오차에 대비하여 주기적인 교정을 받아야 한다. 계측센서에 대한 검교정 항목은 정밀도, 정확도, 내구성 등을 위주로 시험을 실시하여야 한다.

6) 매립식 계측센서의 개선방안

(1) 계측센서 제작사의 검정표를 입수하여 사전에 상수값 및 초기값을 파악한다.

(2) 정확도, 정밀도, 내구성 위주의 검정과 교정실시 및 계측전문기술자에 의한 계측기 설치를 의무화한다.

(3) 최초 설치 후 수차례 반복 측정으로 정확한 초기치를 확정하여야 한다.

(4) 계측기별 접지(Earth end) 또는 차폐(Shielding)를 실시하여야 한다.

(5) 계측센서는 정확한 측정을 위해 사용 전에 검정을 받고 사용 중에는 기계오차에 대하여 주기적인 교정을 받아야 한다.

7) 건설 계측센서의 손망실율 최소화 방안

(1) 설계단계

① 계측 공사비 절감을 위한 저사양의 계측기 반영 금지

② 내구성능이 뛰어난 반영구적인 광섬유센서 방식 적용 검토

③ 표면 부착식 계측기는 청소 등에 의한 손망실 가능성이 있어 설치를 최소화하도록 계획

④ 계측기 손망실에 대비하여 여유 계측기 수량을 반영

(2) 시공단계

① 계측기 현장 반입시 공인인증기관 성적서 증빙 및 검수항목 강화

② 계측기 손망실을 대비한 여유센서 추가 설치

③ 시공 중 철저한 케이블 및 계측기 보호를 통한 위험요소 최소화

④ 표면 부착식 센서 설치시 보호커버 시공 필수적용

(3) 운영단계

① 일정한 점검 주기를 통한 계측기 및 시스템 상태 점검 실시

② 점검 결과에 따른 보완 조치사항을 즉각 시행

③ 전문가 자문결과 반영을 통한 정상적인 계측기의 신뢰성 제고

④ 운영 중 시설관리담당자와 계측사 담당자간의 유기적인 업무 협조

(4) 하자보수 기간 및 책임 범위

① 시공중 계측기의 하자보수 기간은 설치 후 3년 이내, 유지관리 계측기의 하자보수 기간은 준공 후 최소 3년 이내로 관리하도록 한다.

② 하자보수 기간내에서 발생하는 모든 하자에 대해서는 계측기 및 자동화 계측시스템을 구축한 업체에서 동일 위치에 재설치 또는 표면 노출형 계측기로 재설치하여야 한다.

8) 건설 계측업체의 개선방안

(1) 현재의 계측분야는 건설기술진흥법, 건설산업기본법, 시설물의 안전 및 유지관리에 관한 특별법, 엔지니어링기술진흥법 등 관련 법규에 건설 계측전문업의 설립요건이나 자격기준이 없어 누구나 회사를 설립하여 영업활동을 할 수 있다. 그러므로 무분별한 영세업체 난립으로 저가의 하도급이 성행하고 이로 인한 불량계측기 설치 및 계측 무자격자에 의한 계측관리로 형식적인 계측이 수행되어 부실 계측이 우려되고 있다. 계측업무는 특수한 전문분야로 계측에 대한 전반적인 이해나 경험 없이는 계측센서의 설치, 관리, 데이터 처리, 분석 및 평가, 사후관리 등을 할 수 없기 때문에 계측기술자의 경험이 매우 중요하다.

(2) 따라서 관계법규를 개정하여 일정수준의 기술인원, 자본금, 사무실, 계측장비를 갖

춘 업체가 계측 전문업 또는 계측감리 전문업으로 등록하여 영업활동을 할 수 있도록 하는 법제화가 조속 시행되어야 한다.

(3) 현재의 계측업체 선정은 시공자가 본사 기준이나 현장 자체 평가기준으로 선정하고 있으나 주로 계약금액이 가장 낮은 계측업체가 선정되는 경우가 많다. 이로 인해 계측업체와 시공사간에는 종속관계가 형성되어 실질적인 계측업무 보다는 형식적인 계측관리가 되고 있는 실정이다.

(4) 외국에서는 계측을 담당하는 업체의 위치가 준 감독기관으로 감리단과 시공사보다는 상위에서 시공의 안전성을 위협받는 상황 발생시 시공자에게 직접 공사중단 명령도 내릴 수 있는 독립적인 권한을 받아 독자적인 업무를 수행할 수 있는 체제로 운영되고 있다.

(5) 계측업무는 특성상 계측기 설치나 측정 및 유지관리 시 시공사의 지원과 협조가 필수적이므로 시공사의 도움 없이는 원활한 계측업무 수행이 불가능하며, 계측관리를 통해 설계의 변경 또는 기술자문 등으로 공사비에 영향을 미치므로 현재와 같이 시공사에 종속이 되는 체제에서는 독자적이고 내실 있는 계측관리가 어렵다고 판단된다.

(6) 따라서 건설사업관리용역에 계측용역을 포함하여 발주하는 방안과 발주처에서 계측업체를 직접 선정하여 계측관리하는 방안을 검토하여 효과적인 계측관리가 되도록 발주방법의 개선이 필요하다.

4. 전기전자분야에서 계측센서의 내구연한 저하원인 및 개선방안 연구

4.1 전기전자분야에서 계측센서의 단기적 내구연한 저하원인 및 개선방안

1) 설치 중 취급 부주의

설치를 담당하는 기술자의 숙련도에 따라서 차이가 있으나, 전자식 계측센서의 경우 설치 및 고정과 도선 연결, 도선의 고정 등이 계측기의 수명을 좌우하는 중요한 요소가 되며, 특히 설치 위치 선정에 있어서 시공 상 누수나 습기가 많은 현장에 설치되는 경우 도선의 고정이 미숙하여 계측기에 물리적 힘이 가해지는 상황이 된다면 계측기가 쉽게 고장이 날 수 있다.

2) 센서 패키지 및 실링 불량

대부분의 계측센서는 제품의 종류나 품질 차이에 의해 고장이 날 확률 편차가 크며, 특히 실링이 잘 되지 않아 수분이 스며들 수 있는 경우나 부식이 잘 되는 재질을 사용했을 경우에는 부식에 의해 기준 수명에 비해 짧은 시간 내에 고장이 날 확률이 커지게 된다.

3) 응력 집중부위 단선

계측센서 설치시 응력이 집중되는 부위가 발생하지 않도록 하여야 하며, 응력 집중부위가 발생하면 그 응력에 의해서 파괴가 일어날 수 있지만 응력이 걸리는 부위에 응력부식이 발생할 수도 있어서 특히 주의해야 한다. 진동현식 계측센서의 경우는 압축을 측정하기 위해 진동현에 프리스트레인을 주게 되는데 응력에 의한 부식이 발생할 수 있으므로 수명 예측 시 이를 감안하여야 한다(KWRC and Kim, 2008).

4) 낙뢰에 의한 손상

낙뢰에 의하여 한꺼번에 많은 전류가 흐를 경우 저항이 큰 납땜부위나 전극 접촉부위에서 많은 열이 발생하여 계측 센서에 단락이 발생하게 된다. 이 낙뢰의 확률을 줄이기 위하여 근처의 높은 부위에 피뢰침을 설치하고 낙뢰 시 전류를 다른 쪽으로 흐를 수 있도록 보호회로를 설치할 필요가 있다.

5) 부식에 의한 센서의 손상

부식에 의한 손상은 다른 원인에 비해 장기간 사용 후에 나타나게 되는데 계측센서는 광섬유센서를 제외하고는 대부분이 금속재질로 만들어 납땜에 의하여 구리로 된 도선으로 연결되거나, 금속이 아니더라도 전자의 이동을 위해 금속으로 된 전극을 형성하고 구리도선을 납땜하여 연결하는 구조로 되어 있다. 이와 같이 서로 다른 종류의 금속의 접합은 쉽게 부식이 되는 경향이 있으며, 특히 전해질 또는 수분이 있을 경우 전지를 형성하여 더 쉽게 부식이 된다.

댐 구조물 주변은 실내와 달리 주변에 수분이 많고 직사광선에 의해 온도차이가 심하며, 토양으로부터 각종 이온이 쉽게 수분에 용해될 수 있는 조건을 가지고 있어 다른 현장에 비해 부식되기 좋은 조건에 있다.

4.2 전기전자분야에서 계측센서의 장기적 내구연한 저하원인 및 개선방안

금속에서의 부식은 표면의 원자가 그 결정격자에서 이탈하여 환경성분과 화학반응하는 것이다. 그러므로 금속이 부식 하기 위해서는 결정격자에서 원자가 이탈하여야 하고 원자가 이탈되기 위해 그 결합력인 가전자를 먼저 탈출 시켜야 하는데 이 전자의 탈출의 구동력을 부여하기 위해서 전위차가 존재하게 된다. 따라서 부식이 일어나게 되면 전위차가 발생하고 이에 따라 전지가 형성되어 전류가 흐르게 되는데 이를 부식 전류라 한다. 부식은 항상 전지의 형성과 관계가 있으며, 특히 두 개 이상의 금속이 접촉되는 경우 쉽게 전지가 형성되어 부식이 촉진되게 된다. 부식의 진행속도는 전지의 형성 및 그 성능과 밀접한 관계가 있으며, 전지의 형성이 쉬운 환경이 될수록 부식의 속도가 빠르게 된다.

1) 농담전지(濃淡電池, Concentration cell)의 형성

철의 표면에 일단 녹이 형성이 되면 녹과 수분 그리고 공기 중 통기차에 의하여 농담전지가 형성이 된다. 따라서 처음에 녹이 슬 때까지는 어느 정도 시간이 필요하다가 일단 녹이 슬기 시작하면 부식이 가속되어 계측기기의 기능저하가 발생하게 된다. 이 통기차 전지는 많은 양의 수분이 존재하고 그 수분에 토양으로부터 용해된 전해질이 존재할 때는 더욱 가속화되어 수분의 하부에 있는 부분에서 철이 이온상태가 되어 용출이 되고 빠른 시간 내에 센서의 기능이 저하되게 된다. 이런 상황은 흙 속에 매립되어 있는 계측센서에서 쉽게 나타날 수 있는데 수분의 함량변화와 흙의 성분에 따른 전해질의 용출 등에 따라 통기차 전지의 기전력 발생의 변화가 생기고 금속으로 된 계측기기의 부식 속도가 영향을 받게 된다.

2) 간극부식 및 공식의 발생과 성장

철의 표면에는 보통 산화피막이 형성되어 있고 이 피막은 부식을 방지하는 역할을 한다. 그러나 산화피막의 개재물이나 석출물이 있는 부위에서 부식이 일어나기 시작하고 산화피막 밑의 작은 틈으로 부식되어 들어가기 시작하는데 이를 간극부식이라 한다. 이후 국부적으로 빠르게 부식이 진행이 되어 특정부분이 깊이 파이게 되는데 이를 공식이라고 한다. 이러한 공식은 할로겐이나 할로겐을 함유하는 음이온에 의해서 일어나는 것으로 알려져 있다. 이러한 공식이 일어나면 계측센서의 강성이 달라지고 변형의 양상이 달라져 측정치가 이상거동을 하게 된다.

3) 응력부식

금속에 응력이 존재하면 결정격자를 변형시켜서 원자가 가지고 있는 자유에너지를 크게 하므로 응력을 받고 있는 금속은 응력을 받고 있지 않은 금속보다 전위가 낮아진다. 따라서 응력을 받는 부위와 받지 않는 부위에서 전위차가 발생하고 이는 부식전지와 유사한 역할을 하여 부식을 촉진시킨다. 특히 진동현식 계측센서의 경우는 압축을 측정하기 위해 진동현에 프리스트레인을 가할 수밖에는 없는데 응력에 의한 부식이 발생할 수 있으므로 수명 예측시 이를 감안하여야 한다.

4. 결론

본 논문은 건설 계측센서의 내구연한 저하원인 및 개선방안에 관한 연구로 도심지 지하철 흙막이공사 및 터널공사와 하천 및 댐 구조물 등의 건설분야에서 계측센서의 내구연한 저하원인 및 개선방안을 검토하였으며, 건설분야 계측센서의 내구연한 저하원인에 대해 전기전자분야에서 계측센서의 단기적 및 장기적인 내구연한 저하원인 및 개선방안을 검토하여 제시한 연구결과는 다음과 같다.

1) 내구연한은 내용연수와 거의 같은 개념이며, 토목용어사전을 중심으로 건설 계측센서의 내구연한을 정의하면 구조물에 설치된 계측센서가 본래의 기능을 유지할 수 있는 기간으로 정의할 수 있으며, 실험용으로 실내에 설치되거나, 설치되지 않고 제품으로서의 계측센서 내구연한과는 차이가 많을 것으로 판단된다.
2) 발주기관별 건설 계측센서의 내구연한 기준을 분석한 결과 계측센서를 포함한 계측시스템의 내구연한은 최소 3년 이상으로 하며, 이 기간을 최종 설치 준공일로부터 가산하면 장기 계속공사인 경우 차수별 공사 준공기간이 약 2~4년이 소요되므로 최종 내구연한은 5~7년 정도는 되어야 할 것으로 판단된다.
3) 하자담보책임기간동안 필요한 예비품과 고장수리부품, 소모품, 고장수리비용은 계측시스템 설치자 부담으로 하며, 이 기간 중 수리가 불가능한 물품의 경우 유지관리기관의 승인을 얻어 동등이상의 제품으로 교체하여야 한다.
4) 건설분야에서 계측센서의 내구연한 저하원인과 관련된 설문조사 내용 중 건설 계측센서 초기 인수 시 검정실시 여부, 건설 계측센서에 대한 검정 주기, 건설 계측센서에 대한 검정 수행기관, 건설 계측센서 검·교정 대행기관에 대한 분석결과를 바탕으로

개선방안으로 계측센서 선정 시, 승인 및 검수, 검사 및 시험, 검정 및 교정, 계측업체의 개선 등의 방안을 상세히 제시하였다.

5) 전기전자분야에서 건설 계측센서의 단기적인 내구연한 저하원인 및 개선방안은 설치 중 취급부주의, 센서패키지 및 실링불량, 응력집중부위 단선, 낙뢰에 의한 손상, 부식에 의한 센서의 손상을 제시하였으며, 장기적인 내구연한 저하원인 및 개선방안은 농담전지의 형성, 간극부식 및 공식의 발생과 성장, 응력부식을 상세히 제시하였다.

참고문헌

1. Korea Water Resources Corporation (2006), A study on the improvement of instrumentation programs for fill dams, pp. 245-252.
2. Korea Water Resources Corporation(KWRC) and Kim, K. S. (2008), Improving the durability and training methods of dam instrumentation, pp. 25-40.
3. Nam, S. S. (2000), "Case studies on the damage ratio of monitoring sensor", Proceedings of the Korean Geotechnical Society Spring Conference at Information Technical Committee, Vol. 1, No. 1, pp. 5-10.
4. Seoul Metropolitan Infrastructure Headquarters (2015), Improvement plan of Seoul subway monitoring management, pp. 70-80.
5. Seoul Metropolitan Rapid Transit Corporation (2002), Seoul subway maintenance monitoring, pp. 234-236.
6. Woo, J. T., Lee, R. C. (2008), Construction monitoring engineering, Goomi Publishing Co., pp. 15-25.
7. Woo, J. T. (2010), "A study of the present state analysis and development plans about construction monitoring and monitoring industry", Journal of Korean Society of Civil Engineers, Vol. 30, No. 2D, pp.163-169.
8. Woo, J. T., Lee, K. I. (2012), "A study on establishment of measurement and analysis frequency of maintenance monitoring in tunnel", Journal of Korean Tunnelling and Underground Space Association, Vol. 14, No. 2, pp. 117-129.
9. Woo, J. T. (2013), "A study on estimation of the total loss and damage ratio of maintenance monitoring sensor of subway tunnel", Journal of Korean Tunnelling and Underground Space Association, Vol. 15, No. 1, pp. 25-31.
10. Woo, J. T. (2017), "A study on behavior of the earth retaining structure by field measurement and numerical analysis", Journal of Korea Society of Disaster Information, Vol. 13, No. 3, pp. 286-295.
11. Woo, J. T. (2018a), "A study on the regulation of durability standard of underground structures monitoring sensors ", Journal of Korean Tunnelling and Underground Space Association, Vol. 20, No. 1, pp. 73-81.
12. Woo, J. T. (2018b), "A study on the loss and damage ratio of railroad tunnel maintenance monitoring sensor", Journal of Korea Society of Disaster Information, Vol. 14, No. 3, pp. 262-270.

3.1.2.7 터널 유지관리계측의 응력 관리기준치 설정

본 논문은 "터널 유지관리계측의 응력 관리기준치 설정에 관한 연구"(우종태, 한국터널지하공간 학회 논문집, Vol.17, No.1, 2015.1.31., pp25~32)를 재편집하여 기술한 내용이다.

터널 유지관리계측의 응력 관리기준치 설정에 관한 연구

A study on configuration the stress limit values of management monitoring in tunnel

ABSTRACT

In this study, it analyzed a monitoring data, based on the initial limit values of monitoring in subway, of concrete lining stress, reinforcement stress obtained from 7 sections of the Seoul metropolitan subway No 6,7,9 lines about 5 years. Also, it set up the limit values of management monitoring applying management monitoring in tunnel through comparison the limit values of overseas management monitoring data. And, result from comparison between the limit values of overseas management monitoring and of domestic management monitoring show that the safety phase is 60% of allowable stress, the attention phase is 80% of allowable stress and the precision analysis phase is 100% of allowable stress. Also, presented a method of management monitoring by the absolute value applying easily in practical affairs.

Keywords: Management monitoring in tunnel, stress limit values, concrete lining stress, concrete lining reinforcement stress

요약

본 논문은 향후 터널에 적용할 유지관리계측의 응력 관리기준치 설정에 대한 연구로 계측 초기에 설정된 지하철계측 초기 관리기준치를 토대로 서울지하철 6,7,9호선 7개 대표단면의 콘크리트라이닝 응력, 콘크리트라이닝 철근응력, 콘크리트라이닝 내공변위에 대하여 약 5년에 걸친 계측 실적을 분석하고, 국외 계측관리기준을 비교하여 향후 터널 유지관리계측에 적용할 응력 계측관리기준치를 설정하였다. 연구결과 향후에 터널에 적용할 유지관리계측의 응력 관리기준치는 국내적용 계측관리기준치와 국외적용 계측관리기준치 분석결과를 비교하여 안전단계는 허용응력의 60%, 주의단계는 허용응력의 80%, 정밀분석단계는 허용응력의 100%로 실무에서 쉽게 적용할 수 있는 절대치에 의한 계측관리방법을 제안하였다.

주요어 터널 유지관리계측, 응력 관리기준치, 콘크리트라이닝 응력, 콘크리트라이닝 철근응력

1. 서론

최근 들어 건설계측기술은 IT산업 및 정보통신기술의 급격한 발달로 거의 모든 건설현장에서 적용이 일반화 되고 있다. 또한 사회기반시설의 효율적인 안전감시 및 유지관리를 위해 지하철, 도시철도, 일반 및 고속철도, 도로, 전력구, 통신구, 공동구 등의 터널구조물에 유지관리 계측시스템의 도입과 적용이 증가되고 있다((Lee et. al., 2000 ; Woo, 2009).

일반적으로 건설공사에서의 계측은 공사계측과 유지관리계측으로 구분하고 있다. 공사계측은 주로 설계의 불확정성 요소 등을 보완하고 설계의 타당성을 규명함으로써 시공의 안전성을 확인하고 경제성을 확보할 목적으로 수행된다.

유지관리계측은 공사계측 단계에서 계측치가 대부분 수렴된 상태를 확인하고, 목적물인 철근 콘크리트 구조물이 시공되므로 이미 완공된 구조물에 대하여 공용 중에 지속적으로 구조물의 안전성 확인과 최적의 유지관리가 되도록 객관적이고 연속적인 공학적 판단자료를 제공하여 효율적이고 경제적인 구조물 유지관리에 기여하는 것을 목적으로 수행되고 있다(Woo, 2013 ; 2014).

본 논문에서는 향후 터널에 적용할 유지관리계측의 응력 관리기준치 설정에 대한 연구로 계측 초기에 설정된 지하철계측 관리기준치를 토대로 서울지하철 6,7,9호선의 7개 대표단면의 콘크리트라이닝 응력, 콘크리트라이닝 철근응력, 콘크리트라이닝 내공변위에 대하여 약 5년에 걸친 계측 실적을 분석한 결과와 국외에서 시행된 계측결과를 종합적으로 분석하여 향후에 적용할 터널 유지관리계측의 응력 관리기준치 설정에 대한 연구로 터널 유지관리계측 기술발전에 기여하고자 한다.

2. 국내 터널 유지관리계측의 응력 관리기준치

2.1 응력 관리기준치 설정 일반사항

터널의 유지관리계측 관리기준치는 지반의 거동상태, 인접구조물의 안전한계 및 지반의 역학적인 조건에 의하여 결정되므로 기준적인 수치를 명확히 제시하기 어려우며, 따라서 현장여건을 고려하여 결정하여야 한다(Woo et. al., 2012).

응력계측기인 경우 계측기 설치 시점의 하중상태를 고려한 구조해석 및 실내시험을 수행하여 초기치를 산정하고, 이를 근거로 한 합리적인 관리기준치 설정이 필요하다. 부재의 응력 산출을 위한 변형률계의 경우에는 초기치 확인 후 관리기준치를 설정하며, 초기치 설정방법을 구체적으로 제시하여야 한다. 따라서 터널 유지관리계측의 응력 관리기준치를 설정할 경우 실내시험, 이론 및 수치해석, 초기 시공실적 및 유사한 조건을 갖는 터널의 계측결과 결과 등을 종합적으로 고려해야 한다.

2.2 응력 관리기준치 설정방법

터널 유지관리계측의 응력 관리기준치 설정방법으로는 완공 전에 설정된 관리기준치와 현장계측치를 비교 검토하여 그 시점에서의 안전성을 확인하는 방법으로 이 방법의 장점은 계측결과에 대해서 즉시 대응할 수 있다는 점에서 일반적인 안전관리 방법으로 사용되고 있으며, 단점으로는 설계치에 대한 관리기준의 결정방법과 현장 계측치가 관리기준치를 초과했을 때의 대응방법이다(Woo et. al., 2008a). 또 하나의 절대치 관리방법은 안전율의 개념을 도입한 것으로 사전에 각 계측 항목별로 안전율을 설정하고, 설계시에 사용한 추정치 및 계측 결과치의 비와 안전율을 비교하여 안전성을 예측하는 방법이다. 절대치에 의한 관리방법은 계측결과에 신속하게 대처할 수 있어 현장에서 안전관리를 위해 많이 사용되고 있으며, 경험이 적은 기술자라도 안전성 판단이 어느 정도 가능하다는 장점이 있다(Woo et. al., 2008b).

서울지하철 2기1단계 5,7,8호선 유지관리계측에 1997년부터 적용하고 있는 절대치에 의한 관리기준은 표 2.1과 같으며, 2000년 서울지하철 2기2단계 6,7호선 유지관리계측 매립식 계측기 초기치 3회 측정결과를 유지관리 통합운영 프로그램에 적용시키기 위해 각 계측기에 대한 분석업무를 수행하여 관리자가 상황실 컴퓨터에 실시간으로 입력된 계측값을 모니터링하는 과정에서 이상현상이 발생시 이에 대한 대응 할 수 있도록 한 각 계측기별 관리운용지침은 표 2.2와 같다.

표 2.1 Limit values of Management monitoring on Seoul subway 2nd 1-Step 5,7,8 line

Item	Limit values of management monitoring
Concrete lining stress	• allowable bending compressive stress = 6.7Mpa ($0.4f_{ck} \times 80\% = 0.4 \times 21 \times 0.8$) • bending tensile stress = 2.9Mpa ($0.63\sqrt{f_{ck}} = 0.63 \times \sqrt{21}$)
Concrete lining reinforcement stress	• allowable stress=120Mpa ($0.5f_y \times 80\% = 0.5 \times 300 \times 0.8$)

표 2.2 Management operating guidelines of Management monitoring on Seoul subway 2nd 2-Step 6,7 line

표 2.2(a) Concrete lining stress

Management criteria	Safety judgment	Countermeasures
0~15% changed for limit value + allowable stress	Safety	–
15~30% changed for limit value + allowable stress	Caution	administrator should be carefully observed and checking the measurement monitering in related site.
over 30% changed for limit value + allowable stress	Precision analysis	administrator should be require a qualified technician to precisely analyze corresponding cross-section

표 2.2(b) Concrete lining reinforcement stress

Management criteria	Safety judgment	Countermeasures
0~15% changed for limit value + allowable stress	Safety	–
15~30% changed for limit value + allowable stress	Caution	administrator should be carefully observed and checking the measurement monitering in related site.
over 30% changed for limit value + allowable stress	Precision analysis	administrator should be require a qualified technician to precisely analyze corresponding cross-section

2.3 국내 터널 유지관리계측의 응력 관리기준치 검토

서울지하철 6,7,9호선 터널 유지관리계측 초기에 설정된 관리기준치인 표 2.1을 토대로 5년에 걸친 계측 실적을 분석하여 향후에 적용할 터널 유지관리계측의 응력 관리기준치 설정을 위해 계측항목별로 구분하여 분석한 내용은 다음과 같다.

2.3.1 콘크리트라이닝 응력 관리기준치 검토

서울지하철 6,7,9호선 7개 단면의 콘크리트라이닝 휨압축응력의 수렴치와 관리기준치 분석결과는 표 2.3과 같고, 서울지하철 7,9호선 3개 단면의 콘크리트라이닝 휨인장응력의 수렴치와 관리기준치 분석결과는 표 2.4와 같다.

콘크리트 휨인장강도인 파괴계수(fr=0.63√fck)는 콘크리트의 균열발생응력이며, 콘크리트가 받을 수 있는 최대인장응력을 의미하고, 압축강도의 10~15%의 크기이다(Shim, 2012).

콘크리트라이닝의 설계기준강도 fck=21MPa인 경우 휨인장강도는 fr=0.63√fck= 0.63 √21=2.9MPa이며, 압축강도 21MPa×(0.1~0.15)=2.10~3.15MPa로 평균값 2.63MPa와 큰 차이는 없다. 무근콘크리트의 확대기초와 벽체에서 허용휨인장응력 fta=0.13√fck=0.13√21=0.60MPa로 휨인장강도 fr=0.63√21= 2.9MPa의 21%로 작은값을 나타내고 있다.

표 2.3 Analysis result of bending compressive stress of concrete lining measured in the average value and limit values (unit: MPa)

Monitering section location		North bound lane			South bound lane			Concrete lining bending compressive stress
		Left	Crown	Right	Left	Crown	Right	
6-05 construction section (single track tunnel)	15K250	0.59	1.55	1.66	0.00	3.51	0.00	fca=0.4fck=0.4×21=8.4 Wall max ave=2.37=0.28fca Crown max ave.=2.36 =0.28fca
	15K485	4.15	0.45	1.32	0.00	1.22	1.38	
6-05 construction section average		2.37	1.00	1.48	0.00	2.36	0.69	
7-24 construction section (2-arch station tunnel)	41K400	0.84	0.12	-	-	2..57	1.28	fca=0.4fck=0.4×21=8.4 Wall max ave.=1.77=0.21fca Crown max ave.=3.08=0.37fca
	42K230	1.23	1.66	-	-	3.08	1.16	
	42K250	1.97	0.76	-	-	3.61	2.86	
7-24 construction section average		1.35	0.85	-	-	3.08	1.77	
9-03 construction section (double track tunnel)	5K100	-	2.84	2.78	3.50	4.32	-	fca=0.4fck=0.4×24=9.6 Wall max ave.=4.07=0.42fca Crown max ave.=4.91=0.51fca
	5K300	-	3.61	3.57	4.64	5.49	-	
9-03 construction section average		-	3.23	3.27	4.07	4.91	-	
Total average		1.86	1.69	2.38	2.04	3.45	1.23	-

- Concrete lining bending compressive stress measurement max average value =(0.28+0.37+0.51)fca÷3=0.39fca (application on limit value)
- Calculated the limit value appling concrete lining bending compressive stress guidelines
  1) Safety : 15% for limit value+allowable stress, 0.15fca+0.39fca=0.54fca
  2) Caution : 30% for limit value+allowable stress, 0.30fca+0.39fca=0.69fca
  3) Precision analysis : over 30% for limit value+allowable stress, 0.30fca+0.39fca=Over 0.69fca

표 2.4 Analysis result of bending tensile stress of concrete lining measured in the average value and limit values (unit: MPa)

Monitering section location		North bound lane	South bound lane	Concrete lining bending tensile stress
		Crown	Side	
7-24 construction section (2-arch station tunnel)	41K400	1.44	1.27	fr=0.63√fck=0.63√21 =2.89 Crown max ave.=1.44= 0.50fr
7-24 construction section average		1.44	1.27	
9-03 construction section (double track tunnel)	5K100	0.68	1.19	fr=0.63√fck=0.63√24=3.09 Side max ave=1.13=0.37fr
	5K300	0.60	1.07	
9-03 construction section average		0.64	1.13	
Total average		1.04	1.20	-

- Concrete lining bending tensile stress measurement max average value : =(0.50+0.37)fr÷2=0.44fr (application on limit value)
- Calculated the limit value appling concrete lining bending tensile stress guidelines
  1) Safety : 15% for limit value+allowable stress, 0.15fr+0.44fr=0.59fr
  2) Caution : 35% for limit value+allowable stress, 0.30fr+0.44fr=0.74fr
  3) Precision analysis : over 30% for limit value+allowable stress, 0.30fr+0.44fr=Over 0.74fr

2.3.2 콘크리트라이닝 철근응력 관리기준치 검토

서울지하철 6,9호선 4개 단면의 콘크리트라이닝 철근응력의 수렴치와 관리기준치 분석 결과는 표 2.5와 같다.

표 2.5 Analysis result of reinforcement stress of concrete lining measured in the average value and limit values (unit: MPa)

Monitering section location		North bound lane			South bound lane			Reinforcement stress of concrete lining
		Left	Crown	Rght	Left	Crown	Right	
6-05 construction section (single line parallel tunnel)	15K250	-	-	83.82	26.10	-15.66	22.44	fsa=0.5fy=0.5×300=150 Wall max ave=46.45=0.31fy Crown max ave.=25.20=0.17fy
	15K485	10.70	-25.20	9.07	15.96	-10.59	30.10	
6-05 construction section average		10.70	-25.20	46.45	21.03	-13.13	26.27	
9-03 construction section (double track tunnel)	5K100	-	36.02	67.26	28.81	13.19	-	fsa=0.5fy=0.5×300=150 Wall max ave=66.80=0.45fy Crown max ave.=50.50=0.34fy
	5K300	-	64.98	66.34	38.28	17.64	-	
9-03 construction section average		-	50.50	66.80	33.55	15.37	-	
Total average		10.70	37.85	56.63	27.29	14.25	26.27	-

(Remark : (-) tensile stress, compressive and tensile stress is equal)

- Reinforcement stress of concrete lining measured in the max average value :

=(0.31+0.45)fy÷2=0.38fy (application on limit value)

- Calculated the limit value appling concrete reinforcement stress guidelines (SD300 limit value)
  1) Safety : 15% for limit value+allowable stress, 0.15fy+0.38fy=0.53fy
  2) Caution : 30% for limit value+allowable stress, 0.30fy+0.38fy=0.68fy
  3) Precision analysis : over 30% for limit value+allowable stress, 0.30fy+0.38fy=Over 0.68fy
  4) Allowable stresses are as follows by steel type
     SD300 : fy=300MPa, fsa=0.50fy=150MPa
     SD350 : fy=350MPa, fsa=0.50fy=175MPa
     SD400 : fy=400MPa, fsa=0.45fy=180MPa

2.3.3 터널 유지관리계측의 응력 관리기준치 분석결과

앞에서 검토된 콘크리트라이닝 응력 및 철근응력의 계측 관리기준치 분석결과를 종합하면 표 2.6과 같다.

표 2.6 Result of limit values on management monitoring

Item	Limit values of monitoring management			Remark
	Safety	Caution	Precision analysis	
Concrete lining bending compressive stress	0.54fca	0.69fca	over 0.69fca	• allowable bending compressive stress (fca=0.4fck)
Concrete lining bending tensile stress	0.59fr	0.74fr	over 0.74fr	• bending tensile stress (coefficient of rupture) ($fr=0.63\sqrt{fck}$)
Reinforcement stress of concrete lining	0.53fsa	0.68fsa	over 0.68fsa	• allowable stress (fsa=0.5fy)
Total average	0.55	0.70	over 0.70	-

2.3.4 흙막이 공사의 계측 관리기준치

안전율 개념을 이용한 국내 건설현장에서 흙막이 공사의 벽체 응력 및 버팀보 축력 계측 관리기준치는 표 2.7과 같다(Lee et. al., 2003).

표 2.7 Limit values of monitoring management on the construction of retaining earth

Item	Criteria	Decision method			
		Limit values of monitoring management(safety factor)	Danger	Caution	Safety
Wall stress	compressive and tensile stresses	$F=\frac{\text{allowable tensile(compressive) stress}}{\text{measurement by tensile(compressive) stress}}$	F<0.8	0.8≤F≤1.2	F>1.2
	bending stress and allowable shear stress	$F=\frac{\text{allowable bending(shear) stress}}{\text{measurement by bending(shear) stress}}$	F<0.8	0.8≤F≤1.2	F>1.2
Strut axial force	allowable axial force of brace	$F=\frac{\text{allowable axial force of bracing}}{\text{measurement by bending(shear) stress}}$	F<0.8	0.8≤F≤1.2	F>1.2

3. 국외 터널 유지관리계측의 응력 관리기준치 분석

1) Channel tunnel (Euro tunnel)

Channel tunnel은 총연장 50.45km, 해저깊이 평균 45m, 횡단시간 35분, 단면크기는 주 터널 직경 7.6m, 서비스 터널 직경 4.8m, 세그먼트 콘크리트라이닝의 설계기준강도는 28MPa, 건설기간은 1987년에서 1994년까지 7년이 소요되었다(Moore. D.R, Crease, 1996).

Channel tunnel 7개 단면의 세그먼트 콘크리트라이닝 휨압축응력의 수렴치를 허용휨압축응력과 비교한 결과는 표 3.1과 같고, 천정부 평균은 0.41fca, 인버트부 평균은 0.75fca, 전체 평균은 0.58fca로 나타났다(Curtis.D.J, Spaul.J.A, 1996 ; Eurotunnel, Transmanche-Link, 1991).

천정부 평균 0.41fca는 서울지하철 6,7,9호선 7개 단면의 콘크리트라이닝 휨압축응력의 수렴치와 관리기준치 분석결과인 표 2.3의 0.39fca와 유사하게 나타났다.

또한 Channel tunnel의 전체 평균은 $0.58f_{ca}$는 표 2.3의 안전단계 $0.54f_{ca}$와 유사한 값을 보여 콘크리트라이닝은 안전한 상태로 판단할 수 있다.

표 3.1 Analysis result of bending compressive stress of precast concrete lining measured in the average value and limit values (unit: MPa)

Monitering section location/convergence date		Crown			Invert axis			Remark
		Data	fca	Ratio(%)	Data	fca	Ratio(%)	
1	08.05.1993	3.8	11.2	33.9	7.6	11.2	67.9	• precast concrete lining fca=0.4fck=0.4×28=11.2MPa • Crown max ave.=4.6MPa =0.41fca • Invert max ave.=8.4MPa =0.75fca • Total max ave. =(0.41+0.75)fca÷2 =0.58fca
2	08.05.1993	3.8	11.2	33.9	5.9	11.2	52.7	
3	08.05.1993	3.7	11.2	33.0	8.4	11.2	75.0	
4	08.05.1993	4.5	11.2	40.2	8.0	11.2	71.4	
5	08.05.1993	3.7	11.2	33.0	6.6	11.2	58.9	
13	05.05.1993	6.1	11.2	54.5	10.9	11.2	97.3	
14	05.05.1993	6.7	11.2	59.8	11.2	11.2	100.0	
Total average		4.6	11.2	41.1	8.4	11.2	75.0	

4. 향후 터널 유지관리계측의 응력 관리기준치

앞에서 검토한 국내적용 계측관리 기준치와 국외적용 계측관리 기준치 분석결과를 비교하여 안전단계는 허용응력의 60%, 주의단계는 허용응력의 80%, 정밀분석단계는 허용응력의 100%로 향후에 적용할 유지관리계측의 응력 관리기준치를 설정하면 표 4.1과 같다.

위의 계측관리 기준치 적용시 각각의 계측항목 뿐만 아니라 전체 항목의 변화추이와 상관관계, 그리고 터널의 변상여부 등을 종합적으로 고려하여 터널의 안전성 여부를 판정하여야 할 것으로 판단된다.

표 4.1 Limit value of future applied management monitoring

Item	Limit value of future applied management monitoring			Remark
	Safety	Caution	Precision analysis	
Concrete lining bending compressive stress	$0.60\times f_{ca}$	$0.80\times f_{ca}$	$1.0\times f_{ca}$	allowable bending compressive stress $f_{ca} = 0.4\times f_{ck}$
Concrete lining bending Tensile stress	$0.6\times f_r$	$0.80\times f_r$	$1.0\times f_r$	bending tensile stress (coefficient of rupture) $f_r=0.63\sqrt{fck}$
Reinforcement stress of concrete lining	$0.60\times f_{sa}$	$0.80\times f_{sa}$	$1.0\times f_{sa}$	allowable stress f_{sa} $f_{sa}=0.5\times f_y$

5. 결 론

본 논문은 서울지하철 5,6,7호선 유지관리계측 초기에 설정된 계측관리기준치를 토대로 서울지하철 6,7,9호선 7개 대표단면의 콘크리트 라이닝응력, 콘크리트 라이닝 철근응력에 대하여 5년에 걸친 계측 실적을 분석하고, 국외 계측관리기준을 비교하여 향후 터널 유지관리계측의 응력 관리기준치를 설정하였으며, 연구결과는 다음과 같다.

1. 계측관리 기준치 설정방법에서 절대치에 의한 관리방법은 안전율의 개념을 도입한 것으로 사전에 각 계측 항목별로 안전율을 설정하고, 설계시에 사용한 추정치 및 계측결과치의 비와 안전율을 비교하여 안전성을 예측하는 방법으로 계측결과에 신속하게 대처할 수 있어 현장에서 안전관리를 위해 많이 사용되고 있어 향후 터널 유지관리계측의 응력 관리기준치를 절대치에 의한 관리방법으로 설정하였다.
2. 서울지하철 6,7,9호선 7개 대표단면의 콘크리트라이닝 응력과 콘크리트라이닝 철근응력에 대하여 최근 약 5년에 걸친 유지관리 계측항목의 계측 관리기준치 분석결과를 종합하면 다음과 같다.

Item	Limit values of monitoring management			Remark
	Safety	Caution	Precision analysis	
Concrete lining bending compressive stress	0.54fca	0.69fca	over 0.69fca	• allowable bending compressive stress (fca=0.4fck)
Concrete lining bending tensile stress	0.59fr	0.74fr	over 0.74fr	• bending tensile stress (coefficient of rupture) (fr=0.63√fck)
Reinforcement stress of concrete lining	0.53fsa	0.68fsa	over 0.68fsa	• allowable stress (fsa=0.5fy)
Total average	0.55	0.70	over 0.70	-

3. Channel tunnel 7개 단면의 세그먼트 콘크리트라이닝 휨압축응력의 수렴치를 허용휨압축응력과 비교한 결과 천정부 평균은 0.41fca, 인버트부 평균은 0.75fca, 전체평균은 0.58fca로 나타났으며, 천정부 평균 0.41fca는 서울지하철 6,7,9호선 7개 단면의 콘크리트라이닝 휨압축응력의 수렴치와 관리기준치 분석결과인 0.39fca와 유사하게 나타났다.
4. 향후 적용할 유지관리계측의 응력 관리기준치는 국내적용 계측관리 기준치와 국외적

용 계측관리 기준치 분석결과를 비교하여 안전단계는 허용응력의 60%, 주의단계는 허용응력의 80%, 정밀분석단계는 허용응력의 100%로 절대치에 의한 계측관리방법을 도입하였으며, 계측관리 기준치 적용시 각각의 계측항목 뿐만 아니라 전체 항목의 변화추이와 상관관계, 그리고 터널의 변상여부 등을 종합적으로 고려하여 터널의 안전성 여부를 판정하여야 할 것이다.

참고문헌

1. Curtis. D.J, Spaul. J.A. (1996), “Monitoring of the UK tunnel lining, engineering geology of the channel tunnel”, pp. 277~286
2. Eurotunnel, Transmanche-Link. (1991), “Monitoring of tunnel lining second annual report”, Gage technique limited.
3. Lee, D.H., Han, I.Y., Kim, G.S., Jin, S.W. (2000), "Case studies on applications of convergence measurement system at the stages of tunnel construction and maintenance", Journal of Korean Tunnelling and Underground Space Association, Vol.2, No.3, pp. 59-69.
4. Lee, S., Woo, J.T. (2003), "Design and construction of retaining earth structure", Yeamoonsa, pp. 292-295.
5. Moore. D.R & A. Crease (1996), "Tunnel Instrumentation, Engineering Geology of the Channel Tunnel", pp. 287~294.
6. Shim, J.S. (2012), “Reinforced concrete structural design", Goomi Publishing Co., pp. 29~32.
7. Woo, J.T., Lee, R.C. (2008a), "Construction monitoring engineering", Goomi Publishing Co., pp. 760-763.
8. Woo, J.T., Lee, R.C. (2008b), "Construction monitoring engineering", Goomi Publishing Co.,
9. Woo, J.T. (2009), "A study on comparison of a ground water influx quantity in Seoul subway tunnel", Journal of Korean Tunnelling and Underground Space Association, Vol.11, No.4, pp. 353-359.
10. Woo, J.T., Lee, K.I. (2012), "A study on establishment of measurement and analysis frequency of maintenance monitoring in tunnel", Journal of Korean Tunnelling and Underground Space Association, Vol.14, No.2, pp. 117-129.
11. Woo, J.T. (2013), "A study on estimation of the total loss and damage ratio of maintenance monitoring sensor of subway tunnel", Journal of Korean Tunnelling and Underground Space Association, Vol. 15, No.1, pp. 25-31.
12. Woo, J.T. (2014), "A study on the estimation of the optimal number of monitoring points in single-track tunnel lining with the inverse analysis program", Journal of Korean Tunnelling and Underground Space Association, Vol. 16, No.1, pp. 1-11.

3.1.2.8 터널 유지관리계측의 압력 관리기준치 설정

본 논문은 "터널 유지관리계측의 압력 관리기준치 설정에 관한 연구"(우종태, 한국터널지하공간 학회 논문집, Vol.18, No.1, 2016.1.31., pp53~60)를 재편집하여 기술한 내용이다.

터널 유지관리계측의 압력 관리기준치 설정에 관한 연구

A study on the establishment of pressure limit values of management monitoring in tunnel

ABSTRACT

This study analyzed a monitoring data, based on the initial limit values of monitoring in subway, of earth pressure and pore water pressure. The data is obtained from 8 sections of the Seoul metropolitan subway line No 6, 7 and 9 in about 5 years. Also, a research is performed to set up the limit values of management monitoring, which will be applied to management monitoring in tunnel, through comparing the limit values of overseas management monitoring data and that of domestic management monitoring data. And the result obtained from comparison show that the safety phase is 60% of allowable pressure, the attention phase is 80% of allowable pressure and the precision analysis phase is 100% of allowable pressure. Also, we presented a method of management monitoring by the absolute value which can be easily applied easily in practical affairs.

Keywords: Management monitoring in tunnel, Pressure limit values, Earth pressure, Pore water pressure

요약

본 논문은 터널 유지관리계측의 압력 관리기준치 설정에 대한 연구로 계측 초기에 설정된 지하철계측 초기 관리기준치를 토대로 서울지하철 6,7,9호선 8개 대표단면의 터널 콘크리트라이닝의 토압과 간극수압에 대하여 약 5년에 걸친 계측 실적을 분석하고, 국외 계측관리기준을 비교하여 향후 터널 유지관리계측에 적용할 압력 계측관리기준치 설정에 대한 연구를 수행하였다. 연구결과 향후에 터널에 적용할 유지관리계측의 압력 관리기준치는 국내적용 계측관리기준치와 국외적용 계측관리기준치 분석결과를 비교하여 안전단계는 허용압력의 60%, 주의단계는 허용압력의 80%, 정밀분석단계는 허용압력의 100%로 실무에서 쉽게 적용할 수 있는 절대치에 의한 계측관리방법을 제안하였다.

주요어: 터널 유지관리계측, 압력 관리기준치, 토압, 간극수압

1. 서 론

최근 들어 건설계측기술은 IT산업 및 정보통신기술의 급격한 발달로 거의 모든 건설현장에서 적용이 일반화 되고 있다. 또한 사회기반시설의 효율적인 안전감시 및 유지관리를 위해 지하철, 도시철도, 일반 및 고속철도, 도로, 전력구, 통신구, 공동구 등의 터널구조물에 유지관리 계측시스템의 도입과 적용이 증가되고 있다((Lee et. al., 2000 ; Woo, 2009).

일반적으로 건설공사에서의 계측은 공사계측과 유지관리계측으로 구분하고 있다. 공사계측은 주로 설계의 불확정성 요소 등을 보완하고 설계의 타당성을 규명함으로써 시공의 안전성을 확인하고 경제성을 확보할 목적으로 수행된다.

유지관리계측은 공사계측 단계에서 계측치가 대부분 수렴된 상태를 확인하고, 목적물인 철근 콘크리트 구조물이 시공되므로 이미 완공된 구조물에 대하여 공용 중에 지속적으로 구조물의 안전성 확인과 최적의 유지관리가 되도록 객관적이고 연속적인 공학적 판단자료를 제공하여 효율적이고 경제적인 구조물 유지관리에 기여하는 것을 목적으로 수행되고 있다(Woo, 2013 ; 2014).

본 논문에서는 NATM터널에 적용할 유지관리계측의 압력 관리기준치 설정에 대한 연구로 계측 초기에 설정된 지하철 계측관리기준치를 토대로 유지관리계측이 체계적으로 수행된 서울지하철 6,7,9호선의 8개 대표단면의 콘크리트라이닝의 토압과 간극수압에 대하여 약 5년에 걸친 계측 실적을 분석한 결과와 국외에서 시행된 계측결과를 종합적으로 분석하여 향후에 적용할 터널 유지관리계측의 압력 관리기준치 설정에 대한 연구로 터널 유지관리계측 기술발전에 기여하고자 한다.

2. 국내 터널 유지관리계측의 압력 관리기준치

2.1 압력 관리기준치 설정 일반사항

터널의 유지관리계측 관리기준치는 지반의 거동상태, 인접구조물의 안전한계 및 지반의 역학적인 조건에 의하여 결정되므로 기준적인 수치를 명확히 제시하기 어려우며, 따라서 현장여건을 고려하여 결정하여야 한다(Woo and Lee, 2012).

압력계측기인 경우 계측기 설치 시점의 하중상태를 고려한 구조해석 및 실내시험을 수행하여 초기치를 산정하고, 이를 근거로 한 관리기준치 설정이 필요하다. 각종 토압계,

간극수압계, 지하수위계, 변위계 등의 경우에는 초기치 확인후 관리기준치를 설정하며, 초기치 설정방법을 구체적으로 제시하여야 한다. 따라서 터널 유지관리계측의 압력 관리기준치를 설정할 경우 실내시험, 이론 및 수치해석, 초기 시공실적 및 유사한 조건을 갖는 터널의 계측결과 등을 종합적으로 고려해서 설정하여야 한다.

2.2 압력 관리기준치 설정방법

터널 유지관리계측의 압력 관리기준치 설정방법으로는 완공 전에 설정된 관리기준치와 현장계측치를 비교 검토하여 그 시점에서의 안전성을 확인하는 방법으로 이 방법의 장점은 계측결과에 대해서 즉시 대응할 수 있다는 점에서 일반적인 안전관리 방법으로 사용되고 있으며, 단점으로는 설계치에 대한 관리기준의 결정방법과 현장 계측치가 관리기준치를 초과했을 때의 대응방법이다(Woo and Lee, 2008a). 또 하나의 절대치 관리방법은 안전율의 개념을 도입한 것으로 사전에 각 계측 항목별로 안전율을 설정하고, 설계시에 사용한 추정치 및 계측 결과치의 비와 안전율을 비교하여 안전성을 예측하는 방법이다. 절대치에 의한 관리방법은 계측결과에 신속하게 대처할 수 있어 현장에서 안전관리를 위해 많이 사용되고 있으며, 경험이 적은 기술자라도 안전성 판단이 어느 정도 가능하다는 장점이 있다(Woo and Lee, 2008b).

서울지하철 2기1단계 5,7,8호선 NATM터널 유지관리계측에 1997년부터 적용하고 있는 절대치에 의한 관리기준은 표 1과 같으며, 2000년 서울지하철 2기 2단계 6,7호선 유지관리계측 매립식 계측기 초기치 3회 측정결과를 유지관리 통합운영 프로그램에 적용시키기 위해 각 계측기에 대한 분석업무를 수행하여 관리자가 상황실 컴퓨터에 실시간으로 입력된 계측값을 모니터링하는 과정에서 이상현상이 발생시 이에 대응 할 수 있도록 한 각 계측기별 관리운용지침은 표 2와 같으며 표 2.1은 토압, 표 2.2는 간극수압을 나타내고 있다.

표 1 Limit values of Management monitoring on Seoul subway 2nd 1-Step 5,7,8 line

Item	Limit values of management monitoring
Tunnel outside earth pressure	• earth pressure theoretically calculated in tunnel structure calculation is applicated in maintenance limit value
Tunnel outside pore water pressure	• water pressure theoretically calculated in tunnel structure calculation is applicated in maintenance limit value
Tunnel convergence	• optical fiber sensor and electricity-resistance sensor • allowable strain= 0.0016(0.16%) - 0.002(0.2%) is the maximum strain which is concrete behavior within the elastic range. so, it is applicate 0.002×80%
	• three dimensions lightwave measurement (vertical, convergence) • allowable displacement = ±4mm - Japan tokyo transportation maintenance limit value ±5mm. so, it is applicate ±5mm×80%

표 2 Management operating guidelines of Management monitoring on Seoul subway 2nd 2-Step 6,7 line

표 2.1 Tunnel outside earth pressure

Management criteria	Safety judgment	Counter measures
0~25% changed for limit value + applicable earth pressure on design	Safety	-
25~50% changed for limit value + applicable earth pressure on design	Caution	administrator should be carefully observed and checking the measurement monitering in related site.
over 50% changed for limit value + applicable earth pressure on design	Precision analysis	administrator should be require a qualified technician to precisely analyze corresponding cross-section

표 2.2 Tunnel outside pore water pressure

Management criteria	Safety judgment	Counter measures
0~50 KN/m^2 changed for limit value	Safety	-
50~100 KN/m^2 changed for limit value	Caution	administrator should be carefully observed and checking the measurement monitering in related site.
over 100 KN/m^2 changed for limit value	Precision analysis	administrator should be require a qualified technician to precisely analyze corresponding cross-section

2.3 국내 터널 유지관리계측의 압력 관리기준치 검토

서울지하철 5, 7, 8호선 터널 유지관리계측 초기에 설정된 관리기준치인 표 1을 토대로 5년에 걸친 계측 실적을 분석하여 향후에 적용할 터널 유지관리계측의 압력 관리기준치 설정에 대한 연구를 위해 계측항목별로 구분하여 분석한 내용은 다음과 같다.

2.3.1 토압 관리기준치 검토

서울지하철 6, 7, 9호선 8개 대표단면의 토압 측정 평균치와 관리기준치 분석결과는 표 3과 같으며, 작용 토압의 안전수준은 62%, 주의수준은 87%로 분석되었다.

표 3 Analysis result of tunnel outsid earth pressure measured in the average value and limit values (unit: kN/m^2)

Monitering section location		Designed earth pressure (KN/m^2)		Earth pressure average measurement value (kN/m^2)						Tunnel outside earth pressure
		Side	Crown	North bound lane			South bound lane			
				Left	Crown	Right	Left	Crown	Right	
6-05 construction section (single line parallel tunnel)	15K485	125.0	125	61	–	48.7	30.8	–	22.8	Designed earth pressure (d.e.p) –Wall=Crown=125kN/m^2 Wall max ave. =61=0.49d.e.p
	Average	125.0	125.0	61.0	–	48.7	30.8	–	22.8	
7-24 construction section (2-arch station double track tunnel)	41K400	160	–	(–3.5)	11	–	13.7	63.5	–	Designed earth pressure (d.e.p) – Wall=118.6, Crown=173.0 Wall max ave.=44.1 =0.37d.e.p Crown max ave.=26.5 =0.15d.e.p
	41K681 (double)	109	–	–	–	–	–	–	0.5	
	42K230	119	120	17	(–3.8)	–	25.6	12.7	–	
	42K250	120	230	39.5	0.0	–	93.0	3.4	–	
	42K435 (double)	85	169	–	6.3	–	–	–	–	
	Average	118.6	173.0	28.3	5.8	–	44.1	26.5	0.5	
9-03 construction section (double track tunnel)	5K100	122.2	55.9	–	23.0	50.0	17.0	12.0	–	Designed earth pressure (d.e.p) – Wall=122.2, Crown =55.9 Wall max ave.=58.0 =0.47d.e.p Crown max ave.=21.0 =0.38d.e.p
	5K300	122.2	55.9	–	11.0	66.0	(–97.0)	30.0	–	
	Average	122.2	55.9	–	12.0	58.0	17.0	21.0	–	
Total average		111.9	118.0	44.7	8.9	53.4	30.6	23.8	11.7	–

Precautions: ( ) is error value

- Tunnel outside earth pressure measurement max average value =(0.49+0.37+0.15+0.47+0.38)Designed earth pressure (d.e.p)÷5=0.37d.e.p (application on limit value)
- Calculated the limit value appling earth pressure guidelines

1) Safety : 25% changed for limit value + applicable earth pressure on design=(0.25+0.37)d.e.p=0.62d.e.p (designed earth pressure)
2) Caution : 50% changed for limit value + applicable earth pressure on design=(0.50+0.37)d.e.p =0.87d.e.p (designed earth pressure)
3) Precision analysis : over 50% changed for limit value + applicable earth pressure on design=(over 0.50+0.37)d.e.p =over 0.87d.e.p (designed earth pressure)

2.3.2 간극수압 관리기준치 검토

서울지하철 6,7,9호선 8개 대표단면의 간극수압 측정평균치와 관리기준치 분석결과는 표 4와 같으며, 작용 간극수압의 안전수준은 59%, 주의수준은 84%로 분석되었다.

한편, 표 2.2의 간극수압 관리운용지침은 기준치로부터 계측값 50~100 KN/m^{2}사이의 변화로 설정하는 것으로 터널의 위치가 토사인 경우와 암반인 경우, 그리고 터널굴착높이에 따른 변화가 크므로 실효성이 없는 것으로 판단되어 표 2.1 토압의 관리운용지침을 적용하여 분석하였다.

표 4 Analysis result of measured average tunnel outside pore water pressure measured in the average value and limit values (unit: kN/m^2)

<table>
<tr><th rowspan="3" colspan="2">Monitering section location</th><th rowspan="3">Designed pore water pressure</th><th colspan="6">Measured average pore water pressure</th><th rowspan="3">Tunnel outside pore water pressure</th></tr>
<tr><th colspan="3">North bound lane</th><th colspan="3">South bound lane</th></tr>
<tr><th>Left</th><th>Crown</th><th>Right</th><th>Left</th><th>Crown</th><th>Right</th></tr>
<tr><td rowspan="2">6-05 construction section (single line parallel tunnel)</td><td>15K485</td><td>28.0</td><td>10.0</td><td>-</td><td>3.1</td><td>(0.00)</td><td>-</td><td>6.4</td><td rowspan="2">Designed pore water pressure (d.p.w.p)
- Wall=Crown=28kN/m^2
Wall max ave.=10
= 0.36 d.p.w.p</td></tr>
<tr><td>Average</td><td>28.0</td><td>10.0</td><td>-</td><td>3.1</td><td>-</td><td>-</td><td>6.4</td></tr>
<tr><td rowspan="6">7-24 construction section (2-Arch station tunnel, double track tunnel)</td><td>41K400</td><td>27.0</td><td>11.5</td><td>(0.00)</td><td>-</td><td>(0.00)</td><td>(0.00)</td><td>-</td><td rowspan="6">Designed pore water pressure (d.p.w.p)
- Wall=Crown=27.6kN/m^2
Wall max ave.=17.7
=0.64 d.p.w.p
Crown max ave.=4.0
=0.15 d.p.w.p</td></tr>
<tr><td>41K681</td><td>27.0</td><td>-</td><td>-</td><td>-</td><td>-</td><td>0.1</td><td>-</td></tr>
<tr><td>42K230</td><td>28.0</td><td>(0.00)</td><td>(0.00)</td><td>-</td><td>17.7</td><td>4.4</td><td>-</td></tr>
<tr><td>42K250</td><td>28.0</td><td>(0.00)</td><td>2.7</td><td>-</td><td>-</td><td>0.7</td><td>-</td></tr>
<tr><td>42K435</td><td>28.0</td><td>1.9</td><td>5.3</td><td>-</td><td>-</td><td>-</td><td>-</td></tr>
<tr><td>Average</td><td>27.6</td><td>6.7</td><td>4.0</td><td>-</td><td>17.7</td><td>1.7</td><td>-</td></tr>
<tr><td rowspan="3">9-03 construction section (double track tunnel)</td><td>5K100</td><td>45.0</td><td>-</td><td>-</td><td>5.0</td><td>2.0</td><td>-</td><td>-</td><td rowspan="3">Designed pore water pressure (d.p.w.p)
- Wall=Crown=45.0kN/m^2
Wall max ave.=8.5
=0.19 d.p.w.p</td></tr>
<tr><td>5K300</td><td>45.0</td><td>-</td><td>-</td><td>-</td><td>15.0</td><td>-</td><td>-</td></tr>
<tr><td>Average</td><td>45.0</td><td>-</td><td>-</td><td>5.0</td><td>8.5</td><td>-</td><td>-</td></tr>
<tr><td colspan="2">average</td><td>33.5</td><td>8.4</td><td>4.0</td><td>4.1</td><td>13.1</td><td>1.7</td><td>6.4</td><td>-</td></tr>
</table>

Precautions: (　　) is error value

- Tunnel outside pore water pressure measurement max average value =(0.36+0.64+0.15+0.19)Designed pore water pressure (d.p.w.p)÷4=0.34d.p.w.p (application on limit value)
- Calculated the limit value appling pore water pressure guidelines
  1) Safety : 25% changed for limit value + applicable pore water pressure on design=(0.25+0.34)d.p.w.p =0.59d.p.w.p (designed pore water pressure)
  2) Caution : 50% changed for limit value + applicable pore water pressure on design=(0.50+0.34)d.p.w.p =0.84d.p.w.p (designed pore water pressure)
  3) Precision analysis : over 50% changed for limit value + applicable pore water pressure on design =(over 0.50+0.34) d.p.w.p =over 0.84d.p.w.p (designed pore water pressure)

2.3.3 터널 내공변위 관리기준치 검토

서울지하철 5, 6, 7호선 터널 콘크리트라이닝의 내공변위 관리기준치는 표 1과 같이 광섬유센서 및 전기저항식센서는 콘크리트의 허용변형률 개념에 의한 기준으로 최대변형률 0.0020 (0.20%)의 80%인 0.0016(0.16%)으로 관리한 결과 계측치가 이 범위 이내에서 수렴되었다. 또한 3차원 광파기 측정 기준은 일본 동경교통국 관리기준치인 ±5mm의 80%인 ±4mm로 관리한 결과 계측치가 이 범위 이내에서 수렴되었다(Seoul Metropolitan Subway Construction Headquarters, 2002).

2.3.4 터널 유지관리계측의 압력 관리기준치 분석결과

앞에서 검토된 터널에 작용하는 토압, 간극수압, 내공변위의 유지관리계측 관리기준치 분석결과를 종합하면 표 5와 같다.

표 5 Result of limit values on management monitoring

Item	Limit values of monitoring management			Remark
	Safety	Caution	Precision analysis	
Tunnel outside earth pressure	0.62P	0.87P	over 0.87P	• P=designed earth pressure
Tunnel outside pore water pressure	0.59μ	0.84μ	over 0.84μ	• μ= designed pore water pressure
Tunnel convergence	0.10%	0.13%	over 0.16%	• optical fiber sensor and electricity resistance sensor allowable strain=0.0016 (0.16%)
	±2.5mm	±3.5mm	over ±4mm	• three dimensions lightwave measurement allowable displacement=15m±4mm

2.3.5 흙막이 공사의 계측 관리기준치

안전율 개념을 이용한 국내 건설현장에서 흙막이 공사의 측압 및 벽체변위 계측관리기준치는 표 6과 같고(Lee and Woo, 2003), 본 연구에서는 터널 유지관리계측의 압력관리기준치를 절대치에 의한 관리방법 제안에 참고하였다.

표 6 Limit values of monitoring management on the construction of retaining earth

Item	Criteria	Decision method			
		Limit values of monitoring management(safety factor)	Danger	Caution	Safety
Lateral pressure	earth pressure distributio nat design	$F = \frac{\text{designed value using earth pressure}}{\text{measurement by earth pressure}}$	F〈0.8	0.8≤F≤1.2	F〉1.2
Wall displacement	estimates of the design	$F = \frac{estimation of design}{\text{measurement by } deformation}$	F〈0.8	0.8≤F≤1.2	F〉1.2

3. 국외 터널 유지관리계측의 압력 관리기준치 분석

3.1 지반구조물 계측관리기준

지반구조물 현장계측가이드에서 규정하고 있는 계측관리기준은 표 7과 같다(Richard bassett, 2012).

9 Typical alarm levels a guide to field instrumentation in geotechnics

Level		Typical alarm level
1	Green	data within expected and acceptable limits (under 50%)
2	Blue	data approaching (50–60%) of the upper limit
3	Amber	data approaching (70–80%) of the upper limit
4	Red	immediate action required to assess rates of change and implement modification to procedures (over 80%).

3.2 Channel tunnel (Euro tunnel)

Channel tunnel은 총연장 50.45km, 해저깊이 평균 45m, 횡단시간 35분, 단면크기는 주 터널 직경 7.6m, 서비스 터널 직경 4.8m, 세그먼트 콘크리트라이닝의 설계기준강도는 28MPa, 건설기간은 1987년에서 1994년까지 7년이 소요되었다(Moore. D.R, Crease, 1996).

Channel tunnel의 세그먼트 콘크리트 라이닝 압력은 계측기가 설치된 터널별로 평균압력 예상값의 50~90%를 관리기준치로 적용하고 있다(Moore and Crease, 1996 : Eurotunnel, Transmanche-Link 1991).

3.3 프랑스 Chatalet 지하철 정거장

하루 평균 이용 승객이 약 230만명에 달하는 파리 지하철 구간중 Chatalet 지하철 역사의 신규 노선 증설공사시 역사의 안정성 여부를 지속적으로 관찰하기 위해 광섬유센서를 이용한 영구계측 프로그램이 채택되었다. 계측기 설치시점은 1992년으로 15m 광섬유 변형센서를 10개소에 설치하였고, 지하철 운행시 자장 발생에도 불구하고 계측이 순조롭게 수행되었다. 관리기준치는 측선장 15m당 ±5mm를 설정하여 지속적으로 관리하고 있으며, 만일 이 기준치를 초과하면 경고 조치가 자동적으로 작동하여 지하철 운행관리 중앙사무실에 통보되는 시스템이 채택되었다.

3.4 일본

일본 동경 교통국과 세이칸 터널(Seikan tunnel)의 콘크리트 라이닝 내공변위량 관리기준치는 다음과 같다.

(1) 동경 교통국

터널 콘크리트 라이닝 내공변위량 관리기준치를 측선장 15m당±5mm로 관리하고 있다.

(2) 세이칸 터널

본선터널 콘크리트 라이닝 내공변위량 관리기준치는 측선장 10m에서 ±3mm로 관리하고 있다(Maeda and Obata, 1992).

4. 향후 제안할 터널 유지관리계측의 압력 관리기준치

앞에서 검토한 터널에 작용하는 토압, 간극수압, 내공변위의 유지관리계측 관리기준치 분석결과에 대해 국내적용 계측관리 기준치와 국외적용 계측관리 기준치 분석결과를 비교하여 안전단계는 허용응력의 60%, 주의단계는 허용응력의 80%, 정밀분석단계는 허용응력의 100%로(Woo, 2015) 향후 제안할 터널 유지관리계측의 압력 관리기준치를 설정하면 표 8과 같다.

위의 계측관리 기준치 적용시 각각의 계측항목 뿐만 아니라 전체 항목의 변화추이와 상관관계, 그리고 터널의 변상여부 등을 종합적으로 고려하여 터널의 안전성 여부를 판정하여야 할 것이다.

표 8 Limit value of future applied management monitoring

Item	Limit values of monitoring management			Remark
	Safety	Caution	Precision analysis	
Tunnel outside earth pressure	0.60P	0.80P	over 0.80P	• P=designed earth pressure
Tunnel outside pore water pressure	0.60μ	0.80μ	over 0.80μ	• μ= designed pore water pressure
Tunnel convergence	0.10%	0.13%	over 0.16%	• optical fiber sensor and electricity −resistance sensor allowable strain=0.0016 (0.16%)
	±2.5mm	±3.5mm	over ±4mm	• three dimensions lightwave measurement allowable displacement=15m±4mm

5. 결 론

본 논문은 서울지하철 5,6,7호선 유지관리계측 초기에 설정된 계측관리기준치를 토대로 서울지하철 6, 7, 9호선 8개 대표단면의 콘크리트라이닝의 토압과 간극수압에 대하여 5년에 걸친 계측 실적을 분석하고, 국외 계측관리기준을 비교하여 향후 제안 할 터널 유지관리계측의 압력 관리기준치를 설정하였으며, 연구결과는 다음과 같다.

1. 계측관리 기준치 설정방법에서 절대치에 의한 관리방법은 안전율의 개념을 도입한 것으로 사전에 각 계측 항목별로 안전율을 설정하고, 설계시에 사용한 추정치 및 계측결과치의 비와 안전율을 비교하여 안전성을 예측하는 방법으로 계측결과에 신속하게 대처할 수 있어 현장에서 안전관리를 위해 많이 사용되고 있어 향후 터널 유지관리계측의 압력 관리기준치를 절대치에 의한 관리방법으로 제안하였다.
2. 서울지하철 6, 7, 9호선 8개 대표단면의 콘크리트라이닝의 토압과 간극수압, 내공변위에 대하여 5년에 걸친 터널 유지관리계측 항목의 계측 관리기준치 분석결과를 종합하여 표 5와 같은 결론을 얻었다.
3. 향후 적용을 제안한 유지관리계측의 압력 관리기준치는 국내적용 계측관리 기준치와 국외적용 계측관리 기준치 분석결과를 비교하여 안전단계는 허용응력의 60%, 주의단계는 허용응력의 80%, 정밀분석단계는 허용응력의 100%로 절대치에 의한 계측관리 방법을 도입하였으며, 계측관리 기준치 적용시 각각의 계측항목 뿐만 아니라 전체 항목의 변화추이와 상관관계, 그리고 터널의 변상여부 등을 종합적으로 고려하여 터널의 안전성 여부를 판정하여야 할 것이다.

참고문헌

1. Eurotunnel, Transmanche-Link. (1991), "Monitoring of tunnel lining second annual report", Gage technique limited.

2. Lee, D.H., Han, I.Y., Kim, G.S., Jin, S.W. (2000), "Case studies on applications of convergence measurement system at the stages of tunnel construction and maintenance", Journal of Korean Tunnelling and Underground Space Association, Vol.2, No.3, pp. 59-69.

3. Lee, S., Woo, J.T. (2003), "Design and construction of retaining earth structure", Yeamoonsa, pp. 292-295.

4. Maeda, K. & Obata, T. (1992), "The measurement of the behavior at the undersea portion of the Seikan tunnel", Journal of Japanese Tunnelling Association, Vol.2, pp. 143~148.

5. Moore. D.R & A. Crease (1996), "Tunnel Instrumentation, Engineering Geology of the Channel Tunnel", pp. 287~294.

6. Richard Bassett (2012), "A guide to field instrumentation in geotechnics, principles, installation and reading", Spon Press, pp. 210~212.

7. Seoul Metropolitan Subway Construction Headquarters, (2002), "Maintenance monitoring report of Seoul metropolitan subway", pp. 31~62.

8. Woo, J.T., Lee, R.C. (2008a), "Construction monitoring engineering", Goomi Publishing Co., pp. 760-763.

9. Woo, J.T., Lee, R.C. (2008b), "Construction monitoring engineering", Goomi Publishing Co.,

10. Woo, J.T. (2009), "A study on comparison of a ground water influx quantity in Seoul subway tunnel", Journal of Korean Tunnelling and Underground Space Association, Vol.11, No.4, pp. 353-359.

11. Woo, J.T., Lee, K.I. (2012), "A study on establishment of measurement and analysis frequency of maintenance monitoring in tunnel", Journal of Korean Tunnelling and Underground Space Association, Vol.14, No.2, pp. 117-129.

12. Woo, J.T. (2013), "A study on estimation of the total loss and damage ratio of maintenance monitoring sensor of subway tunnel", Journal of Korean Tunnelling and Underground Space Association, Vol. 15, No.1, pp. 25-31.

13. Woo, J.T. (2014), "A study on the estimation of the optimal number of monitoring points in single-track tunnel lining with the inverse analysis program", Journal of Korean Tunnelling and Underground Space Association, Vol. 16, No.1, pp. 1-11.

14. Woo, J.T. (2015), "A study on establishment of stress limit values of management monitoring in tunnel", Journal of Korean Tunnelling and Underground Space Association, Vol. 17, No.1, pp. 25-32.

3.1.2.9 지하철 터널 유지관리 계측센서의 총 손망실율 산정

본 논문은 "지하철 터널 유지관리 계측센서의 총 손망실율 산정 연구"(우종태, 한국터널 지하공간학회 논문집, Vol.15, No.1, 2013.1.31., pp25~31)를 재편집하여 기술한 내용이다.

지하철 터널 유지관리 계측센서의 총 손망실율 산정 연구

A study on estimation of the total loss and damage ratio of maintenance monitoring sensor of subway tunnel

ABSTRACT

In this study, the total loss and damage ratio of maintenance monitoring which is installed and operated in the domestic and foreign tunnel structure is researched and analyzed for estimating the loss and damage ratio of maintenance monitoring sensor of subway tunnel. The total loss and damage ratio at the elapsed time of 5-6 years after installation is 14.2% in the Seoul metro line no.5,6 and 7, 14.8% in the section 1 of the Seoul metro line no.9, 13.9% in the Channel tunnel of England and all of them are close to 15%. Therefore, it is reasonable to reflect that the total loss and damage ratio of maintenance monitoring sensor of subway tunnel is estimated provisionally 15% on design, and hence the study of the loss and damage ratio with the number of elapsed years in long-term by the measurement category will be needed.

Keywords: Tunnel structure, maintenance monitoring sensor, the total loss and damage ratio, the Seoul metro line no.5,6,7, and 9, Channel tunnel

요약

본 논문은 지하철 터널 유지관리 계측센서의 총 손망실율을 산정하기 위해 국내와 국외의 지하철 터널구조물에 설치되어 운영 중에 있는 유지관리 계측센서의 손망실 현황을 조사하고 분석을 실시하였다. 지하철 터널 유지관리 계측센서 설치 후 5~6년 경과된 시점을 기준하여 총 손망실율은 서울지하철5,6,7호선에서 14.2%, 서울지하철9호선1단계구간에서 14.8%, 영국의 Channel tunnel에서 13.9%로 모두 15%에 근접하게 나타났다. 따라서 지하철 터널 유지관리 계측센서의 총 손망실율은 잠정적으로 15%로 설정하여 설계에 반영하는 것이 타당한 것으로 판단되며, 향후 장기간의 경과년수에 따른 계측항목별 손망실율 연구가 필요할 것으로 판단된다.

주요어: 터널구조물, 유지관리 계측센서, 총 손망실율, 서울지하철5,6,7,9호선, Channel tunnel

1. 서 론

최근 들어 건설계측기술은 IT산업 및 정보통신기술의 급격한 발달로 거의 모든 건설현장에서 적용이 일반화 되고 있다. 또한 사회기반시설의 효율적인 안전감시 및 유지관리를 위해 지하철, 도시철도, 일반 및 고속철도, 도로, 전력구, 통신구, 공동구 등의 터널구조물에 유지관리 계측시스템의 도입과 적용이 증가되고 있다(Lee et. al., 2000 ; Woo J. T., 2009b).

일반적으로 건설공사에서의 계측은 공사중계측과 유지관리계측으로 구분하고 있다.

공사중계측은 주로 설계의 불확정성 요소 등을 보완하고 설계의 타당성을 규명함으로써 시공의 안전성을 확인하고 경제성을 확보할 목적으로 수행된다.

유지관리계측은 공사중계측 단계에서 계측치가 대부분 수렴된 상태를 확인하고, 목적물인 철근 콘크리트 구조물이 시공되므로 이미 완공된 구조물에 대하여 공용 중에 지속적으로 구조물의 안전성 확인과 최적의 유지관리가 되도록 객관적이고 연속적인 공학적 판단자료를 제공하여 효율적이고 경제적인 구조물 유지관리에 기여하는 것을 목적으로 수행되고 있다(Woo et. al., 2012a).

본 논문은 1995년 국내 지하철 터널 유지관리 계측센서가 최초 설치된 서울지하철5,6,7호선과 2006년 설치된 서울지하철9호선1단계구간의 손망실율을 분석하였으며, 국외의 경우 1986년 설치된 영국의 Channel tunnel과 1995년 설치된 미국 보스톤항의 Red line subway tunnel의 손망실율을 분석하여 지하철 터널 유지관리 계측센서의 총 손망실율을 산정하고자 연구를 수행하여 터널 유지관리계측 기술발전에 기여하고자 한다.

2. 건설 계측센서의 손망실율(할증률, 고장률) 용어 검토

국어사전에서 손실(損失)이란 축나거나 잃어 버리거나하여 손해를 보는 것을 말하며, 망실(亡失)이란 잃어버리는 것을 의미한다. 고장(故障) 이란 기계나 기구 따위가 정상적으로 움직이지 못하게 된 것을 말한다(Dong-a Publishing Co., 2010).

건설계측에서 많이 쓰이고 있는 손망실(損亡失)이란 용어는 국어사전에는 없는 용어이나, 취급부주의나 기기적인 결함으로 인해 정상적인 작동이 되지 않은 상태를 의미하는 용어로 광범위하게 사용되고 있다.

건설계측에서 Redundancy(여유분, 잉여분)라는 용어도 자주 사용되고 있는데, 여유(餘裕)란 넉넉하여 남아 있다 라는 뜻이며, 잉여(剩餘)는 쓰고 난 나머지를 뜻하는 용어로 손망실(고장)을 고려한 계측기기의 추가수량을 의미하는 용어와는 의미상 차이가 있는 것으로 보여 사용에는 적정하지 않은 용어로 판단된다.

손망실율과 유사한 개념으로 건설공사표준품셈에서는 재료의 할증률(割增率)이란 용어가 사용되고 있다. 이는 시방서 및 도면에 의하여 산출된 정미량(正未量)에 재료의 운반, 절단, 가공 및 시공 중에 발생되는 손실량에 가산해 주는 비율을 말한다(Woo et. al., 2012b).

건설계측에서 센서(Sensor) 또는 게이지(Gauge)란 대상의 상태에 관한 측정량을 신호로 변화하는 계의 최초의 요소로서 계측기기에 포함되며, 계측기기(Measurement hardware)는 재료의 감지소자에 의해 물리적 에너지를 전기 또는 빛 에너지로 변환하여 자료의 정보처리가 되도록 하는 센서 및 게이지 등을 총괄하는 용어를 말하며, 계측시스템은 계측 자료 획득시스템과 계측자료 전송시스템을 포함하여 계측에 필요한 모든 장치 및 운용시스템을 말한다(Woo et. al., 2008).

건설 계측기기의 손망실 원인 중 계측기기의 성능불량, 설치시 오류 및 보호불량, 작업자나 시공장비의 부주의에 의한 계측기기 및 연결 케이블의 손상 등이 확인된 경우에는 비교적 책임소재가 명확하나, 현장관리자가 파손되는 순간을 직접 목격하지 못하였거나, 예상치 못한 과도한 변형 및 응력발생으로 계측 불능상태가 된 경우에는 책임소재가 명확하지 않아 계측기기의 재설치 비용 부담문제로 마찰이 발생하거나 심지어는 인위적인 계측데이터를 만드는 일이 발생할 수도 있다(Nam S. S., 2000 ; Back et. al., 2002).

건설 계측기기가 최초 설치 시 정상적으로 작동 되다가 분명한 이유 없이 계측값이 이상치를 나타내거나 불안정한 경우에는 더욱 마찰의 대상이 될 수 있다. 대부분의 건설 계측기기는 열악한 환경에 설치되므로 조건이 양호한 실내에서와 달리 내구수명이 단축될 뿐만 아니라 기술의 한계로 인하여 고장이 발생할 수 있다.

따라서 건설계측에서 일반적으로 사용되는 손망실율은 할증률 또는 고장률과 같은 용어로 사용이 가능하다고 판단되며, 합리적인 손망실율(할증률, 고장률)을 산정하여 건설공사표준품셈에서 재료에 대한 할증률 개념으로 활용이 된다면 건설계측으로 인한 이해당사자 사이의 마찰

이 상당부분 해소되고 원활한 계측관리가 수행될 것으로 기대된다.

3. 서울지하철 터널 유지관리 계측센서의 총 손망실율 분석

3.1 서울지하철5,6,7호선 터널 유지관리 계측센서의 총 손망실율

서울지하철5,6,7호선건설공사 도심지역 공사구간에 대한 터널 유지관리 계측센서의 손망실율은 표 3.1 및 3.2와 같으며, 1995년부터 국내 최초로 터널 유지관리 계측센서가 설치되었으며, 2000년 3월 조사시점 기준하여 계측센서 설치 경과년수는 5~6년이다.

유지관리 계측센서는 총 591개로 구성 비율은 터널의 라이닝응력계 54.7%, 터널의 철근응력계 27.4%, 터널의 토압계 9.5%, 터널의 간극수압계 6.4%, 터널의 광섬유센서 2.0%이다(Nam S. S., 2000).

총 손망실율은 14.2%이며, 공구별로 손망실율은 최소 0.0%에서 최대 33.3%로 큰 차이를 보였으나, 1995년 8월부터 9월까지 1개월간 영등포(5-15공구)에서 마포구간(5-18)이 집중호우로 인한 우수유입으로 터널전체가 침수되어 이로 인한 계측센서의 손망실이 큰 것으로 판단된다.

총 손망실율은 14.2%이며, 계측센서별 손망실율은 터널의 라이닝응력계 17.0%, 터널의 철근응력계 12.3%, 터널의 토압계 10.7%, 터널의 광섬유센서 8.3%, 터널의 간극수압계 5.3%순서로 나타났다.

표 3.1 Summarization chart on loss and damage ratio of tunnel maintenance monitoring sensor of Seoul metro line no.5,6 and 7 (Standard for 2000. 03 : elapsed 5-6 years)

(Unit: word count)

Division	Total	Ratio(%)	Normal	Loss and damage	Loss and damage ratio(%)	Ranking	Installed location
Total	591	100.0	507	84	14.2	-	-
Earth pressure meter	56	9.5	50	6	10.7	3	Tunnel natural ground
Piezometer	38	6.4	36	2	5.3	5	Tunnel natural ground
Rebar stress meter	162	27.4	142	20	12.3	2	Tunnel structure
Lining stress meter	323	54.7	268	55	17.0	1	Tunnel structure
Optical fiber sensor	12	2.0	11	1	8.3	4	Tunnel structure

표 3.2 Loss and damage ratio of tunnel maintenance monitoring sensor of Seoul metro line no.5,6 and 7 by section (Nam S. S., 2000) (Standard for 2000. 03 : elapsed 5-6 years)

(Unit: word count)

구분	Earth pressure meter			Piezometer			Lining stress meter			Rebar stress meter			Optical fiber sensor			Total		
	Installation	Loss	Loss ratio (%)	Installation	Loss	Loss ratio (%))	Installation	Loss	Loss ratio (%)	Installation	Loss	Loss ratio (%))	Installation	Loss	Loss ratio (%))	Installation	Loss	Loss ratio (%))
5-15	3	0	0	3	0	0	6	1	16.7	6	5	83.3	-	-	-	18	6	33.3
5-18	5	1	20.0	5	0	0	12	6	50.0	12	5	41.7	12	1	8.3	46	13	28.3
6-4	14	2	14.3	-	-	-	67	22	32.8	-	-	-	-	-	-	81	24	30.0
6-5	4	0	0	4	1	25.0	12	0	0	12	0	0	-	-	-	32	1	3.1
6-6	10	2	20.0	-	-	-	84	19	22.6	3	0	0	-	-	-	97	21	22.0
6-9	4	1	25.0	4	0	0	12	0	0	12	0	0	-	-	-	32	1	3.0
6-10	-	-	-	-	-	-	90	7	7.7	90	9	10.0	-	-	-	180	16	9.0
7-19	-	-	-	-	-	-	-	-	-	8	0	0	-	-	-	8	0	0
7-20	-	-	-	2	0	0	3	0	0	4	0	0	-	-	-	9	0	0
7-21	-	-	-	4	0	0	12	0	0	-	-	-	-	-	-	16	0	0
7-23	-	-	-	-	-	-	-	-	-	6	1	16.6	-	-	-	6	-	16.6
7-24	16	0	0	16	1	6.2	25	0	0	-	-	-	-	-	-	57	1	1.8
7-25	-	-	-	-	-	-	-	-	-	4	0	0	-	-	-	4	0	0
7-26	-	-	-	-	-	-	-	-	-	5	0	0	-	-	-	5	0	0
Total	56	6	10.7	38	2	5.3	323	55	17.0	162	20	12.3	12	1	8.3	591	84	14.2
Total loss and damage ratio = (loss and damage number / installation number) × 100= (84 / 591) × 100 = 14.2%																		
Rank	3			5			1			2			4			-		

3.2 서울지하철9호선1단계구간 터널 유지관리 계측센서의 총 손망실율

서울지하철9호선건설공사1단계구간에 대한 터널 유지관리 계측센서의 손망실율은 표 3.3 및 3.4와 같으며, 2006년부터 유지관리 계측센서가 설치되었으며, 2011년 8월 조사 시점 기준하여 계측기기 설치 경과년수는 5~6년이다.

유지관리 계측센서는 총 655개로 구성 비율은 터널의 라이닝응력계 44.9%, 터널의 철근응력계 22.6%, 쉴드터널의 세그먼트응력계 11.1%, 터널의 간극수압계 10.1%, 박스구조물의 콘크리트응력계 8.6%, 터널의 토압계 2.7%이다(Woo J. T., 2009a, 2010b).

총 손망실율은 14.8%이며, 공구별로 손망실율은 최소 2.8%에서 최대 62.5%로 큰 차이를 보였으며, 2006년 7월부터 약 15일간 908공구 구간이 집중호우로 안양천 제방이 유실되어 터널전체가 침수로 인한 계측기기의 손망실이 큰 것으로 판단된다.

총 손망실율은 14.8%이며, 계측센서별 손망실율은 쉴드터널의 세그먼트응력계 38.4%, 박스구조물의 콘크리트응력계 26.8%, 터널의 간극수압계 19.7%, 박스구조물의 철근응력계 10.8%, 터널의 라이닝응력계, 8.2%, 터널의 토압계 5.6%순서로 나타났다.

표 3.3 Summarization chart on loss and damage ratio of tunnel maintenance monitoring sensor of Seoul metro line no.9 on 1 stage by section (Standard for 2011. 08 : elapsed 5-6 years)

(Unit: word count)

Division	Total	Ratio(%)	Normal	Loss and damage	Loss and damage ratio(%)	Ranking	Installed location
Total	655	100.0	558	97	14.8	–	–
Earth pressure meter	18	2.7	17	1	5.6	6	Tunnel natural ground
Piezometer	66	10.1	53	13	19.7	3	Tunnel natural ground
Rebar stress meter	148	22.6	132	16	10.8	4	Tunnel structure
Lining stress meter	294	44.9	270	24	8.2	5	Tunnel structure
Segment stress meter	73	11.1	45	28	38.4	1	Shield tunnel
Concrete stress meter	56	8.6	41	15	26.8	2	Box structure

표 3.4 Loss and damage ratio of tunnel maintenance monitoring sensor of Seoul metro line no.9 on 1 stage by section (Standard for 2011. 08 : elapsed 5-6 years)

(Unit: word count)

Section	Earth pressure meter			Piezometer			Concrete stress meter			Rebar stress meter			Lining stress meter			Segment stress meter			Total		
	Installation	Loss	Loss ratio (%)	Installation	Loss	Loss ratio (%))	Installation	Loss	Loss ratio (%)	Installation	Loss	Loss ratio (%))	Installation	Loss	Loss ratio (%))	Installation	Loss	Loss ratio (%))	Installation	Loss	Loss ratio (%))
901	8	1	12.5	8	1	12.5	0	0	0.0	61	4	6.6	48	0	0.0	0	0	0.0	125	6	4.8
902	0	0	0.0	2	2	100	16	6	37.5	16	0	0.0	5	1	20.0	0	0	0.0	39	9	23.1
903	10	0	0.0	4	1	25.0	0	0	0.0	10	2	20.0	20	1	5.0	0	0	0.0	44	4	9.1
904	0	0	0.0	2	0	0.0	8	2	16.7	8	2	16.7	0	0	0.0	0	0	0.0	18	4	22.2
905	0	0	0.0	0	0	0.0	10	1	10.0	5	1	20.0	0	0	0.0	0	0	0.0	15	2	13.3
906	0	0	0.0	12	2	16.7	4	0	0.0	34	5	14.7	60	7	11.7	0	0	0.0	110	14	12.7
907	0	0	0.0	0	0	0.0	4	3	75.0	4	2	50.0	0	0	0.0	0	0	0.0	8	5	62.5
908	0	0	0.0	0	0	0.0	8	3	37.5	4	0	0.0	0	0	0.0	0	0	0.0	12	3	25.0
909	0	0	0.0	0	0	0.0	0	0	0.0	0	0	0.0	0	0	0.0	73	28	38.4	73	28	38.4
910	0	0	0.0	6	2	33.3	0	0	0.0	0	0	0.0	45	1	2.2	0	0	0.0	51	3	5.9
911	0	0	0.0	4	0	0.0	6	0	0.0	6	0	0.0	20	1	5.0	0	0	0.0	36	1	2.8
912	0	0	0.0	12	2	16.7	0	0	0.0	0	0	0.0	62	7	11.3	0	0	0.0	74	9	12.2
913	0	0	0.0	14	2	14.3	0	0	0.0	0	0	0.0	24	4	16.7	0	0	0.0	38	6	15.8
914	0	0	0.0	2	1	50.0	0	0	0.0	0	0	0.0	10	2	20.0	0	0	0.0	12	3	25.0
total	18	1	5.6	66	13	19.7	56	15	26.8	148	16	10.8	294	24	8.2	73	28	38.4	655	97	14.8
Total loss and damage ratio = (loss and damage number / installation number) × 100= (97 / 655) × 100 = 14.8%																					
Rank	6			3			2			4			5			1			-		

3.3 서울지하철5,6,7,9호선 터널 유지관리 계측센서의 총 손망실율 비교분석

서울지하철5,6,7호선건설공사 도심지역 공사구간에 대한 터널 유지관리 계측센서의 1995년 설치 후 5~6년이 경과된 2000년 3월 기준 총 손망실율은 14.2%이며, 공구별로 손망실율은 최소 0.0%에서 최대 33.3%로 큰 차이를 보였다.

서울지하철9호선1단계구간에 대한 터널 유지관리 계측센서의 2006년 설치 후 5~6년이 경과된 2011년 8월 기준 총 손망실율은 14.8%이며, 공구별로 손망실율은 최소 2.8%에서 최대 62.5%로 큰 차이를 보였다.

위의 분석내용을 보면 계측센서 설치 후 5~6년이 경과된 서울지하철5,6,7,9호선 터널 유지관리 계측센서의 총 손망실율은 14.2~14.8%로 약 15%에 근접한 값을 보이며, 향후 장기간의 경과년수에 따른 손망실율 연구가 필요할 것으로 판단된다.

4. 국외 터널 유지관리 계측센서의 손망실율 분석

4.1 Channel tunnel (Euro tunnel)

Channel tunnel은 총연장 50.45km, 해저깊이 평균 45m, 단면크기는 주 터널 직경 7.6m, 서비스 터널 직경 4.8m, 건설기간은 1986년에서 1994년까지 약 7년이 소요되었다.

터널 유지관리계측은 총 14단면으로 주 터널에 7단면, 서비스 터널에 6단면, 주 터널과 서비스 터널을 연결하는 횡갱에 1단면이며, 1986년에 231개 진동현식 변형률계를 세그먼트라이닝에 설치하여 1990년까지 5년경과 후 손망실 수량은 32개로 손망실율은 13.9%를 보였고, Channel tunnel 유지관리 계측센서의 손망실율은 표 4.1과 같다(Meller.S, 1990).

표 4.1 Loss and damage ratio of tunnel maintenance monitoring sensor about Channel tunnel (Standard for 1990 : elapsed 5 years)

Division	VWSG : Vibrating Wire Strain Gauges		
	Installation number	Loss and damage number	Loss and damage ratio(%)
Segment lining stress meter	231	32	13.9
Loss and damage ratio(%)	(loss and damage number / installation number) × 100 = (32/231) × 100 = 13.9%		

4.2 Red line subway tunnel

미국 보스톤항의 Red line subway tunnel은 연장 366m, 굴착깊이 19.7m이며, 굴착단면은 단선병렬터널로 외경 6.7m, 콘크리트 라이닝 내경 5.0m이다.

지하철터널 유지관리 계측센서는 다양한 종류를 설치하였는데 1995년에 200개의 진동현식 변형률계를 콘크리트 라이닝에 설치하였고, 1997년 까지 약 3년 경과 후 손망실 수량은 10개로 손망실율은 5.0%를 보였고, Red line subway tunnel 유지관리 계측센서의 손망실율은 표 4.2와 같다(Feldman et al., 1999).

표 4.2 Loss and damage ratio of tunnel maintenance monitoring sensor about Red line subway tunnel (Standard for 1997 : elapsed 3 years)

Division	Installation number	Loss and damage number	Loss and damage ratio(%)	Rank
Total	839	34	4.1	-
Concrete lining stress meter (Vibrating Wire Strain Gauges)	200	10	5.0	4
Crackmeter	506	8	1.6	5
Liquid level gauge	106	9	8.5	3
Liquid density gauge	19	5	26.3	1
Flowmeter	8	2	25.0	2
Loss and damage ratio(%)	(loss and damage number / installation number) × 100 = (34/839) × 100 = 4.1%			

4.3 국내와 국외 터널 유지관리 계측센서의 손망실율 분석

Channel tunnel 유지관리계측은 231개 진동현식 변형률계를 1986년에 콘크리트라이닝에 설치하였고, 1990년까지 5년경과 후 손망실 수량은 32개로 손망실율은 13.9%를 보여 서울지하철5,6,7,9호선의 총 손망실율 14.2~14.8%과 유사하게 15%에 근접한 값을 나타냈다.

따라서 터널 유지관리 계측센서의 총 손망실율은 15%로 설정하는 것이 타당한 것으로 판단되며(Woo J. T., 2010a), 향후 장기간의 경과년수에 따른 추가적인 손망실율 연구가 필요할 것으로 판단된다.

5. 결 론

본 논문은 1995년 국내 지하철 터널 유지관리 계측센서가 최초 설치된 서울지하철5,6,7호선과 2006년 설치된 서울지하철9호선1단계구간의 손망실율을 분석하였으며, 국외의 경우 1986년 설치된 영국의 Channel tunnel과 1995년 설치된 미국 보스톤항의 Red line subway tunnel의 손망실율을 분석하여 지하철 터널 유지관리 계측센서의 총 손망실율을 산정하고자 연구를 수행하였으며, 연구결과는 다음과 같다.

1. 건설계측에서 일반적으로 사용되는 계측센서의 손망실율은 할증률 또는 고장률과 같은 용어로 사용이 가능하다고 판단되며, 합리적인 손망실율(할증률, 고장률)을 산정하여 건설공사표준품셈에서 재료에 대한 할증률 개념으로 활용이 된다면 건설계측으로 인한 이해당사자 사이의 마찰이 상당부분 해소되고 원활한 계측관리가 수행될 것으로 기대된다.
2. 서울지하철5,6,7호선건설공사 도심지역 공사구간에 터널 유지관리 계측센서 설치 후 5~6년 경과된 시점을 기준하여 총 손망실율은 14.2%로 나타났다.
3. 서울지하철9호선건설공사1단계구간에 터널 유지관리 계측센서 설치 후 5~6년 경과된 시점을 기준하여 총 손망실율은 14.8%로 나타났다.
4. 국내 서울지하철5,6,7,9호선의 총 손망실율은 14.2~14.8%이며, 국외 Channel tunnel의 손망실율은 13.9%로 모두 15%에 근접한 값을 나타냈다. 따라서 터널 유지관리 계측센서의 총 손망실율은 잠정적으로 15%로 설정하는 것이 타당한 것으로 판단된다.
5. 현장타설 콘크리트 라이닝 응력계의 손망실율은 국내가 8.2~17.0%이나, 국외는 5.0%이며, 세그먼트 콘크리트 라이닝 응력계의 손망실율은 국내가 38.4%이나, 국외는 13.9%로 큰 차이를 보여 이는 시공수준의 차이 및 국산계측기기의 내구성문제 등의 영향으로 판단된다.
6. 향후 장기간의 경과년수에 따른 추가적인 손망실율 연구와 국내 및 국외의 계측센서에 대한 계측항목별 손망실율 연구가 필요할 것으로 판단된다.

참고문헌

1. Back, K. H., Oh, Y. S., Kim, Y. J., Kim, Y. G. (2002), "A study on efficiency of tunnel maintenance monitoring", Journal of Korean Tunnelling and Underground Space Association, Vol. 4, No. 4, pp.355-369.
2. Dong-a Publishing Co. (2010), "Dong-a New Korean Dictionary".
3. Feldman., A.. I., Buechel,.G. .J. (1999), "Instrumentation program for Boston red line tunnel", 5th International Symposium on Field Measurements in Geomechanics, pp.95-100
4. Lee, D. H., Han, I. Y., Kim, G. S., Jin, S. W. (2000), "Case studies on applications of convergence measurement system at the stages of tunnel construction and maintenance", Journal of Korean Tunnelling and Underground Space Association, Vol.2, No.3, pp.59-69.
5. Meller, .S. (1990), "Monitoring of channel tunnel instrumentation", Gage Technique

Ltd., pp.1-31

6. Nam, S. S. (2000), “Case studies on the damage ratio of monitoring sensor", Korean Geotechnical Society Spring Conference at Information Technical Committee.

7. Woo, J. T., Lee, R. C. (2008), "Construction monitoring engineering", Goomi Publishing Co., pp.15-25

8. Woo, J. T. (2009a), "Final report of recently technical maintenance monitoring in the section 1 of the Seoul metro line no.9, Seoul Metropolitan Infrastructure Headquarters, pp.1-6.

9. Woo, J. T. (2009b), "A study on comparison of a ground water influx quantity in Seoul subway tunnel", Journal of Korean Tunnelling and Underground Space Association, Vol. 11, No. 4, pp.353-359.

10. Woo, J. T. (2010a), "A study of the present state analysis and development plans about construction monitoring and monitoring industry", Journal of Korean Society of Civil Engineers, Vol. 30, No. 2D, pp.163-169.

11. Woo, J. T. (2010b), "Analysis techniques toward monitoring Seoul city subway line no.9 maintenance monitoring by the joint study with Industry-University -Institute", Korea Institute for Structural Maintenance and Inspection Spring Conference, pp.40-43.

12. Woo, J. T., Lee, K. I. (2012a), "A study on establishment of measurement and analysis frequency of maintenance monitoring in tunnel", Journal of Korean Tunnelling and Underground Space Association, Vol. 14, No. 2, pp.117-129.

13. Woo, J. T., Park, J. H., Ji, H. S. (2012b), "Estimation of construction", Kimoondang Publishing Co., pp.47-58.

3.1.2.10 철도터널 유지관리 계측센서의 손망실율 산정

본 논문은 "철도터널 유지관리 계측센서의 손망실율 연구"(우종태, 한국재난정보학회 논문집, Vol.14, No.3, 2018.9.30., pp262-270)를 재편집하여 기술한 내용이다.

철도터널 유지관리 계측센서의 손망실율 연구

A Study on the Loss and Damage Ratio of Railroad Tunnel Maintenance Monitoring Sensor

ABSTRACT

Purpose: This paper investigates and analyzes the loss and damage ratio of maintenance monitoring sensor in metropolitan and high speed railroad tunnel in Korea and abroad.

Method: After 5~6 years from the installation, the maintenance monitoring sensor on metropolitan transit tunnels showed the loss and damage ratio from 14.2% to 14.8% in Seoul metro line no. 5, 6, 7, 9, and 13.9% in UK channel tunnel. Based on the result, 15% is thought to be a proper set for the elapsed years, which is 5 years from the installation.

Results: The maintenance monitoring sensor on high speed railroad tunnels showed the loss and damage ratio of 60.9% in Ho-Nam high speed railroad on 1 stage after 3 ~ 5 years from the installation, which was approximately 4 times as high as that of Seoul metro line no. 5, 6, 7, 9.

Conclution: Kyung-Bu high speed railroad on 2 stage, after 8~10 years from the installation, showed the loss and damage ratio of 66.8%. Based on the result, it can be inferred that the loss and damage ratio increases drastically after 5~10 years from the installation. Therefore, it is necessary to study on the loss and damage ratio of long term elapsed years, especially more than 10 years from the installation.

KEYWORDS metropolitan transit and high speed rail road tunnel, maintenance monitoring sensor loss and damage ratio Seoul metro line no.5,6,7,9, Kyung-Bu high speed railroad on 2 stage' Ho-Nam high speed railroad on 1 stage, Channel tunnel

요약

연구목적: 본 연구는 국내와 국외의 도시 및 고속철도터널 유지관리 계측센서의 손망실 현황을 조사하고 분석을 실시하였다.

연구방법: 도시철도터널 유지관리 계측센서 설치 후 5년에서 6년의 손망실율은 서울 지하철5,6,7,9 호선은 14.2%에서 14.8%, 영국의 Channel tunnel은 13.9%로 거의 유사하게 나타나 5년 경과연수에서는 15%로 설정하는 것이 타당한 것으로 판단된다.

연구결과: 고속철도터널 유지관리 계측센서 설치 후 3년에서 5년의 손망실율은 호남고속 철도1단계에서 60.9%로 서울지하철5,6,7,9호선의 4배 이상 크게 나타났다.

결론: 8년에서 10년의 경부고속철도2단계에서는 66.8%로 나타나 5년에서 10년 사이에 급격하게 증가하므로 향후 10년 이상 장기간의 경과연수에 따른 계측항목별 손망실율 연구가 필요할 것으로 판단된다.

주요어: 도시 및 고속철도터널, 유지관리 계측센서, 손망실율, 서울지하철5,6,7,9호선 경부고속철도 2단계, 호남고속철도1단계, 채널터널

1. 서 론

철도터널 구조물 계측기술은 ICT산업 및 정보통신기술의 급격한 발달로 인해 효율적인 안전감시 및 경제적인 유지 관리를 위해 교량, 터널, 다목적댐 및 용수댐, 광역상수도, 하천제방, 절토사면, 지하철, 공항시설물, 대형건축물 등 국가 주요 기반시설물에 공사계측 및 유지관리계측 시스템의 도입과 적용이 증가되고 있다.

일반적으로 건설공사에서의 계측은 공사계측과 유지관리계측으로 구분하고 있다.

공사계측은 주로 설계의 불확정성 요소 등을 보완하고 설계의 타당성을 규명함으로써 시공의 안전성을 확인하고 경제성을 확보할 목적으로 수행된다(Woo, J. T., 2017). 유지관리계측은 완공된 구조물에 대하여 공용 중에 지속적으로 구조물의 안전성 확인과 최적의 유지관리가 되도록 객관적이고 연속적인 공학적 판단자료를 제공하여 효율적이고 경제적인 구조물 유지관리에 기여하는 것을 목적으로 수행 되고 있다(Woo et al., 2012a).

건설계측에서 센서(Sensor) 또는 게이지(Gauge)란 대상의 상태에 관한 측정량을 신호로 변화하는 계의 최초의 요소로서 계측기기에 포함되며, 계측기기(Measurement hardware)는 재료의 감지소자에 의해 물리적 에너지를 전기 또는 빛 에너지로 변환하여 자료의 정보처리가 되도록 하는 센서 및 게이지 등을 총괄하는 용어를 말하며, 계측시스템은 계측 자료 획득시스템과 계측자료 전송시스템을 포함하여 계측에 필요한 모든 장치 및 운용시스템을 말한다(Woo et al., 2008).

본 논문은 1995년부터 도시철도 터널 유지관리 계측기기가 최초 설치된 서울지하철 5,6,7호선과 2006년 설치된 서울 지하철9호선1단계구간의 손망실율을 분석하였으며, 2007년부터 고속철도 터널 유지관리 계측기기가 최초 설치된 경부 고속철도2단계와 2011년 설치된 호남고속철도1단계의 손망실율을 분석하였다. 또한 1986년 설치된 영국과 프랑스의 Channel tunnel과 1995년 미국 보스톤항 Red line subway tunnel의 손망실율을 분석하여 철도터널 건설구조물의 유지관리계측 기술발전에 기여하고자 한다.

2. 건설 계측센서의 손망실율 용어 검토

건설계측에서 많이 쓰이고 있는 손망실(損亡失)이란 용어는 국어사전에는 없는 용어이나, 취급부주의나 기기적인 결함으로 인해 정상적인 작동이 되지 않은 상태를 의미하는 용어로 광범위하게 사용되고 있다.

건설계측에서 여유분 또는 잉여분인 Redundancy라는 용어도 자주 사용되고 있는데,

여유(餘裕)란 넉넉하여 남아 있다 라는 뜻이며, 잉여(剩餘)는 쓰고 난 나머지를 뜻하는 용어로 손망실을 고려한 계측기기의 추가수량을 의미하는 용어와는 의미상 차이가 있는 것으로 보여 사용에는 적정하지 않은 용어로 판단된다. 손망실율과 유사한 개념으로 건설공사표준품셈에서는 재료의 할증률(割增率)이란 용어가 사용되고 있는데 이는 시방서 및 도면에 의하여 산출된 정미량(正味量)에 재료의 운반, 절단, 가공 및 시공 중에 발생되는 손실량에 가산해 주는 비율을 말한다(Woo et al., 2012b).

건설 계측기기의 손망실 원인 중 계측기기의 성능불량, 설치 시 오류 및 보호불량, 작업자나 시공장비의 부주의에 의한 계측기기 및 연결 케이블의 손상 등이 확인된 경우에는 비교적 책임소재가 명확하나, 현장관리자가 파손되는 순간을 직접 목격하지 못하였거나, 예상치 못한 과도한 변형 및 응력발생으로 계측 불능상태가 된 경우에는 책임소재가 명확 하지 않아 계측기기의 재설치 비용 부담문제로 분쟁이 자주 발생하고 있다(Back et al., 2002).

대부분의 건설 계측기기는 열악한 환경에 설치되므로 조건이 양호한 실내에서와 달리 내구수명이 단축될 뿐만 아니라 기술의 한계로 인하여 고장이 발생할 수 있다. 따라서 건설계측에서 일반적으로 사용되는 손망실율은 할증률 또는 고장률과 같은 용어로 사용이 가능하다고 판단되며, 합리적인 손망실율을 산정하여 건설공사표준품셈에서 재료에 대한 할증률 개념으로 활용이 된다면 건설 계측기기의 손망실로 인한 비용증가 및 하자문제로 이해당사자 사이의 분쟁이 상당부분 해소되고 원활한 계측관리가 수행될 것으로 예상된다.

3. 국내 도시철도 터널에 설치된 계측센서의 손망실율 분석

3.1 서울지하철5,6,7호선 터널 유지관리 계측센서의 손망실율

서울지하철5,6,7호선건설공사 도심지역 공사구간에 대한 터널 유지관리 계측센서의 손망실율은 표 1과 같으며, 1995년부터 국내 최초로 터널 유지관리 계측센서가 설치되었으며, 2000년 3월 조사시점 기준하여 계측센서 설치 경과연수는 5년에서 6년이다. 유지관리 계측센서는 총 591개로 구성 비율은 터널의 라이닝응력계 54.7%, 터널의 철근응력계 27.4%, 터널의 토압계 9.5%, 터널의 간극수압계 6.4%, 터널의 광섬유센서 2.0%이다(Woo, J. T., 2013).

총 손망실율은 14.2%이며, 공구별로 손망실율은 최소 0.0%에서 최대 33.3%로 큰 차이를 보였으나, 1995년 8월부터 9월까지 1개월간 영등포(5-15공구)에서 마포구간(5-18)이 집중호우로 인한 우수유입으로 터널전체가 침수되어 이로 인한 계측센서의 손망실이 큰 것으로 분석되었다. 계측센서별 손망실율은 터널의 라이닝응력계 17.0%, 터널의 철근응력계 12.3%, 터널의 토압계 10.7%, 터널의 광섬유센서 8.3%, 터널의 간극수압계 5.3%순서로 나타났다.

표 1 Summarization chart on loss and damage ratio of tunnel maintenance monitoring sensor of Seoul metro line no.5,6 and 7(Standard for 2000. 03 : elapsed 5-6 years) (Unit: word count)

Division	Total	Ratio(%)	Normal	Loss and damage	Loss and damage ratio(%)	Ranking
Total	591	100.0	507	84	14.2	-
Earth pressure meter	56	9.5	50	6	10.7	3
Piezometer	38	6.4	36	2	5.3	5
Rebar stress meter	162	27.4	142	20	12.3	2
Lining stress meter	323	54.7	268	55	17.0	1
Optical fiber sensor	12	2.0	11	1	8.3	4

3.2 서울지하철9호선1단계구간 터널 유지관리 계측센서의 손망실율

서울지하철9호선건설공사1단계구간에 대한 터널 유지관리 계측센서의 손망실율은 표 2와 같으며, 2006년부터 유지관리 계측센서가 설치되었으며, 2011년 8월 조사시점 기준하여 계측기기 설치 경과연수는 5년에서 6년이다.

유지관리 계측센서는 총 655개로 구성 비율은 터널의 라이닝응력계 44.9%, 터널의 철근응력계 22.6%, 쉴드터널의 세그먼트응력계 11.1%, 터널의 간극수압계 10.1%, 박스구조물의 콘크리트응력계 8.6%, 터널의 토압계 2.7%이다(Woo J. T., 2010).

총 손망실율은 14.8%이며, 공구별로 손망실율은 최소 2.8%에서 최대 62.5%로 큰 차이를 보였으며, 2006년 7월부터 약 15일간 907공구 구간이 집중호우로 안양천 제방이 유실되어 터널전체가 침수로 인한 계측기기의 손망실이 큰 것으로 판단된다. 계측센서별 손망실율은 쉴드터널의 세그먼트응력계 38.4%, 박스구조물의 콘크리트응력계 26.8%, 터널의 간극수압계 19.7%, 박스구조물의 철근응력계 10.8%, 터널의 라이닝응력계, 8.2%, 터널의 토압계 5.6%순서로 나타났다.

3.3 서울지하철5,6,7,9호선 터널 유지관리 계측센서의 손망실율 비교분석

서울지하철5,6,7호선건설공사 도심지역 공사구간에 대한 터널 유지관리 계측센서는 1995년 설치 후 5년에서 6년이 경과된 2000년 3월 기준 총 591개 센서 중 84개가 손망실을 보여 총 손망실율은 14.2%이며, 공구별로 손망실율은 최소 0.0%에서 최대 33.3%로 차이를 보였다.

서울지하철9호선1단계구간에 대한 터널 유지관리 계측센서는 2006년 설치 후 5년에서 6년이 경과된 2011년 8월 기준 총 655개 센서 중 97개가 손망실을 보여 총 손망실율은 14.8%이며, 공구별로 손망실율은 최소 2.8%에서 최대 62.5%로 큰 차이를 보였다.

따라서 계측센서 설치 후 5년에서 6년이 경과된 서울지하철5,6,7,9호선 터널 유지관리 계측 센서의 총 손망실율은 14.2%에서 14.8%로 유사한 값을 보여 합리적으로 산출된 것으로 판단되며, 국내 및 국외의 철도터널 손망실율과 비교 분석 및 장기간 경과연수에 따른 손망실율 연구가 필요할 것으로 판단된다.

표 2 Summarization chart on loss and damage ratio of tunnel maintenance monitoring sensor of Seoul metro line no.9 on 1 stage by section (Standard for 2011. 08 : elapsed 5-6 years)

(Unit: word count)

Division	Total	Ratio(%)	Normal	Loss and damage	Loss and damage ratio(%)	Ranking
Total	655	100.0	558	97	14.8	-
Earth pressure meter	18	2.7	17	1	5.6	6
Piezometer	66	10.1	53	13	19.7	3
Rebar stress meter	148	22.6	132	16	10.8	4
Lining stress meter	294	44.9	270	24	8.2	5
Segment stress meter	73	11.1	45	28	38.4	1
Concrete stress meter	56	8.6	41	15	26.8	2

4. 국내 고속철도 터널에 설치된 계측센서의 손망실율 분석

4.1 경부고속철도2단계구간 터널 유지관리 계측센서의 손망실율

경부고속철도2단계구간인 동대구에서 부산까지 연장 124㎞에 있는 37개 터널 중 3개 터널인 복안, 원효, 금정터널에만 유지관리계측이 적용되었으며. 이중 복안터널은 양산단층대에 속하여 공사 중 상부 경부고속국도에 침하가 발생하여 시공단계에서 신규 반영하였고, 원효, 금정터널은 경쟁설계로 설계단계에서부터 유지관리계측이 적용되어 시공 시 설치되었다(Lee et al., 2017).

경부고속철도2단계구간 터널 유지관리 계측센서의 손망실율 현황은 표 3과 같고, 총 269개의 센서가 계획되어 2006년부터 2008년까지 총 313개가 설치되었으며, 2016년 12월 조사시점 기준하여 계측기 설치 경과연수는 약 8년에서 10년이나, 손망실 수량 209개, 총 손망실율은 66.8%로 크게 나타났다. 터널별 손망실율이 높은 순서는 복안터널 76.0%, 원효터널 71.9%, 금정터널 56.5% 순서로 나타났다.

표 3 Summarization chart on loss and damage ratio of tunnel maintenance monitoring sensor of Kyung-Bu high speed railroad on 2 stage by section (Standard for 2016. 12 : elapsed 8-10 years)

(Unit: word count)

Tunnel	Design	Installation				Ranking
		Total	Normal	Loss	Loss ratio(%)	
Bok-An	0	75	18	57	76.0	1
Won-Hyo	196	114	32	82	71.9	2
Kum-Jong	73	124	54	70	56.5	3
Total	269	313	104	209	66.8	-
Ratio(%)	-	100	33.2	66.8	-	-

3개 터널 유지관리 계측센서별 손망실율 현황은 표 4와 같으며, 유지관리 계측센서는 총 313개로 구성 비율은 라이닝응력계 47.3%, 간극수압계 19.5%, 전단면내공변위계 15.0%, 철근응력계 12.1%, 사면변위계 3.5%, 건물경사계 1.3%, 진동측정계 1.0%, 암반응력계 0.3%이다. 손망실이 높은 순서는 사면변위계, 진동계, 암반응력계 100.0%, 철근응력계 92.1%, 간극수압계 68.9%, 라이닝응력계 62.8%, 건물경사계 50.0%, 전단면내공

변위계 46.8% 순서로 나타났다.

표 4 Loss and damage ratio of tunnel maintenance monitoring sensor of Kyung-Bu high speed railroad on 2 stage by section (Standard for 2016. 12 : elapsed 8-10 years) (Unit: word count)

Division	Total	Piezo meter	Rebar stress meter	Lining stress meter	Transverse section displacement transducer	Rock stress meter	Vibration meter	Slope displacement meter	Building inclino meter
Total	313	61	38	148	47	1	3	11	4
Ratio(%)	100.0	19.5	12.1	47.3	15.0	0.3	1.0	3.5	1.3
Loss and damage	209	42	35	93	22	1	3	11	2
Loss ratio(%)	66.8	68.9	92.1	62.8	46.8	100.0	100.0	100.0	50.0
Raking	-	5	4	6	8	3	2	1	7

4.2 호남고속철도1단계구간 터널 유지관리 계측센서의 손망실율

호남고속철도1단계구간인 오송에서 광주까지 연장 182.3㎞에 있는 32개 터널 중 18개 터널에 유지관리계측이 적용되었으며, 설계 시 218개 센서가 계획되어 실제 설치는 486개로 공사 중에 268개가 증가하였는데 특히 공사 중 붕괴사고가 발생한 달성터널은 48개가 설치되었다(RRIST, 2017).

호남고속철도2단계구간 터널 유지관리 계측센서의 손망실율 현황은 표 5와 같으며, 2011년부터 2013년까지 총 486개가 설치되었으며, 2016년 12월 조사시점 기준하여 계측기 설치 경과연수는 약 3년에서 5년이나, 손망실 수량은 296개, 총 손망실율 60.9%로 짧은 경과연수에 비해 상당히 크게 나타났다. 터널별 손망실율이 높은 순서는 계룡터널, 송현1터널, 학천터널, 회룡터널, 영곡터널, 성덕2터널, 와룡1터널, 와룡2터널, 마령터널, 고룡터널, 우산터널, 부용1터널은 100%, 갈산터널 74.2%, 노령터널 18.7%로 터널별로 큰 차이를 보였다.

표 5 Summarization chart on loss and damage ratio of tunnel maintenance monitoring sensor of Ho-Nam high speed railroad on 1 stage by section (Standard for 2016. 12 : elapsed 3-5 years)

(Unit: word count)

Tunnel	Design	Installation				Ranking
		Total	Normal	Loss and damage	Loss ratio(%)	
Hack-Chon	28	28	0	28	100.0	3
Gal-San	31	31	8	23	74.2	13
Bu-Yong1	5	5	0	5	100.0	12
Young-Guk	20	16	0	16	100.0	5
Kye-Ryong	15	60	0	60	100.0	1
Hoe-Ryong	21	21	0	21	100.0	4
Woo-San	14	14	0	14	100.0	11
No-Lyeong	24	86	70	16	18.7	14
Dal-Sung	0	48	48	0	0.0	18
Sung-Duk1	0	16	16	0	0.0	16
Sung-Duk2	0	16	0	16	100.0	5
Mo-Am	20	32	32	0	0.0	17
Song-Hyen1	20	32	0	32	100.0	2
Song-Hyen2	20	16	16	0	0.0	15
Wa-Lyong1	0	16	0	16	100.0	5
Wa-Lyong2	0	16	0	16	100.0	5
Ma-Lyeong	0	16	0	16	100.0	5
Go-Lyong	0	16	0	16	100.0	5
Total	218	486	190	296	60.9	-
Ratio(%)	-	100.0	39.1	60.9	-	-

18개 터널 유지관리 계측센서별 손망실율 현황은 표 6과 같으며, 유지관리 계측센서는 총 486개로 구성 비율은 전단면내공변위계 79.0%, 라이닝응력계 10.9%, 간극수압계 9.9%, 토압계 0.2%이다. 손망실이 높은 순서는 토압계 100.0%, 간극수압계 85.4%, 라이닝응력계 71.7%, 전단면내공변위계 56.3% 순서로 나타났다.

표 6 Loss and damage ratio of tunnel maintenance monitoring sensor of Ho-Nam high speed railroad on 1 stage by section (Standard for 2016. 12 : elapsed 8-10 years) (Unit: word count)

Division	Total	Earth pressure meter	Piezometer	Lining stress meter	Transverse section displacement transducer
Total	486	1	48	53	384
Ratio(%)	100.0	0.2	9.9	10.9	79.0
Loss and damage	296	1	41	38	216
Loss ratio(%)	60.9	100.0	85.4	71.7	56.3
Raking	-	1	2	3	4

4.3 경부 및 호남 고속철도 터널 유지관리 계측센서의 손망실율 비교분석

경부고속철도2단계구간 터널 유지관리 계측센서는 2006년부터 2008년까지 설치 후 8년에서 10년이 경과된 2016년 12월 기준 총 319개 센서 중 209개가 손망실을 보여 총 손망실율은 66.8%이며, 3개 터널별로 손망실율은 최소 56.5%에서 최대 76.0%로 차이를 보였다.

호남고속철도1단계구간 터널 유지관리 계측센서는 2011년부터 2013년까지 설치 후 3년에서 5년이 경과된 2016년 12월 기준 총 486개 센서 중 296개가 손망실을 보여 총 손망실율은 60.9%이며, 18개 터널별로 손망실율은 최소 0%에서 최대 100%로 큰 차이를 보였다.

5. 국외 철도터널에 설치된 계측센서의 손망실율 분석

5.1 Channel tunnel 유지관리 계측센서의 손망실율

영국의 Channel tunnel(Euro tunnel)은 총연장 50.45km, 해저깊이 평균 45m, 단면크기는 주 터널 직경 7.6m, 서비스 터널 직경 4.8m, 건설기간은 1986년에서 1994년까지 약 7년이 소요되었다. 고속철도터널 유지관리계측은 총 14단면으로 주 터널에 7단면, 서비스 터널에 6단면, 주 터널과 서비스 터널을 연결하는 횡갱에 1단면이며, 1986년에 231개 진동현식 변형률계를 세그먼트라이닝에 설치하여 1991년까지 5년경과 후 손망실 수량은 32개로 손망실율은 13.9%를 보였고, Channel tunnel 유지관리 계측센서의 손망실율은 표 7과 같다(Meller. S, 1990).

표 7. Loss and damage ratio of tunnel maintenance monitoring sensor about Channel tunnel (Standard for 1991. 12 : elapsed 5 years) (Unit: word count)

Division	VWSG : Vibrating Wire Strain Gauges		
	Installation	Loss and damage	Loss and damage ratio(%)
Segment lining stress meter	231	32	13.9
Loss and damage ratio(%)	(loss and damage number / installation number) × 100= (32/231) × 100 = 13.9%		

5.2 Red line subway tunnel 유지관리 계측센서의 손망실율

미국 보스톤항의 Red line subway tunnel은 연장 366m, 굴착깊이 19.7m이며, 굴착단면은 단선병렬터널로 외경 6.7m, 콘크리트 라이닝 내경 5.0m이다. 지하철터널 유지관리 계측센서는 다양한 종류를 설치하였는데 1995년에 200개의 진동현식 변형률계를 콘크리트 라이닝에 설치하였고, 1998년 까지 약 3년경과 후 손망실 수량은 10개로 손망실율은 5.0%를 보였고, Red line subway tunnel 유지관리 계측센서의 손망실율은 표 8과 같다(Feldman et al., 1999).

표 8 Loss and damage ratio of tunnel maintenance monitoring sensor about Red line subway tunnel (Standard for 1998. 12 : elapsed 3 years) (Unit: word count)

Division	Installation	Loss and damage	Loss and damage ratio(%)	Ranking
Total	839	34	4.1	-
Concrete lining stress meter (Vibrating Wire Strain Gauges)	200	10	5.0	4
Crackmeter	506	8	1.6	5
Liquid level gauge	106	9	8.5	3
Liquid density gauge	19	5	26.3	1
Flowmeter	8	2	25.0	2
Loss and damage ratio(%)	(loss and damage number / installation number) × 100 = (34/839) × 100 = 4.1%			

5.3 국외 철도터널 유지관리 계측센서의 손망실율 비교분석

영국의 Channel tunnel 유지관리계측은 231개 진동현식 변형률계를 1986년에 콘크리트 라이닝에 설치하였고, 1991년까지 5년경과 후 손망실 수량은 32개로 손망실율은 13.9%를 보여 서울지하철5,6,7,9호선의 총 손망실율 14.2%에서 14.8%와 유사 하게 15%에 근접한 값을 나타냈다. 따라서 계측기 설치 후 5년의 터널 유지관리 계측센서 총 손망실율은 15%로 설정하는 것이 타당한 것으로 판단된다.

미국 보스톤항의 Red line subway tunnel 유지관리 계측센서는 1995년에 200개의 진동현식 변형률계를 콘크리트 라이닝에 설치하였고, 1998년 까지 약 3년경과 후 손망실 수량은 10개로 손망실율은 5.0%를 보였다.

6. 철도터널 유지관리 계측센서의 손망실율 비교

철도터널 유지관리 계측센서의 손망실율 비교는 표 9와 같다.

표 9 Comparison of loss and damage ratio of railroad tunnel maintenance monitoring sensor by elapsed years (Unit: word count)

Division		Elapsed years	Installation	Loss and damage	Loss and damage ratio(%)
Subway tunnel	Boston red line	3	839	34	4.1
High speed tunnel	Ho-Nam	3~5	486	296	60.9
Subway tunnel	Seoul metro line no. 5,6,7	5~6	591	84	14.2
Subway tunnel	Seoul metro line no. 9	5~6	655	97	14.8
High speed tunnel	Kyung-Bu	8~10	319	209	66.8

서울지하철5,6,7호선건설공사 도심지역 공사구간에 대한 터널 유지관리 계측센서는 1995년 설치 후 5년에서 6년이 경과된 2000년 3월 기준 총 591개 센서 중 84개가 손망실을 보여 손망실율은 14.2%이며, 서울지하철9호선1단계구간에 대한 터널 유지관리 계측센서는 2006년 설치 후 5년에서 6년이 경과된 2011년 8월 기준 총 655개 센서 중 97개가 손망실을 보여 손망실율은 14.8%로 유사한 값을 보여 합리적 산출결과로 판단된다.

경부고속철도2단계구간 터널 유지관리 계측센서는 2006년부터 2008년까지 설치 후 8

년에서 10년이 경과된 2016년 12월 기준 총 319개 센서 중 209개가 손망실을 보여 손망실율은 66.8%로 크게 나타났다.

호남고속철도1단계구간 터널 유지관리 계측센서는 2011년부터 2013년까지 설치 후 3년에서 5년이 경과된 2016년 12월 기준 총 486개 센서 중 296개가 손망실을 보여 손망실율은 60.9%를 보여 서울지하철5,6,7,9호선건설공사의 약 15%에 비해 4배의 손망실이 발생된 원인은 체계적이고 종합적인 계측관리가 미흡하였던 것으로 판단된다.

영국의 Channel tunnel 유지관리 계측센서는 231개 진동현식 변형률계를 1986년에 콘크리트라이닝에 설치하였고, 1991년까지 5년경과 후 손망실 수량은 32개로 손망실율은 13.9%를 보여 서울지하철5,6,7,9호선의 총 손망실율 14.2%에서 14.8%와 유사하게 15%에 근접한 값을 나타냈다.

미국 보스톤항의 Red line subway tunnel 유지관리 계측센서는 1995년에 200개의 진동현식 변형률계를 콘크리트 라이닝에 설치하였고, 1998년 까지 약 3년경과 후 손망실 수량은 10개로 손망실율은 5.0%를 보였다.

따라서 계측기 설치 후 약 5년의 철도터널 유지관리 계측센서 총 손망실율은 15%로 설정하는 것이 타당한 것으로 판단 되며, 약 10년의 기간에서 정밀 조사한 자료가 한정적이나 경부고속철도2단계구간의 경우 손망실율이 급격히 증가하여 66.8%를 보여 향후 10년 이상의 장기간 경과연수에 따른 추가적인 손망실율 연구와 국내 및 국외의 계측항목별 손망실율 연구가 필요한 것으로 판단된다.

7. 결 론

본 논문은 1995년부터 도시철도 터널 유지관리 계측기기가 최초 설치된 서울지하철 5,6,7호선과 2006년 설치된 서울 지하철9호선1단계구간의 손망실율을 분석하였으며, 2007년부터 고속철도 터널 유지관리 계측기기가 최초 설치된 경부 고속철도2단계와 2011년 설치된 호남고속철도의 손망실율을 분석하였다. 또한 1986년 설치된 영국과 프랑스의 Channel tunnel과 1995년 미국 보스톤항 Red line subway tunnel의 손망실율을 분석하여 상호 비교 연구를 수행하였으며, 연구결과는 다음과 같다.

1) 서울지하철5,6,7호선건설공사 도심지역 공사구간은 터널 유지관리 계측센서 설치 후 5년에서 6년 경과된 시점을 기준 하여 손망실율은 14.2%로 나타났다.
2) 서울지하철9호선건설공사1단계구간은 터널 유지관리 계측센서 설치 후 5년에서 6년

경과된 시점을 기준하여 손망실율은 14.8%로 나타났다.

3) 영국의 Channel tunnel 유지관리 계측센서 설치 후 5년 경과 후 손망실율은 13.9%를 보여 서울지하철5,6,7,9호선의 손망실율 14.2%에서 14.8%와 유사하게 15%에 근접한 값을 나타내 5년 경과연수에서는 15%로 설정하는 것이 타당한 것으로 판단된다.

4) 경부고속철도2단계구간 터널 유지관리 계측센서 설치 후 8년에서 10년이 경과된 시점을 기준하여 손망실율은 66.8%로 나타나 향후 10년 이상의 장기간 경과연수에 따른 추가적인 손망실율 연구와 국내 및 국외의 계측항목별 손망실율 연구가 필요한 것으로 판단된다.

5) 호남고속철도1단계구간 터널 유지관리 계측센서 설치 후 3년에서 5년이 경과된 시점을 기준하여 손망실율은 60.9%로 크게 나타나 서울지하철5,6,7,9호선건설공사의 약 15%에 비해 4배의 손망실이 발생된 원인은 체계적이고 종합적인 계측관리가 미흡하였던 것으로 판단된다.

참고문헌

1. Back, K. H., Oh, Y. S., Kim, Y. J., Kim, Y. G. (2002). "A study on efficiency of tunnel maintenance monitoring", Journal of Korean Tunnelling and Underground Space Association, Vol. 4, No. 4, pp.355-369.
2. Feldman., A.. I., Buechel,.G. .J. (1999). "Instrumentation program for Boston red line tunnel", 5th International Symposium on Field Measurements in Geo mechanics, pp.95-100.
3. KRRIST(Korail Railroad Research Institute of Science and Technology). (2017). A study on the optimization plan of maintenance monitoring for high speed railway tunnels", pp.30-45.
4. Lee, Y. J., Choi, Y. G. (2017). "A study on the efficient plan of maintenance monitoring for high speed railway tunnels", The Korean Society for Railway Autumn Conference, pp.40-43.
5. Meller, .S. (1990). Monitoring of channel tunnel instrumentation, Gage Technique Ltd., pp.1-31.
6. Woo, J. T., Lee, R. C. (2008). Construction monitoring engineering, Goomi Publishing Co., pp.15-25.
7. Woo, J. T. (2010). "Analysis techniques toward monitoring Seoul city subway line no.9 maintenance monitoring by the joint study with Industry-University - Institute", Korea Institute for Structural Maintenance and Inspection Spring

Conference, pp.40-43.

8. Woo, J. T., Lee, K. I. (2012a). "A study on establishment of measurement and analysis frequency of maintenance monitoring in tunnel", Journal of Korean Tunnelling and Underground Space Association, Vol. 14, No. 2, pp.117-129.

9. Woo, J. T., Park, J. H., Ji, H. S. (2012b). Estimation of construction, Kimoondang Publishing Co., pp.47-58.

10. Woo, J. T. (2013). “A study on estimation of the total loss and damage ratio of maintenance monitoring sensor of subway tunnel”, Journal of Korean Tunnelling and Underground Space Association, Vol. 15, No. 1, pp. 25-31.

11. Woo, J. T. (2017). “A Study on Behavior of the Earth Retaining Structure by Field Measurement and Numerical Analysis”, Journal of Korea Society of Disaster Information, Vol. 13, No. 3, pp. 286-295.

CHAPTER 1

3.2 흙막이 구조물계측 분석실무

3.2.1 지하철 정거장 흙막이 구조물 계측분석

본 분석사례는 도심지하철 정거장구간 흙막이 벽체거동 분석사례 연구(남순성, 권형석, 김현수, 2004년 한국지반공학회 가을학술발표논문집)를 수정 및 재편집하여 기술한 내용이다.

도심지하철 정거장구간 흙막이 벽체거동 사례 연구

A Case Study on the Behavior of Earth Retaining Walls for Deep Braced Excavation in Subway Site

SYNOPSIS

This paper describes the behavior of earth retaining walls for deep braced excavation in subway sites. The theoretical calculated horizontal earth pressures are compared with site measuring values obtained by an instrumentation system. On the results of the observation, the earth pressure acting on earth retaining walls shows trapezoid distribution and it can be known that the earth pressure induced in axial force of struts is similar to the earth pressure induced in horizontal displacements of soil. During the removal of lower struts, the earth pressure increases in small increment, whereas the removal of struts in the middle part induces apparent increment of the earth pressure in whole depth. The results of numerical analysis show that the installation and removal of struts make an effect to one upper or lower struts, but site-measuring values show that the installation and removal of struts in the middle part make an effect to three to five adjacent struts. Also during the removal of strut, there is large difference between the predicted earth pressure and the measured earth pressure so it can be observed that the back analysis using the measured earth pressure is useful to understand more precisely the behavior of the earth retaining walls. Also pre-jacking at struts can reduce the horizontal displacements of the wall and the settlement of the ground surface.

Keywords: Excavation, Lateral earth pressure, Strut, Back analysis, Instrumentation system

1. 서 론

흙막이 구조물은 지하 구조물 축조를 위한 임시 옹벽의 역할을 하는 것으로서 설계시 지반굴착에 따른 주변의 흙이나 물이 굴착 현장내로 유입되지 않도록 토압 및 수압에 안전하게 저항토록 해야 할 뿐 아니라 지하철정거장과 같이 도심지 깊은 굴착의 경우 에는 주위지반의 변위도 고려하여야 한다. 이를 위해서는 횡토압의 크기와 분포를 정확하게 파악하여야 하나, 지반굴착으로 인해 발생하는 횡토압 분포는 일반적으로 지반조건, 벽체강성, 지지방식 및 선굴착정도에 따라 달라지며, 또한 흙-구조물 상호작용에 의해 그 분포가 변화함으로 그 정확한 추정은 용이한 일이 아니다.

대개의 지하철정거장구간의 경우 흙막이 벽체로서 강재엄지말뚝과 목재 또는 콘크리트 토류판을 사용하는 연성벽체로서 지지구조로는 강재 버팀대와 하부 암반구간에는 록볼트를 사용하고 있다. 이러한 연성벽체의 경우, 굴착진행에 따른 토압변화는 지지방식과 선행 하중의 크기 여부에 따라 옹벽과 같은 강성벽체의 거동과는 상당히 다를 것이다. 따라서 흙막이 설계시 탄소성모델을 사용하여 굴착단계에 따라 해석을 하여 굴착진행 중의 벽체거동과 토압분포 등을 예측하고 있으며, 굴착완료 상태에서는 기존의 경험토압을 사용하여 벽체의 안정여부를 판단하고 있다. 그러나 굴착완료 후의 경험토압 적용은 굴착진행 중의 벽체거동 등을 알 수 없고 그 크기와 분포는 우리나라와 같은 다층지반에서는 횡토압을 정확하게 추정하는 것이 매우 곤란하다. 더욱이 가설 흙막이 공사에서 설계시 예측치 못한 과다한 토압이 작용한 경우에는 버팀대 해체시에 더욱 어려운 문제가 발생하여, 인접건물 뿐만이 아니라 신설중인 구조물의 축조 및 품질에 상당한 악영향을 미칠 수 있다. 따라서 이에 대한 대책으로서 현장계측을 실시하고 그 결과를 Feed-Back하여 설계 및 시공에 반영하여야 할 것이다.

본 사례연구에서는 버팀대로 지지된 흙막이 벽체의 시공시 버팀대 축력과 흙막이 벽체의 거동 계측결과를 정리하여 역해석함으로서 실제 토압분포와 크기를 설계시 사용된 이론 및 경험토압과 비교분석을 실시함으로써 그 적용성 여부를 판단하는 한편, 버팀대 해체에 따른 토압분포 양상 및 변화를 분석하고 이를 해석결과와 비교하여 버팀대 해체시의 안정검토 및 흙막이 벽체의 안정적 시공을 위한 기초자료를 제공하고자 한다.

2. 현장개요

2.1 정거장구간 흙막이구조단면

본 연구의 대상이 되는 현장은 도심의 지하철 정거장구간으로서 굴착깊이가 GL-32.0m 이며 굴착폭은 종방향 약 120m, 횡방향 약 30m이다. 두개의 계측기설치 단면에서의 계측자료를 연구대상으로 하였다. 굴착공사는 H-Pile+목재토류판에 의한 개착공법을 적용하였고, 지지방식은 강재버팀대를 사용하였다. 연구대상 단면은 그림 1과 같다(대전시 지하철 건설본부, 1997).

엄지말뚝 ; H-Pile 250×255×14×14, 간격 2m ~ 2.5m
버 팀 대 ; H-Beam 300×305×15×15, 상하좌우간격 (2.0~2.9)m × 2.5m 총 12 단
록 볼 트 ; (하부연암층 이하에 적용) l=3m, d=25mm 상하좌우간격 2m × 2m

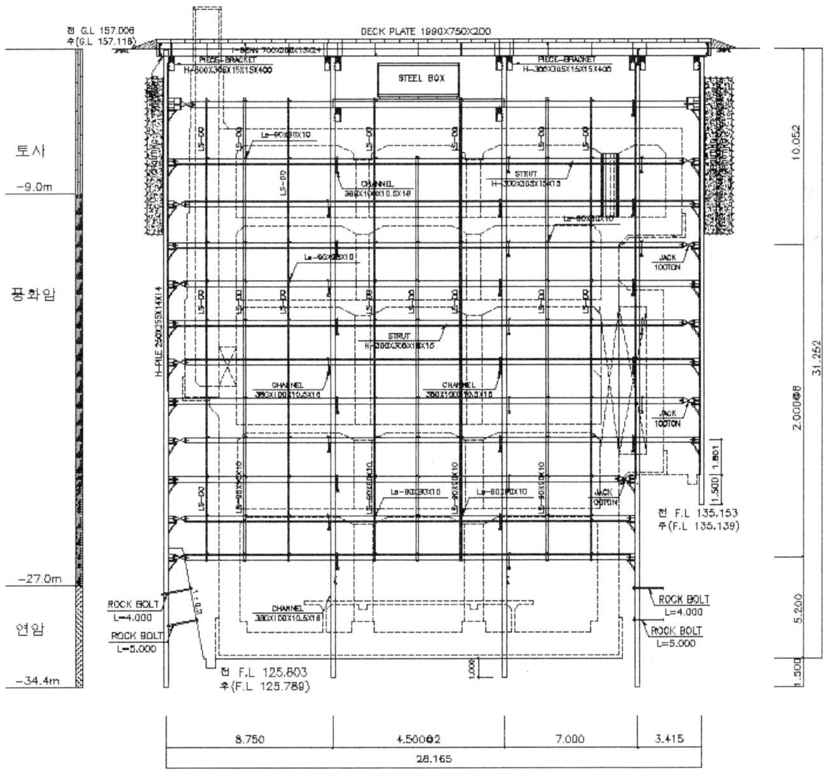

(a) A-A 단면

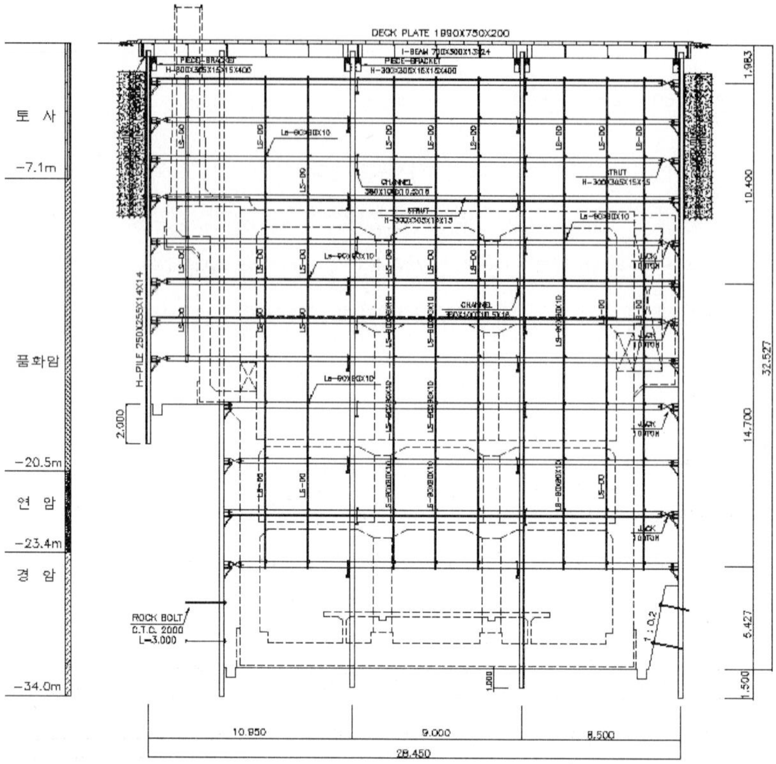

(b) B-B 단면

그림 1 가시설 단면도

2.2 지반개요

본 연구 대상 현장의 지질조건은 변성퇴적암류 및 이들을 관입한 쥬라기의 화강암류 및 백악기 내지 제3의 맥암류 등이 혼성되어 있으며 이들을 부정합으로 덮고 있는 충적층(점토, 실트, 모래, 자갈층 등)이 상부에 퇴적되어 있다. 지층구성상태는 지표면으로 부터 매립토층, 풍화토층, 풍화암층, 연암층, 경암층의 층서를 나타내며, 지하수위는 G.L-11.15m~12.0m에 분포하고, A-A단면이 B-B단면에 비해 풍화암층이 다소 두텁게 발달되어 있다.

매립토층은 점토, 세립 또는 중립질의 실트 모래 및 잔자갈을 함유하고 있으며, 지표하 7.0~7.5m 정도의 두께로 형성되어 있고 표준관입시험 N치는 4/30~13/30 정도이다. 풍화토층은 매립토층 하부에 1.0m~4.5m 두께로 분포하고 있으며 모암인 화강암류의 잔적토로서 원래의 암석 구조가 부분적으로 잔류하고 있고, N치는 15/30~50/25 정도로 상대밀도는 조밀한 편이다. 풍화암층은 중립내지 조립질의 담황색 내지 담회색상으로서 전반적으로 풍화가 상당히 진행되어 암석내부까지 심하게 변색되어 있고 세편상 코아가 부분적으로 채취되었으며, 9.5m~12m 두께로 분포하며 N치는 41/30~50/11 정도이다. 연암층은 절리, 균열, 파쇄대 등 지질구조대가 다수 발달하며 일부 암석내부에 변색 또는 착색 진행중에 있고 코아는 단주상 또는 세편상으로 채취되며 전반적으로 하부로 갈수록 암질상태는 신선 견고한 상태이다. 경암층은 연암층 하부에 형성되어 있으며, 암질은 매우 신선하며 밀착상태로 암반으로서는 매우 견고한 편으로서 RQD는 95%정도이나, B-B단면의 경우 굴착심도내에 분포하고 있는 연암 및 경암지층에서는 수직절리 또는 40~50°의 절리경사가 발달하고 있고 불연속면은 slickenside가 형성되어 있으므로 굴착시 토압증대의 가능성이 있다.

3. 계측결과

3.1 버팀대 축력 측정결과

그림 2(a)는 단면 A-A 구간에 대하여 굴착깊이별 버팀대에 설치된 하중계 축력 측정결과를 나타낸 것이다. 버팀대의 축력은 대략 20m 깊이까지 굴착이 진행됨에 따라 비례적으로 증가되는 경향을 보이고 있으며, 20m 이상이 되면 축력의 증가가 작아지고 있다. 특히 버팀대 5단등 일부 버팀대에서는 100ton 정도의 큰 축력을 보이고 있는데, 대략 굴착심도가 28m 정도인 시점에서 최대값이 나타나고 있다. 그림 2(b)는 단면 B-B 구간의 버팀대 축력을 나타낸 것으로 단면 A-A 구간과 유사한 경향, 즉 버팀대의 축력은 굴착이 진행됨에 따라 점차 증가되는 경향을 보이고 있다. 그러나 축력의 크기는 암반층 레벨이 단면 A-A 구간보다 높은데도 불구하고 크게 작용하고 있다. B-B 구간의 지층이 A-A 구간 보다 암반층의 레벨이 높은 데도 불구하고 축력이 비슷하거나 큰 것은 B-B 구간에서의 암반층 절리의 주향과 경사가 불리하게 형성된 것이 그 원인이라고 사료된다. 한편, 버팀대 1단 및 2단에 작용하는 축력은 그 수치가 상대적으로 작고, 굴착저면에 가까운 GL-30m 정도인 시점부터 다소 감소하며 안정화되는 경향을 나타내고 있다.

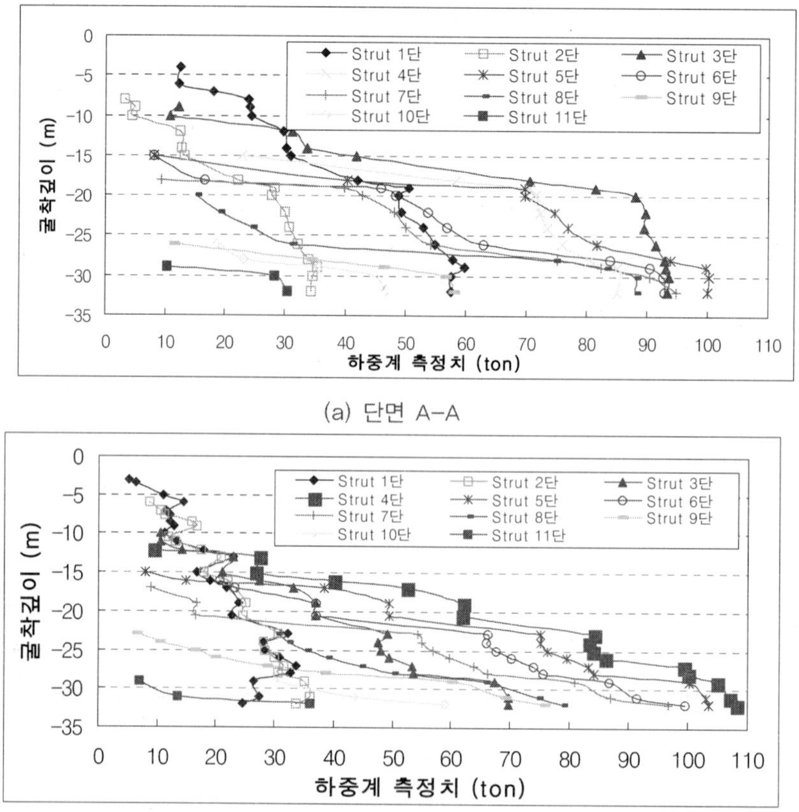

(a) 단면 A-A

(b) 단면 B-B

그림 2 버팀대 축력 측정결과

3.2 수평변위 측정결과

단면 A-A 구간 굴착부지 배면지반에 설치된 경사계(지중수평변위) 측정결과는 그림 3(a)와 같다. 이 항목 역시 굴착이 진행됨에 따라 수평변위량이 증가하는 것으로 나타났으며, 초기 4m 굴착시에만 배면측으로 변위가 다소 발생되었으나, 이후로는 모두 굴착측으로의 변위가 발생되었다. 최대변위의 발생시점은 GL-20~-24m 굴착진행시 나타나고 있는데, 굴착심도가 증가함에 따라 수평변위도 증가하고 있다. 그러나 이보다 깊은 심도를 굴착하게 되면 상대적으로 작은 변위를 보이는 것은 견고한 하부 암반층의 영향 때문인 것으로 판단된다. 최대변위가 나타난 곳은 GL-16m 부근으로 크기가 최대 40mm 정도까지 발생되었으나, 굴착깊이를 고려할 때 일반적으로 적용되는 관리기준치인 굴착심도의 1/300 범위내로 수렴되어 안정성은 확보되어 있는 것으로 사료된다.

단면 B-B 구간 굴착부지 배면지반에 설치된 경사계 측정결과는 그림 3(b)와 같다. 굴착이 진행됨에 따라 흙막이 벽체는 굴착측으로 변위가 발생되었으나, 지표면 부근과 굴착저면 부근에서는 배면측으로 변위가 다소 발생된 것으로 나타났다. 그러나 배면측 변위량은 굴착측으로 10mm 미만으로 발생되어 변위량은 크지 않은 것으로 측정되었다. 최대변위는 GL-25m~-29m 부근 굴착진행시에 나타났으며, 최대변위가 측정된 곳은 GL-13m 부근으로 A-A단면에 비해 지표면에 가까운 것은 토사층의 두께가 상대적으로 얇고 기반암이 높기 때문인 것으로 사료된다.

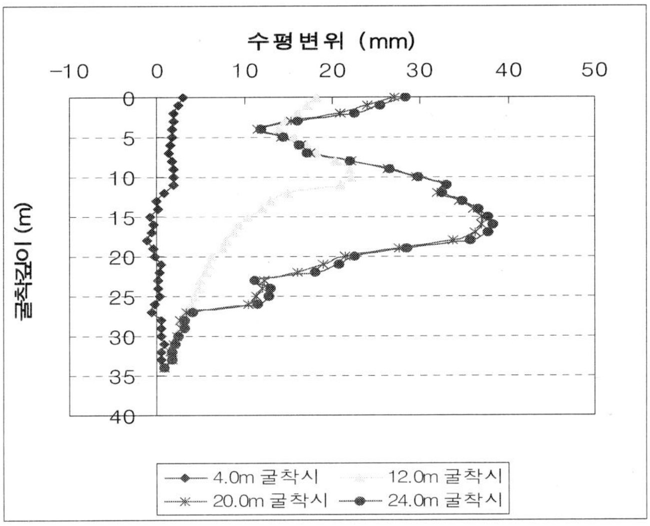

(a) 단면 A-A

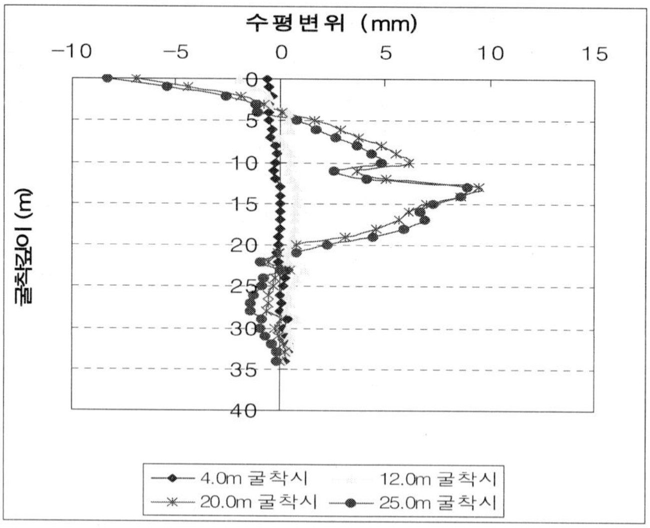

(b) 단면 B-B

그림 3 수평변위 측정결과

4. 굴착단계에서의 토압분포 분석

4.1 버팀대 축력으로 부터 환산한 배면토압

버팀대 축력 계측결과로부터 배면 토압 환산시 중점분할법(홍원표 등, 1995)을 이용하여 식 (1)과 같이 산정하였다.

$$p = \frac{P}{B \cdot L} \qquad 1)$$

여기서 p : 측방토압(t/m^2)

P : 하중계에 의해 실측된 버팀대 축력(ton)

B : 버팀대 수평 설치간격(m)

L : 중점분할법에 의한 엄지말뚝의 분담길이(m)

식 (1)을 이용하여 계측치로 부터 굴착단계별 토압을 환산한 결과는 그림 4와 같고, 굴착완료시의 심도별 토압분포는 그림 5에 도시하였다. 최종굴착시 굴착심도별 토압분포를 그리면 대체로 사다리꼴 형상을 띠는 것으로 나타나며, 최대값은 약 $20t/m^2$으로 두단면이 유사하였다. 한편, 최대토압은 A-A단면에서는 GL-8m~-18m에서 나타난 반면,

B-B단면에서는 GL-8m~-14m에서 최대토압이 나타나고 있어 상대적으로 최대토압이 분포하는 폭이 좁은데, 이는 B-B단면의 하단부 암반층이 A-A단면보다 높게 분포하고 있기 때문인 것으로 판단된다.

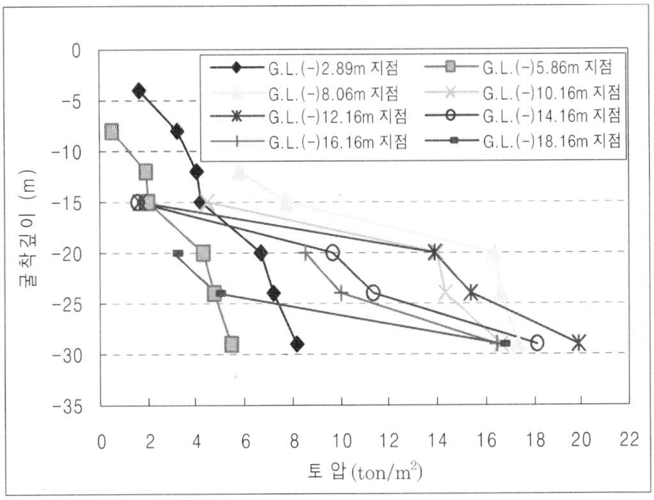

(a) 단면 A-A

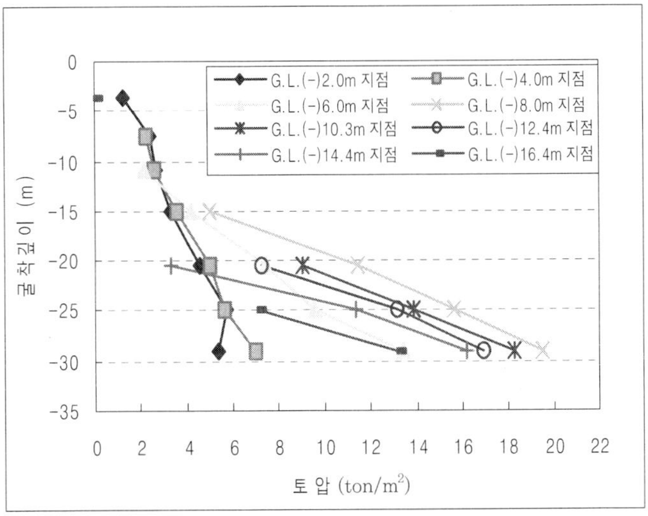

(b) 단면 B-B

그림 4 굴착단계에 따른 심도별 환산토압분포

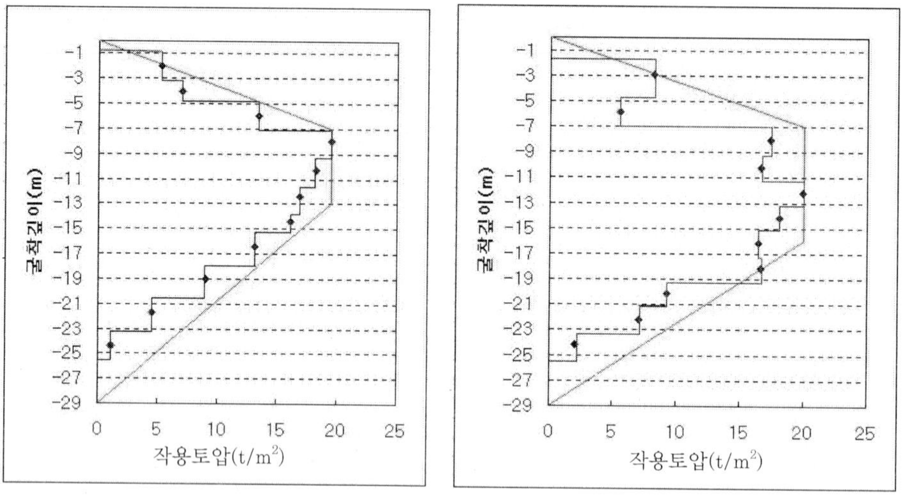

(a) 단면 A-A (b) 단면 B-B

그림 5 버팀대 축력으로부터의 환산토압분포(최종굴착시)

4.2 수평변위로부터 환산한 배면토압

경사계 계측 결과를 흙막이 벽체의 수평변위로 가정한 후, 경사계 수평변위로부터 역산되는 측방토압은 흙막이벽 배면에 단위하중을 작용시켰을 때 발생된 가상변위와 흙막이 벽체의 실측변위가 탄성영역에서 비례한다는 가정하에서 식(2)와 같이 산정하였다.

$$p = \delta_2 \frac{w}{\delta_1} \tag{2}$$

여기서 p : 수평변위에 의한 측방토압 (t/m^2)

δ_1 : 벽체의 가상변위 (m)

δ_2 : 벽체의 실측변위 (m)

w : 가상단위하중 (t/m^2)

식 (2)를 이용하여 대상단면에 작용하는 토압을 환산한 결과는 그림 6과 같다. 대상단면의 경사계 수평변위로부터 역산되는 굴착완료시의 토압분포도 역시 사다리꼴 분포로써 A-A단면의 경우 GL-14~-18m에서 최대 21.7t/m^{2}로 나타났으며, B-B단면의 경우 GL-10~-19m에서 최대 20t/m^{2}가 나타났다. 즉 버팀대 축력으로부터 구한 토압분포와 거의 유사한 분포형상을 보이고 있으며, 그 크기는 버팀대 축력에 의한 토압분포에 비해 약간 크게 나타났다.

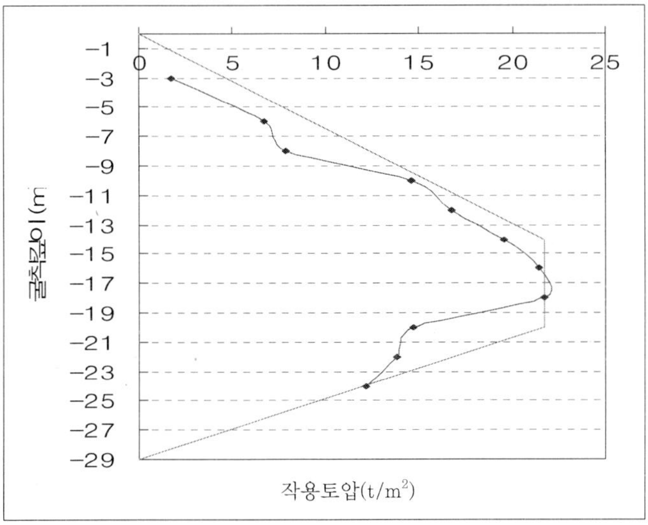

(a) 단면 A-A

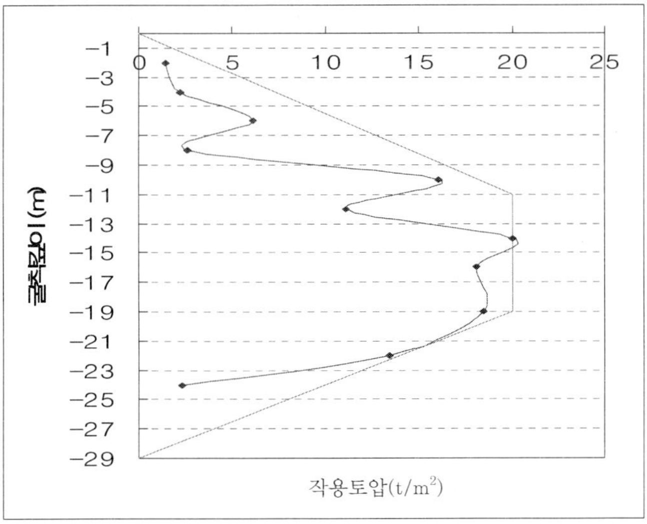

(b) 단면 B-B

그림 6 경사계 수평변위로부터의 환산토압분포 (굴착완료시)

4.3 기존 토압공식으로 산정한 토압과의 비교

다층지반으로 구성된 지반을 굴착할 경우, 이론 토압인 Rankine토압 및 Peck의 경험토압, 본 현장에서 실측한 버팀대(하중계) 및 경사계 측정결과로부터 유추한 토압을 비교해 보았다. 그림 7은 각 단면별 버팀대 지지에 의한 굴착완료 상태에서의 토압분포를 도시한 것이다.

토압분포특성을 살펴보면 하중계와 경사계로부터 유도된 토압양상이 사다리꼴로 서로 유사하지만, 토압의 크기는 기존 토압공식인 Rankine 토압과 Peck 토압 보다 크게 발생됨을 알 수 있다. 또한 굴착하부 암반층에서는 계측결과에 의한 토압이 암반층의 영향으로 감소함에 비하여 Rankine 토압 및 Peck 토압은 상부구간에 비하여 상대적으로 상대적으로 크기가 증가하는 토압분포특성을 나타내고 있다.

통상의 흙막이 설계시 굴착단계에서는 Rankine 토압을 적용하고, 굴착완료 단계에서 Peck 토압을 적용하여 안정성을 평가하는 것이 일반적이지만, 시공중 흙막이 벽체의 안정성을 평가할 경우에는 설계기준 토압보다는 계측결과에 의한 토압을 적용하여 평가하는 것이 바람직한 것으로 판단된다.

기존 공식에 의한 토압산정시 지반의 물성치등을 평균값으로 사용하였으나 지층별 지반물성치를 각 층별로 적용하여 실측값과 비교한 결과 지층별 지반물성치를 적용하는 것이 보다 합리적인 것을 알 수 있다. 따라서 향후 설계를 위하여 이를 적절히 적용할 수 있는 기준 마련을 위한 연구가 필요할 것이다.

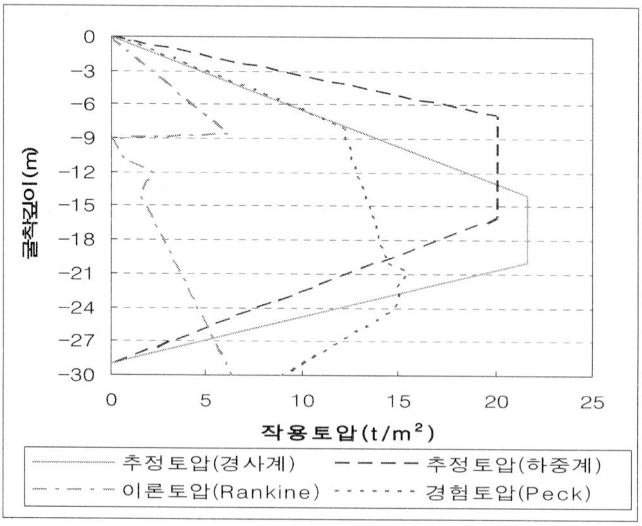

(a) 단면 A-A

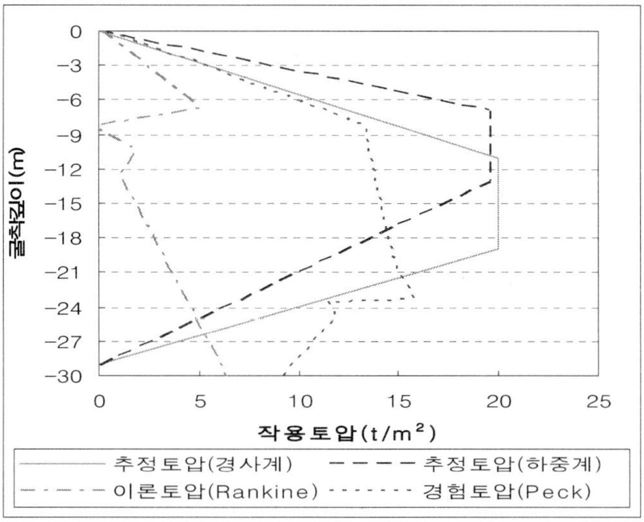

(b) 단면 B-B

그림 7 다양한 방식으로 산정된 토압분포

본 현장에서 실시한 각 버팀보별 하중계의 실측하중과 설계해석결과를 비교하면 표 1과 같다.

표 1 굴착단계별 버팀보 축력에 대한 계측치와 해석치의 비교 (단위 : ton)

구분	A-A 단면		B-B 단면	
	굴착단계별 실측 축력 (ton)	굴착단계별 정해석 (ton)	굴착단계별 실측 축력 (ton)	굴착단계별 정해석 (ton)
1단	25.13	22.37	8.35	14.95
2단	12.42	28.13	16.83	25.79
3단	33.70	25.08	18.25	20.88
4단	54.21	12.81	34.85	13.92
5단	34.28	19.60	33.75	15.73
6단	28.78	22.26	22.93	21.04
7단	46.83	27.24	40.59	21.31
8단	67.34	17.92	29.99	18.79
9단	46.37	21.42	40.00	26.02
10단	35.57	24.91	38.27	31.83
11단	28.18	28.41	29.80	38.97
12단	-	27.55	-	36.93

*굴착단계별 실측축력은 정해석에서 산정된 축력과 비교하기 위하여 직하부의 버팀대를 설치하기 전까지의 측정값중 최대값을 명시한 것임.

5. 버팀대 해체시 벽체의 거동

5.1 버팀대 해체 공정

대상 현장의 경우 버팀대에 작용하는 축력이 크게 나타나므로, 해체시 가시설물의 안정성을 증대시키기 위하여 다음과 같이 해체함을 기본으로 하였다.

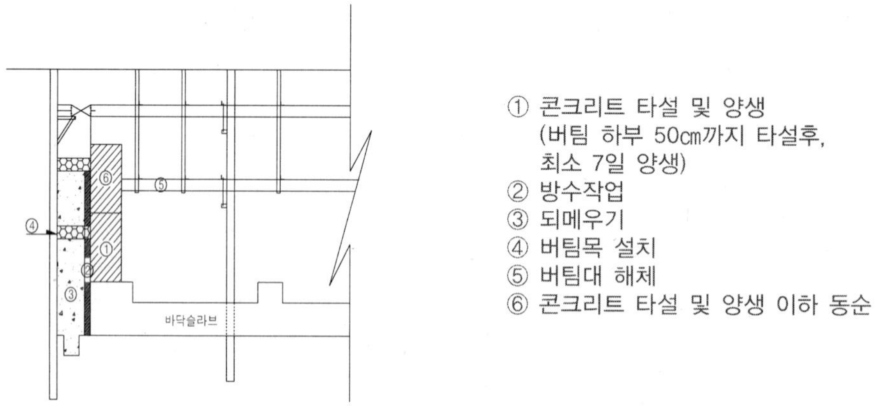

그림 8 버팀대 해체공정

5.2 단계별 해체에 따른 토압의 변화

5.2.1 단면 A–A

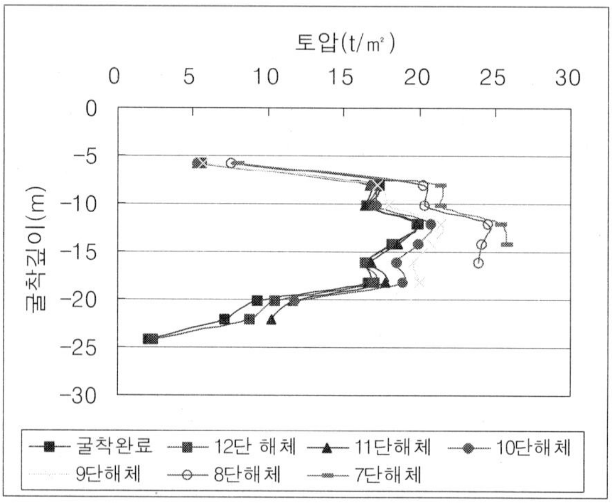

(a)해체단계별 토압분포

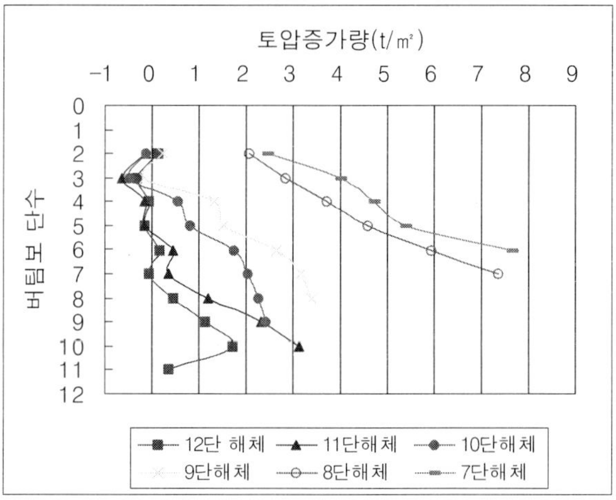

(b)토압증가량

그림 9 단계별 해체시 토압분포 및 증가량(단면 A-A)

단면 A-A의 버팀대 7단까지 해체 완료된 상태에서 버팀대 해체공정에 따른 버팀대 축력 변화를 식(1)의 방식으로 환산하여 토압분포를 나타내면 그림 9와 같다. 여기서 그림 9(a)는 버팀대 12단부터 7단까지의 해체시 전체 토압분포를 나타낸 것이고 그림 9(b)는 해체전후의 토압증가량을 도시한 것이다. 최하단인 버팀대 12단 해체시에는 11단보다 10단에서 토압증가가 크게 발생되었는데 이는 지층구조 변화에 따른 것으로 11단이 위치한 지점이 10단이 위치한 지점에 비해 보다 강한 조건의 암반층인 때문으로 판단된다. 버팀대 11단 해체시에는 버팀대 6단까지 토압의 변화가 발생되었고, 버팀대 10단에서 가장 큰 토압의 변화가 나타났다. 또한, 버팀대 10단 해체시 토압은 4단까지 영향을 주고 있다. 이러한 경향은 이후로도 유사하게 나타나는데, 해체 직상부 버팀대에서 토압이 가장 크게 증가하고 있으며, 대략적으로 상부 5개 버팀대까지 해체의 영향을 받는 것으로 평가된다. 전반적으로 해체시 가장 큰 토압은 지표하 12m에서 관측되었다. 한편 사다리꼴 토압에서 중앙부에 위치한 버팀대 7단을 해체하는 경우에는 상부 전체에서 직선적으로 토압이 증가하고 있으며, 해체 직상부 버팀대의 토압증가량이 $7t/m^2$ 이상이고, 횡방향 전체작용토압의 크기도 $25t/m^2$의 매우 큰 값을 보이고 있다.

5.2.2 단면 B-B

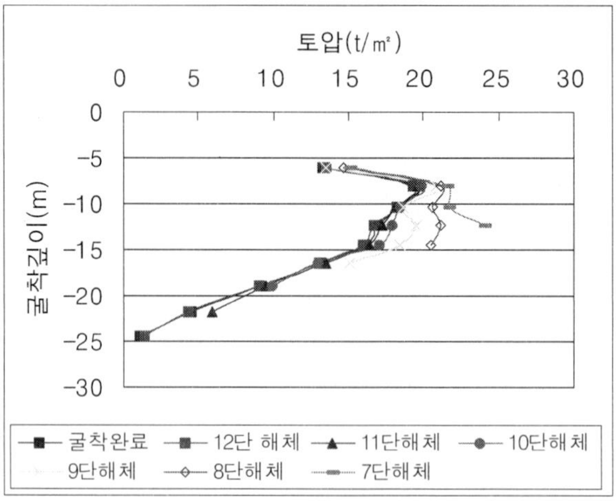

(a)해체단계별 토압분포

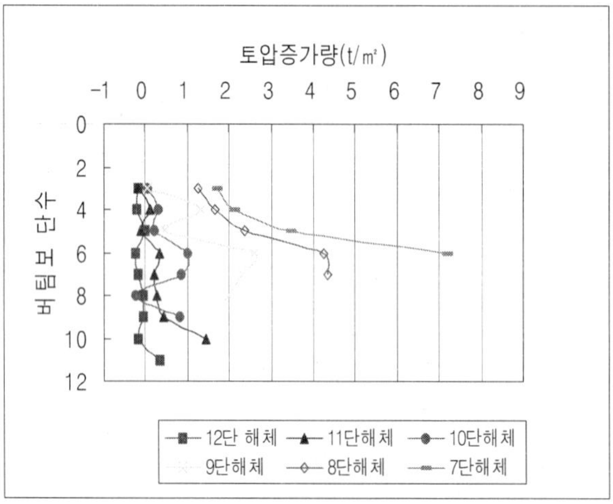

(b)토압증가량

그림 10 단계별 해체시 토압분포 및 증가량(단면 B-B)

단면 B-B 구간에 대해서는 버팀대 7단까지 해체 완료된 시점까지 버팀대 축력 측정결과를 토압으로 환산하여 토압분포를 도시하였다. 버팀대 해체공정에 따른 토압분포를 나타내면 그림 10과 같다. 전반적으로 버팀대를 해체함에 따라 토압분포가 증가되는 형태를 보이고 있다. 버팀대 11단 해체시 직상부인 버팀대 10단에서 토압이 가장 크게 증가하고 있으며, 대략적으로 상부 5개 버팀대까지 미소하지만 해체의 영향을 받는 것으로 평가된다. 이러한 경향은 버팀대 10단~7단 해체시에도 유사하게 나타나고 있다. 사다리꼴 토압에서 중앙부에 위치한 버팀대 7단을 해체하는 경우에는 상부 전체에서 토압이 증가하고 있으며, 해체 직상부의 버팀대 각 단별 토압증가량이 4~7t/m^2 이상이고, 횡방향 전체작용토압의 크기도 20~25t/m^{2}의 매우 큰 값을 보이고 있다. 이와 같은 경향은 단면 A-A와 동일하다.

5.3 지중수평변위

그림 11은 굴착작업 완료후 가시설 해체작업에 따른 지중수평변위를 도시한 것이다. 단면 A-A구간의 수평변위를 나타낸 그림 11(a)를 살펴보면, 8단 해체시 수평변위는 24m 심도에서 해체 작업전에 비해 최대 15.4mm 증가가 발생되었다. 수평변위 발생경향은 굴착하부에서는 해체가 진행됨에 따라 변위도 증가하는 경향을 나타내며, 굴착상부 및 중앙부에는 해체에 따라 변위의 증감이 불규칙적으로 발생되어 버팀대 7단 해체시에는 해체작업전 보다 배면측으로 변위가 발생되었다. 통상적으로 흙막이벽체의 안정성을 평가하는 기준 수평변위가 H/300임을 고려하면, 안정적인 상태에서 수평변위의 증감이 반복적으로 나타남을 알 수 있다.

단면 B-B구간의 수평변위를 나타낸 그림 11(b)에 의하면, 수평변위 형태는 그대로 유지한 채 증감을 반복하다가 버팀대 7단 및 8단 해체시 변위가 크게 발생되는 양상을 보이고 있다. 이는 해체시 토압증가 그래프가 버팀대 9단 해체까지는 토압증가가 상대적으로 작은 값을 보이다가, 버팀대 8단 해체 이후 토압증가가 급격히 나타나는 그림 10과 유사한 결과로 판단된다. 또한 수평변위 양상이 해체작업 이전부터 이후까지 동일하게 나타나는 것은 구조물 벽체가 축조되더라도 변위양상이 달라지지 않는 것으로 볼 수 있다.

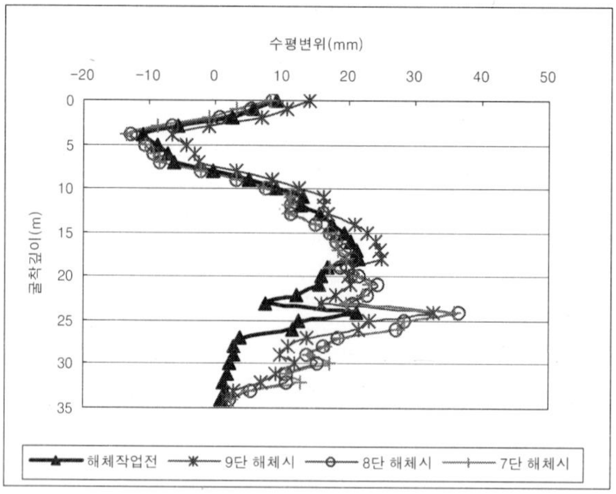

(a) 단면 A-A

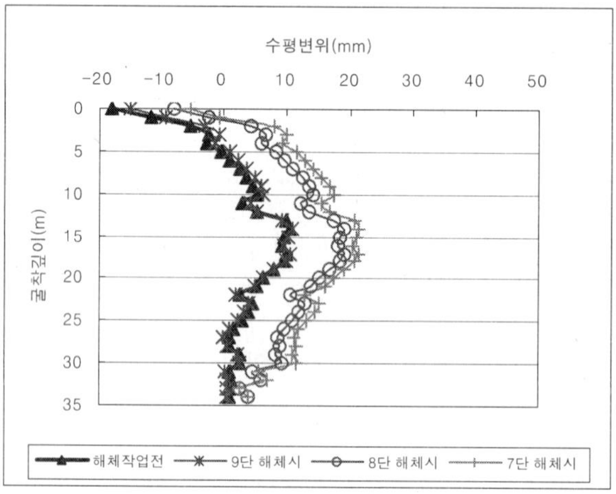

(b) 단면 B-B

그림 11 해체단계별 지중수평변위

6. 가시설 벽체의 거동분석

6.1 수평변위

그림 12는 버팀대 4단(GL-8.0m), 버팀대 6단(GL-14m 심도) 및 버팀대 10단(GL-22m) 위치에서의 수평변위에 대한 시간적 변화를 나타낸 것이다. 단면 A-A의 경우 굴착과정에서 수평변위가 급격히 증가하다가 굴착완료시점에서는 변위가 감소하며 수렴되다가 버팀대 해체와 더불어 다시 수평변위가 증가되는 경향을 보여주고 있다. 여기서 버팀대

4단 및 6단은 사다리꼴 토압분포에서 최대값이 나타나는 위치이고, 10단은 토압분포의 사다리꼴 경사부로서 토압이 감소되는 위치이다.

단면 B-B에서는 굴착과정에서 상대적으로 작은 수평변위가 발생되다가 가시설 해체가 진행됨에 따라 수평변위가 급격히 증가되는 경향을 나타내고 있다. 두 경우에서 굴착 중 변위발생 양상은 상이할 수 있으나, 해체과정에서는 수평변위가 모두 증가됨을 알 수 있다.

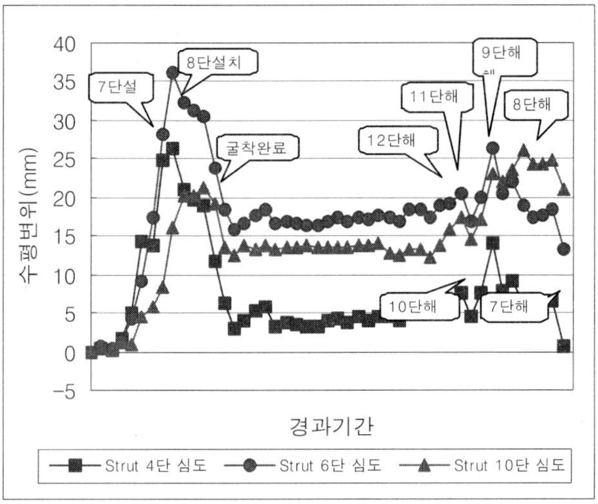

(a) 단면 A-A

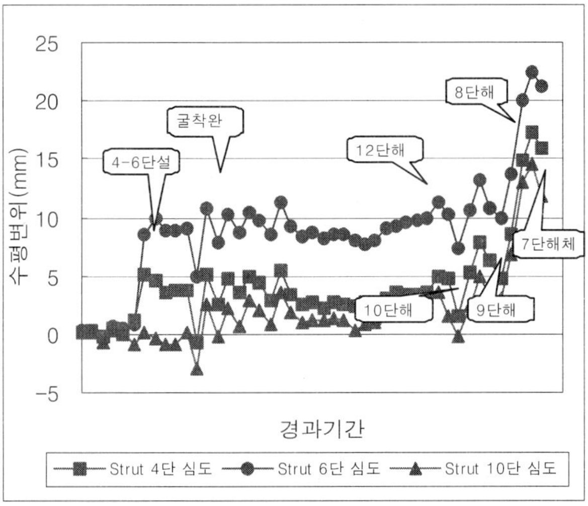

(b) 단면 B-B

그림 12 심도별 수평변위 경시변화

6.2 버팀대 축력 변화

그림 13은 버팀대 4단, 버팀대 6단 및 버팀대 10단의 축력을 시공 전과정에 따라 그 변화를 도시한 것이다. 버팀대 10단은 사다리꼴 토압의 하부에 위치하여 토압이 작으며, 설치 후 해체까지의 존치기간이 상대적으로 작아 점진적인 증가추세는 나타나지만 뚜렷한 변화양상은 보이지 않고 있다. 또한, 버팀대 6단에서는 버팀대 7단이 해체된 현재까지 두 단면 모두 약 125t의 축력이 측정되었으며, 버팀대 해체시에도 굴착시와 같이 축력이 증가하는 것이 관측되었다.

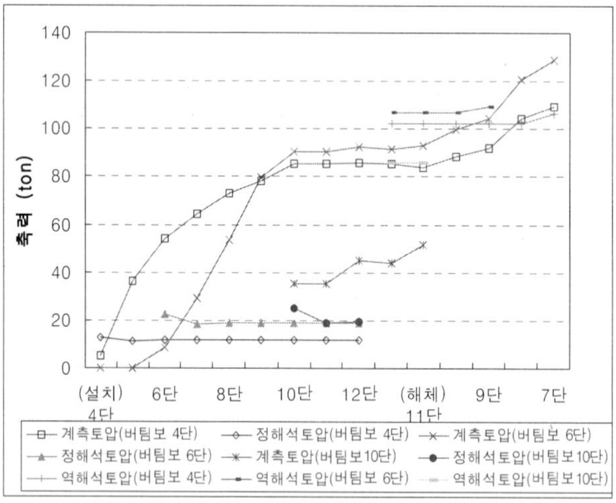

(a) 단면 A-A

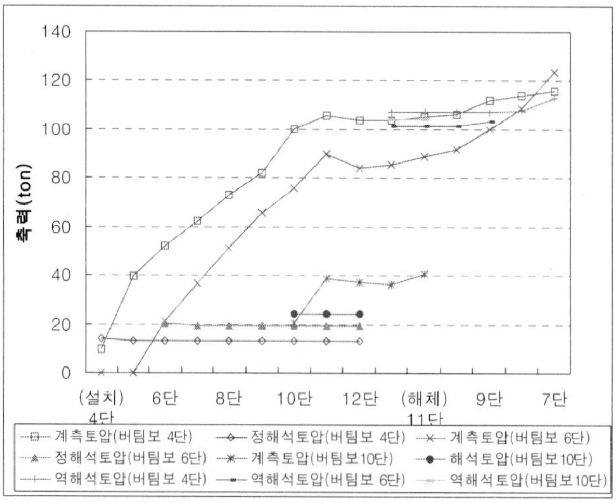

(b) 단면 B-B

그림 13 버팀대 4단, 6단 및 10단에서의 축력변화 추이

6.3 실측값과 해석에 의한 토압 비교

흙막이 가시설 해석시에 범용 프로그램인 SUNEX(Ver w5.0)를 이용하여 단면해석을 실시하였다. 그 해석결과와 계측결과를 비교하여 정리하면 표 2 및 표 3과 같고, 이를 각각의 그래프로 정리하면 그림 13과 같다.

일반적인 설계개념으로 해석을 실시할 경우(정해석), 발생되는 토압은 실측토압과 비교하여 매우 작게 나타났다. 이는 단계별 굴착깊이 및 지보재 설치시기 등 실제 시공조건이 설계에서 통상적으로 가정한 조건과 상이하기 때문일 것이다.

해체공정에서의 흙막이 가시설 구조물의 해석은 시공여건이 반영된 계측결과를 토대로 역해석을 실시해 보았다. 본 현장과 같이 버팀대와 앵커 및 록볼트등이 함께 적용된 경우, 안전을 위하여 토압분포는 버팀대의 축력과 경사계의 지중수평변위 계측결과로부터 환산한 토압을 모두 아우르는 형상을 채택하여 역해석을 실시하였다.

역해석 결과를 토대로 본 현장의 해체시 흙막이벽체의 구조적 안전성을 점검하였으며, 해체작업시 버팀대에 작용하는 하중의 변화상태를 측정한 결과, 계측결과로 구한 토압을 벽체에 작용시키면서 버팀대 해체시 거동을 해석하게 되므로 계측결과에 비교적 근접하였다. 따라서 해체단계에서 흙막이 벽체의 안정성을 평가하기 위해서는 계측결과를 반영한 역해석을 수행하여야 보다 신뢰성 있는 결과를 얻을 수 있음을 알 수 있다.

또한 계측토압과 해석토압과의 차이점은 정해석시에는 해체버팀대에 최근접하는 1개단의 버팀대에서만 영향을 미치고 이외에는 거의 영향을 받지 않지만, 계측토압의 경우 한 단의 버팀대를 설치하거나 해체하였을 때 인접 3~5개단의 버팀대에서 영향을 받는 것을 알 수 있다.

표 2 계측축력 및 해석축력 비교(단면 A-A) (단위 : ton)

공정	버팀대 4단			버팀대 6단			버팀대 10단		
	계측토압	정해석	역해석	계측토압	정해석	역해석	계측토압	정해석	역해석
4단설치	5.1	12.8		-	-		-	-	
5단설치	36.3	11.4		-	-		-	-	
6단설치	54.3	11.6		8.5	22.2		-	-	
7단설치	64.5	11.6		29.0	18.1		-	-	
8단설치	73.2	11.6		53.9	19.1		-	-	
9단설치	78.4	11.6		79.5	19.0		-	-	
10단설치	85.0	11.6		90.5	19.0		35.5	24.9	
11단설치	85.0	11.6		90.5	19.0		35.5	18.8	
12단설치	85.5	11.6		92.5	19.0		45.0	19.5	
12단해체	85.0	-	102.1	91.5	-	106.6	44.0	-	85.6
11단해체	84.0	-	102.1	93.0	-	106.6	51.5	-	85.6
10단해체	88.1	-	102.2	99.5	-	106.6	-	-	-
9단해체	91.7	-	102.1	104.0	-	109.2	-	-	-
8단해체	104.0	-	102.1	120.5	-	-	-	-	-
7단해체	109.1	-	106.2	129.0	-	-	-	-	-

표 2 계측축력 및 해석축력 비교(단면 B-B) (단위 : ton)

공정	버팀대 4단			버팀대 6단			버팀대 10단		
	계측토압	정해석	역해석	계측토압	정해석	역해석	계측토압	정해석	역해석
4단설치	9.6	13.9		-	-		-	-	
5단설치	39.7	12.8		-	-		-	-	
6단설치	52.1	12.8		21.0	20.1		-	-	
7단설치	62.3	12.8		36.9	19.2		-	-	
8단설치	73.1	12.8		51.2	19.5		-	-	
9단설치	82.2	12.8		65.6	19.3		-	-	
10단설치	99.9	12.8		75.8	19.3		20.2	24.2	
11단설치	105.8	12.8		89.6	19.3		38.4	23.9	
12단설치	103.7	12.8		84.0	19.3		37.1	23.9	
12단해체	103.7	-	107.3	85.5	-	101.4	36.1	-	104.0
11단해체	105.3	-	107.3	88.6	-	101.4	40.5	-	104.0
10단해체	106.4	-	107.3	91.7	-	101.3	-	-	-
9단해체	111.8	-	107.3	99.9	-	103.1	-	-	-
8단해체	113.9	-	107.4	108.6	-	-	-	-	-
7단해체	116.1	-	113.1	123.5	-	-	-	-	-

7. 선행하중 도입에 따른 흙막이 거동분석

최종 실측토압을 미리 선행하중(Pre-Jacking)을 도입한 경우에 대해 굴착단계별 정해석을 실시함으로써 선행하중을 도입하지 않은 본 현장의 실측변위 및 설계변위와 각각 비교하여 보았다. 분석결과를 고찰하여 보면, A-A단면의 경우 그림 14에 나타난 바와 같이 현장에서 실측된 최대계측변위량이 34.8mm인데 비하여 계측치의 50%를 선행하중으로 도입할 경우 4.81mm로 벽체변위량을 감소시킬수 있는 것으로 나타났다. 또한, B-B단면의 경우에도 실측된 최대계측변위량이 9.17mm인데 비하여 선행하중으로 도입할 경우 6.35mm로 벽체변위량이 감소함을 알 수 있다.

그림 15는 caspe이론으로 굴착시 발생되는 흙막이벽체 배면의 거리별 침하량을 나타낸 것으로서, 최대침하량이 선행하중 도입전에 비하여 A-A단면의 경우 최대 30.44mm에서 7.63mm로 감소하고, B-B단면의 경우 최대 22.19mm에서 8.44mm로 감소하는 시킬수 있는 것으로 나타났다.

7.1 흙막이 벽체 수평변위

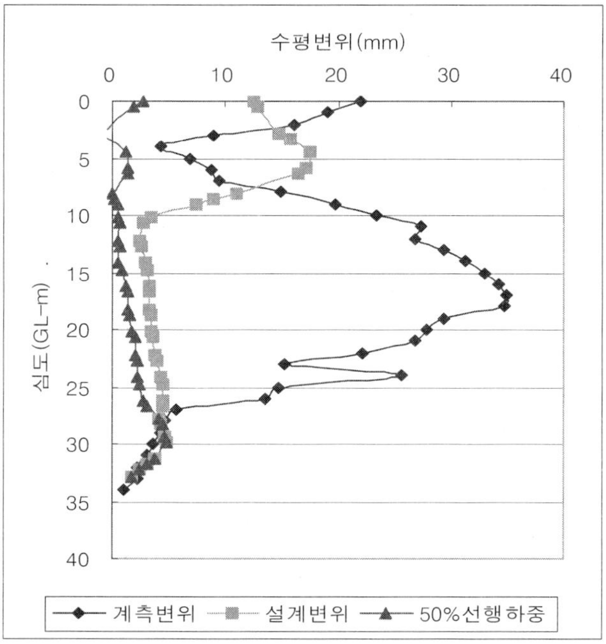

(a) A-A 단면

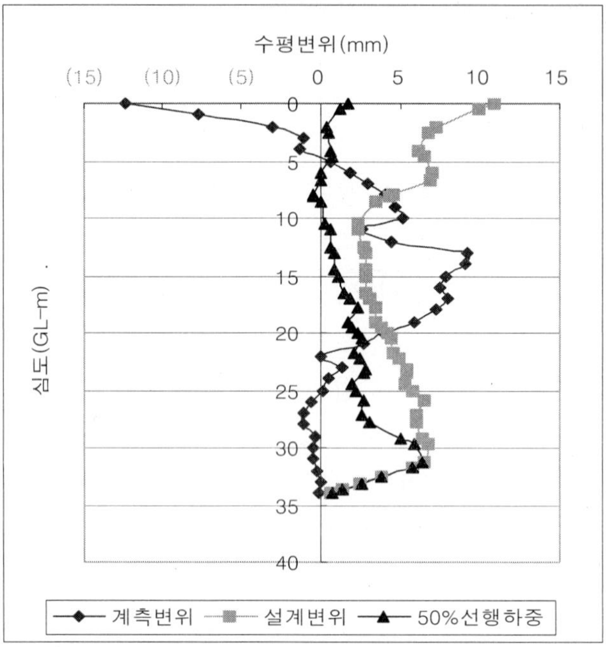

(b) B-B 단면

그림 14 굴착완료시 수평변위(계측치, 설계치, 선행하중50%)

7.2 인접지반의 침하

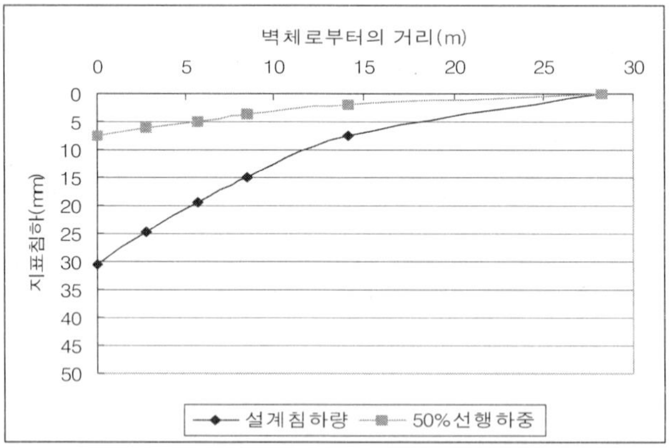

(a) A-A 단면

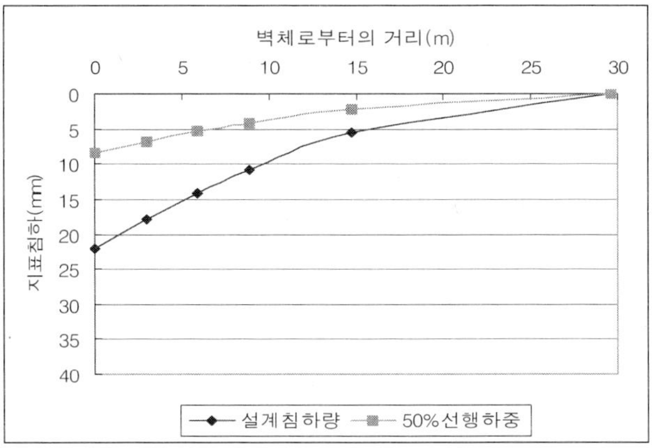

(b) B-B 단면

그림 15 굴착완료시 지표침하량(설계치, 선행하중50%)

8. 결 론

도심 지하철정거장 개착식공법 현장의 계측결과 중 버팀대 축력과 흙막이 벽체의 수평변위(경사계 계측결과)를 중심으로 분석 한 결과 다음과 같은 결론을 얻었다.

(1) 버팀대 축력과 흙막이 벽체의 수평변위로부터 역해석 기법을 활용하여 흙막이 벽체에 작용하는 토압을 산정해 보았다. 토압분포 양상은 경험토압에서와 같이 사다리꼴로 나타났으나, 수평변위로부터 산정한 토압이 버팀대로 추정한 경우보다 최대값 부분이 아래에서 나타났고, 최대토압의 크기가 다소 크며, 전체 토압크기도 소폭 큰 것으로 나타났다. 이는 버팀대 하부의 록볼트로 보강한 암반구간의 토압이 반영되었기 때문인 것으로 사료된다.

(2) 본 현장과 같이 버팀대와 앵커 및 록볼트등이 함께 적용된 경우, 안전을 위하여 토압분포는 버팀대의 축력과 경사계의 지중수평변위 계측결과로부터 환산한 토압을 모두 아우르는 형상을 채택하여 역해석 하여야 할 것으로 사료된다.

(3) 버팀대의 설치 및 해체시, 해석적 기법에 따르면, 최근접 버팀대가 거의 대부분 영향을 받는 것으로 계산되나. 실측결과 인접 3~5개단의 버팀대에도 영향을 미치는 것으로 관측되었다.

(4) 수평변위로부터 역해석하여 구한 토압분포에 의하면 하부 암반구간의 경우 그 부분의 토압의 크기 및 분포가 록볼트가 감당하는 토압인 것으로 추정된다. 향후 이 부

분의 록볼트 축력계측결과와의 비교검토가 요구된다.

(5) 해체시 굴착단면 중앙부에 위치한 버팀대를 해체하는 경우에 축력변화는 당초 설계시 예측한 것에 비하여 인접 버팀대의 축력 증가율이 매우 큰 것으로 나타났는데, 계측결과로부터 역해석한 토압분포를 적용하여 해체시 버팀대의 축력변화를 산정한 결과 실측치와 유사하게 나타났다.

(6) 본 현장의 계측결과로부터 역해석한 토압을 근거로 버팀대 설치시 선행하중을 가하여 흙막이 벽체의 거동과 인접지반의 침하를 산정해 본 결과, 적절한 선행하중의 도입이 벽체의 수평변위와 인접지반의 침하를 매우 효과적으로 억제할 수 있는 것으로 판단된다.

(7) 선행하중(Pre-Jacking)을 도입할 경우 흙막이벽체의 변위발생을 상당량 억제할 수 있을 것으로 예상되지만, 선행하중에 의하여 흙막이 가시설 부재에 발생되는 응력거동특성에 대해서는 현장 계측을 통하여 굴착 및 해체시의 변화특성을 분석하고, 설계시 적용할 수있는 기준 마련에 대한 연구가 필요하다.

참고문헌

1. 김명모, 김홍택(1992) 흙막이 구조물(Ⅲ), 한국지반공학회지, Vol.8, No.1
2. 김영묵, 박준식(2001) 개착식 가시설물의 거동 분석 및 평가, 한밭대학교 건설안전기술 논문집 제1권 pp.35.
3. 대전시 지하철 건설본부(1997) 대전도시철도 1호선 1-6공구(T-1) 건설공사 지반조사보고서.
4. 한국지반공학회(1992) 굴착 및 흙막이 공법, 지반공학시리즈 3.
5. 홍원표, 윤중만(1995) "지하굴착시 앵커지지 흙막이벽 안정성에 관한 연구", 대한토목학회논문집, Vol.15, No.4, pp.991-1002
6. 김영묵, 홍창표, 정영수(2003), "깊은 굴착 및 버팀대 해체시 흙막이 벽체의 거동", 2003 대한토목학회 정기학술대회 논문집, pp.3796-3799.
7. Bowles, J.E.(1988) Foundation Analysis and Design, McGraw Hill Book Company pp.471-491.
8. Chang-yu Ou, Pio-Go Hsieh and Dar-Chang Chiou(1993) Characteristics of Ground Surface Settlement During Excavation", Canadian Geotech. J. Vol 30, pp.758-767.
9. Clough, G.W., Smith E. M., and Sweeney B.P.(1987) Movement Control of Excavation Support Systems by Iterative Design, Found. Eng. Vol. 2, ASCE,

Proc. of Congress, pp.869-884.

10. Lambe, T.W.(1970) Braced Excavation, Proceedings of the Speciality Conference on Lateral Stresses in the Ground and Design of Earth-Retaining Structures, ASCE, pp.149-218.

11. Terzaghi, K. and Peck, R. B.(1967) "Soil Mechanics in Engineering Practice", 2nd Edition, John Wiley and Sons, pp.394-413.

12. Tschebotarioff, G.P.(1973) Foundations, Retaining and Earth Structure, 2nd Edition, McGraw-Hill, pp.415-432.

3.2.2 현장계측과 수치해석에 의한 지하철 정거장 흙막이 구조물 거동 비교분석

본 분석사례는 현장계측과 수치해석에 의한 흙막이구조물의 거동 비교분석(우종태, 한국재난정보학회 논문집, Vol.13, No.3, 2017.9.30, pp286-295)를 수정 및 재편집하여 기술한 내용이다.

현장계측과 수치해석에 의한 지하철 정거장 흙막이 구조물 거동 비교분석

A Study on Behavior of the Earth Retaining Structure by Field Measurement and Numerical Analysis

In this study, it is compared various coefficients of subgrade reaction for application of numerical analysis based on measured data by using various theories and empirical formula. The ratio of the maximum and minimum value is 6.80 at the top of wall but it is 1.06 at the maximum displacement point depends on change of calculated coefficient of subgrade reaction. The data of displacement were generally similar considering an increment of a coefficient of subgrade reaction. And the results of comparison of the displacement at the maximum displacement point by numerical analysis and measured data show similar displacement shape.

본 연구는 경사계에 의한 지중수평변위 계측값을 중심으로 수치해석에 적용하기 위한 지반반력계수를 다양한 이론 및 경험식으로 산출하여 비교하였다. 산정된 지반반력계수의 변화에 따라 벽체 최상단에서는 벽체변위의 최소값과 최대값의 차이가 6.80배로 크게 났으나, 최대 변위점에서는 차이는 거의 없는 1.06배로 나타나 지반반력계수의 증분에 비해 변위의 차이는 작으며 전체적으로 비슷한 값을 나타내었다. 또한 최대변위 발생점에서의 변위를 수치해석한 결과와 계측치로 비교한 결과 변위형상은 비슷하게 나타났다.

1. 서론

최근 우리나라는 급속한 경제발전에 따른 도시화와 지하 공간개발로 인하여 대규모의 굴착 건설공사가 진행되고 있다. 이러한 대규모 굴착 건설공사는 사고 발생시 큰 피해를 유발하게 되므로 보다 안전측의 설계를 하거나 건설 신기술 및 신공법을 도입하여 시공하는 사례가 많아지고 있다.

이러한 문제를 해결하기 위하여 정보화 시공인 계측관리 기법이 도입되었으며 이 방법은 설계, 시공을 계획하고 시공이 진행되는 동안 구조물의 설계자료와 거동 예측자료를 현장계측자료와 비교 검토함으로써 안전상태를 판단하여 위험가능성이 발생할 경우에는 신속하고 적절한 보강대책을 강구할 수 있도록 정량적인 수치자료를 제공하여 공사 안전관리에 도움을 주고 있다(Kim et al., 2016).

흙막이벽체는 지하 구조물 축조를 위한 일시적인 토류시설로서 역할을 하는 것으로서 설계시 지반굴착에 따른 토압 및 수압에 안전하게 저항해야 되며, 굴착주변 지반의 변위도 안전하게 관리되어야 한다(Woo et al., 2016).

일반적으로 개착공법은 흙막이 벽체로서 강재엄지말뚝과 목재 등을 사용하는 연성벽체로서 지지구조로는 강재 버팀보와 하부 암반구간에는 어스앵커 또는 록볼트 등을 사용하고 있다. 이러한 연성벽체의 경우, 굴착진행에 따른 토압변화는 지지방식과 선행 하중의 크기 여부에 따라 옹벽과 같은 강성벽체의 거동과는 상당히 다를 것이다(Woo et al., 2015).

일반적으로 토목구조물의 설계는 많은 가정을 포함한 이상화된 모델에 의하여 설계되므로 시공시 예기치 못한 과도한 토압이 작용하면 흙막이 벽체뿐만 아니라 인접 건물 등에 큰 영향을 미치기 때문에 현장계측을 실시하고 그 결과를 피드백하여 설계 및 시공에 반영하는 노력이 필요하다(Woo et al., 2017).

흙막이 구조물 설계시 일반적으로 탄소성모델에 의한 수치해석기법으로 굴착단계에 따라 해석을 하여 굴착진행 중의 벽체거동과 토압분포 등을 예측하고 있으며, 굴착완료상태에서는 기존의 경험토압을 사용하여 벽체의 안정여부를 판단하고 있다.

본 연구는 경사계에 의한 지중수평변위 계측값을 중심으로 29m 깊이로 굴착이 수행된 흙막이구조물의 현장계측 자료를 분석하였고, 수치해석에 적용하기 위한 지반반력계수를 다양한 이론 및 경험식으로 산출하여 비교하였다. 또한 계산된 지반반력계수를 탄소성법의 범용프로그램에 입력시켜 구한 벽체변위와 계측치를 굴착완료시와 최대변위 발생점으로 구분하여 비교 분석을 실시함으로서 흙막이 벽체 설계 및 시공에 이용할 수 있는 정량적인 자료를 제시하고자 한다.

2. 현장계측 수행 및 결과 분석

2.1 현장계측 수행

본 연구대상 지역은 그림 1 및 그림 2와 같이 서울 강남구의 동부간선도로에서 지하철3호선과 분당선이 교차되는 지역으로 수서정거장 환승층 및 분당선정거장으로 시공된 지점이며, 굴착폭은 31m, 굴착깊이는 29m로 흙막이구조물은 강재엄지말뚝과 토류벽을 사용한 흙막이 지지구조로써 토사층인 지표부터 18m하부에는 6단의 버팀보를 설치하였으며, 암반층인 하부 18m에서 29m에는 5단의 어스앵커를 설치하면서 굴착이 수행되었다.

굴착에 따른 지반의 거동을 파악하기 위한 계측항목으로 지중수평변위, 지하수위, 버팀보 축력에 대한 계측을 실시하였으며(John Dunnicliff, 1988), 대표단면 계측지점인 41K125지점에 지중수평변위계 2개소, 지하수위계 2개소, 버팀보축력계 1단에서 5단까지에 5개소를 설치하여 약 1년 6개월 동안 현장계측을 수행하였다(SMGOSC, 1993).

시추조사 결과 토사층은 실트질 모래로 구성되어 있으며, 지표면 아래 3.8m까지 분포하고 표준관입시험에 의한 N치는 3회/30㎝~4회/30㎝로 매우 느슨한 편이다. 풍화토층의 두께는 6.1m로서 모래섞인 자갈층으로 표준관입시험에 의한 N치는 23회/30㎝~35회/30㎝로서 중간정도의 조밀한 상대밀도 분포이다. 풍화암층은 암이 부식된 상태로 원형코아는 형성되지 않고 두께는 약 1.0m이며 표준관입시험에 의한 N치는 50회/18㎝~50회/1㎝의 대단히 조밀한 상태이다. 연암층은 암반이 풍화작용을 받아 균열 및 절리가 발달하였으며, 풍화대가 협재한 편이다(SMGOSC, 1993).

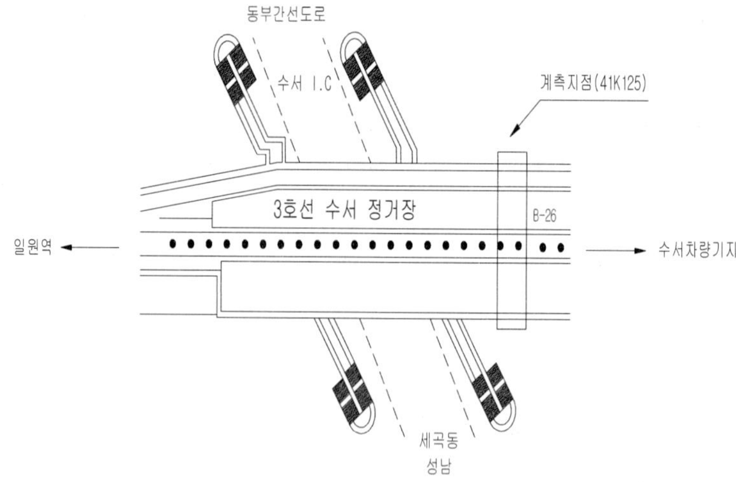

그림 1 Plan view of measurement point

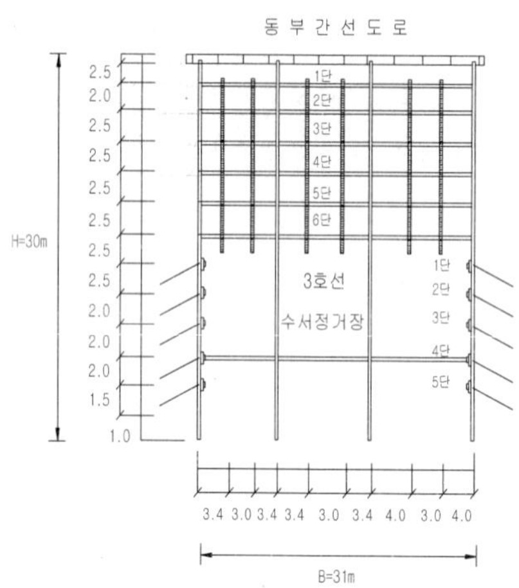

그림 2 Cross-sectional view of measurement point

2.2 현장계측 결과 분석

1) 지중수평변위

경사계에 의해 지중수평변위 계측 결과 그림 3과 같이 굴착을 완료한 후 지표면아래 10.5m지점에서 굴착전면으로 112.12mm의 최대변위가 발생하였으며, 지표면에서의 수평변위는 굴착전면으로 34.46mm의 변위가 발생하였다. 그리고 지표면아래 16.5m에서

22m까지는 연암층에도 불구하고 약60mm의 변위가 발생하였는데 이것은 지보재 설치지연 및 지하수위의 감소에 의한 과다변위로 판단된다.

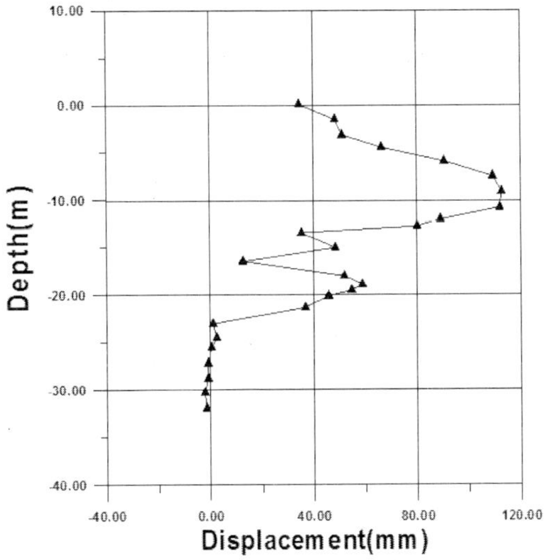

그림 3 Underground horizontal displacement

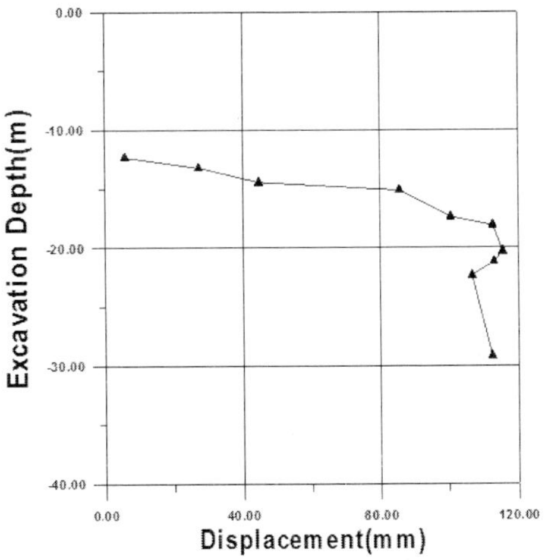

그림 4 Displacement at the maximum displacement point according to excavation

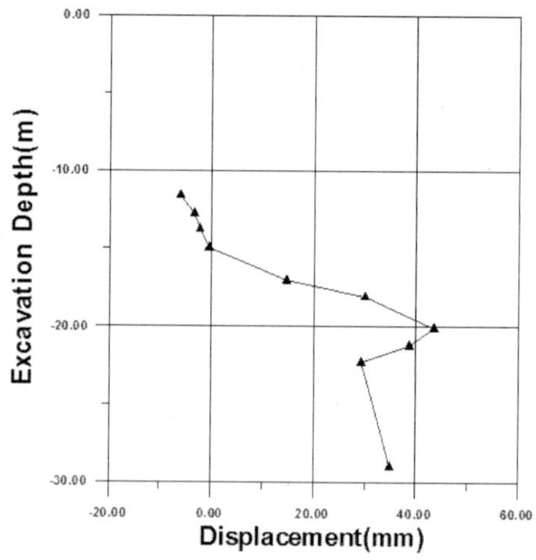

그림 5 Displacement at the surface according to excavation

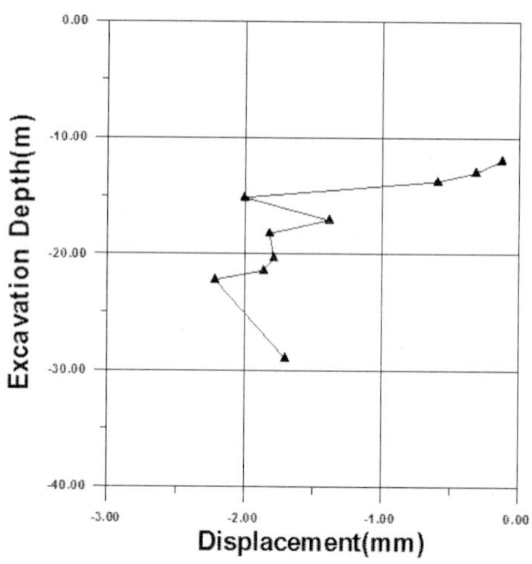

그림 6 Displacement of excavating the bottom according to excavation

지반굴착의 진행에 따라 벽체의 최대 변위 발생점에서의 굴착에 따른 변위는 그림 4 지표면에서의 굴착에 따른 변위는 그림 5, 굴착 바닥면에서의 굴착에 따른 변위는 그림 6과 같다.

그림 4와 그림 6에서와 같이 지중수평변위는 15~20m전후를 굴착할 때 가장 많은 수평변위가 발생하였는데 그 이유는 그림 7에서와 같이 15~20m굴착시 급격한 지하수위

저하로 인한 유효응력의 증가로 인하여 지반의 각 지점에서 탄성변위를 유발시킨 것으로 판단된다.

2) 지하수위

지하수위계를 설치하여 지하수위를 측정한 결과 초기 측정수위가 최고수위이며, 굴착에 따라 지하수위가 저하되어 굴착 완료 후에는 지표면아래 21.1m에서 수위변동이 거의 없었다.

강우량이 적어 계절적인 지하수의 영향특성은 뚜렷하게 나타나지 않으며, 굴착에 따른 지하수위 변동은 그림 7에서와 같이 15~20m 굴착시 갑작스런 변화가 있었는데, 이곳의 토층은 풍화암이 15~16m이고 그 아래는 연암층이며 갑작스런 지하수의 유출은 굴착에 따라 암반의 절리가 대기 중에 노출되어 절리를 따라 지하수가 유출되었기 때문인 것으로 판단된다.

굴착깊이에 따른 버팀보의 축력변화는 그림 8과 같다.

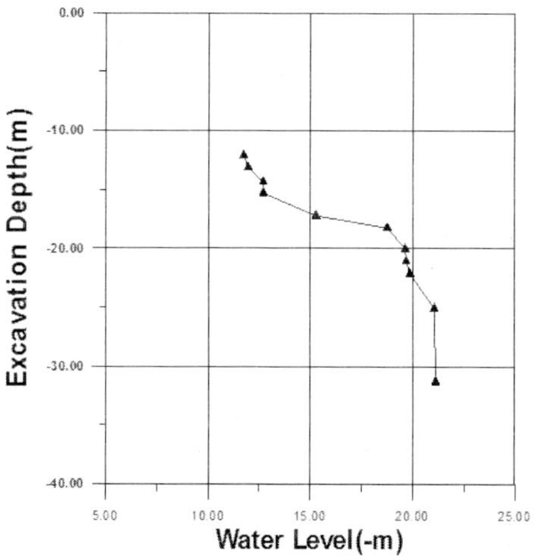

그림 7 Change of groundwater level according to excavation

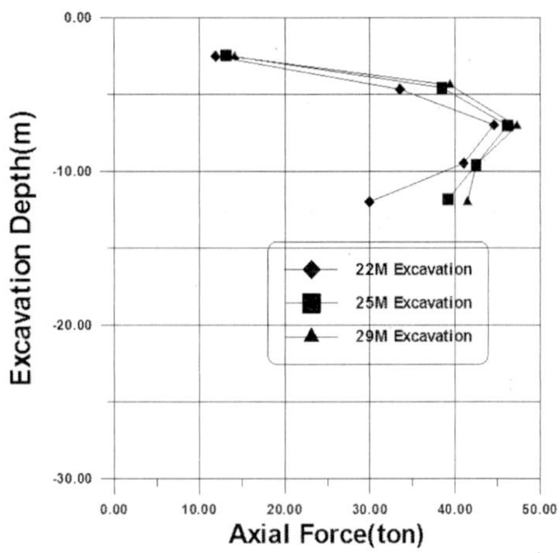

그림 8 The axial force change of strut according to depth of excavation

3. 수치해석 및 분석

3.1 지반반력계수 산정

기초에 작용하는 하중에 대한 지반침하의 비를 지반반력계수(Coefficient of subgrade reaction)라 하며, N치에 의한 지반반력계수와 점착력과 내부마찰각에 의한 지반반력계수로 구분하여 산정하였다.

1) N치에 의한 지반반력계수 산정

수평지반반력계수를 산정하는 방법은 일반적으로 표준관입시험에서 구한 N치에 의해서 지반반력계수를 구할 수 있으며, 표준관입시험값은 현장표준관입치를 Peck, Hanson & Thornburn에 의해 제안된 경험식에 의해 환산하여 사용하였다(G.Rantucci., 1989).

$N' = CNNF = 0.77NF \cdot \log(20/0.1030\sigma')$ –① ($\sigma' > 2.44$ tonf/m^2인 경우)

여기서, N'는 수정 표준관입치, N_F는 현장 표준관입치, CN은 보정계수로 정의한다. 식 ①에 의해 환산된 표준관입치는 표 1과 같다.

표 1 Modify standard penetration value

Division	Measured standard penetration value	Modified standard penetration value
Soil	5	6
Decomposed soil	27	25

N치에 의한 지반반력계수 산정은 후쿠오까 제안, 테르자기 제안, 요코야마 제안, 일본 토질공학회 제안을 이용하여 산정하고 그 결과를 비교하였다.

(1) 후쿠오까 제안

후쿠오까는 점성토, 사질토, 사력암층에 보링을 실시하여 N치와 Kh의 관계를 대수 그래프로 나타내었고, 실측에 의한 데이터를 정리하여 95% 신뢰도의 값을 대표값으로 하여 아래의 식으로 표현하였다.

Kh=0.691N0.406 (kgf/㎤) ②

여기서, Kh 는 수평지반반력계수, N 는 수정 표준관입치로 정의한다.

단위의 통일을 위해 1.0kgf/㎤=1,000tonf/m3, 1.0tonf/m3=10KN/m^3적용하였다.
수정 표준관입치로 수평지반반력계수를 계산한 결과 토사는 N값이 6일 때 15,000KN/m^3, 풍화토는 N값이 25일 때 25,000KN/m^3로 계산되었다.

(2) 테르자기 제안

테르자기는 지반반력계수와 표준관입치의 관계를 점토와 사질토로 구분하여 그림 9와 그림 10에 나타내었고, 두 그림을 비교해 보면 같은 N값일 때 점토에서의 수평지반반력계수가 사질토인 경우보다 10배 이상 큰 값을 나타내었다.
수정 N값인 토사 6인 경우 그림 10에서 수평지반반력계수는 0.23kgf/㎤인 2,300KN/m^3로 산출되었다.

가)

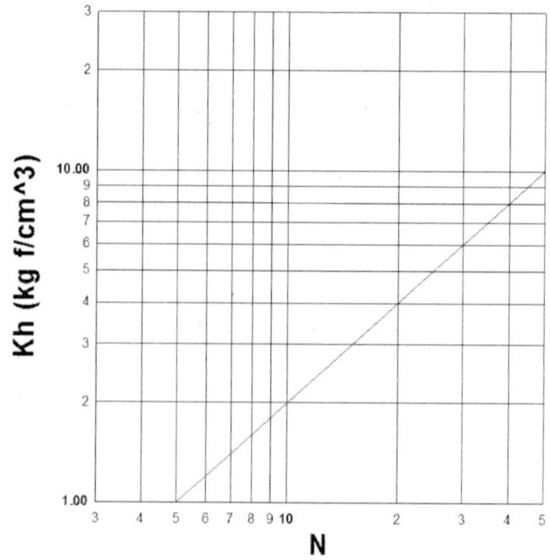

그림 9 Kh of Terzaghi(clay)

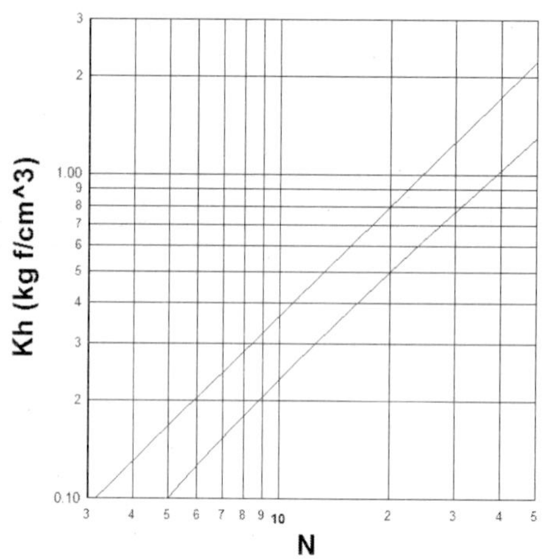

그림 10 Kh of Terzaghi(sandy soil)

(3) 요코야마 제안

이 값은 말뚝의 횡저항 시험에서 역산한 수치이며, 점성토와 사질토로 나누어 시험결과를 정리하면 그림 11과 같다. 이때 정지토압계수가 0.80~0.85범위에 있는 점성토와 정지토압계수가 1−sinϕ인 사질토로 나누어 수평지반반력계수 추정식을 표 2에 나타내었다.

수정 N값인 토사 6인 경우 그림 11에서 수평지반반력계수는 2,500KN/m^3로 산출되었다.

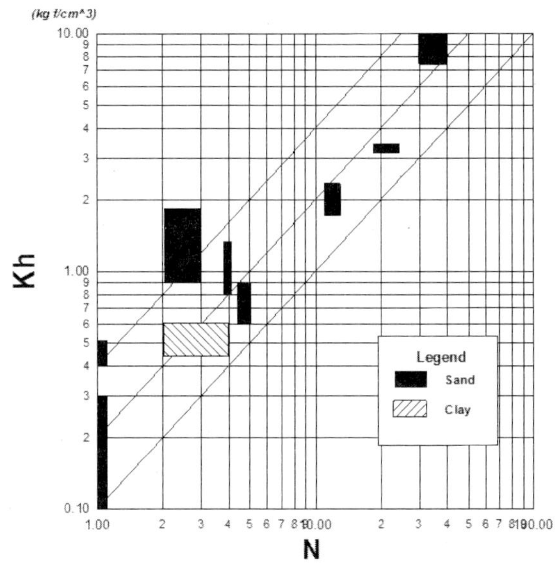

그림 11 Relationship of N values and Kh by Yokoyama

수정 N값으로 수평지반반력계수를 표 2에 의해 계산한 결과 토사는 N값이 6일때 3,750KN/m^3, 풍화토는 N값이 25일때 15,620KN/m^{3}로 계산되었다.

표 2. Relationships of N values and K_h By Yokoyama

Division	Earth pressure at rest	Horizontal subgrade reaction modulus
clay	Earth pressure at rest to 0.8 to 0.85	Kh=C Kh : horizontal subgrade reaction modulus(kgf/cm^3) C : soil cohesion(kgf/cm^2)
sandy soil	sum of earth pressure at rest(K_0=1−sinϕ) and water pressure	Kh= N/16 Kh : horizontal subgrade reaction modulus(kgf/cm^3) N : N value in Front of the excavation face

(4) 일본토질공학회 제안

일본토질공학회에서 토류벽 해석시 표 3의 지반반력계수가 쓰이고 있다.

표 3 N values and coefficient of subgrade reaction in sandy soil and clay

sandy soil		clay	
N value	K value(kgf/cm^3)	N value	K value(kgf/cm^3)
N≤10	0.1~0.5	N≤2	0.1~0.5
10 〈N≤20	0.5~1.5	2 〈N≤5	0.5~1.0
20 〈N≤30	1.5~2.5	5 〈N≤10	1.0~2.0
30 〈N≤40	2.5~3.0	10 〈N≤15	2.0~3.0
40 〈N≤50	3.0~3.5	15 〈N≤30	3.0~4.0
50 〈N≤100	3.5~5.0	30 〈N≤50	4.0~5.0

수정 N값으로 수평지반반력계수를 표 4에 의해 산출한 결과 토사는 N값이 6일 때 0.3 kgf/cm^3이므로 3,000KN/m^3, 풍화토는 N값이 25일 때 2.0kgf/cm^3이므로 20,000KN/m^3로 산출되었다.

2) 점착력과 내부마찰각에 의한 지반반력계수 산정

통상적인 토질실험에서 구해지는 점착력과 내부마찰각을 이용하여 경험적으로 지반반력계수를 구할 수 있으며, 지반의 내부마찰각이 0일 때의 수평지반반력계수는 식③과 같다.

$$Kh=500\ [1+C/4]\ (tonf/m^3) \qquad ③$$

여기서, Kh는 수평지반반력계수, C는 점착력($tonf/m^2$)

토질실험에서 토사의 점착력은 18.4$tonf/m^2$, 풍화토의 점착력은 29.6$tonf/m^2$로 위의 식으로 계산한 결과 수평지반반력계수는 토사가 28,000KN/m^3, 풍화토가 42,000KN/m^3로 계산되어 점착력과 내부마찰각에 의해 구해지는 수평지반반력계수가 표준관입시험치에 의해 구해지는 수평지반반력계수보다 상당히 큰 값을 나타내었다.

3) 지반반력계수 비교

수정 표준관입치인 N치를 후쿠오까, 테르자기, 요코야마, 일본토질공학회에서 제안한 값과 점착력과 내부마찰각에 의하여 수평지반반력계수를 산정한 결과는 표 4와 같다.

토사층을 기준으로 테르자기에 의해 산정된 지반반력계수가 가장 작으며, 점착력과 내부마찰각에 의해 산정된 값이 가장 크게 나타났다(Lee et al., 2008). 또한, 풍화암과 연암은 표준관입시험에 의한 N치를 구하는 것이 불가능하므로 지반반력계수를 C,ϕ에 의해 구한 80,000KN/m^3과 120,000KN/m^3을 입력하여 수치해석을 실시하였다.

표 4 Coefficient of subgrade reaction(Kh) calculation

Division	Coefficient of subgrade reaction(KN/m^3)					
layer	modified N	Fukuoka	Terzaghi	Yokoyama	Japanese Society of Soil Mechanics	Estimatedto C, ϕ
clay	6	15,000	2,300	3,750	3,000	28,000
sandy soil	25	25,000	20,000	15,620	20,000	42,000

3.2 수치해석 순서

흙막이구조물의 수치해석은 탄소성보법을 이용하여 단계별 굴착 해석이 가능한 범용프로그램인 SUNEX를 사용하였다. 본 프로그램은 지반을 탄소성 거동을 하는 스프링으로 가정하고, 벽체의 횡방향 지지를 위해 지반반력계수를 사용하여 단계별굴착과 지보공에 따른 흙막이벽의 변위, 전단력, 휨모멘트 및 지보공의 축방향력을 계산한다.

표 4와 같이 각각의 산정식에 의해 산정된 지반반력계수로 해석을 수행하였으며, 해석대상지점의 토류구조물은 그림 2와 같이 엄지말뚝과 토류판으로 되어 있으며, 최상단은 1단의 I빔이 설치되었고, 그 아래로 6개단의 버팀보가 설치되었으며, 암반부에는 1단의 횡대와 5개단의 앵커가 설치되었다.

해석은 굴착과 함께 버팀보 및 어스앵커 설치를 총 13단계로 나누어 해석하였으며, 각 해석단계는 다음과 같다.

1단계 : 복공판 하부의 I빔 설치를 위해 4.0m까지 굴착
2단계 : I빔 설치 후 6.5m까지 굴착
3단계 : 1단 버팀보 설치 후 8.5m까지 굴착
4단계 : 2단 버팀보 설치 후 11.0m까지 굴착
5단계 : 3단 버팀보 설치 후 13.5m까지 굴착
6단계 : 4단 버팀보 설치 후 16.0m까지 굴착

7단계 : 5단 버팀보 설치 후 18.5m까지 굴착

8단계 : 6단 버팀보 설치 후 22.0m까지 굴착

9단계 : 1단 앵커 설치 후 25.0m까지 굴착

10단계 : 2단 앵커 설치 후 27.0m까지 굴착

11단계 : 3단 앵커 설치 후 28.0m까지 굴착

12단계 : 4단 앵커 설치하고, 횡대를 댄 후 최종굴착 심도 29.0m까지 굴착

13단계 : 5단 앵커 설치 순으로 해석이 진행되었다.

3.3 수치해석 결과

각각의 산정식에 의해 산정된 지반반력계수로 해석을 수행한 결과는 그림 12 및 표 5와 같으며, 벽체 변위 해석결과 벽체 최상단에서 굴착 전면쪽으로 5.09~34.82mm의 변위를 나타내었으며, 최대변위는 지표면 아래 10.5m에서 113.92~120.56mm의 값을 나타냈다.

변위는 테르자기에 의해 제안된 지반반력계수에 의한 수치해석 결과가 가장 크게 나왔으며, C 및 ϕ로 추정한 변위가 가장 작게 나왔다. 각각 산정된 지반반력계수의 변화에 따라서 벽체 최상단에서는 벽체변위의 최소값과 최대값의 차이가 6.80배로 크게 났으나 최대 변위점에서는 최소값과 최대값의 차이는 거의 없는 1.06배로 나타나 지반반력계수의 증분에 비해 변위의 차이는 작으며 전체적으로 비슷한 값을 나타내었다.

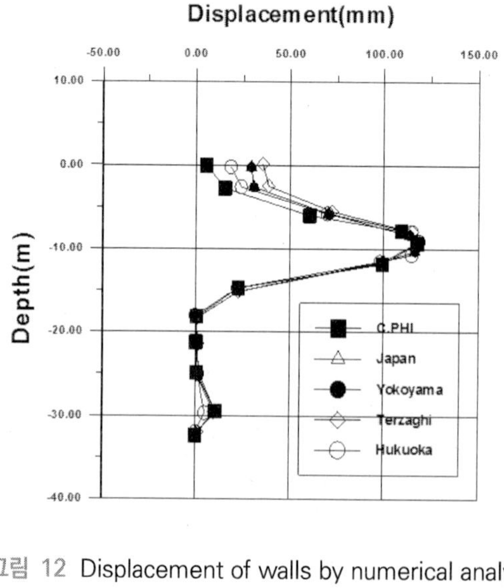

그림 12 Displacement of walls by numerical analysis

표 5 Result of wall displacement analysis

Theory	Displacement (mm)			
	Walls Top displacement	Size ratio	Maximum displacement	Size ratio
Hukuohkka	17.43	3.40	114.87	1.01
Terzaghi	34.82	6.80	120.56	1.06
Yokoyama	27.00	5.30	118.06	1.04
Japan Soil Engineering	28.68	5.60	116.85	1.03
Estimation(c, ϕ)	5.09	1.00	113.92	1.00
measurement	34.46	6.77	112.12	0.99

4. 계측치와 수치해석치의 비교분석

4.1 최대 지중수평변위 비교

각각의 산정식에 의해 산정된 지반반력계수로 해석을 수행한 결과 그림 13과 같이 최대 지중수평변위는 지표면 아래 10.5m에서 113.92~120.56mm로 계측치 112.12mm와 비슷한 값들을 나타내었다.

벽체 최상단과 최대변위점에서 계측된 값이 각각 34.46mm와 112.12mm로 일본토질공학회식으로 산정한 지반반력계수로 해석한 결과 28.68mm와 116.85mm가 가장 근사치를 나타내었다.

벽체 최상단에서는 버팀보를 고정시키기 위하여 잭으로 선행하중을 가하지 않았으나, 그 이하 버팀보에서는 일부 선행하중을 가하였으며, 선행하중이 적용되지 않은 곳에서는 지반반력계수의 변화에 따라 민감한 변위차를 보였으나 선행하중이 가해진 곳에서는 지반반력계수가 변하더라도 변위차가 적으며 이는 초기하중이 지반의 변위를 억제하는 것으로 판단된다.

지표면아래 18~25m에서 해석치는 거의 변위가 발생하지 않으나 계측치는 약 60mm 정도 굴착전면으로 수평변위가 발생하였다. 이것은 15~20m 굴착시 6.85m의 급격한 지하수위의 저하로 인한 유효응력의 증가로 인하여 변위가 발생한 것으로 판단된다.

지표면아래 25m부터 수치해석결과는 굴착전면으로 변위가 발생하였으나 계측결과는 굴착배면쪽으로 변위가 발생한 것으로 나타났으며, 각각의 산정식에 의한 수치해석결과와 계측결과의 비교는 그림 13과 같다.

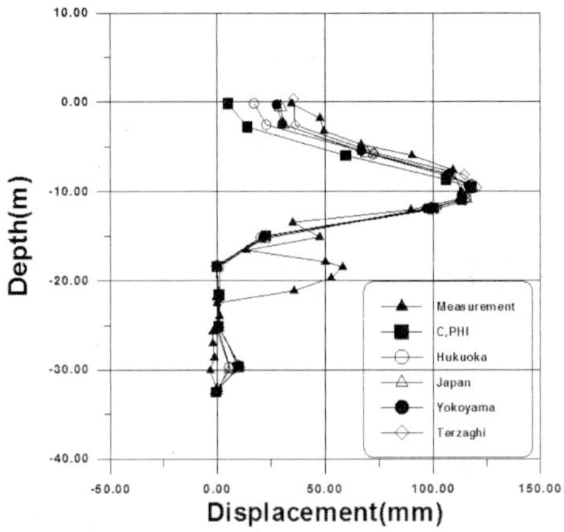

그림 13 Displacement comparison of the measurement results and the numerical results (at the completed excavation)

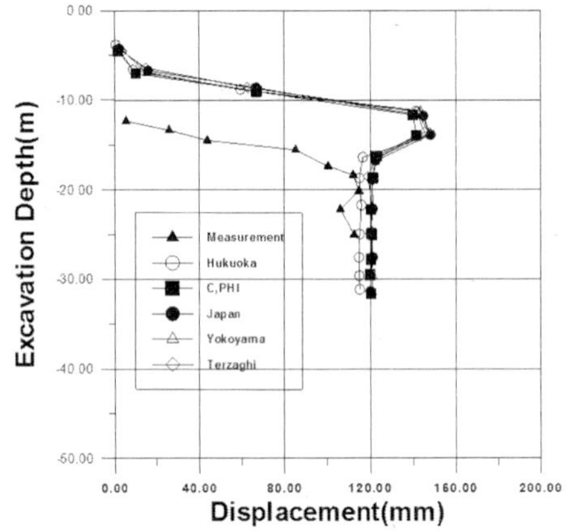

그림 14 Ground horizontal displacement comparison of the measurement results and the numerical results at the maximum displacement point

4.2 최대 변위 발생점에서의 변위 비교

각각의 산정식에 의해 산정된 지반반력계수로 최대변위 발생점에서의 굴착에 따른 수치해석결과와 계측결과 비교는 그림 14와 같으며 계측과 수치해석의 변위형상은 비슷하게 나타났다.

수치해석에서는 초기변위가 4.5m 굴착시부터 시작되어 계속적인 변위가 발생되었으나 계측에서는 12m굴착 이전 까지는 거의 변위가 발생하지 않다가 12m굴착 이후부터 지속적으로 변위가 발생하기 시작하여 차이를 보였다.

5. 결 론

본 연구는 경사계에 의한 지중수평변위 계측값을 중심으로 30m 심도로 굴착이 수행된 흙막이구조물의 현장계측 자료를 분석하였고, 수치해석에 적용하기 위한 지반반력계수를 다양한 이론 및 경험식으로 산출하여 비교하였다. 또한 계산된 지반반력계수를 탄소성법의 범용프로그램에 입력시켜 구한 벽체변위와 계측치를 굴착완료시와 최대변위 발생점으로 구분하여 비교 분석을 실시한 결과는 다음과 같다.

1) 경사계에 의한 지중수평변위 계측 결과 굴착을 완료한 후 지표면아래 10.5m지점에서 굴착전면으로 112.12 mm의 최대변위가 발생하였으며, 지표면에서의 수평변위는 굴착전면으로 34.46mm의 변위가 발생하였다. 또한 굴착 깊이 15~20m정도에서 가장 많은 수평변위가 발생하였는데 그 이유는 급격한 지하수의 저하로 인한 유효응력의 증가로 지반의 각 지점에서 탄성변위를 유발시킨 것으로 판단된다.
2) 수정 표준관입치인 N치를 후쿠오까, 테르자기, 요코야마, 일본토질공학회에서 제안한 값과 점착력과 내부마찰각에 의하여 산정한 결과는 토사층을 기준으로 테르자기에 의해 산정된 지반반력계수가 가장 작으며, 점착력과 내부마찰각에 의해 산정된 값이 가장 크게 나타났다.
3) 수치해석결과 지중수평변위는 테르자기에 의해 제안된 지반반력계수에 의한 수치해석결과가 가장 크게 나왔으며, c 및 ϕ로 추정한 변위가 가장 작게 나왔다. 각각 산정된 지반반력계수의 변화에 따라서 벽체 최상단에서는 벽체변위의 최소값과 최대값의 차이가 6.80배로 크게 났으나, 최대 변위점에서는 최소값과 최대값의 차이는 거의 없는 1.06배로 나타나 지반반력계수의 증분에 비해 변위의 차이는 작은 것으로 나타났다.
4) 표 4에서 산정된 지반반력계수로 수치해석을 수행한 결과 최대 지중수평변위는 지표면 아래 10.5m에서 113.92~120.56mm로 계측치 112.12mm와 비슷한 값들을 나타내었고, 벽체 최상단과 최대변위점에서 계측된 값이 각각 34.46mm와 112.12mm로 일본토질공학회식으로 산정한 지반반력계수로 해석한 결과 28.68mm와 116.85mm가 가장 근사치를 나타내었다.

5) 표 4에서 산정된 지반반력계수로 최대변위 발생점에서의 변위를 수치해석한 결과와 계측치로 비교한 결과 수치해석에서는 초기변위가 4.5m 굴착시부터 시작되어 계속적인 변위가 발생되었으나, 계측에서는 12m굴착 이전 까지는 거의 변위가 발생하지 않다가 12m굴착 이후부터 지속적으로 변위가 발생하기 시작하여 차이를 보였다.

참고문헌

1. G. Rantucci. (1989), Computer and Physical Modelling in Geotechnical Engineering, Balkema
2. John Dunnicliff. (1988). Geotechnical Instrumentation for Monitoring Field Performance, Wiley.
3. Kim, J.K., Park, H.G., Nam, J.W. (2016). "Proposal of the Modified Management Criteria Value in Earth Retaining Structure using Measured Data." Journal of the Korea Institute for Structural Maintenance and Inspection, Vol.20, No.1, pp.95-103
4. Lee, S, Kim, S.K. (2008), “A study of deformation analysis about earth retaining wall”, Journal of Korean Geotechnical Society, Vol. 24, No. 2, pp. 27-36.
5. P. B.Attewell, R. K.Taylor. (1984), Ground Movements and Their Effects on Structures, Surrey University Press,
6. SMGOSC(Seoul Metropolitan Government Office of Subway Construction). (1993),“Subway Line 3 extension 3-7 construction supervision synthesis report.
7. SMGOSC(Seoul Metropolitan Government Office of Subway Construction). (1993),“General report on extension of subway line 3 construction supervision”
8. Woo, J,T., Kwon, S.H. (2015), Basic Practice of Construction Measurement, Circom, pp.75-83.
9. Woo, J,T., Lee, R.C. (2016), Construction Measurement Application Practice, Circom, pp.289-293.
10. Woo, J,T., Lee, R.C. (2017), Construction Measurement Theory and Practice-Underground construction facilities, Circom, pp.125-126.

3.2.3 지하철 역사하부 통과구간 계측분석

본 분석사례는 별내선 복선전철 0공구 승강장 변형방지대책 연구용역보고서(한국지반공학회, 우종태, 00개발, 2020.3.12.-2020.6.30., pp1~120)내용을 재편집하여 기술한 내용이다.

1. 서울지하철 8호선 연장 별내선 복선전철 0공구 현황

서울지하철 8호선 연장 별내선 복선전철 0공구 00역사 통과구간과 관련하여 "망우~금곡간 복선전철 신내 지상환승역 신설 노반 실시설계"중 별내선 0공구 정거장구간에 해당하는 갈매고가 설계자료와 "경춘선 별내외 1개역사 신축공사" 시공준공 자료를 통해 파악한 경춘선 00역사 현황은 그림 1.1과 같다.

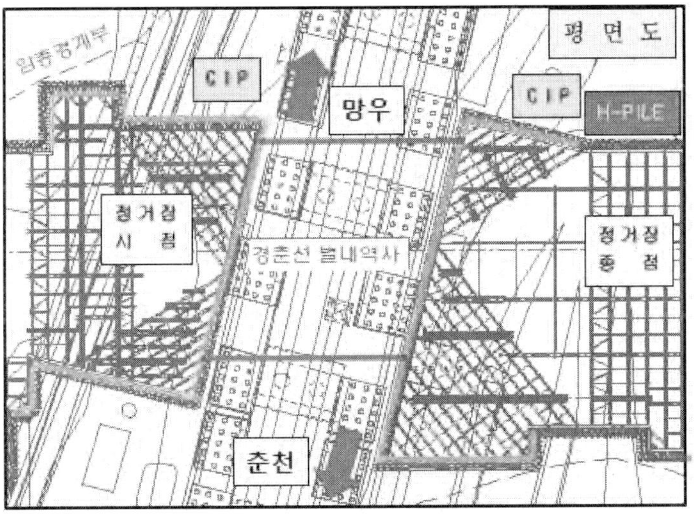

그림 1.1 별내선 0공구 정거장 구간 현황

1) 경춘선 복선전철 및 00역사

경춘선 갈매고가중 별내선 0공구 비개착구조물이 통과하는 구간은 갈매고가 P52 교각하부, 상부거더는 P.S.C빔이며, 기초형식은 말뚝기초이다. 말뚝은 PHC ∅500(B종) L=9.0m로 SIP 공법으로 시공되었으며 선단은 풍화암에 위치하였고, 말뚝기초 안정 검토시 마찰력과 선단지지력을 고려하였다.

갈매고가는 2008년 04월에 설계가 완료되었고, 2010년 12월 개통되었으며, 또한

2013년 03월에는 00역사를 준공하였다.

그림 1.2는 00역사 정거장이며, 그림 1.3은 종단면도이고, 00역사 하부에 별내선이 통과하고 있음을 알 수 있으며, HUS(Horizontal Boring Machine Utilized Structure Enforcement System)공법과 UPRS(Upgraded Pipe Roof Structures method)공법 시공구간이 경춘선 Pile 기초 하부 및 측면에 위치하고 있다.

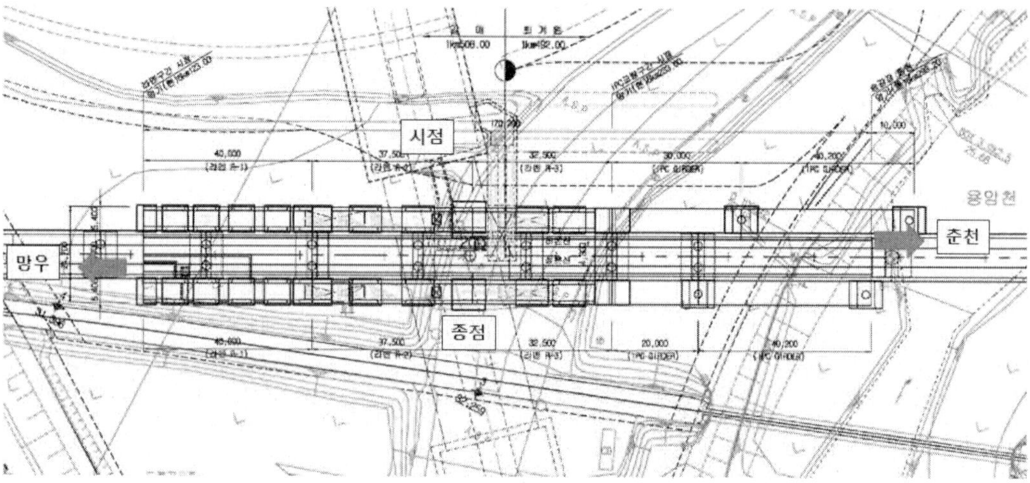

그림 1.2 00역사 정거장 평면도

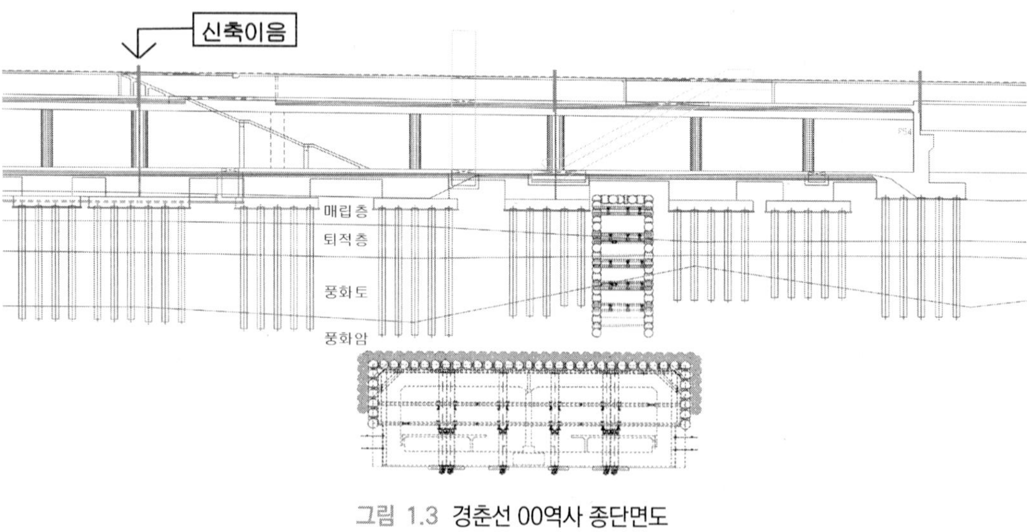

그림 1.3 경춘선 00역사 종단면도

2) 00역사 신설 실시설계

경춘선 00역은 남양주 별내 택지개발 사업지구 교통편의 증진을 위해 경춘선 복선전철 공사와는 별도로 역사를 신설하였으며, 2010년 12월에 설계가 완료되고 2013년 03월에 준공하였다.

00역사는 3개의 라멘구조로 이루어져 있으며, 승강장은 00역사를 구성하는 3개의 라멘구조와 2경간의 IPC 거더교로 구성되었고, 경춘선 복선전철 구조물과는 별개의 구조물로 시공되었다.

비개착구조물이 통과하는 구간은 라멘 R-3 구간으로서 기초 RP9, 10, 11 하부이며, 00역사의 기초형식 역시 말뚝기초이며, ∅600 PHC 말뚝을 사용하였으며, 풍화암층에 근입하였다. 말뚝기초 안정검토시 마찰력과 선단지지력을 고려하였다.

시추조사 위치도는 그림 1.4와 같다.

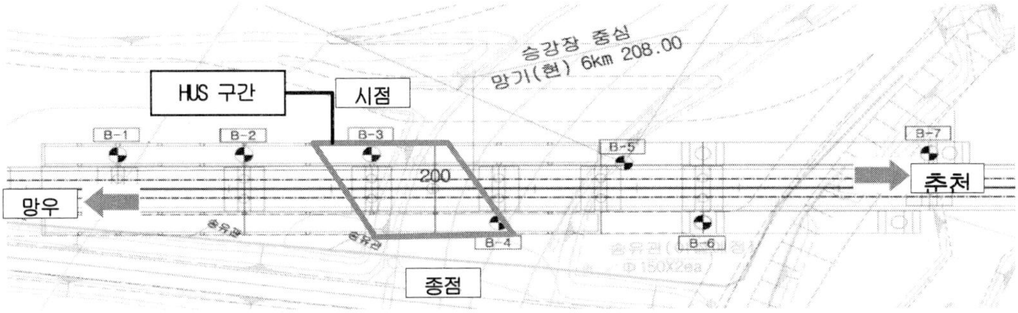

그림 1.4 경춘선 00역 시추조사 위치도

3) 별내선(암사~별내) 복선전철 0공구 건설공사 실시설계

별내선(암사~별내) 0공구 실시설계시 경춘선 갈매고가 및 00역승강장 하부를 통과하기 위해 그림 1.5와 같이 본선구간은 HUS(Horizontal Boring Machine Utilized Structure Enforcement System)공법, 환승통로 구간은 UPRS(Upgraded Pipe Roof Structures method)공법을 적용하여 비개착으로 통과하도록 계획하였다. 기존 00역사 전후로 흙막이 가시설을 설치하였고, 흙막이 가시설은 시점부 전구간과 종점부중 00역사 인접부는 C.I.P+사보강버팀보 공법을 적용하였으며, 종점부 잔여구간은 H-PILE+토류판+버팀보공법을 적용하였다. 흙막이 가시설 주변은 실리카졸계 차수그라우팅(∅1000, CTC800)을 적용하였다.

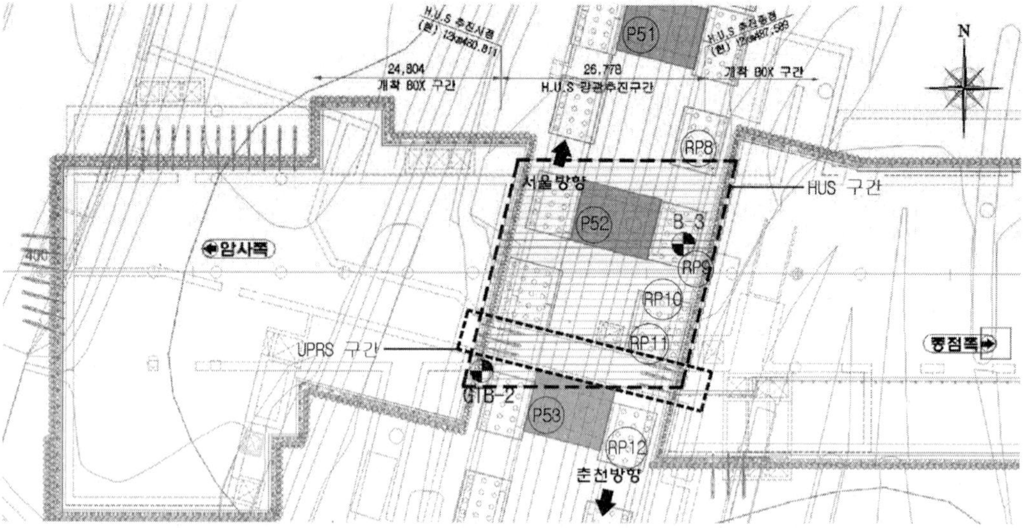

그림 1.5 별내선(암사~별내) 0공구 정거장구간 현황

"별내선(암사~별내) 복선전철 0공구 건설공사" 실시설계에서는 연구대상인 00역 통과구간에 대해 기존 경춘선 00역의 안전성을 최대한 확보하기 위해 종단선형을 하향 조정한 후 비개착 굴착방법으로 HUS (Horizontal Boring Machine Utilized Structure Enforcement System)공법을 적용하였다.

경춘선 00역 하부 통과구간의 지층은 상단부는 토사와 풍화암층을 통과하지만, 하단부는 연암 및 경암층이 분포하여 구조체 타입의 비개착공법 적용이 불가능하므로 지층변동에 대한 대응성이 우수한 지보재 타입의 비개착공법인 HUS를 적용하였다.

그림 1.6은 HUS 공법의 개요도를 보인 것이다. 또한 그림 1.7은 실시설계시 HUS 공법을 적용할 경우 00역사의 기존 말뚝기초가 안전성을 확보하는지 여부를 검토한 결과이다.

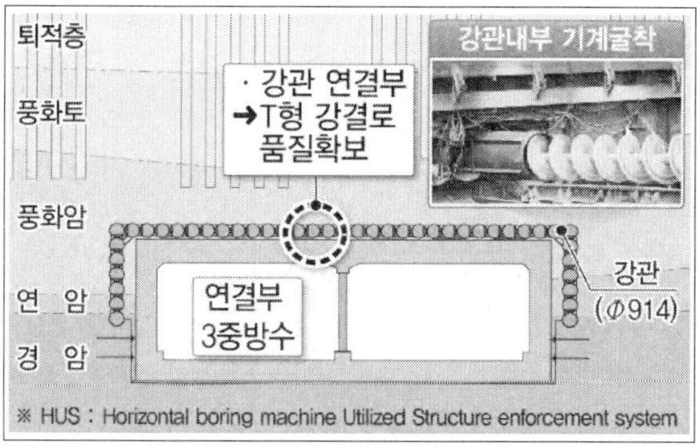

그림 1.6 HUS 공법 개요도

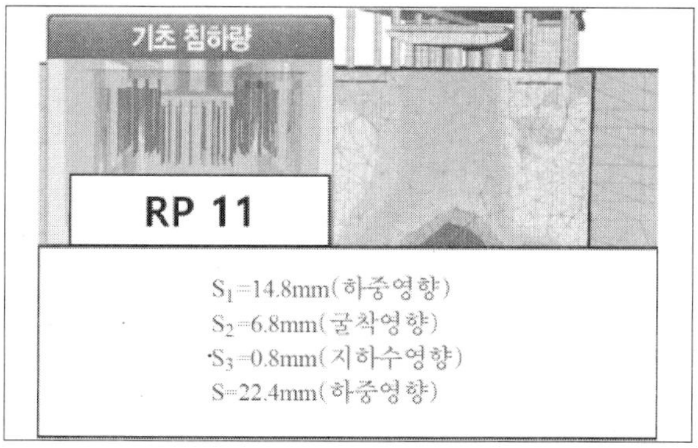

그림 1.7 기존 말뚝기초 안전성 검토

그림 1.7과 같이 00역 통과구간에 HUS 공법으로 비개착을 시공하더라도 00역사 기존 말뚝기초의 안전성을 저하시키지는 않는 것으로 나타났다.

또, 00역사의 기존 말뚝기초의 안전성 확보를 위해서는 2m 이상의 이격거리가 필요한 것으로 나타났으며, 현재 추진된 HUS 상부 강관들은 이격거리 2.5m 정도를 확보한 것으로 확인되었다.

HUS 공법의 시공순서는 그림 1.8에 나타내었으며, 세부적인 단계별 시공순서는 다음과 같다.

a) 수평 차수그라우팅

b) 강관추진 및 콘크리트 채움

c) 내부굴착 및 지보재 설치

d) 구조물 완성

그림 1.8 HUS 공법 단계별 시공순서

4) 제2차 공사중단 기준(2020.03.03.) 시공현황

(1) 비개착(HUS) 주변 흙막이가시설 시공현황

흙막이 가시설 터파기는 2019. 11월 굴착계획선(종점부, GL-29.0m)까지 완료되었으며, HUS 구간은 시종점부 일부 내부굴착이 이루어진 상태이며, 상부 가시설 설치 현황은 그림 1.9와 같다.

그림 1.9 UPRS 구간, HUS 상부 가시설 설치 현황

(2) 비개착(HUS) 시공현황

2017년 12월 HUS 천공 착수하여 2018년 5월 10일 1차 공사중단시까지 총 43열의 강관 중 21열을 시공하였으며, 2018년 8월 공사재개 승인 후 2018년 10월 부터 2019년 6월까지 잔여 22열 압입을 완료하였다.

그림 1.10과 같이 2019년 7월 6일 비개착 내부굴착 개시하였으며, 비개착 시종점부의 흙막이 가시설 터파기는 2019년 10월 시점부, 2019년 7월 종점부측에서 최종심도(GL−29m)까지 완료하였다.

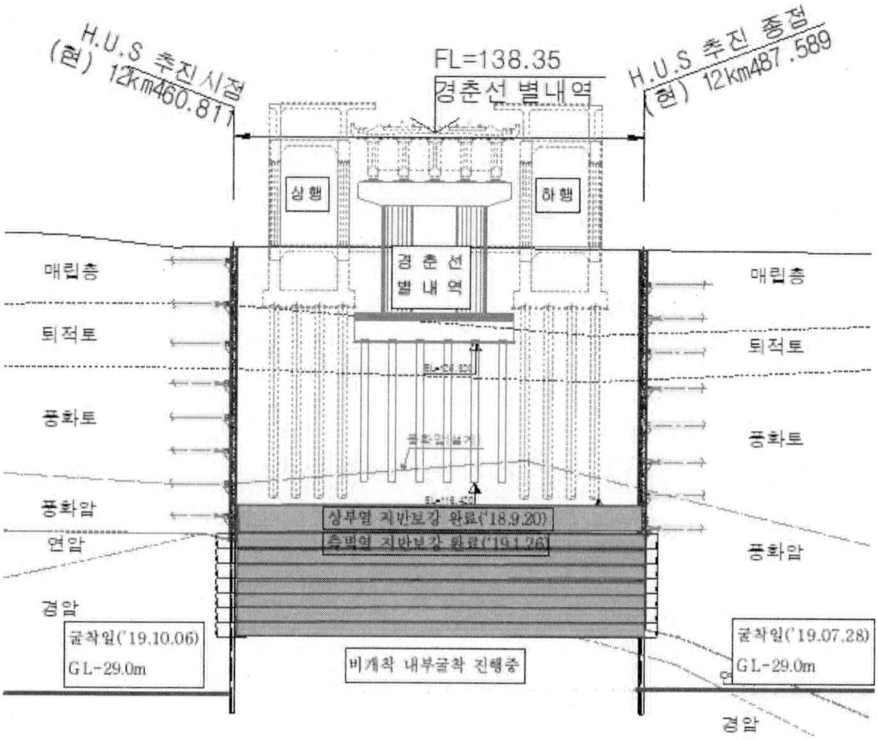

그림 1.10 비개착(HUS) 구간 종단면도

2020년 2월 현재 비개착내부 굴착현황 및 시종점부 전경은 그림 1.11 및 그림 1.12와 같다.

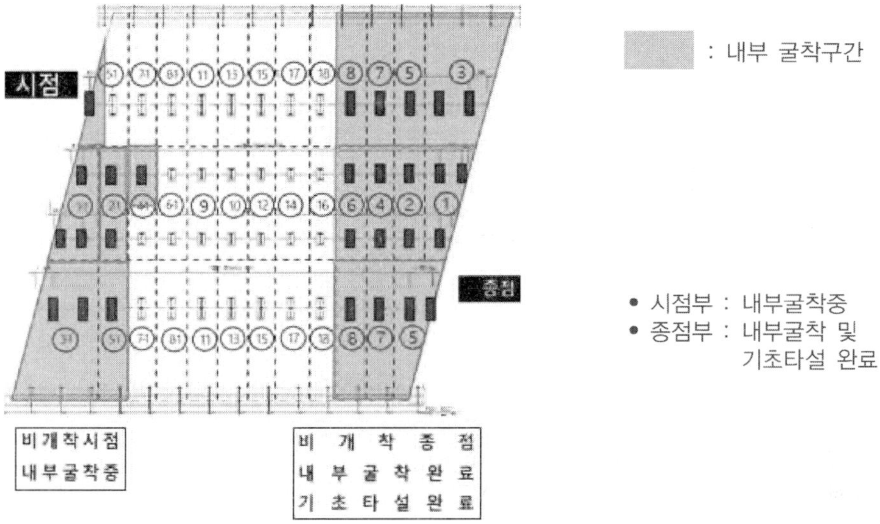

그림 1.11 비개착(HUS) 내부 굴착평면도

a) 시점부 전경

b) 종점부 전경

그림 1.12 HUS 시종점부 전경

한편, 그림 1.13은 현재 비개착(HUS)과 관련하여 2018년 지반공학회에서 제시한 보강방안인 직천공 강관보강그라우팅을 실시한 현황을 보인 것이다.

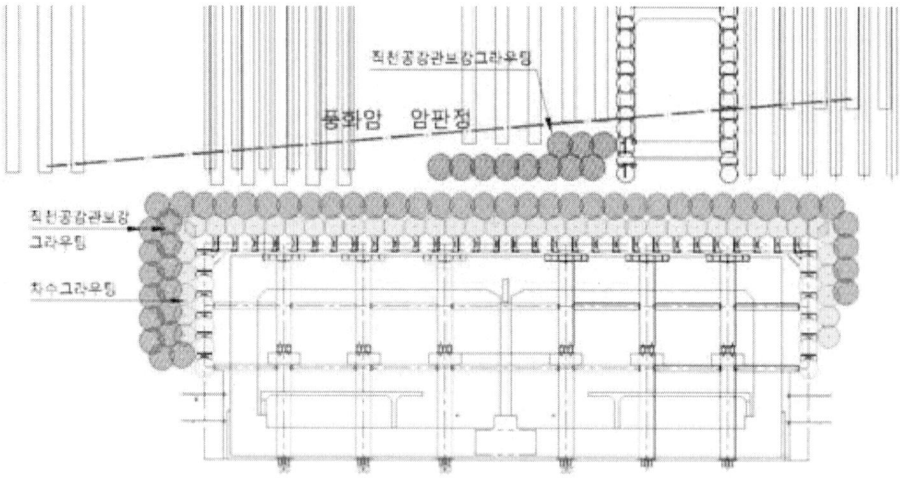

그림 1.13 비개착(HUS) 상부 보강현황

2. 공사계측에 의한 지반변형 검토

2.1 지하수위 계측결과, 탄성침하량 및 지표침하계 검토

1) 지하수위 계측결과 검토

각 위치별로 지하수위계의 계측결과는 표 2.1 및 그림 2.1과 같이 HUS 추진 전인 2017.10.02과 추진 중인 2018.01.29.일까지 116일을 기준으로 분석을 실시하였으며, 최근 계측값인 2020.02.20 측정치와 비교하였다.

측정위치는 정거장 시점좌측(W-3)과 정거장 시점우측(W-5), 정거장 종점좌측(W-6)과 정거장시점우측(W-8)을 기준으로 분석하였다.

① 정거장 시점좌측(W-3) 2017.10.02~2018.01.29까지 최대 저하량은 8.90m, 정거장 시점우측(W-5) 최대 저하량은 5.01m, 정거장 종점좌측(W-6) 최대 저하량은 9.26m, 정거장 종점우측(W-8) 최대 저하량은 5.72m를 보였다.

② HUS 추진 전인 2017.10.02과 추진 중인 2018.01.29을 비교하면, 계측지점 4개소에서 지하수위 저하량은 5.01~9.26m의 범위이며, 주로 풍화토와 풍화암에서 많이 저하한 것으로 나타났으며, 2017.10.02~2018.01.29까지 116일 동안 일 저하량은 0.04~0.08m이다.

③ 최근 계측치인 2020.02.20 계측결과 계측지점 3개소에서 GL-16.08~18.92m이나, 풍화대가 깊게 발달된 정거장 종점좌측(W-6)은 GL-25.8m로 지하수위가 가장 많이

저하된 것으로 나타났다.

표 2.1 정거장 위치별 지하수위 계측결과

시점좌측 (3번) GL기준	17.10.02 (m)	18.01.29 (m)	전회대비	20.02.20 (m)	시점우측 (5번) GL기준	17.10.02 (m)	18.01.29 (m)	전회대비	20.02.20 (m)
	9.82	18.72	-8.90	18.92		10.26	15.27	-5.01	16.08
종점좌측 (6번) GL기준	17.10.02 (m)	18.01.29 (m)	전회대비	20.02.20 (m)	종점우측 (8번) GL기준	17.10.02 (m)	18.01.29 (m)	전회대비	20.02.20 (m)
	10.81	20.07	-9.26	25.80		10.68	16.40	-5.72	16.77

각 위치별로 저하된 지하수위를 계측관리기준과 비교하면 표 2.2와 같고, 정거장 위치별 지하수위 경시변화도는 그림 2.2와 같다.

2017.10.02~2018.01.29까지 116일 동안 일 저하량은 0.04~0.08m로 1차기준인 일 0.5m의 8~16% 수준으로 안전한 것으로 나타났으나, 지하수위 저하로 인해 모래 등의 퇴적층과 풍화토 층에서 탄성침하량은 불가피하게 발생되므로 이에 대한 검토가 필요하다.

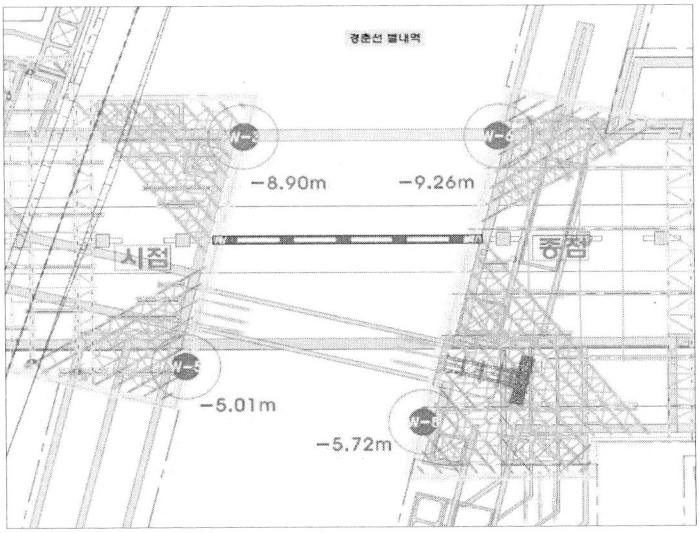

그림 2.1 정거장 위치별 지하수위 저하 현황

표 2.2 정거장 위치별 지하수위 저하량과 계측관리기준과 비교표

위치	계측치(m)				관리기준(m)			분석내용
	17.10.02	18.01.29	저하량	일 저하량	1차	2차	3차	
시점좌측 (3번)	9.82	18.72	−8.90	0.08	일 0.5m 미만	일 0.5m~1 m 미만	일 1m 이상	2017.10.02.~2018.01.29.까지 116일 동안 일 저하량은 0.04m~0.08m로 1차 관리기준인 일0.5m의 8~16% 수준으로 안전
시점우측 (5번)	10.26	15.27	−5.01	0.04				
종점좌측 (6번)	10.81	20.07	−9.26	0.08				
종점우측 (8번)	10.68	16.40	−5.72	0.05				

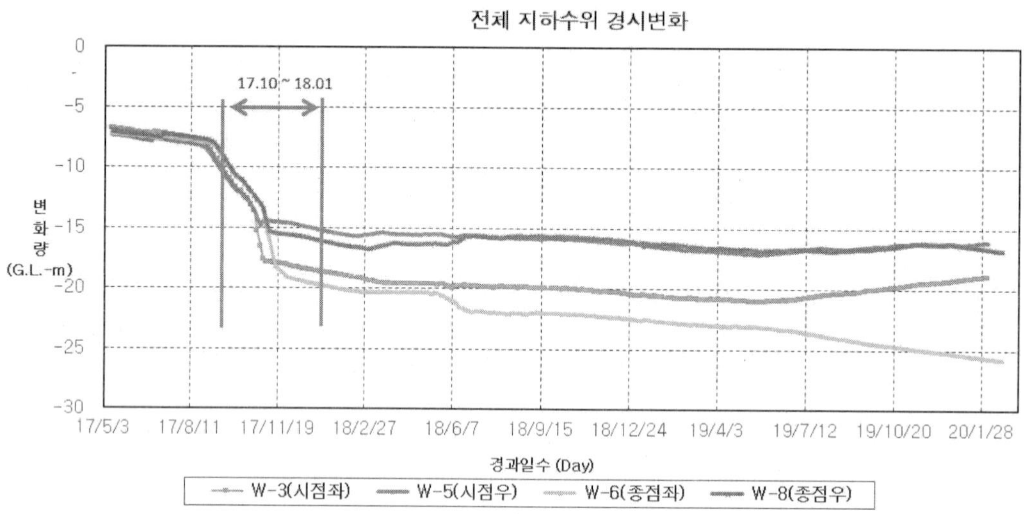

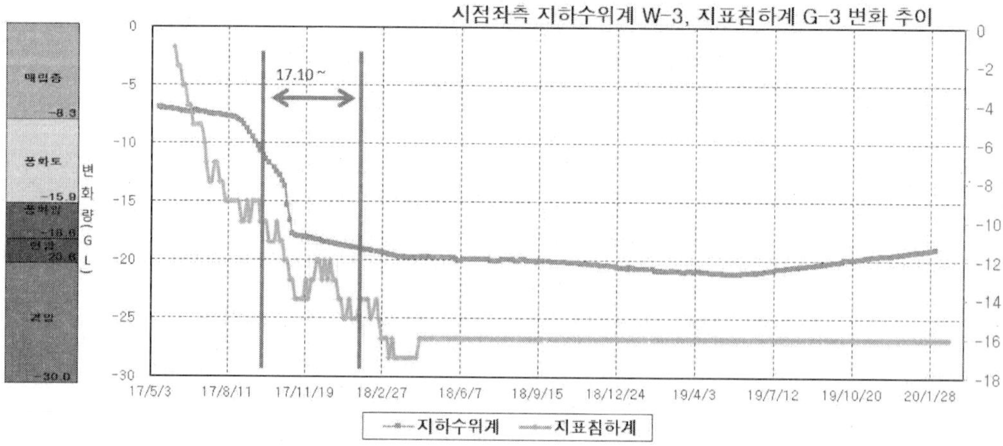

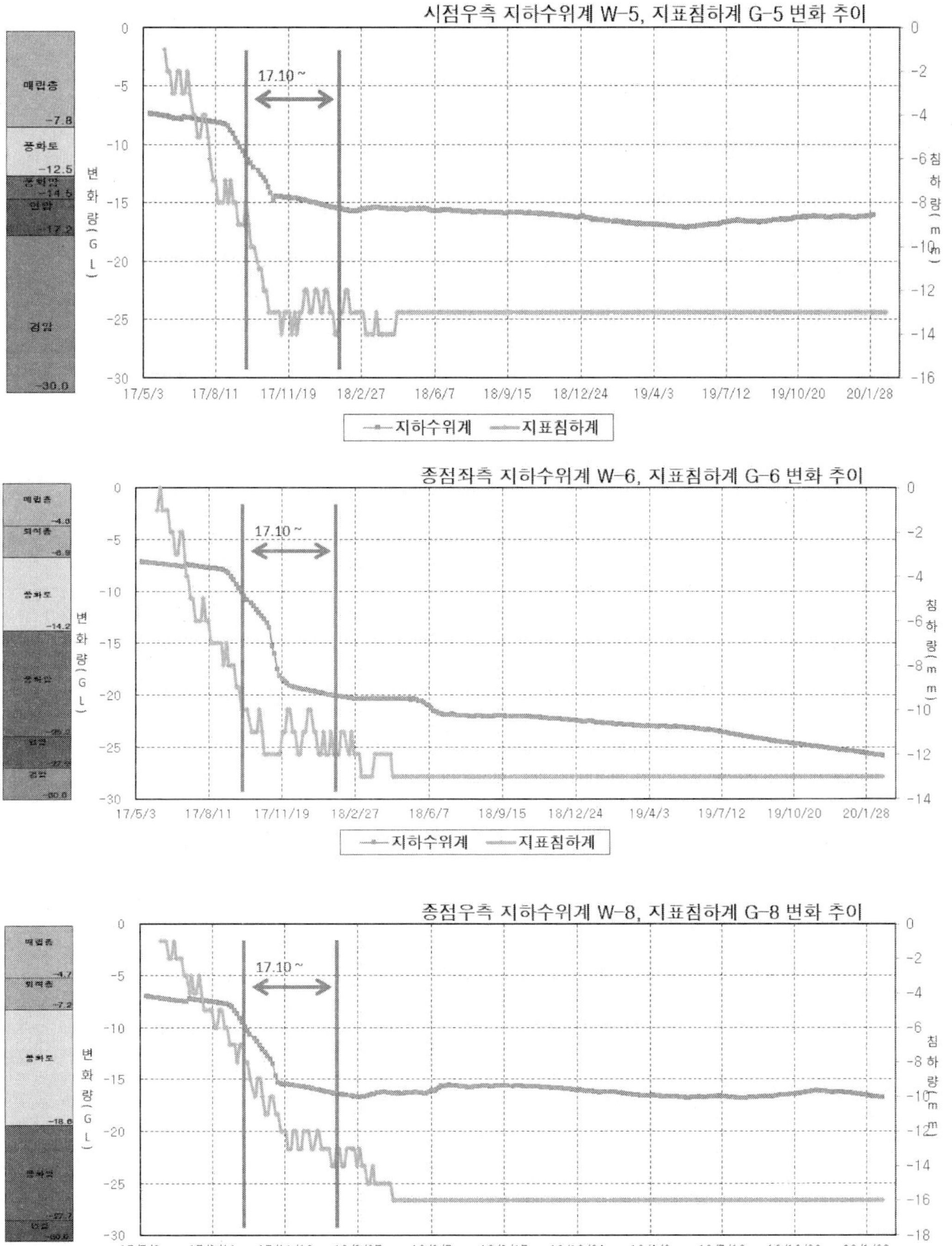

그림 2.2 정거장 위치별 지하수위 및 지표침하 경시변화도(계속)

2) 지하수위 저하에 따른 탄성침하량 검토

짜시(Szechy, 1963) 탄성이론식에 의한 정거장 위치별 탄성침하량 산정공식은 다음과 같다.

$$\Delta\sigma_{\max} = g\ \gamma_w h(1-n) \fallingdotseq 0.6\ g\ \gamma_w h = 6h(kN/m^2)$$

여기서 $\Delta\sigma_{\max}$: 증가된 최대유효응력 h : 지하수위 저하고(m) n : 지반의 간극비

$$s_e = \frac{\Delta\sigma_{\max} h}{E_s} = \frac{6h^2}{E_s}(\text{mm})$$

여기서 s_e : 탄성침하량(mm) E_s : 지반변형계수(MPa)

2018.6.8 추가 시추조사 3공에 대해 짜시(Szechy, 1963) 탄성이론식에 의한 정거장 위치별 탄성침하량 산정결과는 표 2.3과 같다.

표 2.3 정거장 위치별 탄성침하량 산정결과

위치	사질토층	풍화토층	계	지하수위 (GL-m)	변형계수 (MPa)
정거장 시점우측 (BH-1)	두께 4.7+3.0=7.7m 침하량 20.3mm	두께 3.1m 침하량 0.8mm	두께 10.8m 침하량 21.1mm	10.4m	-모래 10 -자갈 25 -모래+자갈 평균 17.5 -퇴적층 25
정거장 종점좌측 (BH-3)	두께 4.5+2.2=6.7m 침하량 15.4mm	두께 11.9m 침하량 12.1mm	두께 18.6m 침하량 27.5mm	27.8m	
정거장 종점우측 (BH-2)	두께 5.4+2.3=7.7m 침하량 20.3mm	두께 10.9m 침하량 10.2mm	두께 18.6m 침하량 30.5mm	18.4m	
평균	두께 7.4m 침하량 18.7mm	두께 8.6m 침하량 7.7mm	두께 16.0m 침하량 26.4mm	-	-

표 2.3에서 2018.6.8 추가 시추조사 3공에 대한 정거장 위치별 탄성침하량 산정결과 침하량은 21.1~30.5mm 범위이며, 평균 침하량은 26.4mm로 산출되었다.

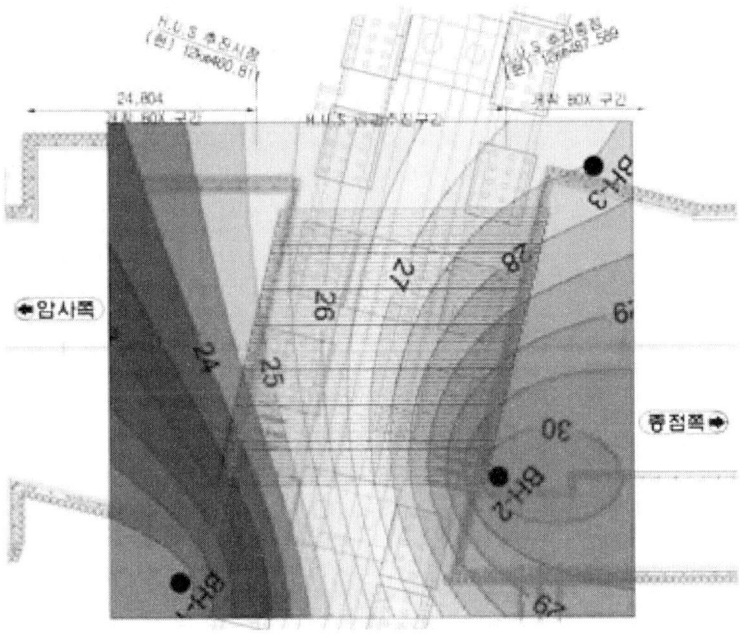

그림 2.3 지하수위 저하로 인한 변형량 Contour

3) 지표침하계 계측결과 검토

각 위치별로 지표침하계의 계측결과는 표 2.4와 같이 HUS 추진 전인 2017.10.02과 추진 중인 2018.01.29.일, 그리고 최근 계측값인 2020.02.20 측정치와 비교하였다.

측정위치는 정거장 시점좌측(W-3)과 정거장 시점우측(W-5), 정거장 종점좌측(W-6)과 정거장시점우측(W-8)을 기준으로 분석하였다.

① 정거장 시점좌측(W-3) 2017.10.02.~2018.01.29까지 전회대비 지표침하 증가량은 5.0mm, 정거장 시점우측(W-5)은 4.0mm, 정거장 종점좌측(W-6)은 2mm, 정거장 종점우측(W-8)은 6.0mm를 보였다.

② HUS 추진 전인 2017.10.02과 추진 중인 2018.01.29을 비교하면, 계측지점 4개소에서 전회대비 지표침하 증가량은 2~6mm의 범위이며, 정거장 종점우측(W-8)에서 가장 큰 6.0mm 침하량 증가를 보였다.

③ 최근 계측치인 2020.02.20 계측결과 계측지점 4개소에서 최대 지표침하량은 13~16mm의 범위이며, 1차 관리기준 32mm의 41~50%의 수준으로 안전한 것으로 분석되었다.

표 2.4 정거장 위치별 지표침하량 및 계측관리기준과 비교표

위치	계측치(mm)				관리기준(mm)			분석내용
	17.10.02	18.01.29	전회대비	20.02.20	1차	2차	3차	
시점좌측(3번)	9.0	14.0	5.0	16.0	32	40	50	20.02.20 계측결과 13~16mm로 1차 관리기준인 32mm의 41~50% 수준으로 안전
시점우측(5번)	9.0	13.0	4.0	13.0				
종점좌측(6번)	10.0	12.0	2.0	13.0				
종점우측(8번)	8.0	14.0	6.0	16.0				

2.2 흙막이 가시설의 축력 및 지중경사계 계측결과 검토

별내선 개착정거장 흙막이 가시설의 하중계(Load cell) 축력 및 지중경사계 측정 위치는 정거장 시점좌측(3번)과 시점우측(5번), 종점좌측(6번)과 종점우측(8번)으로 측정치는 HUS 추진 전인 2017.10.02과 추진 중인 2018.01.29일을 비교하였고, 최근 계측값인 2020.03.14일 측정치와 비교하였다.

1) 하중계 계측결과 검토

별내선 개착정거장 각 위치별로 최장 사보강재 버팀보의 하중계 누적계측치 및 전회대비 계측치의 분석결과는 표 2.5 및 그림 2.4와 같다.

측정 위치는 정거장 시점좌측(3번)과 시점우측(5번), 종점좌측(6번)과 종점우측(8번)으로 측정치는 HUS 추진 전인 2017.10.02일과 추진 중인 2018.01.29일을 비교하였고, 최근 계측값인 2020.03.14일 측정치와 비교하였다.

① 정거장 시점좌측(3번) 버팀보 4단의 축력이 2017.10.02일 19.20톤이 2018.01.29일 27.45톤으로 8.25톤이 증가하면서 경춘선 별내역 방향으로 작용하는 압축력을 보였으며, 2020.03.14.현재 23.43톤을 보이고 있다.

② 정거장 시점우측(5번) 버팀보 5단의 축력이 2017.10.02일 11.02톤이 2018.01.29일 4.48톤으로 6.53톤이 감소하면서 경춘선 별내역 반대방향으로 작용하는 인장력을 보였으며, 2020.03.14.현재 5.68톤을 보이고 있다.

③ 정거장 종점좌측(6번) 버팀보 5단의 축력이 2017.10.02일 17.13톤이 2018.01.29일 4.38톤으로 12.75톤이 감소하면서 경춘선 별내역 방향으로 작용하는 인장력을 보였으며, 2020.03.14.현재 4.72톤을 보이고 있다.

④ 정거장 종점우측(8번) 버팀보 6단의 축력이 2017.10.02.일 16.83톤이 2018.01.29일 27.82톤으로 10.99톤이 증가하면서 경춘선 별내역 방향으로 작용하는 압축력을 보였으며, 2020.03.14.현재 27.82톤을 보이고 있다.

⑤ HUS 추진 전인 2017.10.02일과 추진 중인 2018.01.29.일을 전회 대비로 비교하면, 계측지점 2개소는 압축력(시점좌측 8.25톤, 종점우측 10.99톤), 나머지 2개소는 인장력(시점우측 6.54톤, 종점좌측 12.75톤)이 나타나 별내역사 하부통과 종점측에서 시점측으로 축력이 작용하는 것으로 나타났다.

⑥ 최근 계측치인 2020.03.14.일 계측결과 계측지점 4개소에서 축력이 최대 19.39~27.82톤으로 큰 차이가 없는 것으로 나타났다.

표 2.5 정거장 위치별 하중계 계측결과

시점 좌측(3번)	17. 10.02	18. 01.29	전회 대비	20. 03.14	시점우측 (5번)	17. 10.02	18. 01.29	전회 대비	20. 03.14
3단	18.88톤	16.45	-2.43	14.90	1단	19.21	15.39	-3.82	15.28
4단	19.20톤	27.45	8.25	23.43	3단	14.98	19.27	4.29	19.39
5단	5.94톤	3.23	-2.71	13.54	5단	11.02	4.48	-6.54	5.68
6단	19.09톤	19.62	-0.53	19.70	-	-	-	-	-
종점 좌측(6번)	17. 10.02	18. 01.29	전회 대비	20. 03.14	종점우측 (8번)	17. 10.02	18. 01.29	전회 대비	20. 03.14
1단	17.34톤	14.75	-2.59	16.23	3단	14.88	11.08	-3.80	11.93
3단	26.43톤	21.53	-4.90	22.60	4단	10.44	15.07	4.63	14.49
5단	17.13톤	4.38	-12.75	4.72	5단	11.10	8.60	-2.80	8.85
7단	9.64톤	12.87	3.23	15.56	6단	16.83	27.82	10.99	27.82

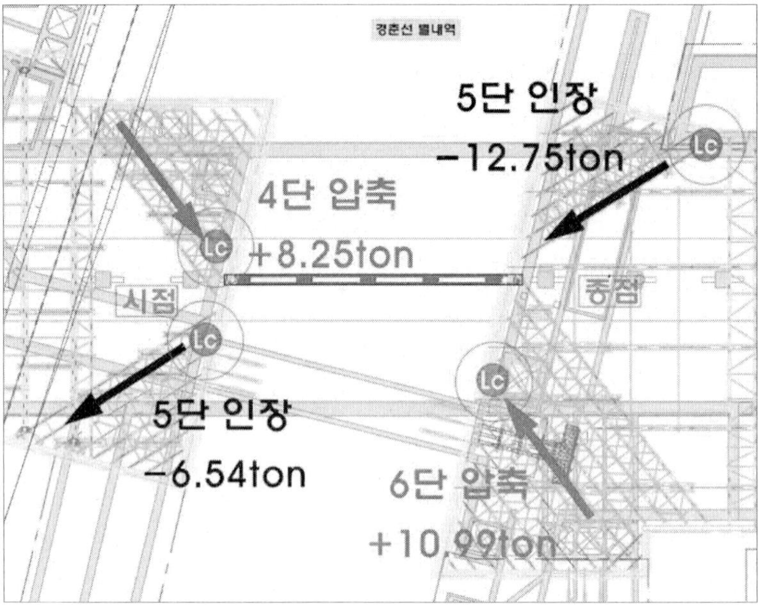

그림 2.4 정거장 위치별 하중계 전회대비 계측현황

각 위치별 하중계의 축력을 계측관리기준과 비교하면 표 2.6과 같고, 정거장 위치별 하중계 경시변화도는 그림 2.5와 같다.

시점좌측(3번) 하중계 계측 최대치는 4단에서 27.45톤으로 1차기준 72.38톤의 37.9% 수준으로 안전, 시점우측(5번) 하중계 계측 최대치는 3단에서 19.39톤으로 1차기준 83.59톤의 23.2% 수준으로 안전, 종점좌측(6번) 하중계 계측 최대치는 3단에서 26.43톤으로 1차기준 80.08톤의 33.0% 수준으로 안전, 종점우측(8번) 하중계 계측 최대치는 6단에서 27.82톤으로 1차기준 81.45톤의 34.2% 수준으로 안전한 것으로 분석되었다.

따라서 하중계 계측결과 축력은 19.59~27.82톤으로 1차 관리기준 72.38~83.59톤의 23.2~37.9%로 안전한 것으로 분석되었다.

표 2.6 정거장 위치별 하중계 계측관리기준과 비교표

위치		계측치(톤)			관리기준(톤)		분석내용
		17.10.02	18.01.29	20.03.14	1차	2차	
시점 좌측 (3번)	3단	18.88	16.45	14.90	83.59	104.48	시점좌측 하중계 계측 최대치는 4단 27.45톤으로 1차기준 72.38톤의 7.9% 수준으로 안전
	4단	19.20	27.45	23.43	72.38	90.48	
	5단	5.94	3.23	13.54	106.70	133.37	
	6단	19.09	19.62	19.70	106.75	133.43	
시점 우측 (5번)	1단	19.21	15.39	15.28	120.35	150.44	시점우측 하중계 계측 최대치는 3단 19.39톤으로 1차기준 83.59톤의 23.2% 수준으로 안전
	3단	14.98	19.27	19.39	83.59	104.48	
	5단	11.02	4.48	5.68	106.70	133.37	
종점 좌측 (6번)	1단	17.34	14.75	16.23	76.31	95.38	종점좌측 하중계 계측 최대치는 3단 26.43톤으로 1차기준 80.08톤의 33.0% 수준으로 안전
	3단	26.43	21.53	22.60	80.08	100.10	
	5단	17.13	4.38	4.72	80.84	101.05	
	7단	9.64	12.87	15.56	75.09	93.86	
종점 우측 (8번)	3단	14.88	11.08	11.93	80.08	100.10	종점우측 하중계 계측 최대치는 6단 27.82톤으로 1차기준 81.45톤의 34.2% 수준으로 안전
	4단	10.44	15.07	14.49	81.47	101.83	
	5단	11.10	8.60	8.85	80.84	101.05	
	6단	16.83	27.82	27.82	81.45	101.81	

하중계 변화량

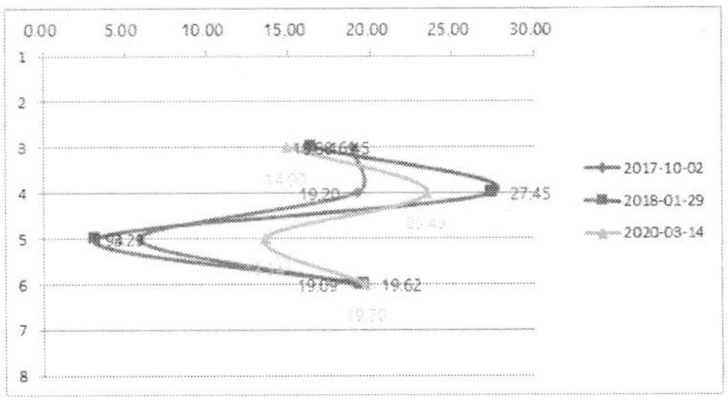

시점 좌측(하중계 3번 위치, Type-D)

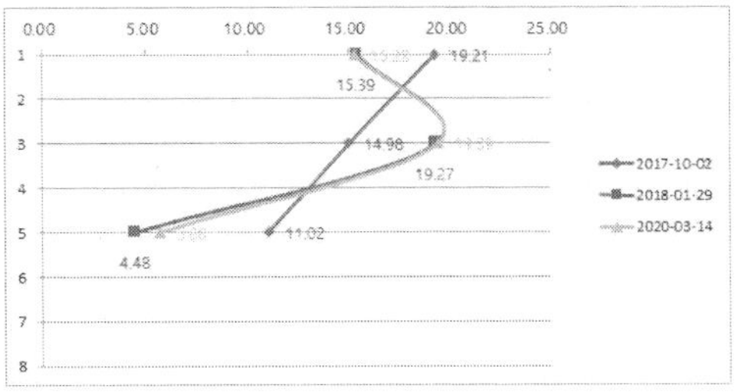

시점 우측(하중계 5번 위치, Type-D)

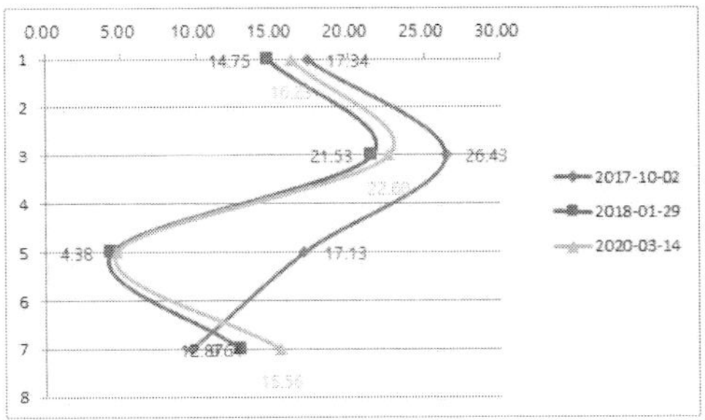

종점 좌측(하중계 6번 위치, Type-E)

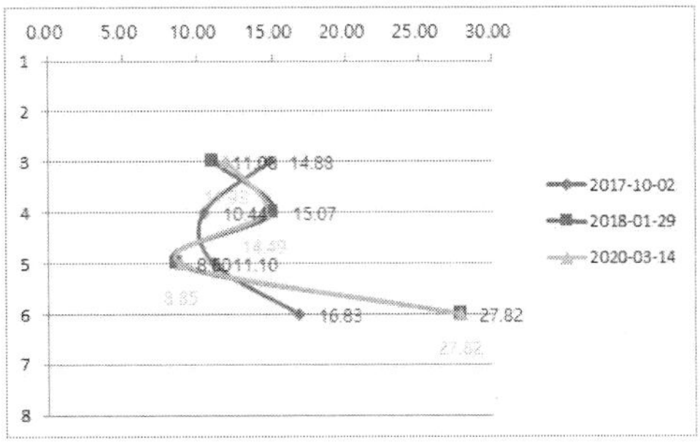

종점 우측(하중계 8번 위치, Type-E)

그림 2.5 정거장 위치별 하중계 경시변화도

2) 지중수평변위계(경사계, Inclinometer) 계측결과 검토

별내선 개착정거장 각 위치별로 지중수평변위계의 누적 최대 변위량 분석결과는 표 2.7 및 그림 2.6과 같다.

측정 위치는 정거장 시점좌측(3번)과 시점우측(5번), 종점좌측(6번)과 종점우측(8번)으로 측정치는 HUS 추진 전인 2017.10.02일과 추진 중인 2018.01.29일을 비교하였고, 최근 계측값인 2020.03.14일 측정치와 비교하였다.

① 정거장 시점좌측(m-3번)의 최대 변위량은 2020.03.14.일 35.94mm로 심도는 5m이며, 버팀보 2단에 위치하고 지층은 매립층 부분이다.

② 정거장 시점우측(m-5번)의 최대 변위량은 2018.01.29.일 35.78mm로 심도는 14m로 버팀보 7단에 위치하고 지층은 풍화암 부분이다.

③ 정거장 종점좌측(m-6번)의 최대 변위량은 2018.01.29일 38.42mm로 심도는 16m이며, 버팀보 7단에 위치하고 지층은 풍화토와 풍화암 경계부분이다.

④ 정거장 종점우측(m-8번)의 최대 변위량은 2020.03.14일 36.40mm로 심도는 14m이며, 버팀보 7단에 위치하고 지층은 풍화암과 연암 경계부분이다.

⑤ HUS 추진 전인 2017.10.02일과 추진 중인 2018.01.29.일을 전회 대비로 비교하면, 계측지점 4개소에서 13.32mm~17.39mm로 거의 비슷하게 증가한 것으로 나타났다.

⑥ 최근 계측치인 2020.03.14.일 계측결과 계측지점 4개소에서 32.61mm~36.40mm로 거의 비슷한 값으로 나타났다.

표 2.7 정거장 위치별 경사계 계측결과 (단위 mm)

시점좌측 (3번)	17. 10.02	18. 01.29	전회 대비	20. 03.14	시점우측 (5번)	17. 10.02	18. 01.29	전회 대비	20. 03.14
GL-5m 매립층	18.20	31.52	13.32	35.94	GL-14m 풍화암	18.62	35.78	17.16	32.61
종점좌측 (6번)	17. 10.02	18. 01.29	전회 대비	20. 03.14	종점우측 (8번)	17. 10.02	18. 01.29	전회 대비	20. 03.14
GL-16m 풍화암	23.25	38.42	15.15	34.48	GL-14m 연암	12.49	29.88	17.39	36.40

각 위치별 지중수평변위를 계측관리기준과 비교하면 표 2.8과 같고, 정거장 위치별 경사계 경시변화도는 그림 2.7과 같다.

시점좌측 경사계 측정 최대치는 지하 5m에서 35.94mm로 1차 기준 60mm의 60.0% 수

준으로 안전, 시점우측 경사계 측정 최대치는 지하 14m에서 35.78mm로 1차 기준 60mm의 59.6% 수준으로 안전, 종점좌측 경사계 측정 최대치는 지하 16m에서 38.42mm로 1차 기준 60mm의 64.0% 수준으로 안전, 종점우측 경사계 측정 최대치는 지하 14m에서 36.40mm로 1차 기준 60mm의 60.6% 수준으로 안전한 것으로 분석되었다.

따라서 경사계 계측결과 수평변위는 35.78~38.42mm로 1차 관리기준 60mm의 59.6~64.0%로 안전한 것으로 분석되었다.

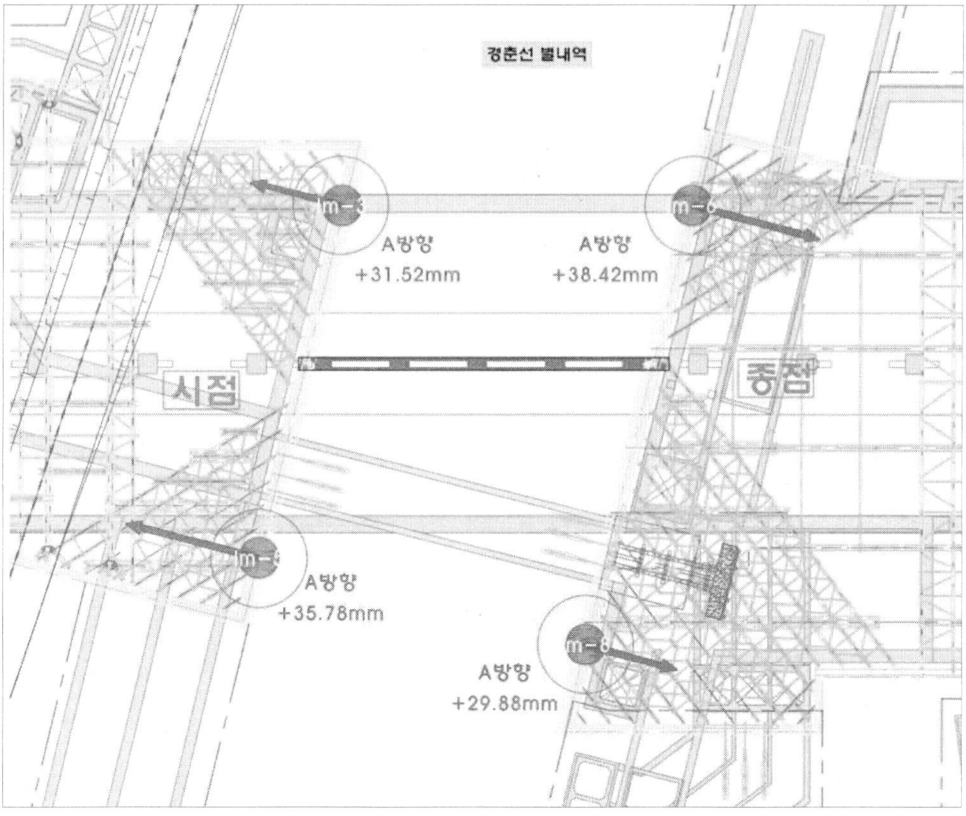

그림 2.6 정거장 위치별 경사계 최대치(2018.01.29.) 계측현황

표 2.8 정거장 위치별 경사계 계측관리기준과 비교표

위치	최대 지점	계측치(mm			관리기준(mm)			분석내용
		17. 10.02	18. 01.29	20. 03.14	1차 1/500	2차 1/300	3차 1/200	
시점 좌측 (3번)	GL-5m 매립층	18.20	31.52	35.94	60	100	150	시점좌측 경사계 측정 최대치는 지하5m에서 35.94mm로 1차 기준 60mm의 60.0% 수준으로 안전
시점 우측 (5번)	GL-14m 풍화암	18.62	35.78	32.61	60	100	150	시점우측 경사계 측정 최대치는 지하14m에서 35.78mm로 1차 기준 60mm의 59.6% 수준으로 안전
종점 좌측 (6번)	GL-16m 풍화암	23.25	38.42	34.48	60	100	150	종점좌측 경사계 측정 최대치는 지하16m에서 38.42mm로 1차 기준 60mm의 64.0% 수준으로 안전
종점 우측 (8번)	GL-14m 연암	12.49	29.88	36.40	60	100	150	종점우측 경사계 측정 최대치는 지하14m에서 36.40mm로 1차 기준 60mm의 60.6% 수준으로 안전

00역 시점 경사계 변화량
경사계 3번, 경사계 5번

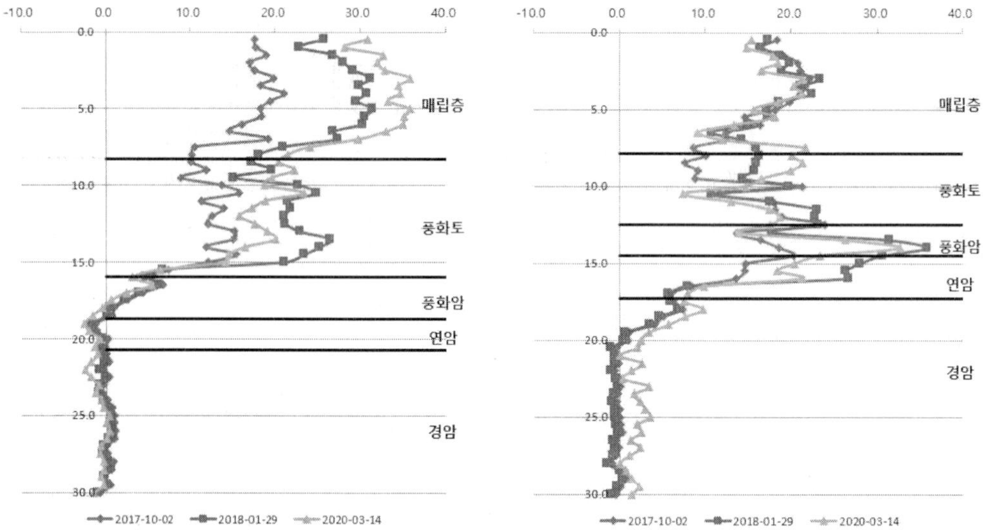

시점 좌측 (m-3, A방향)　　시점 우측 (m-5, A방향)

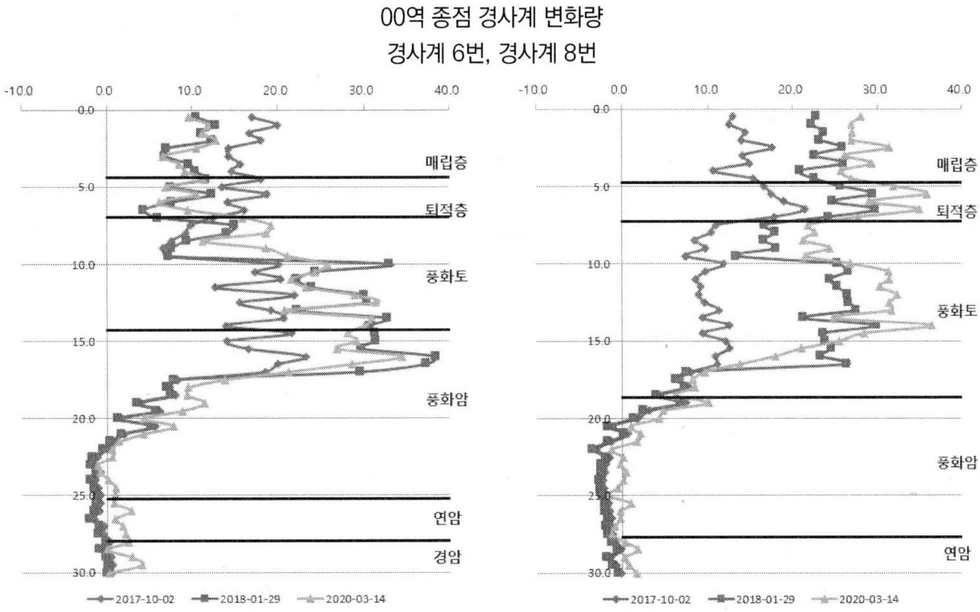

종점 좌측 (m-6, A방향) 종점 우측 (m-8, A방향)

그림 2.7 정거장 위치별 경사계 경시변화도

3) 정거장 흙막이 가시설 계측항목 검토 종합 결과

정거장 흙막이 가시설 계측항목인 지하수위계, 지표침하계, 하중계, 경사계 계측결과를 종합적으로 표현하면 그림 2.8과 같다.

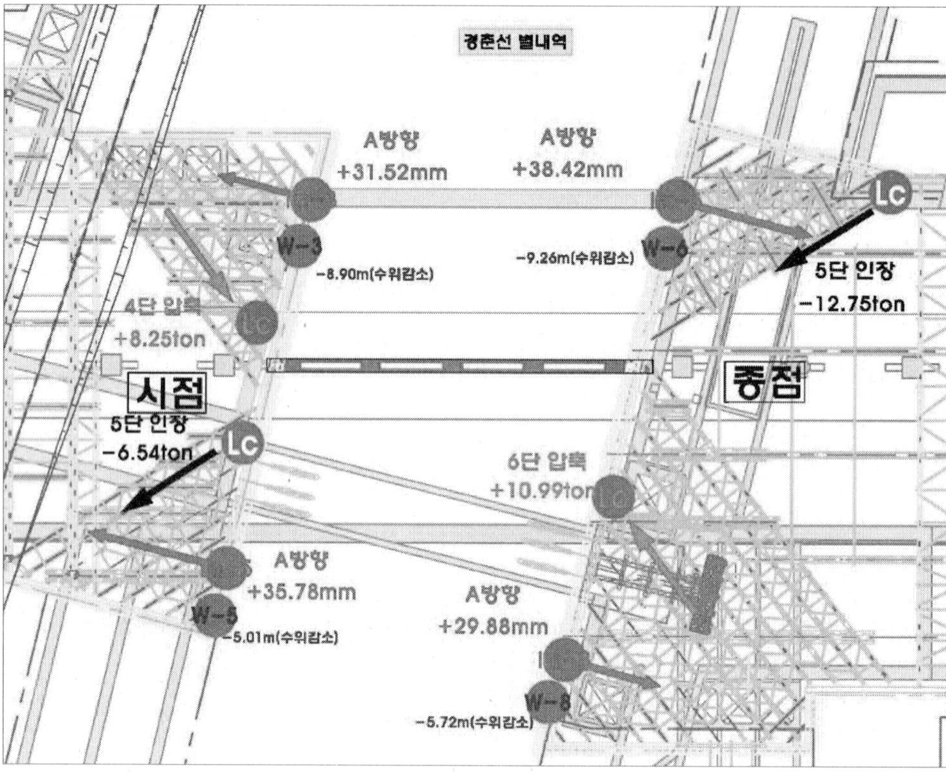

그림 2.8 정거장 흙막이 가시설 계측항목 종합 결과도

(1) 지하수위계 검토결과

2017.10.02~2018.01.29까지 116일 동안 일 저하량은 0.04~0.08m로 1차기준인 일 0.5m의 8~16% 수준으로 안전한 것으로 나타났으며, 짜시(Szechy, 1963) 탄성이론식에 의한 지하수위 저하로 인한 정거장 위치별 탄성침하량 산정결과 2018.6.8 추가 시추조사 3공에 대한 정거장 위치별 탄성침하량 산정결과 침하량은 21.1~30.5mm 범위이며, 평균 침하량은 26.4mm로 산출되었다.

(2) 지표침하량 검토결과

HUS 추진 전인 2017.10.02과 추진 중인 2018.01.29을 비교하면, 계측지점 4개소에서 전회대비 지표침하 증가량은 2~6mm의 범위이며, 정거장 종점우측(W-8)에서 가장 큰 6.0mm 침하량 증가를 보였으며, 최근 계측치인 2020.02.20 계측결과 계측지점 4개소에서 최대 지표침하량은 13~16mm의 범위이며, 1차 관리기준 32mm의 41~50%의 수준으로 안전한 것으로 분석되었다.

(3) 하중계 검토결과

시점좌측(3번) 하중계 계측 최대치는 4단에서 27.45톤으로 1차기준 72.38톤의 37.9% 수준으로 안전, 시점우측(5번) 하중계 계측 최대치는 3단에서 19.39톤으로 1차 관리기준 83.59톤의 23.2% 수준으로 안전, 종점좌측(6번) 하중계 계측 최대치는 3단에서 26.43톤으로 1차 관리기준 80.08톤의 33.0% 수준으로 안전, 종점우측(8번) 하중계 계측 최대치는 6단에서 27.82톤으로 1차 관리기준 81.45톤의 34.2% 수준으로 안전한 것으로 분석되었다.

(4) 경사계 검토결과

시점좌측 경사계 측정 최대치는 지하 5m에서 35.94mm로 1차 관리기준 60mm의 60.0% 수준으로 안전, 시점우측 경사계 측정 최대치는 지하 14m에서 35.78mm로 1차 관리기준 60mm의 59.6% 수준으로 안전, 종점좌측 경사계 측정 최대치는 지하 16m에서 38.42mm로 1차 관리기준 60mm의 64.0% 수준으로 안전, 종점우측 경사계 측정 최대치는 지하 14m에서 36.40mm로 1차 기준 60mm의 60.6% 수준으로 안전한 것으로 분석되었다.

(5) 정거장 흙막이 가시설 계측항목 검토 종합 결과

2017.10.02~2018.01.29까지 116일 동안 지하수위 일 저하량은 0.04~0.08m로 1차관리기준인 일0.5m의 8~16% 수준으로 안전한 것으로 나타났으며, 짜시(Szechy, 1963) 탄성이론식에 의한 지하수위 저하로 인한 정거장 위치별 탄성침하량 산정결과 평균 침하량은 26.4mm로 산출되었다.

지표침하계의 최근 계측치인 2020.02.20 계측결과 계측지점 4개소에서 최대 지표침하량은 13~16mm의 범위이며, 1차 관리기준 32mm의 41~50%의 수준으로 안전한 것으로 분석되었다.

하중계 계측결과 축력은 19.59~27.82톤으로 1차 관리기준 72.38~83.59톤의 23.2~37.9%로 안전한 것으로 분석되었다.

경사계 계측결과 수평변위는 35.78~38.42mm로 1차 관리기준 60mm의 59.6~64.0%로 안전한 것으로 분석되었다.

따라서 정거장 흙막이 가시설 계측항목은 모두 1차 관리기준 이내로 안전한 상태로 분석되었다.

2.3 비개착구간(HUS) 계측결과 검토

1) 자동지중수평경사계 계측결과 분석

자동수평경사계는 경춘선 별내역 하부를 통과하는 연장 27m의 비개착공법인 HUS구간에 자동수평경사계 연장 27m인 1공을 HUS추진관 2열 상단에 설치하여 계측을 실시하였으며, 계측결과 경시도는 그림 2.9와 같다.

천공구경은 100mm로 경사계 관경은 80mm이며, 센서는 1m간격으로 설치되어 2017.12.12일에 HUS추진관 직경 914mm(두께 14mm, 오거 굴착시 10mm돌출)천공을 착수하여 2018.5.10.까지 상부열 31열중 21열을 추진하였고, 2019.6.12.일에 강관추진을 완료하였다.

HUS추진관 직경은 914mm로 두께는 14mm이며, 강관내부에서 오거가 10mm돌출하여 굴착이 진행되므로 기계굴착에서는 테일보이드(Tail void)에 의해 많은 양의 침하가 발생되므로 테일보이드를 가능한 축소하는 것이 중요하며, 본 현장의 경우 강관두께 14mm와 오거돌출 10mm를 합하면 최대 24mm~48mm까지의 침하발생을 예상할 수가 있다.

① 자동수평경사계의 상대변위 침하 최대치는 HUS추진관 5열 시기인 2017.12.22.일에 시점부터 21m 지점에서 5.32mm, 상대변위 상승 최대치는 최근인 2019.3.17.일에 4.59mm를 보였고, 현장에서는 상대변위로 계측관리를 실시하고 있었으며, 흙막이 가시설의 지중수평변위계(경사계)와 동일한 관리기준(1차 1/500로 60mm, 2차 1/300로 100mm, 3차 1/200로 150mm)을 적용하고 있으나, 본 계측위치는 경춘선 본선 및 고상홈 기초 하부로 구조물 기초설계 침하기준인 25mm로 관리기준을 변경하는 것이 필요하다.

② HUS는 대부분 정거장 시점에서 종점방향으로 추진하였으며, 정거장 종점을 고정점(절대변위-0m기준)으로 가정한 누적 침하 최대치는 HUS추진 시기인 2017.12.22.일에 종점부에서 56.9mm, 최근 2020.03.17.일에 17.8mm를 보였다.

③ 정거장 시점을 고정점(절대변위-27m기준)으로 가정한 누적침하 최대치는 HUS 추진시기인 2017.12.22일에 시점부에서 56.9mm, 최근 2020.03.17.일에 17.8mm를 보였다.

④ 자동수평경사계 계측관리는 상대변위가 아닌 절대변위로 관리하여야 하며, 절대변위의 정확성을 위해 고정점이 굴착에 영향을 받지 않는 거리에 있어야 되나, 본 현장은

계측기 설치연장과 HUS추진 굴착연장이 같아 고정점으로 역할을 기대하기가 어려운 실정이므로 다음과 같이 검토를 실시하였다.

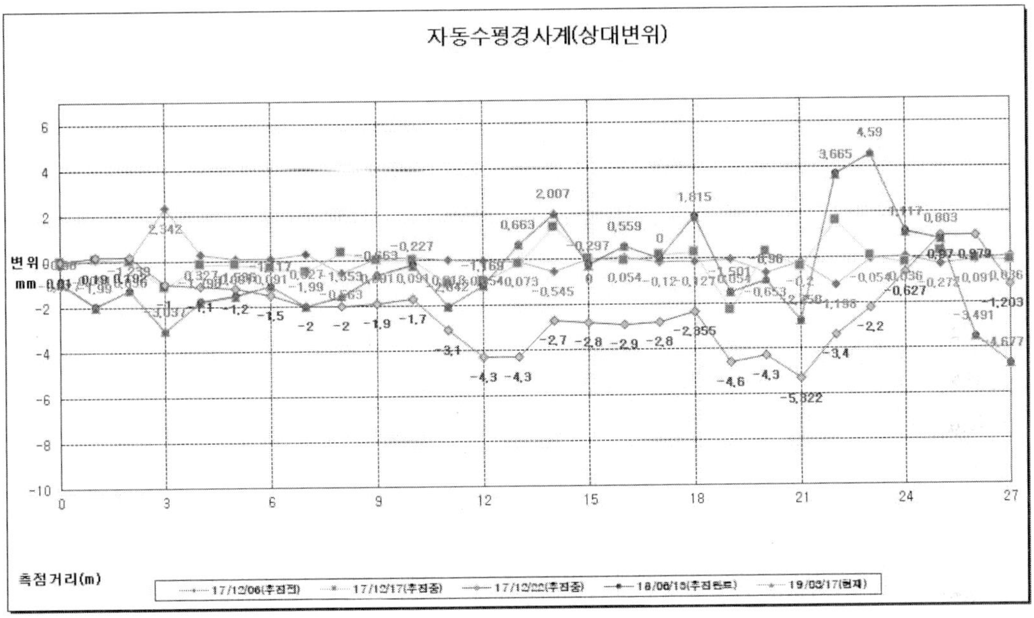

(가) 상대변위에 의한 자동수평경사계 계측경시도

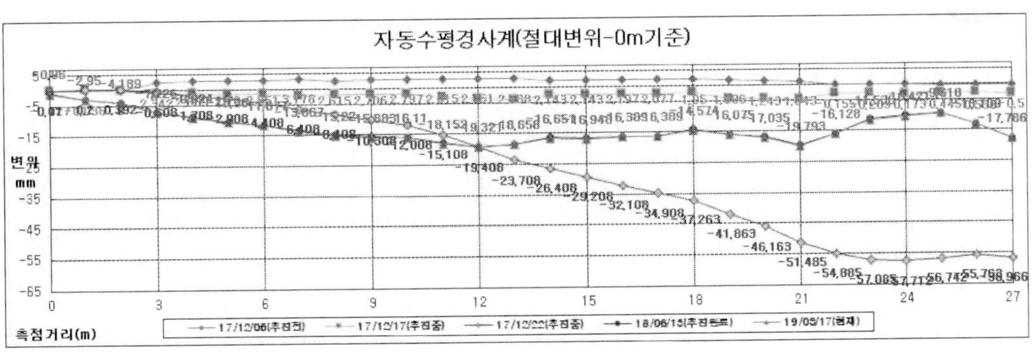

(나) 절대변위(시점 0m 기준)에 의한 자동수평경사계 계측경시도

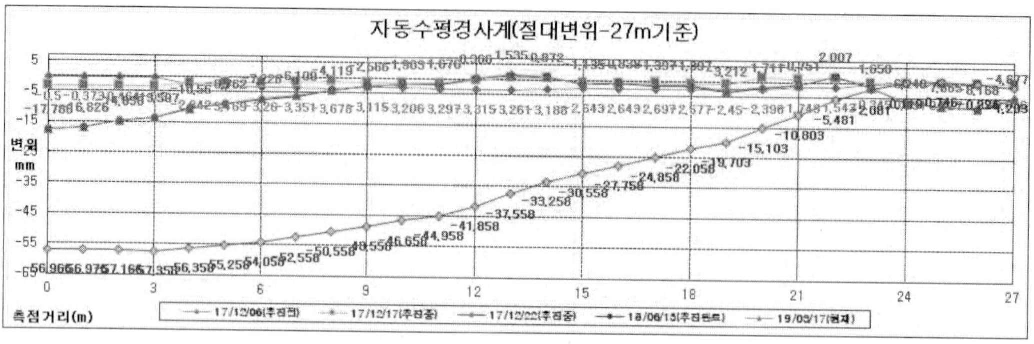

(다) 절대변위(종점 27m 기준)에 의한 자동수평경사계 계측경시도

그림 2.9 자동수평경사계 계측경시도

서울지하철9호선 906공구건설공사 NATM 토사터널공사 시 건물하부 통과를 위해 수평경사계 설치 및 계측 분석내용은 그림 2.10과 같다.(터널계측의 이론과 실무, 우종태, 구미서관, 2006, p.257~p.268)

지중수평경사계에서 측정되는 변위는 굴착전 선행변위와 굴착직후의 초기변위 그리고 시간 경과에 따라 측정되는 변위 등이 연속적으로 측정되며, 이를 이용하여 막장면과 막장전방에서 발생한 선행침하량을 측정할 수 있다.

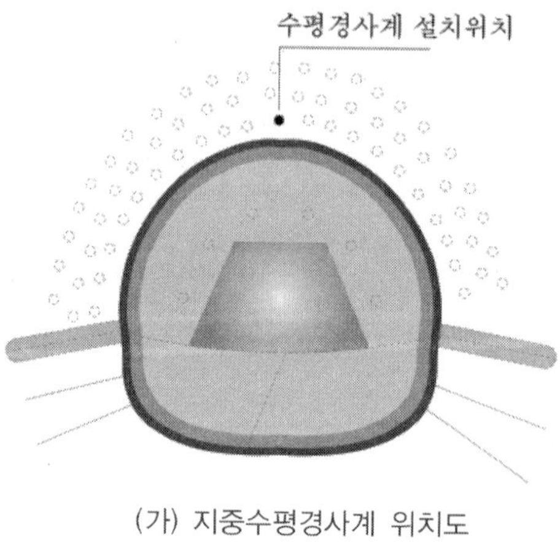

(가) 지중수평경사계 위치도

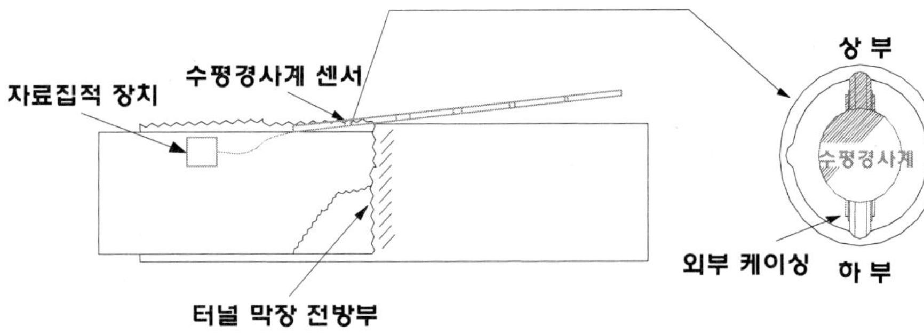

(나) 지중수평경사계 설치도

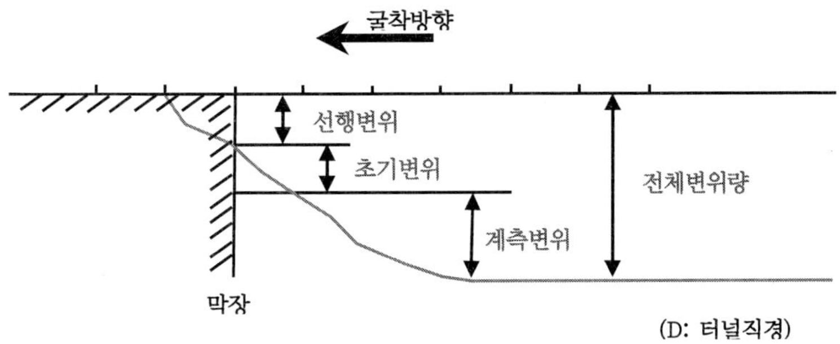

(다) 터널 선행변위 측정원리

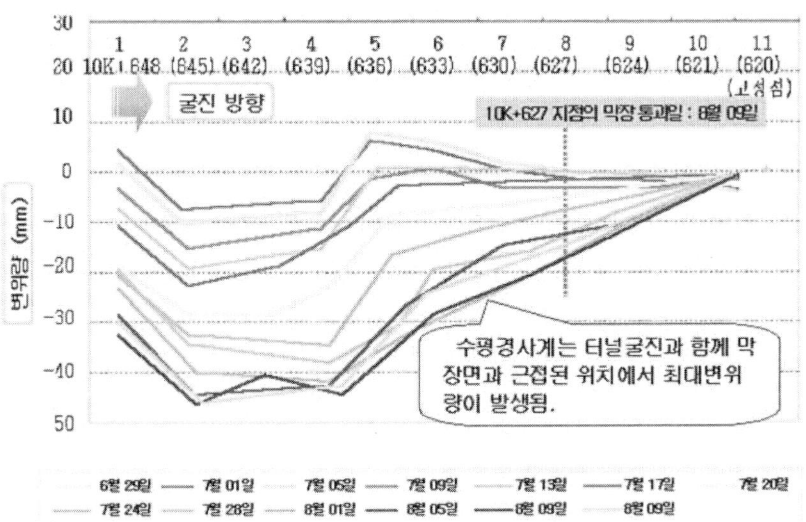

(라) 지중수평경사계에서 측정된 천단변위의 경시변화도

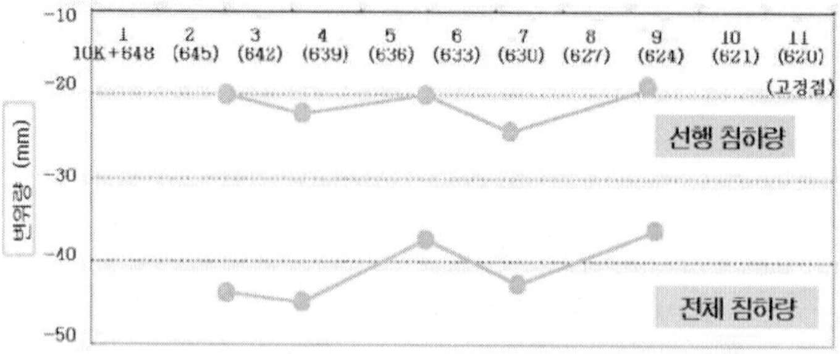

(마) 지중수평경사계로 측정한 선행 침하 그래프

설치위치	10K+645	10K+642	10K+636	10K+633	10K+627	평균
선행 침하량	(−) 20.058	(−) 22.848	(−) 20.075	(−) 25.603	(−) 18.167	(−) 21.350
전체 침하량	(−) 45.058	(−) 45.848	(−) 36.075	(−) 43.603	(−) 34.167	(−) 40.950
선행침하비율	44.52 %	49.83 %	55.63 %	58.72 %	53.17 %	52.2 %

(바) 지중수평경사계로 측정한 선행 침하 비율

그림 2.10 NATM 토사터널 공사 시 지중수평경사계 설치 및 분석내용

별내선 0공구의 경우 자동수평경사계의 고정점이 굴착에 영향을 받지 않는 거리에 있어야 하나, 계측기 설치연장과 HUS추진 굴착연장이 같아 고정점으로 역할을 기대하기가 어렵기 때문에 계측센서 전문가에게 별도 자문결과 절대변위 0m기준과 27m기준의 중간부근에서 계측치가 같은 지점을 교차점(0m기준은 연장 15m에서 29.2mm, 27m기준은 연장 15m에서 30.5mm)으로 하여 좌우로 그래프를 연결하는 것이 합리적인 방안이라는 의견에 따라 작성된 그래프는 그림 2.11과 같으며, 누적 침하 최대치는 HUS추진 시기인 2017.12.22.일에 연장 27m중 15m에서 30.5mm, 2019.03.17일에 시점부는 1.0mm, 15m부는 16.9mm, 종점부는 17.7mm를 보였다.

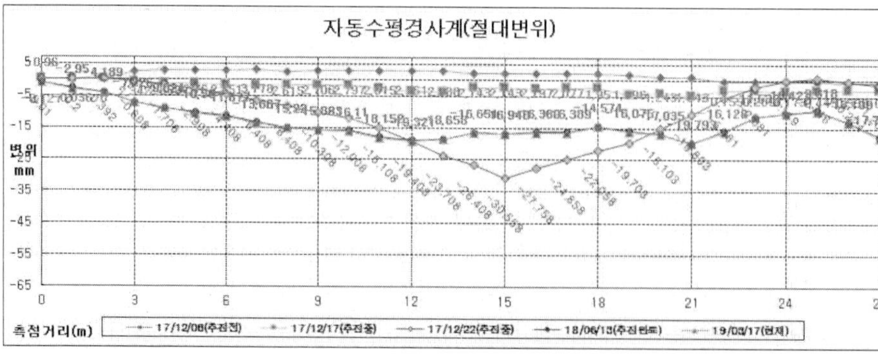

그림 2.11 절대변위(길이 27m중 15m위치 보정기준)에 의한 자동수평경사계 계측경시도

2) HUS 강관 변형유무 조사결과

HUS 강관추진 중 지반하중에 따른 강관의 변형 유무를 확인하기 위해 2020.4월 중순에 실시한 조사 결과는 그림 2.12와 같다.

HUS추진관 외경은 914mm(직경 900mm, 두께 14mm)이며, 현장에서 강관 외경측정기를 제작하여 제1열부터 제17열까지 측정한 결과 정거장 시점과 종점 제5열 선도관을 제외한 관들은 약 5~10mm정도 침하된 것으로 조사되었다. 제5열인 선도관은 수평방향으로 +55mm, 수직방향으로 -40mm로 측정되어 40mm의 침하가 발생된 것으로 확인하였으나, 선도관 특성상 종방향으로 강관 절개에 따른 영향으로 판단되며, 현장에서는 강관이 사 방향으로 절단되어 시각적으로 찌그러진 것으로 보일 수 있다.

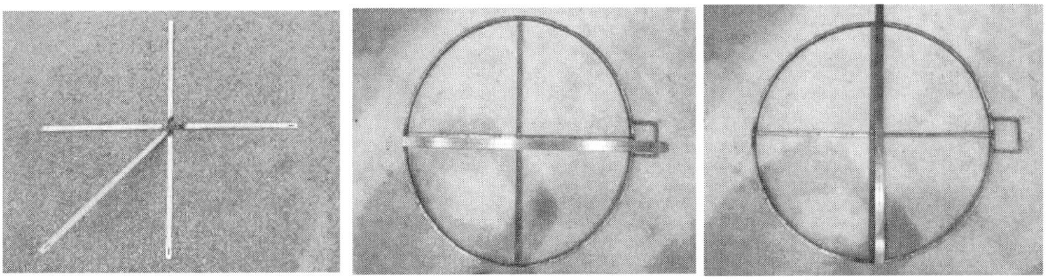

강관 외경측정기(수평 914mm, 수직 914mm)

정거장 시점과 종점 제5열 선도관 측정결과(수평 +55mm, 수직 -40mm)

그림 2.12 HUS 강관 변형 조사결과

3) HUS 강관 하부 측량결과

HUS 강관 하부 시점과 종점의 침하여부를 확인하기 위해 2020.4월 중순에 실시한 절대변위 측량결과와 설계지반고는 표 2.9 및 표 2.10과 같다.

제1열부터 제29열까지 HUS추진관 하부 시점과 종점 측량결과 약 10mm의 침하와 융기가 있는 것으로 확인되었으며, 정거장 종점 제5열 선도관 하부는 오히려 189mm가 시공 상의 이유로 상승된 것으로 나타나 HUS 강관 하부 침하는 없는 것으로 확인되었다.

HUS 선도관인 제5열 강관의 정거장 시점의 측량결과와 설계지반고 차이는 1mm이며, 종점은 오히려 189mm가 상승되어 강관추진 중 지반하중에 따른 강관의 변형은 5열이 수평 방향으로 +55mm, 수직방향으로 -40mm로 측정되어 40mm의 침하는 HUS추진관 하부 시점과 하부 종점의 침하는 없는 것으로 확인되었다.

표 2.9 HUS 강관 하부 설계지반고

구분		정거장 시점(m)	정거장 종점(m)	비고
좌측열	강관중심	112.776	112.856	강관 외경 914.4mm 종단경사 0.074%
	강관하부	112.319	112.399	
우측열	강관중심	112.756	112.836	
	강관하부	112.299	112.379	

표 2.10 HUS 강관 하부 측량결과

위치	정거장 시점(m)			정거장 종점(m)			비고
	측량 결과	설계 지반고	차이	측량 결과	설계 지반고	차이	
1열	112.307	112.308	−0.001 (1mm)	112.379	112.388	−0.009 (9mm)	HUS중앙부
3열	112.320	112.308	0.012 (12mm)	112.421	112.388	0.033 (33mm)	수평경사계는 2열 상부에 위치하고 중앙부에서 상대변위5.3mm, 절대변위 30.5mm 침하 발생
5열	112.306	112.307	−0.001 (1mm)	112.576	112.387	0.189 (189mm)	선도관으로 강관조사결과 시점과 종점 수직변형 40mm 발생

4) 비개착구간(HUS) 자동지중수평경사계 계측결과 검토

HUS강관 2열 상부에 설치된 자동수평경사계 계측결과, 강관의 변형 유무 확인결과, 추진관 하부 시점과 종점의 측량결과를 종합한 침하량 분석결과는 다음과 같다.

① HUS추진관 직경은 914mm로 두께는 14mm이며, 강관내부에서 오거가 10mm돌출하여 굴착이 진행되므로 기계굴착에서는 테일보이드(Tail void)에 의해 많은 양의 침하가 발생되므로 테일보이드를 가능한 축소하는 것이 중요하며, 본 현장의 경우 강관두께 14mm와 오거돌출 10mm를 합하면 최대 24mm~48mm까지의 침하발생을 예상할

수가 있다.

② 자동수평경사계의 상대변위 침하 최대치는 HUS추진관 5열 시기인 2017.12.22.일에 시점부터 21m 지점에서 5.32mm, 상대변위 상승 최대치는 최근인 2019.3.17.일에 4.59mm를 보였고, 현장에서는 상대변위로 계측관리를 하고 있다.

③ HUS는 대부분 정거장 시점에서 종점방향으로 추진하였으며, 정거장 종점을 고정점(절대변위-0m기준)으로 가정한 누적 침하 최대치는 HUS추진 시기인 2017.12.22.일에 종점부에서 56.9mm, 최근 2020.03.17.일에 17.8mm를 보였다.

④ 자동수평경사계 중간부근에서 계측치가 같은 지점을 교차점으로 하여 좌우로 그래프를 연결한 결과(절대변위로 길이 27m중 15m위치 보정기준) 누적 침하 최대치는 HUS 추진 시기인 2017.12.22.일에 연장 27m중 15m에서 30.5mm, 최근 2019.03.17.일에 시점부는 1.0mm, 15m부는 16.9mm, 종점부는 17.7mm를 보였다.

⑤ HUS 강관 추진 중 강관의 변형 유무를 확인결과 정거장 시점과 종점 제5열인 선도관이 수평방향으로 +55mm, 수직방향으로 -40mm로 측정되어 40mm의 침하가 발생된 것으로 보였다.

⑥ HUS 선도관인 제5열 강관의 정거장 시점의 측량결과와 설계지반고 차이는 1mm 이며, 종점은 오히려 189mm가 상승되어 강관추진 중 지반하중에 따른 강관의 변형은 5열이 수평방향으로 +55mm, 수직방향으로-40mm로 측정되었으나, 측량결과 HUS 추진관 하부 시점과 하부 종점의 침하는 없는 것으로 확인되었다.

⑦ 위의 내용을 종합하면 2017.12.22 HUS 선도관인 제5열 강관추진 시 자동수평경사계 계측치의 침하량은 HUS연장 27m의 종점부에서 상대변위 침하 5.3mm, 중앙부에서 절대변위 침하 30.5mm의 범위로 추정되며, 평균치는 18mm로 판단된다.

2.4 공사계측 및 측량결과에 의한 지반변형 검토

① 2017.12.22 HUS 선도관인 제5열 강관추진 시 자동수평경사계 계측치의 침하량은 HUS연장 27m의 종점부에서 상대변위 침하 5.3mm, 중앙부에서 절대변위 침하 30.5mm의 범위로 추정되며, 평균 침하량은 18mm로 판단된다.

② 2018.6.8. 추가 시추조사 3공에 대해 짜시(Szechy, 1963) 탄성이론식에 의한 정거장 위치별 탄성침하량 산정결과 평균 침하량은 26.4mm로 산출되어 지하수위 저하로 인한 침하량은 26mm로 판단되며, 지하수위계 4개소에 설치된 지표침하계는 2020.2현재 13~16mm를 보이고 있다.

③ 별내선6공구 공사중 HUS 강관추진 시 평균 침하량 18mm와 지하수 저하로 인한 탄성침하량 26mm를 제외한 31mm는 별내선 개착정거장 사방향 교차로 가시설의 정역학적 평형상태 유지 어려움으로 인한 변형, HUS내부굴착 등의 탄성침하, 고상홈 승강장 슬래브의 뒤틀림 및 신축이음 변화 등인 것으로 추정된다.

④ 2017.4월 정거장 굴착이후 별내선6공구의 각종 계측결과 및 별내역사 구조물 안전진단 결과는 주로 승강장층 슬래브 및 별내역사 연결 구조체에 비구조적인 균열 및 침하가 발생되었으며, 대합실층 및 승강장층 기둥 계측결과 침하가 거의 없는 것으로 확인되어 별내역사의 구조적인 문제점은 없는 것으로 판단된다.

2.5 현재 기준 각종 계측결과 진행성 검토

2020.5초 현재 지상구간인 00역사의 고상홈 침하 측량, 궤도의 면틀림 및 줄틀림 변위 자동계측, 00역사 승강장 및 기둥의 기울기 측정인 EL빔센서 그리고 지하구간인 별내선 정거장 흙막이 가시설 계측항목인 지하수위계, 하중계, 경사계, 자동수평경사계의 2020.1월~5월까지 계측결과를 경시도로 작성하여 2차 공사 중단일인 2020.3.3.과 비교하여 진행성 여부를 검토하였다. 지상구간인 00역사 자동계측현황은 그림 2.13과 같다.

1) 지상구간 현재기준 계측결과 분석

(1) 고상홈 침하 측량결과

00역사 고상홈에 대한 2020년 1월~5월의 침하 측량결과는 위치별로 1~2mm 이내로 수렴되는 경향을 보이고 있으며, 2차 공사 중단일인 2020.3.3.이후 2020.5월말까지는 거의 침하가 발생하지 않는 것으로 나타났다.

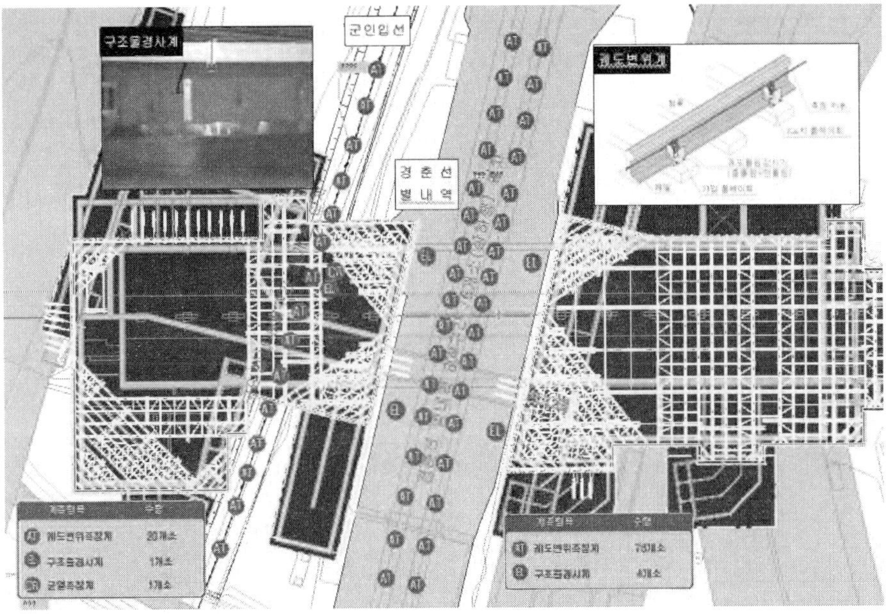

그림 2.13 ○○역사 자동계측현황

(2) 궤도변위 자동계측

00역사의 자동계측 현황 및 단계별 계측관리기준은 표 2.11과 같고, 궤도의 정비기준은 표 2.12와 같으며, 궤도면틀림과 궤도줄틀림의 자동계측 경시도는 그림 2.14 및 2.15와 같다.

표 2.11 00역사 자동계측 현황 및 단계별 계측관리기준

구 분		궤도변위계	구조물경사계	균열측정계
별내역 선로 상.하		76개소/38개소씩		
플랫폼 상.하			4개소/2개소씩	
별내역사 기둥			1개소	1개소
계측빈도		5분 간격		
계측방법		실시간 자동측정		
관리기준	1차(안전)	±5mm	1/1000	+0.20mm
	2차(주의)	±12mm	1/850	+0.38mm
	3차(분석)	±16mm	1/500	+0.50mm

표 2.12 궤도의 정비기준(선로정비지침 2008, 한국철도시설공단)

궤간틀림(줄맞춤)	수평틀림(평면성)	고저틀림(면맞춤)	방향틀림(줄맞춤)	수준틀림(평면성)
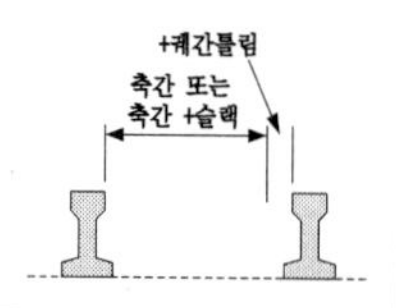	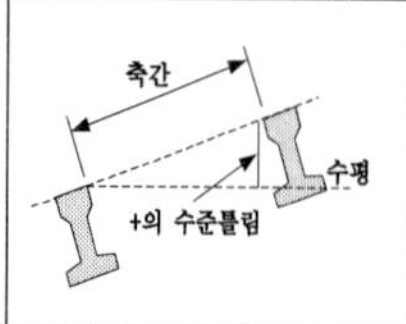	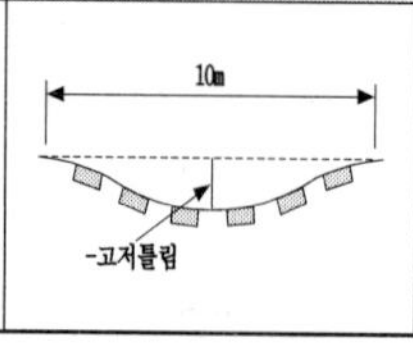	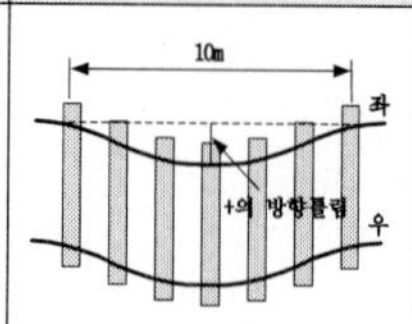	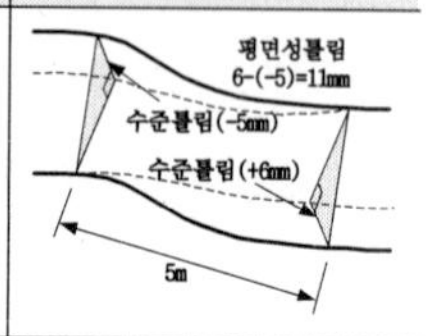

가) 궤도면틀림 변위

2020년 1월~5월의 궤도면틀림 변위는 위치별로 0~2mm 이내로 수렴되는 경향을 보이고 있으며, 2차 공사 중단일인 2020.3.3.이후 2020.5월말까지는 위치별로 0~1mm 이내로 수렴되는 경향을 보이고 있는 것으로 나타났다.

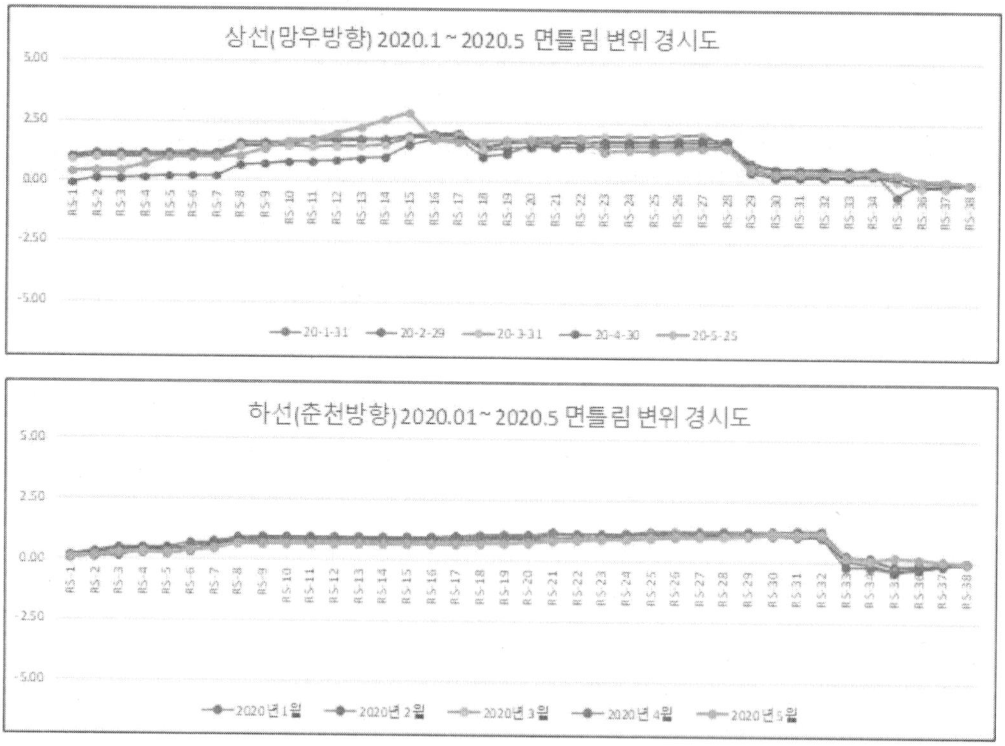

그림 2.14 별내역사 궤도면틀림 경시도

나) 궤도줄틀림 변위

2020년 1월~5월의 궤도줄틀림 변위는 위치별로 0~1mm 이내로 수렴되는 경향을 보이고 있으며, 2차 공사 중단일인 2020.3.3.이후 2020.5월말까지는 거의 변위가 발생하지 않는 것으로 나타났다.

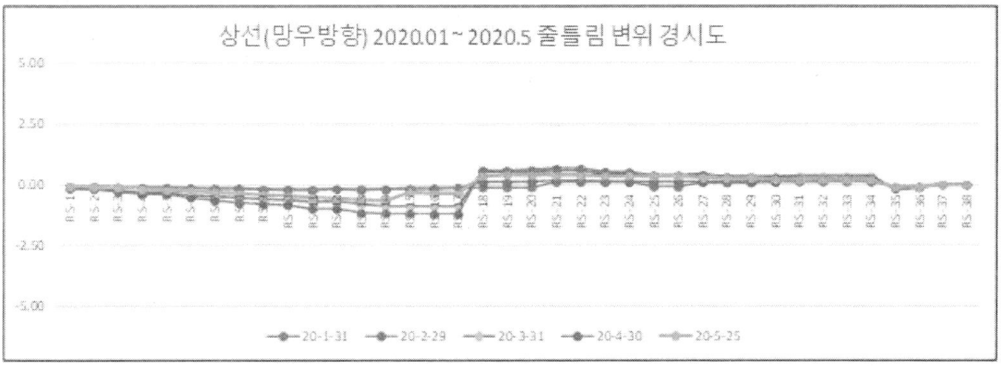

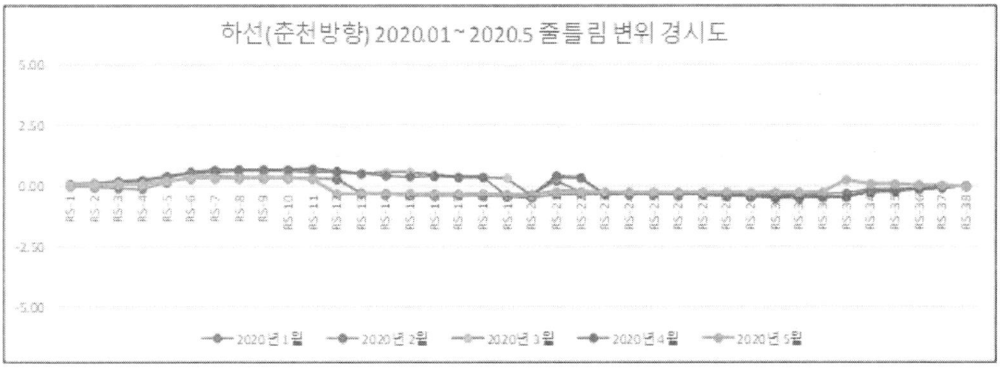

그림 2.15 00역사 궤도줄틀림 경시도

(3) 00역사 기둥 등 기울기 계측(EL빔센서)

00역사 승강장 하부 벽체에 설치한 EL빔센서의 2020년 1월~5월의 수직과 수평방향의 변위 경시도는 그림 2.16과 같으며, 위치별로 0.01~0.08mm 이내로 작은 값을 보이며 수렴되는 경향을 보이는 것으로 나타났다.

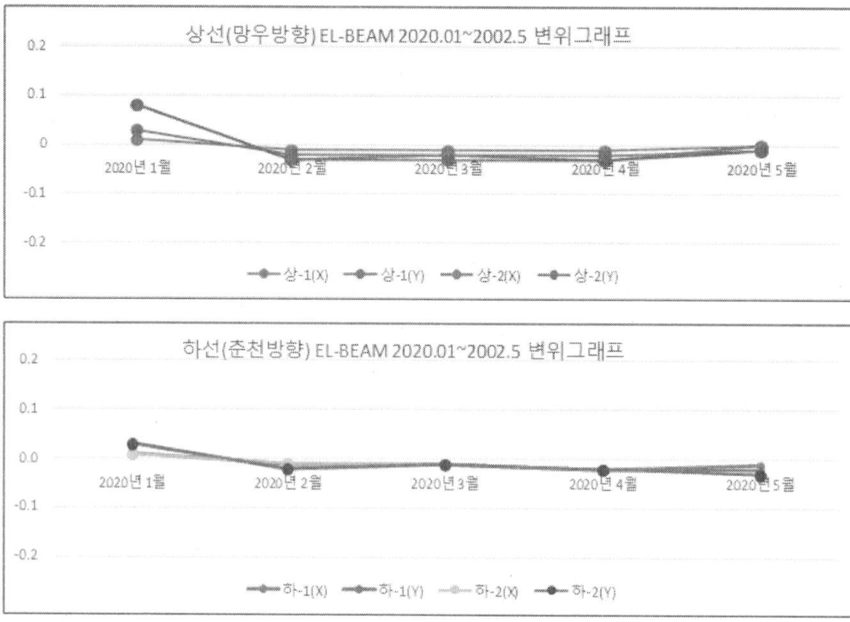

그림 2.16 00역사 승강장 하부 벽체 및 기둥 기울기 경시도

그림 2.17, 표 2.13은 00역사 내부의 기둥별로 변위를 측량한 결과이다. 측정핀은 기둥외장재를 천공하여 본체에 부착하였으며, TBM은 본 공사의 영향이 없는 외부에 설치하였다.

2020년 4월 10일 초기치 측정이후 5월 25일 현재까지 매일 측량결과 역사 및 갈매고가의 변위는 없는 상태이다.

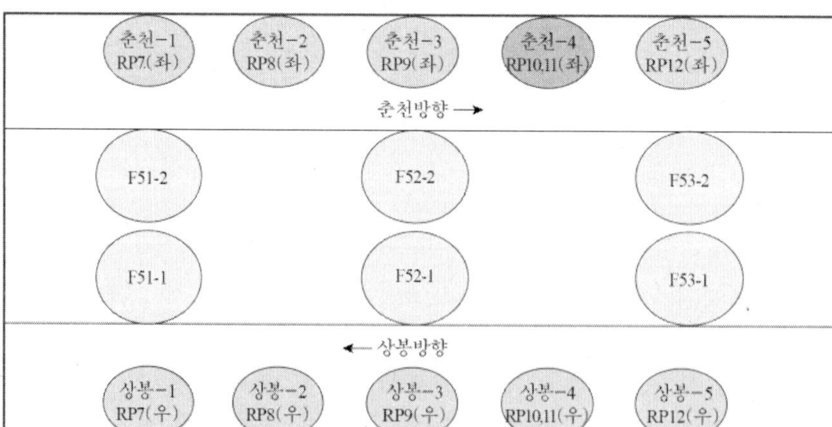

그림 2.17 00역사 기둥 변위 측정 지점

(4) 지상구간 현재기준 계측결과 분석 요약

00역사 고상홈 침하는 2020년 1월~5월의 침하 측량결과 위치별로 1~5mm 이내로 수렴되는 경향을 보이고 있으며, 2차 공사 중단일인 2020.3.3.이후 2020.5월말까지는 거의 침하가 발생하지 않는 것으로 나타났다.

궤도면틀림 변위는 2020년 1월~5월에 위치별로 0~2mm 이내로 수렴되는 경향을 보이고 있으며, 2차 공사 중단일인 2020.3.3.이후 2020.5월말까지는 위치별로 0~1mm 이내로 수렴되는 경향을 보이고 있는 것으로 나타났다.

궤도줄틀림 변위는 2020년 1월~5월에 위치별로 0~1mm 이내로 수렴되는 경향을 보이고 있으며, 2차 공사 중단일인 2020.3.3.이후 2020.5월말까지는 거의 변위가 발생하지 않는 것으로 나타났다.

00역사 승강장 하부 벽체 및 기둥에 설치한 EL빔센서의 2020년 1월~5월의 수직과 수평방향의 변위는 위치별로 0.01~0.08mm 이내로 작은 값을 보이며 수렴되는 경향을 보이며, 00역사 대합실내 기둥변위 측량결과 2020년 4월 10일 이후 변위는 없는 것으로 나타났다.

따라서 지상구간 현재기준 계측 항목별 침하 및 변위에 대해 2020년 1월~5월의 계측치는 위치별로 0~2mm 이내로 수렴되는 경향을 보이고 있으며, 2차 공사 중단일인 2020.3.3.이후 2020.5월말까지는 거의 변위가 발생하지 않는 것으로 나타나 현 상태로 경춘선 00역 열차운행의 안전에는 문제가 없는 것으로 판단된다.

2) 지하구간 현재기준 계측결과 분석

정거장 흙막이 가시설 계측항목인 지하수위계 및 지표침하계, 하중계, 경사계, HUS 상부 자동수평경사계의 계측위치는 그림 2.18과 같다.

(1) 지하수위계 및 지표침하계

00역 개착정거장 지하수위계 측정위치는 4개소로 정거장 시점좌측(W-3)과 정거장 시점우측(W-5), 정거장 종점좌측(W-6)과 정거장 시점우측(W-8)을 기준으로 HUS 추진 전인 2017.10.02일과 최근 계측값인 2020년 1월~5월 측정치를 표 2.14 및 표 2.15, 그림 2.19와 같이 비교하였다.

2020년 1월~5월까지 지하수위 변화는 0.04~0.41m로 작은 값을 보이며, 4개소의 경시도는 모두 수렴하는 경향을 보이는 것으로 나타났다.

2020년 1월~5월까지 지표침하 변화는 0.1mm로 작은 값을 보이며, 4개소의 경시도는 모두 수렴하는 경향을 보이는 것으로 나타났다.

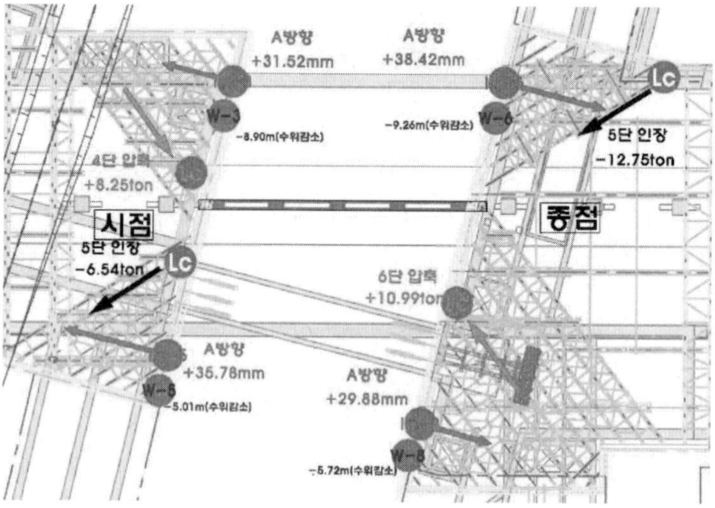

그림 2.18 정거장 흙막이 가시설 계측항목 위치도

표 2.14 최근 지하수위계 계측결과 (단위 GL-m)

위치	2017.10.02. 정거장20m굴착	2020년					증감
		1월	2월	3월	4월	5월	
시점좌측(3번)	9.82	19.05	18.82	18.45	18.64	18.57	2020년 1월부터 5월까지 지하수위 변화는 0.04~0.41m로 작은 값을 보이며, 4개소의 경시도는 모두 수렴하는 경향을 나타냄
시점우측(5번)	10.26	16.18	16.15	16.25	16.22	16.18	
종점좌측(6번)	10.81	25.64	25.88	25.85	25.68	25.60	
종점우측(8번)	10.68	16.57	16.82	16.69	16.45	16.39	

표 2.15 최근 지표침하계 계측결과 (단위 mm)

위치	2017.10.02. 정거장20m굴착	2020년					증감
		1월	2월	3월	4월	5월	
시점좌측(3번)	9.0	16.1	16.0	16.1	16.2	16.2	2020년 1월부터 5월까지 지표침하 변화는 거의 0.1mm로 작은 값을 보이며, 4개소의 경시도는 모두 수렴하는 경향을 나타냄
시점우측(5번)	9.0	13.2	13.0	13.3	13.3	13.3	
종점좌측(6번)	10.0	13.1	13.0	13.2	13.3	13.3	
종점우측(8번)	8.0	16.2	16.0	16.3	16.2	16.2	

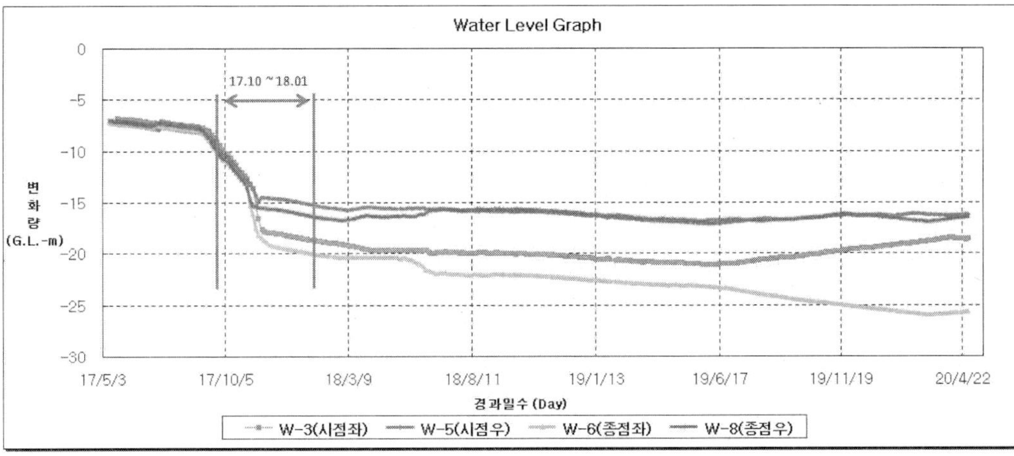
Water Level Graph
17.10 ~ 18.01
변화량 (G.L.-m)
경과일수 (Day)
W-3(시점좌)
W-5(시점우)
W-6(종점좌)
W-8(종점우)

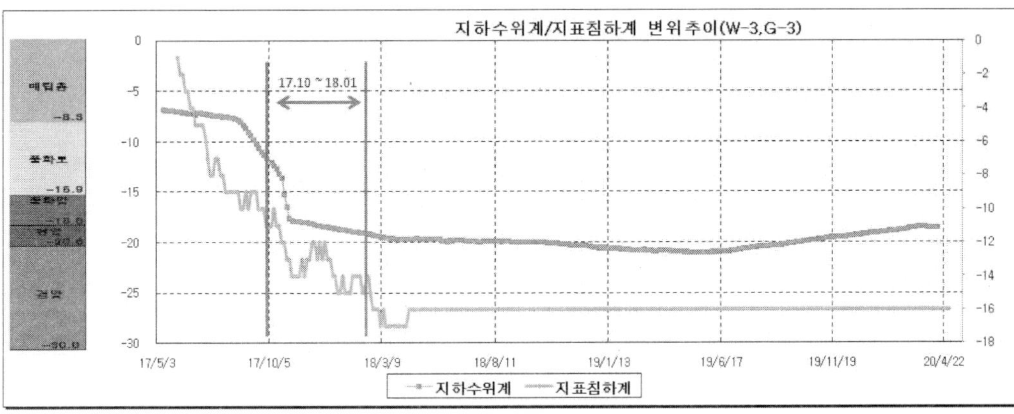
지하수위계/지표침하계 변위추이(W-3,G-3)
17.10 ~ 18.01
지하수위계
지표침하계

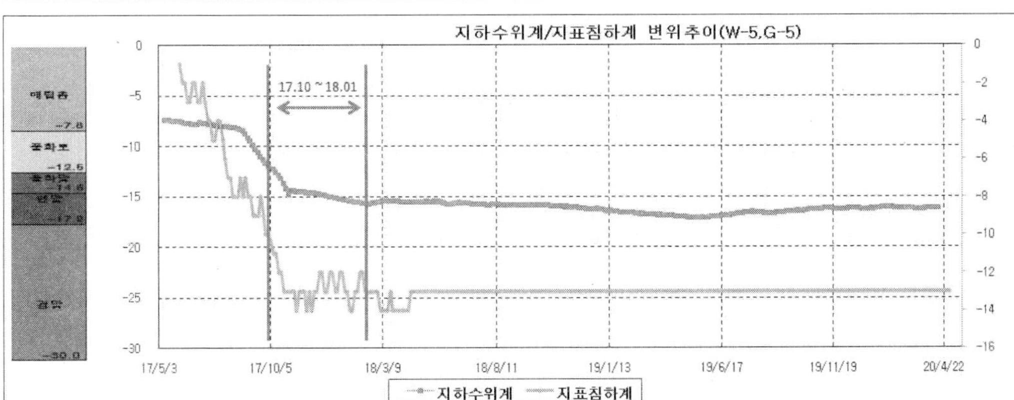
지하수위계/지표침하계 변위추이(W-5,G-5)
17.10 ~ 18.01
지하수위계
지표침하계

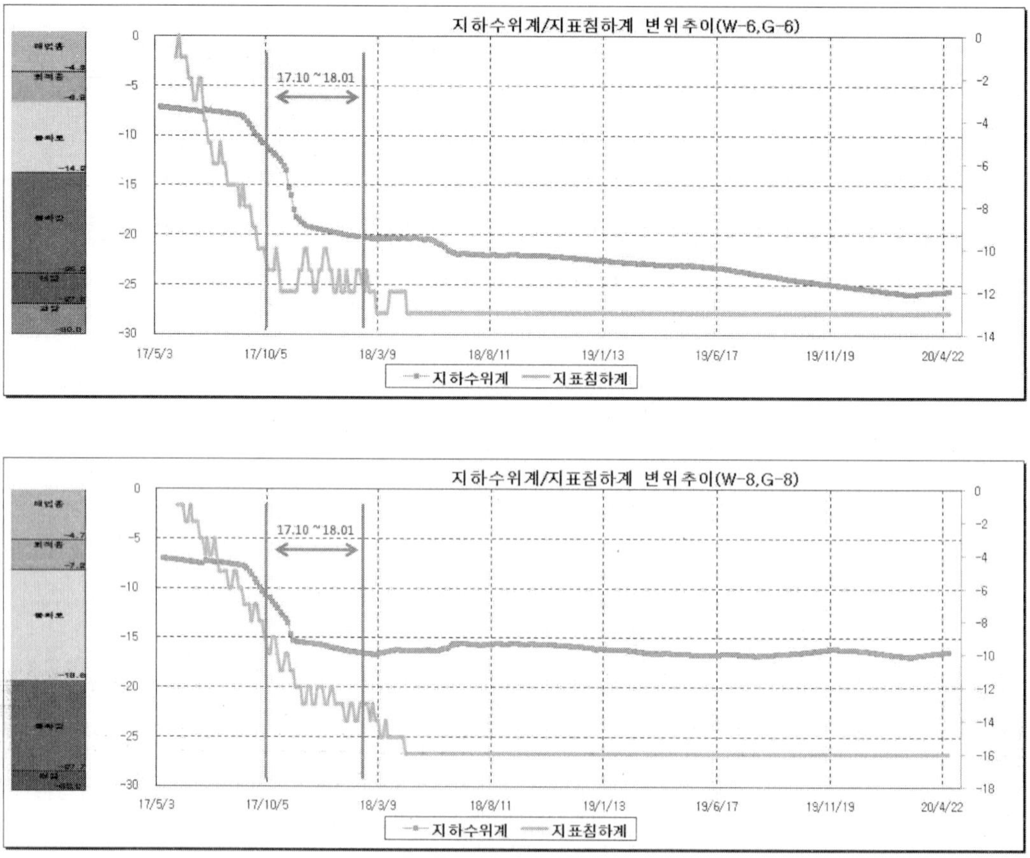

그림 2.19 최근 지하수위계 계측 경시도

(2) 하중계

00역 개착정거장 각 위치별로 최장 사보강재 버팀보의 하중계 측정 위치는 정거장 시점 좌측(3번)과 시점우측(5번), 종점좌측(6번)과 종점우측(8번)으로 측정치는 HUS 추진 전인 2017.10.02일과 최근 계측값인 2020년 1월~5월 측정치를 표 2.16 및 그림 2.20과 같이 비교하였다.

2020년 1월~5월까지 하중계 변화는 0.1~1.0톤으로 작은 값을 보이며, 4개소의 경시도는 모두 수렴하는 경향을 보이는 것으로 나타났다.

표 2.16 최근 하중계 계측결과 (단위 톤)

위치	최대 지점	2017.10.02. 정거장 20m 굴착	2020년					증감
			1월	2월	3월	4월	5월	
시점좌측(3번)	4단	19.20	23.61	23.59	23.57	23.71	23.57	2020년 1월부터 5월까지 하중계 변화는 0.1~1.0톤의 작은 값을 보이며, 4개소의 경시도는 모두 수렴하는 경향을 나타냄
시점우측(5번)	3단	14.98	19.67	19.57	19.59	19.45	19.73	
종점좌측(6번)	3단	26.43	22.72	22.46	23.35	23.77	23.73	
종점우측(8번)	6단	16.83	28.06	27.88	27.95	27.55	27.59	

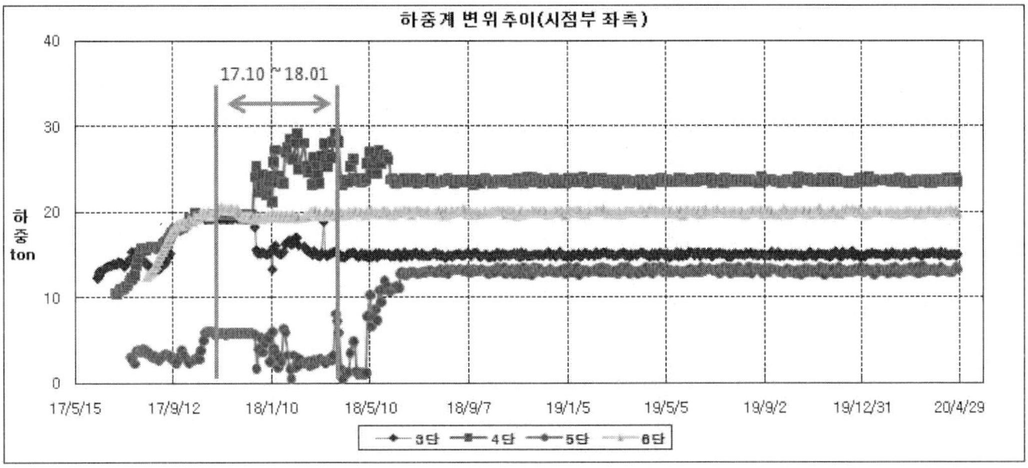

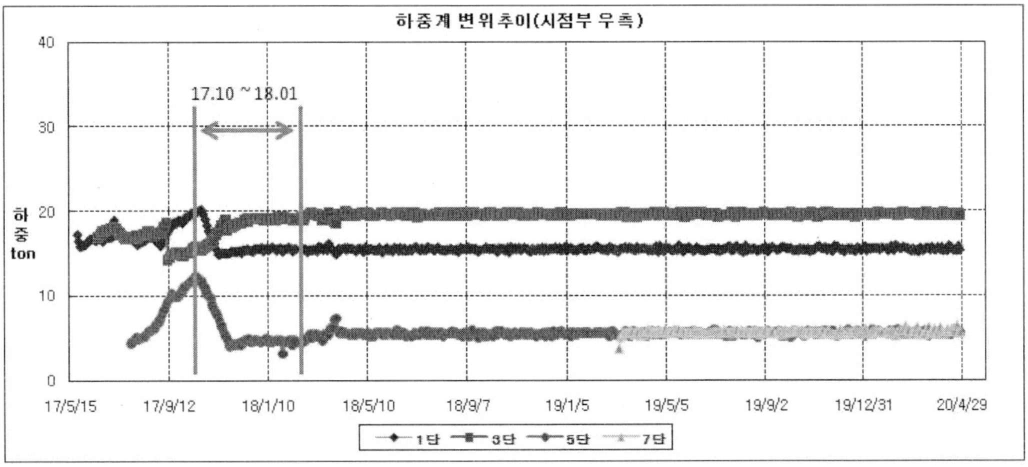

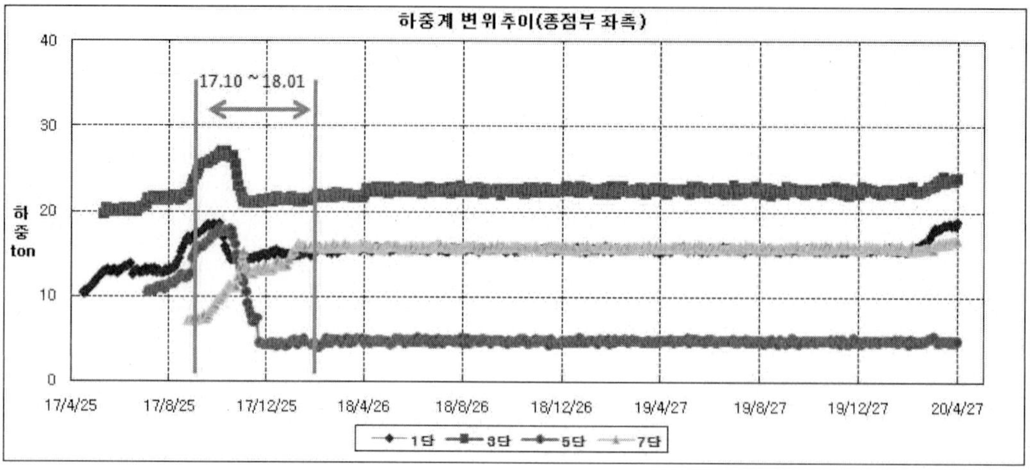

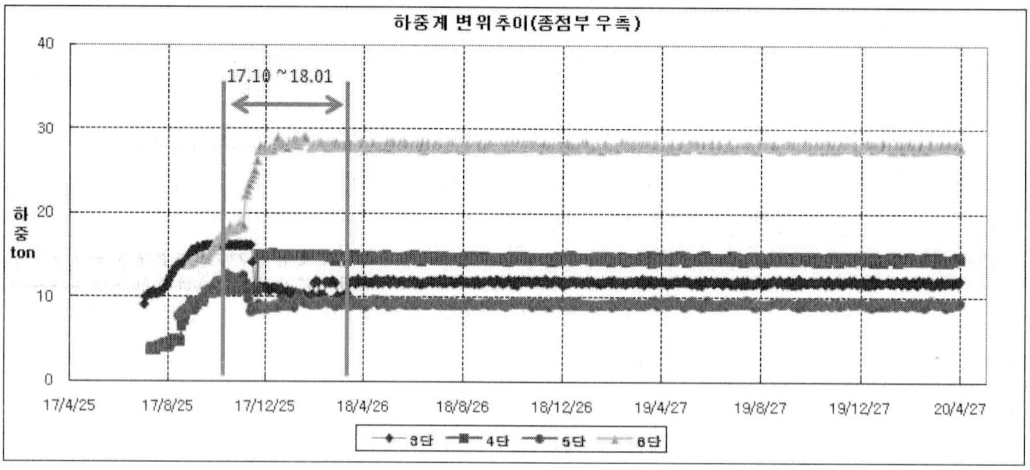

그림 2.20 최근 하중계 계측 경시도

(3) 경사계

00역 개착정거장 각 위치별로 지중수평변위계의 측정 위치는 정거장 시점좌측(3번)과 시점우측(5번), 종점좌측(6번)과 종점우측(8번)으로 측정치는 HUS 추진 전인 2017.10.02일과 최근 계측값인 2020년 1월~5월 측정치를 표 2.17 및 그림 2.21과 같이 비교하였다.

2020년 1월~5월까지 경사계 변화는 0.2~1.2mm로 작은 값을 보이며, 4개소의 경시도는 모두 수렴하는 경향을 보이는 것으로 나타났으며, 2020년5월에 약 1.1~2.6mm가 증가하는 경향을 보이고 있다.

표 2.17 최근 경사계 계측결과 (단위 mm)

위치	최대지점	2017.10.02 정거장20m굴착	2020년					증감
			1월	2월	3월	4월	5월	
시점좌측 (3번)	GL-5m 매립층	18.20	36.47	36.36	36.78	35.46	36.60	2020년 1월부터 5월까지 경사계 변화는 0.2~1.2mm로 작은 값을 보이며, 4개소의 경시도는 모두 수렴하는 경향을 나타내며, 2020년5월에 약 1.1~2.6mm가 증가하는 경향을 보이고 있음
시점우측 (5번)	GL-14m 풍화암	18.62	30.64	30.78	31.49	30.07	32.01	
종점좌측 (6번)	GL-16m 풍화암	23.25	32.30	33.62	32.46	33.07	35.05	
종점우측 (8번)	GL-14m 연암	12.49	35.91	35.24	34.98	34.66	37.30	

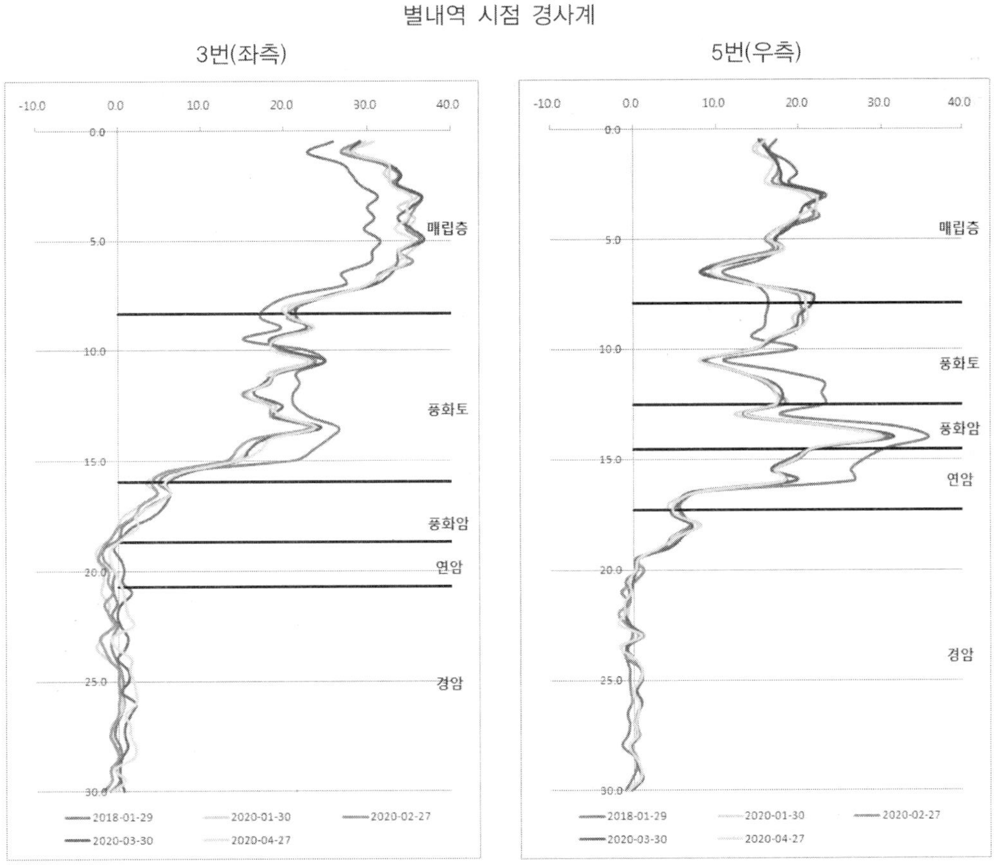

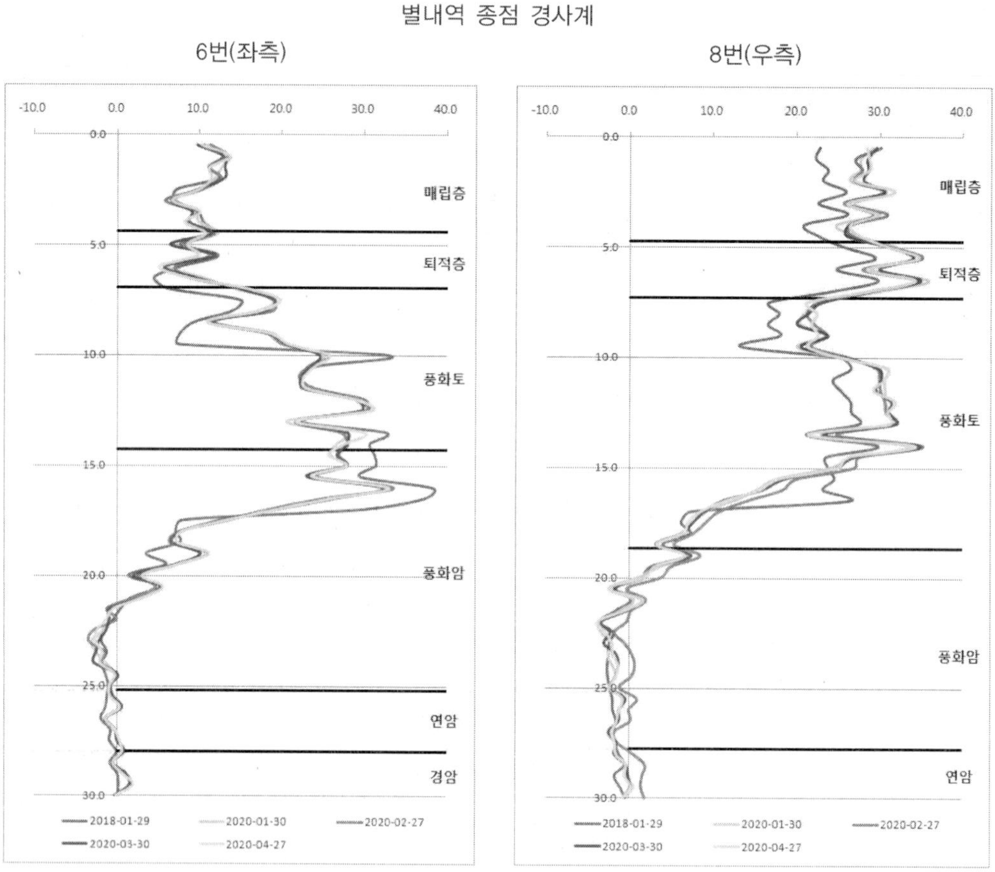

그림 2.21 최근 경사계 계측 경시도

(4) HUS 상단 자동수평경사계

자동수평경사계는 경춘선 00역 하부를 통과하는 연장 27m의 비개착공법인 HUS구간에 자동수평경사계 연장 27m인 1공을 HUS추진관 2열 상단에 설치하여 계측을 실시하였으며, HUS추진 시기인 2017.12.22.일과 최근 계측값인 2020년 1월~5월 측정치를 표 2.18 및 그림 2.22와 같이 비교하였다.

2020년 1월~5월까지 자동수평경사계 변화는 0.05mm로 미소한 값을 보이며, 위치별로 경시도는 모두 수렴하는 경향을 보이는 것으로 나타났다.

표 2.18 최근 HUS 상단 자동수평경사계(중앙부 절대변위 보정) 침하량 계측결과 (단위 mm)

위치	2017.12.22. 강관추진시	2020년					증감
		1월	2월	3월	4월	5월	
시점에서 9m 지점	−10.66	−2.55	−2.50	−2.64	−2.55	−2.48	2020년 1월부터 5월까지 자동수평경사계 변화는 0.05mm로 미소한 값을 보이며, 위치별로 경시도는 모두 수렴하는 경향을 나타냄
시점에서 15m 지점	−30.60	−1.15	−1.05	−1.19	−1.10	−1.06	
시점에서 21m 지점	−10.82	−0.75	−0.66	−0.79	−0.77	−0.72	

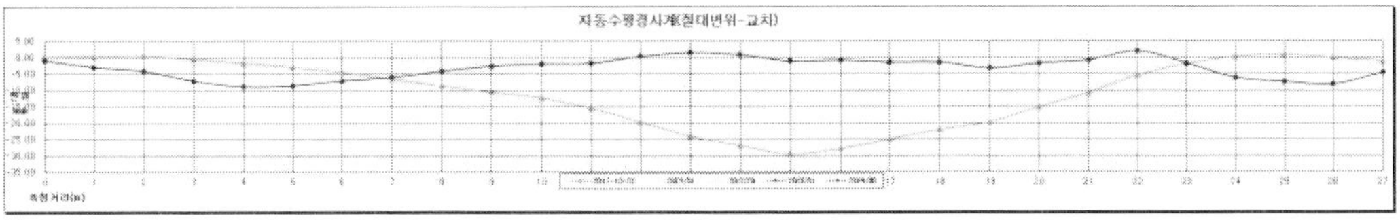

그림 2.22 최근 자동수평경사계 계측 경시도

(5) 지하구간 현재기준 계측결과 분석 요약

지하수위계는 2020년 1월~5월까지 지하수위 변화가 0.04~0.41m로 작은 값을 보이며, 4개소의 경시도는 모두 수렴하는 경향을 보이는 것으로 나타났다.

지표침하계는 2020년 1월~5월까지 지표침하 변화가 0.1mm로 작은 값을 보이며, 4개소의 경시도는 모두 수렴하는 경향을 보이는 것으로 나타났다.

하중계는 2020년 1월~5월까지 하중계 변화가 0.1~1.0톤으로 작은 값을 보이며, 4개소의 경시도는 모두 수렴하는 경향을 보이는 것으로 나타났다.

경사계는 2020년 1월~5월까지 경사계 변화가 0.2~1.2mm로 작은 값을 보이며, 4개소의 경시도는 모두 수렴하는 경향을 보이는 것으로 나타났다.

자동수평경사계는 2020년 1월~5월까지 침하량의 변화는 0.05mm로 미소한 값을 보이며, 위치별로 경시도는 모두 수렴하는 경향을 보이는 것으로 나타났다.

따라서 지하구간 현재기준 계측 항목별 침하 및 변위에 대해 2020년 1월~5월의 계측치는 위치별로 경미한 값으로 수렴되는 경향을 보이고 있으며, 2차 공사 중단일인 2020.3.3.이후 2020.5월말까지는 거의 변위가 발생하지 않는 것으로 나타나 현 상태로 경춘선 00역 열차운행의 안전에는 문제가 없는 것으로 판단된다.

3. 경춘선 별내선 안정성 확인방안

3.1 공사계측 관리

별내선(암사~별내) 복선전철 0공구 건설공사 00역(경춘선) 횡단구간 공사 준공시 까지 지상구간과 지하구간의 공사계측은 현재와 같은 계측항목 및 계측빈도에 의해 지속적으로 계측관리를 실시하며, 추가적인 변형발생시 관리기관과 협의하여 공사계측의 추가 시행을 검토하여야 한다.

1) 지상구간 계측관리

별내선(암사~별내) 복선전철 0공구 건설공사 00역(경춘선) 횡단구간 공사 준공시 까지 지상구간의 공사계측은 그림 3.1 및 표 3.1과 같이 현재와 같은 계측항목 및 계측빈도에 의해 지속적으로 계측관리를 실시하며, 추가적인 변형발생시 관리기관과 협의하여 공사계측의 추가 시행을 검토하여야 한다.

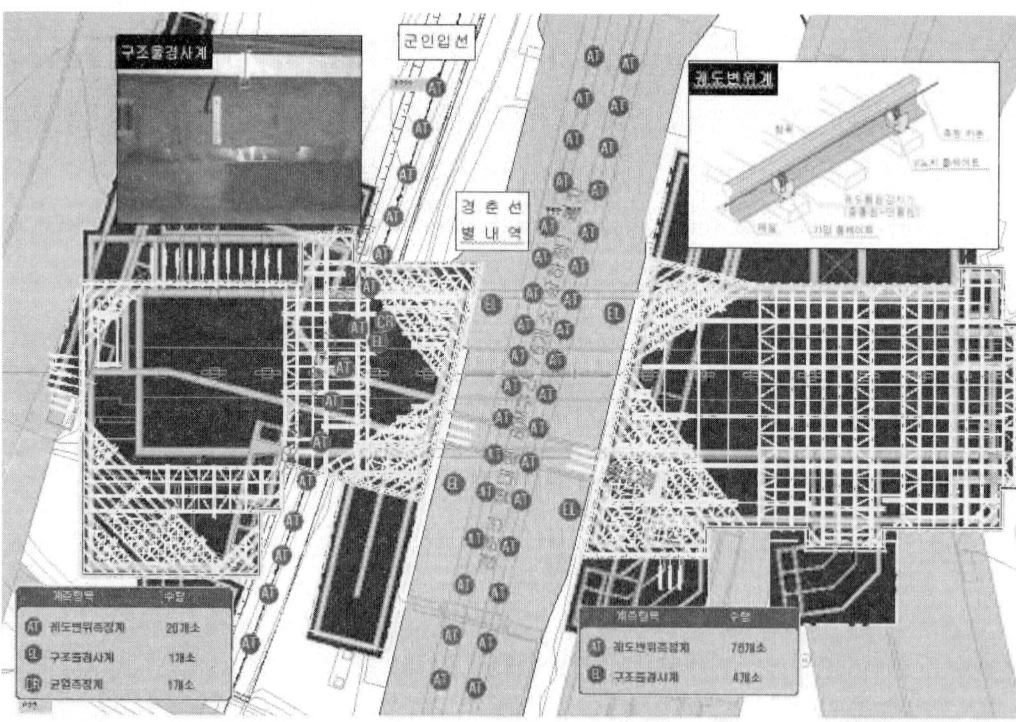

그림 3.1 경춘선 00역사 궤도변위 및 승강장과 기둥 변위 자동계측 위치도

표 3.1 00역사 궤도변위 및 구조물경사 계측관리 현황

구 분		궤도변위계(자동) (면틀림/줄틀림)	구조물경사계(자동)	균열측정계(자동)	고상홈 / 기둥(수동)
별내역 선로 상.하		76개소/38개소씩			-
플랫폼 상.하			4개소/2개소씩		-
별내역사 기둥			1개소	1개소	16개소
계측빈도		5분 간격			주2회
계측방법		실시간 자동측정			수동
관리기준	1차(안전)	±5mm	1/1000	+0.20mm	-7mm
	2차(주의)	±12mm	1/850	+0.38mm	-10mm
	3차(분석)	±16mm	1/500	+0.50mm	-14mm

또한, 00역사 승강장 하부 벽체에 EL빔 센서를 설치하여 변위를 측정한다. 그림 3.2와 같이 기둥 변위 측정 지점을 선정하였고, 측량을 위한 측정핀은 기둥 외장재를 천공하여 본체에 부착하였으며, TBM (Temporary Bench Mark, 임시 도근점)은 본 공사의 영향이 없는 외부에 설치하였다.

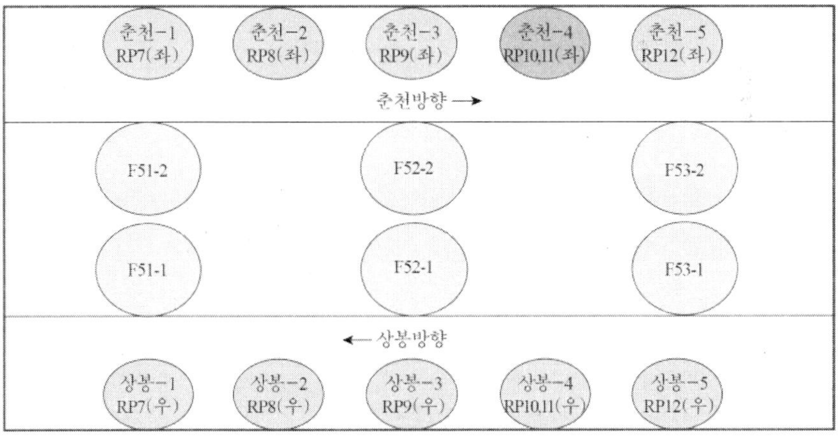

그림 3.2 00역사 기둥 변위 측정 지점

2) 지하구간 계측관리

별내선(암사~별내) 복선전철 0공구 건설공사 00역(경춘선) 횡단구간 공사 준공시 까지 지하구간의 공사계측은 그림 3.3과 같이 정거장 흙막이 가시설 계측항목인 지하수위계, 하중계, 경사계, 자동수평경사계, 지표침하계 등을 현재와 같은 계측항목 및 계측빈도에 의해 지속적으로 계측관리를 실시하며, HUS 시공구간 가시설 계측은 지속적으로 계측관리를 실시하며, 추가적인 변형발생시 관리기관과 협의하여 공사계측의 추가 시행을 검토한다.

계측시행 시 HUS 구간의 관리기준은 표 3.2와 같이 선정하였다.

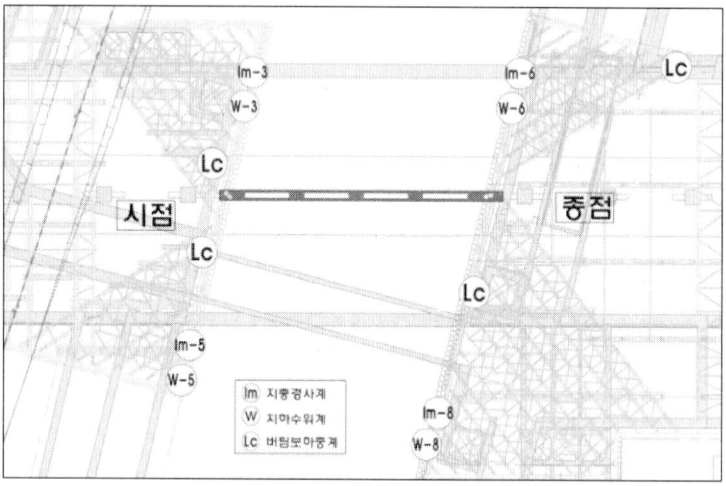

그림 3.3 정거장 흙막이 가시설 계측항목 위치도

표 3.2 00역사 및 비개착구간 수직변위 계측관리기준

구 분	HUS 하부구간
1차	11mm
2차	13mm
3차	25mm

00역사 고상홈 및 기둥과 비개착구간 HUS 강관의 관리기준치는 "별내선(암사~별내) 복선전철 0공구 건설공사 계측보고서(케이앤씨컨설턴트)"를 참조하였으며, 궤도의 관리기준치는 "경춘선 00역사 및 군인입선 선로 자동계측보고서(동인지앤아이)"에서 제시한 기

준을 적용하였다.

그림 3.4와 3.5는 HUS 하부 구간 계측현황을 나타내고 있으며, 표 3.3은 HUS 하부 구간의 계측항목을 나타내고 있다.

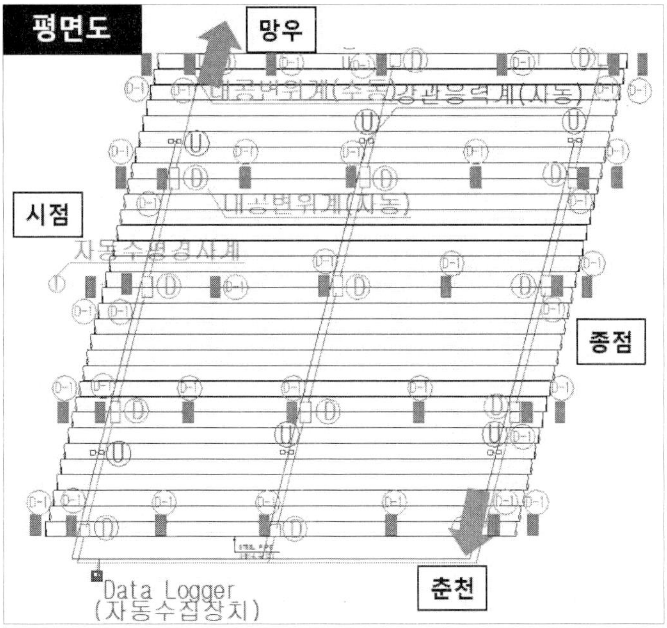

그림 3.4 HUS 구간 계측현황 평면도

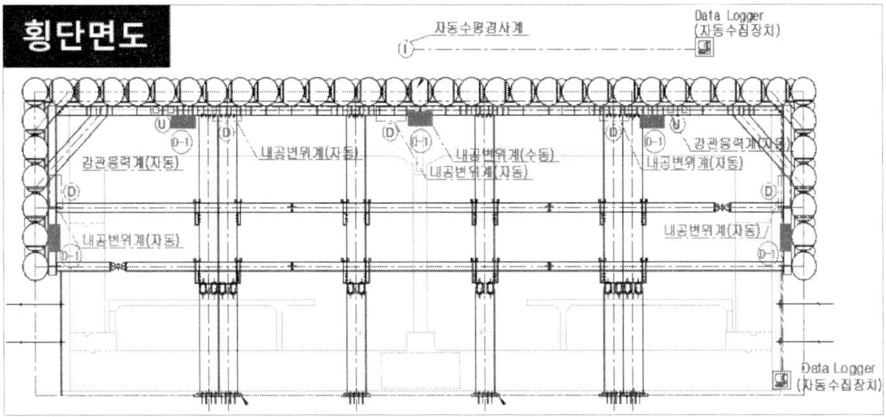

그림 3.5 HUS 구간 계측현황 단면도

표 3.3 00역사 비개착구간 계측항목 및 수량

계측항목				측정목적	설치수량
HUS 하부구간		자동	자동수평경사계	공사 진행에 따른 지층의 심도별 변위 예측	1SET
	D	자동	내공변위계	단면의 평형살애, 변위의 수렴상태, 변위 속도에 의한 지반의 안정성 판단	15EA
	D-1	수동			35EA
	U	자동	강관응력계	강관에 걸리는 응력 측정으로 부재의 안전도 판단	6EA

3.2 유지관리계측 관리

1) 유지관리계측의 목적

유지관리계측은 철도 구조물 완공 후 사용기간 중에 굴착면 주변지반의 변화와 영향으로 인하여 발생되는 배면지반의 토압 및 수압의 변화와 콘크리트 구조물의 변화 양상, 환경조건 등을 측정하여 철도 구조물의 안정성을 확보하는데 있으며, 국토교통부에서 추진하고 있는 국가주요시설물 안전관리 네트워크구축 시스템에 활용될 수 있도록 계획하여야 한다.(시공중 과다변위가 발생한 구간이나 붕락 등의 문제가 발생한 구간에 대해서는 유지관리계측을 실시하여야 하며, 유지관리기관으로 인계할 때에는 설치 목적과 관리기준, 시설물 안정화 단계의 판단 기준 및 폐기절차 등을 제시하여야 하고 유지관리 계측기 보수 및 관리비가 최소화되도록 하여야 한다.)

또한 유지관리계측은 철도 구조물의 거동을 장기간 지속적으로 계측하고 그 결과를 토대로 안정성을 검토함은 물론 현재의 구조물의 상태를 판단하고 보수 및 보강 시기를 결정하는데 그 주목적이 있다는 측면에서 철도 시공 중 정보화 개념으로 적용되는 시공 중의 공사계측과는 차별화된다고 할 수 있다.

따라서 유지관리계측의 적용 시에는 계측 계획 및 항목 설정, 그리고 장비 등 계측 시스템 구성의 선택이 매우 중요하며, 철도 구조물의 하중 및 지반조건 등을 종합적으로 고려하여 계측 시스템을 구성하도록 계획하여야 한다.

2) 유지관리계측 계획수립

유지관리계측 계획 수립 시에는 계측기기의 매설 및 운영 방법 등에 대한 구체적 계획이 수립되어야 하며, 계측 단면 및 항목 설정 시에는 구조물의 역학적 거동에 대한 종합적인 검토가 선행되고 계측 데이터의 사용계획이 수립되어야 한다. 또한, 철도 구조물의 유지관리계측은 가급적 자동으로 선택하되 구조물의 특성 및 중요도에 따라 반자동 혹은 수동 등을 선택적으로 구성하도록 할 수 있으며, 기존 철도 유지관리 계측시스템과 상호 호환이 가능토록 하여 장기적·지속적으로 구조물의 거동을 원격지에서 관찰할 수 있도록 하여야 한다. 특히, 터널 주변지반의 거동이 장기적으로 변화될 수 있는 구간 등 중요구간에 대한 계측은 시공 중의 공사계측과 연계하여 유지관리계측 계획을 수립하여야 한다.

3) 유지관리계측 빈도 및 분석 기준

철도 유지관리계측은 자동적인 상시계측을 원칙으로 하되 수동계측의 빈도 및 분석 기준은 표 3.4와 같은 기준을 따른다. 자동 상시계측의 경우에는 계측항목, 위치, 구조물의 중요성에 따라 계측 빈도를 결정하여야 한다.

지진이나 홍수, 화재 혹은 사고 등의 재해가 발생한 경우나 철도 구조물에 인접하여 타 공사가 진행될 경우 현장 여건을 감안하여 별도의 특별계측 빈도를 조정하여 계측을 수행하여야 한다.

표 3.4 정기적인 유지관리계측 빈도

구조물 경과년도	측정 빈도
준공시	초기치 및 비교치 측정
준공 후 1년간	4회/년
준공 후 2~3년 간	2회/년
준공 후 4~5년 간	1회/년
준공 후 5년	종합측정
준공 후 6년 경과	1회/2년
준공 후 10년 경과	1회/5년

4) 유지관리계측 관리기준

철도 유지관리계측의 관리기준은 표 3.5와 같다.

표 3.5 철도 유지관리계측 관리기준

계측항목		관리기준			비고
		안전	주의	정밀분석	
콘크리트 라이닝 휨 압축응력		$0.6 \times f_{ca}$	$0.8 \times f_{ca}$	$1.0 \times f_{ca}$	허용 휨 압축응력 $f_{ca} = 0.4 \times f_{ck}$
콘크리트 라이닝 휨 인장강도		$0.6 \times f_r$	$0.8 \times f_r$	$1.0 \times f_r$	휨 인장강도(파괴계수) $f_r = 2.0 \times \sqrt{f_{ck}}$
콘크리트 라이닝 철근응력		$0.60 \times f_{sa}$	$0.8 \times f_{sa}$	$1.0 \times f_{sa}$	허용응력 f_{sa} $f_{sa} = 0.5 \times f_y$
터널 내공 변위	부착식 센서	$0.60 \times \epsilon_c$	$0.8 \times \epsilon_c$	$1.0 \times \epsilon_c$	탄성범위내에서 콘크리트 최대변형율 $\epsilon_c = 0.002(0.2\%)$
	3차원 광파기 측정	$0.60 \times \Delta$	$0.8 \times \Delta$	$1.0 \times \Delta$	일본 동경교통국 관리 기준치 $\Delta = \pm 5$ mm
터널 외측 토압		$0.60 \times p$	$0.8 \times p$	$1.0 \times p$	터널 구조계산시 산출 토압(p)
터널 외측 간극수압		$0.60 \times u$	$0.8 \times u$	$1.0 \times u$	터널 구조계산시 산출 간극수압(u)
콘크리트 라이닝 균열		0.2이하	0.38	0.50	콘크리트 구조물 평가등급(B등급) 기준 – 균열: 0.5mm

따라서 별내선(암사~별내) 복선전철 0공구 건설공사 00역(경춘선) 횡단구간은 과다변위 발생구간으로 공사 준공 이후 일정기간까지 지상구간과 지하구간의 유지관리계측이 필요하므로 관계기관(경기도, 한국철도시설공단, 한국철도공사, 시공사, 계측사 등)과 협의하여 상세한 유지관리계측 계획 수립 및 시행이 필요하다.

(1) 지상구간 계측관리

00역사 궤도변위 및 구조물경사 유지관리 자동계측 계획(안)은 표 3.6과 같으며, 2017년 초에 설치된 계측기들은 준공 후 유지관리 계측기로 활용하기에는 계측기의 내구년한에 문제가 있을 것으로 예상된다.

현재 궤도변위 자동계측은 면틀림과 줄틀림을 동시에 측정하고 있으나 현재까지 나타난 변위의 양상이 주로 침하변위 위주로 나타나고 있어 유지관리계측은 면틀림 전용 궤도틀림 계측기를 설치하는 것을 추천한다.

현재 자동계측 모니터링 시스템은 보다 안정적인 데이터 보관을 위하여 외부에 자체서버를 사용하여 인터넷 주소에 접속하여 ID와 비밀번호를 통하여 접속을 하게 되어 있다. 따라서 별도의 프로그램을 제공하여 이관하게 되면 별도의 프로그램 제작비용과 데이터의 보관이 불안정할 수도 있을 것으로 판단되어 현재의 모니터링 방법을 사용하면 별내선 전체 유지관리 계측시스템 포함할 수 있으며, 한국철도시설공단 및 한국철도공사 등

원하는 곳으로 이관이 가능한 것으로 판단된다.

표 3.6 00역사 궤도변위 및 구조물경사 유지관리 자동계측 계획(안)

구 분		궤도변위계	구조물경사계	균열측정계	비고
별내역 선로 상·하		40개소/20개소씩			면틀림계
플랫폼 상·하			6개소/3개소씩		
별내역사 기둥			2개소	2개소	
계측빈도		5분 간격			
계측방법		실시간 자동측정			
관리기준	1차(안전)	±5mm	1/1000	+0.20mm	
	2차(주의)	±10mm	1/850	+0.38mm	
	3차(분석)	±14mm	1/500	+0.50mm	

(2) 지하구간 계측관리

별내선(암사~별내) 복선전철 0공구 건설공사 00역(경춘선) 횡단구간 공사 준공후 일정 기간까지 지하구간 유지관리계측이 필요하며, 시공중의 공사계측 항목을 유지관리계측으로 전환하는 것이 가장 효율적이나 계측센서의 내구성 문제로 어려움이 있는 것이 현실이다.

일반적으로 건설 계측센서의 내구년한은 약 3~5년이며, 2017년 1월 별내선 정거장 공사착수 후 약 3년 경과하여 앞으로 2년 정도는 정상작동을 전제로 지하수위계 4개소, 지중수평경사계 4개소, HUS 상단 자동수평경사계 1개소는 공사계측을 유지관리계측으로 전환하여 계측관리를 수행하는 것이 합리적인 방안이며, HUS 구간 박스구조물에 현 설계된 콘크리트 응력계 4개소를 그림 3.6과 같이 4개소에 8개의 센서 설치에 대한 검토가 필요하다.

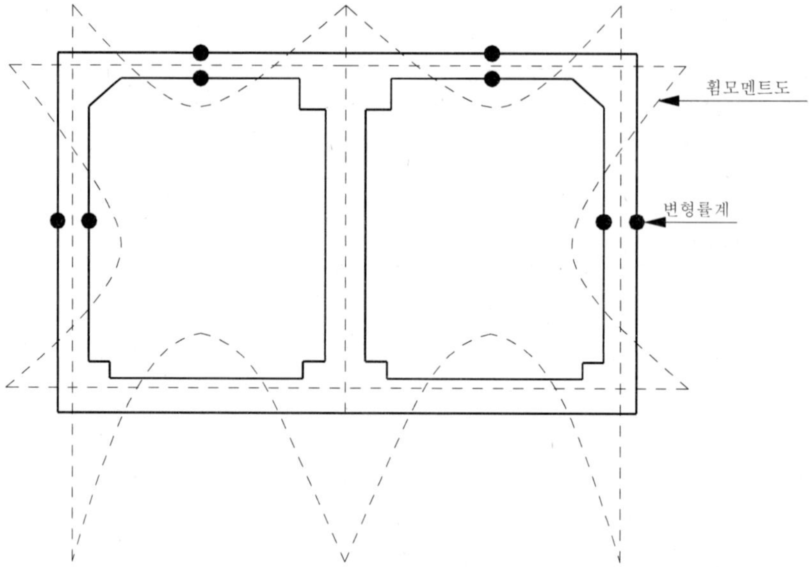

그림 3.6 HUS 구간 박스구조물에 철근과 콘크리트 응력계 설치도

CHAPTER 3

3.3 연약지반계측 분석실무

3.3.1 부산 신항 가호안 축조공사 연약지반 침하 및 안정관리 분석

본 분석사례는 인터넷기반 계측관리시스템의 현장적용사례-부산 신항 가호안 축조공사 하부 연약지반 침하 및 안정관리 분석사례(이동현, 김병희, 한병원, 김성욱, 2002 한국지반공학회 봄학술발표논문집)를 수정 및 재편집하여 기술한 내용이다.

1. 서 론

지반공학분야와 관련된 제반문제의 경우 조사, 설계 및 시공단계에서 많은 불확실한 요소가 내포되기 때문에 안전성 확보는 그 어느 분야보다 중요하다. 안전성 확보를 위해서는 현장 및 시공여건을 감안한 체계적인 정보화시공 시스템이 구축되어야한다.

정보화시공의 체계적인 적용과 시행지침은 Peck이 1969년 9회 Rankine Lecture에서 "Advantages and Limitations of the Observational Method in Applied Soil Mechanics"로 발표하였는데 정보화시공은 시공진행 중 최대의 경제성을 허용하고 안전성을 확인하여 설계를 합리적으로 보완해주는 방법으로 소개하였다.

국내에서도 서울 및 부산지하철, 대형 원자력 발전소, 댐 등 주요 구조물 거동파악과 안정성 평가를 위해서 1980년 중반부터 체계적인 계측이 수행된 바 있으며 최근에는 대부분의 도심지 공사나 중요 구조물 공사, 특히 지반상태가 불량한 항만이나 연약지반에서 계측을 이용한 정보화시공이 활발하게 진행되고 있다.

그러나 현재까지 계측을 이용한 정보화 시공이 만족스럽게 발전하지 못한 이유에 대해서 Powdeham(1996)은 영국토목학회가 발간한 "The Observation Method in Geometrical Engineering"에서 계약의 복잡성과 위험에 대한 공정한 책임소재 문제, 정보화시공 사례 자료부족, 지반조건에 대한 불신임 등으로부터 야기되는 기술적인 자신감의 결핍 등이 원인이라고 평가하였다.

이러한 문제점 극복과 관련 계측시스템의 하드웨어측면에서 전자산업과 접목되면서 자동화 계측 및 유무선 통신 연결처리기술의 발달로 시공 중 위험경고 및 이에 대한 즉각 조치 체계구축이 가능하게 되었다. 그러나 이런 하드웨어적인 발전에도 불구하고 건설현장의 특수성으로 인하여 지반 및 구조물의 위험한 징후를 알리는 계측정보가 발생하였을 때 다양한 사업자간의 의견교환과 전문가그룹간의 의사 결정이 원활하게 진행되지 못하는 것이 현실이다. 이런 문제점을 해결하기 위해서는 기존 국내 인터넷망과 연계된 계측관리시스템의 개발이 절실히 요구되며, 특히 국내 인터넷 보급률 및 초고속 인터넷 회선 보급률이 현재 세계최고수준을 유지하고 있는 현실을 감안할 때 그 활용성은 큰 것으로 판단된다.

본 논문에서는 부산 신항 가호안 축조공사 하부 현장을 대상으로 인터넷기반 계측관리 시스템을 적용하여 계측관리를 진행한 사례를 기술하고자 한다.

2. 계측시스템의 구성

본 연구대상 현장의 전체적인 계측관리시스템 구성은 그림 1과 같다.

단면에 설치된 계측센서는 연약지반 거동에 따른 케이블 단선보호 대책을 강구한 뒤 Data logger에 연결하였다. Data logger에 연결된 센서는 무선통신모뎀을 통해 현장모니터링 서버로 전송되어 데이터베이스에 저장된다. 현장모니터링서버에 저장된 계측데이터가 데이터베이스간 복제를 통해 본사계측서버로 전송하게 된다. 본사계측서버에 전송된 데이터는 사용자 인증절차를 거친 후 Explorer와 Geomonitor(연약지반)전용프로그램을 이용하여 인터넷을 통해서 실시간 모니터링 및 분석을 진행한다. Geomonitor프로그램의 구성은 침하분석, 안정관리, Raw데이터 관리로 구성되어 있다.

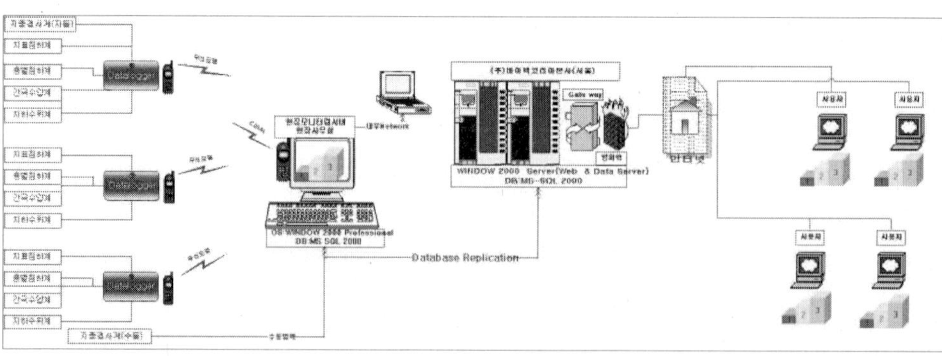

그림 1 부산 신항 가호안 축조공사 계측관리시스템 구성도

침하분석에서 침하, 간극수압, 성토데이터를 이용하여 Hyperbolic, Hoshino, Asaoka의 세 가지 방법으로 분석을 수행하며, 안정관리는 Kurihara, Matsuo, Tominaga, Sh/Sv방법, 침하속도, 성토속도, Hukuda방법을 이용한 분석을 수행한다. 그리고 Raw데이터관리는 현장모니터링서버에 저장된 모든 센서에 대해서 원시데이터 및 계산결과를 동시에 볼 수 있을 뿐 아니라 스프레드시트로 Export기능을 포함하고 있다. 모든 계측센서는 최종계측치는 화면감시창을 통해서 실시간 감시할 수 있는 시스템으로 구성되어 있다. 추가적으로 지중경사계에 대해서는 다양한 그래프(Cumulative, Incremental, Absolute, Time & displacement, Check sum) 로 표현할 수 있어 다양한 분석이 가능하다.

3. 현장개요

본 현장은 부산과 진해일대에서 진행되고 있는 부산 신항만 건설공사의 일부인 호안축조공사로서 지층의 상태는 실트질 점토층, 모래층, 모래 자갈층 및 기반암으로 구성되어 연약지반이 넓게 분포되어 있으며 연약층의 두께는 9.0~49.0m로 형성되어있다.

연약지반 처리공법은 연약점토층 내에 투수성이 좋은 배수재인 카드보드를 연직방향으로 타입 시켜 수평배수거리를 단축시켜 압밀을 촉진하는 공법을 채택하였다.

PBD타설 심도는 DL(−)40.0m, 타설간격은 1.5m로 시공하였다.

당 현장에 계획 및 설치된 계측항목은 경사계, 층별침하계, 지표침하계, 간극수압계, 지하수위계, 지표침하판으로 구성되어 있으며 단면상의 계측기 설치 위치는 그림 2와 같다. 또한 각 계측기기들의 측정 및 계측방식을 정리하면 표 1과 같다. 그리고 본 현장에 설치된 계측기기중 항만공사 및 연약지반과 같이 압밀침하가 많이 발생하는 곳에서 사용되는 층별침하계는 표 2와 같이 기존 측정방식에서의 문제점이 보완된 계측기기로 정하였다.

표 1 계측항목 및 측정방식

계측항목	측정방식	계측구분	비고
지표침하판	수준측량	수동	
층별침하계	전동저항식(더블포테션미터)	자동	
지중경사계	Force balance acceleration	수동	
지중경사계	Electrolitic level	자동	
지표침하계	전동저항식(더블포테션미터)	자동	
지하수위계	차동트랜스형	자동	대기압 보정
간극수압계	차동트랜스형	자동	

표 2 층별침하계의 문제점과 개선안

<table>
<tr><th>기존 층별침하계</th><th>개선된 층별 침하계</th></tr>
<tr><td>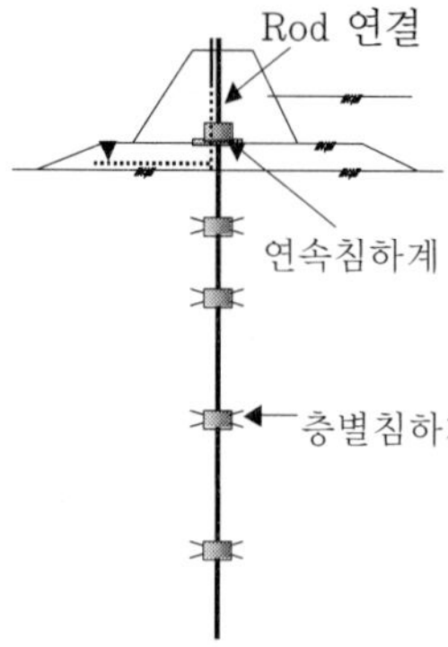
</td><td>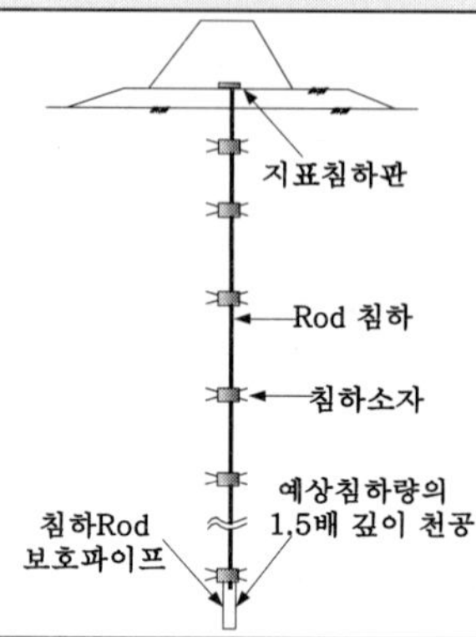
</td></tr>
<tr><th>문제점</th><th>개선안</th></tr>
<tr><td>침하가 진행됨에 따라 측정Rod를 연결하여야 함으로 시공상 장애가 발생한다. Rod에 충격 발생시 계측데이터의 신뢰성이 저하된다.</td><td>Rod 및 침하소자의 움직임을 측정하기 때문에 단계 성토시 추가 Rod가 불필요하다. 지표침하 측정도 동시에 할 수 있다.</td></tr>
</table>

4. 계측결과 분석

Geomonitor내의 분석기능은 침하분석, 안정도 분석, 간극수압을 이용한 분석 등으로 나눌 수 있다. 본 연구에서는 Geomonitor내의 분석기능과 일반적인 분석방법과의 결과비교를 통하여 정확성, 편의성, 효용성을 검증하였다.

4.1 침하량 분석

침하량의 예측을 위해 보편적으로 사용되는 방법은 쌍곡선법, Hoshino법, Asaoka법이다. 이 중 쌍곡선법은 침하량에 2차 압밀침하가 포함되어 있으므로 예측치와 실측치는 잘 대응한다고 보고되어 있다. 그러나 예측 침하량은 실측치보다 작은 값부터 차츰 실측치와 가까워지는 경향을 보인다. 이것은 2차 압밀침하량이 예상 이상으로 큰 값을 나타내고 있기 때문으로 사료되나 아직은 그 원인이 불명확한 상태이다. 그리고 회귀직선을 결정함에 있어서는 후반부의 직선 부분을 검토함이 바람직하다. Hoshino법은 본 현장의 상황에 부적합하다고 판단하여 제외시켰다. Asaoka법은 Mikasa의 1차원적 미분방정식을 이용하여 현장 침하 자료로부터 임의의 시점에서의 침하량을 구할 수 있는 도식적 방법으로써 대개 압밀도 60%정도에서도 비교적 장래침하량을 잘 예측할 수 있는 것으로 알려져 있다. 쌍곡선법과 Asaoka법의 분석결과는 그림 3에서 그림 6과 같다.

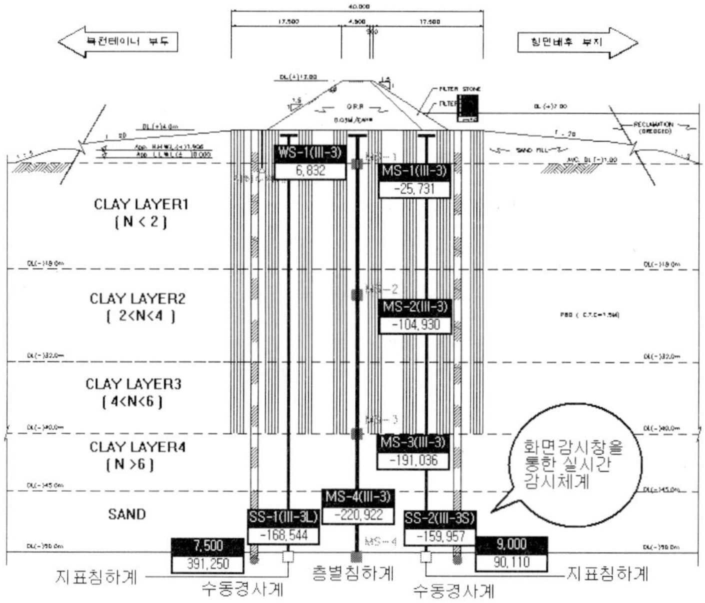

그림 2. 계측기 설치 단면도

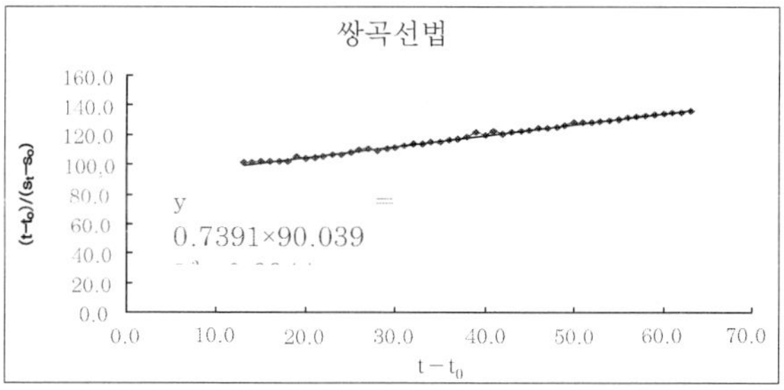

(a) 스프레드시트

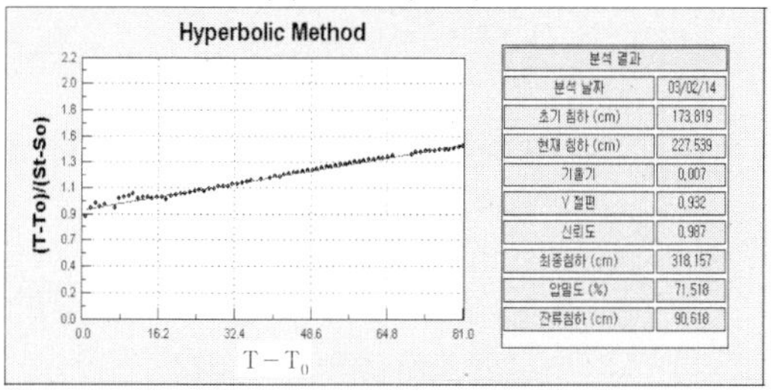

(b) Geomonitor

그림 3 A지역의 침하량 예측(쌍곡선법)

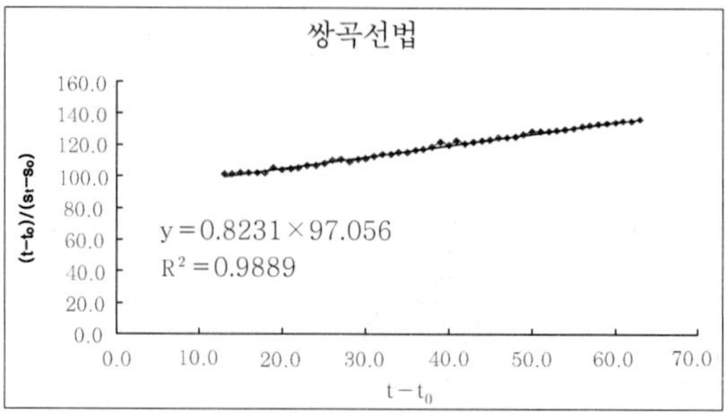

(a) 스프레드시트

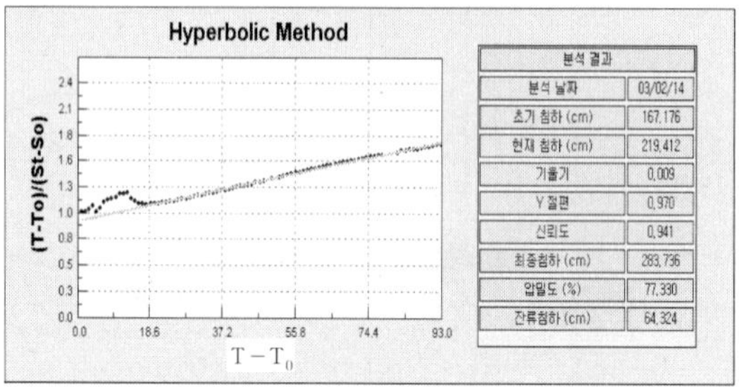

(b) Geomonitor

그림 4 B지역의 침하량 예측(쌍곡선법)

두 가지 방법에 의한 분석결과 기존 지표침하계와 층별침하계의 문제점을 개선한 침하계 사용 및 자동화 계측시스템 시행으로 양질의 계측데이터의 획득할 수 있어 분석 시 신뢰도가 높은 결과를 얻을 수 있었다.

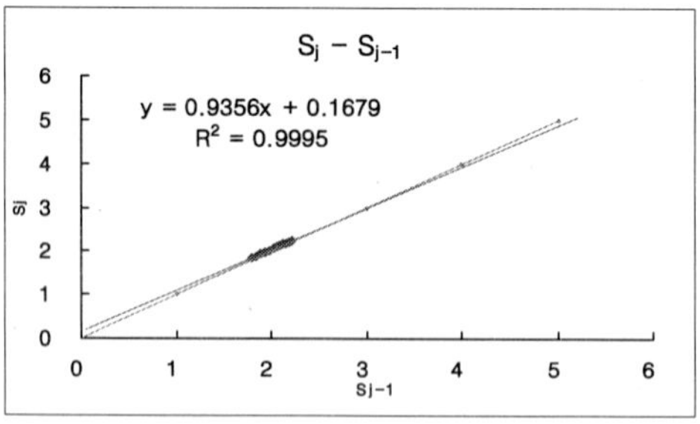

(a) 스프레드시트

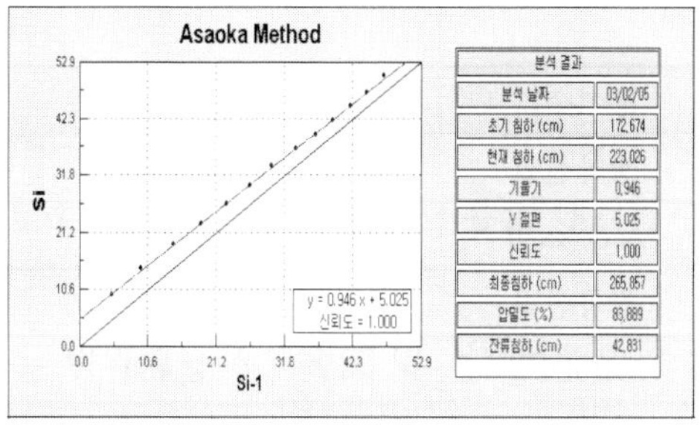

(b) Geomonitor

그림 5. A지역의 침하량 예측(Asaoka법)

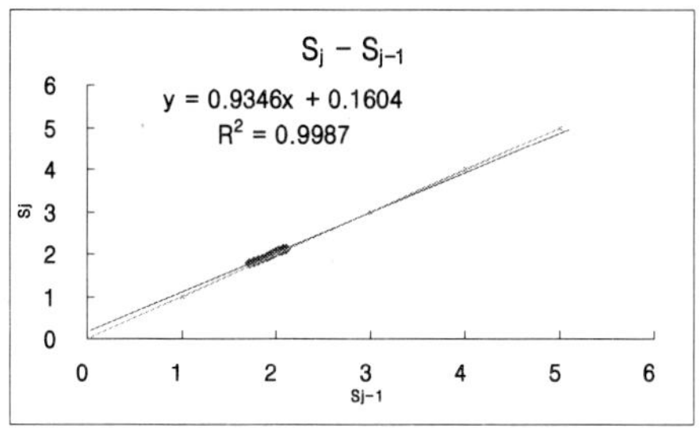

(a) 스프레드시트

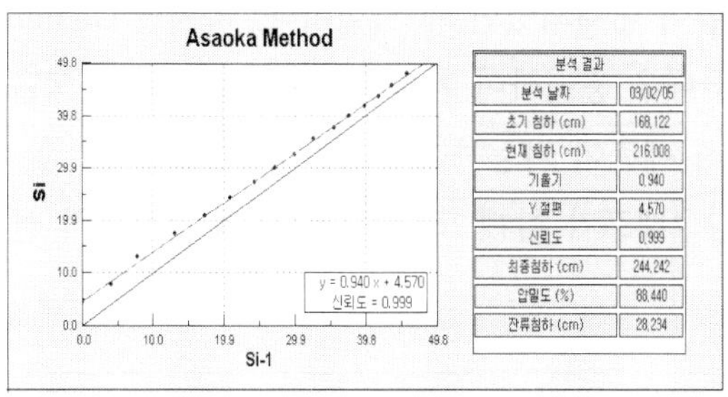

(b) Geomonitor

그림 6 B지역의 침하량예측(Asaoka법)

대상지역 A지점과 B지점에 대한 스프레드시트와 Geomonitor에 의한 최종침하량 예측결과는 표 3에서 보는 바와 같이 예측결과가 유사하게 나타났다. 쌍곡선법과 Asaoka법에서 통상적인 결과와 비슷하게 나타났으며 Asaoka법의 예측결과가 두 방법에서 모두 상대적으로 저평가 되었다. 상관계수 분석결과 역시 표 4에서 보는 바와 같이 두 방법 모두 0.95를 상회하는 값을 보여 줌으로서 분석의 신뢰성에는 문제가 없는 것으로 나타났다.

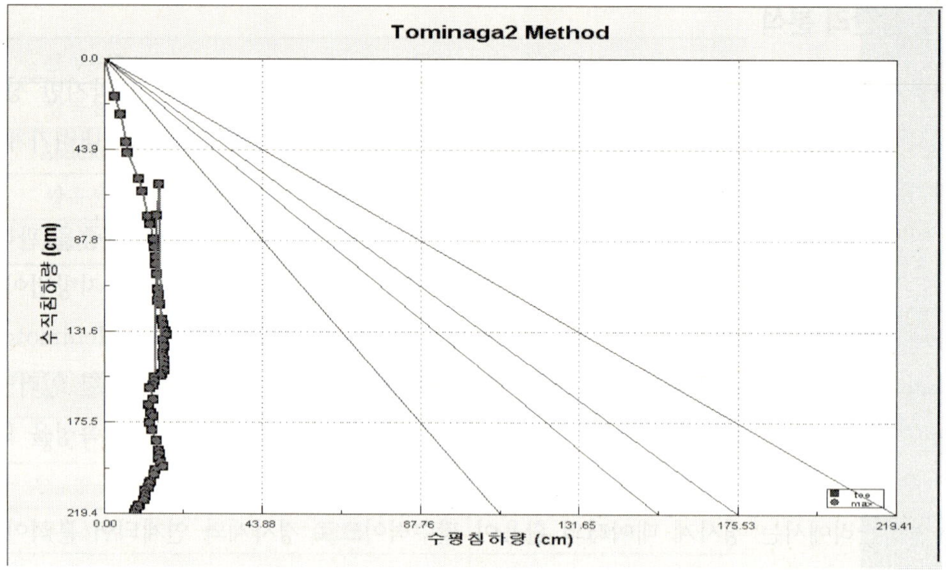

(b) Tominaga-Hashimoto분석

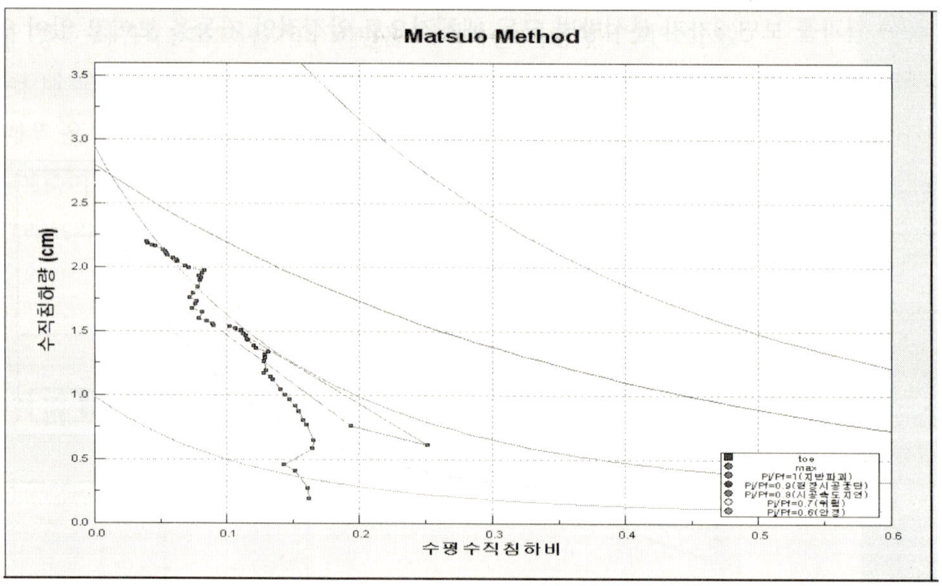

(c) Matsuo-kawamura분석

그림 8 B지역에 대한 안정관리 분석(Geomonitor)

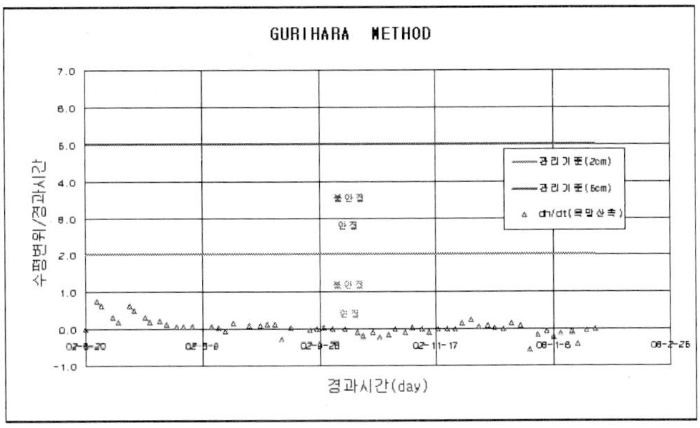

(a) Kurihara-Ichimoto분석

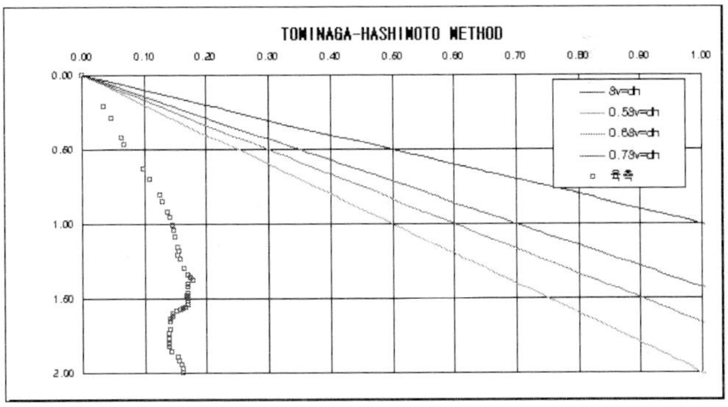

(b) Tominaga-Hashimoto분석

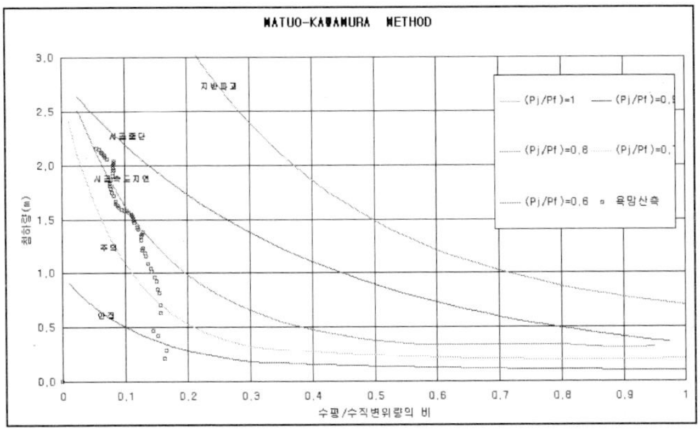

(c) Matsuo-kawamura분석

그림 9 B지역에 대한 안정관리 분석(스프레드시트)

4.3 측방 변형 분석

연약지반에서는 지반의 침하뿐만 아니라 측방유동에 대해서도 충분히 고려되어야 한다. 본 현장의 지중경사계에 대한 측방변형 계측결과는 그림 10에서 그림 12와 같다.

연약지반 개량 후 가호안 사면 끝단에 설치된 지중경사계의 최대 변형발생지점은 Sand mound 하단 즉 연약지반상부에서 발생하고 있는 것으로 나타나고 있다. 전반적인 측방변형형태를 경사계 지점변위 및 누적변위그래프에서 살펴보면 Sand mound 구간(지표에서 7m구간)에서 측방변형 구속효과가 뚜렷하게 나타나고 있는 것으로 관측되었다. 이와 같은 측방변형 형태가 관측되는 것은 Sand mound와 연약지층과의 지반 강성차이에 기인한 결과로 판단된다.

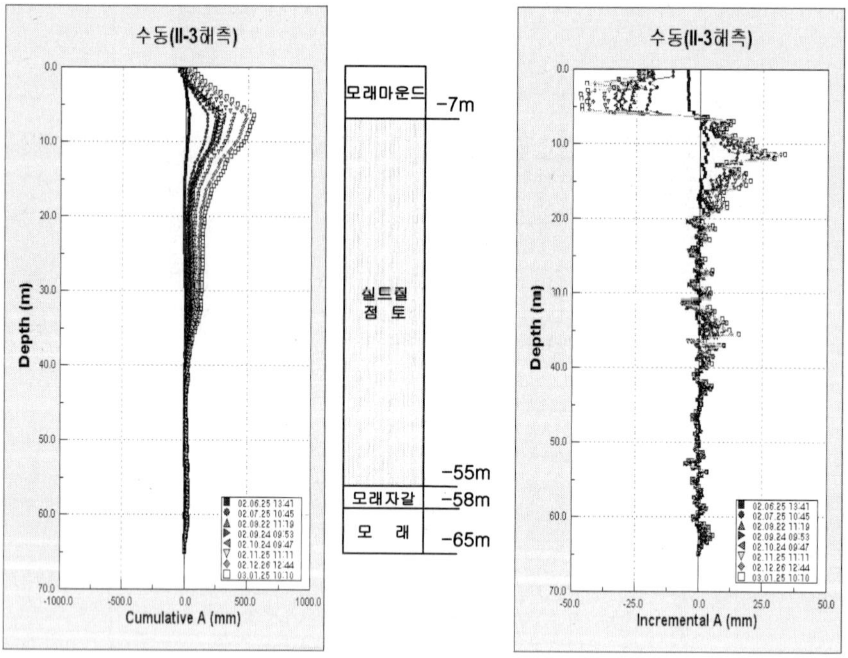

그림 10 A지역의 Cumulative와 Incremental

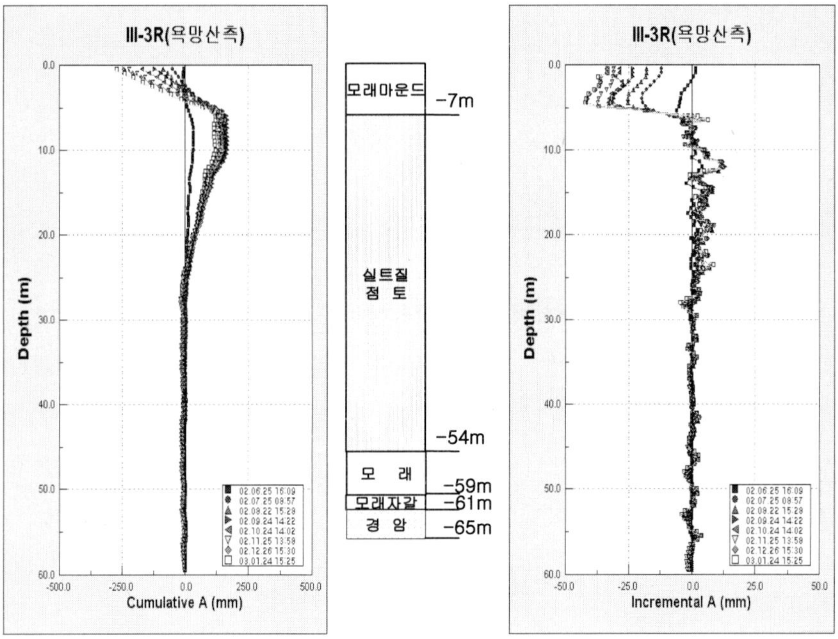

그림 11　B-1 지역의 Cumulative와 Incremental

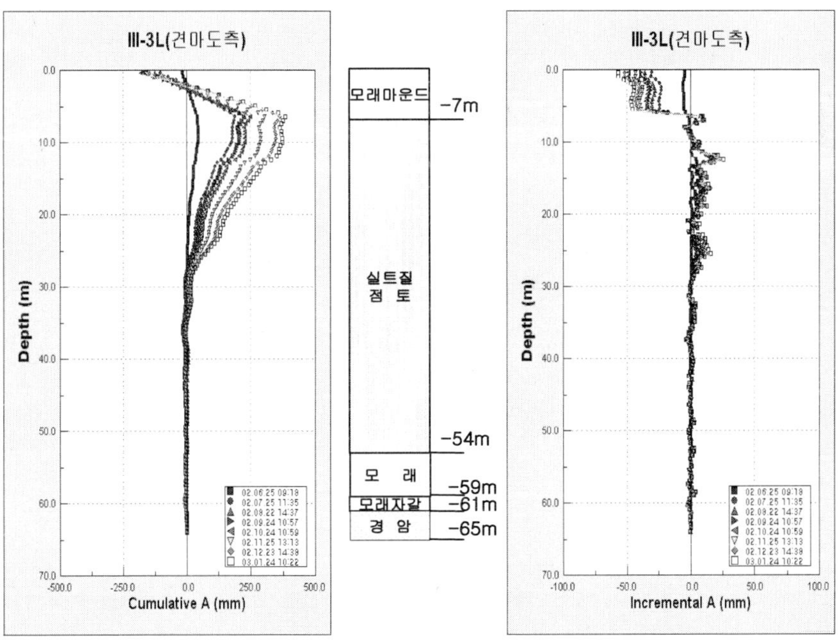

그림 12　B-2 지역의 Cumulative와 Incremental

4. 결론 및 제언

부산 신항 가호안 축조공사시 호안 하부 연약지반 침하 및 안정관리를 위해 인터넷기반 계측관리방법을 적용한 결과 다음과 같은 결론을 얻을 수 있었다.

(1) 인터넷기반 계측관리 방법을 도입함으로써 침하예측, 안정관리 분석을 시간이나 공간적인 제약없이 시공사나, 감리단, 계측사, 전문가가 동시에 진행할 수 있어 공사현장의 위험징후에 대해 즉각적인 대처가 용이하였다.

(2) 인터넷을 통한 침하관리 방법 중 Hyperbolic법과 Hoshino법 및 Asaoka법에서 회귀직선의 선정방법이 기술자의 주관적인 판단에 의해 임의적으로 선택할 수 있어서 다양한 침하예측이 가능하여 보다 정확한 압밀도 추정이 신속하게 이루어질 수 있었다.

(3) 인터넷을 통해 지중경사계의 측방변형 형태를 다양한 그래프(누적변위, 지점변위, Checksum, 절대변위 그래프)로 관찰할 수 있어 측방변형에 대한 체계적인 관찰이 가능하였다.

(4) 마지막으로 인터넷을 이용한 연약지반 계측관리시스템을 적용한 결과 현장에서 자동 및 수동으로 계측된 데이터를 시공간에 관계없이 언제 어디서나 분석 및 모니터링을 할 수 있어서 공사전반에 대한 안전의식 및 시공관리의 효율성을 제고 할 수 있었다.

참고문헌

1. 삼성물산주식회사, "부산 신항 가호안 시공전 지반조사보고서", 2002.
2. 한국지반공학회, "지반공학 시리즈6 연약지반", 구미서관, 1995.
3. 한병원, 허인욱, 조충붕, "인터넷기반 계측관리시스템에 관한 연구", 한국지반공학회 2002봄학술발표논문집, 2002, pp.635~642.
4. 홍성영, 지반의 측방유동, 건설도서, 1995, pp.41~59.
5. 한국지반공학회,"지반공학 시리즈 12 정보화시공", 구미서관, 2000, pp.3~40.

3.3.2 PBD개량 혜성점성토 지반의 장래침하량 예측분석

본 분석사례는 PBD개량 해성점성토 지반의 장래침하량 예측에 관한 사례연구(한병원, 홍원표, 한중근, 2005 대한토목학회 학술발표논문집)를 수정 및 재편집하여 기술한 내용이다.

1. 서론

연약지반 설계시 일반적으로 사용하는 Terzaghi 일차원 압밀 이론식의 가정과 지반 물성치 조사의 한계등 때문에 침하속도 및 침하량은 실제 계측치와 계산치는 합치되지 않는 경우가 많이 발생하게 된다. 이와 같이 설계단계에서 정확한 장래 침하량을 산정하기란 매우 어렵기 때문에, 실제 시공에서는 초기에 발생하는 침하 계측치를 이용하여 장래에 발생할 침하량을 예측하여 기본 설계를 수정, 보완하게 된다. 이러한 지반 침하 계측치를 이용한 장래침하량 예측법으로는 쌍곡선법, 아사오카 방법, 호시노 방법등이 있다. 이중 현장에서 가장 많이 사용되고 있고 비교적 현장 계측치와 잘 일치한다고 알려져 있는 쌍곡선법에 대한 침하량 추정법을 이용하여 보다 정량적이고 체계적인 장래침하량 산정방법을 마련할 필요가 있다.

따라서, 본 연구는 쌍곡선법을 이용 계측기간에 따른 장래 침하량 예측 신뢰도에 대해 연구하고자 한다. 또한 추가적으로 항만공사와 같이 대단위 연약지반 현장에서 보다 체계적이고 신속하게 장래침하량을 예측하기 위해 인터넷 기반 계측관리 시스템을 제안하고자 한다.

2. 지반조건 및 계측관리 현황

2.1 시공전후의 토성치 비교

P site 가호안 Project 축조공사 전후 동일한 지반조사 위치에 대해 토성치를 비교한 결과 그림 1에서 그림 8과 같다.

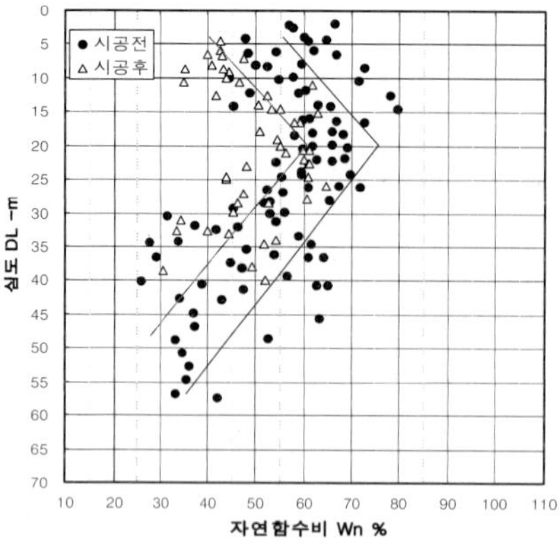

그림 1 자연함수

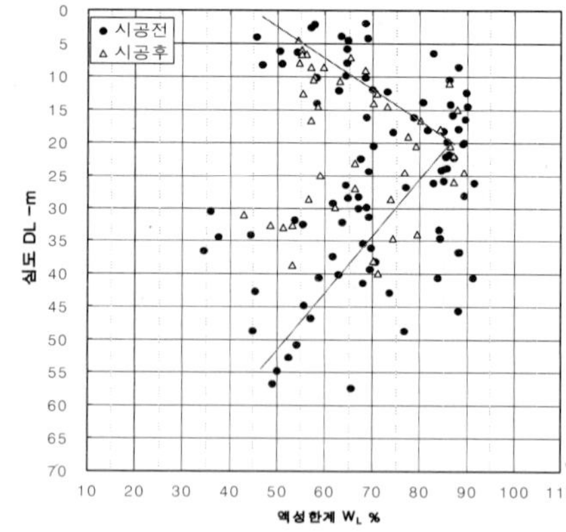

그림 2 액성한계

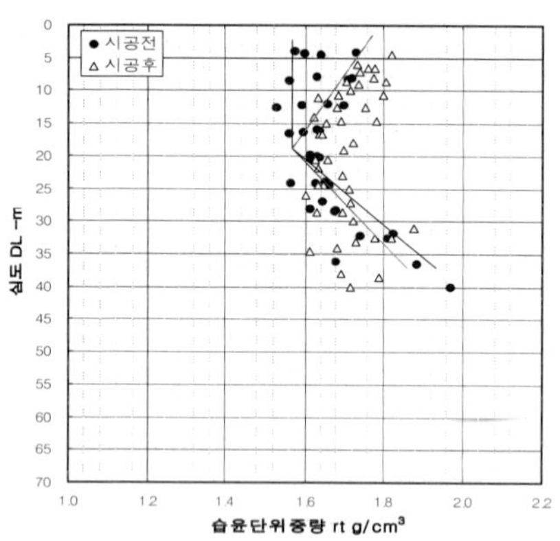

그림 3 습윤단위중량

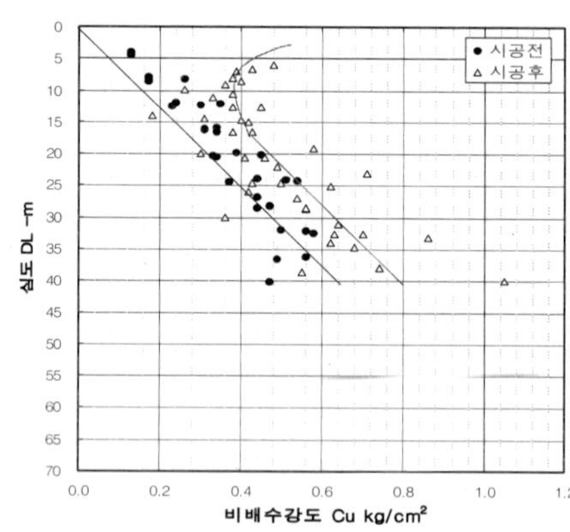

그림 4 배수전단강도

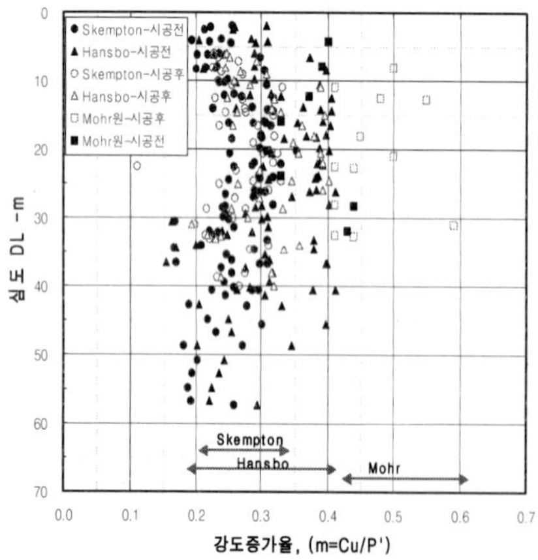

그림 5 강도증가율

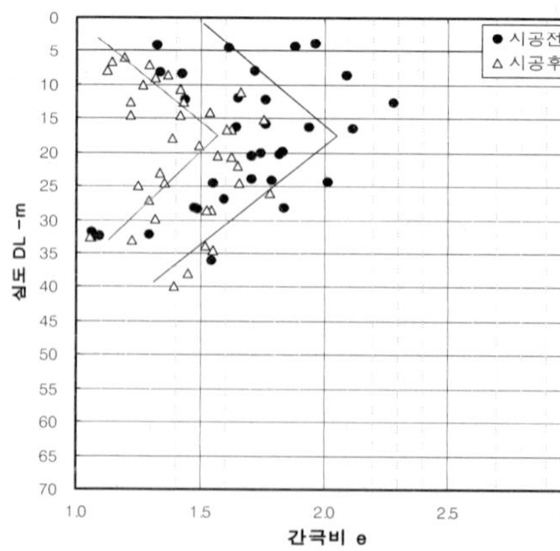

그림 6 간극비

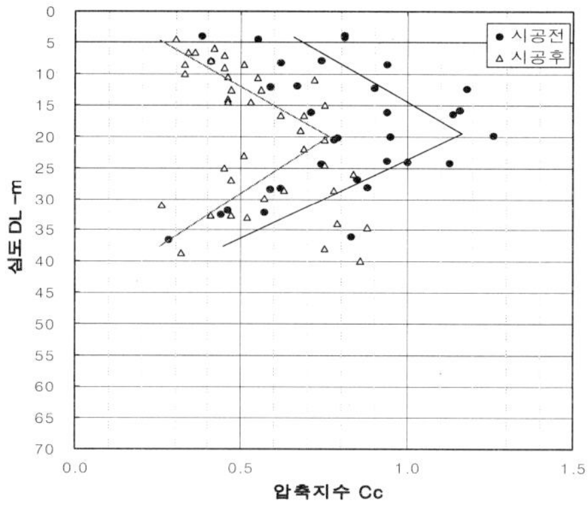

그림 7 압축지수

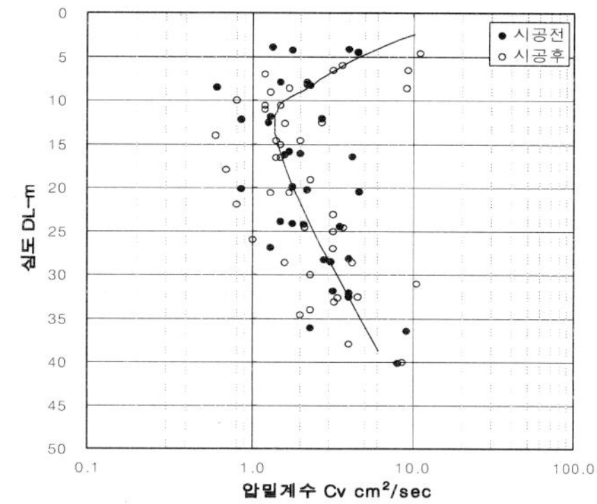

그림 8 압밀계수

본 P site 현장은 D.L-20m지점에서 지반의 특성이 크게 달라지는 특성을 보이며 토성치 결과를 비교 분석한 자료에 의하면, 자연함수비와 간극비, 압축지수는 시공전보다 감소된 것으로 나타나며, 습윤단위중량, 비배수전단강도, 압밀항복응력은 시공전보다 높은 것으로 확인되었다. 아터버그한계에서 액성한계는 시공 전·후의 결과 값이 비슷한 것으로 확인되었다. 표준압밀시험에서 평가된 압밀계수는 압밀항복응력 상태를 기준으로 비교해 보면, 시공후에는 0.8~10×10-3 cm^2/sec 범위를 보인 반면, 시공전에는 0.8~8×10-3 cm^2/sec 범위로 시공후의 상부 점토층에서 압밀계수가 높게 나타나며, 중·하부 점토층에서는 시공전과 비슷한 값이 관측되었다.

2.2 계측관리 현황

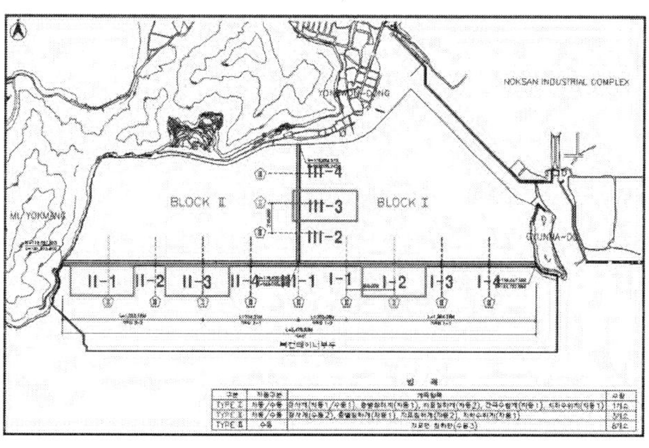

그림 9 계측기 설치 평면도

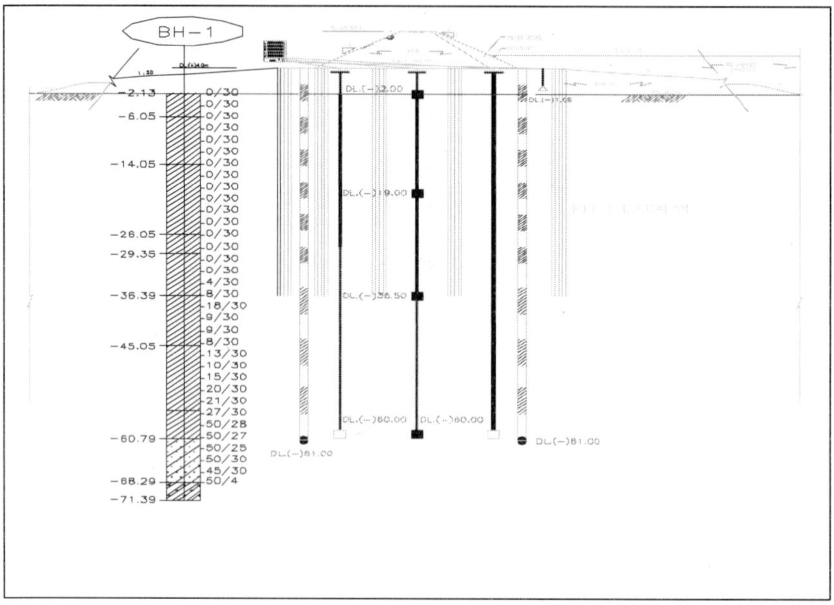

그림 10 대표계측 단면도

2.3 인터넷기반 계측관리시스템

본 연구대상 현장의 계측관리시스템은 자동화 및 인터넷기반 계측관리시스템을 적용하였으며 세부 시스템 구성은 다음과 같다.

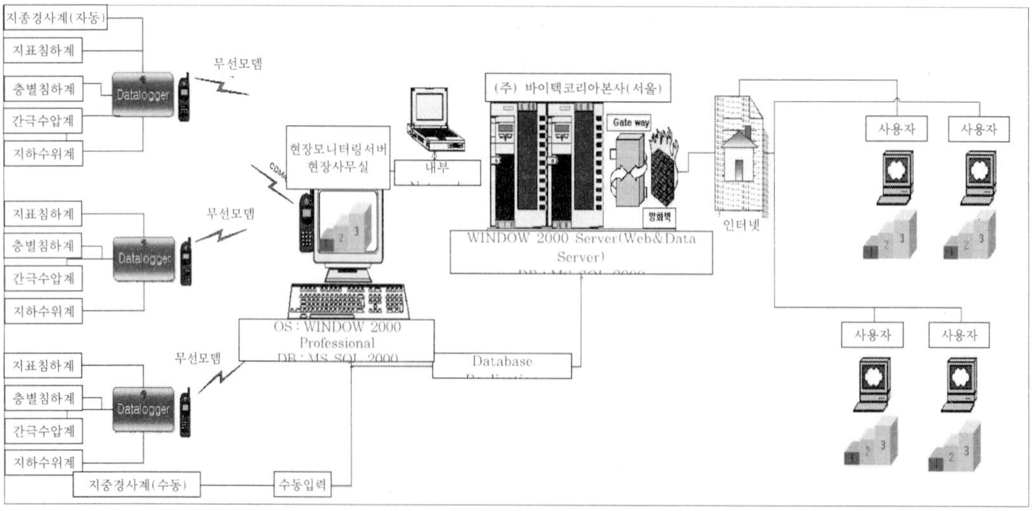

그림 11 P site 가호안 Project 축조공사 계측관리 시스템 구성도

먼저 계측단면에 설치된 계측센서는 연약지반 거동에 따른 케이블 단선보호 대책을 수립한 후 Data Logger에 연결하였다. Data Logger에 연결된 센서는 무선(RF)통신모뎀을 통해 현장모니터링 서버로 전송되어 Database에 저장된다. 현장모니터링서버에 저장된 계측Data가 Database간 복제(Replication)를 통해 통합계측관리서버로 전송하게 된다. 통합계측서버에 전송된 Data는 사용자 인증절차를 거친 후 Explorer와 Geomonitor 프로그램(연약지반 계측관리전용 프로그램)을 이용하여 인터넷을 통해서 실시간 모니터링 및 분석을 진행하였다.

Geomonitor 프로그램의 구성은 침하분석, 안정관리, Raw데이터관리로 구성되어 있다.

침하분석에서 침하, 간극수압, 성토데이터를 이용하여 Hyperbolic, Hoshino, Asaoka의 세 가지 방법으로 분석을 수행하며. 안정관리는 Kurihara, Matsuo, Tominaga, Sh/Sv방법, 침하속도, 성토속도, Hukuda방법을 이용한 분석을 수행하였다.

3. 침하예측기법에 따른 분석

본 연구대상의 계측결과를 이용하여 최종 침하예측법인 쌍곡선법, 호시노법, 아사오카법을 사용하여 장래침하량 및 압밀도를 비교 분석한 결과 최종침하량 예측에서는 아사오카법 〈 쌍곡선법 〈 호시노법 순서로 예측침하량이 크게 분석되었으며 압밀도에서는 아사오카 〉 쌍곡선법 〉 호시노법의 순서로 나타나고 있다.

쌍곡선법은 최종 성토가 실시된 이후 방치 기간이 경과되면서 실제 값에 가까워지는 경향을 보인다. 그래서 회귀직선을 결정함에 있어서는 후반부의 직선부분을 주목함이 바람직할 것으로 판단된다. 그리고 Data의 처리가 간단하고 예측정도가 높으면 예측 가능시기 역시 빠르다고 판단된다. 호시노법의 경우에는(Si−Ti)의 선정방법에 따라 예측정도가 많이 변화한다. 일반적으로 실측 침하의 시간에 따른 변화도를 수정하여 즉시 침하에 대한 시간을 Ti로 하고 이에 대응하는 Si를 적당하게 가정하여 직선성이 좋은 것을 회귀직선의 분석에 이용한다. 이 방법에 의한 예측침하량도 쌍곡선법과 마찬가지로 시간이 경과함에 따라 실측치에 근접한다. 아사오카법은 분석에 사용되는 시간간격을 충분히 주었을 때 실측값에 근접함을 알 수 있었다.

이와 같은 결과를 살펴볼 때 현재 사용되고 있는 장래침하예측기법 중 쌍곡선법의 사용이 가장 손쉽게 사용될 수 있으며 정확도도 가장 높은 것으로 판단된다.

4. 장래침하량 예측방법 제안

4.1 쌍곡선법에 의한 장래침하량 신뢰성 평가

본 연구대상의 현장의 경우 최종예측침하량의 예측정도(Rs)가 1.1~0.9범위에 들기 위한 압밀도 67.83~76.22% 정도로 나타나고 있다. 압밀도가 70% 지점을 통과하는 시점은 측정위치 및 지반특성에 따라 다소 차이를 보이고 있지만 대략적으로 최종 성토후 8.5개월 지난 시점인 것으로 나타나고 있다. 따라서 쌍곡선법으로 장기 최종침하량은 최종 성토후 8개월 이상 방치된 경우이며 압밀도는 70% 이상일 때 예측하는 것이 타당할 것으로 판단된다.

또한 압밀도가 80%이상이 되었을 경우 장래 예측침하량의 예측정도(Rs)가 1.05~0.99 사이에 있어 신뢰도가 크게 향상된 것으로 나타났다.

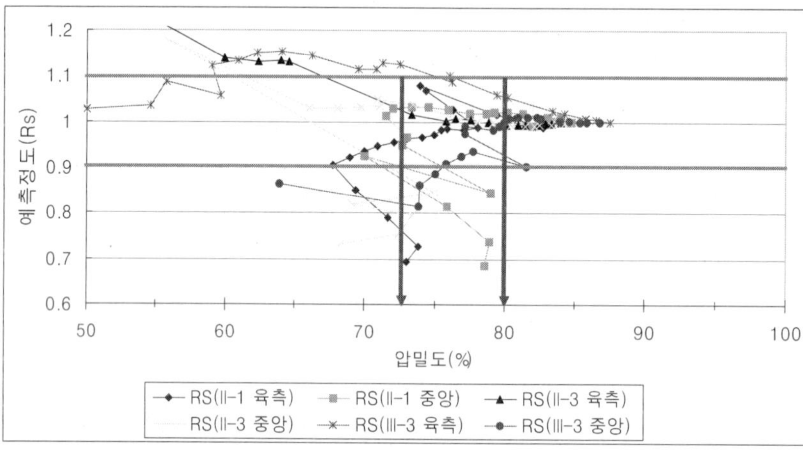

그림 12 예측정도와 압밀도의 관계도

4.2 장래침하량의 실시간 예측방법에 의한 인터넷 계측관리시스템 개발

인터넷을 통한 실시간으로 장래침하량을 예측하는 프로그램인 Geomonitor를 이용하여 회귀직선을 보다 합리적으로 선정하는 방법을 다음과 같이 제안하고자 한다.

쌍곡선, 호시노, 아사오카법을 이용하여 장래침하량을 예측하기 위한 회귀직선을 최적으로 선정하기 위해서는 분석시점, 분석 간격을 손쉽게 선택할 수 있어야 하며 회귀직선식의 검증차원에서 실측치와 예측치의 그래프가 유사한 침하형태를 보이고 있는지를 회귀직선식이 결정될 때 마다 확인할 수 있어야 한다. 또한 실제침하량과 예측침하량을 비교할 때 시간이 증가함에 따라 실측치에 근접하기 때문에 회귀직선을 결정할 때에도 후반부 구간에 주목하여 회귀직선을 선정하여 한다. 이때 필요한 기능은 분석구간을 설정함에 따라 회귀직선식의 기울기 및 절편이 자동 재계산되고 또한 예측침하량도 함께 계산될 수 있도록 한다.

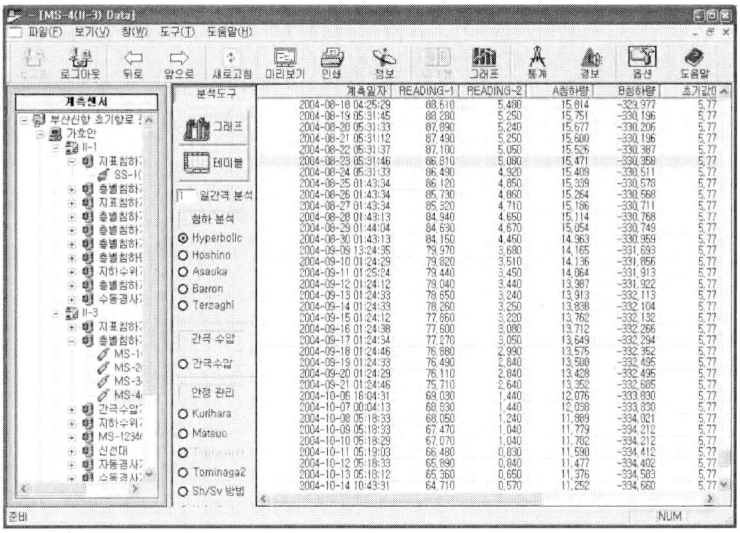

그림 13 Geomonitor Program 분석화면

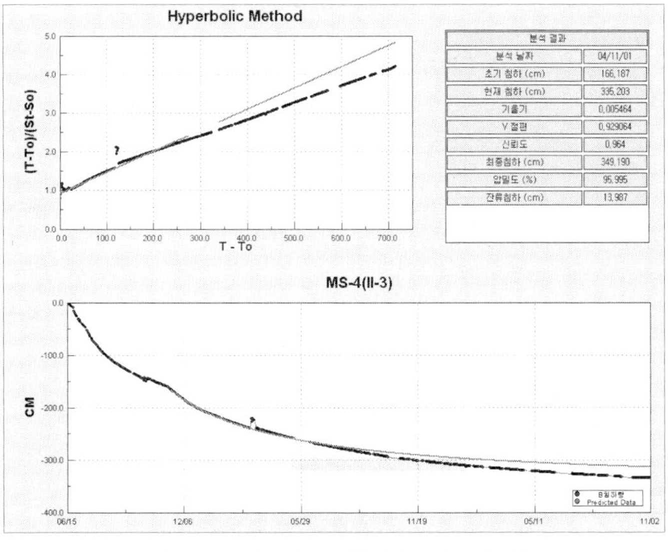

그림 14 회귀직선이 불합리하게 선정된 경우

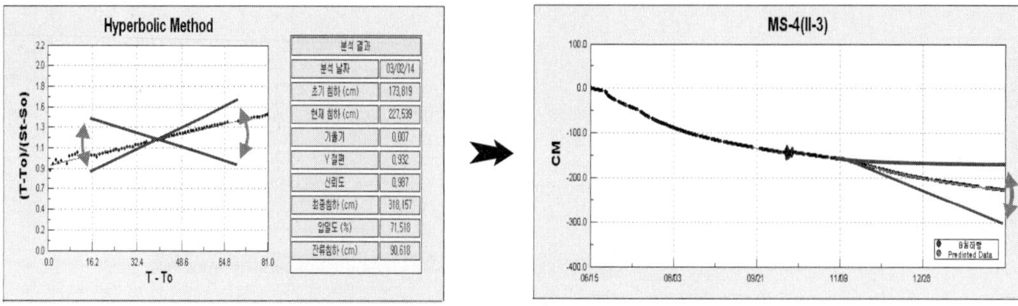

그림 15 회귀직선 선정에 따라 예측침하량 자동계산

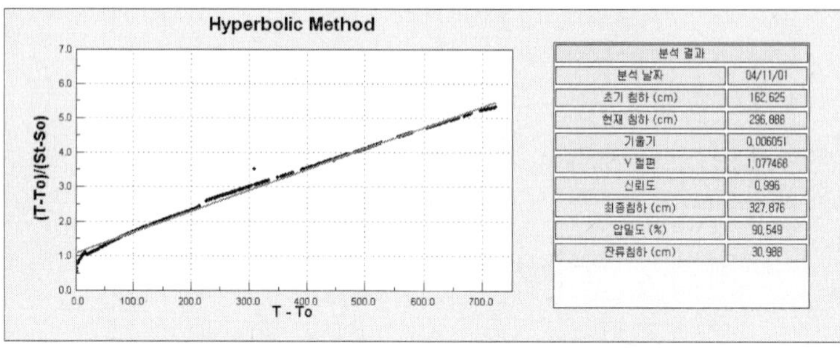

그림 16 전체구간에서 회귀직선을 선정했을 경우

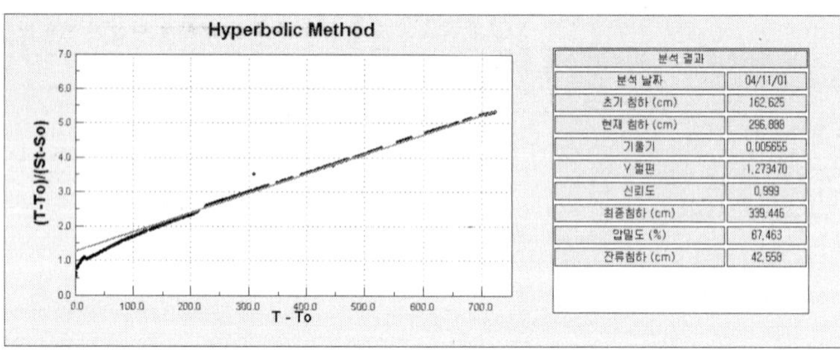

그림 17 후반부에 주목하여 회귀직선을 선정했을 경우

5. 결론

본 연구는 P site 가호안 Project 축조공사에서 실시된 계측결과를 사용하여 장래 침하량을 쌍곡선법, 호시노법, 아사오카법을 사용하여 예측하였다. 이 방법들을 인터넷을 이용하여 실시간으로 장래침하량을 예측할 수 있도록 프로그램을 개발하였다. 또한 장래침하예측 기법 중 예측정도가 높고 데이터 처리가 간단한 쌍곡선법을 이용하여 압밀도와 방치기간 경과에 따른 장래침하량 예측의 정확도를 고찰하여 다음과 같은 결론을 얻었다.

1) 쌍곡선법으로 최종성토완료후 방치기간 증가에 따른 장래예측침하량 및 압밀도 변화를 분석한 결과 압밀도가 70% 이상인 지점부터 장래침하량의 예측정도가 90% 이상 나타나고 있다. 압밀도가 70% 지점을 통과하는 시점은 측정위치에 따라 지반특성에 다소 차이를 보이고 있지만 대략적으로 최종성토 완료후 8~12개월 지난 시점인 것으로 관측된다. 또한 본 연구대상현장의 경우 압밀도가 80%이상이 되었을 경우 장래 예측침하량의 정확도가 95% 이상으로 향상되는 것을 알 수 있었다.

2) P site 가호안 Project 축조공사 현장에 인터넷 기반 계측관리 시스템을 개발하여 사용해본 결과 침하예측 및 압밀도 분석, 안정관리 분석을 시간이나 공간적인 제약없이 시공사나, 감리단, 계측사, 전문가가 동시에 진행할 수 있어 공사 진행에 따른 위험징후에 즉각적인 대처가 가능하였다.

참고문헌

1. 한병원, 허인욱, 조충붕(2002) "인터넷 기반 계측관리 시스템에 관한 연구" 한국지반공학회, 2002 학술발표회
2. Lee, Seung-woo(1997) "A Study on the Evaluation of Reliability for Settlement Predictions by Hyperbolic Method", Korean Geotechnical Society, Vol.13, No.6, pp.5~12
3. Yoo, Han-Kyu, Kim, Jong-Hee(2000), "A Study on the Prediction of Long-Term Settlement by the Modified Hyperbolic Method", Journal of KGS, Vol. 16, No. 3, pp.163~172
4. 한병원, 홍원표, 한중근, "PBD개량 해성점성토 지반의 장래침하량 예측에 관한 사례 연구", 대한토목학회 2005년도 학술발표논문집, 2005. 10, pp.4388 ~4391

CHAPTER 3

3.4 발파진동 소음계측 분석실무

3.4.1 발파민원 사례분석을 통한 발파진동 및 발파소음 규제기준 개선방안

본 분석사례는 발파민원 사례분석을 통한 발파진동 및 발파소음 규제기준 개선방안 연구(황현주, 2005 한국구조물진단학회지)를 수정 및 재편집하여 기술한 내용이다.

1. 서 론

우리나라는 국토의 75%이상이 산지로 형성되어 있어 각종 건설공사에서 암반굴착을 위한 발파작업의 필요성은 증대되고 있으나, 발파 작업 시 발생하는 진동과 폭음 등의 발파공해에 대한 민원이 빈번하게 발생되고 있어 공사수행에 막대한 차질을 초래하는 경우가 많다.

최근에는 맑고 쾌적한 환경에 대한 욕구가 급신장하는 추세에서 환경에 대한 보상심리도 크게 변화되어 피해가 있어도 보상을 요구하지 않은 종전의 소극적인 자세에서 적극적으로 권리를 행사하는 추세로 전환되었다. 특히 발파작업의 경우에는 자신의 집이나 사업장부근에서 시행하는 것을 부정적 측면으로 작용하여 발파공해 수준이 피해를 유발시키지는 않으나, 인체감지 정도가 적은 수준임에도 불구하고 피해보상을 요구하여 민원을 제기하는 사례가 많아지고 있다.

그러나 건설공사에서 발파작업을 대처할 수 있는 기계굴착, 유압파쇄 등의 각종 굴착장비와 파쇄장비가 활용되고는 있으나, 대량 암반을 처리하는데 한계가 있으며 경제성, 시공성과 효율성 측면에서 아직까지도 발파공법보다 월등한 대체공법은 거의 없는 것이 현실이다.

국내의 경우 발파진동이나 폭음에 대한 기준이 외국의 경우보다도 엄격하게 적용함에도 불구하고 민원발생이 많은 원인으로는 70~80년대에 발파시공자가 무리하게 시공하였던 관행으로 발파에 대한 부정적 측면이 많이 작용했던 심리적 요인도 있지만, 발파공해에 대한 성문화된 법률이나 조례가 체계적이지 못하고 미비한 상태이므로 민원성향과 강도에 따라 피해보상 기준도 천차만별로 다르게 적용되고 있어 건설현장에서는 인근 주민들의 민원대처에 한계를 보이고 있는 것이 현실이다. 또한 소음·진동 규제법에서는 발파진동과 폭음의 특성을 고려하지 않고 일반생활 소음·진동 규제수준과 동일한 수준으로 규제하고 있어 현실과 부합되지 않고 발파작업에서는 실현 불가능한 기준치를 제시하고 있어 인근 주민들의 민원의 빈도는 많아지고 있다.

따라서 본고에서는 발파 진동과 폭음에 대한 특성을 파악하고 현행 환경법에서 생활진동과 생활소음 수준으로 기준할 때의 문제점을 검토하고 발파진동과 발파소음 특성에 적합한 현실적인 허용기준의 방안을 제시함으로써 민원발생시 공학적, 객관적 시비를 가릴 수 있어 민원의 신속한 처리로 불필요한 공사지연을 방지하고, 인근에 피해발생 없이 안전하고 경제적인 건설공사의 수행으로 예산낭비 요인을 방지할 수 있다.

2. 발파작업에 따른 민원사례 분석

1) 발파작업시 민원의 경향은 인체의 감응도를 기준하여 발파진동보다는 폭음측면에서 강하게 작용하여 발생되므로 건물과 시설물의 피해가 없는 낮은 수준에도 불구하고 보상 또는 반대급부적의 기대심리는 물적피해로 연관시켜서 민원을 제기하는 사례가 많다. 특히 국내에서는 발파공해 기준이나, 성문화된 법률, 조례가 체계적이지 못한 상황에서 민원발생시 피해 판정기준이 모호하여 건설업자와 민원인 당사자간에 피해 인과관계 규명이 곤란하여 협상타결이 어려운 형편이다. 환경법에서 발파진동 피해기준을 살펴보면 생활진동이나 연속적으로 발생되는 진동규제 수준인 70dB(V)로써, 발파진동 속도기준으로 환산하면 V=0.09㎝/sec(0.09Kine)에 해당되며, 서울지하철 및 국토교통부 터널시방서에서는 문화재 등에서는 0.2~0.3㎝/sec, 건물과 시설물의 특성에 따라 0.5~4.0㎝/sec를 기준하고, 중앙환경분쟁조정위원회에서는 주택과 건물은 0.3~0.5㎝/sec, 가축 등의 동물에 대해서는 70dB(V)= 0.09㎝/sec로 기준하고 있으며, 1995년 1월 13일 서울민사지법 합의 50부는 주택의 피해기준을 0.2㎝/sec를 기준하여 판정한 바 있다. 미국에서 발파진동의 건물안전 허용기준치가 5.0㎝/sec인 점을 감안하다면, 국내에서 적용되고 있는 기준치는 필요이상으로 엄격하게 적용되고 있음을 알 수 있다.

2) 최근의 민원은 서울, 부산 등의 도심지에서 발생되는 민원보다는 암진동과 암소음이

적은 시골이나 산골에서 발생되는 가축에 관련된 민원이 매우 많고 보상요구액 측면에서도 매우 커서 건설관계자들을 곤혹하게 하는 것이 현실이다. 가축에 관련하여 발파진동 및 발파소음에 대한 피해사례는 많이 발생되었지만 병리학적인 인과관계가 분명히 밝혀진 것이 없고, 문헌내용을 통하여 인과관계가 있었을 것으로 추정한 사례가 대부분이었다. 따라서 어느 정도의 수준에 대하여 어떤 정도의 피해가 발생한다는 구체적 사례가 없다. 최근에 국내의 각종 건설공사에서 가축에 대한 민원이 매우 많이 발생되어 환경부 중앙환경분쟁조정위원회에서 발파전문연구기관인 한국자원연구소에 용역을 실시하여 발간한 보고서에 의하면 가축에 대한 발파진동 허용기준치를 0.09㎝/sec, 70dB(V)로 제시하였다. "월간 축산인"에서 서울대학교 황우석교수의 발표논문에 의하면 0.09㎝/sec수준에 서도 돼지의 경우에는 유산 및 사산이 30~40%피해수준이며, 젖소의 젖 생산 저하가 30~40%수준으로 발표하고 있어 건설관계자들은 어느 기준을 피해기준으로 해야 하는지 혼란한 입장이다.

3) 발파작업 등으로 인한 민원발생시 공사로 인한 직접적인 피해 인과관계의 규명이 용이하지 않는데 국내법에서는 민원발생시 재정능력이 있는 공해 유발자가 피해의 인과관계에 대한 규명책임을 가지고 있다. 따라서 피해 인과관계를 규명하기 위해서는 많은 시간과 많은 비용이 소모될 뿐만 아니라 민원인이 대부분 부정적인 사고를 가지고 있어 해결을 위한 결론 도출이 쉽지 않는 현실이므로 대부분 금전적 보상을 해주고 있어 민원을 제기할 경우에 보상기대 심리가 만연하고 있으며, 동일 민원이 반복되고 있는 현실이어서 건설현장에 심각한 악영향을 주고 있다.

4) 발파작업의 특성상 발파 후 수정 보완이 곤란하고, 증거자료가 충분치 않으므로 계측에 의한 정량적이며 과학적 증거자료의 수집이 요구되나, 건설업체에서 사전에 공사인접지역의 건축물 조사 자료가 충분하지 않고, 계측 등의 정량적인 자료수집 및 관리가 소홀하여 소송 수행 시 법원에서 패소하는 사례가 많은 실정이다.

3. 발파 진동과 소음의 특성

1) 일반적으로 암발파의 경우 발파로 인하여 발생하는 에너지중에서 0.5~20%가 탄성파로 변환되어 발파진동(Ground shock)으로 소비되는 것으로 밝혀졌으며, 이러한 탄성파는 지반속으로 전파되면서 지면에서는 진폭과 주기를 갖는 진동으로 나타낸다.
건물과 구조물의 피해기준을 고찰하면 구조물은 진동에 의한 구조물내의 변형발생에 따라 피해가 일어나는 것이며, 그 피해는 진동속도에 가장 잘 비례하는 것으로 알려져 있다. 따라서 구조물에 대한 피해기준을 진동속도(㎝/sec=Kine)를 기준으로 하는 것이 일반적인 경향이다.

2) 발파음은 폭약의 에너지가 파쇄되는 암괴를 통하여 대기중으로 방출되는 압축파에 의해 주로 발생되며, 이외에도 지반진동으로 전파되었다가 자유면 근처에서 공기중으로 전파되는 과정에서 매질의 차이로 소음을 야기하는 경우가 있으나, 이는 무시할 정도로 경미한 상태이다.

대기중으로 전파되는 발파폭음은 0.1㎐에서 200㎐ 범위의 저주파 특성으로 20㎐이상의 주파수는 가청소음으로 인체에 전달되며, 20㎐이하의 초저주파는 귀로 들을 수는 없으나, 비교적 먼 곳까지 에너지의 손실없이 전파되는 특성이 있으며, 건물과 구조물을 진동시켜서 2차 소음을 발생시킨다.

4. 소음 · 진동규제법 적용시 문제점 및 대책

1) 발파진동 적용 시 문제점

환경부의 건설현장 생활진동 및 생활소음 규제기준은 환경부의 소음·진동규제법 시행규칙 제20조의 제3항 (2010.6.30. 개정)으로 표 1과 같으며, 발파진동 적용 시 문제점 및 대책은 다음과 같다.

표 1. 건설 진동 규제기준 [단위: dB(V)

대상지역 \ 시간별	주간 (06:00~22:00)	심야 (22:00~06:00)
주거지역, 녹지지역, 관리지역 중 취락지구 및 관광·휴양개발진흥지구, 자연환경보전지역, 그 밖의 지역 안에 소재한 학교·병원·공공도서관	65 이하	60 이하
그 밖의 지역	70 이하	65 이하

(1) 상기의 진동규제 기준단위인 진동레벨(dB)이란 인체의 진동 감각치를 대상으로 하는 공해진동 평가척도의 단위로써 20Log10(a/a0) 정의한 보정가속도 레벨의 값을 말하며, 공해진동의 주파수 범위는 1~90 Hz범위이며, 수직성분을 기준으로 하는 경우에는 dB(V)로 표시한다.

(2) 발파진동에 영향을 받는 대상은 크게 구조물과 인체 및 가축으로 대별할 수 있는데 인체와 가축에 대한 피해기준을 평가하기에는 적절하다고 할 수 있으나, 구조물이나

건물 등의 무생물에 대한 피해기준을 평가하기에는 문제가 많아 세계적 추세가 진동속도 성분(cm/sec=Kine)을 기준으로 하는 것이 보편적이다.

(3) 발파진동과 같이 간헐적으로 발생하는 충격성 진동을 현행 기준치인 70dB(V)을 기준할 경우에는 주파수 범위 8Hz〈f〈90Hz에서 속도성분으로 환산할 경우에는 V=0.09cm/sec로서 발파진동 기준치로써는 세계적으로 가장 엄격한 기준치에 해당되며, 본 기준치를 적용할 경우에 국내 도심지 발파공사의 전구간은 발파작업을 수행할 수 없는 수준이며, 기타 국내의 발파 작업장소 80%이상이 작업할 수 없는 실정이다.

dB(V)=20LogV + 91　여기서, V : 진동속도(㎝/sec)

(4) 진동레벨 측정기는 주파수 범위가 1Hz~90Hz로 공장시설물 진동, 기계 진동, 교통진동 등은 그 범위에 포함되나, 발파진동의 경우에는 민원대상이 근거리이므로 대부분 주파수가 90Hz를 초과하는 경우가 많아 측정오차가 크고 측정이 불가능하다.

(5) 발파진동은 타 종류의 진동에 비교하여 진동 지속시간이 10초 이하의 극히 짧은 시간의 지속시간을 갖는 특성으로 인체의 영향감도는 타 진동에 비하여 크지 않다. 또한 진동규제기준을 마련하기 위해서는 극히 짧은 진동 지속시간에 대한 보정기준을 감안하여 실현 가능한 규제기준이 마련되어야 한다.

(6) 진동의 기준을 dB로 제시한 일본에서도 물적피해에 관한 진동 허용기준치로서 환경부에서 제안한 진동레벨 70dB을 참고하고 있으나, 이에 대한 근거자료는 희박한 실정이므로 진동규제법에서는 명시되어 있지 않다.

2) 발파진동 규제기준의 제안

발파진동은 타 진동에 비하여 진동 지속시간, 주파수 등의 특수성이 감안되어서 규제기준이 마련되어야 한다. 사례로 서울지하철 발파진동 허용기준치는 건물의 형태에 따라서 V=0.2~4㎝/sec를 기준하여 건설공사를 시행하고 있으며, 환경부 진동규제 기준치인 V=0.09㎝/sec(70dB)를 적용할 때는 건설관계자들은 위법자가 되고 있는 형편이다.

또한 민원인들의 대부분은 정신적 피해기준을 물적인 피해기준으로 연관하여 보상을 요구하고 있는 실정에서 건설분야에서는 혼란이 초래될 것이며, 민원인들의 대부분이 발파장소에서 민원을 제기할 경우에는 보상을 받을 수 있다는 기대심리가 팽배하고 있어 환경을 빌미로 무리한 민원발생이 증가되고 있다.

따라서 발파진동의 피해기준은 전술한 바와 같이, 진동속도, 진동범위, 진동가속도, 주파수범위, 진동지속 시간 등을 모두 포함한 완벽하고 적합한 기준을 설정하는 것은 사실상 불가능하므로 다음 두 가지로 분류하여 규제기준을 제안하고자 한다.

(1) 건물 및 시설물에 대한 발파진동 허용기준 제시안

건물 및 시설물 등의 물적 피해기준은 발파진동 속도를 기준으로 하며, 주파수 영향을 고려하여 표 2와 같이 제안한다.

표 2 건물 및 시설물 에 대한 발파진동 허용기준 제시안

구 분		Ⅰ	Ⅱ	Ⅲ	Ⅳ	비고
발파진동허용 속도(cm/sec)	10~35Hz	0.2	0.5	1.0	1.0~4.0	본 기준치는 가정치임
	35Hz이상	0.3	0.8	1.5	5.0	

- CaseⅠ : 문화재 또는 보존이 필요한 역사적 시설물 컴퓨터나 진동에 예민한 기기류를 보유한 건물
- CaseⅡ : 작은 균열이 있는 주택, 아파트 또는 상가건물
- CaseⅢ : 균열이 없는 주택, 아파트 또는 상가건물
- CaseⅣ : 철골구조의 빌딩, 철근콘크리트의 산업용 시설물

(2) 인체 및 가축에 대한 발파진동 허용기준 제시안

발파진동의 지속시간이 극히 짧은 특성을 감안하여 지속시간과 폭로회수(발파회수) 보정 방법을 감안하여 진동가속도 레벨(dB)로 표 3에서 표 5와 같이 제안한다.

표 3 현재 생활진동 규제기준 (2019.12.30.) [단위 : dB(V)]

대상지역 \ 시간별	주간 (06:00~22:00)	심야 (22:00~06:00)
주거지역, 녹지지역, 관리지역 중 취락지구 및 관광·휴양개발진흥지구, 자연환경보전지역, 그 밖의 지역 안에 소재한 학교・병원・공공도서관 학교·병원·공공도서관	65 이하	60 이하
그 밖의 지역	70 이하	65 이하

표 4 발파진동 지속시간 보정 제시안

지속시간 (sec)	0.5초 이하	0.5~1.0초	1.0~5초	5~10초	20초 이하
보정 dB	20dB	15dB	10dB	5dB	0

표 5 발파(폭로) 회수 보정 제시안

발파회수 (폭로회수)	2회 미만	2~10회	10~20회	20~50회	100회미만
보정 dB	10dB	8dB	5dB	3dB	0

(3) 상기 언급한 진동수치와 보정수치는 가상의 수치로서, 연구와 검증절차를 걸쳐서 설정되어야 하며, 발파진동 규제기준 단위를 표 6과 같이 제안하고자 한다.

표 6 발파진동 규제기준 단위 제시안

구분	대상물	진동기준	단위
물적 피해기준	건물, 시설물, 기타	진동속도	cm/sec(Kine)
정신적 피해기준	인체반응, 가축피해	진동가속도 Level	dB(V)

표 7 과거 생활소음 규제기준 (2007.12.31.까지 적용) [단위 : dB(A)]

대상지역 \ 시간별	조석(05~08, 18~22)	주간(08~18)	심야(22~05)
주거지역, 녹지지역, 준도시 지역중 취락지구 및 운동·휴양지구, 자연환경보전지구, 기타 지역 안에 소재한 학교·병원·공공도서관	65이하	70이하	55이하
기타지역	70이하	75이하	55이하

표 8 현재 생활소음 규제기준 (2019.12.30.) [단위 : dB(A)]

대상지역	소음원 \ 시간대별		아침, 저녁 (05:00~07:00, 18:00~22:00)	주간 (07:00~18:00)	야간 (22:00~05:00)
가. 주거지역, 녹지지역, 관리지역 중 취락지구·주거개발진흥지구 및 관광·휴양개발진흥지구, 자연환경보전지역, 그 밖의 지역에 있는 학교·종합병원·공공도서관	확성기	옥외설치	60 이하	65 이하	60 이하
	확성기	옥내에서 옥외로 소음이 나오는 경우	50 이하	55 이하	45 이하
	공장		50 이하	55 이하	45 이하
	사업장	동일 건물	45 이하	50 이하	40 이하
	사업장	기타	50 이하	55 이하	45 이하
	공사장		60 이하	65 이하	50 이하
나. 그 밖의 지역	확성기	옥외설치	65 이하	70 이하	60 이하
	확성기	옥내에서 옥외로 소음이 나오는 경우	60 이하	65 이하	55 이하
	공장		60 이하	65 이하	55 이하
	사업장	동일 건물	50 이하	55 이하	45 이하
	사업장	기타	60 이하	65 이하	55 이하
	공사장		65 이하	70 이하	50 이하

3) 발파폭음 규제기준의 제안

현행 공사장 생활소음 규제기준은 표 8과 같으며, 이에 따른 발파폭음 규제기준의 제안 내용은 다음과 같다.

(1) 발파폭음(dB: L)과 발파소음(dB: A)의 관계

발파에 의한 발파폭음의 세기는 압력의 단위나 사람의 청감보정을 가하여 음압수준(dB) 단위로 표현할 수 있으며 이 두 단위 사이의 관계는 다음과 같다.

$$dB = 20 \ Log \ 10(P/P_O)$$

여기서, P = 과압(psi)

Po = 기준치로서 사람이 인지할 수 있는 최대의 음압(2×10^{-5} Pa)

이러한 두 단위는 소음과 같은 가청영역에서 생각할 때는 구별을 해야 한다. 즉, 압력의 단위는 소리의 압력 그 자체를 가리키고 있으며, 주파수에 관계없이 일정하다. 그러나 소음의 dB(A)단위는 주파수에 따른 사람의 청감에 따라 보정을 가한 단위이다. 이는 발파풍압의 측정 시 측정대상 주파수 영역에 따라 적절한 보정을 하여야 한다는 것을 의미한다.

(가) 발파에 의한 폭음을 환경법에 의하여 기준하고 있으나, 일본의 경우에도 1일 근무시간 중 총 폭로회수가 100회 이하인 경우는 충격소음 지속시간에 대응하는 피크(Peak)음압 레벨을 허용기준으로 정하고 있다.

(나) ISO 권장규격에 의하면 충격음에서 1초보다 짧은 지속시간을 갖는 발파폭음에 대해서는 등가 소음레벨을 계산하지 않는다.

단, 반복적으로 되풀이되는 해머, 브레이커와 같이 동일 진폭이 연속하는 충격음에 대해서는 보정하여 적용한다.

(2) 발파폭음에 대한 기준 제안

(가) 발파폭음은 1일에 수회에 걸쳐 극히 짧은 시간동안에 발생되는 충격음에 해당되므로 소음으로 기준을 정하는 것보다는 구조물의 피해기준으로 피크(Peak) 음압 레벨로 하여 120~130dB(L)으로 규제기준을 설정함이 타당하다고 판단된다.

(나) 인체기준으로 설정할 경우에는 현행 방식인 dB(A)로 기준하여 설정한다.

여기서, 규제기준(Regulation)은 법적으로 기준치를 반드시 준수해야 할 행정목표이며, 기준(Standard)은 인간의 생활환경 보존을 위하여 달성이 요망되는 표준적

기준을 의미한다.

5. 발파관련 민원대책

1) 제도적, 법률적 대책

(1) 발파공해에 대한 법률적 규제기준치 제정

국내의 경우 이 분야의 연구, 조사 등이 빈약하여 건물이나 시설물 피해와 인체에 미치는 피해에 관한 인과관계가 규명되지 않은 상태에서 발파공해의 허용기준을 현행의 환경법으로 규제되고 있어 오히려 혼란과 민원이 가중되고 있다.

또한 발파진동 허용한계치는 외국에 비해 필요 이상으로 엄격하게 제한되고 있는 현실에서 건설 공사비 증가로 인하여 국가적으로 막대한 손실을 초래하고 있다. 따라서 발파진동과 폭음 등의 허용한계 기준치를 정부, 학계, 업계 등 합동으로 연구 조사하여 현실적인 규제기준이 법적으로 마련되어야 한다.

(2) 발파공해에 대한 감정인 제도 도입

민원인과 건설업체 관계에서 전문지식의 부족, 공정성 문제 등에서 상호 불신으로 원만한 협상에 문제가 되고 있다. 따라서 정부관련 부처에서 심사기준을 마련하여 공정성과 전문기술을 가진 감정인 제도를 도입하여 민원발생시 피해여부를 감정 평가함으로써 민원발생으로 인한 공사차질 및 실력행사 등 극한 상황을 예방할 수 있다.

2) 건설업계의 대책

발파공사로 인해 발생한 민원에서 수세에 몰리거나 재판에서 패소하는 사례가 적지 않았던 원인으로는 시공자가 과학적이고 정량적인 자료를 유지하여 이를 객관적인 증거로서 제시하지 못했던 점이 있었다. 따라서 발파 시 예상되는 각종 공해요소에 대해 지속적으로 계측 분석하여 그 결과를 꾸준히 유지하는 것이 중요하다.

또한 발파영향의 대소에 상관없이 사회적 분위기에 편승하여 금전적 보상을 요구하는 무리한 민원에 대해 공정지연을 우려하여 무조건 수용할 것이 아니라 엄정히 대처함으로써 그릇된 민원심리가 더 이상 발붙이지 못하도록 하여야 할 것이다. 그리고 무엇보다 발파공해가 근원적으로 발생하지 않도록 발파기술의 교육훈련과 신기술 개발이 필요하며, 발파공사에 대한 철저한 관리감독이 요구된다.

6. 결 론

최근 경기침체 여파로 인하여 건설업계의 수주물량 감소로 어려움에 직면하고 있음에도 불구하고, 거의 모든 발파현장에서 환경의 영향을 빌미로 인한 민원발생으로 공사진행의 차질로 인해 건설업계에 심각한 경영에 압박을 가하고 있다.

따라서 현재와 같은 무리한 민원을 예방하기 위해서는 발파공해에 대한 법률적 규제기준치를 발파 특성에 부합되면서 현실성 있는 관련법 정비가 시급히 요구된다. 따라서 본고에서는 환경적 측면을 도외시한 발파공해 규제기준을 완화하자는 것은 아니며, 공해특성에 부합되면서 보편적이고 현실성 있는 규제기준을 제안하면서 정부, 학계, 업계의 전문가들의 연구 검토 및 공청회 등을 통하여 관련법 정비를 추진함으로써 민원의 시시비비를 정확하게 가릴 수 있어 현재와 같은 무분별한 민원을 예방할 수 있을 것으로 기대된다.

참고문헌

1. 김재극, "산업 화약과 발파 공학", 서울대학교 출판부, 1993.
2. 양형식 역, "Blasting Vibration Monitoring and Control"
3. 정일록, "소음진동 이론과 실무", 신광문화사, 1991.
4. 중앙환경분쟁조정위원회, "환경오염 피해분쟁 조정사례", 1999.
5. 한국토지개발공사, "암발파 설계 기법에 관한 연구", 1993.
6. 황현주, "건설공사에서 안전발파를 위한 설계 및 시공방안", 대한토목학회지 43권 7호, 1995.
7. 황현주, "발파민원 사례분석을 통한 현행 소음·진동기준의 문제점 및 대책", 대한토목학회지, 1996.
8. Stig O. Olofsson, "Applied Explosive Technology for Construction and Mining", 1998.

CHAPTER 4

수리 및 항만 구조물계측 분석실무

CHAPTER 4

4.1 댐계측 분석실무

4.1.1 중력식 콘크리트댐 유지관리계측 분석

본 분석사례는 기존 중력식 콘크리트댐 기초부 양압력 계측 및 분석사례 연구(이종욱, 오병현, 2005년 대한토목학회 학술발표회논문집)를 수정 및 재편집하여 기술한 내용이다.

1. 서론

양압력은 댐 콘크리트와 기초암반의 접촉면, 댐체 내 시공이음이나 공극, 균열 등에 작용되는 내부수압이며, 임의의 수평단면에 대해 연직방향으로 작용하며 댐의 안정을 감소시키는 외력이 되므로 설계시 안정 및 응력해석에 필수적으로 포함하여야 한다. 콘크리트 중력댐의 설계시 양압력은 배수의 여부에 따라서 양압력 분포를 가정하여 안정계산을 하고 단면을 설계한다.

연구대상 댐은 준공 후 약 40년이 경과된 다목적댐으로 댐 높이 64m, 길이 344.2m인 중력식 콘크리트 댐으로 콘크리트와 기초암반의 접촉면에 간극수압계를 설치하여 실측치를 이용한 안정검토가 가능하도록 하였다.

2. 콘크리트댐의 안정성과 양압력

콘크리트 중력댐은 설계시 댐에 작용하는 외력에 대하여 전도, 활동, 제체 콘크리트와 기초암반의 사용응력이 이들의 허용응력을 초과하지 않는 등의 3가지 조건을 만족하도록 허용 안전율을 고려하여 단면을 설계한다. 이때 고려하는 외력은 댐의 자중, 정수압, 동수압, 풍하중, 온도하중, 양압력, 파압, 빙압, 퇴사압, 지진력 등이다. 댐의 자중과 정수압을 제외한 나머지 외력들은 기존댐에 대한 계측사례와 경험 등에 의한 경험식을 이용하여 검토한다.

양압력은 댐 콘크리트와 기초암반의 접촉면, 댐체 내 시공이음이나 공극, 균열 등에 작용되는 내부수압이며, 임의의 수평단면에 대해 연직방향으로 작용하며 댐의 안정을 감소시키는 외력이 되므로 설계시 안정 및 응력해석에 필수적으로 포함하여야 한다. 기초저부의 양압력을 경감시키기 위해서는 댐의 상류측에 지수벽 또는 차수 그라우트를 하고 그 하류에 배수공을 설치한다. 배수공을 이용하여 양압력을 경감시키고 양압력계를 이용하여 양압력을 측정할 수 있으며 배수공이 없는 경우에는 간극수압계를 설치하여 측정한다.

기초저면에 발생되는 양압력의 크기는 기초암반의 공극율, 절리와 단층 그리고 배수공이 설치된 경우에는 그것의 위치, 크기, 간격 등에 의해 영향을 받게 된다. 양압력의 분포는 그림 1과 같이 배수공이 없는 경우 수평단면의 상류면에는 상류측 수압과 같고, 하류면에서는 하류측 수압과 같으며 수압의 변화는 직선으로 변화하는 것으로 가정한다. 하류측에 물이 없는 경우에는 하류면 수압은 영(零)이 된다.

배수공이 설치된 경우 배수공 위치에서의 압력은 일반적으로 배수공의 유지관리가 잘 이루어진 것으로 가정한다면 상·하류 수압 차이의 1/5~1/3 값에 하류측 수압을 더한 값으로 한다. 내부수압에 대한 작용면적은 시공 상태에 따라 다르게 되기 때문에 안전을 위해서 100% 작용하는 것으로 가정한다.

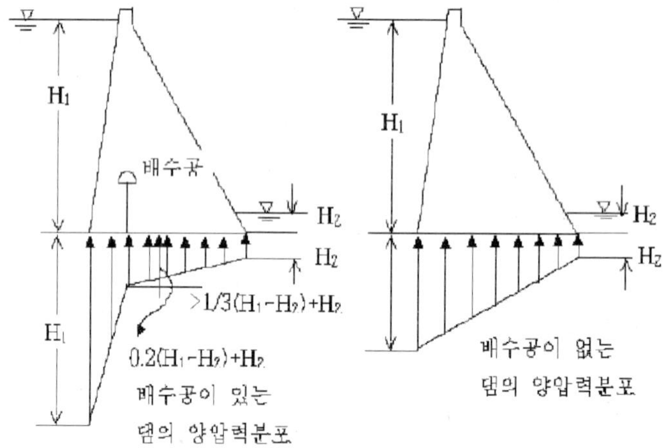

그림 1 콘크리트댐 기초저면 양압력 분포형상

양압력에 대한 구조물의 안정에 대한 안전율(F.S)은 1.2 이상이 되어야하며, 다음의 식 (1)과 (2)와 같이 계산된다.

$$W_u = W_w CA[H_2 + \frac{1}{2}\tau(H_1 - H_2)] \tag{1}$$

$$F.S = \frac{D}{W_u} > 1.2 \ (O.K.) \quad (2)$$

여기서,

Wu : 전양압력(tonf)

Ww : 물의 단위중량(t/m^3)

A : 양압력을 받는 저부면적(수정단면)(m^2)

C : 정수압이 작용하는 면적비율

τ : 차수 그라우트와 배수공의 작용에 의한 순수두(H_1-H_2)에 대한 비율

D : 콘크리트댐 자중

기존 콘크리트댐의 장기 안전관리를 위해서는 설계단계에서 가정한 양압력분포는 실제와 차이가 있으므로 양압력계와 간극수압계를 이용하여 계측한 실측값을 안정검토에 적용하여야 한다. 양압력은 댐축 방향으로 일정 간격으로 설치된 배수공에 압력계를 설치하여 계측하거나, 배수공이 없는 경우에는 간극수압계를 최대횡단면을 포함한 여러 위치에 상류측 기초저면 길이의 1/4 위치와 하류측 기초저면 길이의 1/3 위치에 설치하여 양압력을 계측하여 양압력의 분포를 파악한다. 양압력계의 경우 정기적으로 배수공을 청소하여 콘크리트와 기초암반으로부터 용해되어 나오는 탄산염과 기타 이물질에 의해 배수공이 막히게 되는 것을 방지하여야 한다.

3. 기존 콘크리트댐 양압력 계측을 위한 간극수압계 설치

연구 대상 댐은 국내 최초의 콘크리트 중력식 댐으로 홍수조절, 관개용수, 발전 및 생활용수공급을 목적으로 축조되었다. 본 댐은 1965년 12월 준공되었으며, 1973년 1월 건설부로부터 이관되어 한국수자원공사가 관리하고 있다. 본 댐은 준공 후 약 40년이 경과된 다목적댐으로 댐 높이 64m, 길이 344.2m인 중력식 콘크리트 댐이며 댐의 제원과 표준단면은 다음의 그림 2와 같다.

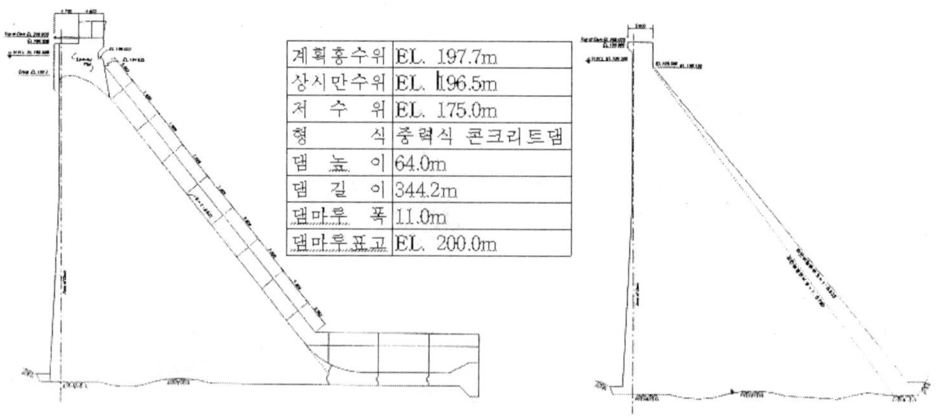

계획홍수위	EL. 197.7m
상시만수위	EL. 196.5m
저 수 위	EL. 175.0m
형 식	중력식 콘크리트댐
댐 높 이	64.0m
댐 길 이	344.2m
댐마루 폭	11.0m
댐마루표고	EL. 200.0m

(a) 월류부　　　　(b) 비월류부

그림 2 대상 댐의 표준단면

양압력은 누수량과 퇴사량과 함께 콘크리트 댐의 장기적 안전관리에 매우 중요하며, 본 댐의 경우 누수량 측정 장치와 양압력 경감을 위한 배수공도 설치되어 있지 않으므로 콘크리트와 기초암반의 접촉면에 간극수압계를 설치하여 실측치를 이용한 안정검토가 가능하도록 하였다.

신규 간극수압계 설치공사는 2002년 10월 착공하여 2003년 6월 준공하였으며 설치위치는 그림 3과 같이 댐의 중앙 월류부 하류측 기초저면의 1/3위치에 2개소(PP-1, PP-3), 우안 비월류부 상류면에서 약 3m 위치(PP-4)와 하류측 기초저면 1/3위치(PP-2)에 각각 1개소 총 4개를 설치하였다. 간극수압계의 형식은 진동현식으로 측정범위는 최대 7kgf/m²이다. 댐체 천공작업에는 NX 규격의 다이아몬드 비트를 이용하여 회전속도 800rpm 이상, 굴진속도 2m/hr 이내로 댐체에 악영향을 미치지 않도록 관리하였다. 천공깊이는 암반내 1.5~3.0m 깊이까지 천공하였다. 간극수압계를 암반내 소정깊이까지 삽입한 후 삽입된 깊이를 확인하고 설치된 간극수압계 Tip을 기준으로 바닥에서 2m 내외까지 물로 포화된 가는 모래(대체로 0.5mm이하 50%, 1.0~1.5mm 50%)를 채우고 그 위에 1m 내외의 벤토나이트를 주입한다. 나머지 시추공은 시멘트와 벤토나이트 혼합재(벤토나이트 6% 이하)로 충진하고 상부구간은 고강도 콘크리트로 마무리 한다. 간극수압계의 측정은 데이터로거와 무선모뎀 및 지시계를 이용하여 자동측정과 수동측정이 모두 가능하도록 하였다.

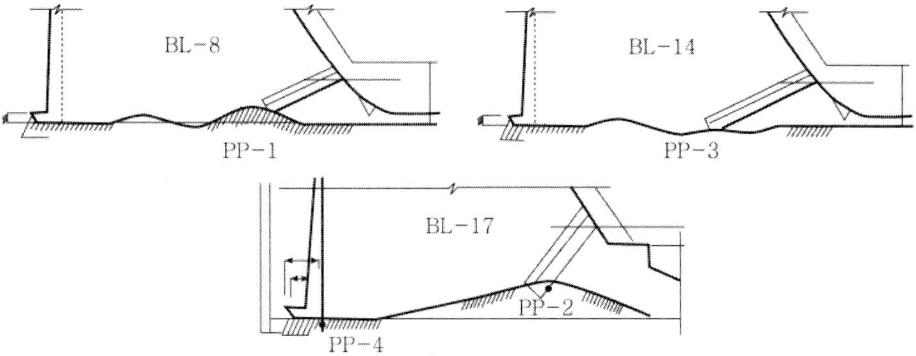

그림 3 양압력 계측을 위한 신규 간극수압계 설치

4. 계측결과 분석

높이 64m, 길이 344.2m인 중력식 콘크리트 댐의 장기 안전관리를 위해 4개의 신규 간극수압계를 설치하여 2003년 6월부터 콘크리트와 암반 접촉면의 양압력을 계측하고 안전관리에 이용하고 있다. 2003년 6월부터 2005년 6월까지 약 2년간 각 위치에서 계측된 계측결과의 경시변화는 그림 4와 같이 양압력 수두로 나타내었다.

양압력 수두는 계측된 압력수두와 설치된 위치수두를 합한 것이다. 본 댐의 상시만수위는 EL.196.5m이고 저수위는 EL.175.0m이다. 약 2년간의 계측기간 동안 저수위는 갈수기와 풍수기에 따라 변동되었으며, 계측기간 동안에는 상시 만수위와 저수위 사이에서 최대수위 EL.194.4m (2003.7.12), 최소수위 EL.177.8m(2005.6.27)를 나타내었다. 상류측에 위치하는 PP-4는 저수위에 따라 지체시간 없이 변화되었으며, 나머지 하류측에 위치한 간극수압계들은 일정한 값을 나타내어 저수위 변화의 영향에 민감하지 않았으며, 그 크기는 PP-1, PP-2, PP-3의 순서이다. 하류측의 양압력은 좌우안에 비하여 중앙부에서 다소 큰 것으로 나타났다. 설계시에 가정된 양압력분포와 비교하기 위하여 그림 5와 같이 양압력비의 경시변화를 나타내었다. 여기에서 양압력비는 상류면 저수위에 대한 양압력 수두의 비로 계산하였다. 양압력비는 저수위 변화에 따라 변화되며 PP-1은 28.2~34.5%, PP-2는 17.5~23.6%, PP-3는 5.6~12.9%, PP-4는 64.5~74.5%를 나타내어 상류측의 경우 이론적인 양압력 분포보다 25.5~35.5% 작은 것으로 나타났다. 간극수압계 설치이후 현재까지의 계측결과 분석결과 설치된 간극수압계는 실제의 값을 나타내어 정상적으로 작동하는 것으로 판단되며 이론적인 양압력 분포와 비교해보면 상당히 작은 값을 나타내어 본 댐은 양압력에 대해서도 안전하며 기초암반을 통한 양호한 침투

거동을 나타내고 있는 것으로 판단된다.

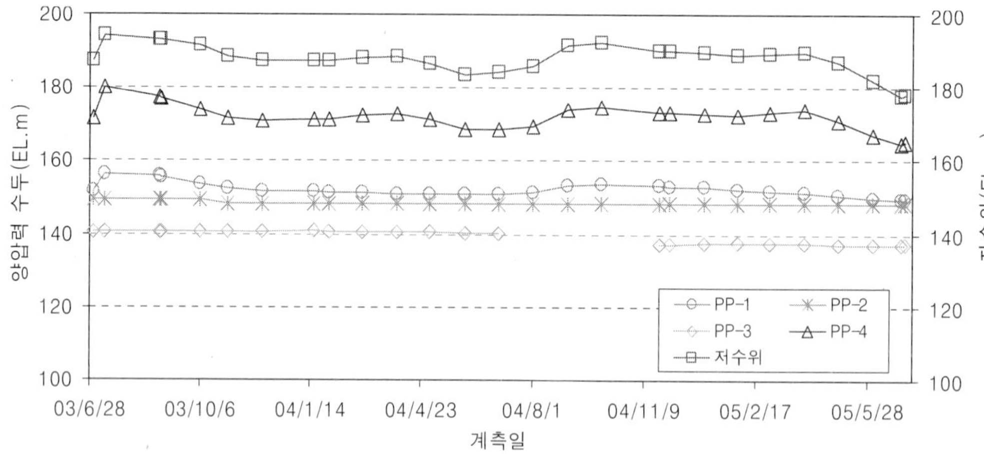

그림 4 양압력 수두로 나타낸 계측결과 경시변화

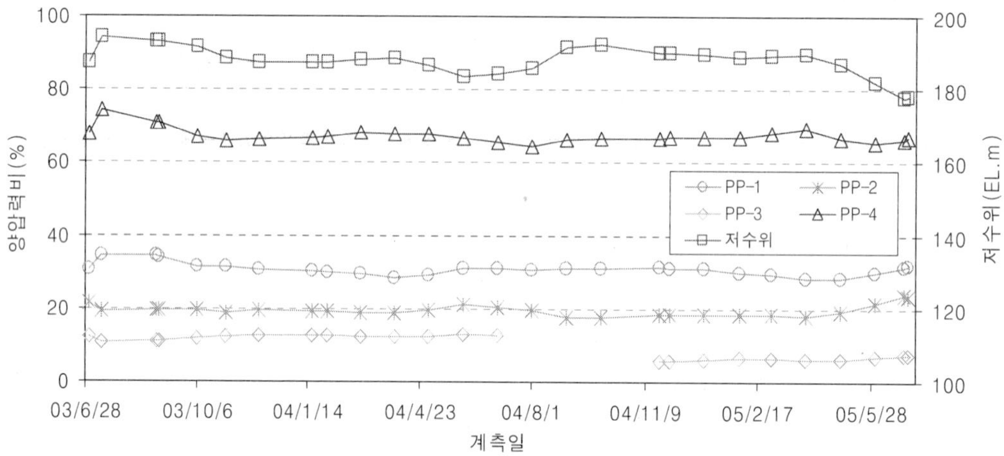

그림 5 양압력비로 나타낸 계측결과 경시변화

5. 결론

기존 콘크리트댐의 장기적인 안전관리를 위하여 콘크리트와 기초암반 접촉면의 양압력 계측을 목적으로 간극수압계를 신규 설치하고 그 계측자료를 분석한 결과는 다음과 같다.

1) 양압력 수두는 상류측의 경우 저수위 변화에 매우 민감하게 반응하였으며 하류측에서는 대부분 일정한 값을 나타내어 저수위 변화에 민감하지 않았으며 그 크기는 좌·우안에 비하여 중앙부에서 다소 큰 것으로 나타났다.
2) 이론적 양압력 분포와 비교한 결과 상류측에서는 64.5~74.5%의 양압력비를 나타내었고 하류측에서는 5.6~34.5%의 양압력비를 나타내어 이론적인 값보다 상당히 작은 값을 나타내었다.
3) 계측결과 양압력분포는 이론적인 양압력보다 약 25.5~35.5% 작은 값을 나타내어 기초암반을 통한 양호한 침투거동을 나타내며 본 댐은 양압력에 대해서도 안전한 것으로 사료된다.

참고문헌

1. 건설교통부, "댐설계기준", 2001
2. 한국수자원공사, "○○댐 제1차 정밀안전진단보고서", 2001
3. 한국수자원공사, "○○댐 안전도평가 및 유지관리방안 연구보고서", 1995
4. ASCE, "Guidelines For Instrumentation and Measurements For Monitoring Dam Performance", American Society of Civil Engineers, 2000
5. Rober B. Jansen, "Advanced Dam Engineering For Design Construction and Rehabilitation", Van Nostrand Reinhold, 1988
6. 이종욱, 오병현, "기존 콘크리트댐 기초부 양압력 계측 및 분석사례 연구", 2005년도 대한토목학회 학술발표논문, 2005. 10, pp.4281~4284.

CHAPTER 4

4.2 항만계측 분석실무

4.2.1 부산신항 호안축조 공사계측 분석

항만의 공사계측 분석사례는 부산신항 북컨테이너터미널 배후부지 조성을 위한 호안축조 안정성 평가 및 연약지반 침하안정관리 사례연구(최인걸, 권기호, 김학곤, 한국지반공학회 학술발표대회 논문집)를 수정 및 재편집하여 기술한 내용이다.

1. 서론

부산신항 북컨테이너터미널 배후부지 조성공사는 사진 1 및 그림 1과 같이 부산광역시 강서구 송정동과 창원시 진해구 용원동 일원의 공유수면을 매립하여 3,083,454㎡ (932,745평) [항만물류 1,206천㎡, 지원시설 770천㎡, 공공시설 1,107천㎡]의 배후부지를 조성하는 공사이다. 배후부지 조성공사에 앞서 북동호안공사를 실시하였으며, 북동호안은 총 연장 3,335m(강제치환구간 1,253m, P.B.D구간 2,083m)로서 P.B.D구간의 단면형식은 대나무매트+저신율 P.E.T MAT+토제 공법을 적용하였다.

북동호안은 용원동과 북컨테이너 터미널 배후부 지 사이에 설치되는 북측호안과 녹산공단에서 100m 이격되어 설치되는 동측호안으로 구분되며, 호안공사를 시공하면서 배후부지 내에 Pocket을 형성하고 가호안 앞바다의 준설토를 매립하여 배후부지를 조성하였다.

부산신항 북컨테이너터미널 배후부지 조성공사의 호안축조 및 침하안정관리는 2001년 12월부터 2011년 7월까지 총 115개월간 실시하였으며, 본 논문은 배후부지 조성과정에서 조성된 준설토 및 원지반 특성을 살펴보고, 호안축조 시공 시 수행한 호안안정성 평가 및 배후부지 연약지반개량 공사 시 수행한 침하안정관리 사례를 소개하고자 한다.

사진 1 부산신항 북컨테이너터미널 배후부지 조성공사 현장전경

2. 지층현황

2.1 지반조사 현황

부산신항만 개발사업 지역의 해성점토 및 기반암 등의 지층분포 및 토성을 파악할 목적으로 그림 2와 같이 총119개소의 시추조사(2000.10)와 현장 및 실내시험 102개소를 실시하였으며, 부산신항 배후부지내의 토질정수 및 지층특성을 파악하기 위해 추가적으로 지반조사 (2003.12) 30개소를 실시하였다.

본 지역의 기반암은 중생대 백악기 말의 불국사 화강암류이고 토층의 구성은 해성퇴적 점토층, 모래 자갈층, 기반암이 수직적으로 분포하고 있으며, 해성점토층은 육지와 근접한 지역을 제외하고 약40m 이상의 두께로 불규칙하게 분포하고 있다. 시추조사 및 시험 결과를 분석한 결과에 의해 지반 특성치 분포가 유사한 지역을 아래와 같이 3개 영역으로 구분하였다.

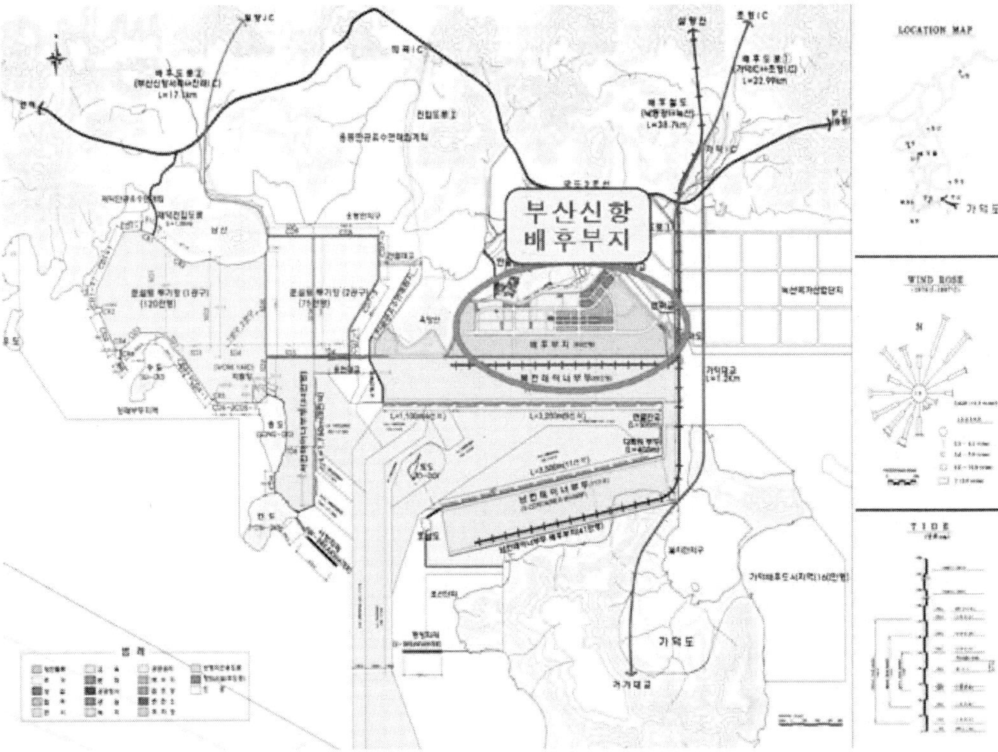

그림 1 부산신항 전체 계획평면도 (○표시는 부산신항 배후부지)

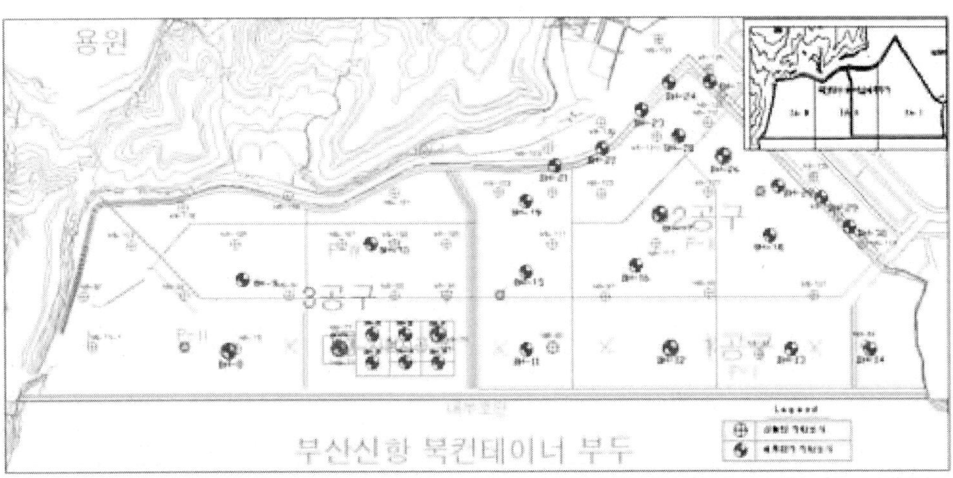

그림 2 지반조사 위치평면도

2.2 지층특성

대상부지에 대한 지층현황 파악을 위해 횡단 및 종단 지층분포도를 도시하면 그림 3과 같으며, N〈8 이하의 해성점토층의 두께는 육지쪽에 가까운 부분을 제외 하고는 대체적으로 30.0m~40.0m 두께로 분포하고, 평균 수심은 0.6~1.3m에 존재 한다.

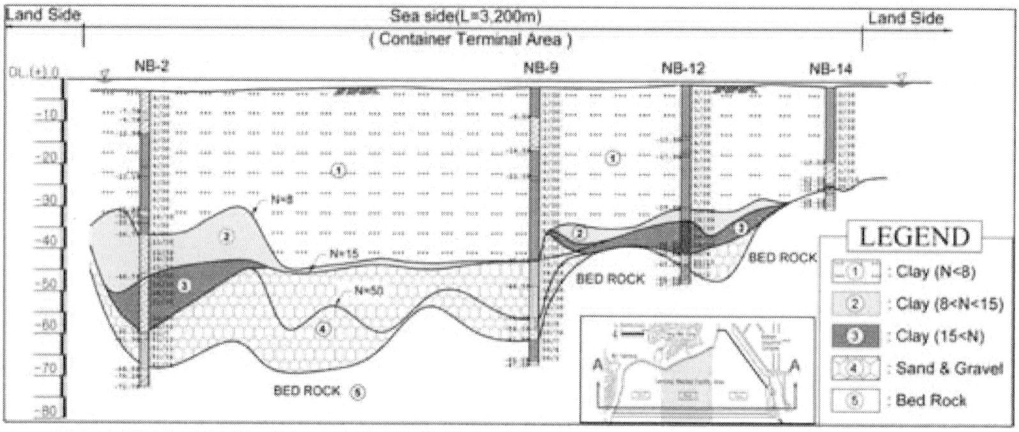

그림 3 북컨네이너터미널 부지의 지층 횡단면도

2.3 준설토 및 원지반 특성분석

각 지역별 구조물의 침하계산 및 안정계산을 위한 지반특성치를 분석하여 정리하면 표 1과 같으며, 지반특성치는 물리적 및 역학적 특성이 비슷한 영역의 구분하였다. 특히, 준설토의 경우 북컨테이너부지에서 채취하여 사진 2와 같이 실내침강시험(2000)을 실시 하였고 2003년부터 2005년까지 자중압밀에 따른 흙의 단위 중량, 함수비 및 베인시험을 실시하였으며, 2·3공구 지반개량시 준설토에 대해 추가적으로 지반조사 (2005)를 실시하였다.

(a) 실내 침강압밀시험(2000년)

(b) 현장준설토시험(2003년~2005년)

사진 2 실내 및 현장 준설토 시험전경

표 1 준설토 및 원지반 토질특성

구분		준설매립토	원지반 점토		
			FA-Ⅰ	FA-Ⅱ	FA-Ⅲ
비중		2.71	2.716-0.0006·z	2.708+0.0002·Z	2.706-0.00004·Z
함수비		70.0	55.6+0.161·z	62.4-0.0009·Z	67.6-0.1099·Z
간극비		1.90	1.51+0.004·z	1.69+0.0001·Z	1.83-0.003·Z
포화단위중량		1.60	1.71-0.0006·z	1.69-0.00005·Z	1.67+0.001·Z
압축지수		1.05	S11: 0.56, S2 : 0.93 S3 : 0.92, S4 : 0.30	S11: 0.72, S2 : 1.01 S3 : 1.03, S4 : 0.30	S11: 0.75, S2:1.02 S3:0.89, S4:0.30
2차 압축지수		0.033×Cc			
압밀계수 (×10^{-3}㎠/sec)	수직	0.40	0.40-0.0015·Z	0.40-0.0015·Z	0.41-0.0006·Z
	수평	0.40	지반조사(CPTu): 0.80~3.0(평균 1.2), 실시설계시: 0.80 지반개량시: 0.275 ~ 0.359(시험시공 계측결과)		
비배수전단강도 (tf/㎡)		0.05~0.30	0.16·Z+0.5(N≤6) N/1.6 (N≥6)		
강도증가율		0.18	0.24		

3. 계측계획

3.1 계측 개요

계측기설치 평면도는 그림 4와 같으며, 설치지점은 지반조사 대표위치에 배치하는 것으로 계획하였다. 계측기 배치는 측정결과의 상호 연관성 및 신뢰성을 확보하기 위해 여러 가지 계측기를 조합하여 자동과 수동 계측 군으로 구분하여 배치하였다. 호안 및 연약지반개량공사에 설치된 공구별 계측기 종류 및 수량은 표 2와 같다.

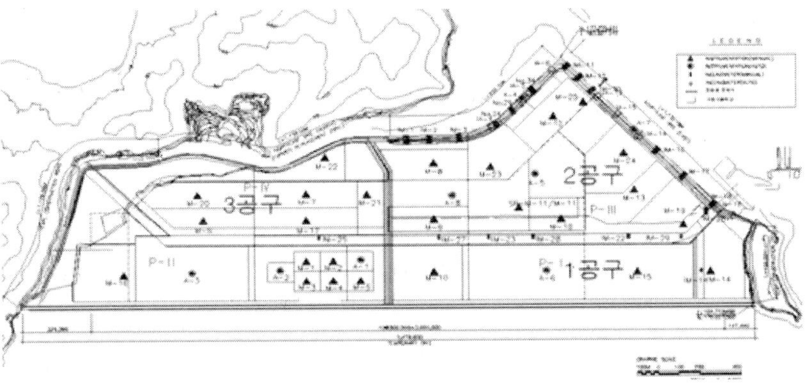

그림 4 계측기 설치 평면도

3.2 북동호안 및 배후부지 설치수량 및 관리시스템

북동호안 및 배후부지의 수동 및 자동 계측기 매설수량은 표 2와 같고 계측기 설치단면도는 그림 5와 같으며, 배후부지는 수심이 있는 관계로 수동계측기를 원지반에 설치하기가 어려웠고 또한 설치하였다 하더라도 준설토 투기에 따른 지반유동시 계측기가 이동할 것을 감안하여 해상에서 원지반을 천공 한 후 준설 및 연약지반개량 시 정보화시공이 가능토록 자동계측기를 설치하였다.

표 2 공구별 계측기종류 및 설치현황

계측기 종류		설치수량(개소)						합계 (개소)
		1공구 (P I)	2공구		3공구			
			북동호안	부지(P III)	시험시공	P II	P IV	
지표침하판		50	44	84		51	35	264
경사계	자동	1	8					9
	수동	8	18					26
층별 침하계	자동	4	8	8	8	4		32
	수동	8		24	16	3	13	64
간극 수압계	자동	3	6	6	6	3		24
	수동	7		30	20	3	12	72
지하수위계		3		15	2	2	7	29

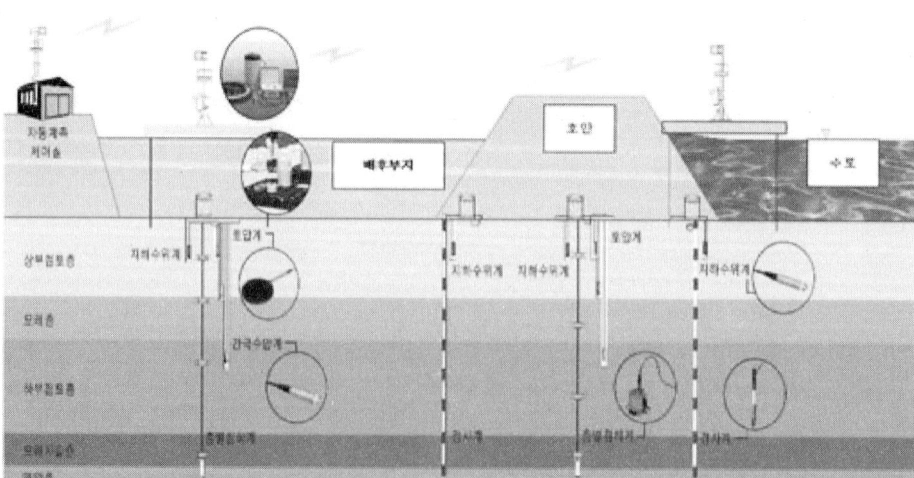

그림 5 북동호안 및 배후부지 설치단면도

4. 설계기준

4.1 설계조위

설계조위는 그림1과 같이 국토해양부 국립해양조사원에서 고시된 가덕도 천성만내 해상 TBM NO.1 [DL(+)3.819m]의 관측자료 조위를 기준으로 하였다.

4.2 하중조건

(1) 호안 상재하중

호안축조시 하중은 1.30t/m^2(DB-24 등가 분포하중)이다.

(2) 배후부지 상재하중

북컨테이너터미널 배후부지의 상부구조물기초는 파일기초로 전제하며, 부지이용 계획별 하중조건은 도로와 물류용지의 경우 1.5t/m^2, 기타지역은 1.0t/m^{2}이하를 적용하였다.

4.3 지하수위

배후부지 초기 준설매립고는 DL(+)7.0m이고, Sand Mat 포설전 준설매립토 표고는 약 DL(+)6.0m이며, 이 같은 준설매립토 표고 차이는 침강 및 자중압밀의 영향으로 판단된다. 준설매립토는 투수성이 매우 낮은 점토질로 매립되어 있어, 지하수위의 흐름은 매우 긴 시간이 소요될 것으로 판단되었다. 이에 따라, 시공초기 지하수위는 준설매립토 표층으로 하며, 지반개량 공사시(샌드매트 중간층) 및 완료시에는 침하에 따라 변화하는 것으로 하되, 그림 1(우측하단)에서 최저 한계는 평균해수면(DL(+)0.953m)으로 적용하였다.

4.4 허용 잔류침하량

배후부지도로는 허용잔류침하량 이내로 압밀침하량을 발생시키기 위해 P.B.D+ 프리로딩 공법으로 N=8인 점토지반까지 개량하고, 그 외 부지는 N=6 지반까지 개량하였다. 배후부지는 연약층후가 두터워 지반처리에는 과다한 초기투자비가 소요되므로 장비의 시공성 및 경제성을 감안하여 허용잔류침하량 및 P.B.D 타설심도에 대해 다음과 같은 기준을 적용하였다. 허용 잔류침하량은 표 3과 같이 2차압밀침하량 및 미 타설 층의 압밀침하량을 제외한 1차 압밀침하량 30cm를 기준으로 하였다.

표 3 허용잔류침하량과 P.B.D 타설심도 기준(부산신항만주식회사, 2000년 p.110)

구분	도로	물류단지	공원 녹지	기타부지	북동호안/가호안	내부호안
허용잔류침하량(cm)	30.0	30.0	30.0	30.0	30.0	30.0
P.B.D 타설심도	N=8 이하	N=6 이하	N=6 이하	N=6 이하	N=8 이하	N=6이하

4.5 허용 안전율

연약지반을 개량할 목적으로 연약지반상에 성토를 할 경우 전단응력의 증가로 인해 지반의 전단파괴 가 발생할 수 있다. 전단파괴에 대한 검토는 일반적으로 한계평형해석방법에 의한 원호활동의 안전율을 기준으로 정량적 평가를 수행하게 되며, 본 설계에서는 해석방법 중 Bishop의 간편법을 적용하였다. 연약지반 개량공사 및 공용시(상시, 지진시)에 대한 안전율은 표 4와 같다.

표 4 원호활동 안전율 기준

구분	시공시	상시	지진시	비고
원호활동(FS)	1.2(1.1)	1.3	1.1	( ):계측결과분석시
파이핑	2.0	–	–	NAVFAC DM-7

5. 북동호안 침하안정관리사례

5.1 연약지반 깊이 및 시공순서

연약층 깊이에 따라 Zone별 연약층두께 및 제체상단고는 표 5와 그림 6과 같이 구분하였으며, 호안제체 1단계 제체 시공은 사진 3과 같다.

표 5 Zone별 연약층두께 및 제체상단고

구분	Zone 1	Zone 2	Zone 3	Zone 4
두께	연약층 10m	연약층 10~20m	연약층 20~30m	연약층 30m 이상
제체 상단고	DL+9.5m	DL+10.5m	DL+11.5~12.0m	DL+11.5~12.0m

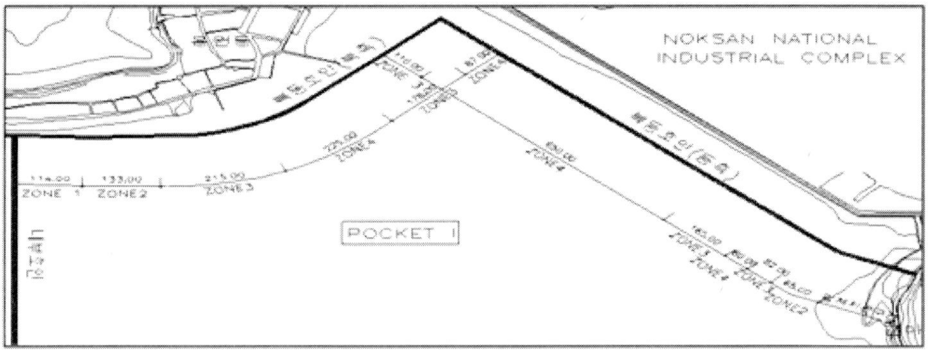

그림 6 북동호안 구역 분할 평면도

사진 3 호안제체 1단계 제체 시공사진(2002년)

5.2 호안 적용공법 및 시공순서

북동호안 시공방법은 그림 7과 같이 대나무매트(대나무매트+토제)만을 이용하여 제체를 축조하는 것으로 계획하였으나 국부적인 지반파괴와 불규칙한 침하가 발생하였다. 따라서 적정공법 선정을 위하여 시험성토를 실시하고 그림 8과 같이 대나무매트에 전단면 저신율 P.E.T MAT를 보강하는 방안으로 변경하여 공사를 완료하였다.

대나무매트 (50×10 cm) → 제체시공 [DL(+)2 m] → PET매트 포설 [DL(+)2.0, 2.5 m] → PBD타입 (1.5×1.5) → 제체완성[DL(+)11.5 m] (131 만 m²)

그림 7 시공순서

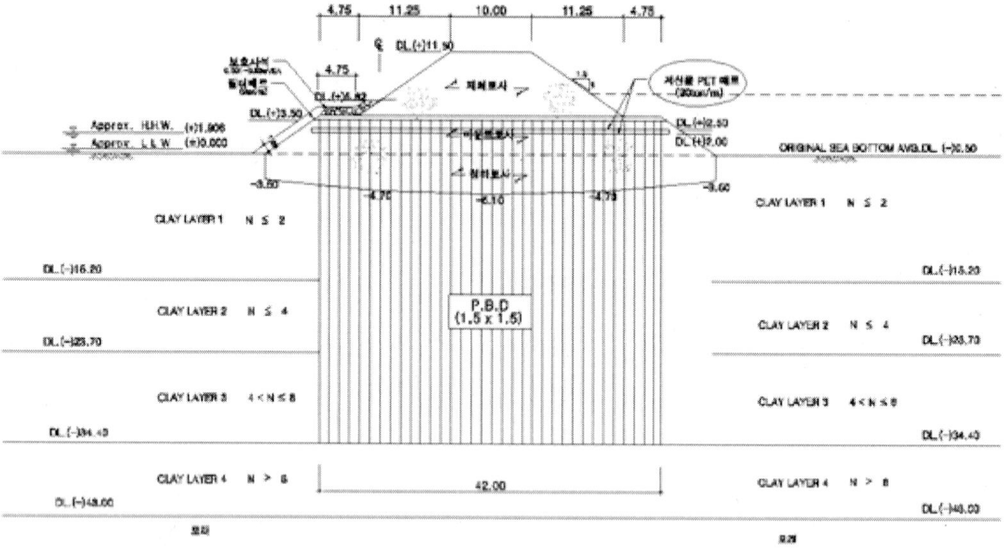

그림 8 대나무 매트 + 저신율P.E.T MAT + 토제

5.3 호안 안정성 검토

5.3.1 개요

호안 안정성검토는 그림 9와 같이 ZONE별로 구분하여 검토하였으며, 호안 안전율 검토 시기는 각 시공 단계별로 불안전한 조건을 대상으로 검토하였다. ZONE별 최적단면은 단계별 공사기간에 따른 침하량으로 제체 상단 높이변화를 검토하고, 각 단계별 압밀도에 의한 원지반 전단강도 증가를 고려하여 원호활동 안전율이 설계 기준을 만족하도록 하였다.

5.3.2 설계시 ZONE별 단면 검토

ZONE별 단면검토시 강도증가는 P.B.D가 타설된 구간에만 적용하였고, 안정성 검토는 제체 축조시, 준설토 투기시, 샌드매트 포설시 및 단지 완성후로 구분하여 아래와 같이 검토하였으며, 준설토 투기에 따른 호안제체의 배면토압 증가로 인해서 준설토 투기시가 공사기간 동안 가장 위험한 것으로 나타났다.

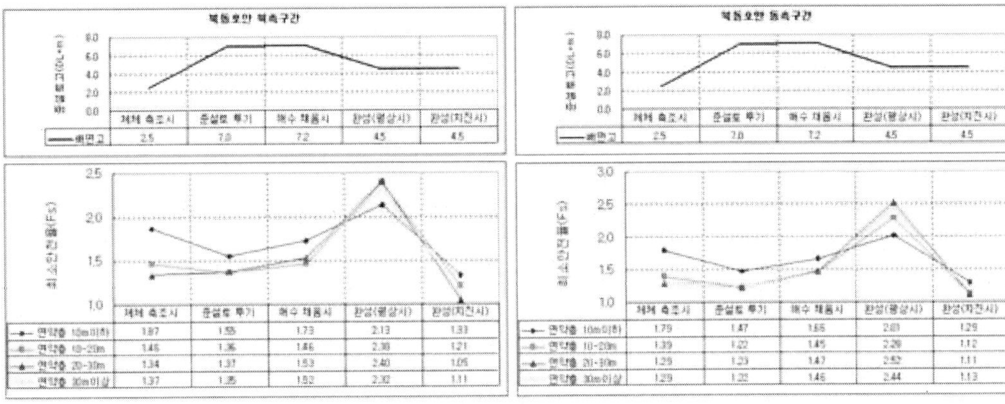

그림 9 ZONE 조건별 북동호안 안전율 변화

5.4 제체축조 시공

5.4.1 시험시공에 의한 설계타당성 검토

북동호안에 대한 설계타당성을 검증하기 위하여 그림 10과 같이 시험시공을 실시하였으며, 시험시공 결과 국부침하가 발생하여 대나무매트 간격 및 폭 결정, 저신율 P.E.T MAT 보강 및 지반고를 변경하였다.

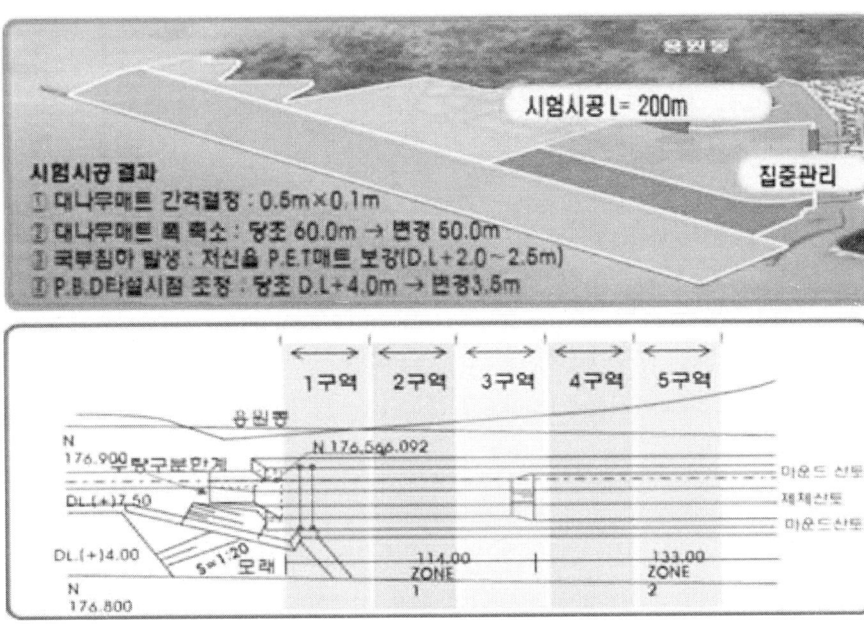

그림 10 시험시공 계획평면도

호안제체는 설계시 대나무Mat 인장강도를 55.0t·m로 가정하고, Yamanouchi의 판이론에 의한 치환 심도를 중앙부 3.0~4.5m로 추정하였으며, 이때 호안 1단 제체 축조 안전율 Fs=2.56으로 하였다.

현장 시공시에는 호안 1단 및 2단제체로 구분하여 시공하였고, 1단제체는 수중에 대나무 매트를 포설하여 원지반(DL-1.0m)에서 약 최고 만조위(DL+1.9m)까지 사석골재로 포설하고 DL+4.0m까지 시공하였다. 침하관리는 1단계 제체 축조전 대나무Mat 상단에 지표침하판을 설치하여 계측을 실시하였으며, 사진 4와 같이 시공도중 아래와 같이 국부침하가 발생하였다.

사진 4. 국부침하 현장사진(왼쪽: 중앙부, 오른쪽: 끝단면)

국부침하는 설계와 같은 강제치환 형상으로 일어나지 않고 사진 4와 같이 발생하였다. 이는 설계시 적용한 대나무Mat 인장강도가 균일하게 작용한 구간은 안정하였으나, 대나무Mat 인장강도가 균일하게 발휘되지 않은 곳에서 부분적인 파괴가 발생된 것으로 검토되었다. 따라서, 국부적인 지반파괴가 발생한 구간은 저신율 P.E.T MAT(20t/m)를 2장으로 보강 시공하였다.

5.4.2 2단제체 단계성토 현황

국부파괴를 방지하기 위하여 저신율 P.E.T MAT로 보강하여 1단제체 축조완료 후 P.B.D.(1.5×1.5m)를 타설하였으며, 2단제체는 지반조사를 통하여 단계별로 성토를 시행하였다. 단계별 지반조사 위치는 북측구간 No.16(BH-21)과 동측구간의 No.37 (BH-27)을 대표위치로 선정하였다.

조사항목은 표준관입시험, 실내시험 현장베인시험, 피에조콘시험을 선정하였고, 조사수량은 대표단면 2개소를 선정하였으며, 수로측 및 단면중앙에서 조사하였다. 단계별 지반조사는 2003년 5월부터 시작 하여 2단제체 축조인 2004년 8월까지 4차례에 걸쳐 시행하였다. 단지내 준설토는 대나무Mat 및 P.T.M 공법으로 표층처리 하고 P.B.D +프리로딩공법을 이용하여 연약지반개량 후 호안주변 재하성토 완료시 2008년 4월까지 5차 조사를 실시하였으며, 단계별 성토 현황 및 성토 그래프는 그림 11과 같다.

5.4.3 성토속도 및 한계성토고 산정

설계시 호안의 성토속도는 시방규정에 5cm/day로 되어있으나 P.B.D타설후 2단 제체는 계측결과 분석 내용을 토대로 검토한 결과 최종성토고인 약 8m까지 단계성토에 의한 속도는 평균 1.5cm/day가 적정한 것으로 분석되었다.

1단계 조사시점인 2003년 7월에 DL+4.0m까지 1단제체를 완성하였고 2003년 8월 이후에 단계별로 성토 및 방치하였다. 2008년 이후에는 북동호안 배면에 최종성토가 진행되어 5단계 조사를 마무리 하였으며, 그림 9와 같이 북동호안 구간에 대한 안정성을 평가한 결과 북측 구간의 한계성토고는 동측 구간보다 작게 산정되었으며, 그 이유는 북측이 동측에 비하여 강도증가율이 낮게 평가된 것으로 분석되었다.

5.4.4 단계별 지반조사결과

단계별 지반조사결과 제체중앙부 하단지반의 비배수전단강도 증가는 상부 0.45 kg/cm^2, 하부 약 0.2kg/cm^2 가 증가된 것으로 나타났으며, 하부는 깊이가 깊어질수록 제방하중의 응력 감소 때문으로 증가가 미미한 것으로 분석되었다.

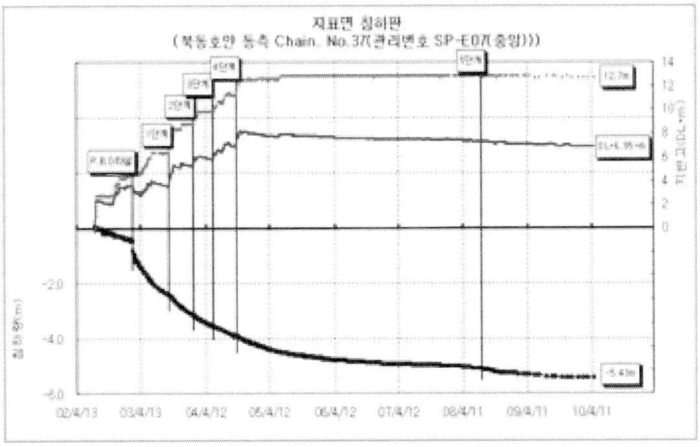

그림 11 단계별 지반조사시 계측결과

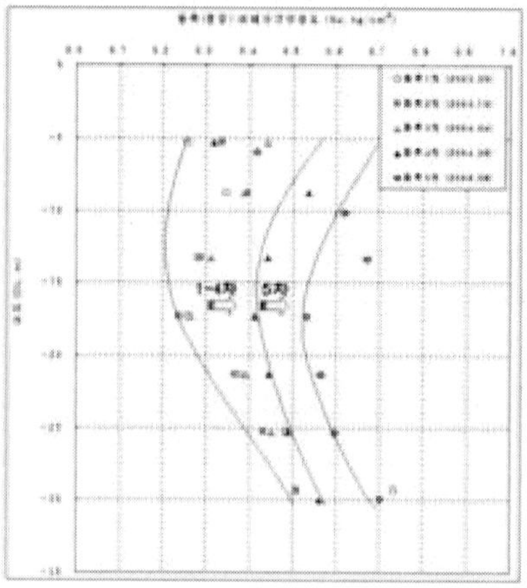

그림 12 단계별 지반조사 결과

5.5 계측결과분석

5.5.1 침하량

호안제체 성토에 따른 침하는 1단제체 축조(성토고 5m)시 대부분 강제치환에 의한 즉시 침하가 발생 하였으며, P.B.D타설 후 축조한 2단제체는 주로 압밀침하가 발생된 것으로 판단된다. 제체중앙부의 침하는 그림 13과 같으며, 1단제체시 즉시침하는 0.5~1.2m(평균 0.8m)이며 2단제체 성토시 발생한 침하량은 3.0~5.8m(평균 4.5m)로 나타났다.

5.5.2 수평변위

측방변위 측정을 위한 경사계는 1단성토(강제치환) 축조후 설치하였으며, P.B.D타설 후 2단제체 성토가 이루어졌다. 설계시 유한요소해석에 의한 측방변위량은 제체 축조와 준설토 투기시 15~20cm 변위가 발생된다고 계산되었으나, 2단제체 성토 시 나타난 측방변위량은 34~119cm(평균65cm)로 설계보다 약 3배이상 측방변위가 발생하였으며, 최대 누적 수평변위 발생지점은 그림 14와 같이 지표하 8~15m 사이에서 발생하였다.

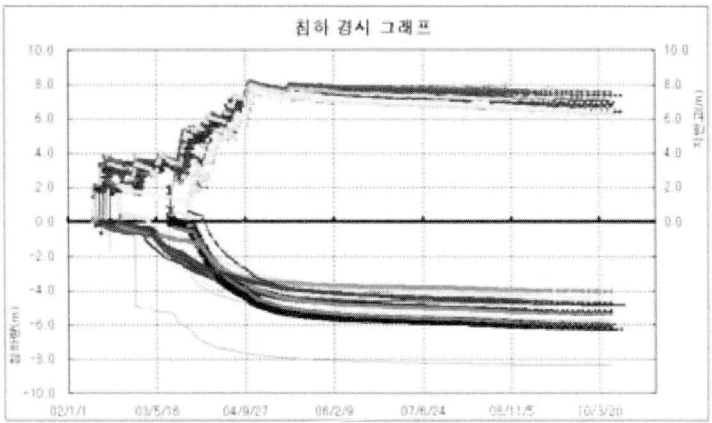

그림 13 북동호안 침하 경시 그래프

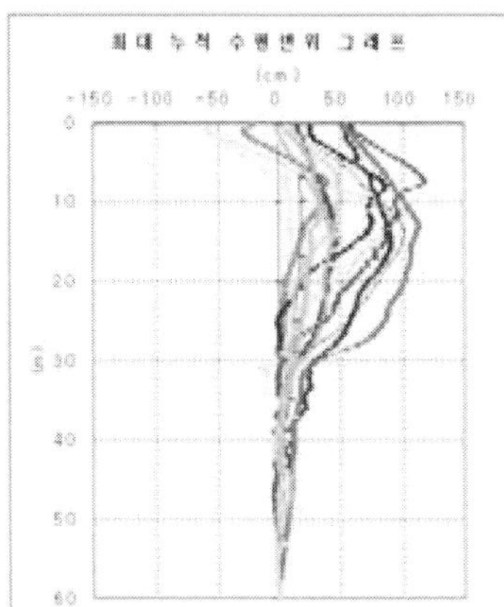

그림 14 누적 수평변위

5.5.3 간극수압계

간극수압계는 압밀대상층에 2개소(11m, 29m) 하부점토층 (45m)에 1개소를 설치 하였다. 계측결과 성토하중의 영향으로 상부층의 경우 성토에 대한 간극수압소산 변화가 뚜렷하게 나타나고 있으나 하부로 갈수록 과잉간극수압의 변화가 적어짐을 알 수 있다. 그 이유는 하부점토층의 경우 약간의 과압밀상태로 되어있기 때문으로 판단된다. 간극수압계 분석은 지하수위 적용, 배수거리 부정확 등에 따라 압밀도, 압밀계수 등 정확한 해석 적용이 곤란하여 경향성만 평가하였다.

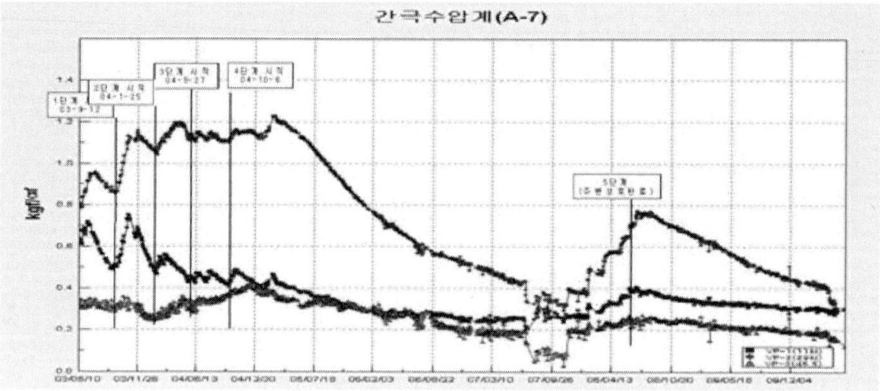

그림 15 재하성토에 따른 과잉간극수압계 분포

5.5.4 변위검토

2단제체 축조시 발생한 압밀침하를 검토한 결과 성토두께와 다음과 같은 관계가 있음을 알 수 있었다.

$S \doteqdot 0.35 H_t$

여기서, S : 제체중앙부 침하량(m), H_t : 성토두께(m)

또한, 제체 중앙부 침하량과 최대 수평 변위와의 상관관계는 $Y_m = 0.14S$ (Y_m: 최대 수평변위)를 보이고 있으며, 이는 Tavenas가 제시한 압밀 침하에 따른 최대 수평변위관계 $\triangle Y_m = (0.16 \pm 0.2) \triangle S$ 관계와 유사하게 나타났다.

5.6 안정관리 분석

5.6.1 안정관리기법

북동호안 축조시에는 1단제체 완료 후 경사계를 설치하였으며 침하판은 위치 관리 기준에 따라 성토 체 상부와 끝단에 설치되었고, 연약지반의 성토시 관리는 Matsuo-Kawamura법, Tominaga-Hashinmoto 법, Kurihara법에 의해 관리하였다.

5.6.2 안정관리 분석

Matsuo-Kawamura 법

성토파괴사례를 조사하여 파괴시 침하량과 수평/수직변위량의 관계를 정리한 Matsuo-Kwamura법은 $Q_i/Q_f = 1.0$인 곡선은 파괴기준선을 나타내고, $Q_i/Q_f = 0.8, 0.9$인 곡선에 도달할 경우 성토하중은 파괴시의 80%~90%에서 나타난다. 그러나, 본 현장에서는 침하량이 4.0m이상이므로 그림 16과 같이 Matsuo-Kwamura법이 적용성에 한계가 있어 변위량을 시공단계별로 구분하여 변위수렴 여부로 안정성을 판단하였다.

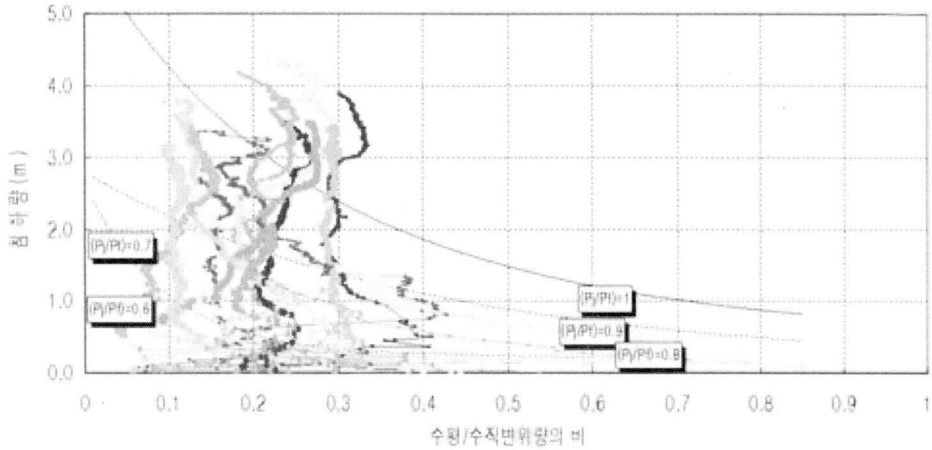

그림 16 Matsuo-Kwamura법

(1) Tominaga-Hashinmoto 법

연약지반상에 성토공사 시 중앙부의 침하(m)의 증가에 비해 사면선단의 수평 변위(h)의 증가가 일정한 비를 초과할 경우 지반이 불안정 하다는 경험적 방법이다. 본 현장은 초기를 제외하고는 대략 0.1~0.38Su=dh의 범위에 있으나 그림 17과 같이 성토 시 직선의 변곡점에서 α2 〈0.7~1.0이상 계산되어 불안정한 판정이 나타났으나 제체 성토에는 이상 징후가 나타나지 않았다.

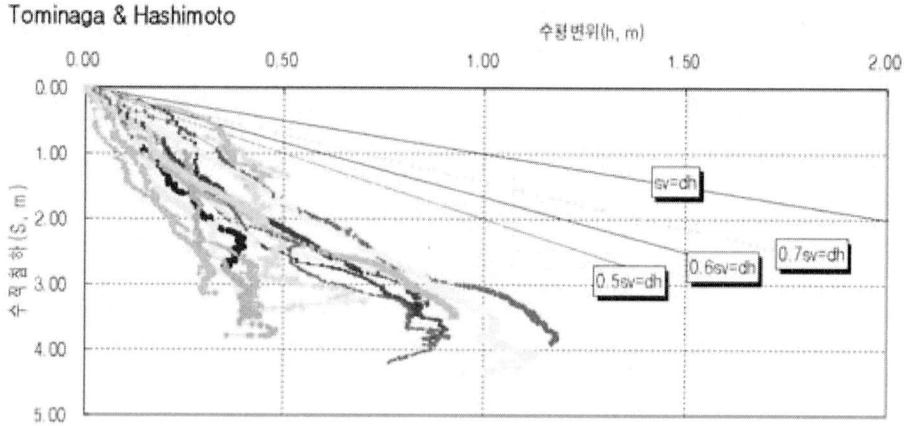

그림 17 Tominaga-Hashinmoto법

(2) Kurihara법

성토법면 선단부의 수평변위 시공관리는 △δ/△t ≦ 2cm/day인 Kurihara법을 선정하였으나, 본 현장은 2cm/day로 관리 중 일부 제체균열이 발생되어 주변의 민가를 고려하여 그림 18와 같이 1cm/day 이하로 관리하였다.

그림 18 Kurihara 법

6. 배후부지 침하안정관리사례

6.1 시험시공

시험시공의 목적은 잔여부지 시공계획 수립 및 토질정수 파악 등을 목적으로 그림 19와 같이 실시하였고, 지반개량심도는 42.0m~50.0m로 정하였고, DL-35m에서 Sand Seam을 기준으로 상부와 하부 점토층을 구분하였으며, 일부 지역은 준설토 투기시 상부에 모래가 유입된 것으로 나타났다.

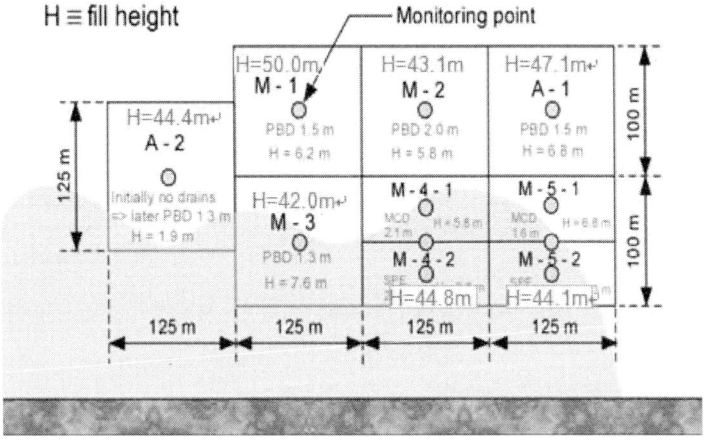

그림 19 시험시공 계획평면도

6.1.1 압밀도에 따른 배수재 간격결정

시험시공 각 위치별 침하분석을 성토시점, 성토완료시점에 따라 분석하고 GIS 시스템에 의한 Root mean square error($RMSE = \sqrt{\frac{\sum(S_{계산} - S_{측정})}{N}}$)이용하여 신뢰도를 평가하여 신뢰도가 높은 Hyperbolic과 Monden법을 이용하여 침하량을 비교하였다. 부산 점성토의 소성적 creep특성을 감안할 때, Hyperbolic방법으로 시험시공 부지의 침하거동을 예측하는 것이 적정한 것으로 분석되었다.

또한, 배수재 간격이 좁을수록 압밀도가 높아 간격의 영향을 확인할 수 있었으나, 배수재 종류에 대한 특성은 뚜렷하지 않았고 준설토 모래 함유량이 많을 경우 침하량이 작아지는 경향이 확인되었다.

특히, 그림 20과 같이 배수재 종류와 간격에 따른 현재 압밀도를 분석한 결과 P.B.D 타설간격은 1.5m×1.5m가 대심도 연약지반에 적합한 것으로 나타났다.

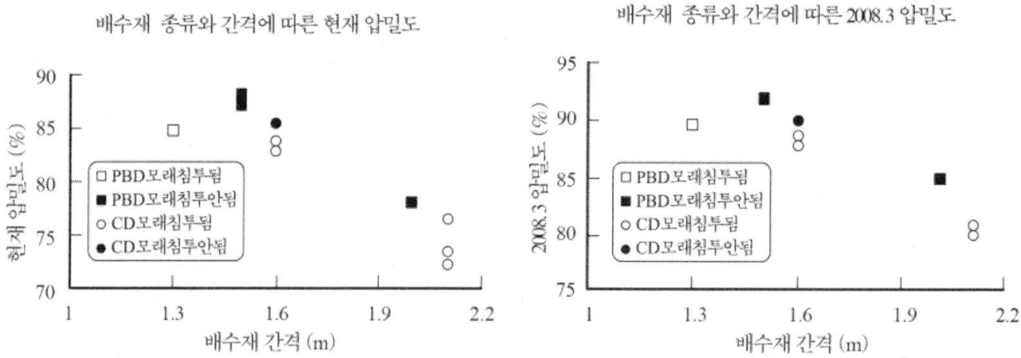

그림 20 배수재 간격 및 타입별 압밀도(시험시공 학술용역보고서, 2008)

6.1.2 공용시 발생될 2차압축 침하량

설계시 공용하중에 의해 발생침하량은 크게 개량층 1, 2차 압밀침하량과 미 개량층의 1차 압밀침하량의 합으로 표시되며, 설계시 시험시공 구간은 공용시 발생침하량은 40~60cm로 예측되었고 1공구 자동 층별침하계 측정결과 공용하중시 50개월간 발생 침하량은 25.7cm(0.47cm/year)로 나타났으며, 이는 50년 간 설계예측치 70cm (60cm~80cm)보다 적은 50cm로 예상되었다.

또한, 설계시 2차 압축지수(Cα/Cc)는 0.033로 추정하였으나, 시험시공 학술용역 보고서(2008.3)에 의하면 공용시 2차 압축지수의 경우 역해석으로 추정한 결과 Cα/Cc=0.043로 더 크게 산정되어 추후 상세 연구가 필요하다.

특히, 역해석에 의한 준설토층, 상부점토층 및 하부점토층의 2차 압밀을 고려할 경우 약 50년간 유발될 수 있는 침하량은 약 100~117cm로 추정되었다.

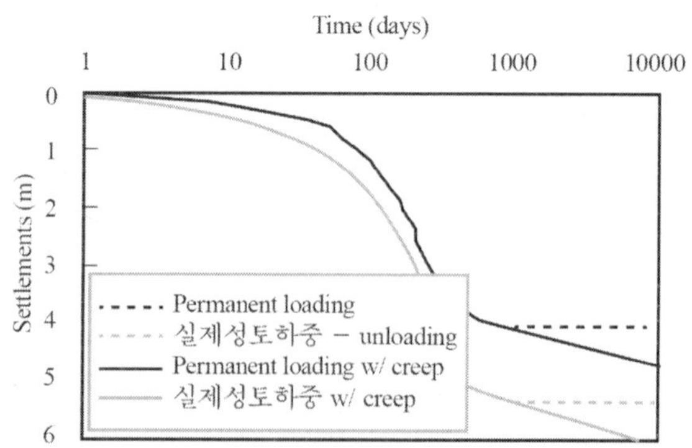

그림 21 역해석 기법에 의한 침하예측

6.1.3 시험시공 시 압밀정수 평가

표 6과 같이 계측결과를 이용하여 압밀정수(수평압밀계수, 압축지수)등을 평가하였으며, 현장 수평압밀계수(Ch) 평가방법으로는 Asaoka법, Hyperbolic법 및 Monden법으로 비교 평가하였다. 이 3가지 방법 중 Hyperbolic 법이 적정한 방법으로 평가되었으며, 평가된 수평압밀계수 값은 Ch=0.275~0.359×10^{-3} 이며 이를 2·3 공구의 재설계시 수평압밀계수 값으로 적용하였다.

또한, 압축비(Cr)의 경우 계측결과와 역해석 기법(Tcon)을 사용하여 해석을 수행 하였으며, 계측결과 준설토 0.87, 원지반 0.86으로 나타났고 역해석 기법으로는 준설토 1.12, 원지반 0.84로 나타났다.

표 6 계측결과 및 역해석 기법에 의한 압밀정수 평가

구분		원 설계 (2000. 10)	계측결과 (2006.5)	역해석 (by TCON)	비고
Cc	준설토	1.05	0.87	1.12	준설토 (eo 1.90) 원지반 (eo 1.69)
	원지반	S11 : 0.72 S2 : 1.01 S3 : 1.03 S4 : 0.30 (평균 : 0.81)	0.75~0.94 (평균 : 0.86)	0.75~0.94 (평균 : 0.84)	
Ch	준설토	4.0×10^{-4}cm^2/sec	5.73×10^{-4}cm^2/sec	3.75×10^{-4}cm^2/sec	
	원지반	8.0×10^{-4}cm^2/sec	3.72×10^{-4}cm^2/sec	3.15×10^{-4}cm^2/sec	

※ 계측결과 추정된 수평압밀계수 Ch는 중간단계인 압밀도 50%경우를 적용하였다. (점증 C_{h50}적용)

6.1.4 수평배수이론(Hansbo)에 의한 검증

앞의 표 1과 같이 현장 CPTu의 조사(2003)결과 Ch=0.8×10-3~3.0×10^{-3}cm^2/sec(평균 Ch=1.2×10^{-3} cm^2/sec)로 나타났고 설계시 수평압밀계수(2004)의 적용은 Ch=0.8×10^{-3}을 적용하였으나, 시험시공(2008)에서 구한 수평압밀계수 산정방법(Asaoka법, Hyperbolic법, Monden법)으로 구한 Ch 0.275~0.359×10^{-3}cm^2/sec로 적게 나타났다.

특히, 잔여부지인 2·3공구의 경우 시험시공에 구한 수평압밀계수를 적용하여 설계변경 되었으며, 수평배수이론은 Hansbo방법(1981)에 의해 성토기간을 9개월, 방치기간을 18~20개월로 산정되었으나, 그림 22에서 보는 것처럼 압밀도 80% 이상시 압밀진행에 따른 간극비 감소 및 배수재 기능저하 등의 원인에 의해 압밀도가 지연되는 현상이 나타냈다.

따라서, 대심도 연약지반개량시 현장 CPTu의 조사결과인 평균 Ch=1.2×10^{-3} cm^2/sec보다 약 3~4배 감소하였으며, 재하성토 방치기간도 약 1년 정도 더 소요되어 프리로딩이 제거되었다.

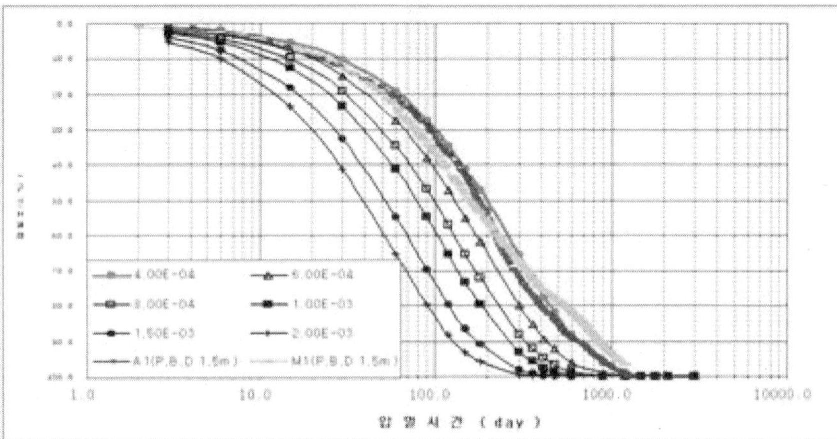

그림 22 수평배수이론(Hansbo)에 의한 계측결과 분석(PBD 1.5m×1.5m)

6.2 배후부지 공사현황

배후부지 시공흐름도는 그림 23과 같으며, 본 현장내 준설토 시공현황은 사진 5와 같다. 본 현장은 부지내 준설토상부의 표층처리공법으로 대나무매트가 시공되었으며, 각 공종별 시공전경은 사진 6과 같다.

그림 23 배후부지 시공흐름도

(a) 2002년 12월

(b) 2007년 12월

사진 5. 배후부지 공사현황

(a) 펌프 및 그래브

(b) 표층보강(대나무+저면매트)

(c) 연직배수재(P.B.D) 타설

사진 6 각 공종별 시공전경

6.2.1 개량심도와 기반암과의 관계

시험시공 부근과 말무교 부근까지 암반층 심도는 약 DL-70.0m로 분포하고 있다.

특히, 1공구 가호안과 내부호안의 경우 모래강제치환을 적용하였고 나머지 구간은 준설토 투기 후 일 정기간 경과한 다음에 성토재하가 진행되었으며, P.B.D 타설은 N치(도로 N<8, 부지 N<6)로 시공하였다.

6.2.2 설계 및 현장 방치기간 비교

1공구의 경우 모래로 강제치환된 일부구간을 제외하고는 설계방치기간 보다 100일 더 방치되었고, 그림 24와 같이 준설토가 포함된 2·3공구의 경우 전체적으로 1년 정도 방치기간을 연장되었다.

방치기간이 연장된 사유는 대심도 연약층에 따른 Smear Effect와 Well Resistance의 영향으로 인한 압밀지연과 준설토의 토출구 위치에 따른 입도분포 차이로 인한 것으로 검토되었다.

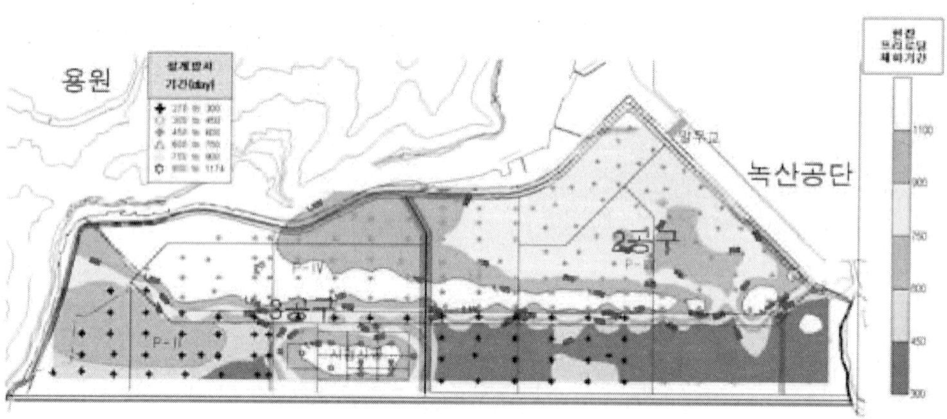

그림 24 설계 및 현장 방치기간 평면도

6.3 압축비(Cr) 평가

준설토와 원지반으로 구분하여 검토한 결과는 표 7과 같고, 전체적으로 원지반에 대한 압축비는 시험시공 계측결과와 비슷한 값인 0.295로 나타났으나, 준설토의 경우 준설토의 토출구의 영향 및 점토 세립자로 인해 설계압축비(Cr)보다는 약간 크게 산정되었다.

표 7 개량심도에 따른 준설토와 원지반에 대한 압축비

개량심도 (m)	프리로딩 제거시 침하량 (m)	공용하중시 침하량 (m)	압축비(Cr)		압축지수(Cc)	
			준설토	원지반	준설토 (eo=1.90)	원지반 (eo=1.69)
15.0~25.0	3.11	3.01	0.379	0.262	1.10	0.70
25.0~35.0	4.29	4.14	0.399	0.294	1.16	0.79
35.0~45.0	5.12	4.80	0.410	0.299	1.19	0.80
45.0~50.0	5.41	5.34	0.487	0.300	1.41	0.81
평 균	4.78	4.53	0.409	0.295	1.22	0.78

6.4 지반개량 전 후 공구별 지반특성

지반개량 적정여부를 판단하기 위해 사후지반조사 및 실내시험을 실시한 결과는 그림 25와 같다. 물리적 특성의 경우 함수비는 상부층에서 약 20%, 하부층에서 약 10% 감소하였으며, 역학적 특성의 경우 비배수전단강도는 평균적으로 0.3kg/cm^2, 선행압밀하중(Pc)는 약 0.8kg/cm^2, 관입저항치(qT)값은 약 0.3~0.8 MPa이 증가한 것으로 나타났다.

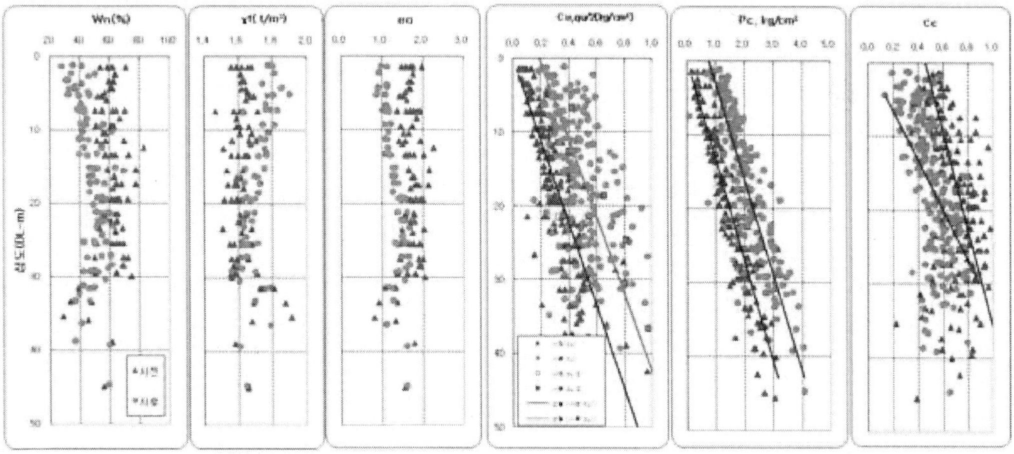

그림 25 지반개량 전·후의 지반특성

6.5 낙동강 하구지역 단지별 침하안정관리 사례

기시공된 낙동강 하구지역은 표 8과 같이 크게 녹산공단, 신호공단 및 명지구역으로 구분되고 지반조건은 상부모 래층 및 점토층으로 이루어져 있으며, 성토고는 약 3.0~

5.5m 시공되었다.

추진중인 사업으로는 표 9과 같이 화전산단, 북컨터미널 및 배후부지로 구분하였고 준설토는 북컨터미널의 경우 연약층 두께가 약 50m이며, 성토고는 13~17m까지 성토되었다.

표 8 기 시공된 낙동강 하구지역 단지

단지	지반개량공법	침하시간(개월)	개량심도(m)	허용잔류침하량(cm)	비고
녹산	P.B.D+PL	무처리 36, 단지 8, 도로 10	최대28.0 (N치10이하 상부점토층)	도로 20 공장 및 기타지역 : (20~40)	사질토 두께 0~5m 〃 5~10m 〃 10m이상
신호	Pack Drain+PL	12 (단독주택부지 및 도로부)	30.5 (N치10이하 상부점토층)	단지, 도로부 30 지하매설물 50	
명지	Pack Drain+PL	9	30.0	도로 10, 단지 및 기타지역 30	

표 9 추진중인 낙동강 하구지역 단지

단지명	지반개량공법	침하시간(개월)	개량심도(m)	허용침하량(cm) (1차압밀침하만)	비고
북컨테이너 터미널	P.B.D+PL	6~18 (P.B.D간격, 재하고에 따라 차이가 있음)	최대 50m (N치8기준)	10	공용하중 : 침하해석 3tf/m² 안정해석 5tf/m²
북컨테이너 배후 부지	P.B.D+PL	14~34	최대50m (도로, 호안: N치8기준, 기타 N치6)	30	공용하중 - 도로,물류부지 1.5 tf/m² - 기타부지 1.0 tf/m²
화전 산단	P.B.D+PL, Pack Drain+PL	12 ~18	최대 50.0	도로,이주자택지, 상업용지 : 20 단지 및 기타 : 30	공용하중 - 도로 1.5 tf/m² - 단지 3.6 tf/m²

6.6 연약지반개량 검토사례

호안축조 완료 후 준설토는 Pocket-Ⅰ,Ⅱ에 수토하여 1~3년간에 걸쳐 자연건조를 하였으며, 준설토 표층처리(대나무매트+PP mat)를 시작으로 P.B.D와 프리로딩에 의한 배후부지내 연약지반개량시 수행한 주요 검토사례는 다음과 같다.

6.6.1 GIS 시스템의 활용사례

(1) 최종 예상침하량 평가

최종예상침하량을 산정하기 위해 GIS(Geograph Information System)을 이용하여 6가지 침하예측방법(Hyperbolic, Asaoka, Hoshino, $\sqrt{S}$, $\sqrt{t}$, Monden법)으로 검토하였고, 각 방법에 대한 예측정확도를 평가하기 위한 신뢰성 평가는 RMSE(Root mean square error)값에 의해 평가하였으며, 그림 26과 같이 본 현장에 적용 한 결과 시험시공 인접지역과 가호안 일부 지역을 제외하고 전체적으로 Hyperbolic 예측방법이 잘 맞는 것으로 평가되었다.

그림 26 예측기법을 사용한 최종예상침하량 추정결과

(2) GIS 시스템 한계성

GIS 시스템은 공간정보, 지반정보, 계측정보 및 시공정보에 대한 데이터 구축이며, 그림 27과 같이 데이터베이스 시스템 구축시 지표침하판 220개소, 계측군 96개소를 적용하였다.

현장적용시 실제 현장계측치와 8~18% 이상 차이가 발생하여 원인을 분석한 결과 계측기 설치간격 이 100m 이상 이격되어 있어 정확한 토공분포 상태와 상이하였다. 따라서, 정확한 토공분포 상태를 파악하기 위한 외곽 경계부 및 성토고 변화지점에 계측기가 미설치되어 실측치와 예측치가 차이나는 것으로 파악된다.

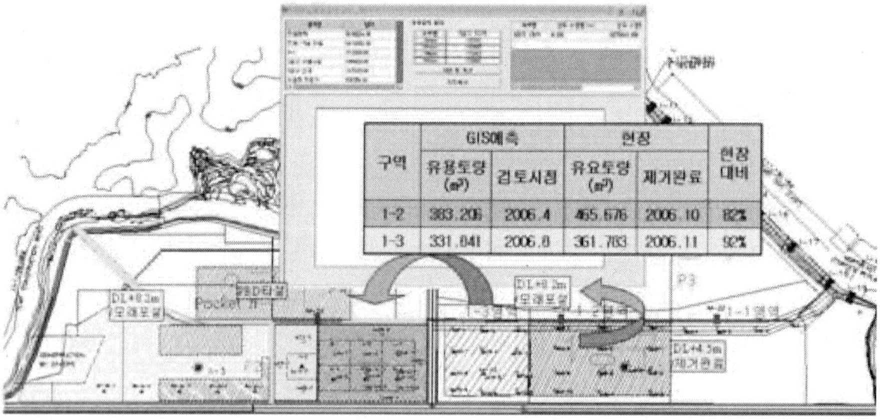

그림 27 GIS에 의한 현장 유용토 검증 사례

6.6.2 수위변화에 따른 공용하중 해석방법

(1) 개요

3공구 단지내 연약지반개량 공사는 재하성토재의 유용 현장사정으로 3개 Block으로 나누어 시간차를 두면서 지반개량을 실시하게 되어 있다. 그러나, 압밀 침하량이 크게 일어나는 본 지역은 압밀수 및 호우 등에 의한 수위가 지형에 따라 수두차를 나타나게 되었으며, 성토 재하 하중에도 영향이 있는 것으로 판단되었다.

(2) 부분 침수에 대한 응력변화 영향 검토

Tavenas는 "제방은 침하가 발생함에 따라 지하수위 변동에 따른 유효응력과 전응력의 변화를 가져 온다"고 하였다. 그림 28과 같이 Case 1의 경우 간극수 체적 감소에 대한 침하량 S는 깊이에 따라 다양한 전응력을 감소시킨 하중이고 Case 2와 같이 수위가 상승하는 경우 응력이다.

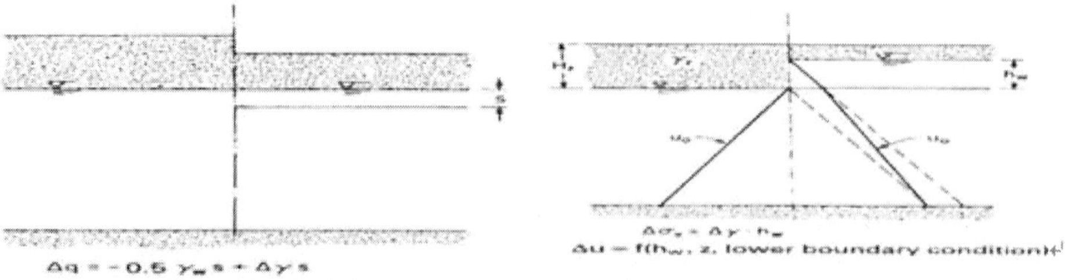

(a) Case 1(침하만 발생하는 경우) (b) Case 2(수위가 상승하는 경우)

그림 28 부분 침수에 대한 응력변화

Tavenas방법에 의하면 "제체내 수위변화에 따른 전응력변화를 Case1(q1)과 Case2(q2)의 합으로 구한다". 따라서, 수위변화에 따른 설계조건, 현장조건 및 Tavenas 방법에 의한 침하량 계산결과는 표 10과 같다.

표 10. 수위 변화에 따른 침하량 계산 결과

구분	M-2(침하량 m)				M-4(침하량 m)			
	공용하중	현재	잔류	평가	공용하중	현재	잔류	평가
설계수위	5.95	5.58	0.37	N.G	4.32	4.12	0.20	O.K
현장수위	6.27	5.58	0.69	N.G	4.49	4.12	0.37	N.G
Tavenas	5.84	5.58	0.26	O.K	4.40	4.12	0.28	O.K

(3) 검토결과

현장 내 지하수위측정결과 설계시 가정된 Sand Mat 중앙보다 높게 측정되고 있다. 이는 시차별 재하 성토에 따른 침하영향으로 압밀배출수 및 강우 등에 의한 수두 및 외곽단지 내 수위가 프리로딩 제거 지역으로 흐름이 발생되어 성토체내에까지 수위상승이 일어나 유효응력감소 효과로 인한 압밀지연이 발 생되어 추가성토를 실시하였다. 따라서, 지하수위 영향에 대한 연약지반개량이 적정하게 이루어 질 수 있도록 설계 및 시공시 유의하여야 한다. 즉, 프리로딩 하중 적정여부 해석시 유효응력감소 조건 검토는 대규모 단지일 경우 지하수위 상승이 주로 발생되는 일차원 압밀조건이므로 현장수위를 적용하는 것이 바람직하다. 단, 정밀한 현장수위를 측정하기 위해서는 프리로딩 재하 및 제거시 지하수위 영향이 미치지 않도록 단지외곽에 지하수위계를 설치하는 것이 바람직하다.

제방같은 2차원 조건일 경우 지하수위변화에 따른 응력이 변하므로 Tevenas가 제안한 내용을 적용하는 것이 바람직할 것으로 판단된다.

6.6.3 집수정 활용방안

단지 내 연직배수공법에 의한 연약지반개량 시 배출되는 압밀수는 수평배수 드레인에 의해 집수한 후 단지외곽으로 강제 배수 시키는 것으로 계획하였다. 본 현장 배수처리 주요내용, 펌프개요 및 배수처리계획도는 그림 29와 같다.

(a) 단면도　　　　(b) 전경

그림 29 펌프 및 배수처리 단면도 및 전경

대규모 단지에서 집수정에 모여진 간극수위를 단지외곽으로 처리할 경우 시공, 경제적으로 불리한 경우가 많다. 따라서 본 현장에서는 프리로딩 상단에 스프링 클러를 설치하여 프리로딩 재료에 살수하므 로서 습윤단위중량을 증대시켜 압밀이 촉진될 수 있도록 하였다. 또한 비산먼지를 방지하여 민원발생을 최소화 하였다.

7. 설계 및 계측관리 기준 개선내용

본 현장의 호안축조 및 배후부지 연약지반개량시 계측결과를 설계와 비교하였으며 향후 유사현장 설계 및 계측관리 기준 설정시 개선 내용은 표 11과 같다.

표 11 설계 및 계측관리 기준 개선 내용

구분		설계		설계 및 계측관리 개선내용
호안축조	성토속도	5cm/day		1.5cm/day
	제체중앙부 침하량	S=0.32Ht (3.6~4.4m)		S=0.35Ht (S : 침하량, H : 성토두께)
	횡방향 변위	Ym=0.05S (15~20cm)		Ym =0.14S (S : 침하량, Ym : 최대수평변위)
	안정 관리 기준	Matsuo-Kawamura법	Qi/Qf =0.8이상 주의	침하량 과대시 Qi/Qf =1 이상 초과 적용성 어려우므로 시공단계별로 안정성을 판단해야 함.
		Tominaga-hashinmoto법	dh/Su≥0.7이상 주의	dh=(0.1~0.38)Su 1단 제체 성토 시 변곡점 dh=0.7~1.0Su 이상 발생
		Kurihara법	Δδ/Δt =2cm 초과시 요주의	Δδ/Δt =1cm/day 관리
배후부지	압밀정수	Cc : 0.81 Ch =8.0x10^4 cm²/sec		Cc : 0.84~0.86 Ch = 3.15~5.73 x 10^4 cm²/sec 수평압밀계수 평가시 수평배수이론(Hansbo)이 수평압밀계수

			산정방법(Asaoka법, Hyperbolic법, Monden법)보다 신뢰성이 있음.
	지하수위	Sand mat 중앙	현장 여건에 맞도록 지하수위 변화에 대한 신중한 대책이 요구됨.
	집수정	외곽으로 배송용 호수에 의한 강제 배수	스프링쿨러를 설치하여 성토체 유효응력 증가로 인한 압밀촉진 및 비산먼지 방지

8. 결 론

본 사례는 부산신항 북컨테이너터미널 배후부지 조성공사에 대한 연약지반 침하안정관리 사례로 2001년 12월부터 2011년 7월까지 총 115개월간 실시한 것으로 배후부지 조성과정에서 다양하게 조성된 준설매립지반의 지반특성과 호안의 성토안정관리 사례 및 각종 압밀촉진공법의 적용에 따른 연약지반의 침하안정관리 사례를 통하여 경험한 내용을 요약하여 정리하면 다음과 같다.

(1) 북동호안의 안정성 평가를 위해서는 시험시공의 중요성을 인식하였으며, 국부침하대책 으로 대나무 매트 간격 및 폭 결정, 저신율 P.E.T MAT보강 및 지반고를 변경하여 시공하였고, 지반조사 및 계측결과에 의해 안정성을 평가하였다.

(2) 호안 축조 시 현장 여건에 적합한 성토 속도기준을 3~5cm/day에서 1.5cm/day로 설정하여 2단 제 체 성토시 지반파괴 없이 안전하게 제방을 축조하여 제방주변 인근 민가의 민원을 최소화 할 수 있었다.

(3) 본 현장은 연약지반 깊이가 깊어 안정관리 기준을 변경하여, 호안의 안정성을 확보함으로서 대규모 준설토 수토가 원활하게 진행 될 수 있도록 하였다.

1) Kawamura법은 침하량이 큰 경우는 파괴포락선을 지나가므로 본 현장에서는 시공단계별 경향성만 평가하였다.

2) Tominaga-Hashimoto 방법 적용 중 일부지역 성토시 변곡점에서 이상 발생하였으나 제체 성토시 문제점은 없는 것으로 나타났다.

3) Kurihara 일반기준은 2cm/day 이하이나 본 현장에서는 종 방향 crack이 발생하여 1cm/day이하를 관리기준으로 선정하였다.

(4) 배후부지 시험시공에 의하면, 대심도 연약지반에서 최종예상침하량은 Hyperbolic 방법이 침하거동을 예측하는데 적합한 것으로 검토되었고 압밀도에 의한 배수재 선정 및 간격은 P.B.D공법, 1.5m×1.5m 이며, 역해석에 의한 2차 압축지수(Cα/Cc)는 설계보다 큰 0.043로 산정되었다.

또한, 계측결과와 역해석에 의한 압축지수(Cc)의 경우 준설토의 경우 모래유입에 따라 해석이 어려운 것으로 나타났으며, 원지반의 압축지수가 설계보다 크게 산정되어 공용하중시 방치기간이 증가한 것으로 추정된다.

특히, 대심도 연약지반개량시 현장 CPTu의 조사결과인 평균 Ch $1.2 \times 10^{-3} cm^2/sec$ 보다 약 3~4배 감소하였으며, 재하성토 방치기간도 약 1년 정도 더 소요되어 프리로딩이 제거되었다.

(5) 프리로딩 하중 적정여부 해석시 대규모 단지일 경우 지하수위 변화가 발생될 수 있는 일차원 압밀 조건이므로 현장지하수위를 적용하여야 하며, 제방같은 2차원 조건일 경우 지하수위 변화에 따른 응력이 변하므로 Tevenas가 제안한 내용을 적용하는 것이 바람직할 것으로 판단된다. 단, 정밀한 현 장수위를 측정하기 위해서는 프리로딩 재하 및 제거시 지하수위 영향이 미치지 않도록 단지외곽에 지하수위계를 설치하는 것이 바람직하다.

참고문헌

1. 부산신항 북컨테이너터미널 배후단지 실시설계 보고서(1999.6)
2. 부산신항 북컨이이너테미널 배후부지 조성공사 월간보고서(2010.8)
3. 부산신항 북컨테이너터미널 배후부지조성공사 시험시공 학술용역보고서, pp.6-1~ 6-30. (2008.3)
4. Embankmetns on soft Clay, pp. 170~178.(Tavenas et al)
5. 건일엔지어링 (2002), "부산신항 북동호안 변경보고서"
6. "도로설계실무편람", 한국도로공사, 1996.
7. 조기영(부산도시공사), "대심도 초연약지반상의 호안축조 Ⅰ", ATC-7, 2004.9
8. 단지설계 경진대회 발표집, 부산신항 북컨테이너터미널 배후단지 조성을 위한 호안축조 안정성 및 단지설계 평가사례 연구, pp.1~25, 한국토지주택공사(2010.9)
9. Asaoka, A.(1978). "Observational procedure of settlement prediction." Soil Found., 18(4), 87.101.
10. Barron, R. A. (1948). "Consolidation of fine-grained soils by drains wells." Trans. ASCE, 113, Paper No. 2346, 718.754.

CHAPTER 4

4.3 하천제방계측 분석실무

4.3.1 시화호 조력발전소 공사계측 분석

본 연구사례는 시화호 조력발전소 건설공사 현장의 계측관리(한국수자원공사 조력사업처 김만기, 차흥윤, 오병현, 양정원, 김기완, 대한토목학회지 2009.9)를 재편집하여 기술한 내용이다.

1. 서론

대규모 토목 공사 현장에서의 계측관리는 안정적인 공사 추진에 있어 필수 요소로 부각되고 있다. 특히 최근의 이상강우와 이에 따른 절·성토 사면의 붕괴 사고가 잇따르고 있어 예방 대책으로서 계측관리의 필요성이 더욱 높아지고 있는 실정이다.

본 사례에서는 임시물막이로 서해를 막고 해수면 이하로 굴착하여 시공하고 있어 조위 및 해수압에 영향을 받고 있는 시화호 조력발전소 공사현장의 계측관리에 대하여 소개하고자 한다.

2. 시화호 조력발전소 개요

과거 수질오염의 대표적인 사례로 인식되었던 시화호는 세계최대, 우리나라 최초의 조력발전소가 건설됨에 따라 이제는 우리나라의 대표적인 청정에너지 개발사업의 현장으로 재인식되고 있다. 경기도 안산시 시화방조제(길이 12.6㎞) 한 가운데에 건설되고 있는 시화호조력발전소는 프랑스의 랑스 조력발전소(240㎿)보다 큰 세계 최대 규모(254㎿)로, 하루에 두번씩 시화방조제로 인해 발생하는 외해와 내해의 수위차를 이용하여 수차발전기를 돌려 발전하는 단류식 창조발전방식이다. 조력발전소 건설을 위해 길이 600m, 폭 200m 규모의 임시물막이를 시공하여 바다를 막아 작업공간을 확보하였고, 2010년 초에 구조물 공사를 완료하여 2012년 초에 완공되어 발전소 가동을 하고 있다.

3. 임시물막이

조력발전소의 임시물막이는 그림 1과 같이 해측, 접속부, 호수측으로 구분된다.

해측은 I형 강널말뚝으로 연결된 원형기둥 내부에 모래를 채워 해수의 침투를 차단하는 원형셀식 임시물막이를 설치하였고, 원형셀과 기존방조제의 접속부에는 기존방조제와의 접속이 용이하며 시공시 해상조건의 영향이 적은 사석경사식을 적용하였다.

호수측은 지층이 토사로 구성되어 있어, 충분한 차수 및 토류벽 역할이 가능하고, 기성제품으로 품질관리가 용이한 강널말뚝 공법을 적용하였고, 임시물막이 현황은 그림 1 및 표 1과 같다.

그림 1 시화호 조력발전소 임시물막이

표 1 임시물막이 현황

해 측	접속부	호수측
원형Cell식 (750m)	사석경사식 (200m)	강널말뚝식 (790m)
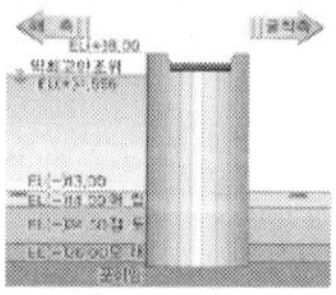	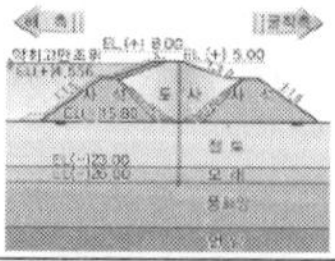	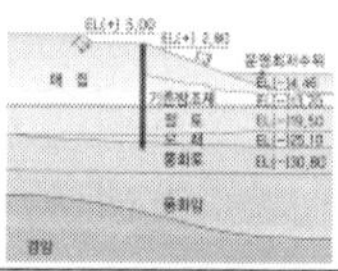
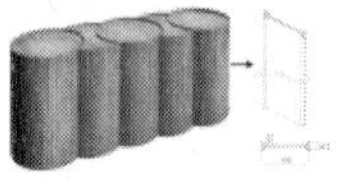		
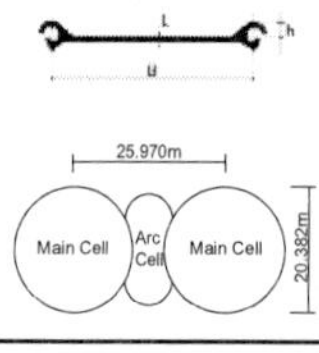	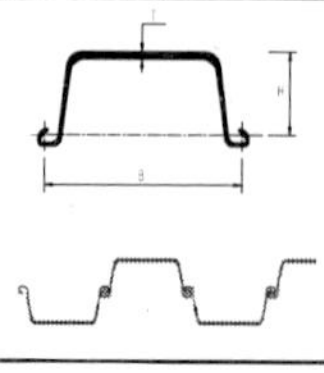	

4. 시화호 조력발전소 계측시스템

시화호 조력발전소 건설현장은 설계시 예측된 지반 및 임시물막이의 거동현상을 실시간으로 파악하고자 계측관리를 시행하고 있다.

계측관리 시스템은 그림 2와 같이 계측자료를 CDMA방식으로 계측서버에 1시간 간격으로 전송하여 인터넷으로 확인이 가능하며, 관리기준을 초과하는 경우에는 E-mail 및 SMS로 관리자에게 알람 메시지를 전송하도록 되어있다.

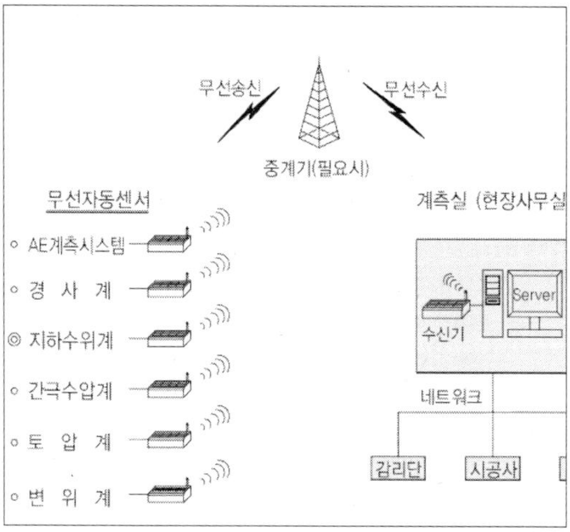

그림 2 계측관리 시스템

4.1 해측 임시물막이 계측기

해측 임시물막이 구간은 주요단면과 일반단면으로 구분하여 계측관리를 하고 있다. 3차원 유한요소해석 결과 응력이 집중되고 침투유량이 많을 것으로 예상되는 원형셀 6개소를 주요단면으로 선정하여 그림 3과 같이 계측기를 설치하였고, 나머지 원형셀은 일반단면으로 분류하여 원형셀 상단에 변위핀을 설치하였다.

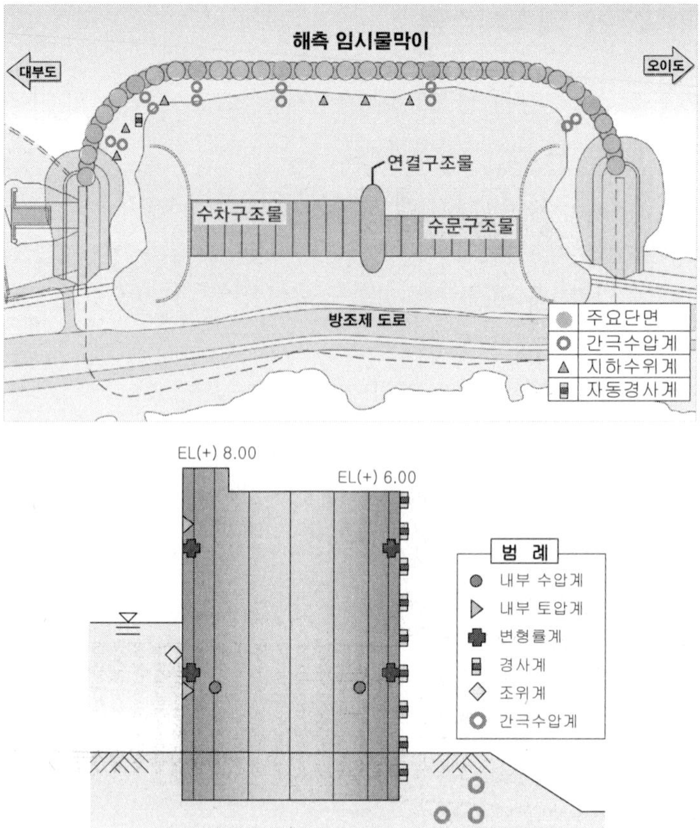

그림 3 해측 주요단면 임시물막이 계측기 설치도

4.2 접속부 임시물막이 계측기

접속부 임시물막이 구간은 강널말뚝의 차수효과 확인을 위하여 총 4개 단면에 계측기를 그림 4와 같이 설치하였다.

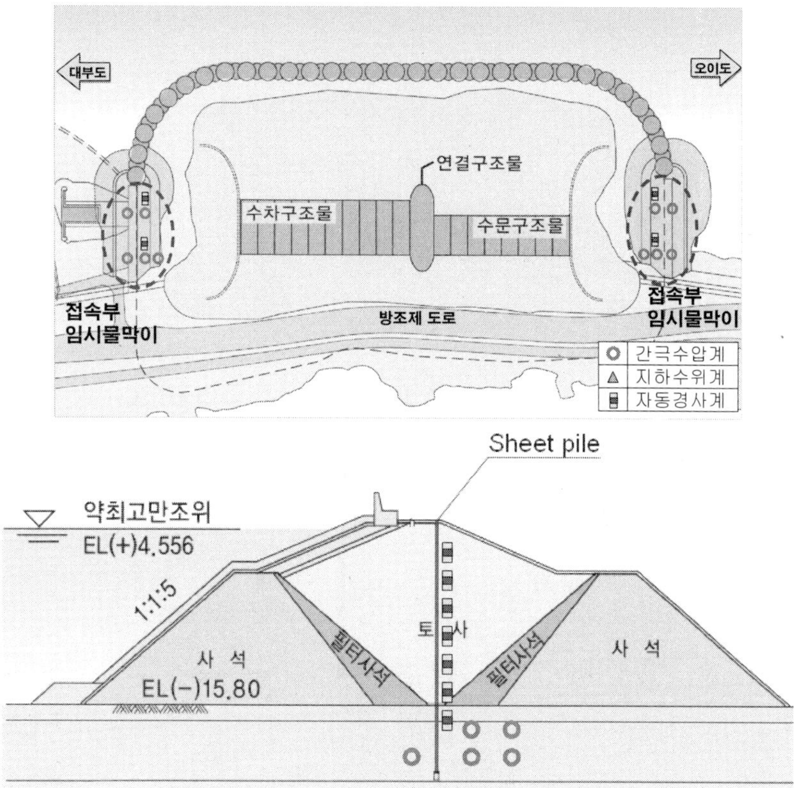

그림 4 접속부 임시물막이 계측기 설치도

4.3 호수측 임시물막이 계측기

호수측은 기존방조제를 따라 강널말뚝을 시공한 후 구조물공사를 위하여 굴착사면을 형성하였다. 호수측 임시물막이 구간에는 굴착사면의 안정성과 강널말뚝의 차수효과를 확인하기 위하여 그림 5와 같이 계측기를 설치하였다.

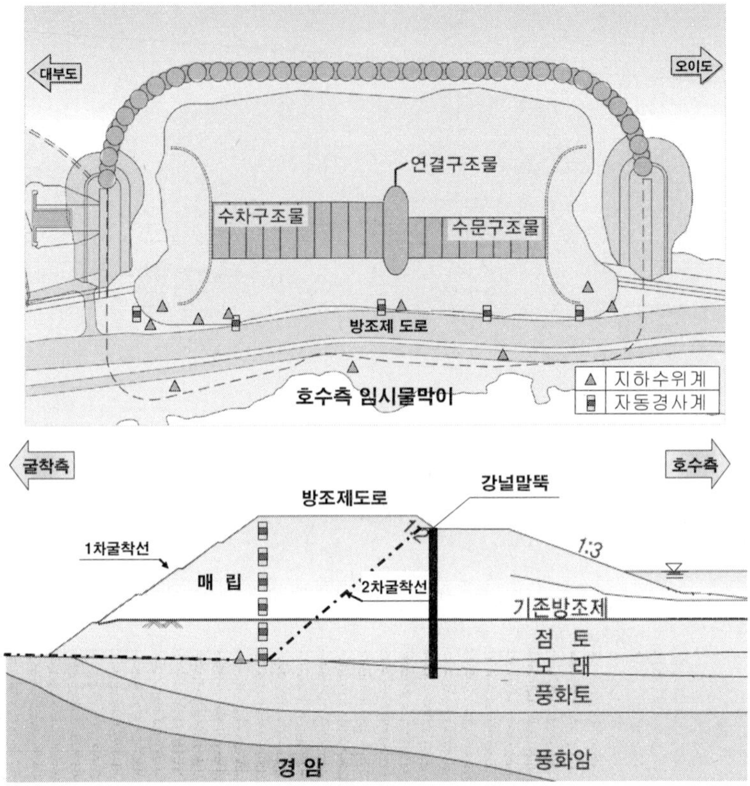

그림 5 호수측 임시물막이 계측기 설치도

5. 계측자료 분석

가시설의 계측관리기준은 설계시 안정성검토를 위하여 산정한 변위의 최대값으로 설정하는 것이 일반적이다. 즉, 충분한 안전율을 확보할 수 있는 변형량까지는 안정하다고 가정하고 이 값을 넘어설 경우 설계 안전율을 확보하기 위한 추가 대책을 마련하게 된다. 그러나 시화호 조력발전소 건설현장은 일반 가시설물 보다 그 중요도가 훨씬 높기 때문에 설계 최대값을 검증없이 적용하는 것에 많은 우려가 있었다. 특히 접속부 간극수압계의 경우 조위에 그대로 노출되고 있으며 유사 관리사례가 매우 적어 동 현장에 적용할 수 있는 적정한 사례를 발견할 수 없었기 때문에 설계 최대값에 대한 비교 검증이 어려운 상황이었다.

이에 시화호 조력발전소 건설 현장에서는 임시물막이의 시공이 완료된 지 약 1년이 지난 시점에 축적된 계측자료를 분석하여 임시물막이의 거동분석을 수행하는 한편, 침투에 대한 역해석을 수행하여 현장 지반상황을 추정하였다. 또한 본격적인 구조물 시공에 앞서 전반적인 계측관리 현황을 점검하여 임시물막이부에 추가 계측기를 설치하였다.

5.1 원형셀 계측자료를 이용한 거동분석

원형셀은 I형 강널말뚝으로 연결된 원형기둥 내부에 모래를 채운 구조물로서 모래의 자중으로 자립하여 해수의 침투를 차단하도록 설계되었다. 따라서 원형셀의 안정성은 전도에 대한 안정성과 강널말뚝 이음에 대한 안정성으로 대별된다 할 수 있다. 그러나 시화호 조력발전소 현장의 원형셀은 내측부에 공사용가도가 성토되어 있어 전도에 대한 안정성보다는 강널말뚝의 이음부의 안정성에 대한 검토를 수행하였다.

우선 원형셀 및 아크셀(Arc cell)의 실제형상 및 근입깊이를 측량하여 Model을 구성하였고, I형 강널말뚝은 Shell요소를, 속채움 재료는 Elastic Link 경계요소를 사용하여 원형셀 내·외부 토압 및 수압에 대한 탄성-일체 거동을 모사하였다. 하중은 원형셀별 실제 계측된 내부 최대 토압 및 수압을 내·외측에 재하하였다.

분석 결과 그림 6과 같이 주요단면의 원형셀에 발생한 최대연결장력(Interlock tension)은 허용값 이내인 것으로 나타났으며, 해석결과 설계시에 예측한 바와 같이 원형셀과 아크셀의 연결부에 응력 집중 현상이 빈번히 발생하는 것으로 나타났다.

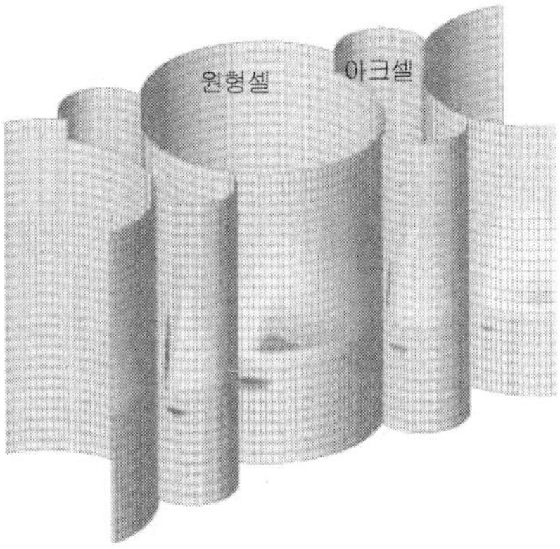

그림 6 원형셀 거동 수치해석 결과

5.2 간극수압계 계측자료를 이용한 파이핑 안정성 검토

간극수압계는 지반내의 침투흐름에 의한 간극수압의 변화를 관찰하기 위한 계측기로 파이핑에 대한 안정성을 모니터링하기 위하여 주로 설치한다. 간극수압 계측값이 변화할 경우에는 차수재 및 지반내부의 변화 양상을 파악하기 위하여 계측결과를 바탕으로 역해석을 수행하기도 한다.

동 현장에서는 실 계측결과가 보여주는 안정성을 확인하고자 임시물막이의 실제 근입심도 및 그라우팅 보강 현황을 반영한 역해석을 수행하여 파이핑에 대한 안전성을 검토하였다. 간극수압 계측값중 최대값을 수두로 환산하여 계측기 설치위치에서의 경계조건으로 부여하였으며, 임시물막이 외측에 작용하는 수두는 해측은 약 최고만조위 EL.(+)4.556m, 호수측은 홍수위 EL.(+)0.18m를 각각 적용하였다.

해석결과 표 2와 같이 설계당시의 안전율보다 약 2배 이상의 안전율을 확인할 수 있었다.

표 2 파이핑 안전율 해석결과

<table>
<tr><th></th><th>해석결과</th></tr>
<tr><td rowspan="2">대부도
접속부</td><td>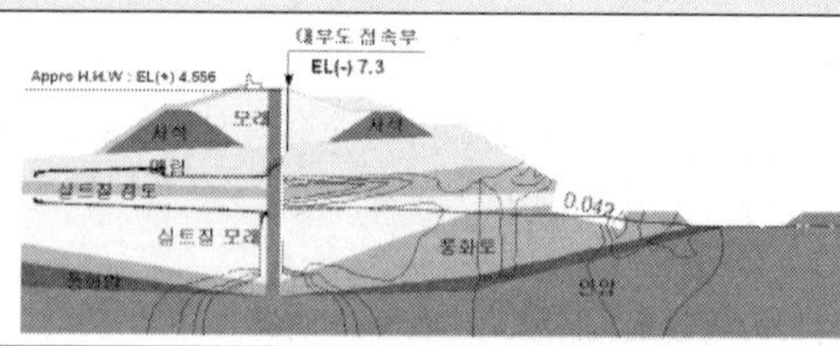
</td></tr>
<tr><td>Fs = ic / i = 24.02 〉 2.0 ∴O.K</td></tr>
<tr><td rowspan="2">오이도
접속부</td><td>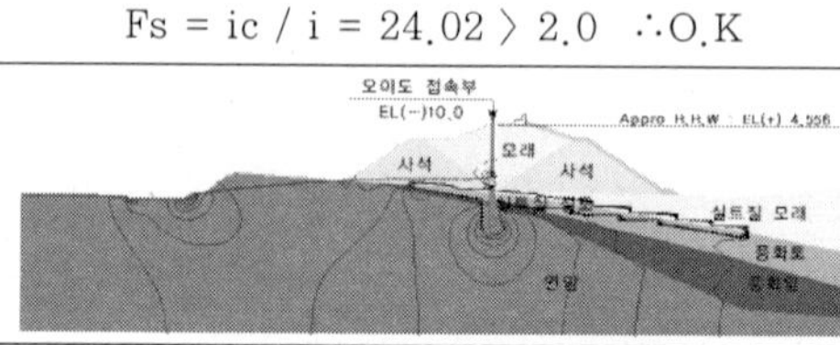
</td></tr>
<tr><td>굴착부 전면에 모래층이 존재하지 않아 파이핑 검토대상 제외</td></tr>
<tr><td rowspan="2">Cell #03</td><td>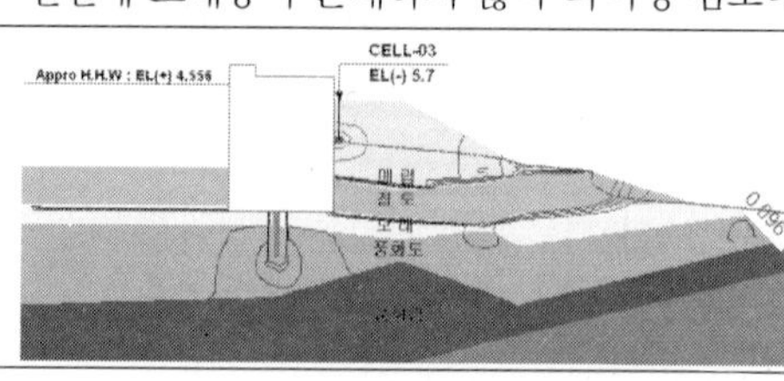
</td></tr>
<tr><td>Fs = ic / i = 10.65 〉 2.0 ∴O.K</td></tr>
</table>

	해석결과
Cell #06	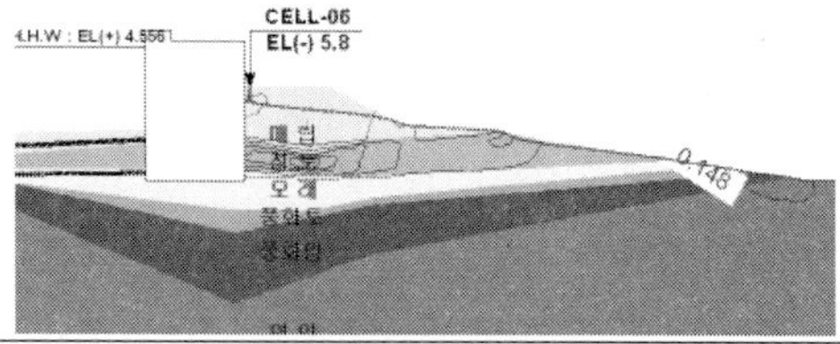
	Fs = ic / i = 6.91 〉 2.0 ∴O.K
Cell #09	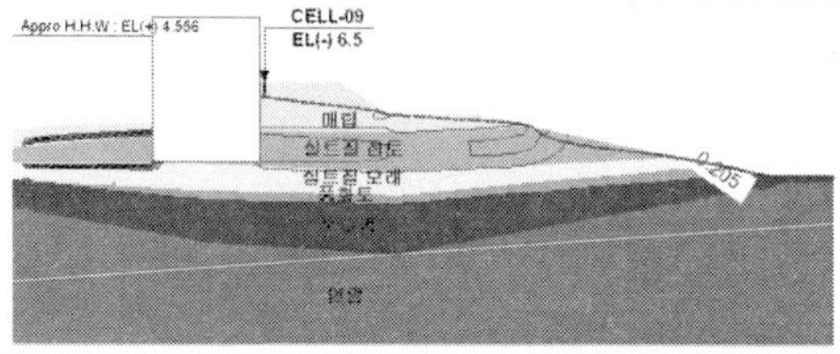
	Fs = ic / i = 4.99 〉 2.0 ∴O.K
Cell #13	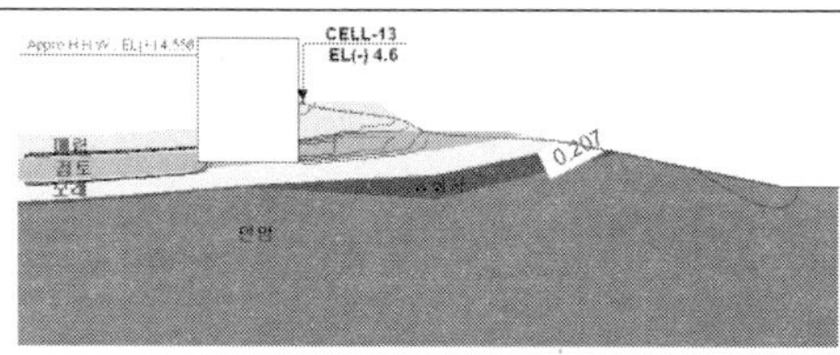
	Fs = ic / i = 4.94 〉 2.0 ∴O.K

참고문헌

1. 시화호조력발전소 건설공사 기본설계보고서, 한국수자원공사, 2004.
2. 시화호조력발전소 건설공사 F/T 실시설계보고서, 한국수자원공사, 2004.
3. 시화호조력발전소 건설공사 실시설계보고서, 한국수자원공사, 2005.
4. 시화호조력발전소 건설공사 계측DATA 수치해석 분석보고서, 한국수자원공사, 2007
5. 시화호조력발전소 건설공사 임시물막이 계측 추세관리기준 보완을 위한 자문의견서, 임성훈, 2008
6. 한국수자원공사 조력사업처 김만기, 차흥윤, 오병현, 양성원, 김기완, "시화호 조력발전소 건설공사 현장의 계측관리", 대한토목학회지 제57권 제9호, 2009.9, pp58-63.

4.3.2 4대강 보 계측기기 신뢰성 평가 및 관리기준 검토

본 연구사례는 4개보 누수 상세조사 및 보강방안 수립(계측기기 관리대책 수립)(한국수자원공사 · 한국시설안전공단, 2016.4) 내용을 재편집하여 기술한 내용이다.

1. 4대강 보 계측기기의 운영관리현황

1.1 계측기기 종류 및 설치목적

4대강 16개보에 설치된 계측기기의 종류에 따른 설치목적 및 방법은 표 1과 같다.

표 1. 4대강 16개보에 설치된 계측기기 종류 및 목적

항목	종류	설치목적
변형	기초이완측정계	기초지반의 변위 측정
	파일침하측정계	본체 중앙부 위치별 수직침하 측정
	구조물침하계	부재의 침하 변화 측정
	구조물경사계	보의 축방향 변위(기울기)를 측정
	개도계 (이음부변위계)	제체 내부 시공이음부의 수평 또는 수직방향 변위를 측정
	외부변위 측점	보 구조물의 3축(X, Y, Z)변위를 측정
	GPS변위계	
침투수	간극수압계	기초지반(암반) 내 또는 설치위치의 침투수에 의한 간극수압 측정, 기초지반의 차수성을 확인
	양압력계	제체 하부 원지반의 침투수 확인
응력	응력계	구조물에 작용하는 응력을 측정
	무응력계	콘크리트 자체의 수화열, 주변의 대기온도 등에 의하여 발생하는 온도응력을 측정, 응력계 측정결과에서 무응력계 결과를 소거하여 실응력을 계산.
지진	지진계	보 구조물에 전달된 지진가속도를 측정

1.2 계측기기 운영현황

1) 계측기기 종류별 설치 및 운영현황

한국수자원공사 자체 신뢰성 평가 결과(2014.9) 표 2와 같이 606개 중 267개소를 관리정수에서 제외한 339개소의 계측기를 운영·관리 중에 있다. 그러나, 현장여건에 따라 추가 설치된 수량 및 관리수량에 미 포함된 망실수량이 있어 금회 검토시 설치수량을 재

산정 하였으며, 그 결과는 표 2와 같다.

표 2 계측기 종류별 운영 현황

계측기기(12종)	총 설치수량	운영 수량	관리정수 제외	추가설치	기존 망실수량
측량점	71	67	-	4	
GPS 변위계	14	14	-		
기초이완측정계	41	38	3		
침하계	24	21	3		
파일침하측정계	18	16	2		
구조물경사계	60	48	11	1	
개도계	88	30	57		1
간극수압계	96	17	79		
양압력계	32	8	24		
지진계	41	37	4		
응력계	86	26	60		
무응력계	41	17	24		
계	612	339	267	5	1

2) 계측 데이터 관리시스템 현황

각 보에서 사용하는 계측기의 관리시스템은 시공회사에 따라 상이한 프로그램을 사용하고 있는 것으로 나타났으며, 본사에서는 데이터 통합관리를 위해 수자원안전관리시스템을 통해 취합하고 있다.

이때 계측 데이터가 관리기준치를 상회할 때 알람이 발생하는 등 단계별 경보시스템이 운영되고 있으며, 계측기기 운영현황 모식도는 그림 1과 같다.

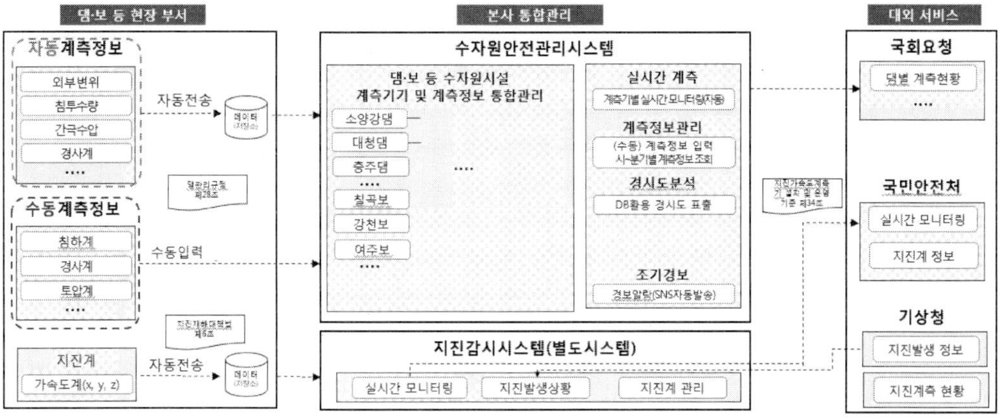

그림 1 계측기기 운영현황 모식도

2. 4대강 보 계측기기의 현장점검

2.1 계측기기 현장점검 실시

계측기기의 신뢰성 평가를 위해 기 설치된 계측기기의 작동상태를 파악코자 현장점검을 실시하였다. 그러나 대부분의 계측기기는 매립형으로 보 구조물(콘크리트, 기초하부 등) 내에 설치되어 외관조사가 불가하여 구조물 경사계 및 지진계, 측량점, GPS 변위계, 데이터로거 등 구조물 외부에 설치된 계측기기 및 통신장비를 대상으로 현장점검을 실시하였다.

현장점검으로 확인하지 못한 사항에 대해서는 시공도면, 시공 관계자와의 면담 등을 통해 추가로 확인하였다. 구조물경사계의 경우 1·2축 센서의 설치방향에 대해 보별로 일치 여부를 점검하였고, 외부변위계측을 위한 경사계, 측량점 및 GPS 변위계의 설치상태 등을 점검하였다.

2.2 계측기기 현장점검결과 및 조치방안

매설형 계측기기 데이터로거 보호함 내부를 조사한 결과, 일부 개소에서 보호함 내부의 케이블이 고정되어 있지 않고 정리 또한 되지 않은 상태로 있어 케이블의 견고한 고정 및 정리가 요구된다.

매설 계측기 데이터 로거의 결선 및 관리 상태를 점검한 결과, 일부에서 접지선 및 센서용 서지보호기의 조치가 필요한 것으로 조사되어 통신 및 데이터 로거를 포함한 주요

장치의 보호를 위해 배선결선 등의 조치가 필요한 것으로 판단된다.

지진계의 경우, 통신장치 보호박스의 크기를 확대해서 FDF(Fiber Distribution Frame, 광 케이블의 접속, 접속부위 보호 및 분배의 기능을 갖춘 함체)를 포함한 모든 장치를 보호박스 안에 견고하게 고정하고, 케이블이 꺾이는 부분에 보호관을 재시공하여 단선되지 않도록 보강할 필요가 있는 것으로 판단되었다.

설치위치를 점검한 결과 경사계의 경우 대부분 상류측이 "+"방향으로 적절하게 설치된 것으로 확인되었으나, 방향이 일치하지 않는 경우 방향수정 등의 조치가 필요하다.

상기 점검방법에 따른 점검결과 및 조치방안은 표 3과 같다.

표 3. 점검 결과 및 조치계획

보 명	점검결과	조치방안	비 고
강천보	경사계 및 지진계 기준 만족	–	
여주보	경사계 및 지진계 기준 만족	–	
이포보	경사계 및 지진계 기준 만족		
상주보	경사계 기준 만족 지진계(구조물)X축 : 유수방향	지진계 X축방향 수정	
낙단보	경사계 기준 만족 지진계(구조물)X축 : 유수방향	지진계 X축방향 수정	
구미보	경사계 방향 불일치 지진계 기준 만족	가동보 피어 3(Tilt 5) 경사계 방향 수정	
칠곡보	지진계 기준 만족	–	
강정고령보	경사계 및 지진계 기준 만족	–	
달성보	경사계 기준 만족 지진계(구조물) 2개소 X+ : 하류 지진계(자유장) X축 : 유수방향	지진계(구조물, 자유장) 방향 수정	
합천창녕보	경사계 및 지진계 기준 만족	–	
창녕함안보	경사계 방향 불일치 지진계(구조물 1개소) X축 : 유수방향	경사계 및 지진계 방향 수정	
공주보	경사계 확인 불가(매립형) 지진계 기준 만족	–	통신장치 보호박스 보완 필요
백제보	경사계 기준 만족 자유장 가속도계 기준 만족	–	
승촌보	경사계 방향 불일치 지진계(구조물 1개소) X축 : 유수방향	경사계 및 지진계 방향 수정	배선 정리 필요
죽산보	경사계 및 지진계 기준 만족	–	장치고정 및 배선정리 필요

2.3 계측기기 신뢰성 평가

1) 기존 전수조사 결과 분석

한국수자원공사 자체 신뢰성 평가 결과에 따라 표 4와 같이 전체 606개소의 계측기 중 267개소를 관리정수에서 제외한 339개소의 계측기를 운영・관리 중에 있으며, 계측주기는 관리기준 2기에 따라 운영 중에 있다.

표 4 계측기기별 관리정수 현황

계측항목		계측기기명	한강			금강			영산강		낙동강								합계
			강천	여주	이포	세종	공주	백제	승촌	죽산	상주	낙단	구미	칠곡	강정고령	달성	합천창녕	창녕함안	
변형	침하	측량점			7	8	6	6			12	6	3	4		6	6	3	67
변형	침하	GPS 변위계								2					12				14
변형	침하	기초이완측정계	2	2			2	6	8				2		·		10	6	38
변형	침하	침하계														21			21
변형	침하	파일침하측정계															10	6	16
변형	수평변위	경사계	2	1			3	6	5	6	3	2	9			1	4	6	48
변형	기타변위	개도계		3			3	3	5	2		3				11			30
양압력		간극수압계	1	2	2				5							5	2		17
양압력		양압력계			1				6				1						8
지진		지진계	3	2	2		3	2	3	2	3	2	2	2	3	3	3	2	37
응력		응력계	1	1			1	4	1			3	4		4	6	1		26
응력		무응력계	6	2			1	1					5		2				17
합 계			15	13	12	8	19	28	33	12	18	16	26	6	21	53	36	23	339

기존 신뢰성 평가결과 고장의 주요원인은 크게 기기불량과 시공불량으로 나누어 질 수 있는데, 기기불량의 비중이 높았으며, 시공불량의 경우 대부분 인근 센서로부터 계측값을 공유하는 브릿지의 문제로 판단된다. 표 5~7은 기존 신뢰성 평가결과 신뢰성 부족 현황 및 그에 대한 원인을 분석한 결과이다.

표 5 관리정수 제외 현황

계측항목		계측기기명	한강			금강			영산강		낙동강								합계
			강천	여주	이포	세종	공주	백제	승촌	죽산	상주	낙단	구미	칠곡	강정고령	달성	합천창녕	창녕함안	
변형	침하	측량점	–	–	–	–	–	–	–	–	–	–	–	–	–	–	–	–	0
		GPS 변위계	–	–	–	–	–	–	–	–	–	–	–	–	–	–	–	–	0
		기초이완측정계	–	–	–	–	1	–	–	–	–	–	–	–	–	–	2	–	3
		침하계	–	–	–	–	–	–	–	–	–	–	–	–	–	3	–	–	3
		파일침하측정계	–	–	–	–	–	–	–	–	–	–	–	–	–	–	2	–	2
	수평변위	경사계	–	–	1	–	–	–	–	–	–	–	1	8	1	–	–	–	11
	기타변위	개도계	6	3	–	–	–	5	1	–	–	2	3	–	–	13	18	6	57
양압력		간극수압계	1	2	2	–	6	6	–	2	–	–	10	12	6	3	23	6	79
		양압력계	–	–	1	–	–	6	–	–	–	–	17	–	–	–	–	–	24
지진		지진계	–	–	–	–	1	–	–	–	–	–	1	–	–	1	1	–	4
응력		응력계	5	7	–	–	2	5	5	–	–	6	1	18	–	–	8	3	60
		무응력계	–	6	–	–	–	–	4	–	–	–	–	6	–	6	1	1	24
합 계			12	18	4	0	10	22	10	2	0	8	33	44	7	26	55	16	267

표 6 계측기기 신뢰성 부족 원인

이상패턴		한강			금강			영산강		낙동강								합계
		강천	여주	이포	세종	공주	백제	승촌	죽산	상주	낙단	구미	칠곡	강정고령	달성	합천창녕	창녕함안	
기기불량	센서파손	–	–	1	–	1	–	–	–	–	–	3	–	–	1	1	–	7
	센서불량	–	3	–	–	3	–	1	–	–	–	21	–	–	2	5	–	35
	센서성능 저하	–	–	2	–	3	–	–	2	–	–	5	18	1	14	14	–	59
	온도보정 불량	10	14	1	–	1	10	9	–	–	2	3	–	–	2	9	10	71
시공불량	브릿지	–	–	–	–	2	–	–	–	–	6	–	26	–	7	26	–	67
	주파수중복	1	–	–	–	–	–	–	–	–	–	1	–	–	–	–	–	2
	설치위치 부적정	1	1	–	–	–	12	–	–	–	–	–	–	6	–	–	6	26
합계		12	18	4	–	10	22	10	2	–	8	33	44	7	26	55	16	267

표 7 신뢰성 저하 원인별 상세 설명

구분	상세설명	경시변화
센서파손	• 유도뢰, 케이블 절단, 센서폐색 등으로 센서 및 케이블이 파손되어 계측이 안되는 상태	계측값 없음
센서불량	• 유도뢰, 시공 부주의 등으로 센서가 손상되어, 구조물 상태와는 전혀 다른 계측값을 표출하는 상태	무작위 변동으로 패턴분류 불가
센서성능 저하	• 유도뢰, 시공미흡, 케이블손상 등으로 센서 및 케이블이 일부 손상되어, 계측성능이 저하되는 경우 – 저하된 성능 그대로 사용하는 경우 경시변화 무변동 – 증폭기를 사용하는 경우, 작은 외부변화에도 급변동	무변동 또는 급변동
온도보정 불량	• 온도에 따른 계측기기 변형을 고려하여 온도센서가 부착되어 있으나 온도 센서 불량 등으로 보정이 되지 않는 경우 – 연주기 Type의 계측기기에서 연주기 경시변화 불량 – 연주기 미발생 Type의 계측기기에서 연주기 경시변화 발생	연주기 패턴유무

구분	상세설명	경시변화
브릿지	• 케이블을 접지하여, 인접센서와 동일한 Raw 데이터를 공유 – 계산식을 일부 수정하여, 센서별로 다른 계측값이 표출되도록 조정하나, 경시변화 패턴은 모두 일치	연결된 센서끼리 동일패턴 형성
주파수 중복	• 인접 센서간의 계측 주파수가 거의 동일하여, 계산과정 및 결과표기시에 지속적으로 오류를 유발	–
설치위치 불량	• (간극수압계 및 양압력계) 차수S/P, 그라우팅, 지반조건 등을 미고려하여 상·하류 수위(수압)과 무관하게 계측패턴이 형성 – 계측기기가 정상계측 되더라도, 구조물 안전성 검토와 무관한 자료이기에 지속적 계측은 불필요	상·하류 수위 연계 불량

2) 신뢰성 평가기준

기존 전수조사 시 신뢰성 평가는 물리적 점검(수동측정, 계산식 검증)과 정성적 분석(경시변화 검토)의 3단계로 신뢰성 검토를 실시하고, 정성적 분석 시 센서성능 및 통신상태를 종합적으로 평가하였다. 3단계 검토 중 1개 이상이 신뢰성이 없을 경우 그 계측기는 신뢰성이 없는 것으로 판정한 기존 평가기준은 적정한 것으로 판단되어, 금회 과업에서도 기존 신뢰성 평가기준을 동일하게 적용하되, 관리정수 조정이후(2014.6~2015.12)의 계측자료를 포함하여, 신뢰성 평가를 재실시하였고, 평가기준은 표 8~10, 계측데이터의 경시변화 이상패턴은 표 11과 같다.

표 8 수동측정 비교검토 기준

구분	내 용	판정기호
정상	• Raw 데이터 값이 유사하거나, 동일한 경우	○
신뢰성 부족	• Raw 데이터 값의 차이가 클 경우	△
신뢰성 없음	• 센서오류 및 케이블 단선으로 신호가 없을 경우 • Bridge로 주변 계측기기의 Raw 데이터를 활용하는 경우	X

표 9 계산식 비교검토 기준

구분	내 용	판정기호
정상	• 관리대장과 시스템 계산값이 유사하거나, 동일한 경우	○
신뢰성 부족	• 관리대장과 시스템 계산값의 차이가 클 경우	△
신뢰성 없음	• 계산식 오류로 값이 도출되지 않을 경우	X

표 10. 경시변화 분석검토 기준

구분	내 용	판정기호
정상	• 각 계측기별 특성을 고려한 패턴이 확인된 경우	○
신뢰성 부족	• 경시변화만으로 신뢰성 판정이 불가능하여 장기적 모니터링이 필요한 경우	△
신뢰성 없음	• 각 계측기별 특성을 고려한 패턴이 벗어날 경우	X

• 과거 계측자료의 패턴을 분석하여, 신뢰성 판단기준에 의거 계측자료의 신뢰성 검증
  - (응력계, 개도계) 온도에 따른 콘크리트 수축 및 팽창 등 계절적 변화 상관성 여부
  - (간극수압계, 양압력계) 상·하류 수위 변화 상관성 여부
  - (그외 계측기기) 유사한 위치의 동종 계측기기와 패턴 유사성 여부

표 11. 계측데이터의 경시변화 이상패턴

형식	경시변화 모식도	이상패턴 내용	대상 계기	예상원인	신뢰성
① 일단 변동	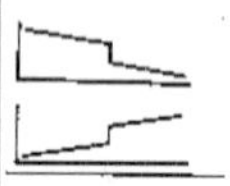	• 어느 시점에서 순간적으로 측정치가 증가 또는 감소하는 경우	전체 계기 토압계	• 초기치와 보정계기의 변동, 유도 뇌에 의한 관측계기의 저항치의 변동, 계측기기의 특성 • 수은 유출	△ ×
② 다단 변동	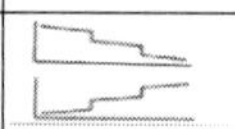	• 일단 변동이 여러번 발생 하는 경우	전체 계기	• 초기치와 교정계기의 변동, 유도 뇌에 의한 관측계기의 저항치의 변동, 계측기기의 특성	△
③ 단기간 결여	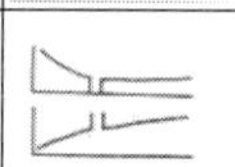	• 단기간 관측치가 0 또는 초과치가 되고 그 전후에 정상치가 나타나는 경우 • 다점변환기(스캐너) 고장의 경우는 접속시킨 그래프 전점이 결여	전체 계기	• 다점변환기를 포함한 자동계측 장치의 고장, 단선 및 정전, 커넥터 등의 접촉 불량	○
④ 단기간 급등	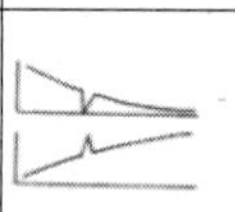	• 단기간 측정치가 급변동 하고 있지만 그 전·후는 정상적인 값을 나타내는 경우 • 다점변환기 고장의 경우는 접속시킨 그래프 전점이 급하게 변동	전체 계기	• 다점변환기를 포함한 자동계측 장치의 고장 • 연결저하	○ ×
⑤ 영구 결여 와 무변동		• 정상적인 제체의 거동을 보이고 있는 측정치가 어느 시점부터 0이 되거나, 변동이 없는 경우	전체 계기	• 절연저하, 절연불량, 케이블 및 관측계기의 쇼트 또는 단선	×
⑥ 트랜드 이상	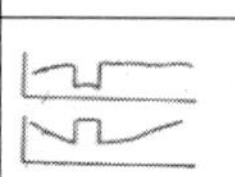	• 이제까지의 측정치의 변동 과는 분명하게 다른 경향이 특정기간에 한정되어 발생 하고 있는 경우	전체 계기	• 커넥터, 다점변환기를 포함한 자동계측장치의 고장 • 점검시 커넥터 등의 접속간 차이 • 데이터 입력 및 편집시의 에러	○ ○ ○
⑦ 상시 격동	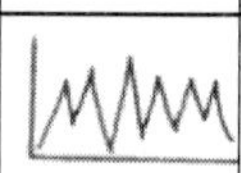	• 초기 또는 어느 시점부터 측정치가 항상 격동하고 있어 이동평균(경향)을 보아도 전혀 의미가 없는 경우	전체 계기	• 결선 및 절연저하, 절연불량	×
⑧연주기	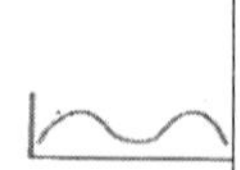	• 제체거동에 연주기는 발생하지 않는데 측정치는 연주기가 되는 경우	전체 계기 토압계 등	• 감사량관계의 관측 데이터는 온도의 계절변화 영향을 받는 콘크리트가 신축하는 것에 의해서도 변동 • 거동과는 관계가 없고, 온도영향에 의한 변동	○ ×
⑨ 특이 변동	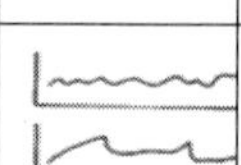	• 외적요인은 일정한데 크리프적인 움직임과 들쭉날쭉한 움직임을 보이며, 다른 동종의 계기와 분명히 다른 움직임을 보이는 경우	토압계	• 설치상황 등을 포함한 계기의 특성 • 절연저하, 절연불량	× ×

3) 신뢰성 평가결과

금회 과업에서는 이전에 실시한 신뢰성 평가(2014.9) 결과에 대한 검토뿐만 아니라 신뢰성 평가 이후 계측자료(2014.9~2015.12), 시공사 자체 검토자료, 하자보수 결과 등을 추가적으로 분석하여 기존 신뢰성 없음 수량 및 현재 운영중 수량을 포함하여 최종 신뢰성 평가결과를 도출하였다. 또한, 신뢰성 평가에 있어 해당기기에 여러 개의 센서가 하나의 계측기기를 구성한 경우 개별 센서 전체가 신뢰성이 없으면 해당기기의 신뢰성이 없는 것으로 검토하였다.

기존 신뢰성 없음 수량에 대하여 재평가 결과, 하자조치 등에 의한 계측기기 수리 및 판단오류 정정으로 총 8개소가 신뢰성이 회복되었으며, 주요내용은 표 12와 같다.

표 12 신뢰성 회복 계측기 현황

구분	경시변화도	비고
판단 오류 (1)	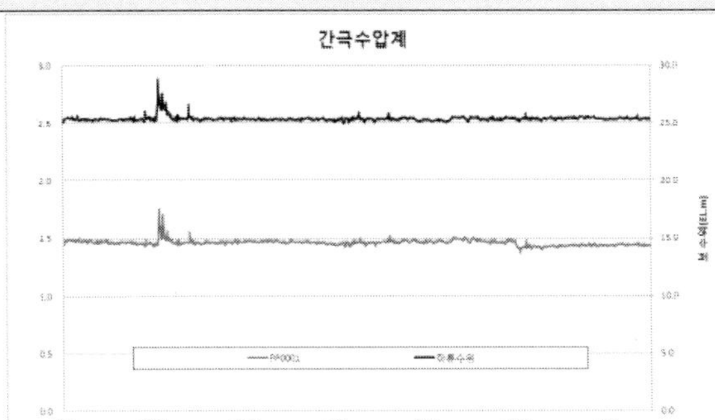	간극수압계(1, 이포) -상류측 수위 연동여부로 신뢰성판정('14.9) 했으나, 하류측에 매설되어 있고, 하류 수위와 연동되고 있음
계기 수리 (7)	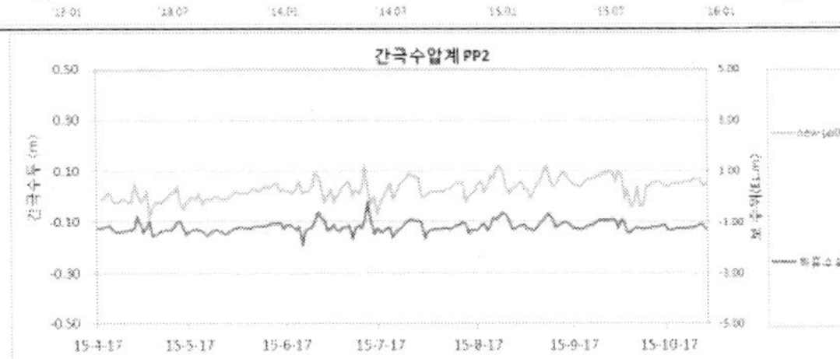	간극수압계(2, 죽산) -재설치 후 정상계측으로 신뢰성 확보
	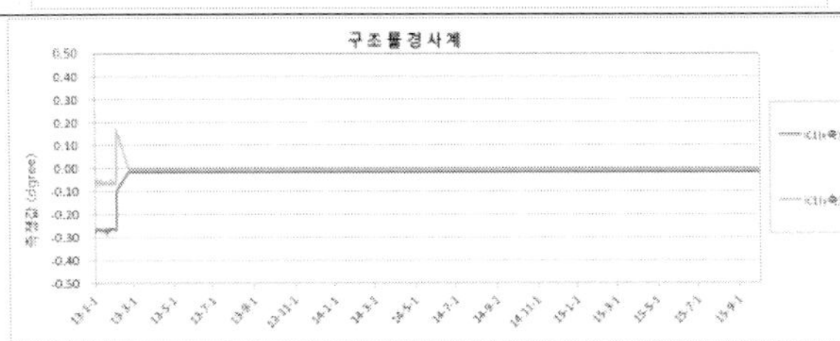	경사계(1, 강정고령) -기록계 등 교체로 신뢰성 확보

	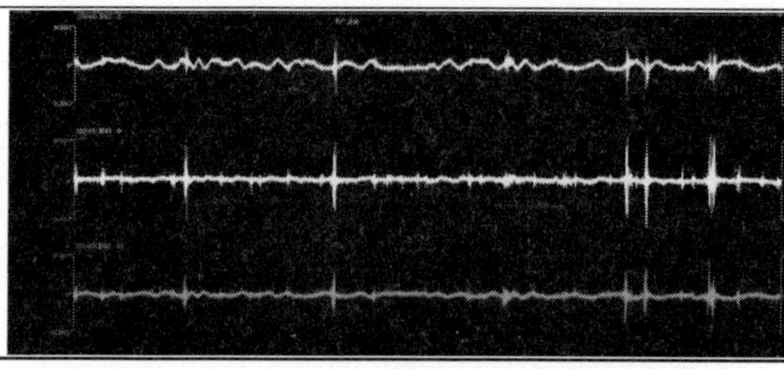	지진계(4, 구미, 달성, 합천창녕, 공주) -기록계 등 교체로 신뢰성 확보

또한 현재 운영 중인 계측기에 대하여 신뢰성 평가 결과, 센서 파손 등으로 추가로 신뢰성이 없는 것으로 판정된 계기는 7개였으며 결과는 표 13과 같고, 추가 신뢰성 없음 계측기 원인분석 결과는 표 14와 같다.

표 13 추가 신뢰성 없음 계측기 경시변화도

구분	경시변화도	비고
센서파손 (4)	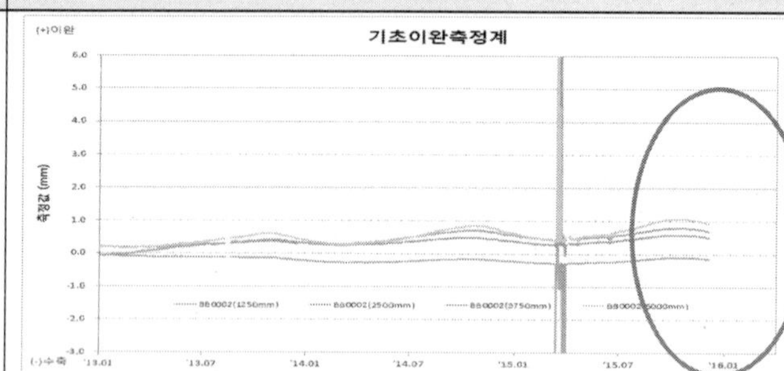 	기초이완측정계 (1, 여주) 무응력계 (2, 구미) 응력계 (1, 달성)
센서성능 저하 (1)	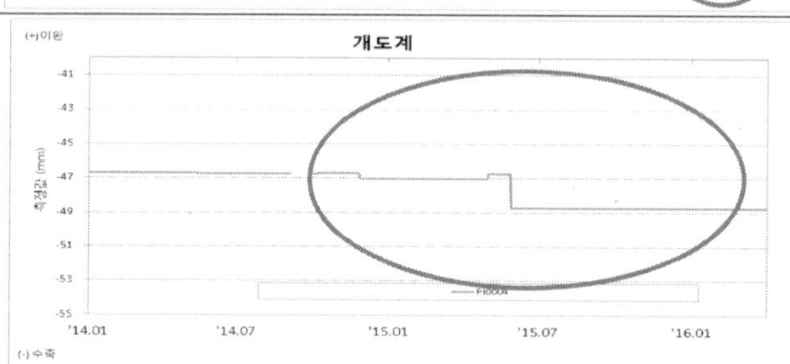 	개도계 (1, 낙단)
온도보정 불량 (2)	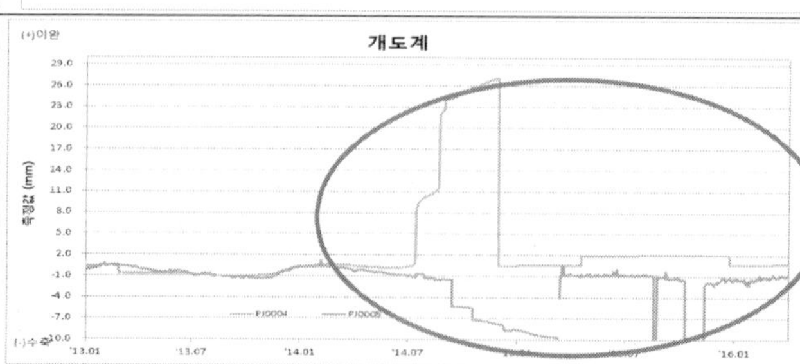 	개도계 (2, 여주)

표 14 추가 신뢰성 없음 계측기 원인분석 결과

이상패턴		한강			금강			영산강		낙동강								합계
		강천	여주	이포	세종	공주	백제	승촌	죽산	상주	낙단	구미	칠곡	강정고령	달성	합천창녕	창녕함안	
기기불량	센서파손		1									2			1			4
	센서불량																	
	센서성능 저하										1							1
	온도보정 불량		2															2
합계			3								1	2			1			7

상기 신뢰성 평가결과를 토대로 현재 관리정수에 포함되지 않은 계측기 7개를 관리계기에 포함하여 관리정수 현황을 재정리한 결과 전체 12종 612개소 중 267개소를 신뢰성 없음으로 판정하였으며, 보 별 계측기기별 원인분석 결과는 표 15~16과 같다.

표 15 보 별 원인분석 결과

구분			강천	여주	이포	세종	공주	백제	승촌	죽산	상주	낙단	구미	칠곡	강정고령	달성	합천창녕	창녕함안	합계
기기불량	센서파손	당초	–	–	1	–	1	–	–	–	–	–	3	–	–	1	1	–	7
		금회	–	1	1	–	–	–	–	–	–	–	4	–	–	1	–	–	7
	센서불량	당초	–	3	–	–	3	–	1	–	–	–	21	–	–	2	5	–	35
		금회	–	3	–	–	3	–	1	–	–	–	21	–	–	2	5	–	35
	센서성능저하	당초	–	–	2	–	3	–	–	2	–	–	5	18	1	14	14	–	59
		금회	–	–	1	–	3	–	–	–	–	1	5	18	–	14	14	–	56
	온도보정불량	당초	10	14	1	–	1	10	9	–	–	2	3	–	–	2	9	10	71
		금회	10	16	1	–	1	11	9	–	–	2	3	–	–	2	9	10	74
시공불량	브릿지	당초	–	–	–	–	2	–	–	–	–	6	–	26	–	7	26	–	67
		금회	–	–	–	–	2	–	–	–	–	6	–	26	–	7	26	–	67
	주파수중복	당초	1	–	–	–	–	–	–	–	–	–	1	–	–	–	–	–	2
		금회	1	–	–	–	–	–	–	–	–	–	1	–	–	–	–	–	2
	설치위치부적정	당초	1	1	–	–	–	12	–	–	–	–	–	–	6	–	–	6	26
		금회	1	1	–	–	–	12	–	–	–	–	–	–	6	–	–	6	26
합계		당초	12	18	4	–	10	22	10	2	–	8	33	44	7	26	55	16	267
		금회	12	21	3	–	9	23	10	–	–	9	34	44	6	26	54	16	267

표 16 계측기 별 원인분석 결과

구분			측량점	GPS	침하계	기초 이완 측정계	파일 침하계	경사계	개도계	간극 수압계	양압력	지진계	응력계	무응력계	합계
기기불량	센서 파손	당초	–	–	–	–	–	–	–	1	2	4	–	–	7
		금회	–	–	–	1	–	–	–	1	2	–	1	2	7
	센서 불량	당초	–	–	2	–	–	1	1	13	15	–	3	–	35
		금회	–	–	2	–	–	1	1	13	15	–	3	–	35
	센서 성능 저하	당초	–	–	–	–	–	6	22	16	–	–	10	5	59
		금회	–	–	–	–	–	5	23	13	–	–	10	5	56
	온도 보정 불량	당초	–	–	–	–	–	–	25	–	1	–	33	12	71
		금회	–	–	–	–	–	–	28	–	1	–	33	12	74
시공불량	브릿지	당초	–	–	1	3	2	4	9	29	–	–	12	7	67
		금회	–	–	1	3	2	4	9	29	–	–	12	7	67
	주파수 중복	당초	–	–	–	–	–	–	–	–	–	–	2	–	2
		금회	–	–	–	–	–	–	–	–	–	–	2	–	2
	설치 위치 부적정	당초	–	–	–	–	–	–	–	20	6	–	–	–	26
		금회	–	–	–	–	–	–	–	20	6	–	–	–	26
합계		당초	–	–	3	3	2	11	57	79	24	4	60	24	267
		금회	–	–	3	4	2	10	61	76	24	–	61	26	267

보별 계측기 작동상태 결과표는 표 17과 같다.

표 17 보별 계측기 작동상태 결과표

계측 기기	관리 정수	한강			금강			영산강		낙동강								합 계
		강천	여주	이포	세종	공주	백제	승촌	죽산	상주	낙단	구미	칠곡	강정 고령	달성	합천 창녕	창녕 함안	
합 계	포함	15	10	13	8	20	28	33	14	18	15	25	7	26	53	37	23	345
	제외	12	21	3	–	9	23	10		–	9	34	44	6	26	54	16	267
	계	27	31	16	8	29	51	43	14	18	24	59	51	32	79	91	39	612
측량점	포함	–	–	7	8	6	6	–	–	12	6	3	4	4 (4)①	6	6	3	71
	제외	–	–	–	–	–	–	–	–	–	–	–	–	–	–	–	–	–
	계	–	–	7	8	6	6	–	–	12	6	3	4	4	6	6	3	71
GPS	포함	–	–	–	–	–	–	–	2	–	–	–	–	12	–	–	–	14
	제외	–	–	–	–	–	–	–	–	–	–	–	–	–	–	–	–	–
	계	–	–	–	–	–	–	–	2	–	–	–	–	12	–	–	–	14
침하	포함	–	–	–	–	–	–	–	–	–	–	–	–	–	21	–	–	21
	제외	–	–	–	–	–	–	–	–	–	–	–	–	–	3	–	–	3
	계	–	–	–	–	–	–	–	–	–	–	–	–	–	24	–	–	24

계측기기	관리정수	한강			금강			영산강		낙동강								합 계
		강천	여주	이포	세종	공주	백제	승촌	죽산	상주	낙단	구미	칠곡	강정고령	달성	합천창녕	창녕함안	
기초이완	포함	2	1	–	–	2	6	8	–	–	–	2	–	–	–	10	6	37
	제외	–	1 (1)⑤	–	–	1	–	–	–	–	–	–	–	–	–	2	–	4
	계	2	2	–	–	3	6	8	–	–	–	2	–	–	–	12	6	41
파일침하	포함	–	–	–	–	–	–	–	–	–	–	–	–	–	–	10	6	16
	제외	–	–	–	–	–	–	–	–	–	–	–	–	–	–	2	–	2
	계	–	–	–	–	–	–	–	–	–	–	–	–	–	–	12	6	18
경사	포함	2	1	–	–	3	6	5	6	3	2	9	1 (1)①	1 (1)②	1	4	6	50
	제외	–	–	1	–	–	–	–	–	–	–	1	8	–	–	–	–	10
	계	2	1	1	–	3	6	5	6	3	2	10	9	1	1	4	6	60
개도	포함	–	1	–	–	3	3	5	2	–	2	–	–	–	11	–	–	27
	제외	6	5 (2)⑤	–	–	–	6 (1)④	1	–	–	3 (1)⑤	3	–	–	13	18	6	61
	계	6	6	–	–	3	9	6	2	–	5	3	–	–	24	18	6	88
간극수압	포함	1	2	3 (1)③	–	–	–	5	2 (2)②	–	–	–	–	–	5	2	–	20
	제외	1	2	1	–	6	6	–	–	–	–	10	12	6	3	23	6	76
	계	2	4	4	–	6	6	5	2	–	–	10	12	6	8	25	6	96
양압력	포함	–	–	1	–	–	–	6	–	–	–	1	–	–	–	–	–	8
	제외	–	–	1	–	–	6	–	–	–	–	17	–	–	–	–	–	24
	계	–	–	2	–	–	6	6	–	–	–	18	–	–	–	–	–	32
지진	포함	3	2	2	–	4 (1)②	2	3	2	3	2	3 (1)②	2	3	4 (1)②	4 (1)②	2	41
	제외	–	–	–	–	–	–	–	–	–	–	–	–	–	–	–	–	0
	계	3	2	2	–	4	2	3	2	3	2	3	2	3	4	4	2	41
응력	포함	1	1	–	–	1	4	1	–	–	3	4	–	4	5	1	–	25
	제외	5	7	–	–	2	5	5	–	–	6	1	18	–	1 (1)⑤	8	3	61
	계	6	8	–	–	3	9	6	–	–	9	5	18	4	6	9	3	86
무응력	포함	6	2	–	–	1	1	–	–	–	–	3	–	2	–	–	–	15
	제외	–	6	–	–	–	–	4	–	–	–	2 (2)⑤	6	–	6	1	1	26
	계	6	8	–	–	1	1	4	–	–	–	5	6	2	6	1	1	41

(00) : '14년 관리정수 조정 대비 현재기준 증감수량 / ⓪ : 증감 사유

* ① (추가설치, 5) 경사계 1, 침하점 4
* ② (계기수리, 7) 경사계 1, 간극수압계 2, 지진계 4
* ③ (판단오류, 1) 간극수압계 1
* ④ (기존 망실수량, 1) 개도계 1
* ⑤ (이상계측, 7) 하자 : 응력계1, 개도계 3, 기초이완계 1 , 무응력계 2

3. 계측기기 관리기준 수립

3.1 관리기준 현황 검토

보 계측기기의 관리기준치는 계측치의 변동이 보의 비정상적인 거동에 의한 것인지를 판단하는 기준이 되는 측정치를 의미한다. 관리기준치는 해당 보 설계시에 설계값과 수치해석에 의한 예측치 및 과거 측정치를 참고로 하여 결정할 수 있으며, 해당 보에서 운영 중 얻어진 계측치를 분석하여 결정할 수 있다.

16개보는 공용년수가 약 3년의 시설물로서 운영 중인 관리기준치는 표 18과 같이 2013년9월 계측기 초기값 등을 고려하여 한국수자원공사 자체 기준을 수립, 시행하고 있다.

표 18 다기능보 계측기기 임시 관리기준(2013.9)

항목	계측기기	관리기준	수립근거
변형	측량점 GPS 변위계	· X&Y축 = 부재높이 / 150 · Z축 = 25㎜	· Skempton and MacDonald · Bjerrum의 각변위 한계
	기초이완측정계	· (인장, 이완변위) 5㎜	
	침하계 파일침하계	· 25㎜	
	구조물경사계	· 1/150(± 0.382°)	· Bjerrum의 각변위 한계
	개도계	· (신축이음부) 10㎜ · (수축이음부) 1㎜	· 한국도로공사 도로설계요령
양압력	간극수압계 양압력계	· (계측치 통계분석) median평균 ± 3σ	· Duncan
지진	지진계	· 지진규모 4.0이상(세종보 제외)	· 공공기관위기관리지침 및 리스크 관리 규정(Kwater)
응력	응력계 무응력계	· (압축응력)$f_{ca} = 0.4f_{ck}$ · (인장응력)$f_{ta} = 0.13\sqrt{f_{ck}}$	· 콘크리트 구조기준 해석

수립근거별 주요내용은 관련 문헌 등에서 조사한 결과를 기준으로 선정하였으며 각 기준별 내용은 아래와 같다.

1) 측량점, GPS변위계 임시 관리기준 제시안

- Z축 변위 : 측량점 또는 GPS변위계의 허용 침하량(Z축 변위)은 Skempton and MacDonald (1956) 경험식을 준용하여, 최대 침하량보다는 부등 침하량이 보다 위해한 점을 감안, 최대 부등침하량 25mm로 제시
- X, Y축 변위 : Bjerrum (1963)의 각변위 기준에서 보편적으로 첫 균열이 예상되는 한

계로 사용되는 1/300은 본래 건물에서 칸막이 벽의 첫 균열을 바탕으로 개발되었으므로, 기초 지지가 튼튼하고 철근 콘크리트의 massive 피어 구조물에 적용성이 떨어지며, 광파기 또는 GPS센서 자체의 fluctuation 및 감도를 고려하여, 1/150 (일반적 빌딩에서 구조적 손상이 예상되는 단계)을 준용할 것을 제시

2) 기초이완측정계

- 기초부 세굴 및 침식 등의 위해성을 반영할 수 있는 개도 증가(이완)에 대한 변위량을 지표로 정함
- 하상 기초부의 모래의 유실입경을 고려하여 5mm로 임시 제시

3) 침하계 및 파일 침하계

- 과도한 압축 부등침하 또는 인장에 의한 이완이 발생하지 않도록 관리할 필요가 있음
- 침하계 및 파일 침하계의 임시 관리기준은 Skempton and MacDonald (1956) 경험식을 준용하여 최대 부등침하량을 25mm로 제시

4) 구조물경사계

- Bjerrum (1963)의 각변위 기준에서 보편적으로 첫 균열이 예상되는 한계로 사용되는 1/300은 본래 건물에서 칸막이 벽의 첫 균열을 바탕으로 개발되었으므로, 기초 지지가 튼튼하고 철근 콘크리트의 massive 피어 구조물에 적용성이 떨어지며, 센서 자체의 예민도 및 감도, 계기 상수, 초기치 설정 등을 고려하여, 1/150 (일반적 빌딩에서 구조적 손상이 예상되는 단계)을 준용할 것을 제시
- 구조물 경사계의 각변위에 대한 개념은 본 임시 관리기준에서 대상 피어 구조물이 일체화된 거동을 보이는 것으로 판단 가능한 길이

5) 개도계(이음부변위계, 신축이음계)

- 개도계(Joint meter)에 대한 절대적인 허용 관리기준은 없으나, 콘크리트 댐의 실계측 경험치, 콘크리트의 건조수축 및 열팽창계수 변화에 의한 길이변화, 지수판 허용 신장량 등을 참고하여 임시 관리기준을 설정
- 신축이음부 : 한국도로공사 도로설계요령(2009) 신축이음량 계산방식 및 지수판 허용 신장량 기준, 콘크리트 댐의 실제 계측 경험치를 참고하여, 신축이음부 개도계의 임시 관리기준은 10mm 정도가 타당할 것으로 판단
- 철근콘크리트 구조물의 내구성 확보를 위한 허용 균열폭에 안전율을 도입한 개념을 적

용, 1.0mm 개도를 임시 관리기준으로 제시

6) 간극수압계, 양압력계

- 확률통계처리(median 평균과 표준편차 σ를 이용)하여 각 다기능보에 적합한 상한과 하한의 관리기준으로 제시
- 간극수압계와 양압력계의 경고 단계 상한과 하한의 임시 관리기준값은 median 평균 ±3σ로 제시

7) 지진계

- 콘크리트댐과 유사한 형식이라고 볼 수 있는 다기능보의 임시 관리기준을 설정함에 있어, 현행 댐을 비롯한 주요 SOC 시설물에 대한 지진 위기대응매뉴얼(한국수자원공사)과의 통일성을 위해 지진규모 4.0으로 설정할 것을 제시

8) 응력계(변형율계), 무응력계

- 응력계와 무응력계는 변형율을 측정한 뒤 콘크리트 탄성계수를 곱하여 응력의 변화를 측정하며, 원리상 응력계의 값에서 무응력계의 값을 차감하여 외적인 요인에 의한 응력변화를 측정하는 데에 목적이 있으며, 압축응력과 인장응력이 계절과 수위변화에 민감하게 변화하므로, 경시변화 분석이 중요하나, 각종 불확실성과 물리적 의미의 오차 요인이 큰 점을 감안하여, 임시 관리기준은 인장과 압축응력에 대해 직관적으로 제시
- 허용 휨 압축응력 : $f_{ca} = 0.4\, f_{ck}$, 허용 휨 인장응력(무근 확대기초와 벽체) : $f_{ta} = 0.13\sqrt{f_{ck}}$

3.2 관리기준 제시 검토

현재 운영 중인 임시관리기준은 단기간 사용할 목적으로 설정된 것으로, 운영현황을 살펴본 결과 계측데이터 중 응력계, 무응력계, 양압력계 등 총 281개는 임시관리기준의 범위내에서 거동하는 것으로 나타났다. 그러나, 계측기기 특성상 계절적 경향성을 가지고 변동하고 있어, 현재 적용 중인 임시관리기준을 적용시, 넓은 범위의 기준으로 관리하게 되어 구조물 안전에 이상징후가 발생시 경보발령을 위해 만든 목적 측면에서 볼 때 현 다기능보의 거동특성을 반영했다고 보기 어렵다. 따라서 계절적 경향성 및 기기특성을 반영한 관리기준치의 재수립이 필요할 것으로 판단된다.

또한 해외사례를 살펴본 결과 일본에서는 댐의 안전관리의 기준이 되는 측정치를 파악

하기 위해 시험담수를 실시하고 이 기간의 측정치로부터 관리기준치를 설정하고 있으며(이이다, 2006), 미국 연방에너지규제위원회의 설계기준(FERC, 2007)에서는 계측치가 미리 정해진 값을 초과하면 감시를 강화하거나 미리 계획된 비상대처계획을 수행하도록 하고 있다.

그리고 기존 선행연구인 한국수자원공사 연구과제("댐보매설 계측기관리기준치수립연구", 2014)에서는 기존에 설정된 관리기준의 경우 대부분이 경험치와의 상관관계식으로 이는 대상 시설물의 특성을 고려하지 않기 때문에 대상시설의 비정상적인 거동을 파악하기에는 너무 둔감하거나 민감하게 반응할 것으로 판단되어 Kuperman(2006)이 제시한 통계적 방법을 기초로 하여 사분위수 관리도를 제안하였다.

통계적 방법은 기본적으로 계측치의 정규분포를 가정하여 평균값으로부터 관리상한, 하한으로 동일한 거리에 관리기준치를 수립하는 방법(슈하르트 관리도)을 사용하지만 계측치는 정규분포 외에도 비정규분포를 나타낼 수 있으므로 비대칭 방향과 정도에 따라 관리상한, 하한을 다르게 결정할 수 있는 사분위수 관리도를 제안한 것이다. 계측치가 정규분포라면 이 두가지 방법으로 결정한 관리상한, 하한은 같은 결과를 나타낸다. 관리상한, 하한 기준치 수립 방법은 그림 2와 같다.

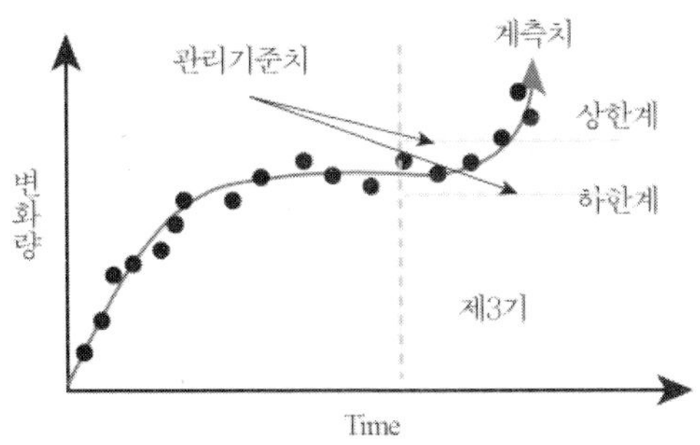

그림 2 관리상한, 하한 기준치 수립 방법

따라서, 본과업에서는 선행연구에서 검토한 사분위수 관리도에 대하여 계측기기별 적용성을 평가하여, 기준 임시관리기준치와 비교하여 신뢰성이 있는 경우에 한하여 선별 적용하였다.

1) 관리기준치 재수립 결과

기존의 통계적인 관리기준치 산정방법은 정규분포 또는 근사적 정규분포를 따른다는 가정을 기본으로 하고 있으나 간극수압계, 양압력계 등 보의 매설 계측기에서 측정된 계측치의 경우에는 정규분포를 따르지 않는 비대칭 분포를 나타내는 경우가 많다. 그러나 사분위수 관리도는 표 19와 같이 중심선을 중앙값을 사용하고 관리하한은 중앙값에서 1사분위까지의 거리, 관리상한은 중앙값에서 3사분위까지의 거리에 기초하여 결정하므로 비대칭분포의 방향과 정도의 문제를 해결할 수 있다. 여기서 c는 적당한 상수인데 이것을 정규분포일 때와 비교해보면 중심선은 중앙값으로 평균과 일치하고, 상한계와 하한계를 결정하는 것은 중앙값에서 1사분위수와 3사분위수까지의 거리가 동일하므로 상수 c값만 조절하면 정규분포와 비슷하게 된다. 이때의 c값을 수치적인 방법으로 찾아본 결과 c ≃3.5(신뢰구간 95%)이다.

표 19 사분위수 관리도(95% 신뢰구간)

구분	사분위수	비고
적용대상 측정치	정규분포, 비정규분포, 비대칭분포	μ : 평균 σ : 표준편차 Qi : 제i사분위수 Q2 : 중앙값 c : 상수(≃3.5)
중심선(CL)	Q2	
관리상한선(UCL)	Q2+c(Q3−Q2)	
관리하한선(LCL)	Q2−c(Q2−Q1)	

따라서 금회 과업에서는 사분위수 관리도법을 이용하여 새로운 관리기준치를 수립하였으며, 그 결과를 토대로 2015년에 한하여 표 20과 같이 4분위수 관리도법 적용성을 평가한 결과 전체 345개의 계측기기 중 147개는 4분위수 관리도법에 의한 관리기준 적용시 초과데이터가 일부 발생하였고, 198개는 4분위수 관리도법에 의한 관리범위 안에서 계측된 것으로 판단되었다. 따라서 관리범위 안에 적절하게 계측되는 198개의 계측기는 금회 수립한 4분위수 관리도법에 따라 관리함이 타당할 것이다. 이를 초과하는 계측기기는 계측데이터 재설정 및 점검으로 인해 데이터의 수집기간이 단기간인(2년 이내) 계측기기의 경우이거나, 표본데이터의 결측 및 오측이 많아 통계적인 특성이 부족한 경우여서 이 경우 관리기준치 변경시 불필요한 경보 발생 등으로 계측기기 모니터링업무의 효율성이 저하되게 되므로 현행 임시관리기준치를 적용하도록 하였으므로, 향후 관리기준치 재수립 시 통계분석을 통한 기준을 수립하는 것이 적절할 것으로 판단된다.

표 20 사분위수 적용결과

항목	계측기	관리 정수(안)	4분위수 적용결과	임시관리 기준 적용	비고 (임시관리기준 적용 개소)
계		345	198	147	
변형	측량점	71	35	36	· 이포2, 세종1, 공주5, 백제6, 낙단6, 구미2, 강정고령1, 달성6, 합천창녕5, 창녕함안2
	GPS 변위계	14	14		
	기초이완측정계	37	31	6	· 강천1, 여주1, 공주2, 구미1, 창녕함안1
	침하계	21	21	–	
	파일침하계	16	11	5	· 합천창녕5
	구조물경사계	50	23	27	· 강천1, 여주1, 공주2, 백제2, 승촌3, 낙단1, 구미9, 칠곡1, 합천창녕3, 창녕함안4
	개도계	27	23	4	· 승촌1, 죽산1, 낙단2
양압력	간극수압계	20	4	16	· 여주1, 이포2, 승촌5, 죽산2, 달성5
	양압력계	8	–	8	· 이포1, 승촌6, 구미1
지진	지진계	41	–	41	· 지진발생 시 공공기관위기관리지침 및 Kwater리스크관리규정에 의거하여 현장 및 계측기 점검 실시
응력	응력계	25	23	2	· 강정고령1, 합천창녕1
	무응력계	15	13	2	· 강천 2

3.3 관리기준치 초과시 대응 방안

한국수자원공사에서는 보 계측기기 이상계측시 신속하고 능동적으로 대처하기 위하여 '보 계측기기 자동경보시스템 임시 운영기준(2014.03)'을 마련하여 운영 중에 있으며 이에 대한 내용은 표 21과 같다.

현장계측값이 자동경보체계 임시 경보 기준값인 "관심·주의·경계"에 해당할 경우, 현장, 센터 시설물 담당자에게 SMS 통보가 이루어지며, SMS를 통보받은 담당자는 관리기준치 이상의 계측기와 주변 계측기의 계측결과를 비교·분석하여 일시적인 현상 또는 지속적인 현상인지를 파악하여 그 결과를 72시간 이내에 보고하고 있다. 이는 보 유지관리시 신속하고 능동적인 대응이 이루어 질 수 있을 것으로 판단되어, 기존 방식으로 유지하는 것이 적정할 것으로 사료된다.

다만, 계측값은 기술적으로 완전히 규명되지 않은 대기온도, 습도, 공용년수 증가에 의한 계측기기 노후화, 시간 경과에 따른 특성 변화 등 여러 가지 요인에 의해 변화되기 마련이므로 관리기준은 전술한 변화요인을 고려하여 5년 또는 10년 등 장기간 측정된 계측값의 경시변화를 통해 점차적으로 수정 및 개선되어야 할 것이다.

표 21 자동경보체계 임시 경보 기준값

구분		관심	주의	경계	비고
경보 기준 값	기초지반변위계	관리기준	관리기준×150%	관리기준×200%	
	침하계				
	파일침하계				
	경사계				
	간극수압계	각 보별 초과율을 고려하여 차등 설정	관심경보 기준값×150%	관심경보 기준값×200%	
	양압력계				

1) 관심단계

- (주요상황) 오측 및 결측, 이상 계측으로 인하여 일상적으로 발생하나, 예방적 시설물 관리를 위하여 임시 현장점검 필요
- (대응조치) 보 본체 등 시설물 이상유무 확인을 위한 육안점검 및 계측결과 분석 시행
- (대응기간) 72시간이내 현장대응(점검 및 계측결과 분석)
  * 현장점검 결과는 시스템 입력으로 지속적 이력관리
- (기타사항) 계측기기 분석결과에 따라 필요시 하자조치 요청

2) 주의단계

- (주요상황) 관심단계 이후 지속적인 계측값 상승 및 하강으로 주의단계 기준값 초과, 2차 정밀 육안점검 및 원인분석 필요
- (대응조치) 시설물 이상유무 확인을 위한 2차 정밀 육안점검 시행
  - 계측값 지속변화에 대한 원인분석 및 구조물 손상여부 확인
  - 구조적 손상이 없을 경우, 계측기기 신뢰성 평가를 위한 자문요청
- (대응기간) 1개월 이내 현장대응(점검, 원인분석 및 기술자문)
- (기타사항) 자문결과에 따라 계측기기 보수 및 망실처리

3) 경계단계

- (주요상황) 계측자료의 신뢰성은 있으나, 지속적인 이상 계측으로 경계단계 기준값 초과로 구조물 손상이 의심되어 정밀점검 필요

- (대응조치) 구조물 손상이 의심되는 부위에 정밀점검 시행
  - 필요시, 외부 전문기관 의뢰
  - 손상부위 확인시 비상대처계획 수립 및 대응
- (대응기간) 3개월 이내 대응(원인분석 및 대책수립)

INDEX

찾아보기

ㄴ

ㄷ

ㄹ

ㅁ

ㅂ

ㅅ

ㅊ

기타

저자 소개

우종태

경복대학교 건설환경공학과 교수
경복대학교 드론건설환경학과 교수

• 학력/자격

- 서울시립대학교 공과대학 토목공학과 (공학사, 공학석사, 공학박사)
- 토목품질시험기술사, 토목시공기술사

• 경력

- 서울특별시 지하철건설본부 토목감독관
- 경복대학교 토목설계과 교수, 건설환경정보과, 건설환경디자인과 교수

• 저서

- 최신 건설적산학(기문당, 2019), 건설환경공학(구미서관, 2018) 외 다수

이래철

에스큐엔지니어링(주) 대표이사

• 학력/자격

- 서울시립대학교 공과대학 토목공학과 (공학사, 공학박사)
- 부산대학교 대학원 토목공학과 졸업 (공학석사)
- 서울대학교 행정대학원 국가정책과정 수료
- 고려대학교 대학원 행정학과 박사수료
- 토질및기초기술사, 토목품질시험기술사, 토목시공기술사, 건설안전기술사

• 경력

- 에스큐엔지니어링(주) 대표이사
- (주)한국건설방재연구원 원장

• 저서

- 최신 건설적산학(기문당, 2019), 건설환경공학(구미서관, 2018) 외 다수

건설계측 분석실무 정가 39,000원

저자 : 우종태 · 이래철

발행인 : 임해진
발행처 : 도서출판 구미서관

인쇄 : 2023년 1월 10일
발행 : 2023년 1월 16일

등록 : 1979년 6월 29일 No.9-6호
주소 : 서울시 마포구 신촌로 2길 5-15 구미빌딩
전화 : 02-333-1101
팩스 : 02-335-2201
http://www.goomibook.com

ISBN 979-11-6257-229-0 (93530)